Inaugural-Dissertation

zur Erlangung der Doktorwürde

der Naturwissenschaftlich-Mathematischen Gesamtfakultät

der Ruprecht-Karls-Universität

Heidelberg

Dipl.-Geogr. Jan Gürke

aus Freiburg im Breisgau

2000

Verkehrskonzepte und Umweltbelastungen des Verkehrs in den Partnerstädten Montpellier und Heidelberg

unter besonderer Berücksichtigung des Ausbildungs- und Berufsverkehrs

- eine vergleichende Analyse -

Gutachter:

Prof. Dr. Heinz Karrasch

Prof. Dr. Werner Fricke

Die Deutsche Bibliothek - CIP-Einheitsaufnahme:

Ein Titeldatensatz für diese Publikation ist bei
Der Deutschen Bibliothek erhältlich

∞

Gedruckt auf alterungsbeständigem, säurefreien Papier
Printed on acid-free paper

ISBN: 3-89821-036-7

Printed in Germany

Vorwort

Eine Anfertigung der vorliegenden Arbeit wäre nicht ohne die Unterstützung zahlreicher Personen möglich gewesen, bei denen ich mich herzlich bedanken möchte.

Mein besonderer Dank gilt meinem Lehrer, Herrn Prof. Dr. Heinz Karrasch, der die Arbeit ermöglicht, ihren Fortgang hilfreich begleitet und mit zahlreichen Anregungen gefördert hat. Für den fachlichen und organisatorischen Beistand während meines Forschungsaufenthaltes in Montpellier bedanke ich mich bei Herrn Jean-Paul Volle, Maître de Conférences de Géographie an der Université Paul Valéry, Montpellier III. Herrn Prof. Dr. Werner Fricke danke ich für die Übernahme des Korreferates.

Der Konrad-Adenauer-Stiftung e.V. bin ich für die finanzielle und ideelle Unterstützung im Rahmen der Graduiertenförderung zu tiefstem Dank verpflichtet.

Für die Bereitstellung umfangreichen Datenmaterials, ohne welches diese Untersuchung nicht möglich gewesen wäre, möchte ich mich bei einigen öffentlichen und privaten Institutionen in Deutschland und Frankreich bedanken. Ohne Anspruch auf Vollständigkeit seien hier das Amt für Umweltschutz und Gesundheitsförderung Heidelberg, das Stadtplanungsamt Heidelberg, das Amt für Stadtentwicklung und Statistik Heidelberg, die Heidelberger Straßen- und Bergbahn AG (HSB), das Institut für Energie- und Umweltforschung (IFEU), die Gesellschaft für Umweltmessungen und Umwelterhebungen (UMEG), die Direction Aménagement et Programmation - Mairie de Montpellier (DAP), die Direction des Services Techniques - District Urbain de Montpellier, die Direction Départementale de l'Equipement de l'Hérault (DDE), die Société Montpellieraine de Transport Urbain (SMTU), das Centre d'Etudes Techniques de l'Equipement Languedoc-Roussillon (CETE) und die Association pour la Maîtrise de la Qualité de l'Air en Languedoc-Roussillon (AMPADI) genannt.

Für ihre tatkräftige Unterstützung danke ich meinen Kollegen Dr. Raino Winkler, Alexander Zipf, Frank Lasch, den Mitarbeitern der 'Arbeitsgruppe Siedlungsökologie' am Geographischen Institut der Universität Heidelberg und den Mitarbeitern der 'Groupe de Recherche en Géographie, Aménagement, Urbanisme' (GREGAU) am Geographischen Institut der Université Paul Valéry, Montpellier III. Ganz besonderer Dank gebührt auch meinen Freundinnen und Freunden, für ihre Beiträge zum Gelingen dieser Arbeit.

"Unsere Ziele sind ganz einfach: Wir bemühen uns um die Verbesserung der Lebensqualität, der Luftqualität und zugleich der Mobilität, indem wir Behinderungen zweckdienlichen Verkehrs vermeiden und den Zugang zu öffentlichen Verkehrsmitteln auf sozial gerechte Weise [...] erleichtern. Deshalb suchen wir Politik und Verwaltung davon zu überzeugen, daß sie sich mit der Bewegung von Menschen zu befassen haben - weniger mit der von Verkehrsmitteln. [...] Beispiele zeigen, daß es darauf ankommt, eine Balance zwischen individueller und kollektiver Mobilität zu schaffen."

James K. Isaac (in: Spektrum der Wissenschaft, Juni 1997, S. 56)

Verkehrskonzepte und Umweltbelastungen des Verkehrs in den Partnerstädten Montpellier und Heidelberg

unter besonderer Berücksichtigung des Ausbildungs- und Berufsverkehrs

- eine vergleichende Analyse -

Tabellenverzeichnis

Tabellenanhang:

Abbildungsverzeichnis

Kartenverzeichnis

Abkürzungsverzeichnis

abs.	absolut
AMPADI	Association pour la Maîtrise de la Qualité de l'Air, Montpellier
Av.	Avenue
BauGB	Baugesetzbuch
BImschV	Bundesimmissionsschutzverordnung
Blvd.	Boulevard
BMBau	Bundesministerium für Raumordnung, Bauwesen und Städtebau
B-Plan	Bebauungsplan
BRN	Busverkehr Rhein-Neckar GmbH
BROP	Bundesraumordnungsprogramm
CIAT	Comité interministeriel du territoire
CO	Kohlenmonoxid
CO_2	Kohlendioxid
DATAR	délégation à l'aménagement du territoire et à l'action régionale
DB	Deutsche Bahn AG
DTV	durchschnittliches tägliches Verkehrsaufkommen
E	Einwohner
EAE 85	Empfehlungen für die Anlage von Erschließungsstraßen (Forschungsgesellschaft für Straßen- und Verkehrswesen 1985)
EAV	Ein- und Ausfallstraße
EU	Europäische Union
FIAT	Fonds d'Intervention de l'Aménagement du Territoire
FNP	Flächennutzungsplan
ges.	gesamt
gew.	gewichtet
GG	Grundgesetz
HC	Kohlenwasserstoffe
HD	Heidelberg
HH	Haushalt
HSB	Heidelberger Straßen- und Bergbahn AG
HVS	Hauptverkehrsstraße
k.A.	keine Angaben
LAI	Länderausschuß für Immissionsschutz
L_{mT}	Lärmmittelungspegel für Tag
L_{mN}	Lärmmittelungspegel für Nacht
L_{r10}	Lärmbeurteilungspegel in 10 m Entfernung von der Schallquelle
LSA	Lichtsignalanlage
M.A.R.S.	Modell der autonomen und relativen Standards (Baier 1992)
MIV	motorisierter Individualverkehr
MTP	Montpellier
N	Norden
NMIV	nichtmotorisierter Individualverkehr
N.N.	Normal Null (Meereshöhe)
NO_x	Stickoxide
O	Osten
OEG	Oberrheinische Eisenbahn-Gesellschaft AG
OIN	opération d'intérêt national
ÖPNV	öffentlicher Personennahverkehr
ÖV	öffentlicher Verkehr

Pb	Blei
Pers.	Personen
PIG	projet d'intérêt général
POS	Plan d'Occupation des Sols
RLS 90	Richtlinien für den Lärmschutz an Straßen (Bundesverkehrsministerium 1990)
ROG	Raumordnungsgesetz
RV	Radverkehr
S	Süden
SD	schéma directeur
SMTU	Société Montpellieraine de Transport Urbain
SODETRHE	Société de Transport de l'Hérault
SS	schéma de secteur
SO_2	Schwefeldioxid
Strab.	Straßenbahn
UBA	Umweltbundesamt, Berlin
UMEG	Gesellschaft für Umweltmessungen und Umwelterhebungen mbH, Karlsruhe
VOC	volatile organic components (leichtflüchtige organische Verbindungen)
VRN	Verkehrsverbund Rhein-Neckar GmbH
W	Westen
zul. v_{max}	zulässige Höchstgeschwindigkeit

1 Einleitung

Die Berichterstattung in den Medien ruft die endlose Kette globaler Umweltprobleme jeden Tag von neuem ins Gedächtnis. Unabhängig von den Katastrophensituationen fern der eigenen Heimat besteht ein Bewußtsein für die Störwirkungen von außen, denen jeder Einzelne in seiner Wohnung und seinem sonstigen Umfeld direkt ausgesetzt ist. In den letzten Jahren sind die Zusammenhänge zwischen ***klein- und großräumiger Umweltsituation*** und dem individuellen Verhalten immer besser untersucht worden. Die Ursachen der Belastungen, sei es für die globale Umwelt oder die Lebensqualität in der eigenen Stadt, sind oft die gleichen. Und sie stehen häufig in Zusammenhang mit der eigenen Lebensweise. Für eine nachhaltige Entwicklung müssen die ***Ursachen der Belastungen*** zur Stellschraube gemacht werden. In den Partnerstädten Montpellier und Heidelberg bietet sich der Verkehr als Ansatzpunkt an: Er stellt in beiden Fällen die wichtigste Verursachergruppe für Umweltbelastungen dar. Ziel dieser Untersuchung zum Themenkomplex Stadtverkehr und Umweltbelastungen ist es, einen Beitrag zur Förderung der Lebensqualität in den Untersuchungsgebieten und zur Erhaltung der globalen Umwelt zu leisten.

1.1 Stadtverkehr und Umweltbelastungen

Bereits seit den frühen Stadtgründungen vor mehreren Jahrtausenden spielt der Verkehr eine bedeutende Rolle für die Entstehung und den Werdegang der Städte. Sowohl der Verkehr zwischen, als auch innerhalb der Städte ist wesentlicher Bestandteil für die Fortentwicklung der Wirtschaft und Wissenschaft, Religion und Kultur. Ohne ein ***Mindestmaß an Verkehr*** kann keine Stadt funktionieren. Ausgelöst durch die technischen und gesellschaftlichen Entwicklungen haben im Laufe des 20. Jahrhunderts jedoch auch die negativen Auswirkungen des Stadtverkehrs bedeutende Formen angenommen. "Verkehrsvorgänge und 'Verkehrsinteressen', die massenhaft auftreten, kollidieren indes zunehmend mit anderen Interessen und zeigen die Nachteile einer verkehrsorientierten Lebens- und Wirtschaftsweise auf" (Enquete-Kommission 1995, S. 1295). Durch Belastungen verschiedenster Art werden andere Nutzungen beeinträchtigt und die Lebensqualität vermindert.

Das Problemfeld 'Stadt und Verkehr' beruht darauf, die Marge zwischen notwendigem und verträglichem Verkehr zu erkennen, den Ansprüchen von Städten mit hoher Lebensqualität anzupassen und mit zweckdienlichem Verkehr sinnvoll zu nutzen. Die ***Mobilität*** im städtischen Raum ist sicherzustellen, wobei dies durch neue, attraktive Verkehrsalternativen geschehen kann. Die persönliche Bewegungsfreiheit und die freie Wahl des Verkehrsmittels bleiben erhalten, können sich aber durch geänderte Verkehrsstrukturen und Attraktivitätsmuster verschieben. Dabei müssen die Auswirkungen auf das komplizierte Netz an Wechselwirkungen zwischen Verkehrs- und Stadtstrukturen mit in die Betrachtungen eingehen: Die Stadt hat vielfältige Funktionen als Wohnort, Arbeits- oder Ausbildungsort, Einkaufs- oder Freizeitmöglichkeit und andere mehr. Die Attraktivität des städtischen Raums für diese Nutzungen ist stark von der Verkehrssituation abhängig. Dabei spielt einerseits die Erreichbarkeit eine Rolle, andererseits aber auch die Umfeld- und Umweltbelastungen durch den Verkehr.

Ein entscheidender Punkt für die Verträglichkeit von Verkehr in der Stadt ist der ***Flächenanspruch*** von Straßen und Parkplätzen. In Innenstädten bestehen in der Regel kaum mehr Ausweichflächen, weshalb es zu Flächennutzungskonkurrenz zwischen Kfz-Verkehr, ÖPNV, Rad- und Fußgängerverkehr und sonstigen Nutzungen kommt. Nutzungsansprüche mit Aufenthalts- und Begegnungsfunktion bestehen zum Beispiel in Form von Kinderspielplätzen, Straßencafés etc. Gestalterische Aspekte werden häufig als zweitrangig erachtet und finden nur Beachtung, wenn die Verkehrsfunktion des Straßenraums noch Platz dafür läßt. Ähnliches gilt für die Ausstattung der Straßenräume mit ***Grünflächen*** und Bäumen.

Die ***Trennwirkung*** von großen Straßen schränkt die Bewegungsfreiheit der nichtmotorisierten Verkehrsteilnehmer ein. Die Überquerung der Straßen erfordert einen erhöhten Zeit- und Wegeaufwand und stellt ein erhöhtes Sicherheitsrisiko dar. Eine damit zusammenhängende negative Begleiterscheinung des Stadtverkehrs ist die große Zahl an ***Verkehrsunfällen*** mit Personen- und Sachschäden. Häufig sind die Betroffenen Fahrradfahrer oder Fußgänger. Neben den persönlichen Schicksalen haben die Verkehrsunfälle auch enorme volkswirtschaftliche Folgekosten.

Lärm stellt ein sehr kritisches Problemfeld von Verkehr in Städten dar. In den Stadtgebieten bestehen kleinräumig starke Unterschiede der Lärmbelastung, entlang häufig befahrener Straßen sind fast immer sehr hohe Störwirkungen zu verzeichnen. Ein Teil der städtischen Bevölkerung ist Belastungen ausgesetzt, die Ursache für Gesundheitsschäden darstellen und als Folge davon auch zu finanziellen Belastungen für die Öffentlichkeit werden können. Zu den negativen Auswirkungen von Stadtverkehr zählen selbstverständlich auch die ***Luftverunreinigungen*** in Form von Gasen und Partikeln. Die Belastungen finden sich einerseits lokal, im direkten Umfeld der Straßen wieder, andererseits sind sie auch durch großräumige, ja sogar globale Schadwirkung gekennzeichnet. Betroffen davon ist, neben dem Menschen, auch die natürliche Umwelt und die Bausubstanz. Daneben wird, trotz der kurzen Fahrstrecken beim Stadtverkehr, eine bedeutende Menge an fossilen Energieträgern verbraucht.

1.2 Fragestellung und Zielsetzung der Arbeit

Das Hauptanliegen dieser Untersuchung besteht in einer vergleichenden Analyse des Verkehrs und der darauf beruhenden Emissionen, Immissionen und sonstigen Belastungen in den ***Partnerstädten Montpellier und Heidelberg***. Neben der Analyse der Verkehrsmengen und -strukturen gilt es, die Faktoren 'Luftschadstoffe', 'Lärm', 'Trennwirkung / Unfallgefährdung' sowie 'Grün und Gestaltung' zu bewerten. Der Ablauf der Arbeit ist Abb. 1.1 zu entnehmen.

In Bezug auf den Ist-Zustand der Verkehrs- und Umweltsituation in den Untersuchungsstädten stellt sich die Frage nach den Ursachen: Mögliche Einflüsse auf die Verkehrsstrukturen können einerseits bei den ***nationalen anthropogenen Rahmenbedingungen*** in Form von Recht, Politik, Wirtschaft, Gesellschaft und Kultur liegen. Diese äußern sich unter anderem in den Gesetzesgrundlagen und dem jeweiligen Planungssystem. Wenn davon ausgegangen wird, daß diese Faktoren herausragende Bedeutung haben, muß mit deutlichen Unterschieden bei den Verkehrsstrukturen, der zu vergleichenden Städte in Frankreich und Deutschland, gerechnet werden. Andererseits stellen die ***lokalen stadt- und nutzungsstrukturellen Eigenheiten*** der Untersuchungsgebiete Einflußfaktoren dar, die unabhängig von der (kultur-)geographischen Lage der Vergleichsstädte zu ähnlichen Verkehrs- und Belastungssituationen führen können. Nicht zuletzt können die ***naturräumlichen Rahmenbedingungen*** in Form von Topographie und Klima maßgeblichen Einfluß auf Belastungssituationen, insbesondere mit Luftschadstoffen, haben. Zur Überprüfung der Bedeutung der verschiedenen Einflußfaktoren werden die Verursacherstrukturen für ausgewählte Fahrzwecke und Untersuchungsstadtteile analysiert und einander gegenübergestellt (vgl. Abb. 1.1: Kap. 4 - 6).

Um der Frage nachzugehen, welche ***Rahmenbedingungen*** sich dominant auf die Entstehung und Strukturen des Stadtverkehrs auswirken, werden auf der einen Seite die Stadtteile der einzelnen Städte untereinander verglichen. Auf der anderen Seite werden aus den Untersuchungsstadtteilen der Partnerstädte binationale Stadtteilpaare, mit sehr ähnlichen stadt- und nutzungsstrukturellen Voraussetzungen, gebildet und vergleichend analysiert. Die Ergebnisse sollen zeigen, ob der Einfluß der gesellschaftlichen Rahmenbedingungen oder der kleinräumigen Nutzungsstrukturen die primäre Ursache für die Verkehrsentstehung darstellen (vgl. Abb. 1.1: Kap. 5 - 6).

Zur Bewerkstelligung dieser Aufgabe sind methodische Neuerungen von Nöten: Die Entwicklung des ***'Verfahrens zur Bewertung von Umfeld- und Umweltverträglichkeit von Stadtverkehr'*** ermöglicht die Herstellung von Bezügen zwischen den Ursachen der Verkehrsentstehung, den Emissionen, Immissionen sowie den Belastungen. Des weiteren ist sowohl die kleinräumige Umfeld- als auch die großräumige Umweltproblematik Teil des Verfahrens. Es stellt damit eine Weiterentwicklung der bisher üblichen Schemata zur Bewertung von 'Stadtverträglichkeit von Verkehr' dar, die in der Regel nur Aussagen bezüglich der kleinräumigen Belastungen zulassen, ohne Verursacherstrukturen aufzuklären (vgl. Abb. 1.1: Kap. 2; vgl. Abb. 2.7). Um das Ziel einer möglichst großen Aussagekraft und Relevanz für die Stadt- und Verkehrsplanung der Untersuchungsstädte zu erreichen, werden die ***Ergebnisse*** der Emissions-, Immissions- und Belastungsanalysen nach einzelnen Bewertungskriterien aufgeschlüsselt dargestellt. Aus dem gleichen Grund werden bei den Verursacherstrukturen die Bezugsgruppen, beziehungsweise Fahrzwecke separat präsentiert.

Auf diese Weise werden die Ergebnisse der Ist-Situation dem Anspruch gerecht, als Basis für die Darstellung der ***zukünftigen Entwicklungsmöglichkeiten*** der Untersuchungsräume zu dienen. Das Anliegen der Arbeit besteht diesbezüglich darin, potentielle Entwicklungschancen aufzuzeigen. Hierzu wird eine Fortschreibung der derzeitigen Gegebenheiten (Status-Quo-Szenario) umweltorientierten Strategien (Alternativszenarien) vergleichend gegenübergestellt. In weitergehenden Alternativszenarien kommen mögliche Veränderungen der gesetzlichen und planerischen Rahmenbedingungen zum Tragen. Wie bei der Ist-Situation werden auch bei den Szenarien Aspekte der großräumigen Umweltverträglichkeit, beispielsweise die viel diskutierten CO_2-Emissionen, in die Betrachtungen einbezogen (vgl. Abb. 1.1: Kap.7).

Kurz zusammengefaßt bestehen die ***Untersuchungsziele*** in

- einer vergleichenden Analyse der Verkehrsmengen und -strukturen in den Partnerstädten Montpellier und Heidelberg vor dem Hintergrund unterschiedlicher planungsrechtlicher, politischer, ökonomischer und kultureller Rahmenbedingungen
- einer vergleichenden Analyse der Verkehrsemissionen, -immissionen und sonstigen Belastungen
- einer vergleichenden Analyse der Ursachen der Verkehrsentstehung
- einer vergleichenden Darstellung zukünftiger Entwicklungschancen innerhalb der derzeitigen gesetzlichen und planerischen Rahmenbedingungen
- einer vergleichenden Darstellung zukünftiger Entwicklungschancen unter langfristigen Veränderungen der Rahmenbedingungen
- einer methodischen Neuerung: Der Entwicklung des 'Verfahrens zur Bewertung von Umfeld- und Umweltverträglichkeit von Stadtverkehr'
- einem konkreten Beitrag zur Stadt- und Verkehrsplanung der Untersuchungsstädte und einer Anregung zum internationalen Erfahrungsaustausch.

Abb. 1.1: Ablauf der Arbeit

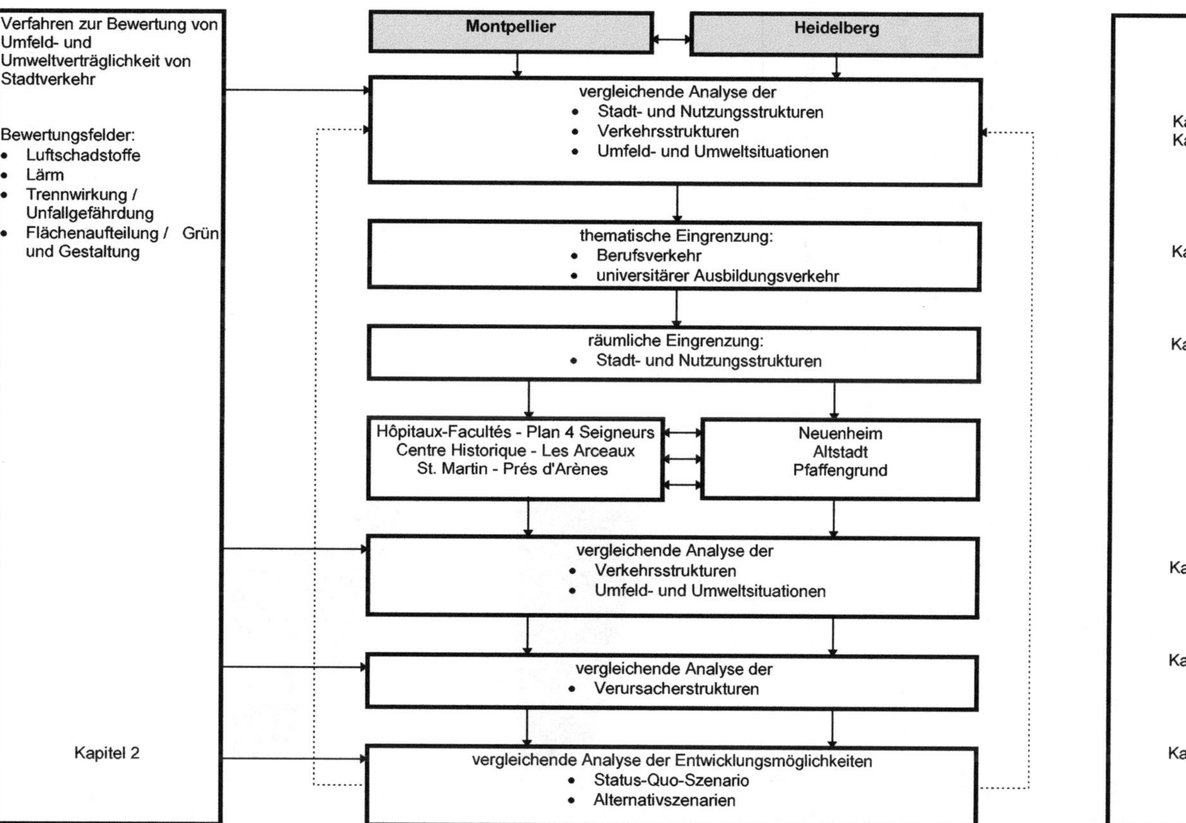

Bearbeitung: Jan Gürke 1999

1.3 Einordnung der Arbeit ins Forschungsfeld

1.3.1 Wieviel Autoverkehr braucht die Stadt, wieviel verträgt sie und wie kann auf den Verkehr Einfluß genommen werden?

Stadt und Verkehr bilden eine Symbiose, doch wie in vielen Städten ist auch in Montpellier und Heidelberg auf stark befahrenen Straßen die umfeld- und umweltverträgliche Verkehrsbelastbarkeit bereits überschritten (Tobelem-Zanin 1995, S. 240 ff.; Karrasch et al. 1994, Vorwort). Eigene Beobachtungen zur (Un)verträglichkeit des Autoverkehrs mit anderen Stadtfunktionen in den beiden Untersuchungsstädten bestätigen den dringenden Handlungsbedarf. Generell wird für Städte ein weiteres ***Ansteigen der Fahrleistungen*** prognostiziert: Im Stadtgebiet moderat, im Umland dagegen überproportional zur Einwohnerentwicklung (Topp 1995b, S. 9; vgl. Enquete-Kommission 1995, S. 1262; vgl. CETUR 1994, S. 24 ff; vgl. Ministère de l'Environnement o.J., S. 8). Den stärksten Zuwachs weisen dabei die Distanzen auf (vgl. Abb. 1.2) (Bundesforschungsanstalt für Landeskunde und Raumordnung 1995, S. 1).

Abb. 1.2: Veränderungen des Personenverkehrs in der Bundesrepublik Deutschland (alte Länder)

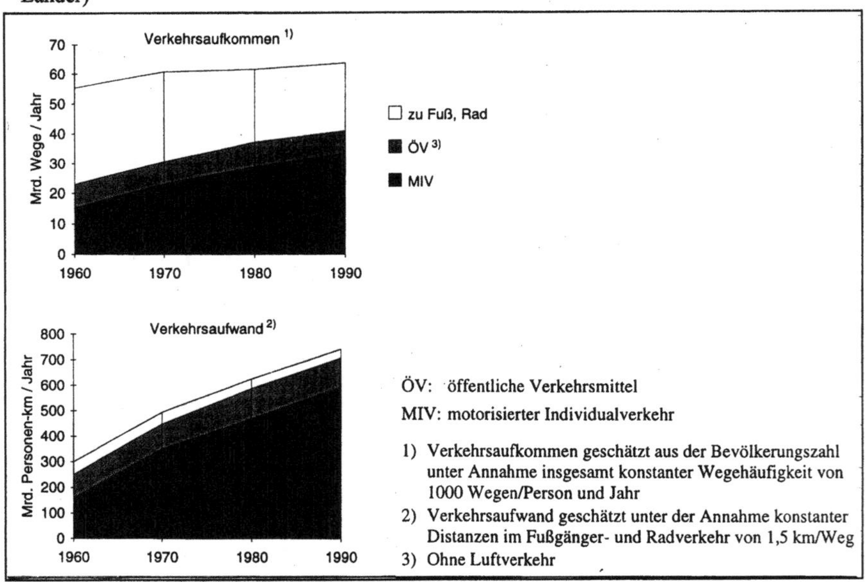

Bundesforschungsanstalt für Landeskunde und Raumordnung 1995, S. 1

Das Schlüsselproblem liegt in der wechselseitigen Beeinflussung von ***Verkehr und Raumstruktur***. Schnelle, motorisierte Fortbewegung ermöglicht erst die Zersiedlung von Städten mit weiten Entfernungen. In Deutschland bleibt dabei die tägliche Anzahl an Wegen, vor allem aber die, durchschnittlich täglich für Mobilität aufgewendete, Zeit konstant (VDV / Socialdata

1995, S. 9). In Frankreich nimmt die Anzahl der täglichen Wege leicht ab, die durchschnittliche Dauer für das Zurücklegen der Wege ebenfalls. Die Streckenlänge der MIV-Fahrten steigt dagegen deutlich an. Als Grund für die leichte Zeitabnahme wird ein besserer Ausbau der Straßen in der Peripherie der Städte angeführt (CETUR 1994, S. 24 ff.). Für Deutschland und Frankreich gilt: Der jeweilige Zeitaufwand für das Zurücklegen der täglichen Wege führt bei den steigenden durchschnittlichen Fahrgeschwindigkeiten zu größeren Distanzen und ermöglicht damit flächenhafte Siedlungsstrukturen. Das Leben in diesen flächenintensiven, meist monofunktionalen Bereichen für Wohnen, Arbeiten, sich Versorgen etc. findet unter ungünstigen Entfernungsstrukturen und in der Regel unattraktiven Infrastrukturen für Fußgänger und Radfahrer statt. Funktionsgemischte städtische Einheiten erzeugen im Gegensatz dazu kleinräumige Mikromobilität in Form von Fußgänger- und Fahrradverkehr und sollten gefördert werden (Knoflacher 1996, S. 54 ff.). Bei flächenhafter Zersiedlung ist die Erschließung mit öffentlichen Verkehrsmitteln nur unzureichend möglich. Autogerechte Siedlungsstrukturen lassen den Menschen kaum die Wahl, andere Verkehrsmittel als den Pkw zu benutzen. Individuelle Pkw-Verfügbarkeit ist demnach die entscheidende Ursache für zunehmende Funktionstrennung und Zersiedlung. Die langfristige Wirkung der automobilen Lebensweise spiegelt sich in den autogerechten Raumstrukturen wider (vgl. Abb. 1.3) (Kutter 1993, S. 285; Würdemann 1990, S. 611).

Abb. 1.3: Sackgassensituation durch administrative Flankierung der Zersiedlung

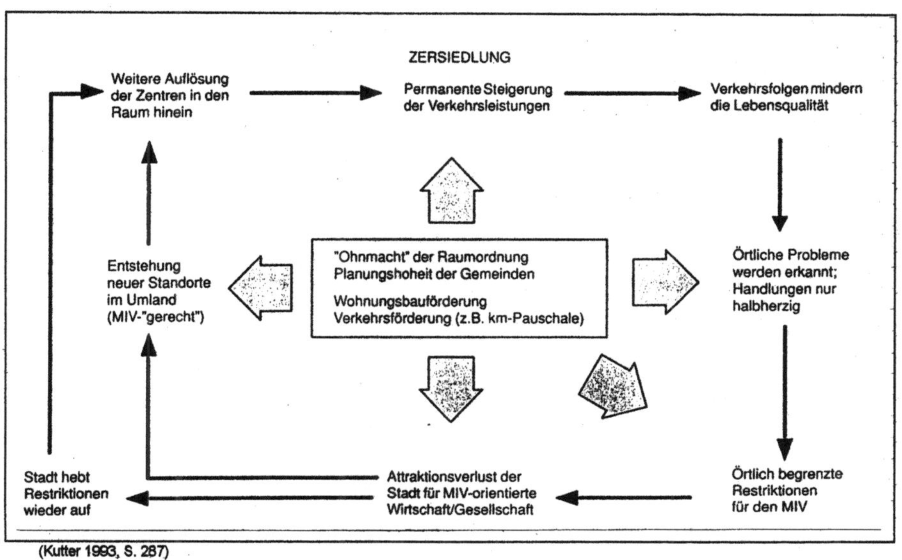

(Kutter 1993, S. 287)

"Die Wurzeln des Verkehrsproblems liegen in einem Konglomerat aus Siedlungsstrukturen, Lebensstilen, Wirtschaftsweisen und Verkehrsmöglichkeiten. Viel zu lange ist Verkehr als abgeleitete Größe behandelt worden anstatt als aktive Größe im Regelkreis aus vorgenannten Einflußgrößen" (Topp 1995b, S. 3). Bei den angestrebten zukünftigen Entwicklungen, den MIV zu reduzieren, darf dennoch die Erreichbarkeit, als eine wichtige Voraussetzung für lebendige Innenstädte, nicht in Mitleidenschaft gezogen werden. Ebenso wichtig sind jedoch die Kriterien Nutzungsvielfalt und Aufenthaltsqualität, welche in autogerechten Stadtstrukturen kaum Verbesserungschancen haben (Topp 1995a, S. 24).

Im Gegensatz zur realen Verkehrsentwicklung liegen die Schätzungen für den ***notwendigen Autoverkehr*** in der Stadt, je nach Definition und Abgrenzung und je nach Stadtgröße, zwischen 10% und 30% des tatsächlichen Gesamtverkehrsaufkommens (Knoflacher 1996, S. 45; Topp 1995a, S. 24). Das entspräche etwa einer Halbierung des heutigen Autoverkehrs in deutschen Städten. In Heidelberg liegt der MIV-Anteil an den werktäglichen Binnenwegen bei einem Drittel, in Montpellier sogar bei der Hälfte der Wege (ifeu 1993; SMTU 1993).

"Konzepte für den Verkehr müssen in Städtebau und Raumordnung integriert sein. [...] Verkehrsentstehung und Verkehrsbeziehungen [sind] nur zum kleinen Teil eine Frage der Fachplanung Verkehr und der dort konzipierten Verkehrskonzepte, jedoch zum größeren Teil eine Folge von Wohn- und Siedlungskonzepten, Marktbedingungen und -zwängen, City-marketingkonzepten etc." (Würdemann 1993b, S. 2 / 4). Als Handlungsebene für ***umfassende Verkehrskonzepte***, welche die oben genannten Ziele zu vereinen mag, kann daher nicht auf eine isolierte Verkehrsplanung gesetzt werden. Der Zusammenhang von Verkehr und seinen Ursachen berührt gesellschaftliche Fragestellungen, die in ihrer Komplexität nur fächerübergreifend erfaßt werden können. Denkansätze hierfür sind die

- 'Entschleunigung' gesellschaftlicher Prozesse
- Beeinflussung der gesellschaftlichen Wertschätzung von Geschwindigkeit und Beschleunigung
- (Verkehrs)beruhigung im Bewußtsein der Verkehrsteilnehmer, Bürger, Planer und Politiker
- gesellschaftliche 'Neubewertung' der Nutzung sowie der Handhabung der motorisierten Individualverkehrsmittel

(Beckmann 1993, S. 189).

Trotz der Umsetzung kurzfristiger Maßnahmen zur verträglichen Abwicklung von Verkehr und zur Verlagerung von MIV auf den ÖPNV, Fahrrad- und Fußgängerverkehr steigen Motorisierungsrate und Pkw-Benutzung in Deutschland und Frankreich weiter an (vgl. Kap. 1.3.2). Vor allem der, in den letzten Jahrzehnten praktizierte, Neubau von Straßen entpuppt sich als ein überholtes Konzept zur Lösung der Verkehrsprobleme. Bei vielen Ergänzungen und Ausbauten städtischer Straßennetze wird festgestellt, daß die damit verbundenen Entlastungserwartungen ausbleiben (Topp 1989, S. 327).

Folgen des stetigen Verkehrswachstums in Städten und Verdichtungsräumen sind, neben den Umfeld- und Umweltbelastungen, Kapazitätsengpässe beim MIV und ÖPNV. Neue Kapazitätserweiterungen beim Straßenverkehr stehen in der Regel nicht im Einklang mit den gewünschten Belastungsminderungen bei Luftverunreinigungen, Lärm etc. sowie flächensparsamen Siedlungsweisen. Die Verkehrs- und Stadtplanung muß mit anderen Handlungsansätzen auf die steigende Verkehrsnachfrage reagieren. Eine Planungsalternative stellt das Konzept der ***Verkehrsvermeidung*** dar. "Die Strategie der Verkehrsvermeidung soll den Verkehrsaufwand, die zurückgelegten Entfernungen, reduzieren. So wie bei weitgehend konstanter Wegehäufigkeit bisher die Entfernungen immer größer wurden, sollen verkehrsvermeidende Konzepte diese Entwicklung umkehren oder zumindest abschwächen. Nahegelegene Geschäfte, Arbeitsplätze, Freizeitgelegenheiten sollen hohe Distanzen abbauen. [...] Verkehrsvermeidung ist Distanzvermeidung und nicht etwa Einschränkung von Aktivitäten" (Bundesforschungsanstalt für Landeskunde und Raumordnung 1995, S. 2). Das Konzept der Verkehrsvermeidung verbindet planungstechnische, siedlungsstrukturelle und organisatorische Ansatzpunkte.

Der Verkehr stellt eine Querschnittsaufgabe dar, dessen Ursachen und Wirkungen weit über die Kompetenzen einzelner Fachplanungen hinausgehen. Zur umfassenden Bearbeitung des Themenbereichs ist ein ***erweitertes Planungsverständnis*** gefragt, welches sich als integrierte Siedlungs- und Verkehrsplanung umsetzen läßt. Daraus folgen veränderte Ansprüche an den Planungsprozeß, in Form

- einer erweiterten Zusammenarbeit verschiedener Fachbereiche aus Planung, Wirtschaft und Gesellschaftswissenschaften. Ein interdisziplinärer Ansatz verbessert die Möglichkeiten eines umfassenden Verständnisses der vernetzten Problemlagen.
- einer erweiterten Zusammenarbeit verschiedener Planungsebenen mit einer besseren räumlichen Integration. Die effektive Umsetzung verkehrsvermeidender Projekte bedarf einer guten Abstimmung von lokalen, regionalen, landes- und bundesweiten Planungen sowie gemeinsame raumbezogene Zieldefinitionen.
- von mehr Bürgerbeteiligung. Im Sinne eines demokratischen Planungsprozesses sollte eine frühzeitige Einbindung von betroffenen Bürgern und Gewerbetreibenden stattfinden. Deren Detailkenntnisse der Verhältnisse vor Ort verbessern den kleinräumigen Anwendungsbezug der Projekte und erhöhen die Chance der gesellschaftlichen Akzeptanz.
- einer prozeßorientierten Sichtweise. Eingeschränktes Zusammenhangswissen und unsichere Abschätzbarkeit der Folgen sind immer Teil der Planung. Statische Interpretationsmuster sollten durch ein geeignetes Verhältnis von Flexibilität und Festlegung ersetzt werden, das eine regelmäßige Überprüfung der Wirkungen erlaubt, Kompromißbereitschaft gegenüber allen am Planungsprozeß Beteiligten signalisiert, Raum für nachträgliche Korrekturen läßt und die Interessen der Betroffenen mit einbezieht.
- angepaßten Kommunikations- und schlanken Entscheidungsstrukturen. Die oben genannten Interaktionsmuster brauchen fachgerecht moderierte Gremien und Foren um

effektiv in den Planungsprozeß eingebunden werden zu können. Um Reibungsverluste bei der Umsetzung von Planungen zu minimieren, sollten bei den Entscheidungsträgern geeignete Arbeitsweisen zum Einsatz kommen. Hierzu gehört auch die Forderung nach mehr lokaler Planungskompetenz. Die Zusammenarbeit und Kreativität vor Ort muß gestärkt werden. Die Rahmensetzungen übergeordneter Planungsebenen sollten zur lokalen Beteiligung am Planungsprozeß anregen und diesen nicht durch dominante Reglementierungen zum Erliegen bringen (Bundesforschungsanstalt für Landeskunde und Raumordnung 1995, S. 75 ff.).

"Bauliche Strukturen gehören zu den wesentlichen Rahmenbedingungen, die das Verkehrsverhalten bestimmen. Sie legen Handlungsspielräume langfristig fest" (Bundesforschungsanstalt für Landeskunde und Raumordnung 1995, S. 79). Die ***siedlungsstrukturellen Ansätze*** beziehen sich in erster Linie auf die Bauleitplanung und Regionalplanung. Anhand von Standortplanung wird auf bauliche Voraussetzungen für eine verkehrssparsame Alltagsbewältigung hingearbeitet: Ausgewogene Mischung, angemessene Dichte sowie hohe Wohn- und Freiraumqualität. In der Praxis äußert sich die Funktionsmischung in einem Gleichgewicht von Erwerbstätigen und Arbeitsplätzen, wohnungsnahem Einzelhandel und sonstiger Infrastruktur auf Stadtteil- oder Quartiersebene. Kompakte Strukturen führen zu kürzeren Distanzen, durch gute Wohn- und Freiraumqualität erhöht sich die Gebietsbindung (Bundesforschungsanstalt für Landeskunde und Raumordnung 1995, S. 68).

Bei den städtebaulichen Konzepten zur Verkehrsvermeidung muß grundsätzlich zwischen der ***Anwendung bestehender Regelungen*** und einer ***Reform der Rahmenbedingungen*** unterschieden werden. Erstere ist kurz- bis mittelfristig einsetzbar, sie schöpft die derzeit gültigen rechtlichen und planerischen Rahmenbedingungen aus, um allgemein verbreitete ***Vollzugsdefizite*** zu beseitigen und damit ohne große zeitliche Verzögerung zu ersten Effekten der Verkehrsvermeidung zu gelangen. Zweitere dagegen ist zu den langfristigen Strategien zu zählen und zielt auf einen gesellschaftlichen Wandel hin, der verkehrsvermeidende Strukturen zunehmend berücksichtigt. Städtebauliche Konzepte sollten beide Aspekte vereinigen, um sowohl bei der kurz- als auch bei der langfristigen Entwicklung größtmögliche Verkehrsvermeidungspotentiale ausschöpfen zu können. Eine Darstellung der gesetzlichen Rahmenbedingungen und der Systeme der Raumplanung in Deutschland und Frankreich ist Kap. 1.3.3 zu entnehmen. Die folgenden Ansätze beziehen sich auf die Rahmenbedingungen der Planung in Deutschland. Die Forderungen sind inhaltlich im wesentlichen auf die Situation in Frankreich zu übertragen. Eine Gegenüberstellung konkreter Anwendungen für die Untersuchungsstädte Montpellier und Heidelberg ist, vor den jeweiligen planungsrechtlichen Hintergründen, bei den Alternativszenarien in Kap. 7.5 und 7.6 zu finden.

Anwendung bestehender Regelungen

Das ***Bau- und Planungsrecht*** bildet die gesetzliche Grundlage für die Flächennutzungs- und Bebauungsplanung. Es beinhaltet eine Reihe von Ansatzpunkten für eine verkehrssparsamere Siedlungsentwicklung, die in der derzeitigen Praxis kaum genutzt wird:

- Der Nachverdichtung bestehender Strukturen mit bisher geringer Dichte ist Vorrang gegenüber der Inanspruchnahme zusätzlicher Flächen im Außenbereich einzuräumen. Dies ermöglicht die Schaffung neuer Nutzflächen, ohne weitere distanzerhöhende Zersiedlung.
- Planungsentscheidungen, insbesondere Flächenausweisungen erfolgen nachfrageorientiert und nicht, wie bisher, in Form von vorauseilender Flächenausweisung. Nur auf diese Weise läßt sich eine sanierende Bestandsverdichtung gegenüber einer Ausweitung der Siedlungsflächen durchsetzen. Um Abwanderungen vorzubeugen sollten derartige Planungen auf regionaler Ebene einheitlich gehandhabt werden.
- Über die Aufstellung von Überschuß-/Defizitplänen können Gebiete mit Ausstattungsmängeln identifiziert werden. Funktionaler Ausgleich wird dort durch Nutzungsänderungen oder Verdichtungen angestrebt, mit dem Ziel geeignete Mischungsverhältnisse für Wohnen, Arbeiten, Einkauf, Freizeit etc. zu erreichen. In Großstädten ist vorrangig der Wohnungsbau zu fördern, um den weitverbreiteten Arbeitsplatzüberschuß auszugleichen.
- Die bestehenden Flächennutzungs- und Bebauungspläne sind an die aktuellen Planungsziele anzupassen. Bisher monofunktional genutzte Gebiete sind, soweit mit den Schutzinteressen vereinbar, für die Mischnutzung zu öffnen.
- Wenn möglich wird auf die Ausweisung von reinen Wohn-, Gewerbe- und Industriegebieten verzichtet. Allmähliche Umsiedlung mischungsverträglicher Betriebe in Mischgebiete schafft Platz für die Neuansiedlung von Betrieben, die auf reine Gewerbe- oder Industriegebiete angewiesen sind, ohne neue Flächen erschließen zu müssen.
- Bei der Ausweisung neuer Siedlungsflächen ist auf ausgewogene Mischung und flächensparende Bauweise zu achten. Ein hohes Maß an Wohnwert und Individualität ist auch bei höherer Dichte als der von freistehenden Einfamilienhäusern zu erreichen. Hierzu sind im Bebauungsplan Mindestdichten vorzuschreiben.
- Sowohl bei Verdichtung, Erweiterung als auch bei Neuausweisung von Gebieten ist auf das Prinzip der Gleichzeitigkeit zu achten. Arbeitsplätze, Einkaufsmöglichkeiten und ÖPNV-Angebote werden besser angenommen, wenn sie von Anfang an zur Verfügung stehen, als wenn sie erst nachträglich angesiedelt werden

(Bundesforschungsanstalt für Landeskunde und Raumordnung 1995, S. 79 ff.).

Nachfolgend finden sich ***Anwendungen der Handlungsansätze*** auf die drei wichtigsten Teilbereiche Wohnen, Arbeiten und Versorgung:

- In Bezug auf die ***Wohnfunktion*** sollte dem Suburbanisierungsprozeß entgegengewirkt werden, um die innerstädtische Mischnutzung zu erhalten und zu reaktivieren. Einerseits verdrängen hohe Mietpreise in der Innenstadt die Bewohner an den Stadtrand und ins

Umland, andererseits entspricht die Wohnsituation häufig nicht den jeweiligen Ansprüchen. Ehemaliger Wohnraum wird häufig als Gewerbefläche umgenutzt. Als Gegenmaßnahmen können die Zweckentfremdungsverordnung und die Erhaltungssatzung nach §172 BauGB dienen, die Umbauten oder Nutzungsänderungen, welche zur Verdrängung der Wohnbevölkerung führen, die Genehmigung verweigern können. Die Ausweisung allgemeiner Wohngebiete anstatt reiner Wohngebiete ermöglicht die Ansiedlung von wohnungsnahem Einzelhandel und, bei flexibler Auslegung, auch von nicht störenden Büro- und Gewerbenutzungen. In einseitig gewerblich genutzten Gebieten, wie den Innenstädten, sollte die Wohnnutzung bei Maßnahmen zur Verdichtung oder Nutzungsänderung bevorzugt werden. Für Neubauten sollte die Bauleitplanung Mindestwerte für Grund- und Geschoßflächenzahl festsetzen, um angemessen verdichtete Strukturen zu gewährleisten (Bundesforschungsanstalt für Landeskunde und Raumordnung 1995, S. 80 ff.).

- Zur Erhaltung städtischer Mischnutzung sollte eine umfeldverträgliche ***Gewerbestandortsicherung*** Vorrang vor einer Betriebsverlagerung haben. Hierzu sind moderne Produktions- und Umwelttechniken zu fördern. Wie bei der Wohnnutzung, wird auch bei den Gewerbebetrieben eine Ansiedlung in monofunktionalen Gebieten so weit wie möglich zurückgedrängt. Mischungsverträgliche Betriebe sind in Mischgebieten anzusiedeln. Kleinteilige Arbeitsstättenstrukturen eignen sich am besten zur Nachmischung von Wohngebieten mit Arbeitsplätzen. Eine Festlegung von Mindestdichten in den Bauleitplänen regelt den sparsamen Umgang mit der Fläche. Die BauNVO bietet Festsetzungsmöglichkeiten zur zielgerichteten Steuerung der Ansiedlung von mischungsunverträglichen Unternehmen (§1 Abs. 4 BauNVO) (Bundesforschungsanstalt für Landeskunde und Raumordnung 1995, S. 81 ff.).
- Die Förderung bedarfsgerechter Nahraumausstattung mit ***Versorgungseinrichtungen*** in Wohngebieten kann über Instrumente des Bodenmarktes, des Planungsrechts oder über direkte Subventionierung erfolgen. Neben der Standortsicherung vorhandener Einzelhandelsgeschäfte sollten auf diese Weise Grundlagen für Neuansiedlungen geschaffen werden. Die Ausschreibung von Sondergebieten für die Ansiedlung großer, ausgelagerter Einkaufszentren (§1 Abs. 3 BauNVO) sollte in regionaler Abstimmung unterbleiben, um dem wohnungsnahen und innerstädtischen Einzelhandel das Überleben zu ermöglichen. Die Möglichkeit der Feinsteuerung der Versorgungseinrichtungen nach Branche, Sortiment und Größe (§1 Abs. 5 und 9 BauNVO) sollte ausgeschöpft werden, um ungewünschte Konkurrenzsituationen durch ausgelagerte Großmärkte zu unterbinden. Bei Neubaugebieten ist insbesondere auf die Gleichzeitigkeit der Erstellung von Wohnungen und Infrastruktur zu achten (Bundesforschungsanstalt für Landeskunde und Raumordnung 1995, S. 82 ff.).

Eine ***aktive Bodenpolitik der Gemeinden*** kann zusätzlich zur Bauleitplanung einen Beitrag zur Funktionsmischung und angemessenen Dichte leisten. Die Vergabe von kommunalen Grundstücken ermächtigt die Gemeinde zur Aushandlung von Vertragsmodalitäten, die den Käufer auf bestimmte Nutzungen festlegen. Dies kann soweit gehen, daß Vereinbarungen über verkehrssparende und umweltfreundliche Siedlungs- und Wirtschaftsweisen vertraglich festgelegt werden. Ähnliche Möglichkeiten bestehen auch zur Anwendung bei Pacht- und Erbpachtverträgen. Bei Kaufverträgen können Rückkaufrechte festgelegt werden, beispielsweise für den Fall einer längeren Nichtnutzung der Flächen. Bei gemeindeeigenen Grundstücken können ertragsschwachen Nutzern günstige Konditionen für die Erschließung und den Betrieb gewünschter Einrichtungen eingeräumt werden. Zur Durchsetzung städtebaulicher Ziele kann die Gemeinde auf die städtebauliche Entwicklungsmaßnahme zurückgreifen. Diese ermöglicht die Enteignung von Flächen zum Verkehrswert, wenn der Eigentümer nicht bereit ist, diese Flächen in einem festgelegten Zeitraum zu entwickeln. Der Rückverkauf an Bauwillige erfolgt zum entwicklungsbedingten Verkehrswert. Hierdurch können Mittel zur Finanzierung von Infrastruktureinrichtungen gewonnen und gleichzeitig die Bodenspekulation eingedämmt werden. Unter Anwendung einer stärkeren Nutzung des Baugebotes (§§175 ff. BauGB) können gewünschte Grundstücke zur Verdichtung mobilisiert werden. Zu erwartende rechtliche Auseinandersetzungen mit dem Eigentümer lassen dieses Instrument allerdings selten zum Einsatz kommen. Eine finanzielle Förderung von Landes- und Bundesseite kann den Gemeinden dabei behilflich sein, durch Altlasten unbrauchbar gewordene, Brachflächen zur Wiedernutzung aufzubereiten (Bundesforschungsanstalt für Landeskunde und Raumordnung 1995, S. 83 ff.).

Die ***Wohnungsbau- und Wirtschaftsförderung***, einschließlich steuerlicher Begünstigungen, kann als Mittel zur Steuerung der Siedlungsentwicklung angewandt werden. Bisher ist dies in der Regel nicht der Fall. Die Anwendung der Fördermaßnahmen hat dermaßen zu erfolgen, daß nur noch flächensparende Bauweisen an den gewünschten Standorten gefördert werden. Die Höhe der Förderung kann nach dem Beitrag zur Funktionsmischung abgestuft werden. Anhand von Überschuß-/Defizitplänen können die förderungswürdigen Bereiche festgelegt und damit die räumlichen Entwicklungen gesteuert werden. Zur Verbesserung einer konfliktfreien Nachbarschaft von Wohnen und Gewerbe sollten Fördergelder verstärkt den Emissionsschutzmaßnahmen entsprechender Betriebe zugute kommen. Weitere finanzielle Anreize für kompakte Siedlungsstrukturen können über verursachergerechte Kostenanlastung bei der Erschließung von Grundstücken erfolgen. Periphere Flächen werden dadurch im Vergleich zu zentral gelegenen teurer, flächensparende Ansiedlung gewinnt an Attraktivität (Bundesforschungsanstalt für Landeskunde und Raumordnung 1995, S. 85).

Reform der Rahmenbedingungen

Die zuvor beschriebenen Einflußmöglichkeiten auf verkehrssparende städtische Strukturen beruhen auf der Ausschöpfung der derzeit gültigen rechtlichen, fiskalischen und planungstechnischen Rahmenbedingungen. Diese Maßnahmen müssen häufig dazu eingesetzt werden, unerwünschte Steuerungen des Marktes zu korrigieren. Die folgenden Ausführungen gehen einen Schritt weiter und behandeln langfristige Veränderungen der Rahmenbedingungen, um diese in Einklang mit dem Ziel der Verkehrsvermeidung einsetzen zu können.

Das Anliegen des ***Bau- und Planungsrechts***, die Wohnnutzung vor störenden Belastungen zu schützen, führt in der Praxis meist zu strikter Nutzungstrennung. Dies steht einer Entwicklung verkehrsreduzierender Siedlungsstrukturen im Wege. Das derzeitige Planungsrecht ist darauf ausgelegt, störende Einzelnutzungen zu verhindern, nicht aber darauf, erwünschte Funktionsmischung zu erzeugen. Eine Überarbeitung des Planungsrechts könnte den Weg hin zu neuen Verkehrsvermeidungspotentialen deutlich erleichtern.

Eine gänzliche ***Umgestaltung des Planungsrechts*** könnte derart aussehen, daß in den Bebauungsplänen nicht mehr zwischen verschiedenen Baugebietstypen unterschieden wird, sondern ein generelles Mischungsverhältnis von Wohnen, Arbeiten, Versorgung und Freiflächen festgelegt wird (Strittmatter et al. 1988). Den Bauherren werden auf diese Weise nicht nur Nutzungsrechte übertragen, sondern gleichzeitig auch Nutzungspflichten auferlegt. Diese Rechte und Pflichten sind innerhalb festgelegter Gebiete handelbar. Wer Gebäudekomplexe mit monofunktionaler Nutzung erstellen möchte, muß andere Investoren finden, die sich, gegen finanziellen Ausgleich, bereit erklären Objekte mit anderen Nutzungen zu bauen. Über derartigen Handel entstehen innerhalb der Gebiete nutzungsabhängige Bodenpreise. Die vorgeschriebenen Mischungsverhältnisse verhindern, innerhalb dieser abgeschlossenen Märkte, den Wegfall finanziell weniger interessanter Nutzungen. Das Auftreten störender Belastungen durch unverträglich hohe Emissionen von Betrieben ist auszuschließen, indem für die jeweiligen Gebiete Immissionstoleranzen festgelegt werden. Gebiete mit hohen zulässigen Emissionswerten werden nur in geringem Umfang ausgeschrieben und daher teuer gehandelt. Das hat zusätzlich zur Folge, daß es für Betriebe rentabel wird, in mischungsverträgliche Arbeitsformen und emissionsmindernde Maßnahmen zu investieren. Das Konzept der Nutzungsrechte und -pflichten ist durch Festlegung von Höchst- und Mindestdichten für die ausgeschriebenen Gebiete zu ergänzen. Ein neues Bau- und Planungsrecht nach diesem Muster kombiniert einfache Handhabung mit umfassender Wirkungstiefe. Die gewünschte kleinräumige Nutzungsmischung zur Reduzierung des innerstädtischen Verkehrsaufwandes erscheint unter diesen Rahmenbedingungen leichter und effektiver zu lösen, als unter den derzeit vorherrschenden (Bundesforschungsanstalt für Landeskunde und Raumordnung 1995, S. 86).

Niedrigere Bodenpreise im Umland als im Zentrum der Städte sind ein weiterer Faktor, der zur Zersiedlung der Kernstädte beiträgt. In teuren Zentrenlagen siedeln sich nur ertragsstarke Nutzungen an, weniger rentable Bauprojekte werden an periphere Standorte verdrängt. Als Abbild relativ hoher Baukosten und niedriger Grundstückspreise im Umland werden flächenintensive, ebenerdige Gebäude in monofunktionalen Gewerbegebieten bevorzugt. Über neue ***Rahmensetzungen für Bodenmarkt und -politik*** kann in diesem Bereich korrigierend eingegriffen werden. Verschiedene Ansätze können dazu beitragen:

Bedeutender Aspekt einer Neufassung des Bodenrechts ist eine verbindliche Rechtsvorschrift zur Kompensation der Flächeninanspruchnahme für Siedlungszwecke durch ***Ausgleichsmaßnahmen***. Die Ziele bestehen in einer verbesserten ökologischen Ausgleichsfunktion und im Ressourcenschutz. Entsprechende Neuerungen beziehen sich auf den Flächennutzungs- und Bebauungsplan, Veränderungen von §5 und §9 BauGB müßten die rechtliche Grundlage darstellen (vgl. BauGB 1997, S. 9 ff.). Eine beispielhafte Anwendung von ***Flächenpools*** sind die rheinland-pfälzischen 'Öko-Kontos', Bevorratungen von geeigneten Kompensationsflächen bei der Unteren Landespflegebehörde. Dabei werden geeignete Ausgleichsflächen erworben, auf die in räumlichem Zusammenhang mit Bauprojekten zurückgegriffen werden kann (Bundesforschungsanstalt für Landeskunde und Raumordnung 1996, S. 81 ff.). Die folgenden Einzelmaßnahmen könnten unter anderem die Umsetzungschancen für Flächenpools deutlich erhöhen.

Das ***gemeindliche Vorkaufsrecht*** (§24 - 25 BauGB) ist derzeit auf Grundstücke beschränkt, die für öffentliche Zwecke benötigt werden oder für die konkrete städtebauliche Maßnahmen geplant sind. Eine Ausweitung des Vorkaufsrechts auf das gesamte Gemeindegebiet würde die Spielräume der Gemeinde zur Steuerung der Flächenpolitik deutlich erhöhen. Das Vorkaufsrechts könnte durch das Festlegen eines Preislimits in Höhe des Verkehrswertes in seiner Bedeutung erhöht werden. Eine derartige Preislimitierung besteht bereits für das Gebiet der neuen Bundesländer (§3 BauGB Maßnahmengesetz) und sollte auf das gesamte Bundesgebiet ausgeweitet werden (Bundesforschungsanstalt für Landeskunde und Raumordnung 1995, S. 88).

Eine vorsichtige Ausweitung des Instruments der ***städtebaulichen Entwicklungsmaßnahme*** würde der Gemeinde zu weitergehenden Kompetenzen bei der Steuerung der Siedlungsentwicklung verhelfen. Bisher wird dieses Instrument nur eingeschränkt für abgegrenzte Bereiche, bei denen die städtebaulichen Ziele mit den herkömmlichen Instrumenten des Städtebaurechts nicht erreicht werden können, eingesetzt. Eine Ausweitung der städtebaulichen Entwicklungsmaßnahme sollte jedoch mit Vorsicht durchgeführt werden, da es sich um eine sehr durchsetzungsstarke Maßnahme handelt. In jedem Falle sollten Prozesse des Aushandelns Vorrang genießen (Bundesforschungsanstalt für Landeskunde und Raumordnung 1995, S. 89).

Zur Förderung einer höheren Bebauungsdichte bietet sich eine ***Reform des Bodenrechts*** an. Sowohl die Grundsteuer A (für unbebaute Grundstücke) als auch die Grundsteuer B (für bebaute Grundstücke) ist in Deutschland sehr niedrig und hat daher kaum echte Steuerungswirkung. Sie basiert in der Regel nicht auf dem realen Verkehrswert der Grundstücke. Besitzer unbebauter Grundstücke profitieren von den Bodenwertsteigerungen und den niedrigen Sätzen der Grundsteuer A, ohne einen besonderen Anreiz zur Nutzung zu sehen. Eine stärkere Besteuerung des Bodens kann helfen, baureife Grundstücke zu mobilisieren. Des weiteren wird damit ein sparsamerer Umgang mit der Fläche und eine kompaktere Siedlungsweise angeregt. Vorstellbar ist eine derartige Veränderung über die Einführung einer umfassenden Bodenwertsteuer, welche die gesamte Steuerlast auf den Boden überträgt und Gebäude unbesteuert läßt. Flächensparende Siedlungsweise bei maximaler Nutzungsintensität der Grundstücke könnten die Folge sein. Um ausgewogene ***Mischungsverhältnisse*** zu erreichen, sind diese Maßnahmen mit dem Konzept von Nutzungsrechten und -pflichten (Strittmatter et al. 1988; s.o.) zu kombinieren (Bundesforschungsanstalt für Landeskunde und Raumordnung 1995, S. 90).

Ergänzend zu den rechtlichen Rahmenbedingungen und den Festsetzungen der Bauleitplanung werden ***organisatorische Konzepte*** in Angriff genommen, um auf individueller Ebene geringere Distanzen zu fördern und anhand von verkehrssparsamen Verhaltensweisen die räumlichen Voraussetzungen optimal zu nutzen. Zur Durchführung dieser Maßnahmen ist die Stadt- und Verkehrsplanung auf die Zusammenarbeit mit Unternehmen, Wohnungsbauträgern und privaten Haushalten angewiesen. Die Initiative und die Öffentlichkeitsarbeit muß von der Gemeinde kommen, die Umsetzung wird von den privaten Partnern durchgeführt. Die organisatorischen Ansätze beruhen auf drei Punkten der tatsächlichen Nutzung der baulichen Strukturen:

- Dichte als Intensität der Benutzung der baulichen Strukturen
- Mischung als individuelle Zuordnung der Bereiche des Alltags
- Wohn- und Freiraumqualität als individuelle Verfügbarkeit und Eignung der Strukturen

(Bundesforschungsanstalt für Landeskunde und Raumordnung 1995, S. 91).

Der wachsenden Pro-Kopf-Wohnfläche und dem damit immer extensiver genutzten Wohnungsbestand kann durch verschiedene Maßnahmen begegnet werden. Durch zielgerichtetes ***Belegungs- und Umzugsmanagement*** kann die Wohnsituation an den realen Wohnflächenbedarf angepaßt werden. Wichtigste Zielgruppe sind ältere Haushalte, bei denen die Kinder aus dem Haus sind und weniger Platzbedarf besteht als vormals. Als Hauptakteure sind Wohnungsbaugesellschaften angesprochen, die zu quartiersinternen Umzügen anregen können. Der Neubedarf an Siedlungsfläche kann dadurch gebremst, die tatsächliche Wohndichte erhöht und bisher praktisch ungenutzter Wohnraum neu hinzugewonnen werden. Folgende Maßnahmen bieten sich an:

- Freiwerdende kleinere Wohnungen werden zunächst kleinen Haushalten mit großen Wohnungen angeboten;
- Für den Umzug in kleinere Wohnungen wird eine kulantere Praxis der Wohnberechtigungsscheine verfolgt;
- Beim Umzug in kleinere Wohnungen bleibt den Mietern der Quadratmeterpreis der großen Wohnung erhalten. Dadurch entsteht ein finanzieller Anreiz zum Umzug. Die entstehenden Verluste bei den Vermietern können über moderate Mieterhöhungen beim Neubezug der freiwerdenden größeren Wohnung aufgefangen werden;
- Kommunen und Wohnungsbaugesellschaften geben umzugswilligen Mietern finanzielle und organisatorische Hilfe für Renovierung und Umzug. Sie machen die Angebote durch Öffentlichkeitsarbeit publik;

- Bauliche Verdichtungen werden vorwiegend in Form von kleineren, altengerechten Wohnungen getätigt. Durch paralleles Umzugsmanagement im Quartier kann durch den Bau einer kleinen Wohnung und den Umzug eines Haushaltes von einer großen in die neue kleine Wohnung, die große Wohnung neuen Nutzern zur Verfügung gestellt werden

(Bundesforschungsanstalt für Landeskunde und Raumordnung 1995, S. 92).

Bei einem umfassenden Arbeitsansatz kann durch effektivere Wohnraumnutzung ein ***verkehrssparender Effekt*** im Berufsverkehr erreicht werden:

- Die Kooperation verschiedener Wohnungsbaugesellschaften macht stadt- oder regionsweite Wohnungstauschbörsen möglich. Auf diesem Weg bekommen Mieter die Chance auf eine andere Wohnung mit gleicher Wohnqualität, gleichem Preisniveau und besserem räumlichen Bezug zum Arbeitsplatz. Diese Möglichkeit bietet sich auch bei einem Arbeitsplatzwechsel innerhalb der Region
- Durch Kooperation von Arbeitgebern und Wohnungsbauträgern kann die Zuordnung von Wohn- und Arbeitsort gefördert und lange Pendelwege vermieden werden
- Sensibilisierung und Prämien fördern die Nachfrage nach arbeitsplatznahem Wohnraum
- Weiteres Zielpublikum sind zum Beispiel ältere Personen, die in der Nähe ihrer Verwandtschaft neuen Wohnraum suchen

(Bundesforschungsanstalt für Landeskunde und Raumordnung 1995, S. 91 ff.).

Das gleiche Prinzip läßt sich auch auf eine ***flexiblere Arbeitsplatzmobilität*** übertragen. Beim öffentlichen Dienst und bei großen Arbeitgebern mit mehreren Standorten können Tauschbörsen für Arbeitsplätze eingerichtet werden, um die Distanzen zwischen Wohn- und Arbeitsort zu verkürzen. Sicherung eines Arbeitsstandortes anstatt einer Betriebsverlagerung schützt vor wachsenden Wegstrecken im Berufsverkehr. Ausgelagerte, mit Telekommunikationstechniken ausgestattete, wohnungsnahe Nachbarschaftsbüros können in einigen Branchen als verkehrsgünstige Ausweichflächen dienen. Kooperationen zwischen Arbeitgebern, Gemeinden und Wohnungsbaugesellschaften fördern die Chancen für eine effektive Umsetzung derartiger Projekte (Bundesforschungsanstalt für Landeskunde und Raumordnung 1995, S. 94).

Für den Bereich des ***wohnungsnahen Einzelhandels*** ist eine Verknüpfung mit Zusatzfunktionen denkbar. Ein Zusammenlegen von Einkaufsstätte und Zentrum für öffentliche und private Dienstleistungen erhöht die Attraktivität der quartiersbezogenen Versorgungseinrichtungen und bietet ein Versuchsfeld für die Sicherung der Tragfähigkeit der Nahversorgung. Diese Nachbarschaftsläden können eine breite Palette von Angeboten vereinen: Lebensmittel und sonstige Produkte des täglichen Bedarfs, Annahmestelle für Versandhandel, Reinigung, Lotto etc., Post- und Bankdienste, Gastronomie, Bibliothek und Bürgerbüro der Gemeinde. Es bleibt zu beachten, daß der kleinteilige Einzelhandel in Gebieten mit Funktionsmischung bessere Chancen hat, als in reinen Wohngebieten. Die Ansiedlung weiterer Großmärkte in der Peripherie mindert die Chancen für wohnungsnahe Einzelhandelseinrichtungen (Bundesforschungsanstalt für Landeskunde und Raumordnung 1995, S. 96).

Architektur und Freiraumqualität sollten derart gestaltet sein, daß sie die Verwirklichung individueller Lebensvorstellungen durch gute Zugänglichkeit, Verfügbarkeit und Vielfalt der Nutzungsmöglichkeiten unterstützt. Gebietsorientierung durch Identifikation mit dem Wohnumfeld ist entscheidend für eine verträgliche Entwicklung des Freizeitverkehrs. Die Einbindung privater Grünflächen sowie Aufenthalts- und Kommunikationsflächen erhöht die Attraktivität auch dichterer Bauformen und wirkt verkehrsvermeidend. Die Beteiligung der Bewohner an der Gestaltung ihres direkten Wohnumfelds kann über Pflegevergabe für Grünbereiche, Mietergärten oder ähnliche Mitwirkungskonzepte geschehen. Dies trägt zu individuellen, bedarfsgerechten Außenanlagen bei, die von Fall zu Fall verschieden geartet sein können. Ein fußgängerfreundliches Wege- und Straßennetz mit attraktiven Aufenthaltsflächen, direkten Verbindungen, geringer Störwirkung des MIV etc. trägt ebenfalls zur Bindung an das Wohnumfeld bei. Wohnprojekte, die eine individuelle Gestaltung der Wohnformen einbeziehen, erhöhen die Identifikation der Bewohner mit ihrem Umfeld. Im Hinblick auf eine höhere Gebietsbindung kann über eine stärkere Mischung von Wohnungstypen, bezüglich Größe, Grundriß, Gestalt und Kosten besser auf die persönlichen Ansprüche der Mieter und Käufer eingegangen werden als bei Standardkonzepten. Parallel zu baulichen Projekten sind anhand von Nachbarschaftseinrichtungen die ***sozialen Netze*** im Quartier zu stärken. Insbesondere für ältere Menschen sind derartige Angebote von Bedeutung, da sie ohnehin auf das nähere Umfeld angewiesen sind. Altengerechte Wohnungen in Kombination mit dezentralen Alteneinrichtungen stellen Schritte in diese Richtung dar (Bundesforschungsanstalt für Landeskunde und Raumordnung 1995, S. 97 ff.).

Der ***Raumwiderstand*** stellt den finanziellen und zeitlichen Aufwand für Ortsveränderungen dar und beeinflußt sowohl die wirtschaftlichen, als auch die privaten Standortentscheidungen. Ein erhöhter Raumwiderstand unterstützt verkehrssparsamere Raum- und Verhaltensmuster durch die zunehmende Orientierung auf den Nahraum. Die nach wie vor sinkenden Raumwiderstände stehen der Entwicklung verkehrssparsamer Strukturen im Wege. Über höhere Transportkosten und den Verzicht auf kapazitätserweiternden Infrastrukturausbau kann auf den Raumwiderstand Einfluß genommen werden. Auf der anderen Seite haben hohe Belastungen durch den Kfz-Verkehr zur Folge, daß die Bewohner der Städte zur Randwanderung und Stadtflucht tendieren. Diesem Phänomen ist mit einer Verbesserung der Lebens- und Umweltqualität in der Stadt zu begegnen (Bundesforschungsanstalt für Landeskunde und Raumordnung 1995, S. 68 / 71).

Zum Planungsziel muß, im Sinne der Verkehrsvermeidung, eine Lebens- und Wirtschaftsweise erklärt werden, welche "die regionalen Entwicklungspotentiale stärkt und eine nahräumliche Vielfalt schafft, die auch von den Nutzungsansprüchen angenommen wird. Der Verzicht auf eine ökologisch belastende Raumüberwindung muß 'sich rechnen' -

einzelwirtschaftlich und gesamtgesellschaftlich. [...] Wenn die Angebotsqualität der Flächennutzungen und der Raumwiderstand als Schlüsselgrößen in einem integrierten Konzept gezielt verkehrsvermeidend eingesetzt werden, dann wird Verkehrsentwicklung in gewissem Sinne steuerbar" (Würdemann 1993a, S. 268 / 276). Mit einem Szenario der 'gezielten Raumordnung' prognostiziert Kutter eine mittelfristig mögliche Verkehrseinsparung um 25% bis 30% gegenüber dem Szenario 'freie Zersiedlung' (Kutter 1993, S. 292).

Die beschriebenen Ansätze zur umfassenden ***Verkehrsvermeidung*** stellen den Bezug zwischen den gesellschaftlichen Rahmenbedingungen und der Verkehrsentwicklung dar. Die vom Verkehr ausgehenden Umfeld- und Umweltbelastungen sind zusätzlich über die Faktoren der modalen und räumlichen ***Verkehrsverlagerung*** und der ***verträglichen Verkehrsabwicklung*** zu beeinflussen. Die Maßnahmen aus diesen Bereichen werden hier nur kurz angerissen. Sie sind in Kap. 7.3 ausführlich dokumentiert und kommen, in Einklang mit den oben beschriebenen Maßnahmen zur Verkehrsvermeidung, in den Szenarien in Kap. 7.4 bis 7.6 zum Einsatz.

Maßnahmen zur ***modalen Verlagerung*** auf umweltfreundliche Verkehrsmittel stellen kurz- bis mittelfristig realisierbare Ansätze dar. Hauptansatzpunkte hierzu sind die Förderung des ÖPNV und des Fußgänger- und Radverkehrs in Kombination mit restriktiven Maßnahmen für den MIV in Form von Parkraumstrategien, fiskalischen Maßnahmen (z.B. Nahverkehrsabgaben) oder ähnlichem (Topp 1989, S. 332; Wicke 1994, S. 48 ff.).

Im Bereich ***räumlicher Verkehrsverlagerung*** zeigen die bisherigen Erfahrungen mit autofreien Innenstädten positive Auswirkungen auf Aufenthaltsqualität, Lärm und Luftqualität (Topp 1995a, S. 30). Derartige Fahrverbote können auch lokalen oder temporären Charakters sein. Zentrales Element der innerstädtischen Verkehrsverlagerung und verträglichen Abwicklung ist die ***flächenhafte Verkehrsberuhigung***. "Unter 'Verkehrsberuhigung' werden dabei organisatorische, bauliche und verkehrsregelnde Maßnahmen verstanden, mit denen die vom Kfz-Verkehr ausgehenden Nachteile für das gesamte Verkehrsgeschehen, die städtebauliche Situation und die Umweltqualität abgebaut werden können. Durch entsprechende Restriktionen für den Kfz-Verkehr auf der einen und komplementäre Verbesserungen für den Fußgänger-, Radfahrer- und den öffentlichen Personennahverkehr auf der anderen Seite sollten diese Verkehrsarten nachdrücklich gefördert werden. 'Flächenhaft' bedeutet in diesem Zusammenhang, daß sich die Maßnahmen über größere Stadtgebiete erstrecken, wobei auch Hauptverkehrsstraßen einbezogen sind" (Kanzlerski 1993, S. 235). Der Einsatz moderner Verkehrs-Telematik gehört, ebenso wie fahrzeugtechnische Maßnahmen, in die Kategorie der ***verträglichen Verkehrsabwicklung.***

In der ***Praxis*** ist häufig eine umgekehrte Zielhierarchie anzutreffen, als die für eine zukunftsfähige Verkehrsentwicklung geforderte (vgl. Kap. 7.3): Kurzfristig realisierbare technische Maßnahmen nehmen die Alibifunktion für eine umweltgerechte Entwicklung ein, da sie mit sehr viel weniger gesellschaftlichem Konfliktstoff geladen sind, als Eingriffe mit dem Ziel der modalen Verkehrsverlagerung und umfassenden Verkehrsvermeidung. Die Umdenkprozesse und die darauf basierenden Veränderungen in den persönlichen Verhaltensstrukturen stoßen zum Teil weiterhin auf große Widerstände bei der Bevölkerung. Beim Einsatz 'konventioneller' Ansätze zur Verbesserung eines umweltfreundlichen Verkehrsangebots ist nicht mit wesentlichen Fortschritten im Hinblick auf eine zukunftsfähige Verkehrsentwicklung zu rechnen. Um diese zu fördern müssen 'progressive' Ansätze zum Einsatz kommen, die eingebunden in ein Gesamtkonzept Anreize für den ÖPNV und NMIV, aber auch restriktive Maßnahmen für den Kfz-Verkehr einbeziehen. Die Reduzierung der Bewegungsmöglichkeiten mit dem MIV durch Nutzungsbeschränkungen für den fließenden und ruhenden Verkehr schafft neue Freiräume für alternative Nutzungen des Straßenraums (Kreibich 1994, S.13 ff.; Künne 1991, S. 443 ff.; Schaaff 1995, S. 251). Die grundlegendsten Umdenkprozesse sind jedoch in Hinblick auf eine nachhaltige Verkehrsvermeidung notwendig. Ein Einbeziehen der genannten siedlungsstrukturellen und organisatorischen Maßnahmen sowie Veränderungen beim Planungsverständnis, Planungsrecht und Bodenmarkt müssen in praxisbezogene Gesamtkonzepte integriert und mittel- bis langfristig umgesetzt werden.

1.3.2 Das Leitziel 'Nachhaltige Entwicklung im Verkehr'

Die Entwicklung der Motorisierungsrate und der durchschnittlich pro Einwohner und Jahr zurückgelegten Pkw-Kilometer zeigt für Deutschland und Frankreich stetiges Wachstum. Der Anstieg der Personenkilometer liegt in Frankreich mit +74% (1970 - 1987) jedoch deutlich über dem Wert für Deutschland mit +52% im gleichen Zeitraum (Ministère de l'Environnement o.J., S. 4). Folge davon ist, daß in Frankreich mit weniger Pkw insgesamt mehr Kilometer zurückgelegt werden. Tab. 1.1 zeigt ein Beispiel aus dem Jahr 1986:

Tab. 1.1: Motorisierungsrate und Pkw-Benutzung in Deutschland und Frankreich (1986)

	Pkw / 1000 Einwohner	Km / Pkw x Jahr	Pkw-Kilometer / Einwohner
Deutschland	441	18.900	8335
Frankreich	386	23.800	9187

verändert nach Blowers 1993, S. 116

Weiterhin steigende Fahrleistungen im MIV werden für beide Staaten prognostiziert. In Frankreich um +35% bis +40% (1990 - 2010) (Ministère de l'Environnement o.J., S. 8), in Deutschland um +29% (1988 - 2010) (Enquete-Kommission 1995, S. 1262). "Der Verkehr ist heute jener Umwelt- und Energieverbrauchsbereich, bei dem die geringsten Chancen bestehen, daß die Verpflichtungserklärungen der Bundesrepublik Deutschland vor und auf der Rio-Konferenz, den klimaschädlichen Kohlendioxidausstoß bis zum Jahre 2005 um 25 bis 30% zu reduzieren, eingehalten wird" (Kreibich 1996, S. 4). Vor diesem Hintergrund müssen Untersuchungen zum Zustand der Umwelt und ihrer zukünftigen Entwicklungen "auch für den Bereich 'Mobilität / Verkehr' [...] das ***Leitziel 'sustainable development - nachhaltige Entwicklung'*** vorgeben, die wohl ehrgeizigste Perspektive für einen zukunftsfähigen Stadt- und Regionalverkehr" (Kreibich 1996, S. 1).

Im ***'Brundtland-Bericht'*** aus dem Jahr 1987 wird nachhaltige Entwicklung folgendermaßen definiert: "Development that meets the needs of the present without compromising the ability of future generations to meet their own needs" (World Commission on Environment and Development 1987, S. 43). Diese Forderung nach Erhalt der Grundlagen zur Bedürfnisbefriedigung der gegenwärtigen und zukünftigen Generationen ist auf der Weltgipfelkonferenz der Vereinten Nationen in Rio de Janeiro (UNCED) im Jahr 1992 als ***'Agenda 21'*** festgeschrieben worden (Vereinte Nationen 1992). Kapitel 28 der Agenda betont die wichtige Rolle der Gemeinden bei der Erzielung globaler Erfolge in Richtung einer nachhaltigen Entwicklung. Ziel dieser 'lokalen Agenden 21' ist es, Handlungsprogramme aufzustellen, die sich am Leitbild für die zukünftige Entwicklung der Gemeinden orientieren und damit als langfristige kommunale Aktionspläne in Erscheinung treten (Bundesministerium für Raumordnung, Bauwesen und Städtebau 1996, S. 4). Die inhaltliche Bandbreite der Agenda 21 umfaßt nahezu alle Bereiche menschlichen Handelns und Wirtschaftens, Schwerpunkte auf kommunaler Ebene sind von den Gemeinden selbst zu setzen. Für die vorliegende Arbeit sind die Teilbereiche 'nachhaltige Verkehrs- und Siedlungsentwicklung' von weiterführendem Interesse.

Die Unterzeichner der ***'HABITAT II- Konferenz'*** der Vereinten Nationen im Jahr 1996 verpflichten sich laut Punkt 43c dazu, "Stadtplanung und -verwaltung hinsichtlich Wohnen, Verkehr, Beschäftigungsmöglichkeiten, Umweltbedingungen und kommunaler Einrichtungen zu integrieren" (Bundesministerium für Raumordnung, Bauwesen und Städtebau 1997, S. 12). In den anschließenden Unterpunkten legen sich die Teilnehmer auf flächensparende, umwelt- und sozialverträgliche Siedlungs- und Verkehrsstrukturen fest.

Folgende ***Maßnahmen*** für eine nachhaltige Verkehrsentwicklung sind auf der 'HABITAT II-Konferenz' beschlossen worden. Nach Punkt 151 des 'Globalen Aktionsplans' sollen die Regierungen in Zusammenarbeit mit kommunalen, privaten und sonstigen Akteuren

a) "einen integrierten verkehrspolitischen Ansatz fördern, der die gesamte Bandbreite an technischen und administrativen Möglichkeiten untersucht und die Bedürfnisse aller Bevölkerungsgruppen, insbesondere jener, deren Mobilität durch Behinderung, Alter, Armut oder andere Umstände eingeschränkt ist, angemessen berücksichtigt;
b) die Flächennutzungs- und die Verkehrsplanung koordinieren, um Siedlungsstrukturen zu fördern, die den Zugang zu elementaren Einrichtungen wie Arbeitsplätzen, Schulen, Gesundheitswesen, religiösen Stätten, Gütern sowie Versorgungs- und Freizeiteinrichtungen erleichtern, und damit das Verkehrsaufkommen senken;
c) durch geeignete Preisgestaltung, Siedlungsstrukturpolitiken und rechtliche Maßnahmen die Nutzung einer optimalen Kombination von Fortbewegungsmöglichkeiten fördern, darunter Zufußgehen, Fahrradfahren, Individual- und öffentliche Verkehrsmittel;
d) leistungshemmende Maßnahmen fördern und ergreifen, welche die wachsende Zunahme des motorisierten Individualverkehrs bremsen und Staus verringern, die umweltschädlich

sowie wirtschaftlich und sozial schädlich und ebenso der menschlichen Gesundheit und Sicherheit abträglich sind; die Förderung dieser Maßnahmen umfaßt Preisfestsetzung, Verkehrsregelung, Parkplatz- und Flächennutzungsplanung sowie Mittel zur Reduzierung des Verkehrsaufkommens und die Schaffung oder Förderung effektiver alternativer Verkehrsmittel, insbesondere in den am meisten von Staus betroffenen Gebieten;

e) effektive, erschwingliche, materiell zugängliche und umweltverträgliche öffentliche Verkehrssysteme schaffen oder fördern, wobei den kollektiven Verkehrsmitteln mit geeigneter Beförderungskapazität und Taktzeiten, welche den elementaren Anforderungen genügen und auf die Hauptverkehrsströme abgestimmt sind, Vorrang einzuräumen ist;

f) lärmarme und umweltfreundliche Technologien mit hohem Wirkungsgrad fördern, regulieren und einführen, darunter Motoren mit hohem Kraftstoff-Nutzungsgrad, Abgaskontrollen und Kraftstoffe mir geringen Abgasemissionen und Folgen für die Atmosphäre, sowie andere alternative Energieformen;

g) den öffentlichen Zugang zu elektronischen Informationsdiensten fördern und unterstützen" (Bundesministerium für Raumordnung, Bauwesen und Städtebau 1997, S. 48).

In der ***Charta von Aalborg*** aus dem Jahr 1994 werden diese Maßnahmenpakete für die Anwendung in europäischen Städten konkretisiert. Heidelberg ist eine der deutschen Unterzeichnerstädte. Punkt I.8 nimmt Bezug auf die zukunftsbeständige Flächennutzung: "Wir Städte und Gemeinden erkennen die Bedeutung einer wirksamen Flächennutzungs- und Bebauungsplanung durch unsere kommunalen Gebietskörperschaften, die auch die strategische Umweltprüfung sämtlicher Pläne umfaßt. Wir sollten die Chancen für leistungsfähige öffentliche Verkehrsversorgung und effiziente Energieversorgung nutzen, die höhere Bebauungsdichten bieten, und dabei gleichzeitig das menschliche Maß der Bebauung beibehalten. Sowohl bei der Durchführung von Stadtsanierungsprojekten in innerstädtischen Gebieten als auch bei der Planung neuer Vororte bemühen wir uns um eine Mischnutzung, um den Mobilitätsbedarf zu vermindern. Die Idee einer gerechten wechselseitigen Abhängigkeit in der Region sollte es uns ermöglichen, die Leistungsströme zwischen Stadt und Land ins Gleichgewicht zu bringen und zu verhindern, daß die Städte die Ressourcen des Umlandes nur ausbeuten" (Kuhn et al. 1998, S. 300).

Punkt I.9 geht direkt auf die städtische Mobilität ein: "Wir Städte und Gemeinden werden uns bemühen, das Verkehrsaufkommen zu senken und dabei dennoch die Erschließungsqualität zu verbessern und das soziale Wohl und die städtische Lebensweise aufrecht zu erhalten. Wir wissen, daß eine zukunftsbeständige Stadt unbedingt die erzwungene Mobilität verringern und die Förderung und Unterstützung von unnötigem Kraftfahrzeuggebrauch beenden muß. Wir werden ökologisch verträglichen Fortbewegungsarten (insbesondere Zufußgehen, Radfahren, öffentlicher Nahverkehr) den Vorrang einräumen und den Verbund dieser Verkehrsarten in den Mittelpunkt unserer Planungsarbeiten stellen. Motorisierten Individualverkehrsmitteln sollte nur die ergänzende Aufgabe zukommen, den Zugang zum öffentlichen Nahverkehr zu erleichtern und die wirtschaftliche Aktivität der Stadt aufrechtzuerhalten" (Kuhn et al. 1998, S. 301).

"Besonders konsequente Maßnahmen zur Einschränkung des Autoverkehrs" (BfLR 1996, S. 87) fordert auch die Bundesforschungsanstalt für Landeskunde und Raumordnung zur Realisierung einer nachhaltigen Verkehrs- und Stadtentwicklung. Diese Aussage steht vor dem Hintergrund der Mobilitätsentwicklung der vergangenen Jahrzehnte, mit stetig wachsender Kfz-Nutzung. Eine stadtverträgliche Verkehrspolitik bedarf demnach eines umfassenden Mobilitätsmanagements, eingebettet in eine ***integrierte Raumentwicklungs- und Gesamtverkehrsplanung*** (BfLR 1996, S. 88 ff.). Die lokale Ebene der Stadt und ihre derzeitige Ausgestaltung kann dabei gleichzeitig als Ursache der Verkehrsprobleme, wie auch als Hauptangriffspunkt für deren Lösung gesehen werden. Sie bietet in vielerlei Hinsicht Möglichkeiten auf die Mobilitätsgewohnheiten der Bevölkerung Einfluß zu nehmen (Blowers 1993, S.129).

Eine integrierte Raumentwicklungs- und Gesamtverkehrsplanung muß Siedlungs-, Nutzungs- und Wirtschaftsstrukturen mit einbeziehen, um den kontraproduktiven Wirkungen der Fernorientierung in unserer Gesellschaft langfristig begegnen zu können. Kleinmaßstäbliche Beschleunigung und Verflechtung wirkt, bei gleichzeitiger Einschränkung der Fernorientierung, begünstigend für eine Konzentration auf den Nahraum. Durch bewußte Regulierung der Raumwiderstände wird auf verkehrserzeugende Rahmenbedingungen eingegangen, um die Verkehrsmengen auf ein verträgliches Niveau zu reduzieren. Verkehrsvermeidung kann als zentraler Punkt einer ökologischen Verkehrswende bezeichnet werden (Loske et al. 1996, S. 157 ff.). "Untersuchungen zu verschiedenen Siedlungssituationen haben gezeigt, daß mittelgroße Gemeinden, Stadtviertel in Innenstadtrandlage sowie Bezirke mit kleinräumiger Nutzungsmischung und dichter Einzelhandelsausstattung den geringsten Verkehrsaufwand erzeugen.[...] Daher sind Nutzungsmischung und dezentrale Konzentration wichtige Prinzipien für eine verkehrssparende Stadtgestaltung..." (Loske et al. 1996, S. 166).

Ein sehr anschauliches Beispiel für die räumlichen Auswirkungen des (finanziellen) Widerstands der Raumüberwindung führt Weizsäcker in seiner Klima-Bündnis-Veröffentlichung an: "Zeige mir deine Siedlungsstruktur, und ich sage dir, was für Treibstoffpreise Du hattest. [...] Die Bewohner von Bologna verbrauchen pro Kopf und Jahr bloß etwa ein Viertel an Treibstoff im Vergleich zu denen in Detroit. Ein Faktor 4 trennt auch ungefähr die Treibstoffpreise" (Weizsäcker 1994, S. 283).

Zusätzlich zur Entwicklung integrierter Strategien auf kommunaler Ebene betont die OECD die Bedeutung von neuen planerischen Ansätzen: "Innovation is the key to progress. Much that must be known has yet to be learned about integrative policies, and in any case, policies and programmes must be adapted to local needs and opportunities" (Organisation for Economic Co-operation and Development 1996, S. 170). Schwierig zu beantworten bleibt die Frage nach den raum- und verkehrswirksamen Auswirkungen neuer und zukünftiger Generationen ***elektronischer Medien und Kommunikationstechniken***. Ob diese in der Realität ein Potential darstellen, um physischen Transport durch elektronische Verständigung zu ersetzen und damit eine weitere Chance zur Verkehrsvermeidung bieten, hängt im wesentlichen von der Art der Umsetzung ab. Die Ausweitung der elektronischen Vernetzung darf möglichst wenig in neuen physischen Verkehr transformiert werden (Loske et al. 1996, S. 168).

Die Idee der Verwirklichung einer nachhaltigen Entwicklung auf Gemeindeebene anhand eines integrierten Ansatzes besteht in ***Frankreich*** ebenso wie in Deutschland. Die Inhalte entsprechen sich in den wesentlichen Punkten: Funktionsmischung und verträgliche Dichte mit dem Ziel einer flächen- und ressourcensparenden 'Stadt der kurzen Wege', hoher Stellenwert der sozialen Aspekte, Bürgerbeteiligung etc., um nur die wichtigsten zu nennen. Die Rahmenbedingungen bezüglich Zielen und Vorgehensweisen sind 1996 vom Ministère de l'Environnement in einem 'schéma national d'amènagement du territoire' (SNAT) festgelegt worden. Die Umsetzung der HABITAT II-Forderungen auf französische Städte wird in dem Papier "Les villes françaises pour le développement durable" angeregt (Ministère de l'Environnement 1996, S. 76 ff.). Die organisatorische Ausgestaltung weicht vom deutschen Muster ab, angepaßt an das französische Planungssystem (vgl. Kap. 1.3.3). Zur Festlegung der kleinräumigen Ziele, Maßnahmen und Vorgehensweisen stellt die Gemeinde eine 'charte d'environnement' auf, die mit der Unterzeichnung durch den Bürgermeister der Gemeinde und den Präfekten, als Vertreter des Staates, in Kraft tritt. Die 'charte d'environnement de Montpellier' stammt aus dem Jahr 1994 und stellt die zweite in Frankreich unterzeichnete Umweltcharta einer größeren Stadt dar. Die Evaluierung erfolgt einerseits durch die Gemeinde selbst, andererseits durch das staatliche Umweltministerium (Ministère de l'Environnement 1995a, S. 41 ff.; Ville de Montpellier 1994).

Ein bedeutender neuer Aspekt am vorliegenden ***'Verfahren zur Bewertung von Umfeld- und Umweltverträglichkeit von Stadtverkehr'*** (vgl. Kap. 2) ist die Verbindung eines Bewertungsschemas mit den Verursacherstrukturen des Verkehrs. Die ausgewählten Verkehrssegmente werden nach Fahrzweck, Quell- und Zielort und benutztem Verkehrsmittel auf die Grundzüge der Verkehrsentstehung untersucht und auf Potentiale zur Verkehrsvermeidung durchleuchtet. Hierdurch kann bei der Arbeit ein Bezug zu mittel- bis langfristigen Veränderungen, mit Zielrichtung verkehrsarmer Siedlungs- und Nutzungsstrukturen in den Untersuchungsgebieten Montpelliers und Heidelbergs, hergestellt werden.

1.3.3 Gesetzliche Rahmenbedingungen und Systeme der Raumplanung

Die Planung der Siedlungs-, Nutzungs- und Verkehrsstrukturen in den Untersuchungsstädten Montpellier und Heidelberg basiert auf den unterschiedlichen planungsrechtlichen Rahmenbedingungen der Staaten Frankreich und Deutschland. In den gesetzlichen Grundlagen und den Institutionen der Raumplanung spiegelt sich der jeweilige Staatsaufbau wider. Die unterschiedlichen territorial-administrativen Ordnungen, Organisationsmerkmale und Kompetenzverteilungen machen einen direkten Vergleich schwierig. Hinzu kommt die Querschnittsfunktion der Raumplanung mit überörtlicher und überfachlicher Ausrichtung, die in den beiden Staaten durch ganz unterschiedliche Abhängigkeitsstrukturen bewältigt wird.

Zugleich aber finden sich bei Funktion und Inhalt einiger Raumordnungsinstrumente und rechtlicher Grundlagen wiederum Parallelen (Neumann et al. 1996, S. 71 ff.).

Auf der Grundlage der folgenden ***gesetzlichen und planungsstrukturellen Rahmenbedingungen*** haben sich die derzeitigen Verkehrs- und Umweltsituationen in den Untersuchungsräumen herausgebildet. Aber nicht nur der Vergleich der Ist-Zustände in Montpellier und Heidelberg wird dadurch geprägt, auch für die Status-Quo- und Alternativszenarien mit dem Horizont 2010 ist nur mit geringen Veränderungen dieser festgeschriebenen Strukturen zu rechnen. Darüber hinausgehend kann ein ***langfristiger Wandel der Rahmenbedingungen*** neue Möglichkeiten der Stadt- und Verkehrsentwicklung eröffnen, die unter derzeitigen Verhältnissen nicht realisierbar sind (vgl. Kap. 1.3.1). Dies gilt insbesondere für städtebauliche Fragen, wie z.B. die Durchsetzbarkeit von Funktionsmischung und verträglicher Dichte, mit dem Ziel einer umwelt- und umfeldverträglicheren Siedlungsweise und Mobilität. Derartige Neuerungen stellen die Basis der langfristigen Alternativszenarien dar und kommen in Kap. 7.6 zum Einsatz. Hier folgt zunächst eine Gegenüberstellung der derzeitigen Situationen in Deutschland und Frankreich.

In ***Deutschland*** ist die Raumordnung im Grundgesetz rechtlich verankert. Artikel 75 schreibt dem ***Bund*** die Aufgabe zu, Rahmenkompetenzen zu übernehmen. Diese sollen insbesondere ausgeübt werden, um "die Einheitlichkeit der Lebensverhältnisse über das Gebiet eines Landes hinaus" (Art. 72 Abs. 2 Nr. 3) zu wahren. Weitere Grundgesetzartikel spezifizieren diesen Anspruch: Artikel 29 Absatz 1 legt die Gliederung der Bundesländer nach den Erfordernissen der Raumordnung und Landesplanung fest, Artikel 91a regelt die Gemeinschaftsaufgaben von Bund und Ländern, Artikel 104a gestattet dem Bund Finanzhilfen für bedeutende Investitionen der Länder und Gemeinden. Artikel 106, 106a und 107 zielen mit Bestimmungen zur Verteilung der Steuergelder und zum Finanzausgleich auf eine Verringerung der finanziellen Ungleichgewichte zwischen den Ländern und den Gemeinden ab.

Die Landesplanung ist den einzelnen ***Ländern*** als Pflichtaufgabe auferlegt. Sie müssen die, in § 2, § 4 und § 5 des Bundesraumordnungsgesetzes festgelegten Aufgaben durch die Erstellung von Programmen und Plänen erfüllen. Das Bundesraumordnungsgesetz definiert die Aufgaben und Leitvorstellungen (§ 1), die Grundsätze der Raumordnung (§ 2) und deren Tragweite (§ 3). Die Länder übernehmen damit die staatliche Zuständigkeit für die Organisation und Durchführung von Raumordnung und Landesplanung. Diese wird beschränkt durch den Grundsatz der kommunalen Selbstverwaltung (Artikel 28 GG), zu dem auch die Planungshoheit der ***Gemeinden*** gezählt wird. Die Gemeinden gehen jedoch nach § 1 Abs. 4 des Baugesetzbuchs eine Verpflichtung zur Anpassung an die Ziele der Landesplanung und Raumordnung ein. Auf Ebene der Länder und der Regionen wird die Raumplanung hauptsächlich durch das Landesplanungsgesetz geregelt, auf Ebene der Gemeinden durch das Baugesetzbuch und die Baunutzungsverordnung (Kistenmacher et al. 1994, S. 59 ff.; GG; ROG).

Abb. 1.4: Planarten und Hierarchie der räumlichen Planung in Deutschland

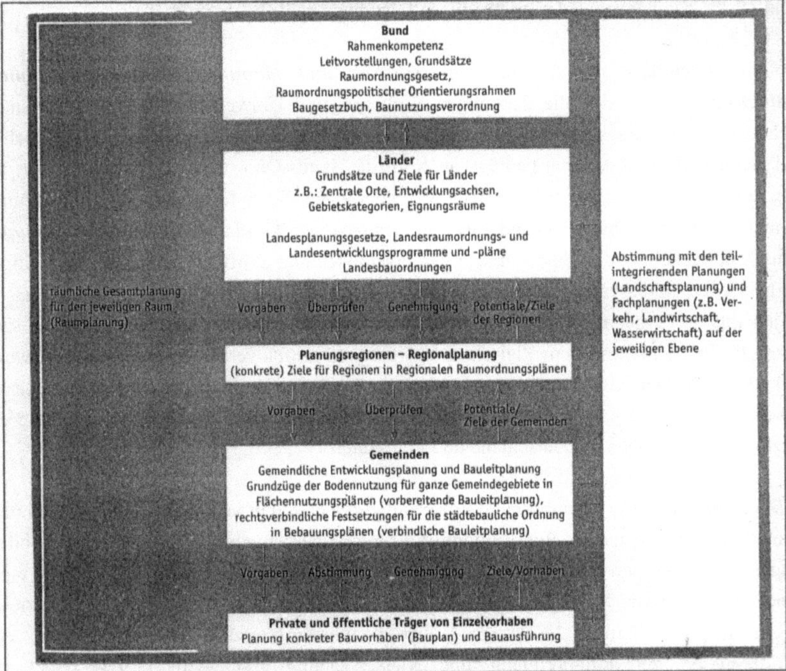

BMBau 1996, S. 48

Die ***Rahmenkompetenz des Bundes*** äußert sich in Form von inhaltlichen und verfahrensrechtlichen Rahmenvorschriften. Hauptverantwortlich hierfür ist das Bundesministerium für Raumordnung, Bauwesen und Städtebau (BMBau), mit den Instrumenten Bundesraumordnungsprogramm (BROP), Bundesraumordnungsbericht und Raumordnungspolitischem Orientierungsrahmen. Das BMBau koordiniert auch die raumrelevanten Fachpolitiken des Bundes im interministeriellen Ausschuß für Raumordnung (IMARO). Weitere Koordinierungs- und Beratungsgremien sind die Ministerkonferenz für Raumordnung (MKRO) und der Beirat für Raumordnung. Das BMBau hat weder übergeordnete Kompetenzen über die übrigen Bundesministerien, noch Entscheidungsbefugnis über die Verwendung von Investitionsmitteln (BMBau 1996, S. 46 ff.).

Die bundesweit geltenden Rahmenvorschriften sind von den ***Ländern*** eigenverantwortlich auszufüllen, zu konkretisieren und umzusetzen. Wichtigstes gemeinsames Organ von Bund und Ländern zur Vorbereitung und Koordinierung dieser Schritte ist die Ministerkonferenz für Raumordnung (MKRO). Nach dem Raumordnungsgesetz sind die Länder verpflichtet, flächendeckende Landesentwicklungspläne oder Landesentwicklungsprogramme aufzustellen, was auf der Ebene der obersten Landesplanungsbehörde (Ministerien) erfolgt. Weitere Instru-

Raumordnung (MKRO) und der Beirat für Raumordnung. Das BMBau hat weder übergeordnete Kompetenzen über die übrigen Bundesministerien, noch Entscheidungsbefugnis über die Verwendung von Investitionsmitteln (BMBau 1996, S. 46 ff.).

Die bundesweit geltenden Rahmenvorschriften sind von den ***Ländern*** eigenverantwortlich auszufüllen, zu konkretisieren und umzusetzen. Wichtigstes gemeinsames Organ von Bund und Ländern zur Vorbereitung und Koordinierung dieser Schritte ist die Ministerkonferenz für Raumordnung (MKRO). Nach dem Raumordnungsgesetz sind die Länder verpflichtet, flächendeckende Landesentwicklungspläne oder Landesentwicklungsprogramme aufzustellen, was auf der Ebene der obersten Landesplanungsbehörde (Ministerien) erfolgt. Weitere Instrumente sind die Landesentwicklungsberichte, Raumordnungsverfahren und Raumordnungskataster. Die nachfolgende Ebene der höheren Landesplanungsbehörden entspricht den Regierungspräsidenten, die jedoch keine unmittelbaren planerischen Befugnisse ausüben, sondern lediglich die Rechts- und Fachaufsicht über Regionalverbände und Planungsgemeinschaften haben. Die Organisationsstrukturen auf Landesebene weisen von Bundesland zu Bundesland Unterschiede auf (Kistenmacher et al. 1994, S. 65 ff.).

Als Verbindungsglied zwischen Länderebene und kommunaler Ebene ist die ***Regionalplanung*** zwischengeschaltet. Sie ist Teil der Landesplanung, unter Beteiligung der Gemeinden und Kreise. Die Organisationsstrukturen variieren von Land zu Land. Ihre Aufgabe liegt in der Konkretisierung der Aussagen der Landesentwicklungspläne auf der Maßstabsebene der Regionen in Form von Regionalplänen (BMBau 1996, S. 46 ff.).

Die ***örtliche Bauleitplanung*** hat eine Anpassungspflicht gegenüber den Rahmenvorgaben des Regionalplans, das heißt, den Gemeinden bleiben innerhalb einer vorgegebenen Richtung mehr oder weniger große Spielräume zur Gestaltung ihrer Planungshoheit. Ihre Aufgabe liegt einerseits in der konkreten Umsetzung raumordnerischer Leitvorstellungen und Ziele, andererseits in der Bearbeitung der lokalen Bedürfnisse. Die Bauleitplanung befaßt sich, laut Baugesetzbuch, mit der Nutzung der Fläche einer Gemeinde. Dabei wird die vorbereitende Bauleitplanung in Form von Flächennutzungsplänen (FNP) und die verbindliche Bauleitplanung in Form von Bebauungsplänen (B-Plänen) unterschieden. Der ***Flächennutzungsplan***, der "für das gesamte Gemeindegebiet die sich aus der gesamten städtebaulichen Entwicklung ergebende Art der Bodennutzung nach den voraussehbaren Bedürfnissen der Gemeinde in den Grundzügen" (§ 5 Abs. 1 BauGB) darstellt, hat keinen rechtsverbindlichen Charakter. Er unterscheidet nach der allgemeinen Art sowie nach der besonderen Art der baulichen Nutzung. Der ***Bebauungsplan***, der die Grundlage für die zum Vollzug des Baugesetzbuchs erforderlichen Maßnahmen bildet, ist dagegen rechtsverbindlich. Der Bebauungsplan bezieht sich nur auf Teilgebiete einer Gemeinde. Er legt die festzusetzenden Baugebiete nach Art der baulichen Nutzung und nach Maß der baulichen Nutzung (Grundflächenzahl, Geschoßflächenzahl, Baumassenzahl, Zahl der Vollgeschosse) fest. FNP und B-Plan werden durch die Gemeinde erarbeitet, unter Beteiligung der Bürger

(Unterrichtung der Öffentlichkeit, Erörterung, öffentliche Auslegung, Überprüfung von Bedenken und Anregungen) und der Träger öffentlicher Belange (Träger von Fachplanungen sowie Gewerkschaften, Kammern, Kirchen etc.). Die Genehmigung erfolgt durch die höhere Verwaltungsbehörde (Schayck 1998, S. 7 ff.; Kistenmacher et al. 1994, S. 131 ff.; BauGB; GG).

In ***Frankreich*** sind die Zielvorgaben der Raumplanung ursprünglich nicht in der Verfassung festgelegt. Die Raumplanung wird nicht als Verfassungsgebot, sondern als politisches Gebot aufgefaßt. Sie gehört zu den wirtschaftlichen Funktionen des Staates, ihre Durchführung obliegt der zentralisierten Verwaltung. Planungsgesetze, in dem Maße wie sie in Deutschland existieren, waren zumindest in der Zeit des uneingeschränkten Zentralismus bis 1982 nicht existent. Als Grundsatz gilt das, im Code Civil von 1804 festgeschriebene, Recht auf Eigentum, welches durch kein Planungsgesetz eingeschränkt werden darf (Loew 1988, S. 20).

Die wichtigste planungsrechtliche Grundlage ist der Code de l'Urbanisme (Städtebaurecht). Dieser wird ergänzt durch das Loi d'Orientation Foncière (1967) und das Loi portant réforme de la politique foncière (1976), mit Neuregelungen der städtebaulichen Plantypen, sowie einige weitere spezifische Gesetze mit Bezug zur Bodennutzung (Loew 1988, S. 20). Im Zuge der Dezentralisierungsreform 1983 sind die rechtlichen Grundlagen der Raumordnung in Frankreich gestärkt worden, da die Kompetenzverteilungen zwischen Staat, Regionen, Départements und Gemeinden neuer Regelungen bedurften. Seitdem ist der Staat nicht mehr allein für die Raumplanung zuständig. Regionen, Départements und Gemeinden haben neue Befugnisse zur Steuerung der lokalen Entwicklung. Artikel 72 der Verfassung regelt die Selbstverwaltung der Gebietskörperschaften, wobei dem Staat im Falle nationalen Interesses mehr Eingriffsmöglichkeiten gewährt bleiben, als in Deutschland. In Artikel L. 110 des Code de l'Urbanisme wird die gemeinschaftliche Verantwortung von Staat und Gebietskörperschaften für das französische Staatsgebiet betont. Im 1992 geschaffenen Loi d'administration territoriale werden ehemals zentrale Aufgaben der Staatsverwaltung auf die Ebenen der Regionen, Départements und Arrondissements verschoben und versucht, die Kompetenzstrukturen des Verwaltungsapparates klarer zu gliedern (Ministère de l'Environnement 1996, S. 30 ff.; Albers 1997, S. 53 ff.; Kistenmacher et al. 1994, S. 63 ff.; Code de l'Urbanisme).

Fördermaßnahmen zur raumordnerischen, wirtschaftlichen, wissenschaftlichen, sozialen, gesundheitlichen und kulturellen Entwicklung sind den Regionalräten per Gesetz aufgetragen (Gesetz Nr. 82 - 212, vom 2. März 1982, Art. 59). Die Zuständigkeiten für den öffentlichen Nahverkehr, die Entwicklung des ländlichen Raumes und den Schutz empfindlicher Naturräume liegen weitgehend bei den Départements. Die Gemeinden und ihre öffentlich-rechtlichen Kooperationsgremien übernehmen die Erstellung städtebaulicher Pläne (Code de l'Urbanisme Art. L. 122 - 1 - 1 und L. 123 - 3; Gesetz vom 7. Januar 1983). 'Nationale Raumordnungsvorgaben' und 'besondere Raumordnungsvorgaben' werden in Anwendung der

Abb. 1.5: Schema zur Raumplanung in Frankreich

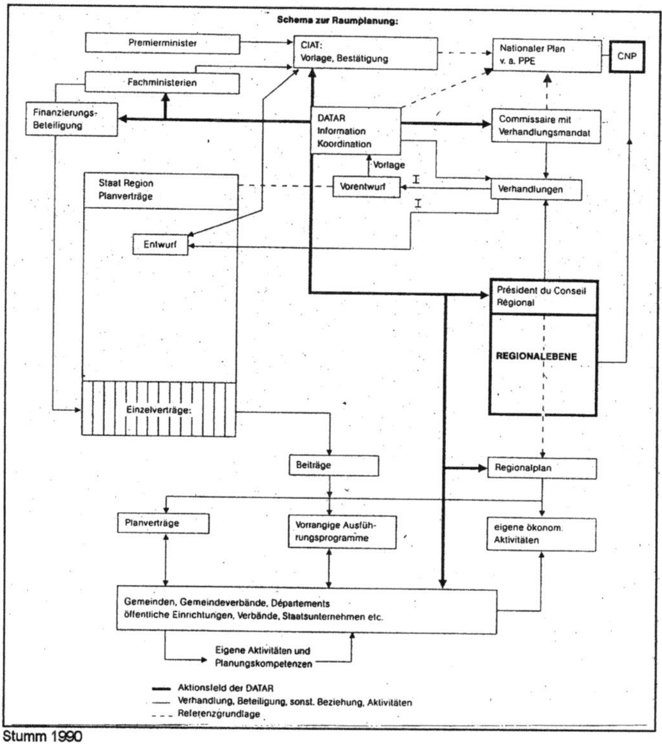

Stumm 1990

Die délégation à l'aménagement du territoire et à l'action régionale (***DATAR***, nationales Amt für Raumordnung und regionale Maßnahmen) stellt die zentrale Einrichtung der französischen Raumplanung dar. Sie ist eine interministerielle Behörde zur Förderung und Koordination der raumordnungsrelevanten Maßnahmen des Staates und untersteht dem Premierminister. Der Leiter der DATAR kann im Namen des Premierministers sprechen, was ihm gegenüber anderen Verwaltungseinrichtungen, Ausschüssen, Komitees etc. entsprechende Autorität verleiht. Verschiedene Ausschüsse binden die DATAR in ein interministerielles Beschlußorgan ein und beteiligen sie an Entscheidungen über den Einsatz spezifischer Interventionsmittel (Kistenmacher et al. 1994, S. 68 ff.).

Die DATAR bereitet die Sitzungen des Comité interministeriel du territoire (*CIAT*, interministerieller Raumordnungsausschuß) vor und begleitet die Umsetzung der Beschlüsse zu Perspektiven und langfristigen Orientierungen der Raumordnung. Sie hat außerdem die Entscheidungsgewalt über den Einsatz der Finanzmittel des Interventionsfonds für Raumordnung (FIAT) und nimmt zu den Planverträgen zwischen Staat und Regionen Stellung.

Beschlußorgan ein und beteiligen sie an Entscheidungen über den Einsatz spezifischer Interventionsmittel (Kistenmacher et al. 1994, S. 68 ff.).

Die DATAR bereitet die Sitzungen des Comité interministeriel du territoire (***CIAT***, interministerieller Raumordnungsausschuß) vor und begleitet die Umsetzung der Beschlüsse zu Perspektiven und langfristigen Orientierungen der Raumordnung. Sie hat außerdem die Entscheidungsgewalt über den Einsatz der Finanzmittel des Interventionsfonds für Raumordnung (FIAT) und nimmt zu den Planverträgen zwischen Staat und Regionen Stellung. Raumordnungsbezogene Programme der Fachministerien werden durch die DATAR koordiniert. Weitere nationale Raumordnungsinstitutionen sind das Plan-Generalkommissariat und die nationale Planungskommission (CNP), gebildet aus den Présidents des Conseils Régionals (Kistenmacher et al. 1994, S. 68 ff).

Die große Bedeutung der Planverträge zwischen Staat und Regionen gibt der DATAR und dem CIAT auch bei den Beziehungen zwischen den verschiedenen Planungsebenen eine dominante Rolle. Die Umsetzung der staatlichen Planungen auf der Regionalebene erfolgt durch die Präfekten, in Absprache mit dem Generalsekretariat für regionale Angelegenheiten (SGAR), regionalen Raumordnungsgesellschaften und Raumordnungsmissionen (Kistenmacher et al. 1994, S. 69).

Seit 1983 sind die Gemeinden oder interkommunalen Zweckverbände, laut Artikel L. 110 des Code de l'Urbanisme, für die Erstellung des schéma directeur (SD, Nutzungsleitplan), des schéma de secteur (SS, Nutzungsteilplan) und des plan d'occupation des sols (POS, Bodennutzungsplan) zuständig.

Das ***SD*** ist ein Planungsdokument, welches die mittelfristige Nutzungszuordnung des Bodens mehrerer Gemeinden bestimmt. Seine Aufgabe ist es, das Gleichgewicht zwischen verschiedenen Wirtschaftsaktivitäten sowie Maßnahmen im städtischen und umgebenden ländlichen Raum zu koordinieren, Infrastruktureinrichtungen und sonstige wichtige Nutzungen räumlich zuzuordnen sowie Naturräume zu schützen. Das ***SS*** präzisiert die Inhalte des SD in ausgewählten Teilräumen. Die Nutzungsleitpläne stellen ein Bindeglied zwischen Raumordnung und Städtebau dar und sind nicht zwingend vorgeschrieben. Sie beinhalten nur bindende Vorgaben für interne Entscheidungen des Städtebaus, insbesondere in Bezug auf den POS, haben jedoch für Dritte keine rechtsverbindliche Wirkung. Das Verfahren, nachdem die schémas erstellt werden, bezieht verschiedene Planungsstellen ein: Beratung durch die Gemeinderäte, Abgrenzung durch den Präfekten, Erarbeitung, Beratung und Beschluß des Plans durch einen Planzweckverband unter Beteiligung der Träger öffentlicher Belange (u.a. des Staats), Bürgerbeteiligung (dreimonatige öffentliche Auslegung) (Loew 1988, S. 22 ff.; Kistenmacher et al. 1994, S. 133 ff.).

Der ***POS*** legt die Nutzung des Bodens einer Gemeinde fest, verbunden mit der Aufgabe die künftige Entwicklung des entsprechenden Raumes zu steuern. Er beinhaltet Bereichsabgrenzungen und Bestimmungen über die Art der baulichen Nutzung. Zusätzlich können Vorgaben für das Maß der baulichen Nutzung (Geschoßflächenzahl etc.) und Regelungen für Sonderflächen für Nutzungen des Gemeinbedarfs Teil des Plans sein. Wenn Nutzungsleitpläne existieren, muß sich der POS an deren Vorgaben halten. Der Bodennutzungsplan selbst ist gegenüber jedermann verbindlich. Er wird auf Initiative und Verantwortung der Gemeinde erstellt, wobei eine Vielzahl von Beteiligten mitwirkt: Vorschlag, Beratung und Beschluß durch den Gemeinderat; Koordination durch den Bürgermeister unter Beachtung der Vorgaben des Staates und der Träger öffentlicher Belange; Erarbeitung des Plans durch kommunale, private oder staatliche Planungsstellen; Beteiligung der Bürger (öffentliche Auslegung) (Loew 1988, S. 22 ff.; Kistenmacher et al. 1994, S. 134).

Das projet d'intérêt général (PIG, Projekt im allgemeinen Interesse) und die opération d'intérêt national (OIN, Maßnahme im nationalen Interesse) haben die Sicherung der Beachtung übergeordneter Interessen in den städtebaulichen Plänen zur Aufgabe. Daneben bestehen weitere Möglichkeiten der staatlichen Einflußnahme auf die Siedlungsentwicklung der Gemeinden: Der Präfekt kontrolliert die Rechtmäßigkeit und Zweckmäßigkeit der Planungen auf Gemeindeebene. Des weiteren gehören die Bereiche 'Schutz der Umwelt' und 'Schutz des nationalen Erbes' zum Aufgabenfeld des Staates (Kistenmacher et al. 1994, S. 135 ff.).

Die ***Grundkonzeptionen der Planungshierarchien*** in den beiden Staaten weisen große Unterschiede auf. In Deutschland bestimmt die vielstufige Hierarchie von Staat über Land, Region zur Gemeinde den Bezug der raumordnerischen Grundsätze und Leitvorstellungen zur Umsetzung auf lokaler Ebene. Dabei bestimmt das Gegenstromprinzip die Vorgehensweisen in bedeutendem Maße. In Frankreich haben die staatlichen Raumordnungsvorgaben dagegen direkten Bezug zu den städtebaulichen Planungen. Zwischen Region, Département und Kommune bestehen keine hierarchischen Aufsichts- oder Weisungsrechte. In Deutschland obliegt die Überprüfung der Beachtung der Vorgaben der Landes- und Regionalplanung den höheren und unteren Verwaltungsbehörden. Eine vergleichbare Rolle für die staatlichen Vorgaben übernehmen in Frankreich die Präfekten (ex-post-Legalitätskontrolle) (Ministère de l'Environnement 1996, S. 30 ff.; Neumann et al. 1996, S.96).

Ein ***Vergleich der städtebaulichen Planungen*** in Deutschland und Frankreich zeigt bei Funktion und Inhalt einige Parallelen. In dieser Hinsicht erfüllen Flächennutzungsplan und schéma directeur sowie Bebauungsplan und plan d'occupation des sols ähnliche Aufgaben. Dies gilt auch für die Verbindlichkeiten der Pläne auf Gemeindeebene. Dagegen ist der zweistufige Aufbau der deutschen Bauleitplanung im französischen System nicht anzutreffen, dort stehen die beiden Planarten selbständig nebeneinander. Auch der Maßstab der Pläne zeigt deutliche Unterschiede: Das SD umfaßt im Gegensatz zum FNP in der Regel mehrere Gemeinden, die eine wirtschaftliche und soziale Einheit bilden. Der Maßstab des SD liegt zwischen dem des deutschen Regionalplans und Flächennutzungsplans. Ähnliches gilt auch für den Vergleich zwischen POS und B-Plan: Der Bebauungsplan ist mit einem zwei- bis zehnmal größeren Maßstab deutlich genauer als sein französisches Pendant. Die Funktion und Anwendung der

Pläne ist, wie bereits erwähnt, jedoch trotzdem sehr ähnlich (Kistenmacher et al. 1994, S. 137 ff.).

1.3.4 Siedlungsökologische Untersuchungen Heidelbergs

Das Beziehungsgeflecht zwischen Menschen und belebter und unbelebter Natur innerhalb besiedelter Gebiete stellt den Rahmen der siedlungsökologischen Forschungen dar. Es handelt sich weiters um die Eingliederung ökologischer Maßnahmen in den gesellschaftlich-sozialen Bereich, mit dem Ziel das Leben im physischen wie psychischen Sinne attraktiver gestalten zu können. Die Siedlungsökologie stellt sich damit als ein Verbund aller mit dem Menschen und seiner Umwelt beschäftigten Wissenschaften dar, wobei Überlappungen von natur- und sozialwissenschaftlichen Aspekten die Regel darstellen (DIFF 1988, S. 27 ff.).

Die vorliegende Arbeit gliedert sich in eine Reihe von Untersuchungen und Veröffentlichungen der 'Arbeitsgruppe Siedlungsökologie' am Geographischen Institut der Universität Heidelberg unter Leitung von Prof. Dr. Heinz Karrasch ein. Die Vielzahl der Forschungen untersucht die Schnittstellen naturräumlicher und anthropogener Faktoren, der räumliche Bezug liegt in den meisten Fällen beim Großraum Heidelberg. Die häufig fächerübergreifend angelegten Themenstellungen decken die verschiedensten Aspekte ab und bilden in ihrer Gesamtheit eine umfassende Datengrundlage zur siedlungsökologischen Situation Heidelbergs. Daneben stellen die Arbeiten ein Zeugnis für die Aktualität und den Anwendungsbezug geographischer Forschung im Hinblick auf die umweltpolitischen Fragestellungen unserer Zeit dar (vgl. Bitsch 1995; Burst 1997; Flor 1999; Gehring 1993; Gürke 1994; Hochbach 1992; Hupfer 1991; Karrasch et al. 1991 / 1992 / 1994 / 1995 / 1996 / 1997 / 1998; Linke 1998; Litterst 1996; Rippberger 1992; Schuster 1991 / 1997; Schuster 1998; Winkler 1998 u.a.).

Die vergleichende Analyse der Verkehrskonzepte und Umweltbelastungen der Partnerstädte Heidelberg und Montpellier weitet das räumliche Feld der bisherigen Untersuchungen aus. Hierdurch wird erstmals im wissenschaftlichen Bereich der Verkehrsaspekt Heidelbergs aus dem Blickwinkel der Umwelt- und Sozialverträglichkeit direkt der Situation in einer ausländischen Partnerstadt gegenübergestellt. Damit wird ein weiter gesteckter Rahmen zur Einordnung der siedlungsökologischen Verhältnisse Heidelbergs eröffnet.

Eng verknüpft mit der inhaltlichen Fragestellung einer siedlungsökologischen Untersuchung ist die Maßstabsebene, auf die sie sich bezieht. Die verschiedenen Ebenen, ihre Zusammenhänge und Einflußfaktoren sind Abb. 1.6 zu entnehmen. Die vorliegende Arbeit ist der Ebene der Stadtteile und der Gesamtstädte zuzuordnen. Für die Betrachtung der kleinräumigen Umfeldverträglichkeit von Stadtverkehr sind den in der Abbildung genannten Aspekten weitere aus dem Bereich der Sozialverträglichkeit hinzuzufügen. Neben den Bewertungskriterien Luftqualität, Lärm, Grünausstattung und Flächennutzung finden die straßenverkehrsspezifischen Aspekte Trennwirkung, Unfallgefährdung und Gestaltung der Straßenräume Eingang in die Betrachtung.

Abb. 1.6: Aufgaben der Siedlungsökologie in Abhängigkeit von der räumlichen Betrachtungsebene

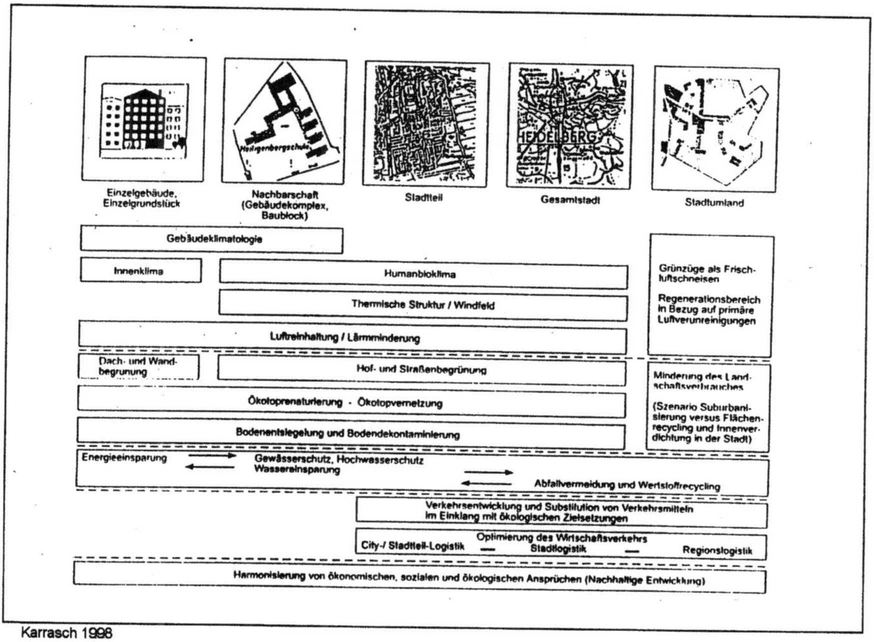

Karrasch 1998

Die zeitliche Bezugsebene der Untersuchung ergibt sich aus dem Anspruch, einer nachhaltigen Verkehrsentwicklung gerecht zu werden. Um dem zu genügen, müssen neben kurzfristig durchführbaren Maßnahmen mittel- bis langfristig angelegte Strategien zur Beeinflussung von Siedlungs- und Nutzungsstrukturen Teil der Betrachtung sein. Daraus resultiert ein zeitlicher Rahmen für die Szenarienbildung, der auf mindestens zehn Jahre in die Zukunft ausgerichtet ist. Die Untersuchung der Auswirkungen veränderter gesetzlicher und planerischer Rahmenbedingungen bedarf einer noch längerfristigen Bezugsebene (vgl. Kap. 7.4 - 7.6).

2 Verfahren zur Bewertung von Umfeld- und Umweltverträglichkeit von Stadtverkehr

2.1 Einleitende Anmerkungen zum Bewertungsverfahren

Zur ***Bewertung von Beeinträchtigungen durch den Verkehr*** in Form von Emissionen, Immissionen und sonstigen Belastungen bedarf es bestimmter Verfahren. An ein entsprechendes Verfahren werden viele, zum Teil widersprüchliche Ansprüche gestellt: Es soll einerseits alle wichtigen Bewertungskriterien für die kleinräumige Umfeldverträglichkeit einbeziehen und andererseits Aussagen über die großräumige Umweltqualität zulassen. Um dem Anspruch einer nachhaltigen Entwicklung des Verkehrsgeschehens gerecht zu werden müssen die Verursacherstrukturen des Verkehrs Teil der Betrachtungen sein, um die Option der Verkehrsvermeidung zu ermöglichen. Zukünftige Entwicklungsmöglichkeiten sollen in Szenarien darstellbar und vergleichend bewertbar sein. Da es sich beim vorliegenden Forschungsprojekt nicht um ein planerisches Großprojekt handelt, muß das Verfahren ohne begleitende Diskussionsveranstaltungen einer Expertenrunde auskommen und trotz der Komplexität bezüglich seines sonstigen Ablaufs einfach handhabbar sein. Die Untersuchungsergebnisse sollen auf leicht nachvollziehbare Weise die realen Verkehrs-, Umfeld- und Umweltsituationen sowie deren zukünftige Entwicklungsmöglichkeiten wiedergeben und gute planerische Umsetzbarkeit gewährleisten.

Ein ausführliches Studium der gängigen ***Schemata zur Bewertung von Stadtverträglichkeit*** von Verkehr hat gezeigt, daß keines dieser Vielzahl von Ansprüchen uneingeschränkt gerecht wird. Dennoch beinhalten diese Schemata viele Komponenten, die als Anregung zur Entwicklung eines neuen Bewertungsverfahrens nützlich und nötig sind. Der Entwicklungsprozeß des neuen Verfahrens stellt ein ständiges Experimentieren mit diesen Komponenten und neuen eigenen Ideen dar, um letztlich zu einem Lösungsmodell zu gelangen, welches den Bedürfnissen der Untersuchung gerecht wird. Daß es sich dabei immer um einen Kompromiß aus möglichst umfassender Betrachtung der Tatbestände und möglichst guter Durchführbarkeit handelt, wird schon aus den oben genannten Ansprüchen ersichtlich. In diesem Sinne stellt das hier präsentierte 'Verfahren zur Bewertung von Umfeld- und Umweltverträglichkeit von Stadtverkehr' eine methodische Weiterführung bestehender Verfahren dar. Anregungen sind folgenden Arbeiten entnommen:

- ***'Modellvorhaben Flensburg - Grenzwerte für stadtverträglichen motorisierten Verkehr'*** bearbeitet von der 'Arbeitsgruppe unabhängiger Verkehrsplaner' (ARGUS) und dem 'Architektur- und Städtebaubüro Ohrt-v.Seggern-Partner' 1996:

Die Schwerpunkte des Modellvorhabens Flensburg liegen bei der

– Bestimmung ortsspezifischer Grenzwerte für eine stadt-, sozial- und umweltverträgliche Belastbarkeit durch den Kfz-Verkehr
– Entwicklung von Anforderungsprofilen und Empfehlungen für integrierte Konzepte der Verkehrs- und Stadtplanung.

Zunächst werden vorläufige, allgemeine Grenzwerte festgelegt, deren Anpassung an die jeweilige Situation im Zuge des Planungsprozesses erfolgt. Die Anforderungen an die Planungsmethodik und das Verfahren werden in Diskussionen einer ortsspezifisch zusammengesetzten Schlüsselpersonenrunde ermittelt. Die Erhebungen für die Strategieanalyse werden anhand von Interviews und Befragungen durchgeführt.

Das Modellvorhabens Flensburg basiert auf vier Qualitätskriterien für die Definition von 'Verträglichkeit':

• Geräuschqualität • Klimaqualität • Raumnutzungsqualität • Gestaltqualität

Jedem Kriterium werden spezifische Indikatoren und Meßgrößen zugeordnet.

Der Systemcharakter des Verfahrens äußert sich in der Auswahl von 'Schlüsselbereichen' und 'Schlüsselthemen' für jedes Kriterium von Stadtverträglichkeit. Die Auswahl erfolgt durch ein Abschätzverfahren, wobei sowohl die Dringlichkeit von Maßnahmen als auch ein ausreichender Handlungsspielraum von Bedeutung ist. Grenzwerte werden lediglich für diese 'Schlüsselbereiche' und 'Schlüsselthemen' bestimmt. Darauf beruht die Ableitung der Verträglichkeitsgrenzen und Maßnahmenkonzepte, welche in der Schlüsselpersonenrunde diskutiert und modifiziert werden.

Das Modell basiert auf dem Grundgedanken der Multifunktionalität von Städten und repräsentiert damit eine 'ganzheitliche' Sichtweise. Der in der Stadt lebende Mensch mit seiner Vielzahl an Bedürfnissen, die weit über den Mobilitätsanspruch hinaus reichen stellt den Ausgangspunkt des Modells dar. Diese umfassende Sichtweise ist ein wichtiger Grundgedanke bei der Entwicklung des neuen 'Verfahrens zur Beurteilung von Umfeld- und Umweltverträglichkeit von Verkehr'.

Abb. 2.1: Ablaufschema 'Verfahren zur Untersuchung der Verträglichkeit motorisierten Verkehrs und zur Bestimmung von Verträglichkeitsgrenzen' (ARGUS, Ohrt-v.Seggern-Partner 1996)

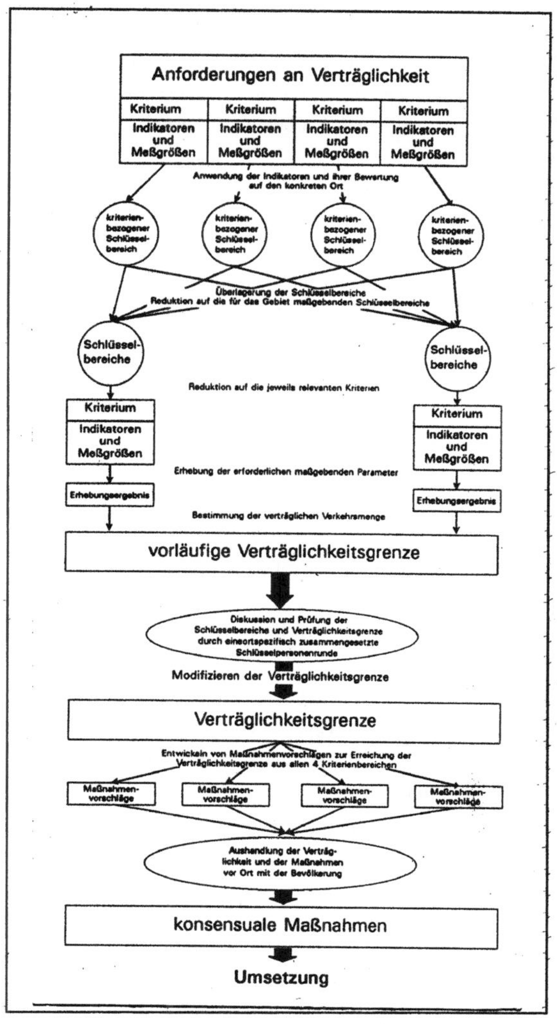

Die Reduktion der eigentlichen Untersuchungen auf 'Schlüsselbereiche' und 'Schlüsselthemen' stellt eine sinnvolle Focussierung auf prioritär zu behandelnde Problembereiche dar. Die Diskussion und Modifikation innerhalb einer Schlüsselpersonenrunde im Sinne der Prozeßplanung erscheint allerdings nur für Großprojekte mit entsprechender Beteiligung durchführbar. Gerade in einem solchen Rahmen sollten Gedanken zu mittel- bis langfristigem Funktionswandel ausgewählter Bereiche nicht ausgeklammert werden, um auf diese Weise zu Kurskorrekturen bezüglich der Mobilitätsbedürfnisse und damit der Verkehrsentstehung zu gelangen.

Das Verfahren beruht auf einer Datenbasis, die speziell für das jeweilige Projekt in groß angelegten Befragungen und Interviews ermittelt werden muß. Für Projekte kleineren Ausmaßes erscheint der Erhebungs- und Bearbeitungsaufwand des Verfahrens zu aufwendig.

- ***'LADIR-Verfahren zur Bestimmung stadtverträglicher Belastungen durch Autoverkehr - Grenzwerte für eine städtebaulich verträgliche Verkehrsbelastung'***, entwickelt von der 'Arbeitsgruppe unabhängiger Verkehrsplaner' (ARGUS), der 'COOPERATIVE Infrastruktur und Umwelt' und dem 'Institut für Wohnen und Umwelt' (IWU) 1994, angewandt beim Modellvorhaben 'Stadtverträgliche Kfz-Geschwindigkeiten' für die Stadt Oldenburg:

Das Verfahren ist darauf ausgerichtet, die Verkehrsentwicklungsplanung dahingehend zu verändern, daß nicht-verkehrliche, die Stadt, deren Bewohner und Nutzer betreffende Ansprüche gebührend berücksichtigt werden.

Folgende Annahmen stellen die Grundlage für die Entwicklung des Verfahrens dar:

- die Konkurrenzsituation in der Stadt besteht in der Nutzungskonkurrenz, die sich in Flächenkonkurrenz äußert
- die Verkehrsprobleme wachsen mit der Ballung von Funktionen und Nutzungen, und hängen damit auch von der Größe der Städte ab
- Art und Maß der städtischen Flächennutzung sind langfristig festgelegt, daher auch die räumlichen Bedingungen der Verkehrsquellen und -ziele
- variables Gestaltungselement ist das Maß der Auto-Erreichbarkeit, wobei weniger MIV zu mehr Stadtverträglichkeit führt
- die Schwierigkeit besteht darin, Mobilität nicht einzuschränken.

Nutzungskonflikte ergeben sich, wenn der für die Funktionsfähigkeit der Stadt notwendige Verkehr das Maß an stadtverträglichem Verkehr überschreitet, das heißt, wenn dem Qualitätsgewinn durch Mobilität ein hoher Qualitätsverlust durch Verkehrsbelastungen gegenübersteht. Über integrierte Planungskonzepte von Städtebau und Verkehr sollen ortsspezifisch geeignete Lösungen ausgearbeitet werden. Hierzu erfolgt eine Typisierung nach Nutzungsansprüchen: Bei den HVS geht der fließende Verkehr in die Betrachtung ein, bei den Gebieten der ruhende Verkehr, wobei eine Aufgliederung in 13 Straßentypen und 3 Gebietstypen stattfindet.

Die Beurteilung erfolgt mittels zweier Kriterien: 'Verkehrliche Belastbarkeit' und 'städtebauliche Verträglichkeit' mit Bezug auf die drei Bereiche

- Umwelt: Lärm und Abgas
- Umfeld: Unfallgefährdung und Trennwirkung
- Städtebau: Fläche und Stadtgestalt.

Jedem der sechs Kriterien werden Standards und Grenzwerte zugeordnet, wobei die Grenzwerte als variabel definierbare Orientierungsgrößen anzusehen sind. Beim Überschreiten aller Grenzwerte wird die Situation als völlig unverträglich eingestuft, beim Überschreiten eines Teils der Grenzwerte als zumutbar und bei Einhaltung aller Grenzwerte als verträglich. Die Unterscheidung nach verschieden Anspruchsniveaus im 'Verfahren zur Beurteilung von Umfeld- und Umweltverträglichkeit von Verkehr' basiert auf dem Konzept der Straßen- und Gebietstypen aus dem LADIR-Verfahren.

Die separate Darstellung der Verträglichkeiten bezüglich der unterschiedlichen Kriterien führt zu leicht nachvollziehbaren Ergebnissen. Die Art der synthetischen Darstellung kann allerdings zu einer verzerrten Wahrnehmung der Situation führen: Eine Belastungssituation so lange als zumutbar zu bezeichnen, bis die Grenzwerte aller Bewertungskriterien überschritten sind, erscheint als irreführend. Vorstellbar ist, daß bereits eine sehr hohe Grenzwertüberschreitung bei einem einzigen Kriterium genügen könnte, um die Gesamtsituation entlang der betroffenen Straße als unverträglich zu bezeichnen.

Unverständlich bleibt, warum bei der Forderung nach integrierten Planungskonzepten von Städtebau und Verkehr die mittel- bis langfristig festgelegten Siedlungs- und Nutzungsstrukturen als fixe Komponenten in das Verfahren eingehen. Mittel- bis langfristig ausgerichtete Maßnahmenpakete mit dem Ziel einer nachhaltigen Verkehrsvermeidung und -verlagerung durch veränderte Siedlungs-, Nutzungs- und Verkehrsstrukturen könnten den Wirkungskreis des Verfahrens deutlich vergrößern.

Abb. 2.2: Übersicht zum Vorgehen im LADIR-Verfahren zur Bestimmung stadtverträglicher Belastbarkeiten durch Autoverkehr (ARGUS, COOPERATIVE, IWU 1994)

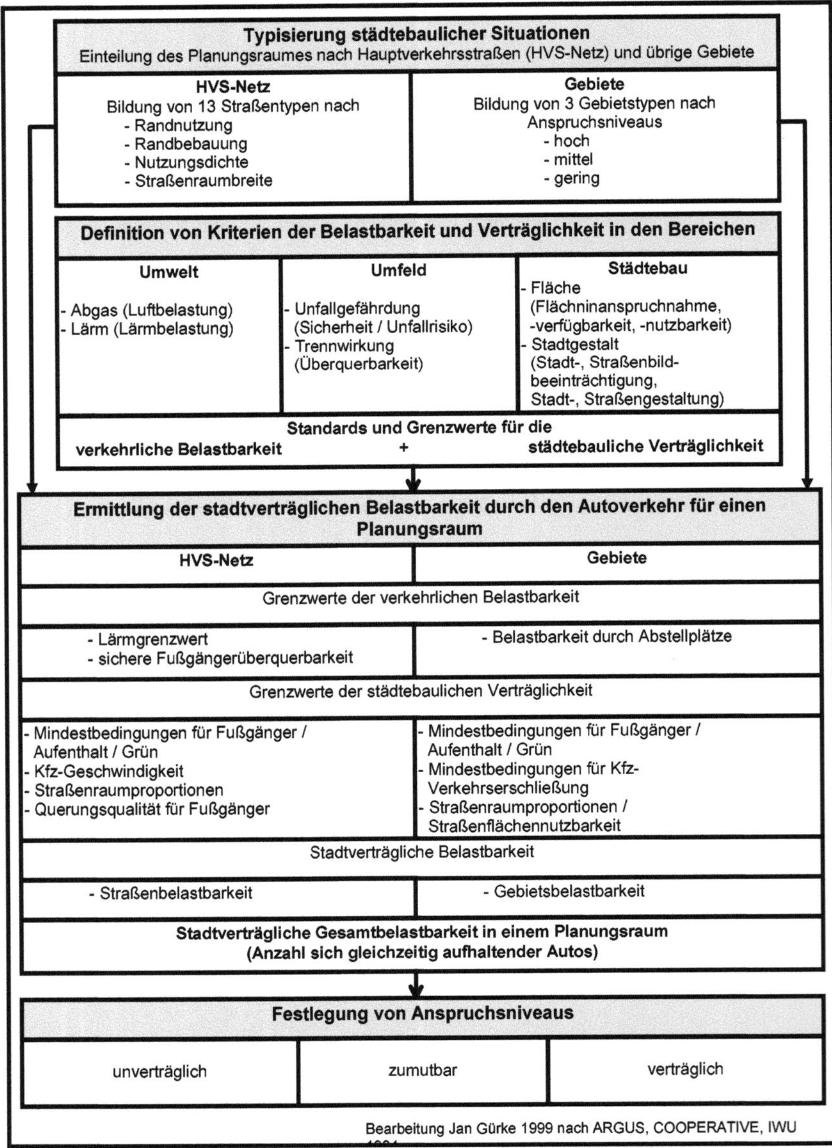

- ***'Studie zur ökologischen und stadtverträglichen Belastbarkeit der Berliner Innenstadt durch den Kfz-Verkehr'***, herausgegeben von der 'Senatsverwaltung für Stadtentwicklung und Umweltschutz der Stadt Berlin' 1993, bearbeitet von der 'Gesellschaft für Informatik, Verkehrs- und Umweltplanung mbH' (IVU) mit der 'Forschungsgruppe Stadt & Verkehr' (FGS) und 'Akustik Kontor in Berlin GmbH':

Die zentrale Aufgabe der Studie besteht darin, die Belastungssituationen im innerstädtischen HVS-Netz Berlins zu ermitteln und Entscheidungsgrundlagen für eine stadtverträgliche Verkehrsplanung zu erarbeiten.

Neben der Definition der Zielgrößen werden die Bewertungsfelder und -kriterien festgelegt, auf deren Basis die Verträglichkeitsbewertung abzulaufen hat. Untergliedert wird in folgende vier Bewertungsfelder, die jeweils mehrere Bewertungskriterien vereinigen (vgl. Abb. 2.3):

• Straßenraum • Gefährdung • Lärmbelastung • Lufthygiene

Für die einzelnen Bewertungskriterien werden 'Grenzen der Verträglichkeit' angegeben, orientiert an gesetzlichen Rahmenbedingungen, wissenschaftlichen Arbeiten und empirischen Befunden. Dabei werden jeweils zwei Wertbereiche festgelegt, anhand derer die Verträglichkeitsbewertung erfolgt:

• Alarmwert: Mindestanspruch • Planungswert: anzustrebender Zielwert

Die Hierarchisierung in Bewertungsfelder und Bewertungskriterien ist in modifizierter Weise in das neue 'Verfahren zur Beurteilung von Umfeld- und Umweltverträglichkeit von Verkehr' übernommen worden. Bezüglich der Bewertungskriterien bestehen in mehreren Bereichen deutliche Einflüsse des 'Berliner Ansatzes'. Die Kriterien

• Raumaufteilung • Breite Seitenraum • Abstand der Bäume • Grünvolumen

in dem neu entwickelten 'Verfahren zur Beurteilung von Umfeld- und Umweltverträglichkeit von Verkehr' sind an den 'Berliner Ansatz' angelehnt. Darauf aufbauend erfolgt eine Anpassung für die Anwendung auf kleinere Stadtteilstraßen.

Abb. 2.3: Überblick 'Berliner Ansatz' mit Indikatorenplan, Bewertungsfeldern / Bewertungskriterien und Alarm- / Planungswerten (IVU, FGS und Akustik Kontor Berlin 1993)

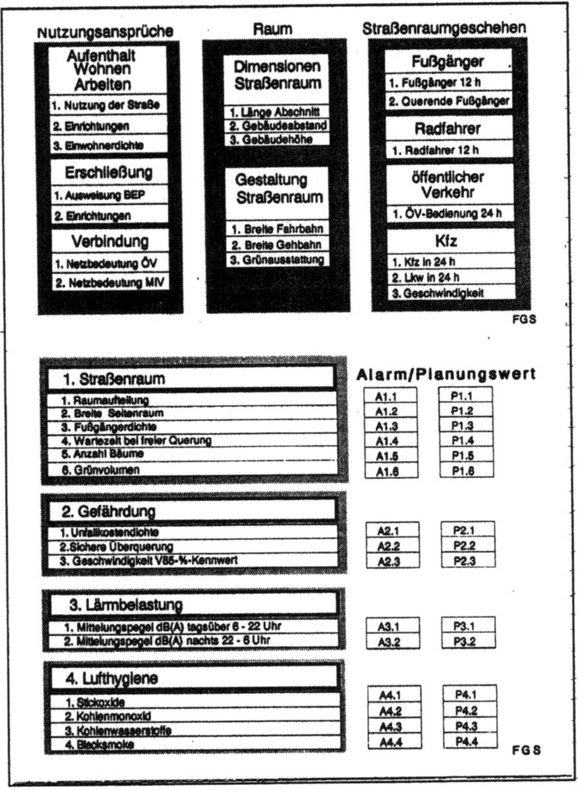

Das Kriterium Fußgängerdichte des 'Berliner Ansatzes' beruht auf der Nachfrage- und nicht der Angebotsplanung: Die Betrachtung des Ist-Zustands kann zu einer bedeutenden Unterschätzung des potentiellen Fußgängeraufkommens durch Nicht-Nutzung aufgrund eines mangelnden Angebots kommen. Als Folge davon ergibt sich eine Unterschätzung der Bedeutung des Straßenraums als Begegnungs- und Kommunikationsort. Im 'Verfahren zur Beurteilung von Umfeld- und Umweltverträglichkeit von Verkehr' wird diesem Problem durch die Einordnung in Anspruchsniveaus Rechnung getragen.

Auch bei den Bewertungsfeldern Lärm und Luftschadstoffe finden sich Parallelen. Neben dem neuen 'Verfahren zur Beurteilung von Umfeld- und Umweltverträglichkeit von Verkehr' berücksichtigt nur der 'Berliner Ansatz' detailliert die großräumigen Umwelteinflüsse des Stadtverkehrs in Form von Luftschadstoffemissionen.

Die synthetische Bewertung auf der Ebene der Bewertungsbereiche bezeichnet die Streckenabschnitte bereits dann als belastet, wenn der Alarmwert nur eines Kriteriums erreicht ist und spiegelt damit die reale Situation besser als die anderen Verfahren wider. Eine genauere Differenzierung wird anschließend in vier Dringlichkeitsstufen vorgenommen.

Mittel- bis langfristig wirksame Maßnahmenpakete werden in der Betrachtung kaum berücksichtigt; ebenso wenig der Bezug zu den Verursacherstrukturen von Verkehr.

- ***'Modell der autonomen und relativen Standards (M.A.R.S.)'*** zur Bestimmung der Verträglichkeit des Kraftfahrzeugverkehrs in Straßenräumen und Straßennetzen von Baier 1992, mit dem Anwendungsbeispiel 'Gesamtstädtische Verkehrsberuhigung Dorsten':

Der Kfz-Verkehr verursacht durch seine Menge, seine Zusammensetzung, die Fahrgeschwindigkeiten und den Verkehrsablauf bei anderen Straßenraum- und Umfeldnutzern Einbußen bezüglich Sicherheit, Wohlbefinden, Bewegungskomfort und Aufenthaltsqualität. Betroffen sind Fußgänger, Radfahrer und sonstige Straßenraumnutzer sowie Menschen, die sich in den angrenzenden Gebäuden aufhalten. Darauf beruhende Unverträglichkeiten werden anhand eines Punktesystems bewertet und vergleichbar gemacht.

Um ein Mindestmaß an Verträglichkeit zu erreichen, müssen 'autonome' Standards eingehalten werden, die sich im

- Raumangebot (Breite der Fuß- und Radwege, Abstand des Umfelds von den Verkehrsflächen etc.)
- Zeitangebot (Ampelschaltungen und Fahrbahnquerungen etc.)

für die nichtmotorisierten Straßenraum- und Umfeldnutzer widerspiegeln.

Die 'relativen' Standards erhöhen den Grad der Unverträglichkeit in Form von

- hohen Kfz-Mengen
- hohen Fahrgeschwindigkeiten
- hohen Lkw-Anteilen
- unstetigem Verkehrsablauf

Gestalterische Kriterien gehen nicht in die Betrachtung ein. Die Problemlage an jedem untersuchten Straßenabschnitt wird den Kriterien entsprechend aufgeschlüsselt und zusätzlich als Summe unter dem Begriff 'Problemschwere' synthetisch dargestellt.

Der Ansatz bezieht die Entwicklung von Szenarien mit ein, die sowohl auf eine räumliche Verlagerung von Kfz-Verkehr, als auch auf eine sektorale Umverteilung der Verkehrsmittelbenutzung abzielen. Bei einem Vergleich von Trend- und Alternativszenarien können die 'Verträglichkeitsgewinne' beurteilt werden.

benutzung abzielen. Bei einem Vergleich von Trend- und Alternativszenarien können die 'Verträglichkeitsgewinne' beurteilt werden.

Abb. 2.4: Grundkonzept des M.A.R.S.: Aufeinandertreffen von Verursachern und Betroffenen (Baier 1992)

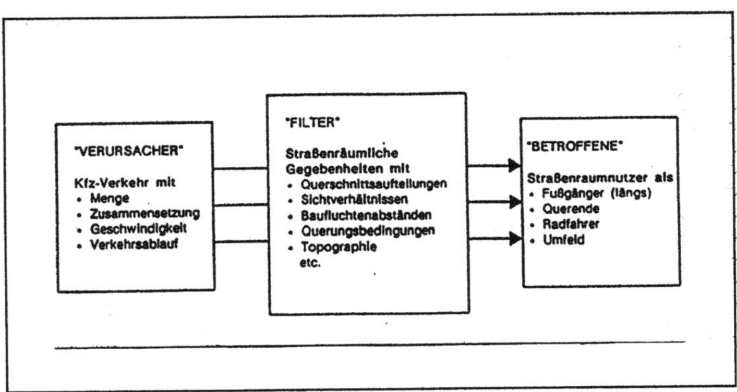

Das M.A.R.S.-Verfahren präsentiert sich als anwendungsfreundlicher Ansatz in Bezug auf die Verbesserung der Verkehrs- und Umfeldinfrastruktur. Die Betonung der 'Verträglichkeitsgewinne' mittels Szenarienbildung wurde sinngemäß in das neu entwickelte 'Verfahren zur Beurteilung von Umfeld- und Umweltverträglichkeit von Verkehr' übernommen. Die Grundannahmen der 'autonomen' Standards finden sich im Bewertungskriterium Seitenraumbreite des neuen Verfahrens wieder.

Wie auch bei den anderen Verfahren zur Bewertung von Stadtverträglichkeit von Verkehr wird bei M.A.R.S. die mittel- bis langfristige städtebauliche Komponente gänzlich ausgeblendet. Daher kann nicht ursachenbezogen auf die Faktoren der Verkehrsentstehung Einfluß genommen werden, um zu umfassenden und nachhaltigen Verbesserungen bei der Abwicklung von Mobilitätsansprüchen in der Stadt zu gelangen.

- ***'Praxisnahes Verfahren zur Beurteilung von Funktion, Nutzung und Gestalt von Stadtstraßen'*** der Autoren Müller, Skoupil und Topp 1991, angewandt beim Modellvorhaben 'Flächenhafte Verkehrsberuhigung Esslingen':

Das Beurteilungsverfahren verbindet Funktion, Nutzung und Gestalt von Straßen und versucht auf diese Weise, die Straßenraumsituation aus Sicht der Nutzer und Betroffenen 'ganzheitlich' abzubilden. Beurteilt wird die kleinräumige (Un)verträglichkeit von Autoverkehr mit Wohnen.

Die Belastungsfaktoren	und	die Entlastungsfaktoren
• Gefährdung		• Straßenraumqualität
• Lärm		• Bewegungsraum
• Trennwirkung		• Abschirmung

werden jeweils mit Punkten bewertet. Bei der synthetischen Beurteilung werden Belastungs- den Entlastungspunkte gegenübergestellt und so auf kompensatorischem Weg ein Straßenraumverträglichkeitswert bestimmt.

Als Eingangsgrößen zur Bestimmung der Be- und Entlastungen gehen folgende Faktoren ein:

- Menge und Geschwindigkeit des Autoverkehrs
- Hausabstände, Fahrbahnbreiten
- Grün im Straßenraum
- Größe und Qualität der Bewegungs- und Aufenthaltsräume für Passanten und Bewohner
- Abschirmung dieser Räume gegen den fließenden Autoverkehr.

Bei Unverträglichkeiten kann auf zwei Verbesserungsansätze zurückgegriffen werden: Einerseits 'vor Ort' durch Geschwindigkeitsbeschränkung und Umgestaltung des Straßenraums bei gleichbleibender Menge an Autoverkehr, andererseits durch 'großräumige' Verlagerung des Verkehrs. Die Ansätze können auch kombiniert werden. Im Anschluß wird das Beurteilungsverfahren nochmals auf die veränderte Situation angewandt. Das Beurteilungsverfahren verspricht kleinräumig eine gute Umsetzbarkeit und schließt die Bedürfnisse von Anwohnern und Passanten mit ein.

Der Straßenraumverträglichkeitswert ist gegenüber der realen Situation nicht aussagekräftig genug: Die Kompensation von Belastungs- und Entlastungsfaktoren kann bedeutende Unverträglichkeiten einzelner Bewertungkriterien verschleiern und damit zu einer verzerrten Darstellung der Wirklichkeit führen.

Abb. 2.5: Ablauf der Bewertung von Straßensituationen und deren Verbesserung (Müller, Skoupil, Topp 1991)

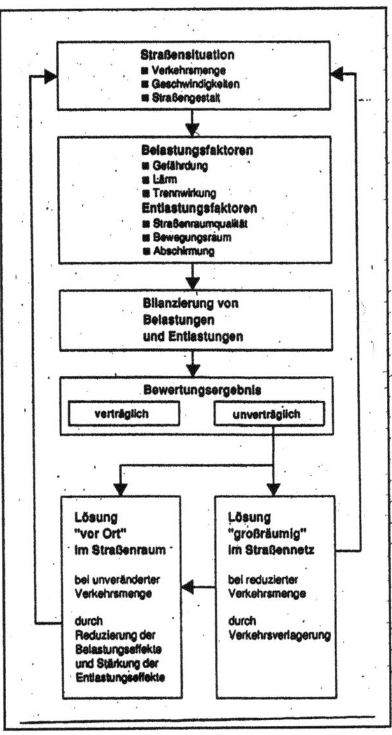

Das Verfahren bezieht sich auf einen thematisch und räumlich sehr eng begrenzten Handlungsrahmen: Die Verbesserungsansätze zielen lediglich auf eine verträgliche Abwicklung und eine räumliche Verlagerung des Verkehrs ab. Verkehrsvermeidung mit dem Ziel einer nachhaltigen Verbesserung des Verkehrsgeschehens und dessen Einfluß auf die Umwelt werden gänzlich ausgeklammert. Die räumliche Verlagerung des Verkehrs verschiebt die Belastungen vom betroffenen Straßenraum auf andere Trassen und führt damit sehr kleinräumig zu einer Verbesserung der Situation, die durch erhöhte Belastungen an anderer Stelle aufgefangen wird.

Das Bewertungskriterium 'Luftschadstoffe' ist nicht Teil der Betrachtungen. Dies führt einerseits zu einer einfachen Handhabung des Beurteilungsverfahrens, andererseits aber werden dadurch bedeutende Einflüsse auf die Verträglichkeit des Verkehrs im Straßenraum und der Bezug zu einer umweltverträglichen Ausgestaltung des Verkehrs vernachlässigt.

- ***'Interdisziplinäres Sachverständigengutachten über die Auswirkungen von Ortsdurchfahrten / Ortsumgehungen'*** von Müller et al. 1988, in Auftrag gegeben vom Ministerium für Wirtschaft und Technik des Landes Hessen:

Im Sachverständigengutachten wird davon ausgegangen, daß in den drei Bereichen

• Städtebau • Verkehr • Ökologie

Auswirkungen und Konfliktpotentiale darauf beruhen, daß städtebaulich und ökologisch empfindliche Bereiche durch Belastungen des Kfz-Verkehrs beeinträchtigt werden. Dabei wird zwischen Innen- und Außenbereichen von Städten unterschieden. Städtebauliche Empfindlichkeiten (innerorts) und ökologische Empfindlichkeiten (außerorts) werden den Belastungen durch das Bauwerk Straße und den Kfz-Verkehr gegenübergestellt. Unter Einbeziehung der dadurch gewonnenen Informationen fällt eine interdisziplinär zusammengesetzte Expertenrunde die Entscheidung über den Bau oder den Verzicht auf eine Ortsumfahrung. Hierzu wird kein formales Bewertungsverfahren angewandt.

Abb. 2.6: Schema zur Ermittlung der Auswirkungen (Müller et al. 1988)

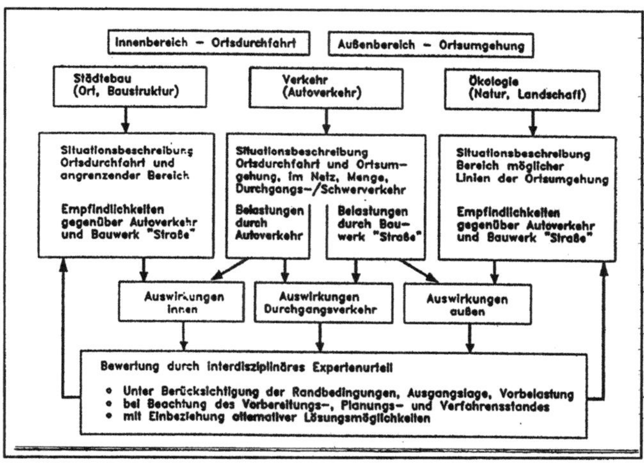

Die Bewertung der Trennwirkung und Unfallgefährdung im neu entwickelten 'Verfahren zur Beurteilung von Umfeld- und Umweltverträglichkeit von Verkehr' erfolgt in Anlehnung an das sehr anschauliche Vorbild des Sachverständigengutachtens.

Der Ansatz ist darauf zugeschnitten, in überschaubaren Situationen konkrete Entscheidungen zu ermöglichen: Soll eine Ortsumgehung gebaut werden oder nicht? Der unkomplizierte Ablauf verspricht eine gute Anwendbarkeit unter Beachtung der entscheidenden Kriterien der Stadt-

Stadt- und Umweltverträglichkeit. Hauptkriterium bleibt bei alledem die uneingeschränkte Abwicklung des Straßenverkehrs und erst in zweiter Linie die Sozial- und Umweltverträglichkeit. Der Effekt beschränkt sich auf eine räumliche Verlagerung der Verkehrsbelastungen.

Die generelle Aussagekraft bezüglich der Verträglichkeit des Verkehrs für Stadt und Umwelt ist nur sehr beschränkt und die flächenhafte Anwendung auf größere Untersuchungsgebiete ungeeignet. Auf eine Quantifizierung der Ergebnisse und eine vergleichende Analyse verschiedener Fallbeispiele ist das Sachverständigengutachten nicht ausgerichtet.

Abb. 2.7: 'Verfahren zur Bewertung von Umfeld- und Umweltverträglichkeit von Stadtverkehr' im Vergleich zu den bisherigen Verfahren zur Bewertung von Stadtverträglichkeit von Verkehr

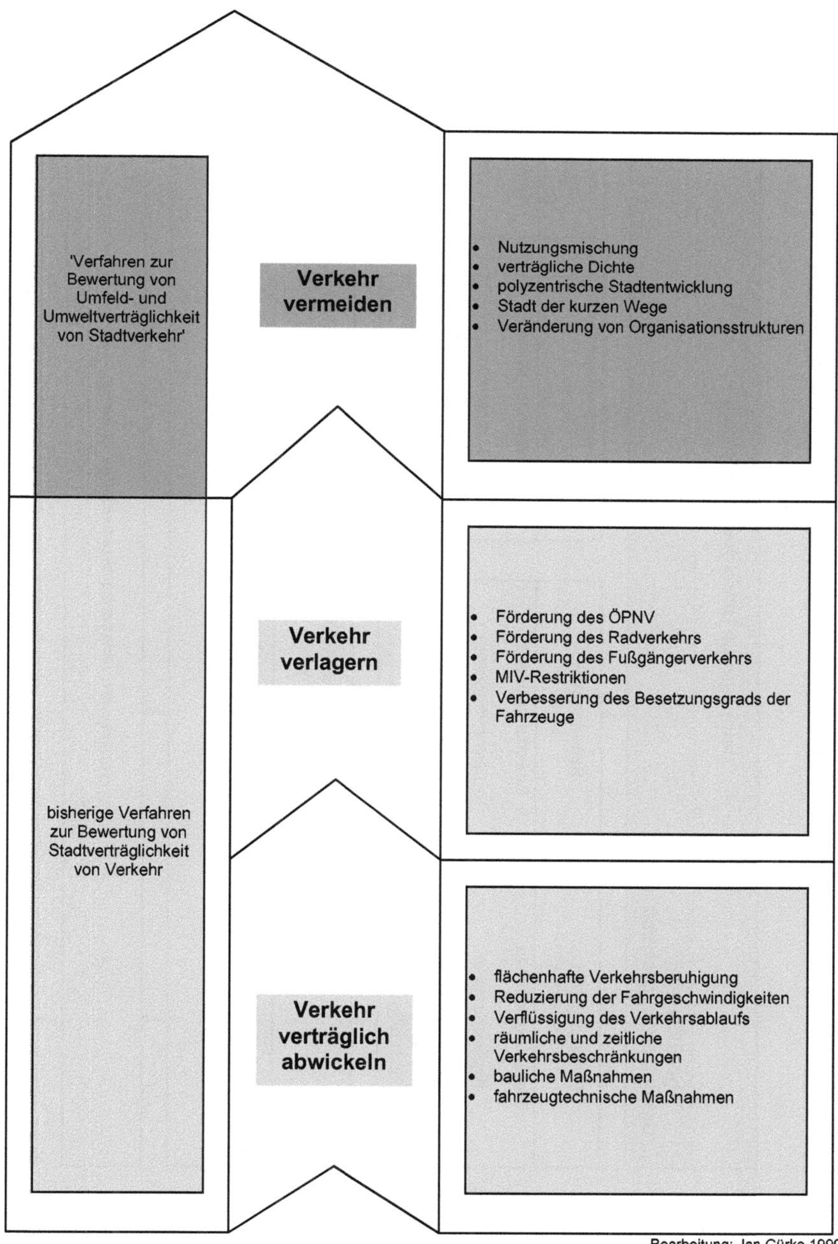

Bearbeitung: Jan Gürke 1999

Abb. 2.8: Ablauf des 'Verfahrens zur Bewertung von Umfeld- und Umweltverträglichkeit von Stadtverkehr'

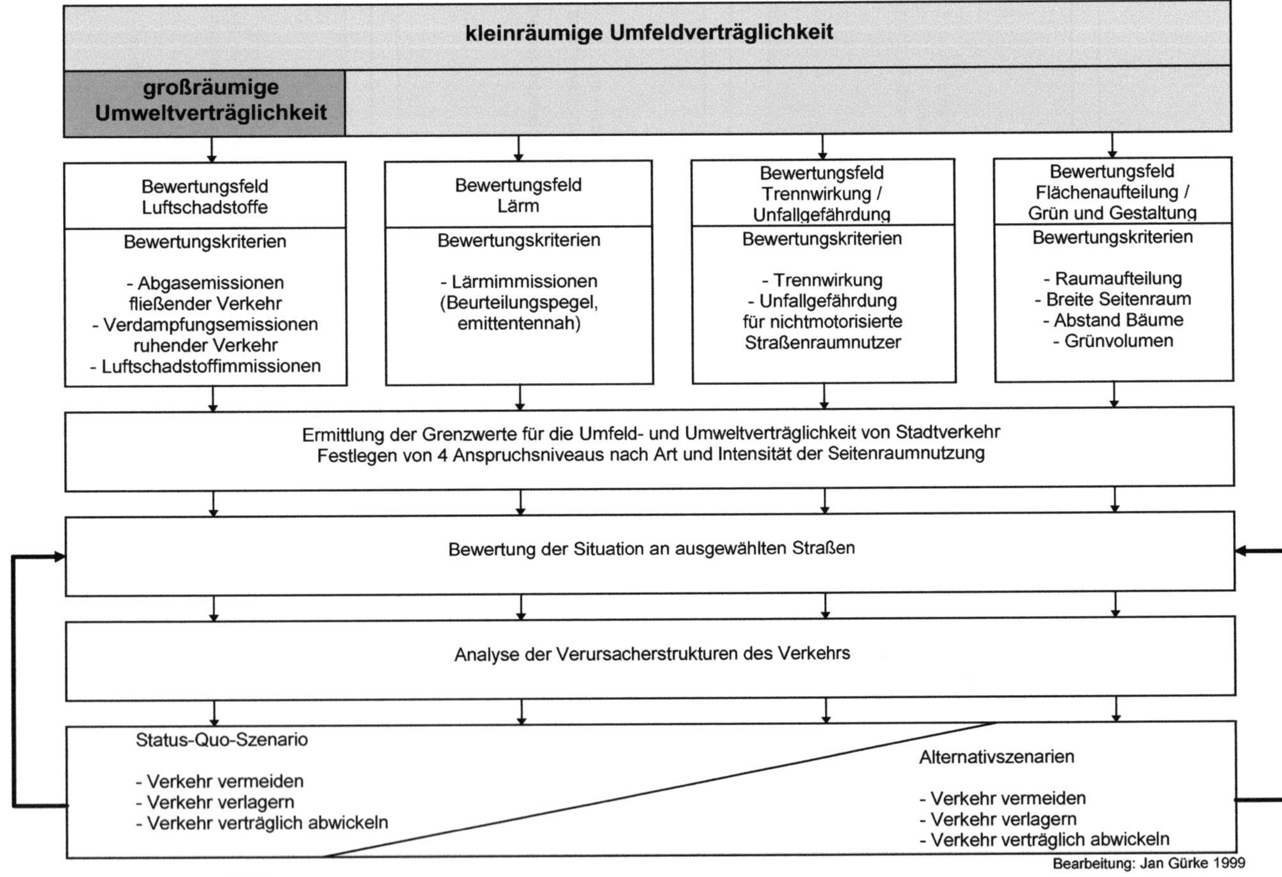

Das Modell der Umfeld- und Umweltverträglichkeit von Stadtverkehr paßt deutlich besser in den großen Rahmen des Ökologiegedankens und der nachhaltigen Entwicklung als die bisher gängigen Verfahren. Diese wenden in der Regel zwar ähnliche Parameter zur Verträglichkeitsbewertung an wie das hier entwickelte Schema, beschränken sich aber auf die Belastungen in direkter Straßennähe. Zudem sind sie im Gegensatz zum neuen Verfahren meist nur auf die Bewertung einer Ist-Situation ausgelegt. Siedlungs- und nutzungsstrukturelle Bedingungen werden dort als statische Größen behandelt, wodurch die Möglichkeit verloren geht, wichtige Verkehrsvermeidungspotentiale für mittel- bis langfristige Entwicklungen einzubeziehen. Das 'Verfahren zur Bewertung von Umfeld- und Umweltverträglichkeit von Stadtverkehr' ist im Gegensatz dazu das einzige, welches sowohl

- die kleinräumige 'Umfeldverträglichkeit' und die großräumige 'Umweltverträglichkeit' (vgl. Abb. 2.8), als auch
- die Ursachen der Verkehrsentstehung in die Betrachtungen einschließt (vgl. Abb. 2.7).

Das zu untersuchende Kriterium der ***'Umfeldverträglichkeit'*** bezieht sich auf die kleinräumige, lokale Verträglichkeit von Stadtverkehr. Es handelt sich dabei um die unmittelbaren Auswirkungen von motorisiertem Straßenverkehr auf die direkt angrenzenden Nutzungen in dem betreffenden Straßenabschnitt. Einerseits betroffen sind die Nutzer der Gebäude als Wohnung, Büro, Geschäft, Schule, Kindergarten, Krankenhaus, Gewerbe-, Industriefläche etc., andererseits die Nutzer des Straßenraums und der angrenzenden Flächen als Fußgänger, Radfahrer, spielende Kinder etc. Der hier benutzte Begriff 'Umfeldverträglichkeit von Stadtverkehr' entspricht im wesentlichen der in anderen Verfahren angewandten 'Stadtverträglichkeit von Verkehr'.

Unter der ***'Umweltverträglichkeit'*** sind die großräumigen und globalen Auswirkungen von Stadtverkehr zu verstehen. Insbesondere die Luftschadstoffemissionen des Kraftfahrzeugverkehrs haben neben kleinräumiger Bedeutung entscheidende Auswirkungen auf die Luftqualität der Gesamtstadt, der Region und letztlich der gesamten Atmosphäre. Beispiele dafür sind die emittentenfernen sommerlichen Ozonkonzentrationen und die Emissionen des global bedeutsamen Treibhausgases CO_2.

Ausgangspunkt des Ansatzes der Umfeld- und Umweltverträglichkeit von Stadtverkehr ist es, den ***Bezug zu den Verursachern***, beziehungsweise Emittenten herzustellen. Daraus folgt, daß in diesem Verfahren sowohl Emissionen des Stadtverkehrs, als auch Immissionen und Belastungen berücksichtigt werden. Dazu gehören

- Luftschadstoffemissionen des fließenden und ruhenden Verkehrs
- Lärmimmissionen in direkter Fahrbahnnähe (emittentennah)
- Trennwirkung und Unfallgefährdung
- Raumaufteilung und Breite des Seitenraums
- Grünvolumen und Abstand der Bäume.

Nur durch Miteinbeziehung der Verursacherstrukturen von Stadtverkehr kann die Brücke von der Bewertung des Ist-Zustands zu einer ***Vermeidungsstrategie*** geschlagen werden. Verkehrsvermeidung ist, in Kombination mit Verkehrsverlagerung und verträglicher Abwicklung, letztendlich ein entscheidendes Kriterium für eine Verbesserung der Lebensqualität in Städten und für eine globale nachhaltige Entwicklung. Die anderen, oben aufgeführten Bewertungsverfahren haben lediglich eine räumliche oder modale Verlagerung von Verkehr und eine verträgliche Abwicklung zum Ziel. Städtebauliche und andere mittel- und langfristig festgelegte Rahmenbedingungen werden dabei in der Regel als statische, unabänderliche Faktoren gehandhabt. Eine Entwicklung hin zur 'Stadt der kurzen Wege', zu 'verträglicher Dichte', 'Nutzungsmischung' und ähnlichen Konzepten zur Reduzierung von Verkehrsbedarf kann aus den bisher gängigen Verfahren schwerlich abgeleitet werden.

Die Belastbarkeit des Umfelds und der Umwelt sowie die Verfügbarkeit an Fläche müssen als limitierende Faktoren in neue Betrachtungsweisen der Stadtverkehrsentwicklung einbezogen werden. Bei der klassischen Sichtweise stellt die Nachfrage nach Verkehrsleistung im fließenden und ruhenden Verkehr (Straßen / Parkplätze) den entscheidenden Faktor für die weitere Verkehrs- und Stadtentwicklung dar. Die Verkehrsnachfrage im MIV ist in den letzten Jahren und Jahrzehnten kontinuierlich gewachsen, mit weiterhin steigender Tendenz (Umweltbundesamt 1996, S. 11). Dabei kann der klassische Planungsansatz mittel- bis langfristig weder zur Verbesserung der Lebensqualität in den Städten noch zur Verbesserung der globalen Umweltsituation beitragen (ARGUS, COOPERATIVE, IWU 1994, S. I).

Die umfeldverträgliche Verkehrsmenge wird nach oben von ortsspezifisch definierten Grenzwerten und nach unten von für die Funktionsfähigkeit der Stadt ***notwendigem Verkehr*** begrenzt. Auf die Frage, was geschehen soll, wenn die notwendige über der verträglichen Verkehrsmenge liegt, haben die bisherigen Ansätze keine befriedigende Antwort: "... die Begrenzung wird die definierbare als jeweils notwendig anzusehende Verkehrsmenge nur schwerlich unterschreiten können" (Arbeitsgemeinschaft Modellvorhaben Flensburg 1996, S.10). Der Verursacherbezug des neuen Ansatzes ermöglicht eine angemessene Reaktion auf dieses Problem: Die Antwort muß im Bereich des Städtebaus liegen und kann nur mittel- bis langfristig über einen Funktionswandel der betroffenen Räume erfolgen. Dazu gibt es zwei Möglichkeiten:

- die Nutzungs- und Infrastruktur des betroffenen Gebiets muß so geändert werden, daß die Menge an notwendigem MIV verringert werden kann. Hierzu bietet sich insbesondere die kleinräumige Nutzungsmischung an, die durch kurze Wege ***Verkehrsvermeidungs-potentiale*** erschließt und so zur Verringerung der Emissionen und der Belastungen beiträgt

- die Belastung des Gebiets muß durch ***Immissionsschutzmaßnahmen*** auf ein verträgliches Maß reduziert werden. Gängige Beispiele hierzu sind Schallschutzwände und -wälle, Tieflage von Straßen etc. als kleinräumige Schutzmaßnahmen.

Die Reduzierung des Verkehrs ist - soweit möglich - immer dem Immissionsschutz vorzuziehen. Die Verkehrsreduzierung hat positive Auswirkungen auf alle Bewertungsparameter, sowohl klein- als auch großräumig. Der Immissionsschutz hat dagegen immer nur die lokale Entschärfung einer bestimmten Stör- oder Schadwirkung zum Ziel, ohne andere negative Auswirkungen des Verkehrs auf Umfeld und Umwelt einzuschränken.

Das neue 'Verfahren zur Bewertung der Umfeld- und Umweltverträglichkeit von Stadtverkehr' ist für die Anwendung auf der ***Aggregationsebene der Stadtteile*** oder ähnlich strukturierter Gebiete ausgelegt. Daneben können ausgewählte innerstädtische Hauptverkehrsstraßen in die Betrachtung mit einbezogen werden. Um die Verursacherstrukturen des Verkehrs analysieren zu können, sind für die Untersuchungsräume vielfältige Informationen notwendig. Soziodemographische Daten der jeweiligen Untersuchungsgebiete und der Gesamtstädte stellen eine wichtige Grundlage dar. Des weiteren basiert das Verfahren auf Auswertungen von Daten zum täglichen Ziel-, Quell- und Binnenverkehr, aufgeschlüsselt nach Fahrzweck und nach benutztem Verkehrsmittel. Derartige Informationen werden in der Regel im Vorfeld von Verkehrsentwicklungsplänen oder ähnlichem erhoben und basieren auf Haushaltsbefragungen. Mit Hilfe dieser Daten können Aussagen zum Ist-Zustand der innerstädtischen Verkehrs- und Umweltsituation mit möglichen Ursachen der Verkehrsentstehung in Verbindung gebracht werden. Mit diesem Verfahren wird eine Planungsgrundlage erarbeitet, die eine Kombination von kurz-, mittel- und langfristig wirksamen Maßnahmenpaketen zur Verbesserung der lokalen Umfeld- und großräumigen Umweltqualität ermöglicht. Generell ist jedoch zu beachten, daß es sich bei den Ergebnissen um Orientierungswerte handelt, da bei derartigen Untersuchungen schwerlich die Gesamtheit aller Einflußfaktoren und Randbedingungen umfassend mit einbezogen werden kann.

Ausgangspunkt für die Erarbeitung des Bewertungsverfahrens ist die vergleichende Analyse der Verkehrskonzepte und Umweltbelastungen, sowie deren Verursacherstrukturen in den Partnerstädten Montpellier und Heidelberg. Um eine gute Vergleichbarkeit zu erreichen, besteht eine entscheidende Aufgabe in der Homogenisierung der Ausgangsdaten. Daher wurde bei der Konzeption darauf geachtet, durch eine möglichst einfach gehaltene, gängige Datengrundlage eine hohe Aussagekraft zu erreichen. Daraus ergibt sich eine gute Übertragbarkeit des Verfahrens auf andere Untersuchungsräume.

2.2 Bewertungsfelder und Anspruchsniveaus

Das 'Verfahren zur Bewertung von Umfeld- und Umweltverträglichkeit von Verkehr' basiert auf vier ***Bewertungsfeldern*** zur Analyse der Ist-Situation und der Szenarien:

- Luftschadstoffe
- Lärm
- Trennwirkung / Unfallgefährdung
- Flächenaufteilung / Grün und Gestaltung.

Die Bewertung der kleinräumigen Umfeldverträglichkeit hängt zusätzlich von der Randnutzung und der Bedeutung des Seitenraums als Aufenthalts- und Bewegungsraum für Fußgänger und Radfahrer ab. Nach Art und Intensität der Nutzung werden die Straßenabschnitte vier verschiedenen ***Anspruchsniveaus*** zugeordnet:

- sehr hoch: Krankenhäuser, Schulen, Kindergärten, Kur- und Altenheime, Gebiete mit hoher Dichte an Einzelhandelsgeschäften und andere empfindliche Nutzungen
- hoch: reine und allgemeine Wohngebiete
- mittel: Kerngebiete, Dorfgebiete und Mischgebiete
- gering: Gewerbe- und Industriegebiete.

Die Bewertung erfolgt nach einer fünfstufigen ***Skala***:

- (+ +): Grenz- / Leit- / Richtwerte werden deutlich unterschritten
- (+): Grenz- / Leit- / Richtwerte werden eingehalten
- (o): Grenz- / Leit- / Richtwerte werden knapp überschritten
- (-): Grenz- / Leit- / Richtwerte werden deutlich überschritten
- (- -): Grenz- / Leit- / Richtwerte werden sehr stark überschritten.

Die Bewertungsstufen entsprechen den Schulnoten 1 (+ +) bis 5 (- -). Der genaue Anwendungsbezug für die einzelnen Bewertungskriterien ist den folgenden Abschnitten zu entnehmen. Aufgrund der besseren Anwendbarkeit wird für das Bewertungsfeld 'Trennwirkung / Unfallgefährdung' eine vereinfachte, dreistufige Bewertungsskala benutzt:

(+): gering (o): mittel (-): hoch

Bei den Bewertungskriterien Lärm, Trennwirkung und Unfallgefährdung ist zu beachten, daß es sich stets um negative Auswirkungen des Straßenverkehrs handelt. Somit kennzeichnen (+ +) und (+) zwar gesellschaftlich akzeptierte, aber keine positiven Zustände im eigentlichen Sinne. Die einzelnen Luftschadstoffkomponenten werden als absolute Emissionsmengen pro Streckeneinheit (g/km) gegenübergestellt und vergleichend bewertet. Da streckenbezogene

Emissionen und nicht Immissionen berechnet werden, kann zur Bewertung der Ergebnisse nicht auf Grenz-, Leit- oder Richtwerte zurückgegriffen werden.

2.2.1 Bewertungsfeld 'Luftschadstoffe'

Ziel des hier angewandten Bewertungsverfahren ist es, den größtmöglichen Bezug zu den Verursacherstrukturen des Verkehrs in den zu untersuchenden Gebieten herzustellen. Deshalb wird in erster Linie auf die Emissionen von Luftschadstoffen aus dem fließenden und ruhenden Verkehr eingegangen. Die Immissionen, denen die nichtmotorisierten Straßenraumnutzer in direkter Straßennähe ausgesetzt sind, stehen in unmittelbarem Zusammenhang mit den jeweiligen Emissionen. Der Kfz-Verkehr emittiert eine Vielzahl verschiedener Schadstoffkomponenten. Sinnvollerweise müssen sich die Untersuchungen auf die Behandlung von quantitativ und qualitativ bedeutsamen Komponenten beschränken, wobei bestimmte Stoffe als Leitkomponenten eingesetzt werden können. Zusätzlich zur Analyse der Emissionssituation erfolgt eine Betrachtung der Immissionen mittels Ergebnissen aus kontinuierlichen und diskontinuierlichen Messungen in den Untersuchungsgebieten.

2.2.1.1 Abgasemissionen des fließenden Verkehrs

Die Erhebung der Abgasemissionen des Straßenverkehrs erfolgt nach dem in Deutschland üblichen Berechnungsverfahren, basierend auf

- gebietsspezifischen Kenngrößen
- verkehrsspezifischen Kenngrößen
- kraftfahrzeugspezifischen Kenngrößen

(Wirtschaftsministerium Baden-Württemberg 1995, S. 122ff).

Als ***gebietsspezifische Kenngrößen*** werden die Straßenabschnitte als Einzelquellen, beziehungsweise Linienquellen behandelt. Zu diesem Zweck werden die Straßen in Abschnitte zwischen größeren Kreuzungen unterteilt, für die mit hinreichender Genauigkeit für einen Zeitabschnitt konstante Bedingungen bezüglich Verkehrsstärke und Fahrverhalten angenommen werden können.

Die Erfassung der ***verkehrsspezifischen Kenngrößen*** bezieht sich einerseits auf das Verkehrsaufkommen und andererseits auf den Verkehrsfluß, beziehungsweise das Fahrverhalten. Für die Verkehrsstärke bedeutet dies die Notwendigkeit von DTV-Werten oder zeitlich feiner aufgelösten Daten, aufgeschlüsselt nach Kraftfahrzeugarten. Die Emissionssituation hängt neben der mittleren Fahrgeschwindigkeit vom Fahrrhythmus ab, der sich aus den Anteilen an Beschleunigung, konstanter Geschwindigkeit, Verzögerung und Stand zusammensetzt. Die vom Umweltbundesamt definierten Verkehrssituationen haben einen Mittelwertcharakter für Fahrverhalten und Verkehrsfluß, ausgedrückt durch die Durchschnittsgeschwindigkeiten. Sie müssen den zu untersuchenden Straßenabschnitten in passender Weise zugeordnet werden. Zur Berechnung der Luftschadstoffemissionen wird das Rechenprogamm des

Umweltbundesamts verwendet, welches eine wesentlich genauere und aktuellere Bestimmung der kleinräumigen Emissionssituationen erlaubt als die bisher übliche Bestimmung anhand von Tabellenwerten (Umweltbundesamt 1995). Es wird davon ausgegangen, daß die verkehrsspezifischen Parameter des Rechenprogramms auf französische Städte übertragbar sind.

Zur Bestimmung der Straßenverkehrsemissionen müssen ***kraftfahrzeugspezifische Emissionsfaktoren*** bekannt sein, die ihrerseits Teil des Rechenprogramms des UBA sind (Umweltbundesamt 1995). Die Daten beziehen sich auf den Kraftfahrzeugbestand von Deutschland (getrennt nach West und Ost), die Bezugsjahre sind variabel fortschreibbar. Unterschieden wird nach Emissionsart und Fahrzeugkategorie. Es werden die folgenden Schadstoffkomponenten in die Untersuchung mit einbezogen:

• CO • NO_x • HC • Benzol • SO_2 • Partikel • Pb • CO_2

CO_2 wird wegen seiner Bedeutung als Treibhausgas berücksichtigt. Das für Deutschland gültige Verfahren wird auch zur Berechnung der Luftschadstoffemissionen des Kfz-Verkehrs in Frankreich angewandt, um vergleichbare Daten zu erhalten. Bei Anwendung der auf Deutschland bezogenen Emissionsfaktoren auf das französische Untersuchungsgebiet kommt es durch einen höheren Anteil an Diesel-Pkw (Deutschland: 9,1% 1985, Frankreich: 16,6% 1990) zu einer leichten Unterschätzung der dieseltypischen Partikel- und SO_2-Emissionen und einer leichten Überschätzung der übrigen Schadstoffe im französischen Untersuchungsgebiet. Für eine detaillierte Beschreibung der Eigenschaften verschiedener Luftschadstoffe wird auf UMEG 1993, S.17 ff verwiesen.

Die Berechnung der Emissionen eines durchschnittlichen Werktags erfolgt durch Multiplikation des zeitlichen Verkehrsaufkommens mit den Emissionsfaktoren der jeweiligen Abgaskomponente. Dabei kann der Schadstoffausstoß in g/km für jeden Straßenabschnitt getrennt berechnet und kartographisch dargestellt werden. Das UBA-Rechenprogramm (Umweltbundesamt 1995) beinhaltet die Möglichkeit, bei geeigneter Datenlage Startzuschläge in die Berechnung mit einzubeziehen. Erläuterungen hierzu sind in Kapitel 5.2 zu finden.

Aufgrund der niedrigen Quellhöhe der Emissionen des Straßenverkehrs (0,5 m) und der geringen Entfernung zum Immissionsort, besteht ein sehr direkter Zusammenhang zwischen der emittierten Schadstoffmenge und der entsprechenden Immissionsbelastung. Die Daten haben daher eine hohe Aussagekraft, sowohl für die Bewertung der kleinräumigen Umfeldverträglichkeit, als auch der großräumigen Umweltverträglichkeit.

Für eine ausführliche Darstellung zur Problematik der methodisch bedingten Fehler bei der Berechnung von Luftschadstoffemissionen des fließenden und ruhenden Straßenverkehrs wird auf Karrasch et al. 1994, S. 123 ff verwiesen.

2.2.1.2 Verdampfungsemissionen des ruhenden Verkehrs

Neben den Abgasemissionen des fließenden Verkehrs müssen die Vorgänge der Kraftstoffverdampfung aus geparkten Fahrzeugen in eine umfassende Betrachtung der Luftschadstoffemissionen des Kfz-Verkehrs integriert werden. Im Zuge des Bewertungsverfahrens werden die Emissionen des ruhenden Verkehrs auf Stadtteilebene untersucht. Die Verkehrsdaten sind anhand des täglichen Zielverkehrs der jeweiligen Stadtteile zu ermitteln, wobei jeder Fahrt ein Abstellvorgang zugeordnet wird. Zur Betrachtung einzelner Straßen müssen die Verkehrsdaten zum ruhenden Verkehr vor Ort durch Zählungen erhoben werden. Bei der Kraftstoffverdampfung ist zwischen zwei verschiedenen Vorgängen zu unterscheiden:

- Verdampfungsemissionen aus dem Kraftstofftank
- Verdampfungsemissionen nach dem Abstellen der Fahrzeuge.

Die Bestimmung erfolgt anhand des Rechenprogramms für Emissionsfaktoren des Straßenverkehrs (Umweltbundesamt 1995). Hauptbestandteil der Verdampfungsemissionen sind Kohlenwasserstoffe. Derartige Emissionen treten überwiegend bei Fahrzeugen mit Benzinmotor auf, da Dieselkraftstoffe bei gleicher Temperatur einen wesentlich geringeren Dampfdruck entwickeln. Daher beziehen sich die Berechnungen nur auf Pkw mit Ottomotor, für Lkw stehen keine Emissionsfaktoren zur Verfügung.

Dem gegenwärtigen Erkenntnisstand zufolge wird davon ausgegangen, daß ***Verdampfungsemissionen aus dem Kraftstofftank*** hauptsächlich aus abgestellten Fahrzeugen entweichen (Umweltbundesamt 1995, S. 14 ff). Sogenannte 'running losses' während der Fahrt werden auf sehr geringe Mengen geschätzt, da aufgrund der ständigen Kraftstoffentnahme aus dem Tank ein leichter Unterdruck entsteht, der ein Entweichen von Gasen weitgehend verhindert. Die Kraftstofftanks von Fahrzeugen haben in der Regel eine Be- und Entlüftungsöffnung, um Druckunterschiede durch Entnahme von Kraftstoff und Aufheizung oder Abkühlung ausgleichen zu können. Die Verdampfungsemissionen treten besonders bei Erwärmung und damit Ausdehnung des Kraftstoffs auf, was zu erhöhten Werten während der Sommermonate führt. Besonders bedenklich ist dabei der Beitrag der emittierten Kohlenwasserstoffe zum 'photochemischen Sommersmog'. Entscheidend für die Menge des verdunsteten Kraftstoffs ist die Differenz zwischen höchster und niedrigster Temperatur während des Abstellzeitraums und die mittlere Temperatur (Umweltbundesamt 1995).

Des weiteren hat die jahreszeitbedingte Spezifikation des verwendeten Kraftstoffs Einflüsse auf den Dampfdruck und damit auf die Höhe der Emissionen. Winterkraftstoffe (September bis April) weisen aufgrund des hohen Anteils an niedrigsiedenden Kohlenwasserstoffen (z.B. Butan) einen höheren Dampfdruck auf, als die im Sommer verwendeten Kraftstoffe (April bis September).

Die auf der Basis klimatischer Faktoren und Kraftstoffspezifikationen für die Bundesrepublik Deutschland erstellten Emissionsfaktoren werden auch auf das Untersuchungsgebiet in Frankreich angewandt. Aufgrund der höheren mittleren Temperatur wird ein geschätzter Korrekturfaktor von +10% bei der Verdampfung aus Kraftstofftanks einbezogen.

Die Berechnung der Tank-Verdampfungsemissionen basiert auf

- den Emissionsfaktoren
- der Anzahl der abgestellten Pkw
- der durchschnittlichen Parkdauer.

Die Lage, Größe und Nutzung der Parkplätze und Abstellflächen bestimmen die räumliche Verteilung der Verdampfungsemissionen. Die Zusammensetzung der Kohlenwasserstoff-Verdampfungsemissionen aus Kraftstofftanks hat in etwa die gleiche Zusammensetzung wie der Kraftstoff selbst (Obermeier 1991).

Die ***Verdampfungsemissionen nach dem Motorabstellen*** beruhen auf den hohen Temperaturen, die sich im Motorraum nach längerer Fahrt bilden. Im Vergaser und Kraftstoffleitungssystem bleibt Benzin zurück, welches durch Belüftungssysteme und Diffusionsvorgänge als Benzindampf in die Atmosphäre eintritt. Nach wenigen Stunden ist die Temperatur im Motorraum soweit gesunken, daß die Abstellverdampfung vernachlässigbar wird. Neben den im Motorraum auftretenden Temperaturen wird auch die Kraftstoffspezifikation (Sommer-/Winterkraftstoff) in dem Berechnungsverfahren berücksichtigt. Die Zusammensetzung der Kohlenwasserstoff-Emissionen durch Verdampfung nach dem Abstellen unterscheidet sich deutlich von den Tank-Verdampfungsemissionen (Obermeier 1991). Für die Berechnung der Emissionen nach dem Abstellen von Fahrzeugen spielen die klimatischen Parameter eine untergeordnete Rolle, daher kann auf die Anwendung eines Korrekturfaktors für das französische Untersuchungsgebiet verzichtet werden.

Die Summe der Emissionen aus Tankverdampfung und Verdampfung nach Motorabstellen entspricht der Gesamtemission an Kohlenwasserstoffen aus dem ruhenden Verkehr, bezogen auf einen durchschnittlichen Arbeitstag.

2.2.1.3 Luftschadstoffimmissionen

Die Berechnung der Luftschadstoffemissionen wird ergänzt durch eine Betrachtung von Meßergebnissen zu Luftschadstoffimmissionen. Es handelt sich in der Regel um kontinuierliche ***Luftschadstoffmessungen*** an stationären Meßnetzen. Zusätzlich werden Informationen aus diskontinuierlich durchgeführten Meßkampagnen mit einbezogen. Je nach Standort der Meßgeräte gibt die Immissionssituation Aufschluß über die Hintergrundbelastung mit Luftschadstoffen oder die Belastungen der Bevölkerung in direkter Straßennähe. Die Meßnetze werden durch regional agierende Meßgesellschaften betrieben.

Für das Land Baden-Württemberg übernimmt dies die 'Gesellschaft für Umweltmessungen und Umwelterhebungen mbH' (UMEG), für das Untersuchungsgebiet in Frankreich die 'Association pour la Maîtrise de la Qualité de l'Air en Languedoc-Roussillon' (AMPADI).

Die räumliche Verteilung der Immissionskonzentration ändert sich in Abhängigkeit von der Emissionssituation (Menge und Quellhöhe) und einem komplexen System aus horizontalen und vertikalen Luftbewegungen. Die Luftbewegungen wiederum hängen von einer Vielzahl unterschiedlicher Faktoren ab:

- Überdach Windgeschwindigkeit und -richtung
- Orientierung der Straße im Windfeld
- Breite der Straße
- Höhe, Dichte und Struktur der Randbebauung

(Wirtschaftsministerium Baden-Württemberg 1995, S. 134).

Des weiteren hat die Lufttemperatur und die darauf beruhende Luftzirkulation sowie die Verwirbelung durch fahrende Kfz einen Einfluß auf die Ausbreitung der emittierten Schadstoffe. Die niedrige Quellhöhe der betrachteten Verkehrsemissionen (Auspuffhöhe) führt zu einer sehr engen Korrelation zur Immissionsbelastung im Atembereich.

2.2.2 Bewertungsfeld 'Lärm'

Die Berechnung der Lärmimmissionen an Straßen wird nach dem Verfahren der 'Richtlinien für den Lärmschutz an Straßen' (RLS 90) durchgeführt. Um den Berechnungsaufwand in einem vertretbaren Rahmen zu halten, wird das vereinfachte Verfahren für lange, gerade Fahrstreifen angewandt. Die Straßenabschnitte werden dabei als Linienquellen behandelt. Berechnet wird der Beurteilungspegel über das Hinzufügen von Zuschlägen für erhöhte Störwirkungen zum Schallimmissions- oder Mittelungspegel. Die vereinfachte Bestimmung erfolgt über eine Kombination aus Berechnung und Benutzung vorgegebener Diagramme (Bundesministerium für Verkehr 1990, S. 11 ff.; Berechnungsbeispiele siehe Wirtschaftsministerium Baden-Württemberg 1994, S. 69 - 74; Karrasch et al. 1998, S. 9 - 14).

Die Berechnungen beruhen auf Verkehrszählungsdaten, wobei es sich im Idealfall um vollständige Tagesgänge (0:00 bis 24:00 Uhr, DTV-Wert) handelt. Der Mittelungspegel muß laut der RLS 90 für Tag (L_mT) und Nacht (L_mN) getrennt berechnet werden, wobei sich der Tageswert auf die Zeit von 6:00 bis 22:00 Uhr bezieht, der Nachtwert von 22:00 bis 6:00 Uhr.

Die ***Berechnung des Beurteilungspegels*** erfolgt unter Zuhilfenahme folgender Parameter:

- Verkehrsstärke und Lkw-Anteil zur Bestimmung eines Basiswerts
- zulässige Höchstgeschwindigkeit in Abhängigkeit vom Lkw-Anteil
- Abstand zwischen Emissions- und Immissionsort

- Korrekturfaktor für Straßensteigungen
- Korrekturfaktor für den Straßenbelag
- Abschläge für die Abschirmung durch Wände und Wälle
- Zuschläge für lichtzeichengeregelte Kreuzungen und Einmündungen
- meteorologische Parameter, Dämpfung durch den Boden, Reflexionen und Abschirmungen (Bundesministerium für Verkehr 1990, S. 11 ff.; Wirtschaftsministerium Baden-Württemberg 1994, S.69 ff).

Die ***RLS 90-Berechnungsmethode*** kann aufgrund der Vereinfachung des realen Sachverhalts nur Orientierungswerte liefern, da eine konsequente Berechnung aller Faktoren bezüglich Spiegelschall, Schallreflexion und -absorbtion die technischen Mittel und den Rahmen dieser Arbeit sprengen würde. Anzumerken ist nochmals, daß sich die angegebenen Schallimmissionen nur auf den Straßenverkehr als Lärmquelle beziehen. Liegen für die Untersuchungsgebiete entsprechende Daten in Form von Schallimmissionsplänen oder ähnlichem bereits vor, wird auf eigene Berechnungen verzichtet.

Zur Beurteilung der Belastungssituation in direkter Straßennähe wird pauschal ein Abstand zwischen Lärmquelle und Immissionsort von 10 m angesetzt und damit der Beurteilungspegel L_r10 bestimmt. Die Untersuchung der Lärmimmissionen in nur 10 m Abstand von den lärmemittierenden Kfz macht eine realitätsnahe Darstellung der Situation betroffener Straßenraumnutzer und Anwohner schmaler Straßen möglich. Des weiteren läßt die Bestimmung der emittentennahen Immissionen gute Rückschlüsse auf die Verursacherstrukturen, Entwicklungsmöglichkeiten und deren Auswirkungen auf den Raum zu.

Als Bewertungsrichtlinien für Schallimmissionen des Straßenverkehrs werden die gesetzlich vorgeschriebenen Grenzwerte der 16. BImSchV herangezogen. Die Zuordnung der Anspruchsniveaus zu den Nutzungsstrukturen ist der folgenden Tabelle zu entnehmen.

Tab. 2.1: Schallimmissionsgrenzwerte der 16. BImSchV

Nutzungen	Anspruchsniveau	dB(A) tags	dB(A) nachts
Krankenhäuser, Schulen, Kur-/Altenheime	sehr hoch	57	47
reine und allgemeine Wohngebiete	hoch	59	49
Kerngebiete, Dorfgebiete, Mischgebiete	mittel	64	54
Gewerbegebiete	gering	69	59

verändert nach: Wirtschaftsministerium Baden-Württemberg 1994, S. 82

Die Anwendung der BImSchV-Grenzwerte auf die Seitenräume der Straßen hat extrem hoch anmutende Grenzwertüberschreitungen zur Folge (Wirtschaftsministerium Baden-Württemberg 1994, S.82). Aus dem Blickwinkel des Bewertungsverfahrens zur 'Umfeld- und Umweltverträglichkeit von Stadtverkehr' erscheint die Anwendung jedoch gerechtfertigt, da der Straßenraum als schützenswerter Aufenthalts- und Lebensraum verstanden wird, für den die gleichen Standards gelten sollen wie für die Straßenrandbebauung.

Für die Bewertung nach der fünfstufigen Skala von (+ +) bis (- -) werden sowohl Tages- (6.00 - 22.00 Uhr) als auch Nachtwerte (22.00 - 6.00 Uhr) herangezogen. Die Bewertungsskala ist in 5dB(A)-Stufen eingeteilt, wobei (o), (-) und (- -) für Grenzwertüberschreitungen stehen, (+) und (+ +) entsprechend für Lärmimmissionen unterhalb der Grenzwerte.

Abb. 2.9: Bewertungsskala Lärmimmissionen (L_T10T) (grenzwertabhängig)

(+ +)	(+)	(o)	(-)	(- -)
dB(A) -5	Grenzwert	+5	+10	

eigener Entwurf

2.2.3 Bewertungsfeld 'Trennwirkung / Unfallgefährdung'

Die Trennwirkung großer Straßen führt zu Einschränkungen der Bewegungsfreiheit von Fußgängern und Radfahrern: Die Überquerung der Straßen erfordert einen erhöhten Zeit- und Wegeaufwand und stellt ein erhöhtes Sicherheitsrisiko dar. Eine weitere, damit zusammenhängende, negative Begleiterscheinung des Stadtverkehrs ist die große Zahl an Verkehrsunfällen. Diese geht in Form der Unfallgefährdung für querende Fahrradfahrer und Fußgänger in die Bewertung ein. Die Bewertungskriterien basieren auf folgenden Parametern:

- zulässige Höchstgeschwindigkeit
- Verkehrsmenge pro Tag (DTV)
- Anzahl der Fahrspuren
- Abstand von Zebrastreifen und Fußgängerampeln.

Die Bewertung von Trennwirkung und Unfallgefährdung erfolgt in Anlehnung an einen von Müller entwickelten Ansatz (Müller et al. 1988; ARGUS, COOPERATIVE, IWU 1994, S. 44). Das Verfahren von Müller stellt einen sehr anschaulichen und leicht zu handhabenden ***Bewertungsansatz*** dar. Zur Anpassung an die Ansprüche des 'Verfahrens zur Bewertung von Umfeld- und Umweltverträglichkeit von Stadtverkehr' und dessen Anwendung auf die Untersuchungsgebiete erfolgen einige eigene Modifikationen: Das Verfahren wurde vereinheitlicht auf die Anwendung der Parameter 'zulässige Höchstgeschwindigkeit' und 'Verkehrsmenge pro Tag' (DTV). Probeberechnungen für die Untersuchungsgebiete haben gezeigt, daß eine einheitliche Verwendung von zulässiger Höchstgeschwindigkeit zu gleichen Ergebnissen führt wie die Verwendung der tatsächlich gefahrenen Durchschnittsgeschwindigkeit. Die Informationen zu den Durchschnittsgeschwindigkeiten basieren auf der Vielzahl von Geschwindigkeitsmessungen der Gemeindevollzugsdienste. Vereinheitlicht werden konnte auch auf den Einsatz von Verkehrsmenge pro Tag anstatt der ursprünglichen Zweiteilung pro Tag und pro Stunde.

Sowohl die Trennwirkung als auch die Unfallgefährdung für fahrbahnquerende Fußgänger und Radfahrer hängen zusätzlich von der Straßenbreite, beziehungsweise der ***Anzahl der***

Fahrspuren und dem Vorhandensein von Zebrastreifen und Fußgängerampeln ab. Bei der Berechnung der durchschnittlichen ***Abstände zwischen den Überquerungshilfen*** muß auf deren Anordnung im Straßenraum geachtet werden, um möglichst realitätsnahe Werte ermitteln zu können. Das Verfahren von Müller et al. wurde um diese zwei Parameter ergänzt, die durch Zu- und Abschläge in die Bewertung mit einbezogen werden. Zweispurige Straßen werden mit (o) belegt, da diese den Regelfall darstellen. Straßen mit weniger Fahrspuren und damit geringerer Trennwirkung werden mit einem Zuschlag (+) versehen, Straßen mit mehr Fahrspuren mit einem Abschlag (-). Straßen mit begehbarem Mittelstreifen werden wegen der einfacheren und sichereren Querungsmöglichkeit besser bewertet als Straßen mit einer breiten Fahrbahn. Bei der Bedeutung von Überquerungshilfen wird entsprechend Abschnitt 2.2 nochmals nach dem Anspruchsniveau unterschieden.

Bewertet wird die Trennwirkung und die Unfallgefährdung mit Hilfe einer dreitstufigen Skala von gering (+) über mittel (o) bis hoch (-). Abhängig vom Anspruchsnivau der Randnutzung müssen ab einer gewissen Verkehrsmenge, Fahrgeschwindigkeit und Straßenbreite Überquerungshilfen für Fußgänger und Radfahrer zur Verfügung stehen, um dem Anspruch der Umfeldverträglichkeit gerecht zu werden. Auf den ersten Blick erscheinen die Überquerungshilfen als 'Symptombekämpfung', bei genauerer Beleuchtung fällt der Ursachenbezug auf: Gute Überquerbarkeit und geringe Unfallgefahren können die Verkehrsmittelwahl und die Ziel- und Wegewahl der Bevölkerung beeinflussen. Dabei sollte nicht vergessen werden, daß eine Verbesserung der Situation in Sachen Trennwirkung und Unfallgefährdung durchaus zu erhöhtem Querungsbedarf führen kann, dieser demnach mittel- bis langfristig keine statische Größe darstellt.

Abb. 2.10: Trennwirkung

>50	**hoch (-)**		
50	**gering (+)**	**mittel (o)**	**hoch (-)**
30	**gering (+)**	**mittel (o)**	**hoch (-)**
zul. v max. (km/h)	4000	8000	(Kfz/Tag)

verändert nach ARGUS, COOPERATIVE, IWU 1994

Abb. 2.11: Unfallgefährdung

>50	**mittel (o)**	**hoch (-)**	
50	**gering (+)**	**mittel (o)**	**hoch (-)**
30	**gering (+)**	**mittel (o)**	
zul. v max. (km/h)	4000	8000	(Kfz/Tag)

verändert nach ARGUS, COOPERATIVE, IWU 1994

Abb. 2.12: Zu- und Abschläge für die Anzahl der Fahrspuren

Anzahl Fahrspuren	1	1 + 1	2	2 + 1	>=3	>=2 + 2
	(+)		(o)		(-)	

eigener Entwurf

Abb. 2.13: Zu- und Abschläge für das Vorhandensein von Überquerungshilfen

Querungsbedarf / Anspruchsniveau				
gering	(+)			(o)
mittel	(+)		(o)	
hoch	(+)	(o)		
	100	250	500	Abstand (m)

verändert nach ARGUS, COOPERATIVE, IWU 1994

2.2.4 Bewertungsfeld 'Flächenaufteilung / Grün und Gestaltung'

"In Städten ist Nutzungskonkurrenz gleich Flächenkonkurrenz. [...] Flächenverfügbarkeit wird somit letztlich zum maßgebenden Kriterium für die städtebauliche Verträglichkeit des Autoverkehrs in der Stadt und [...] die Flächenverteilung zum Gradmesser stadtpolitischer Einstellungen zur Integration des Autoverkehrs in die Stadt" (ARGUS, COOPERATIVE, IWU 1994, S. 48/49).

Die Auswahl der Kriterien zum Bewertungsfeld 'Flächenaufteilung / Grün und Gestaltung' ist in abgewandelter Form angelehnt an den 'Berliner Ansatz' (Senatsverwaltung für Stadtentwicklung und Umweltschutz 1993). In die Betrachtung fließen vier Kriterien ein:

- Raumaufteilung
- Breite Seitenraum
- Abstand Bäume
- Grünvolumen

2.2.4.1 Raumaufteilung

Mit dem Kriterium Raumaufteilung wird das Verhältnis zwischen Raum für den Kfz-Verkehr und Raum für die sonstigen Nutzungen untersucht. Die Raumaufteilung hat nicht nur einen funktionellen Aspekt für die Abwicklung des Verkehrs im Straßenraum, sondern in erster Linie auch einen gestalterischen. Die Wahrnehmung des Straßenraums durch die Bevölkerung hängt wesentlich von den Raumproportionen ab. Die Bewertung orientiert sich an einem städtebaulichen Idealbild des 19. Jahrhunderts, demnach die Seitenräume jeweils 30% und der Fahrbahnraum 40% der nutzbaren Straßenbreite ausmachen (Senatsverwaltung für Stadtentwicklung und Umweltschutz 1993, S. 12). Unter Berücksichtigung der historischen und aktuellen städtebaulichen Verhältnisse in den Untersuchungsräumen werden Straßenabschnitte mit einem Anteil von mindestens 50% Seitenraum an der nutzbaren Straßenraumbreite mit (+ +) bewertet. Anhand einer solchen Forderung wird unabhängig vom Anspruchsniveau ein ausgewogenes Verhältnis zwischen Flächen für den MIV und Flächen für sonstige Nutzungen angestrebt.

Abb. 2.14: Raumaufteilung

Anteil des Seitenraums an der nutzbaren Straßenraumbreite				
>= 50%	40 - 49%	30 - 39%	20 - 29%	< 20%
(+ +)	(+)	(o)	(-)	(- -)

eigener Entwurf

Ausgangsparameter:

- Nutzbare Straßenraumbreite: Breite zwischen der Bebauung, beziehungsweise den Grundstücksgrenzen. Vorgärten werden nicht hinzugezählt;
- Fahrbahn- und Parkraum: Breite zwischen den Bordsteinkanten und darüber hinausgehende Parkplätze. Nicht vom MIV genutzte Mittelstreifen werden der Seitenraumnutzung zugerechnet;
- Seitenraum: Breite zwischen Bordstein und Grundstücks- bzw. Gebäudekante beidseitig der Straße. Nutzung als Bürgersteig, Radweg, Baum- und Grünstreifen. Markierte Radstreifen auf der Fahrbahn zählen ebenfalls zum Seitenraum.

Die Ausgangsdaten können einerseits direkt im Straßenraum erhoben werden und andererseits aus großmaßstäbigen Plänen herausgelesen werden.

2.2.4.2 Breite Seitenraum

Neben dem Verhältnis Fahrbahn- und Parkraum zum Seitenraum stellt auch die absolute Breite des Seitenraums eine entscheidende Größe zur Beurteilung der verträglichen Bewältigung von Verkehr in der Stadt dar. Grundlage für die Bewertung sind die Mindestmaße für eine verträgliche Abwicklung von Verkehr, die den 'Empfehlungen für die Anlage von Erschließungsstraßen EAE 85' entnommen sind. Entwickelt wurden diese Mindestwerte für den Raumanspruch der verschiedenen Verkehrsmittel und Verkehrsteilnehmer von der Forschungsgesellschaft für Straßen- und Verkehrswesen. Diese Werte sind als 'autonome Standards' des 'MARS'-Verfahrens (vgl. Kapitel 2.1) aufgegriffen und finden auch in der einschlägigen französischen Literatur Beachtung (Forschungsgesellschaft für Straßen- und Verkehrswesen 1985; Baier 1992; CETUR 1994). Es wird davon ausgegangen, daß bei mittlerem Anspruchsniveau ein mindestens zwei Meter breiter Gehsteig notwendig ist, um die ungehinderte Begegnung von zwei Fußgängern zu ermöglichen, bei hohem Anspruchsniveau entsprechend drei Meter für drei Fußgänger. Um gut bewertet zu werden, muß jeweils noch mindestens ein Meter für Radweg plus Grünstreifen oder Baumscheiben zur Verfügung stehen. Wohlgemerkt handelt es sich sowohl bei der Seitenraumbreite als auch bei der Raumaufteilung um Mindestanforderungen, die fehlende Ausweichflächen in den zum Teil sehr dicht bebauten Untersuchungsräumen berücksichtigen. Um eine optimale Aufenthaltsqualität zu erreichen, sind noch breitere Seitenräume anzustreben. Die notwendigen Daten sind direkt im Straßenraum zu erheben.

Abb. 2.15: Breite Seitenraum

Anspruchsniveau					
hoch	(+ +)	(+)	(o)	(-)	(- -)
mittel	(+ +)	(+)	(o)	(-)	(- -)
gering	(+ +)	(+)	(o)	(-)	(- -)
m	6	4	2	0	
Breite des Seitenraums pro Straßenseite					

eigener Entwurf

2.2.4.3 Abstand der Bäume

Bäume sind ein wichtiges Gestaltungselement für Stadtstraßen und ein entscheidender Bestandteil deren Grünausstattung. Sie haben eine bedeutende Funktion als raumbildende und raumgliedernde Elemente. Für eine gute Aufenthaltsqualität und ein positives Erscheinungsbild sind Bäume als ein Stück Restnatur im Straßenraum unumgänglich. Generell sollten beidseitig der Straßen Baumpflanzungen vorhanden sein. Neben Gestaltungs- und Abschirmungsfunktion kommt den Stadtbäumen eine besondere Bedeutung für das innerstädtische Mikroklima zu. Außerdem stellen Baumscheiben einen Beitrag zur Verringerung der Bodenversiegelung dar. Der durchschnittliche Abstand der Bäume im Straßenraum kann mittels Ortsbegehungen oder Luftbildauswertung leicht abgeschätzt und quantifiziert werden.

Abb. 2.16: Abstand der Bäume

(+ +)	(+)	(o)	(-)	(- -)
m 10	15	20	25	
durchschnittlicher Abstand zwischen Bäumen				

verändert nach Senatsverwaltung für Stadtentwicklung und Umweltschutz 1993

2.2.4.4 Grünvolumen

Das Kriterium 'Abstand Bäume' beschreibt nur unzureichend die Bedeutung der Vegetation in Straßenräumen, da die Größe der Bäume und deren gestalterische Wirkung für den jeweiligen Straßenabschnitt zu unterschiedlich ausfallen. Ergänzend wird daher das Kriterium 'Grünvolumen' eingeführt, welches eine qualitative Bewertung der Durchgrünung von Straßenräumen zuläßt. Durch den Einsatz beider Bewertungskriterien können die wesentlichen ökologischen und gestalterischen Effekte der Vegetation für die Nutzer des Lebensraums Stadt erfaßt werden. Der Straßenraum muß hierzu weiter abgegrenzt werden als in der Definition des 'nutzbaren Straßenraums', denn die Begrünung der Vorgärten und der sonstigen Randnutzung (Parkanlagen, Freiflächen etc.) hat erheblichen Anteil am Grünvolumen eines Straßenabschnitts. Nicht berücksichtigt wird bei diesen Untersuchungen der Verlauf der unterirdisch verlegten Versorgungs- und Entsorgungsleitungen, der einen limitierenden Faktor für das Grünflächenpotential im Straßenraum darstellen kann.

Die qualitative Bewertung des Grünvolumens erfolgt auf der Basis von Informationen, die in den jeweiligen Straßenabschnitten erhoben wurden. Um die Vergleichbarkeit zu gewährleisten wurden die Werte für alle Straßenabschnitte während der Sommermonate 1997 erhoben, photographisch dokumentiert und ausgewertet. Klassifiziert wird in fünf Kategorien:

Abb. 2.17: Grünvolumen

(+ +)	Grün stellt primär herausragendes Raumelement dar
(+)	Grün dominiert gegenüber baulichen / verkehrlichen Raumelementen
(o)	Grün und bauliche / verkehrliche Raumelemente halten sich die Waage
(-)	bauliche und verkehrliche Elemente dominieren gegenüber dem Grün
(- -)	kein / kaum Grün im Straßenraum

eigener Entwurf

Zur Illustration der Bewertungskategorien für das Grünvolumen finden sich ***Photos*** auf den nächsten Seiten.

Abb. 2.18: Photodokumentation der Bewertungskategorien für das Grünvolumen

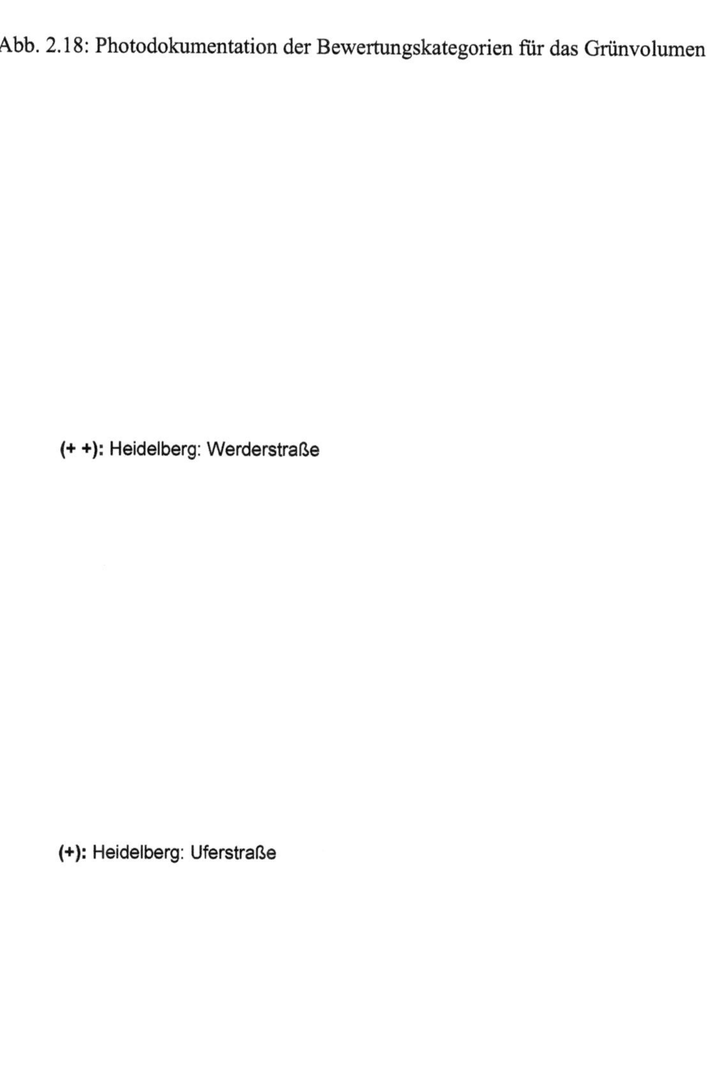

(+ +): Heidelberg: Werderstraße

(+): Heidelberg: Uferstraße

(o): Heidelberg: Sofienstraße

(-): Heidelberg: Gaisbergstraße

(- -): Heidelberg: Brückenstraße

Bearbeitung: Jan Gürke 1999

2.3 Auswertung der Ergebnisse

Die Auswertung und Darstellung der Untersuchungsergebnisse erfolgt getrennt nach einzelnen Bewertungskriterien. Sowohl die verschiedenen Kriterien der kleinräumigen Umfeldverträglichkeit als auch die großräumige Umweltverträglichkeit auf Basis der Luftschadstoffemissionen sind separat in den Ergebnistabellen dargestellt. Auf diese Weise kann der planerische Handlungsbedarf direkt abgelesen werden.

Zur schnelleren Erfaßbarkeit der Gesamtergebnisse bezüglich der Verträglichkeit oder Unverträglichkeit des Verkehrs an einzelnen Straßen werden die Kriterien in fünf Klassen von (+ +) bis (- -) bewertet, in Anlehnung an die Schulnoten von 1 bis 5. Die Verträglichkeit des Verkehrs an einer Straße hängt letztlich von dem jeweils am schlechtesten bewerteten Kriterium ab: Es wird davon ausgegangen, daß hohe Belastungen bei einem einzigen Bewertungskriterium bereits dazu ausreichen, die Situation für Straßenraum- und Umfeldnutzer unverträglich zu machen. Gleichzeitig werden auf diese Weise die Bereiche in den Mittelpunkt der Betrachtung gestellt, bei denen Verbesserungen am dringlichsten sind. Zusätzlich werden die Ergebnisse für einzelne Straßen in 'Spinnendiagrammen' dargestellt, welche einen schnellen Überblick über die verschiedenen Bewertungskriterien ermöglichen (vgl. Kap. 7.7).

In den Bewertungstabellen und -diagrammen sind die Ergebnisse aller Kriterien der jeweils untersuchten Straße nebeneinander gestellt. Anhand des schlechtesten Bewertungsergebnisses ist der Grad der (Un-)Verträglichkeit des Verkehrs an der betroffenen Straße einfach zu gewinnen. Auf diese Weise besteht die Möglichkeit, auch eine größere Zahl von untersuchten Straßenabschnitten in kurzer Zeit vergleichend gegenüberzustellen. Prinzipiell ist für alle Kriterien eine Präsentation in Kartenform möglich (vgl. Anhang: Karten).

Die umfassende und dennoch übersichtliche sowie einfach zu handhabende Art der Ergebnispräsentation stellt die Grundlage für eine praxisorientierte Analyse der Verkehrs-, Emissions- und Belastungssituation innerhalb der Untersuchungsgebiete und eine vergleichende Analyse zwischen den beiden Untersuchungsstädten Heidelberg und Montpellier dar.

3 Untersuchungsgebiete und Strukturen: Montpellier und Heidelberg

3.1 Einleitende Anmerkungen zu den Untersuchungsgebieten und Strukturen

Die beiden, seit 1961 durch eine Städtepartnerschaft verbundenen Städte Montpellier und Heidelberg weisen deutliche Parallelen bei den ***kleinräumigen Stadt- und Nutzungsstrukturen*** und sonstigen lokalen Gegebenheiten auf:

- Stadtstruktur: Sehr enge, alte und attraktive Innenstädte mit enormen Flächennutzungskonflikten und Problemen bei der Verkehrs- und Parkplatzsituation. Ausgelagerte Campusviertel von großem Ausmaß, zentrumsferne Wohnviertel und ansonsten diffus gestreute Wohnnutzung, Gewerbe- und Industriegebiete am Stadtrand
- Bevölkerungsstruktur: Vorherrschend hohe sozioprofessionelle Bevölkerungskategorien und sehr hohe Studentenanteile
- Wirtschaftsstruktur: Große Anzahl von Arbeitsplätzen im tertiären Sektor, wenig Industrie, hohes Berufseinpendleraufkommen durch Arbeitsplatzüberschüsse
- Umweltsituation: Verkehr ist die dominante Verursachergruppe von Umweltbelastungen, die Umwelteinwirkungen durch Industriebetriebe sind gering
- Öffentlichkeitsarbeit: 'Öko-orientierte Stadt' als Leitbilder der Stadtentwicklung, besondere Ansprüche auf hohe Lebens- und Umweltqualität.

Große Unterschiede zeigen sich dagegen bei den ***gesellschaftlichen Rahmenbedingungen*** auf nationaler Ebene, sei es in Bezug auf

• Politik • Wirtschaft • Kultur

Bedingt durch die geographische Lage sind auch die ***naturräumlichen Bedingungen*** sehr unterschiedlich. Mit Einfluß auf die vorliegende Untersuchung sind vor allem

• Klima • Topographie

zu nennen. In beiden Städten resultieren aus der Gesamtheit der Rahmenbedingungen spürbare Einschränkungen der Aufenthaltsqualität für die Straßenraum- und Umfeldnutzer durch Luftschadstoffe, Lärm, Flächennutzungskonflikte, Unfallgefahren, Trennwirkung etc. Außerdem stellen die Luftschadstoffemissionen des Verkehrs die wichtigste Ursache für großräumige Umweltbelastungen dar.

3.2 Montpellier

3.2.1 Geographische Lage

Die Lage Montpelliers wird mit 43° 34' 7" nördlicher Breite und 3° 57' 7" östlicher Länge angegeben (Flughafen Montpellier-Fréjorgues), bei einer mittleren Höhe von 26 m über N.N. Die heutige Gemarkungsfläche beläuft sich auf 56,88 km^2, die maximale Ausdehnung in Nord-Süd-Richtung beträgt ca. 9 km, in Ost-West-Richtung ca. 10 km. Die Stadt liegt in der mediterranen Klimazone mit trockenen, heißen Sommern und recht milden Wintern. Für eine ausführliche Darstellung der Klimadaten Montpelliers wird auf Météo France 1996 verwiesen. Ein Überblick zur geographischen Lage ist Karte 3.1 zu entnehmen.

3.2.2 Stadtentwicklung

Die Stadt Montpellier ist eine ***mittelalterliche Gründung*** aus dem Jahre 985, auf einem Hügel zwischen dem Cevennenvorland der Garrigue und dem sumpfigen Küstenstreifen des Littoral gelegen. Das enge, dicht bebaute Stadtzentrum ist bis heute prägendes Merkmal der Stadt- und Verkehrsstruktur. Einerseits stellt es das wirtschaftliche Zentrum und den wichtigsten touristischen Anziehungspunkt der Stadt dar, andererseits entstehen durch den kleinräumig strukturierten Grundriß und den Mangel an Ausweichflächen in der Innenstadt schwer lösbare Flächennutzungskonflikte. Dieser Platzmangel hat die Architektur und den Städtebau Montpelliers über Jahrhunderte begleitet und geprägt. Für die Wasserversorgung der Stadt sorgt der Fluß Lez, der das erweiterte Stadtzentrum im Osten begrenzt. In früheren Jahrhunderten diente er zusätzlich der Verkehrsanbindung an den Golfe du Lion und der Energieversorgung. Auf dem Landweg liegt die Stadt an der großen Achse zwischen Rhônetal und dem Roussillon, beziehungsweise Spanien. Im Mittelalter profitierte Montpellier davon als Warenumschlagsplatz und Station der Pilger auf dem Jakobsweg nach Santiago de Compostela (Ville de Montpellier - DAP o. J. b, S. 10).

Wirtschaftliche Basis der Stadt ist zunächst die landwirtschaftlich günstige Lage, in Kombination mit Handwerk und Handel. Bereits im Jahr 1220 wird dies ergänzt durch den Aufbau einer Universität, zunächst mit den Zweigen Medizin und Rechtswissenschaft, 1242 wird die Fakultät für Literaturwissenschaften gegründet, 1421 die theologische Fakultät. Seit dem wachsenden Einfluß des französischen Königreichs im 18. Jahrhundert siedeln sich verstärkt Banken, Gewerbe- und kleine Industriebetriebe an, mit der Folge eines langanhaltenden demographischen Wachstums. Die industrielle Revolution kommt in Montpellier kaum zum Tragen, der Anschluß an die Bahnstrecke nach Paris im Jahr 1850 erschließt dagegen neue Absatzmärkte für die Weinproduktion der Region und führt damit zu einem starken wirtschaftlichen Bedeutungsgewinn des Weinbaus.

Im 19. Jahrhundert werden die Befestigungsanlagen der Stadt geschleift und an ihrer Stelle Ringstraßen gebaut. Mit Begradigungen, Verbreiterungen und Straßendurchstichen hinterläßt der Städtebauer Haussmann Veränderungen, welche die Stadt- und Verkehrsstruktur bis heute maßgeblich prägen (Gensac 1992, S. 4 ff).

Ende des 19. Jahrhunderts bis 1954 stagniert die ***wirtschaftliche und soziodemographische Entwicklung*** der Stadt. Eine deutliche Trendwende ergibt sich erst mit der Ansiedlung von ca. 20.000 - 25.000 Heimkehrern aus Algerien in den Jahren 1961/62. Die Einrichtung eines europäischen Hauptsitzes der Firma IBM, der Ausbau des Klinik- und Universitätszentrums und die Ernennung Montpelliers zu Hauptstadt und Verwaltungssitz der Wirtschaftsregion Languedoc-Roussillon führen in den folgenden 20 Jahren zu einer Verdoppelung der Bevölkerung von 97.500 (1954) auf 195.600 (1975) (Sinn 1976/77, S.16; Ville de Montpellier - DAP o. J. b, S. 12). Die Ansiedlung weiterer Betriebe aus der Computerbranche, der medizinischen Forschung und dem Dienstleistungssektor beleben die wirtschaftliche Situation der Stadt erheblich.

Stadt- und Verkehrsplanung können nur schwer mit dem rasanten demographischen und wirtschaftlichen Wachstum der Stadt mithalten. Es erfolgt eine starke räumliche Trennung nach Art der Nutzung: Universität und Kliniken sind im Norden der Stadt konzentriert, Industrien im Süden, Einzelhandel und Gewerbe in der Innenstadt. Ein Großteil der Wohnfunktion wird in das neu gebaute, hoch verdichtete Wohnviertel La Paillade (1965 - 1975) im äußersten Nordwesten des Stadtgebiets ausgelagert. Nördlich und westlich der Innenstadt wachsen die Stadtteile relativ unkontrolliert und unkoordiniert in breiter Streuung, mit mangelnder städtebaulicher Ausstattung und radial auf das Zentrum ausgerichtetem Straßennetz. Vor allem im Stadtzentrum als verkehrlichem Mittelpunkt spiegeln sich in den heutigen Verkehrsproblemen die Folgewirkungen der inkohärenten Planung wider. Folgende Punkte stellen weiterhin primäre Probleme der Planung dar:

- ungünstig strukturiertes Straßennetz
- enge Straßenquerschnitte
- geringe Ausweichflächen
- mangelhafter Ausbau des öffentlichen Nahverkehrs
- Vernachlässigung des nichtmotorisierten Verkehrs.

Seit 1977 werden in der Lokalpolitik deutliche Schwerpunkte auf den Städtebau und eine ***ausgewogenere Stadtentwicklung*** gelegt. Dabei kommen Ansätze wie 'verstärkte Nutzungsmischung', 'Stadt der kurzen Wege' und 'Aufwertung von Stadtteilzentren' zum Tragen. Es werden erste Schritte in den Bereichen ÖPNV-Förderung, Förderung des Rad- und Fußgängerverkehrs, Ausbau der Parkplätze und einer geänderten Verkehrsabwicklung mit dem Ziel einer Verkehrsentlastung gemacht. Zu den Einflüssen der lokalen und regionalen Bevölkerung kommt die touristische Bedeutung der nahegelegenen Küste, mit Folgen für Stadtbild, Einzelhandels- und Wirtschaftsstruktur Montpelliers hinzu. Während der

Sommermonate Juli und August ist die Verkehrssituation der Agglomeration durch den Touristenzustrom stark verändert (CETE-LR / DDE 1994, S. 42; Gensac 1992, S. 14).

1985 wurde die wirtschaftliche Entwicklung der Stadt in das Konzept ***'Montpellier Languedoc-Roussillon Technopole'*** eingebettet. Das Konzept basiert auf fünf Entwicklungspolen, jeweils mit einem Forschungs- oder Technologiepark ausgestattet:

- Euromédecine: Medizinische und pharmazeutische Forschung und Entwicklung
- Agropolis: Forschung und Entwicklung in der tropischen und mediterranen Landwirtschaft
- Informatique: Informatik, Elektronik, künstliche Intelligenz
- Antenna: Neue Bild- und Kommunikationsmedien
- Héliopolis: Tourismusentwicklung.

1990 wird zu den fünf bestehenden Forschungs- und Technologieparks der Entwicklungspol

- Industries et Services (Transport und Logistik)

hinzugefügt (Brunet et al.1988, S. 255 ff). Im gleichen Jahr wird eine Stadtentwicklung unter dem Schlagwort ***'Montpellier Eurocité'*** eingeleitet, basierend auf den drei Pfeilern

- rege Wirtschaftsentwicklung
- gute Lebensqualität und
- hoher kultureller Anspruch.

Im Zuge dessen wird eine Entwicklung der östlichen Stadtteile forciert, um ein Gegengewicht zu den Entwicklungen der letzten Jahrzehnte herzustellen. Das aktuellste Stadterweiterungsprojekt Richtung Osten trägt den Namen Port Marianne und gliedert sich in eine Vielzahl von Baumaßnahmen: Die Anlage neuer Universitätsbereiche, Wohn-, Gewerbe- und Industriegebiete (Ville de Montpellier - DAP o. J. b, S. 22 ff).

Zwischen der Altstadt und Port Marianne liegt das aufsehenerregendste städtebauliche Projekt der letzten zehn Jahre, der Stadtteil Antigone. Antigone stellt den Versuch eines 'aus einem Guß' gestalteten, zentrumsnahen gemischten Wohnviertel mit 3400 Wohneinheiten dar. Ungefähr ein Viertel davon sind Sozialwohnungen, des weiteren sind Gastronomiebetriebe, Einzelhandelsgeschäfte und Verwaltungseinrichtungen an der zentralen Fußgängerstraße des neuen Stadtteils angesiedelt.

3.2.3 Bevölkerungs- und Stadtstruktur

Die Gesamtstadt hat heute 207.996 ***Einwohner*** auf einer Fläche von 56,88 km^2, was einer Einwohnerdichte von 3657 Einwohnern pro km^2 entspricht. Die Einwohner verteilen sich auf 92.542 Haushalte, bei einer durchschnittlichen Haushaltsgröße von 2,25 Personen pro

Haushalt (INSEE 1990). Die Zahl der Erwerbstätigen beläuft sich auf 71.799, die der Beschäftigten auf 102.692, davon 82% (84.251) im tertiären Sektor (1990). Die Stadt ist Sitz von zwölf Hochschulen mit insgesamt 55.000 Studierenden und 161 Schulen mit einer Schülerzahl von 51.900 (1991) (INSEE-LR 1994).

Diese Zahlen deuten schon auf die Bedeutung Montpelliers als Oberzentrum mit ***zentralörtlichem Einzugsbereich*** von mehr als 30 km Radius hin, insbesondere in den Bereichen Arbeit (vorwiegend Dienstleistung) und Ausbildung. Daneben hat Montpellier wichtige Verwaltungsaufgaben als Hauptstadt des Départements Hérault und der Region Languedoc-Roussillon. Verstärkend kommt die vergleichsweise isolierte Lage Montpelliers hinzu. Die nächstgelegenen Städte Sète und Nîmes sind einerseits kleiner und weniger gut ausgestattet und andererseits relativ weit entfernt.

Die kleine Gemarkungsfläche bei hoher Einwohnerdichte bedingt die geringen Ausmaße der ***Grün- und Freiflächen*** Montpelliers. Die Größe der öffentlichen Grünflächen beziffert sich auf nur ca. 100 ha, wobei Parks, Gärten und Alleen den Großteil ausmachen (92,3 ha). Der Rest setzt sich aus jeweils 4 ha Sport- und Ausstellungsflächen und zusätzlich 29 ha Friedhofsfläche zusammen (INSEE-LR 1994). Auf der Gemarkung bestehen keine größeren zusammenhängenden Wald- und Landwirtschaftsflächen.

3.2.4 Überregionale Verkehrsanbindung

Die historischen Strukturen spiegeln sich im heutigen ***Fernverkehrsnetz*** wider (vgl. Karte 3.1). Die Autobahn A9 und die parallel verlaufende Hauptstrecke der Bahn vom Rhônetal in Richtung Spanien, mit Verzweigung nach Toulouse stellen dessen wichtigsten Routen dar. Wegen häufiger Überlastung ist ein Ausbau der Autobahn im Bereich Montpellier geplant. Des weiteren ist Montpellier südlicher Endpunkt der kürzlich fertiggestellten Nord-Süd-Achse Autobahn A71 von Paris über Orléans und Clermont-Ferrand. Der Bau einer TGV-Hochgeschwindigkeitsstrecke vom Rhônetal nach Montpellier ist im Gang, die Weiterführung nach Westen und Süden projektiert. Der Schiffahrtskanal von der Rhône nach Sète hat heute eher eine touristische als eine wirtschaftliche Bedeutung. Dem Flughafen Montpellier-Fréjorgues kommt als Hauptaufgabe die Abwicklung des innerfranzösischen Personenverkehr zu (Mérienne 1997, S. 17).

3.2.5 Stadtverkehr

Die ***Hauptströme des innerstädtischen Straßenverkehrs*** verteilen sich auf die radialen Achsen mit Anschluß an mehrere Routes Nationales, Départementales und die Autobahn A9 und auf drei konzentrische Ringstraßen. Das Konzept der Ringstraßen ist bis heute nicht vollständig verwirklicht, so daß die radialen Ein- und Ausfallstraßen und einige zentrumsnahe Bereiche nach wie vor stark durch Transitverkehr belastet sind. Das Siedlungsgebiet Montpelliers weist eine Straßenlänge von 650 km auf, mit 190 lichtzeichengeregelten Kreuzungen. In innenstadtnahen Bereichen koordiniert das zentrale Verkehrsleitsystem 'Pétrarque' den Ablauf des MIV und des ÖPNV (CETE-LR / DDE 1994, S. 21). Für das gesamte Stadtgebiet gilt Tempo 50, mit Ausnahme weniger verkehrsberuhigter Wohnstraßen mit Beschränkung auf 30 km/h. Die Motorisierungsrate liegt bei ca. 500 Pkw / 1000 Einwohnern, was einer Gesamtzahl von ca. 104.000 Pkw im Stadtgebiet von Montpellier entspricht (Ville de Montpellier - DAP 1996, mündliche Auskunft).

Im weiteren Zentrumsbereich bestehen heute ca. 16.500 öffentliche ***Parkplätze***, davon 8.200 im Straßenraum, unterteilt in Kurz- und Langparkzonen und 8.462 in Parkhäusern. Der innenstadtnahe Parkraum ist flächendeckend bewirtschaftet (SMTU 1992). Dennoch ermöglicht das hohe Parkplatzangebot dem MIV den einfachen Zugang zu zentrumsnahen Bereichen. Die hohen Flächenansprüche für das Abstellen von Kfz stellen bei der großen Siedlungsdichte ein erhebliches Problem dar, da kaum Ausweichflächen für die Vielzahl konkurrierender Nutzungsansprüche zur Verfügung stehen.

Der ***ÖPNV*** ist auf der Ebene des Districts (Bezirk mit Montpellier und 14 umliegenden Gemeinden) organisiert und wird von der Société Montpellierraine de Transport Urbain (SMTU) ausgeführt. Es bestehen derzeit 26 Buslinien mit einer Gesamtlänge von 320 km, 12 davon dienen der Anbindung umliegender Gemeinden. Im Stadtgebiet sind zwei 'axes prioritaires' eingerichtet, d.h. Buslinien, die praktisch auf ihrer gesamten Länge auf separaten Fahrspuren verlaufen und mit Vorrangschaltungen versehen sind. Der Fußgängerbereich des Zentrums wird mit gasbetriebenen Kleinbussen bedient. Der Bau einer ersten Straßenbahnlinie mit 12,5 km Länge ist im Gange, eine zweite Linie ist bereits in Planung (SMTU 1994; SMTU, Montpellier District 1994). Der ÖV auf Départementsebene wird von der Société Départementale des Transports de l'Hérault (SODETRHE) durchgeführt.

Einer der ersten Ansatzpunkte zur Vermeidung von Verkehrsbelastungen im Stadtzentrum ist die Einrichtung der ***Fußgängerzone*** im Jahr 1977. Nach einigen Erweiterungen, insbesondere der Place de la Comédie (50.000 m^2) hat die Fußgängerzone heute eine beträchtliche Ausdehnung von 152.000 m^2, was einer Länge von 5,4 km Fußgänger- oder fußgängerbevorrechtigten Straßen entspricht (INSEE-LR 1994). Bisher kann nur partiell von einem ***Radwegenetz*** gesprochen werden, da zum Teil noch große Lücken und Ausstattungsmängel bestehen. Die bestehenden Wege haben eine Gesamtlänge von 53,9 km. Diese untergliedern sich in 19,7 km separaten Radweg, 28,6 km Radspur auf der Fahrbahn und 5,6 km 'voies partagées', einem gemeinschaftlich mit anderen Verkehrsteilnehmern zu nutzenden Streifen auf der Fahrbahn mit Fahrradbevorrechtigung. Ein Ausbau des Radwegenetzes auf 110 km ist geplant (Ville de Montpellier 1995).

3.3 Heidelberg

3.3.1 Geographische Lage

Die geographische Lage Heidelbergs bemißt sich auf 8°42'38" östlicher Länge und 49°24'48" nördlicher Breite, bei einer Höhe von 112,8 m über N.N. (Marktplatz). Die maximale Nord-Süd-Ausdehnung des Stadtgebiets beträgt ca. 12 km, die Ost-West-Ausdehnung ca. 16 km. Die Gesamtfläche der Gemarkung erscheint mit 108,8 km^2 sehr groß im Vergleich zu Montpellier, wobei anzumerken ist, daß davon nur 27,7 km^2 (25,4%) bebaute Fläche sind (Stadt Heidelberg - Vermessungsamt 1990, S. 6). Durch den Einfluß des Reliefs hat Heidelberg ein deutlich ausgeprägtes Lokalklima. Kennzeichnend ist der lokaltypische Neckartalabwind aus östlicher Richtung und das häufige Auftreten von Temperaturinversionen. Eine Auflistung der Klimadaten Heidelbergs findet sich in den Veröffentlichungen des Deutschen Wetterdiensts (1953; o. J.) und bei Karrasch et al. 1994 S. 14 ff. Einen Überblick zur geographischen Lage Heidelbergs gibt Karte 3.2 im Anhang.

3.3.2 Stadtentwicklung

Heidelberg ist - wie auch seine Partnerstadt Montpellier - eine ***Stadtgründung aus dem Mittelalter***. Seine erste urkundliche Erwähnung findet die Stadt im Jahr 1196. Trotz zwischenzeitlicher Zerstörungen ist in der Altstadt ein bis heute stark mittelalterlich geprägter Grundriß erhalten geblieben. Die naturräumlichen Gegebenheiten und die mittelalterliche Schutzfunktion bedingen den sehr dichten Bebauungsgrad der Altstadt, mit ihren schmalen Straßenquerschnitten und geringen Ausweichflächen. Heidelberg liegt am Austritt des Neckartals aus dem Odenwald in die Oberrheinische Tiefebene. Die Ursache für die große Ost-West-Erstreckung der Altstadt ist die eingezwängte Lage zwischen südlichem Neckarufer und dem 568 m hohen Königstuhl. Die enormen Reliefunterschiede in diesem Bereich erlauben keine weitere Ausdehnung in Nord-Süd-Richtung. Die Altstadt und das dazugehörige Schloß stellen heute als touristische Anziehungspunkte ein bedeutendes wirtschaftliches Potential der Stadt dar.

Heidelberg liegt am Kreuzungspunkt von Nord-Süd verlaufenden Straßen, die schon seit der Römerzeit große Wichtigkeit haben und der Ost-West-Verbindung entlang des Neckars. Trotz seiner verkehrsgünstigen Lage konnte sich Heidelberg nie als Handelsstadt etablieren. Die Möglichkeiten der verkehrlichen Nutzung des Flusses als Schiffahrtsstraße wurden zu keiner Zeit ausgeschöpft (Sinn 1976/77, S. 5 ff). Bis ins späte 19. Jahrhundert besteht nur eine einzige Neckarbrücke in Heidelberg, erst 1877 wird die zweite Brücke als Verbindung nach Neuenheim und 1928 die heutige Ernst-Walz-Brücke gebaut (vgl. Karte 5.2).

Die relativ bescheidene ***soziodemographische und wirtschaftliche Entwicklung*** Heidelbergs im Mittelalter wird auf die planmäßige Gründung als Residenzstadt zurückgeführt. Das wirtschaftliche Leben der Stadt ist während des Mittelalters ganz auf die pfalzgräflichen Herrscher und deren Schloßanlage ausgerichtet. Das gehobene Bürgertum dient als Beamte am Hof, es gibt praktisch keine Großkaufleute und auch das Handwerk ist nicht auf Export ausgerichtet. Handel und Gewerbe sind auf eine Selbstversorgung der Stadt zugeschnitten; in der Landwirtschaft dominiert der Weinbau. Seit ihrer Gründung im Jahr 1386 bildet die Universität in Heidelberg eine zweite Hauptfunktion der Stadt neben dem Sitz der Residenz. Im 15. und 16. Jahrhundert erlangt die Heidelberger Universität besondere Bedeutung im Zuge der Auseinandersetzungen um Humanismus, Luthertum und Calvinismus. In den zwanziger und dreißiger Jahren unseres Jahrhunderts festigt die Universität ihren Ruf besonders auf den Gebieten der Medizin und der Geisteswissenschaften.

Anfang des 17. Jahrhunderts fällt Heidelberg an die Bayerischen Herzöge; 1689 wird die Stadt und das Schloß durch die Truppen Ludwigs XIV. erobert und vier Jahre später fast völlig zerstört. Ein Großteil der Bausubstanz aus dem Mittelalter und der Renaissance wird dabei stark beschädigt. Der spätere Wiederaufbau der Stadt mit relativ schlichten Barockgebäuden orientiert sich an den mittelalterlichen Grundrissen. Einen noch größeren Rückschlag für Heidelberg stellt der Wegzug des Hofes nach Mannheim im Jahr 1720 dar. Grund für die Umsiedlung sind Religionsstreitigkeiten und der damalige Trend, an Versailles orientierte barocke Schloß- und Stadtanlagen in der Ebene zu bevorzugen. Im 18. Jahrhundert siedelt sich etwas Textilindustrie in der Stadt an, jedoch ohne größere Bedeutung zu erlangen.

Wie in Montpellier, hat auch in Heidelberg der Bahnanschluß und Bau eines Bahnhofs im Jahr 1840 einschneidende wirtschaftliche Folgen. In Heidelberg beginnt damit das Zeitalter als Fremdenverkehrsort. Ab diesem Zeitpunkt beginnt für Heidelberg ein entscheidender soziodemographischer Aufwärtstrend. Durch Eingemeindungen umliegender Dörfer (1891 - 1935: Neuenheim, Handschuhsheim, Kirchheim, Wieblingen, Rohrbach, Grenzhof) und vermehrtem Bedarf an Bauland für Wohnhäuser wächst Heidelberg immer weiter nach Westen in die Rheinebene. Mit der Zuwanderung wohlhabender Bevölkerungsschichten bekommt die Wohnfunktion eine zentrale Stellung in der Stadtplanung Heidelbergs. 1920 wird mit dem Bau des Industrie- und Arbeiterwohngebiets Pfaffengrund begonnen (Stadt Heidelberg - Vermessungsamt 1990, S. 4).

Einen enormen ***Bevölkerungsanstieg*** durch Zuwanderung mit all seinen stadtplanerischen Problemen erfährt Heidelberg ab 1942. Zunächst kommen ca.10.000 Evakuierte aus dem angriffsgefährdeten Mannheim und Ludwigshafen, 1945/46 nochmals ca. 20.000 Flüchtlinge in das unzerstörte Heidelberg. Auf diese Weise wird Heidelberg mit dem Überspringen der 100.000 Einwohnermarke während des zweiten Weltkriegs statistisch gesehen zur Großstadt (Sinn 1976/77, S. 11 ff). 1955 wird, aufgrund von Flächennutzungskonflikten, der Hauptbahnhof vom Bismarckplatz in seine heutige, zentrumsfernere Lage im Westen der Stadt verschoben. In den 1960er Jahren wird die Stadt im Süden um das Wohngebiet Boxberg und das Industriegebiet Rohrbach-Süd erweitert, in den 1970er Jahren folgt der Ausbau der Wohngebiete Emmertsgrund und Hasenleiser. Parallel dazu wird ein Erneuerungsprogramm für die Altstadt in Angriff genommen (Stadt Heidelberg - Vermessungsamt 1990, S. 4).

3.3.3 Bevölkerungs- und Stadtstruktur

Die Wohnbevölkerung beläuft sich auf 131.837 ***Einwohner***, dies entspricht 1211 Einwohnern pro km^2. Bei ausschließlicher Betrachtung der bebauten Fläche erhöht sich dieser Wert auf 4766 Einwohner pro km^2. Die Einwohner verteilen sich auf 70.880 Haushalte, was einer durchschnittlichen Haushaltsgröße von 1,86 Personen pro Haushalt entspricht (Stadt Heidelberg - Amt für Stadtentwicklung und Statistik 1997a).

Der tertiäre Sektor stellt in der ***Wirtschaftsstruktur*** Heidelbergs den bei weitem wichtigsten Faktor dar. Heute arbeiten 79,1% (abs. 73.180) aller Beschäftigten im Dienstleistungssektor, insbesondere in Universität, Verwaltung und Einzelhandel. Die Zahl der in Heidelberg wohnhaften Erwerbstätigen beläuft sich auf 54.500, sie wird von den 92.500 in Heidelberg Beschäftigten deutlich überschritten. Bezieht man die 34.081 Studierenden an den fünf Heidelberger Hochschulen (davon 29.027 an der Universität) und die 21.791 Schüler an den 52 Schulen mit in die Betrachtung ein, zeichnet sich auch in Heidelberg das Bild einer Dienstleistungs- und Wissenschaftsstadt mit hohen Berufs- und Ausbildungseinpendlerzahlen ab (Stadt Heidelberg - Amt für Stadtentwicklung und Statistik 1997a). Im Gegensatz zu Montpellier ist Heidelberg eines von drei Oberzentren eines Ballungsraums und ist daher in deutlich kompliziertere Kompetenzstrukturen und Konkurrenzverhältnisse bezüglich zentraler Funktionen eingebunden.

Sowohl nördlich als auch südlich des Neckar schließen sich im Osten an die bebaute Fläche ausgedehnte Waldgebiete des vorderen Odenwalds an, die auf Heidelberger Gemarkung liegen. Die Waldfläche beträgt insgesamt 44% des Stadtgebietes. In westlicher Richtung gehören größere zusammenhängende Landwirtschaftsflächen zum Stadtgebiet. Die Summe der ***Grün- und Freiflächen***, inklusive der innerstädtischen Parks und Grünanlagen, ergibt ca. 74 km^2 oder 68% der Gemarkungsfläche.

3.3.4 Überregionale Verkehrsanbindung

Die historisch entwickelten Wege- und Straßennetze stellen die Grundlage für die heutigen ***großräumigen Verkehrsstrukturen*** dar (vgl. Karte 3.2). In Nord-Süd-Richtung ist Heidelberg an die Autobahn A5 und die parallel dazu verlaufenden Bundesstraße B3 angebunden. Die Verbindung zu den anderen beiden Oberzentren des Rhein-Neckar-Raums, Mannheim und Ludwigshafen, erfolgt über die Querspange Autobahn A656 in nordwestlicher Richtung. Entlang des Neckartals verläuft die B37 und parallel dazu eine Bahnstrecke in Richtung Osten, deren Verteilerkopf der Heidelberger Hauptbahnhof ist. Dieser ist außerdem Haltepunkt der Intercity-Strecke Mannheim - Stuttgart - München. An die ICE-Hochgeschwindigkeitsstrecke ist Heidelberg nicht angeschlossen; die nächstgelegene Haltestelle für Hochgeschwindigkeitszüge ist Mannheim Hauptbahnhof. Am Ostrand der Oberrheinischen Tiefebene verläuft zudem eine Bahnstrecke von Frankfurt über Darmstadt, Heidelberg, Bruchsal nach Karlsruhe. In Kürze wird ein regionales S-Bahn Netz in Betrieb genommen, welches schnellere und komfortablere Pendelbeziehungen zwischen den Zentren des Rhein-Neckar-Raums und dessen Peripherie mit öffentlichen Verkehrsmitteln ermöglicht.

Heidelberg hat keinen zivilen Flugplatz, der nächste Flugplatz für innerdeutschen Personenverkehr liegt in Mannheim, große internationale Flughäfen sind in Frankfurt und Stuttgart.

3.3.5 Stadtverkehr

Im Stadtgebiet von Heidelberg befinden sich ca. 870 ***Straßen*** mit einer Gesamtlänge von 456 km. Für die Quartiers- und Erschließungsstraßen aller Stadtteile gilt flächendeckend Tempo 30, für die Durchgangsstraßen des Hauptverkehrsstraßennetzes in der Regel Tempo 50. Hauptproblem des Straßenverkehrs in der Stadt ist der Pendler- und Transitverkehr mit Quelle oder Ziel im Neckartal. Dieser Verkehr muß entweder auf der Neckar- oder auf der Königstuhlseite an der Altstadt vorbei geführt werden. Aufgrund des Mangels an Ausweichflächen kommt es dabei notgedrungen zu Unverträglichkeiten. Ein weiteres Problem ist der Zielverkehr der erweiterten Innenstadt, insbesondere der hohe ***Parkdruck***. Bei praktisch ausgeschöpften Flächenreserven führen die Flächenansprüche des MIV zu enormer Nutzungskonkurrenz. Die innerstädtischen Parkgaragen sind mit einem Parkleitsystem ausgestattet. Wie auch Montpellier hat Heidelberg eine überdurchschnittliche Motorisierungsrate von 516 Pkw /1000 Einwohner, dies entspricht einer Gesamtzahl von 60.094 in Heidelberg angemeldeten Pkw (Stadt Heidelberg - Zulassungsstelle, mündliche Auskunft, Stand 01.01.1997).

Den städtischen ***ÖPNV*** übernimmt die Heidelberger Straßen- und Bergbahn AG (HSB). Vier Straßenbahnlinien mit einer Gesamtlänge von 33 km und 39 Buslinien mit einer Linienlänge von 169 km bedienen das Stadtgebiet (HSB 1997; Stadt Heidelberg - Amt für Stadtentwicklung und Statistik 1997a). Es bestehen mehrere Anlagen für ÖPNV-Vorrangschaltungen. Eine Linie der Oberrheinischen Eisenbahn Gesellschaft (OEG) verbindet Heidelberg mit den Städten Mannheim, Weinheim und Viernheim. Auf der Ebene der Region wird der ÖV durch den Verkehrsverbund Rhein-Neckar (VRN) koordiniert, dem die Nahverkehrsbetriebe der Kommunen, private Anbieter und die Deutsche Bahn angehören.

Seit 1977/78 besteht in der Altstadt eine ***Fußgängerzone*** mit der Hauptstraße als zentraler Achse. Der überwiegende Teil der Straßen und Gassen zwischen der B37 im Norden und der Südtangente Friedrich-Ebert-Anlage zwischen Sofienstraße und Karlstor gehört ebenfalls zum Fußgängerbereich. Ergänzt wird die Fußgängerzone durch Erschließungsstraßen mit Fußgängerbevorrechtigung und Begrenzung auf Schrittgeschwindigkeit oder Tempo 30. Seit 1993 ist die parallel zur Hauptstraße verlaufende Plöck als Fahrradstraße eingerichtet (Stadt Heidelberg - Amt für Stadtentwicklung und Statistik 1996, S. 107). 1996 wurde am Hauptbahnhof eine Fahrradstation mit Abstellanlagen eingeweiht. Das ***Radwegenetz*** gliedert sich in fahrbahnbegleitende Radstreifen, separate Radwege und kombinierte Fuß- und Radverkehrsflächen. Unter anderem bestehen in großen Teilen des Neuenheimer Felds und entlang des südlichen Neckarufers gemeinsame Verkehrsflächen für Fußgänger- und Radverkehr. Teile des Fuß- und Radwegenetzes sind zur Verbesserung der Aufenthaltsqualität und der sozialen Sicherheit möbliert und beleuchtet. Die Struktur des Heidelberger Radwegenetzes ist streckenweise durch indirekte Wegführung und unvollständige Hauptradverkehrsachsen gekennzeichnet. Dabei muß auch aus diesem Blickwinkel wieder auf die mangelnden Flächenreserven und daher stellenweise schwierige Realisierbarkeit hingewiesen werden. Defizite sind auch bei Fahrbahnbelägen und Beschilderung festzustellen. Bike-and-Ride-Plätze und Radmitnahmemöglichkeiten im innerstädtischen ÖPNV haben eine relativ geringe Verbreitung. Die Betrachtung der Unfallschwerpunkte zeigt sowohl für Fußgänger als auch für Radfahrer Sicherheitsrisiken bei der Querung einiger Hauptverkehrsstraßen und Knotenpunkte.

Tab. 3.1: Strukturdaten der Städte Montpellier und Heidelberg

	Montpellier	**Heidelberg**
Geographische Lage	43°34"7"N, 3°57'7"O	49°24'48"N,8°42'38"O
Mittlere Höhe über N.N.	26 m	112,8 m
Max. Ausdehnung N-S / O-W	9 km / 10 km	12 km / 16 km
Gemarkungsfläche / Siedlungsfläche	56,88 km^2 / > 50 km^2	108,8 km^2 / 27,7 km^2
Einwohnerzahl / -dichte (E/km^2)	207.996 / 3657	131.837 / 1211 (4766)
Anzahl Haushalte / Haushaltsgröße (Pers/HH)	92.542 / 2,25	70.880 / 1,86
Erwerbstätige	71.799	54.500
Beschäftigte / Beschäftigte tertiärer Sektor	102.692 / 84.251	92.500 / 73.180
Studierende / Schüler	55.000 / 51.900	34.081 / 21.791
Anzahl Pkw/ Motorisierungsrate (Kfz/1000E)	104.000 / 500	60.094 / 516
Länge Straßen	650 km	456 km
Anzahl Parkplätze im Zentrum	16.662	10.982
Länge ÖPNV-Netz / Anzahl Linien	320 km Bus / 26 Bus	33 km Strab, 169 km Bus / 4 Strab, 39 Bus
Länge Radwege	53,9 km	92,1 km

eigene Zusammenstellung; Quellen und Erläuterungen siehe Text

4 Thematische Eingrenzung und räumliche Eingrenzung der Untersuchungsgebiete

4.1 Thematische Eingrenzung: Universitärer Ausbildungsverkehr und Berufsverkehr

4.1.1 Einleitende Anmerkungen zur thematischen Eingrenzung

Verkehr, insbesondere der Straßenverkehr stellt in den Partnerstädten Montpellier und Heidelberg den bedeutendsten Belastungsfaktor für Mensch und Umwelt dar. Darauf gründet sich das Interesse, die Auswirkungen und die Ursachen des Verkehrs in den gewählten Untersuchungsräumen zu analysieren, um schließlich die zukünftigen Entwicklungspotentiale aufzeigen zu können. Die Bedeutung der Verursacherstrukturen des Verkehrs für das Verständnis der Umfeld- und Umweltverträglichkeit und die Analyse der Verkehrsvermeidungspotentiale ist in Kapitel 2.1 erläutert.

Die Gründe für die Ortsverlagerungen von Personen sind vielfältig, der Verkehr läßt sich nach ***Fahrzweck*** in

- Berufsverkehr
- Ausbildungsverkehr
- Einkaufsverkehr
- Freizeitverkehr
- sonstigen Verkehr

gliedern. Um den vorgegebenen Rahmen der Arbeit nicht zu sprengen und dennoch eine fundierte Analyse der Ursachen der Verkehrsentstehung durchführen zu können, müssen einzelne Fahrzwecke beispielhaft herausgegriffen werden.

Montpellier und Heidelberg sind beides Städte, die aufgrund ihrer soziostrukturellen Gegebenheiten als Fallbeispiele für die Untersuchung des Berufs- und universitären Ausbildungsverkehrs prädestiniert sind:

- sehr hohe Anteile der Studierenden an der Gesamtbevölkerung der Städte
- sehr hoher Überschuß an Arbeitsplätzen.

Diese Faktoren räumen den beiden genannten Fahrzwecken eine Bedeutung ein, die in nur wenigen anderen Städten Deutschlands und Frankreichs erreicht wird: Der kumulierte Anteil dieser zwei Fahrzwecke an allen werktäglichen Wegen erreicht im Stadtgebiet Heidelbergs 20%, im Stadtgebiet Montpelliers sogar 26% (vgl. Abb. 6.1 u. 6.2). Diese Situation stellt die Basis für die Wahl des Berufs- und Univerkehrs als Untersuchungsschwerpunkte für das weitere Vorgehen dar.

4.1.2 Universitärer Ausbildungsverkehr

Die Stadt Montpellier ist Sitz von 12 Hochschulen mit insgesamt ca. 55.000 Studierenden. Der ***Studentenanteil*** an der Bevölkerung ist mit 25% der höchste von allen französischen Städten. Knapp 35.000 Studenten wohnen im Stadtgebiet von Montpellier, weitere 20.000 außerhalb der Stadt (GREGAU 1993, Bd. 1-A: S. 22 ff.; Ministère de l'Équipement, des Transports et du Tourisme 1993, S. 44).

Mit mehr als 34.000 Studierenden an fünf Hochschulen ergibt sich für die Stadt Heidelberg ein gleich hoher Studentenanteil wie in Montpellier. Ca. 14.000 Studenten wohnen innerhalb der Stadtgrenzen, weitere 20.000 haben ihren Wohnsitz in anderen Gemeinden (Sauer et al.1993, S. 19; Stadt Heidelberg - Amt für Stadtentwicklung und Statistik 1994).

Angesichts der hohen Studentenzahlen ist es nicht verwunderlich, daß der ***universitäre Ausbildungsverkehr*** in beiden Städten bedeutende Anteile am Gesamtverkehr hat: In Montpellier beträgt der Anteil 8%, in Heidelberg sogar 11%, bezogen auf die Anzahl der täglichen Wege im Binnenverkehr der Stadt (vgl. Abb. 6.1 u. 6.2) (SMTU 1993; Wermuth et al. 1994). Die ***Verkehrsmittelwahl*** der Studenten Montpelliers und Heidelbergs erweist sich dagegen als sehr unterschiedlich:

Tab. 4.1: Verkehrsmittelwahl im Univerkehr Montpelliers und Heidelbergs (Binnenwege)

	Montpellier:	Heidelberg:
MIV	30%	7%
ÖPNV	34%	26%
Fahrrad	6%	36%
zu Fuß	30%	31%

Montpellier: SMTU 1993; GREGAU 1993; Heidelberg: Wermuth et al. 1994; Belz 1996; eigene Bearbeitung

4.1.3 Berufsverkehr

Montpellier und Heidelberg sind Städte mit bedeutender zentralörtlicher Funktion auf dem Arbeitsmarktsektor. Der große Arbeitsplatzüberschuß in den Städten bleibt nicht ohne Folgen für deren lokale Verkehrssituationen. Insbesondere zu den morgendlichen und abendlichen Spitzenstunden stellt der Berufsverkehr einen hohen Anteil der Gesamtverkehrsmenge dar.

Die ***Beschäftigtenzahl*** beträgt in Montpellier mehr als 102.000, davon sind knapp 45.000 (44%) Berufseinpendler aus anderen Gemeinden. Gut 12.000 (17%) der im Stadtgebiet wohnhaften 72.000 Erwerbstätigen haben ihren Arbeitsplatz außerhalb Montpelliers. Bezogen auf den Binnenverkehr der Stadt beträgt der ***Anteil des Berufsverkehrs*** über 18% (vgl. Abb. 6.1) (INSEE 1990; INSEE-LR 1994).

Von den über 92.000 in Heidelberg beschäftigten Personen sind ca. 48.000 (53%) Berufseinpendler mit Wohnsitz außerhalb des Stadtgebiets. Mehr als 10.000 der, in Heidelberg wohnhaften, 54.000 Erwerbstätigen arbeiten außerhalb der Stadtgrenzen. Am Binnenverkehr Heidelbergs hat der Berufsverkehr einen Anteil von ca. 9% (vgl. Abb. 6.2) (Stadt Heidelberg -

Amt für Stadtentwicklung und Statistik 1997a; Stadt Heidelberg - Stadtplanungsamt 1991). Bei der ***Verkehrsmittelwahl*** der Beschäftigten kann von relativ ähnlichen Werten ausgegangen werden:

Tab. 4.2: Verkehrsmittelwahl im Berufsverkehr Montpelliers und Heidelbergs (Binnenwege)

<table>
<tr><th></th><th>Montpellier:</th><th>Heidelberg:</th></tr>
<tr><td>MIV</td><td>ca. 51%</td><td>51%</td></tr>
<tr><td>ÖPNV</td><td>ca. 16%</td><td>11%</td></tr>
<tr><td>Fahrrad</td><td rowspan="2">ca. 33%</td><td>17%</td></tr>
<tr><td>zu Fuß</td><td>22%</td></tr>
</table>

Montpellier: geschätzt nach SMTU 1993; Heidelberg: Wermuth et al. 1994

4.2 Räumliche Eingrenzung der Untersuchungsgebiete: Montpellier und Heidelberg

4.2.1 Einleitende Anmerkungen zur räumlichen Eingrenzung der Untersuchungsgebiete

Ähnlich wie beim thematischen, stellt sich auch beim räumlichen Bezug der Untersuchungen das Problem, daß im Rahmen dieser Arbeit nicht das gesamte Spektrum des Verkehrs Montpelliers und Heidelbergs abgedeckt werden kann. Der Bezugsraum der Untersuchungen wird daher auf das Stadtgebiet im eigentlichen Sinne begrenzt: Für den Ein- und Auspendlerverkehr über die Stadtgrenzen hinweg wird eine kurze Darstellung der Situation gegeben, er geht nicht in die weiterführenden Untersuchungen mit ein. Diese behandeln ausschließlich den ***Binnenverkehr der Städte***. Das heißt, sowohl Quelle als auch Ziel der Wege liegen im Stadtgebiet.

Die detaillierten Analysen beziehen sich auf eine ***Auswahl an Stadtteilen***, beziehungsweise 'quartiers INSEE', ergänzt durch einige Hauptverkehrsstraßen. Vorgabe für die räumliche Eingrenzung der Untersuchungsgebiete sind die thematischen Schwerpunkte 'universitärer Ausbildungsverkehr' und 'Berufsverkehr'. Anhand dieser beiden Verkehrssegmente werden die Einflüsse verschiedener Fahrzwecke auf die Verkehrssituationen der Städte beispielhaft dargestellt. In die Auswahl der Untersuchungsgebiete sind alle wichtigen Unistandorte mit einbezogen, so daß der Ziel- und Quellverkehr der Universitäten umfassend analysiert werden kann. Um einen möglichst großen Anteil des Berufsverkehrs erfassen zu können, wurden Gebiete hoher Arbeitsplatzkonzentrationen ausgewählt. In allen Untersuchungsstadtteilen ist die absolute Zahl der Beschäftigten sehr hoch und um das zwei- bis dreifache höher als die Zahl der Erwerbstätigen. Bei der Auswertung der Daten werden folgende 'quartiers' und Stadtteile gegenübergestellt:

Tab. 4.3: Untersuchungsstadtteile Montpelliers und Heidelbergs

'quartiers INSEE' Montpellier	Stadtteile Heidelberg
Hôpitaux Facultés - Plan des 4 Seigneurs	Neuenheim
Centre Historique - Les Arceaux	Altstadt
St. Martin - Prés d'Arènes	Pfaffengrund

Die Altstadt weist die höchste Zahl an Arbeitsplätzen von den gesamten Stadtteilen Heidelbergs auf, gefolgt von den beiden zentral gelegenen Stadtteilen Weststadt und Bergheim. Neuenheim steht an vierter Stelle und Pfaffengrund an fünfter Stelle der vierzehn Heidelberger Stadtteile. Letzterer ist damit, nach dem Kriterium 'Anzahl Arbeitsplätze', bedeutendstes Industrie- und Gewerbegebiet Heidelbergs. Die Untersuchungsstadtteile Montpelliers liegen in der Rangfolge der Arbeitsplätze ebenfalls ganz oben (Wermuth et al. 1994, Abb. 3.5 - 3.6; vgl. Tabellen 4.4 - 4.6). Die beiden ersten Stadtteilpaare repräsentieren typische Dienstleistungszentren. Das dritte Stadtteilpaar stellt die, in Montpellier und Heidelberg seltenen Fälle gegenüber, in denen Arbeitsplätze im produzierenden Gewerbe dominieren. Des weiteren bestimmen die verkehrlichen und städtebaulichen Strukturen die Auswahl der zu vergleichenden Gebiete.

'Hôpitaux Facultés - Plan des Quatre Seigneurs' und 'Neuenheim' haben die Strukturen von ausgelagerten Universitäts-, Forschungs- und Klinikums-Standorten, mit einer großen Zahl an Studienplätzen und Arbeitsplätzen im Dienstleistungssektor. ***'Centre Historique - Les Arceaux' und 'Altstadt'*** sind typische Zentrumsstadtteile, mit ausgeprägten Cityfunktionen in den Bereichen Verwaltung, Einzelhandel, Gastronomie, Kultur etc. Neben einem hohem Besatz an tertiären Arbeitsplätzen finden sich hier Universitätseinrichtungen mit weiteren Studienplätzen. ***'St. Martin - Prés d'Arènes' und 'Pfaffengrund'*** stellen straßenverkehrsgünstig gelegene, arbeitsplatzreiche Gewerbe- und Industriestandorte dar. Die angrenzenden Wohngebiete decken die Zahl der Beschäftigten bei weitem nicht ab. Die räumliche Eingrenzung der Untersuchungsgebiete und das Vorgehen bei der vergleichenden Analyse sind in Karte 4.1 und 4.2 und Abbildung 4.1 dargestellt. Einen ausführlichen Überblick über die Strukturdaten der Stadtteile geben die Tabellen 4.4 bis 4.6.

Abb. 4.1: Räumliche Eingrenzung der Untersuchungsgebiete und Vorgehen bei der vergleichenden Analyse

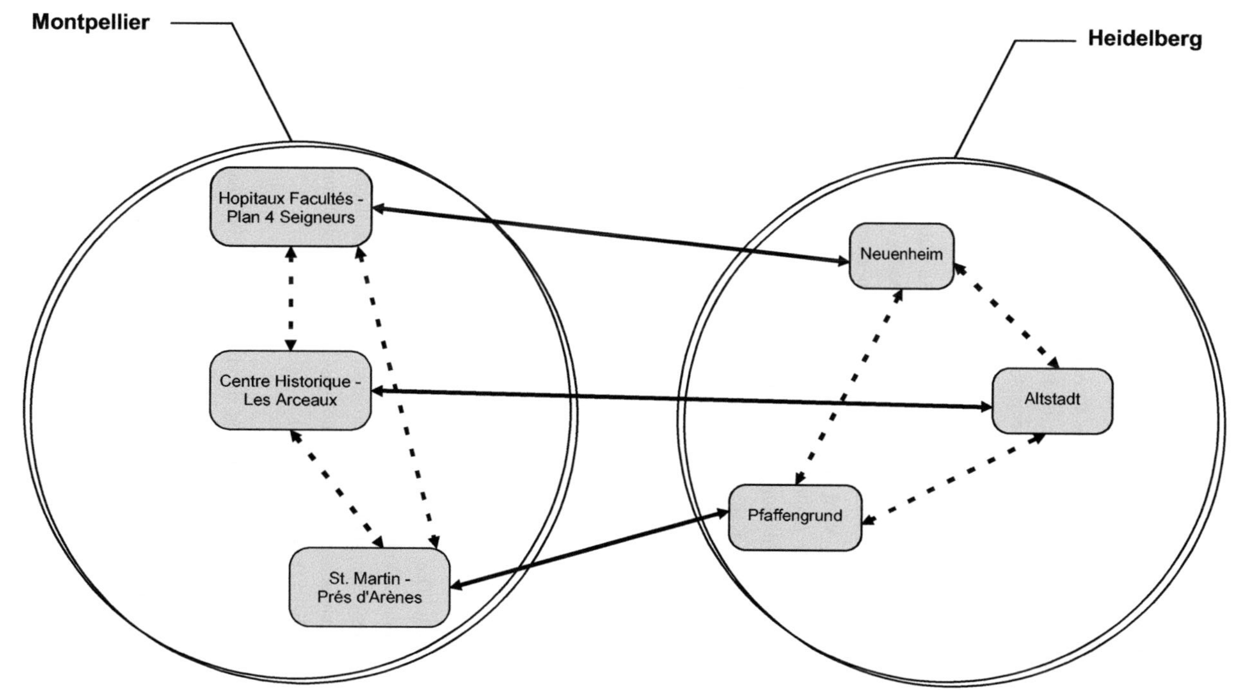

Bearbeitung: Jan Gürke 1999

4.2.2 Montpellier

4.2.2.1 Hôpitaux Facultés - Plan des Quatre Seigneurs

Der Stadtteil Hôpitaux Facultés - Plan des Quatre Seigneurs bildet das hügelige Nordende des Stadtgebiets von Montpellier. Seine westliche Begrenzung stellen die Wohnstadtteile Hauts de la Paillade, La Paillade und Les Cevennes, die östliche Aiguelongue und Boutonnet dar. Die ***Stadtgestalt und Infrastruktur*** ist stark durch die Universitäten, Kliniken und Forschungseinrichtungen geprägt. Zwischengelagert befinden sich Wohnviertel, einerseits mit flachen, freistehenden Einfamilienhäusern mit Gärten, andererseits mit mehrstöckigen Wohnblöcken. Die Bebauung des Gebiets erfolgte vorwiegend seit Anfang der 50er Jahre bis heute. Insgesamt herrscht eine sehr aufgelockerte Baustruktur vor. Entscheidend für das grüne Erscheinungsbild des Stadtteils ist der hohe Anteil an privaten Gärten. Der Bois de Montmaur und der Zoo du Lunaret kombinieren sich zu einem vernetzten Grünzug im Norden des Gebiets. Ergänzt wird dieser durch einige kleine Parkanlagen, Straßenbegleitgrün und Brachflächen mit ökologischer Ausgleichsfunktion. Teile dieser Areale stellen allerdings mittelfristig Erschließungs- und Ausweichflächen für Verkehr und Siedlung dar (Ville de Montpellier 1994, Kap. 2: Karte1). Der Stadtteil untergliedert sich in zwei Stadtviertel:

- Hôpitaux Facultés
- Plan des Quatre Seigneurs

Hôpitaux Facultés ist das Campusviertel von Montpellier. Die Gebäudekomplexe der Universitäten, Kliniken und Wohnheime beherrschen hier das Bild. Die Universitätsgebäude sind von 1963 - 67 erbaut, bedingt durch einen Agglomerationseffekt siedeln sich bis heute in der Bannmeile der Universitäten neue Forschungs- und Bildungseinrichtungen an. Im Südteil des Viertels sind große, baulich durch Hecken oder Zäune abgegrenzte Bereiche ausschließlich der Nutzung durch Universitäts- und Klinikpersonal, Studenten und Besucher zugedacht. Die Funktionstrennung zur Wohnnutzung wird durch, zwischen diese Areale eingestreute, Wohngebiete aufgelockert. Der äußerste Nordwesten des Viertels ist Standort des Entwicklungspols 'Parc Euromédecine' mit spezialisierten Betrieben der medizinischen, pharmazeutischen und biotechnologischen Forschung (Brunet et al. 1988, S. 244 ff.; Ville de Montpellier - DAP 1993, S. 42).

Plan des Quatre Seigneurs ist durch lockere Wohnbebauung in Form von freistehenden Einfamilienhäusern mit Gärten und mehrstöckigen Wohnblöcken geprägt. Daneben ist der nördliche Teil des Viertels Sitz von 18 Forschungsanstalten aus dem agrarischen und biologischen Bereich. Diese Einrichtungen sind im Forschungs- und Entwicklungspark 'Agropolis' zusammengeschlossen (Brunet et al. 1988, S. 244 ff.; Ville de Montpellier - DAP 1993, S. 42).

Drei durch den ***Straßenverkehr*** stark belastete, radiale Ausfallstraßen durchziehen den Stadtteil in Nord-Süd-Richtung, ergänzt durch zwei Querspangen. Entlang dieser Abschnitte bestehen starke Beeinträchtigungen für die angrenzenden Nutzungen, unter anderem auch im

Bereich des Campusgeländes. In einigen Bereichen mit Wohn- und Uninutzung existieren Tempolimits von 30 km/h auf Nebenstraßen. Die eigentlichen Universitäts- und Klinikumsgelände sind zufahrtsbeschränkt und mit Pförtneranlagen ausgestattet. Trotz großem Parkraumangebot ist, während des Semesters, eine Überbelegung die Regel. Neben dem Durchgangsverkehr ist der Stadtteil durch einen hohen Ziel- und Quellverkehr zu den Universitäten, Kliniken und Forschungseinrichtungen belastet.

Das ***ÖPNV***-Netz ist mit sieben Buslinien gut ausgebaut. Zusätzlich besteht auf den zentralen Linien eine Nachtbus-Verbindung. Sowohl die Universitäten, Kliniken und Forschungseinrichtungen, als auch die Wohngebiete befinden sich in akzeptabler Entfernung zu Haltestellen. Nicht bedient wird dagegen das Einkaufszentrum Trifontaine im Norden des Stadtteils. Trotz Busspuren und Vorrangschaltung an Signalanlagen ist die Verbindung zum Zentrum und Bahnhof langwierig. Mit Inbetriebnahme der, im Bau befindlichen, Straßenbahnlinie wird eine weitere Verbesserung und Beschleunigung der ÖPNV-Verbindungen erreicht werden (SMTU / Montpellier District 1994; SMTU 1994?).

Von der Existenz eines ***Radwegenetzes*** kann bei nur 1 km Radweg und einigen Abschnitten Radbevorrechtigungsstreifen auf der Fahrbahn nicht gesprochen werden. Innerhalb der Stadtviertel kann der Fahrradverkehr auf wenig befahrenen Nebenstraßen abgewickelt werden. Verbindungen zu anderen Stadtteilen bestehen, wegen des Mangels an geeigneten Verkehrsflächen und der Trennwirkung der Hauptverkehrsstraßen, nur in geringem Maße. Dieser Zustand spiegelt sich in dem, für ein Univiertel, sehr kleinen Radverkehrsanteil am modal split wider. Im Zuge des Straßenbahnbaus ist ein großzügiger Ausbau der Radwege geplant. Abstellanlagen finden sich nur in kleiner Zahl auf dem Universitätsgelände (INSEE-LR 1994, quartier 11: S. 3; GUEPE 1995; Ville de Montpellier 1995?).

Innerhalb der Wohn- und Campusbereiche besteht ein gut ausgebautes ***Fußwegenetz***. Die Breite der Fußwege ist jedoch häufig sehr gering. Trotz Fußgängerampeln und Zebrastreifen haben die Hauptverkehrsstraßen mit breiten Fahrbahnquerschnitten eine große Trennwirkung und eine hohe Belastungswirkung für die sonstigen Straßenraumnutzer (INSEE-LR 1994, quartier 11: S. 3; GUEPE 1995; Ville de Montpellier 1995?).

4.2.2.2 Centre Historique - Les Arceaux

Der Stadtteil Centre Historique - Les Arceaux liegt auf dem Altstadthügel und stellt den nordwestlichen Teil des Zentrums dar. Er wird durch den anderen wichtigen Zentrumsstadtteil Comédie im Süden, die Misch- und Wohngebiete von Figuerolles und St. Clément im Süden und Westen sowie die Wohngebiete Boutonnet und Beaux-Arts im Norden begrenzt. Der Stadtteil ist in zwei Stadtviertel, mit unterschiedlicher Bau- und Nutzungsstruktur, gegliedert:

- Centre Historique
- Les Arceaux

Eine weitgehend erhaltene spätmittelalterliche Bausubstanz mit vielen Gebäuden aus dem 15. bis 18. Jahrhundert und einem Grundriß mit engen, verwinkelten Gassen kennzeichnen das ***Centre Historique***. Das Viertel ist baulich extrem verdichtet und stark versiegelt. Stadtbildprägende Grünanlagen sind selten. Im Bereich der Boulevards ist der Stadtgrundriß durch massive Eingriffe des Städtebaumeisters Haussmann im 19. Jahrhundert überformt. Das Centre Historique hat, zusammen mit dem Viertel Comédie, ausgeprägte Cityfunktion als Geschäftszentrum, Unistandort, innerstädtisches Wohngebiet, Verwaltungs- und kulturelles Zentrum der Stadt. Seit den Ursprüngen der Universität im 13. Jahrhundert haben sich bis heute Institute in der Altstadt gehalten, ergänzt werden diese durch die Universitätsverwaltung. Des weiteren ist das Centre Historique ein bedeutender touristischer Anziehungspunkt in der Stadt (Gensac 1992, S. 3 ff.; INSEE-LR 1994, quartier 73: S. 1; Ville de Montpellier 1994, Kap. 2: Karte 1).

Am Fuß des Altstadthügels liegt ***Les Arceaux***, ein gehobenes, innerstädtisches Wohnviertel. Neben kleinen Einzelhandelsgeschäften wird die Nutzung durch Büros, Kanzleien und Praxen ergänzt. Die Stadtgestalt ist auch hier durch einen hohen Anteil alter Bausubstanz geprägt. Im zentrumsnäheren Teil überwiegt geschlossene Blockrandbebauung, im zentrumsferneren Teil freistehende Villen mit Gärten. Eingestreut sind Wohnblöcke aus den vergangenen dreißig Jahren, vorwiegend in Zeilenbauweise, aufgelockert durch einige Grün- und Freiflächen. Der direkt angrenzende Botanische Garten gehört zum Stadtteil Boutonnet (Gensac 1992, S. 3 ff.; INSEE-LR 1994, quartier 73: S. 1; Ville de Montpellier 1994, Kap. 2: Karte 1).

Stark befahrene Hauptverkehrsstraßen mit überörtlicher Bedeutung begrenzen und durchschneiden den Stadtteil sowohl mit konzentrischem, als auch mit radialem Verlauf um das Stadtzentrum. Neben diesen sind auch einige Quartiersstraßen stark durch den ***Straßenverkehr*** belastet. Das Verkehrsleitsystem 'Petrarque' regelt den Verkehrsfluß über die Signalanlagen in der gesamten Innenstadt. Der Altstadtkern hat einen konsequent verkehrsberuhigten Innenbereich mit großer Fußgängerzone und Areale mit Fußgängerbevorrechtigung (CETE-LR / DDE Hérault 1994, S. 14 ff.).

In allen Bereichen des Stadtteils besteht ein sehr guter ***ÖPNV***-Anschluß. Fast alle Buslinien der SMTU konzentrieren sich entlang der Boulevards um das Zentrum und bieten damit Direktanschlüsse in alle Richtungen. Die Bedienung mit Nachtbussen ist ebenfalls günstig. Die Erschließung der Altstadt, einschließlich der Fußgängerzone, wird mit zwei 'Petitbus'-Linien bewerkstelligt. Die benutzten Kleinbusse sind mit emissionsarmen, schallgedämpften Gasmotoren ausgestattet. Les Arceaux wird zentral durch vier Buslinien erschlossen, entlang der Stadtteilgrenzen verlaufen weitere. Die Durchschnittsgeschwindigkeiten der Busse sind, durch die Anlage von Busspuren rings um die Altstadt, relativ hoch. Auch nach Inbetriebnahme der Straßenbahnlinie wird eine sehr gute Andienung bestehen und kleinräumig die Luftschadstoff- und Lärmemission des ÖPNV abnehmen (SMTU 1994?; SMTU / Montpellier District 1994).

3,58 km ***Radwege*** und -spuren säumen die Straßen im Viertel Les Arceaux und entlang des Boulevard Henri IV. In der Fußgängerzone ist das Radfahren mit Schrittgeschwindigkeit erlaubt, die Benutzung der Busspuren ist dagegen verboten. Um ein sicheres und attraktives Radfahren zu ermöglichen ist ein Ausbau des Radwegenetzes entlang der viel befahrenen Straßen unbedingt notwendig.

Der größere Teil der ***Fußgängerzone*** befindet sich im östlich angrenzenden Stadtviertel Comédie, dennoch kann der Stadtteil Centre Historique - Les Arceaux ein weit verzweigtes, attraktives Wegenetz aufweisen. Bedingt durch die enge Baustruktur des Zentrums fällt die Breite der Fußwege allerdings oft sehr gering aus. Die konzentrisch verlaufenden Boulevards mit ihren breiten Fahrbahnquerschnitten, hohen Fahrgeschwindigkeiten und Verkehrsaufkommen bieten in ihrem derzeitigen Zustand nur eine geringe Attraktivität (Ville de Montpellier 1995?; INSEE-LR 1994, quartier 73: S. 2).

4.2.2.3 St. Martin - Prés d'Arènes

Der Stadtteil St. Martin - Prés d'Arènes liegt an der südlichen Stadtgrenze von Montpellier, angrenzend an die Autobahn A9. Im Westen wird das Gebiet begrenzt durch die, von Wohn- und Gewerbenutzung geprägten, Stadtteile Croix d'Argent und Lemasson, östlich durch das gemischte Wohngebiet Aiguerelles und nördlich durch Comédie. Der Stadtteil hat nur in den Straßenabschnitten mit alleeartiger Bepflanzung und in Gebieten mit privaten Hausgärten ein grünes Erscheinungsbild. Stadtbildprägende Parks und Gärten sind selten, vernetzte Grünzüge mit ökologischer Bedeutung bestehen nicht. Die östliche Böschung der Bahnlinie ist in weiten Bereichen begrünt und zwischen den Gewerbeflächen finden sich noch unversiegelte, brachliegende Freiflächen (INSEE-LR 1994, quartier 51: S. 1; Ville de Montpellier 1994, Kap. 2: Karte1). Entsprechend der Nutzungsstruktur gliedert sich St. Martin - Prés d'Arènes in zwei Stadtviertel:

- St. Martin
- Prés d'Arènes

St. Martin ist ein dicht bebautes Wohn- und Mischgebiet mit freistehenden Einfamilienhäusern, höheren Mehrfamilienhäusern und Wohnblocks. Das Straßennetz im nördlichen Teil ist fein strukturiert und die Bebauung durch kleine Einfamilienhäuser mit Vorgärten gekennzeichnet. Eine gute Durchgrünung mit Baumreihen entlang der Straßen und relativ geringe Verkehrsbelastungen machen den Straßenraum zu einem attraktiven Aufenthaltsort. Im südlichen Teil von St. Martin sind mehr große Wohngebäude eingestreut, die Fassaden sind teilweise geschlossen und die Straßenzüge weniger begrünt. Folge davon ist ein inhomogeneres Straßenbild. Neben der Wohnfunktion sind einige Handwerks- und Kleingewerbebetriebe sowie kleinere Einzelhandelsläden angesiedelt.

Prés d'Arènes ist ein großes Industrie- und Gewerbegebiet neuerer Prägung mit vielen Großbetrieben und Verbrauchermärkten. Neben Lager-, Produktions- und Verkaufshallen nehmen

Autohändler einen bedeutenden Teil der Fläche ein. Flächenintensive Funktionsbauten und großzügige Parkierungsanlagen geben das Bild eines zersiedelten Stadtrands ab. Die Anlage und Dimensionierung des Straßennetzes ist autogerecht auf einen großen Kundenzustrom und Lkw-Lieferverkehr zugeschnitten.

St. Martin - Prés d'Arènes ist stark durch die Auswirkungen des ***Verkehrs*** belastet: Die westliche Begrenzung stellt die Bahnlinie dar, die südliche die Autobahn und die östliche die radiale Ausfallstraße Avenue de Palavas. Neben dem Fern- und Durchgangsverkehr ist es der Ziel- und Quellverkehr mit den Fahrzwecken Beruf, Einkauf und Zulieferung von Gütern, der das Straßenumfeld und die Umwelt belastet. Die größten Verkehrsbelastungen finden sich entlang der HVS in Richtung Autobahnanschluß Montpellier-Süd sowie entlang der konzentrisch um die Innenstadt verlaufenden Ringstraße. Des weiteren sind die Hauptverkehrsstraßen mit direktem Autobahnanschluß Montpellier-West betroffen. Der Anteil des Schwerlastverkehrs ist besonders in den Bereichen der Autobahnzufahrten überdurchschnittlich hoch (CETE-LR / DDE 1994, S. 14 ff.).

Der ***ÖPNV-Anschluß*** ist im gesamten Stadtteil relativ gut. Sechs Buslinien bedienen das Viertel St. Martin auf zwei Trassen, zwei weitere sorgen für die Anbindung des Industrie- und Gewerbegebiets. Zusätzlich fahren zwei Nachtbuslinien die Wohngebiete von St. Martin an. Es sind keine separaten Busspuren eingerichtet und es wird in der ersten Ausbaustufe keinen Anschluß an die Straßenbahn geben (SMTU / Montpellier District 1994).

Radwege sind nur in sehr geringem Maß vorhanden. Neben zwei Teilstücken Fahrradbevorrechtigungsstreifen auf der Fahrbahn existiert lediglich ein weiterer Radstreifen. Die Hauptverkehrsstraßen und die großen Rond-Points sind in ihrem derzeitigen Zustand nicht für Fahrradfahrer ausgelegt. Die Anlage neuer Radstreifen an einigen Straßenabschnitten ist in Planung (Ville de Montpellier 1995?).

Im Bereich von St. Martin existiert ein zusammenhängendes ***Fußwegenetz***. Was die Attraktivität und die Breite der Wege angeht, erscheint das Netz vor allem im südlichen Teil des Viertels noch verbesserungswürdig. Die Hauptverkehrsstraßen sind mit Querungshilfen in Form von Fußgängerampeln oder Zebrastreifen versehen. Trotzdem bleibt wegen der breiten Querschnitte, der großen Verkehrsbelastung und der hohen Fahrgeschwindigkeiten eine starke Trennwirkung erhalten. Im Industrie- und Gewerbegebiet Prés d'Arènes kann praktisch nicht von einem Fußwegenetz gesprochen werden. Die vorhandenen Teilstücke ergeben keine durchgängigen Verbindungen, geschweige denn eine attraktive und sichere Möglichkeit sich zu Fuß fortzubewegen (INSEE-LR 1994, quartier 51: S. 2 ff.).

4.2.3 Heidelberg

4.2.3.1 Neuenheim

Der Stadtteil Neuenheim liegt am nördlichen Neckarufer, zwischen Heiligenberg im Osten und der landwirtschaftlichen Freifläche des Handschuhsheimer Felds im Westen, nördlich begrenzt durch den Stadtteil Handschuhsheim. Die Baustruktur mit Reihen- und Einzelhausbebauung und begrünten Blockinnenbereichen der Blockbebauung wirkt sich günstig auf die Durchgrünung und das Stadtklima aus. Im alten Ortskern herrscht jedoch ein hoher Versiegelungsgrad vor und zwischen den einzelnen Grünflächen bestehen kaum Vernetzungen.
Der Stadtteil gliedert sich strukturell in drei Stadtviertel:

- Neuenheim-Mitte
- Neuenheim-Ost
- Neuenheim-West

Neuenheim-Mitte gründet sich auf ein altes Fischer-, Bauern- und Winzerdorf. Das Straßenbild ist heute geprägt durch dichte Gründerzeitgebäude in drei- bis viergeschossiger Blockbauweise. Im westlichen Teil herrscht lockere zwei- bis dreigeschossige Einzel- und Reihenhausbebauung aus den sechziger Jahren vor. Im gesamten Gebiet bestehen praktisch keine Ausweichflächen mehr. Ein Großteil des Stadtviertels ist reines Wohngebiet, der Bereich der Brückenstraße und der angrenzenden Querstraßen ist gemischtes Wohngebiet in Kombination mit Handel und privaten Dienstleistungen.

Neuenheim-Ost ist ein weniger dicht bebautes Villenviertel in Hanglage, ebenfalls größtenteils vor Ende des ersten Weltkriegs besiedelt. Es handelt sich dabei praktisch flächendeckend um reines Wohngebiet. Auch hier stehen kaum mehr Ausweichflächen zur Verfügung.

Neuenheim-West entspricht dem Campusviertel Neuenheimer Feld, mit universitären Einrichtungen und großen Klinikumskomplexen auf Sonderbauflächen der Universität. Die Bereiche der Wohnheim-Hochhäuser sind reines Wohngebiet. Die Bausubstanz stammt aus unterschiedlichen Jahrzehnten: Beginnend mit der Chirurgischen Klinik aus den dreißiger Jahren, über das Chemische Institut aus der Nachkriegszeit, die Hochhäuser entlang der Berliner Straße aus den sechziger und den großen Theoretikums-Komplex aus den siebziger, bis hin zur Kopfklinik aus den achtziger Jahren. Das Neuenheimer Feld ist nach wie vor Erschließungsgebiet und wird weiterhin bebaut und verdichtet (Stadt Heidelberg - Amt für Stadtentwicklung und Statistik 1995a, S. 103 ff.).

Die ***Verkehrssituation*** ist durch einen hohen Ziel- und Quellverkehr mit den Fahrzwecken Beruf, universitäre Ausbildung und Freizeit geprägt. Die Hauptverkehrsstraßen sind zusätzlich stark mit Durchgangsverkehr belastet. In diesen Bereichen bestehen starke Beeinträchtigungen für die angrenzenden Nutzungen. Als beliebter Parkstandort für Altstadtbesucher herrscht in Neuenheim-Mitte und -Ost, trotz Anwohnerparkplätzen, Zonenhalteverbot und

Bewirtschaftung erhöhter Parkdruck. Im dicht bebauten alten Ortskern von Neuenheim ist eine Lärmschutzzone eingerichtet (Stadt Heidelberg - Amt für Stadtentwicklung und Statistik 1995a, S.91; Stadt Heidelberg - Amt für Umweltschutz und Gesundheitsförderung 1993).

Die ***ÖPNV-Anbindung*** Neuenheims ist überdurchschnittlich gut. Neuenheim-Mitte und -Ost ist entlang der Brückenstraße durch die Straßenbahn und die OEG erschlossen. Neuenheim-West wird ebenfalls durch zwei Straßenbahnlinien bedient. Die westliche Trasse verläuft durchgängig auf separatem Gleiskörper, bei der östlichen ist dies nicht der Fall. Zusätzlich verbinden fünf Buslinien, zum Teil auch nachts, das Neuenheimer Feld mit Zentrum und Bahnhof. Neuenheim-Ost wird durch eine Buslinie erschlossen. Zur Beschleunigung des ÖPNV ist im Kreuzungsbereich Mönchhofplatz eine Lichtsignalanlage mit Vorrangschaltung installiert. Eine Straßenbahnerschließung des Universitätsgeländes Neuenheimer Feld mit direkter Anbindung an die Altstadt ist in Planung (Stadt Heidelberg - Amt für Stadtentwicklung und Statistik 1995a, S. 84 ff.).

Entlang einiger HVS und viel befahrener Quartiersstraßen befinden sich separate, straßenbegleitende ***Radwege***. Im Neuenheimer Feld dominiert die gemeinsame Führung von Rad- und Fußwegen. In den Tempo-30-Zonen wird der Radverkehr in der Regel mit dem allgemeinen Verkehr auf der Fahrbahn geführt. Zur Förderung des Radverkehrs sind einige Einbahnstraßen für den Fahrrad-Zweirichtungsverkehr freigegeben. Keine geeigneten Radverkehrsanlagen bestehen entlang der B3, zwischen Theodor-Heuss-Brücke und Handschuhsheim sowie entlang der Neuenheimer Landstraße (L534). Trotz bereits erfolgtem Ausbau besteht in manchen Bereichen immer noch ein Mangel an geeigneten Fahrrad-Abstellanlagen, insbesondere auf dem Neuenheimer Feld.

Das ***Fußwegenetz*** ist im wesentlichen vollständig ausgebaut, zum Teil in kombinierter Nutzung mit dem Radverkehr. Entlang der Hauptverkehrsstraßen und in den Bereichen mit hohem Fußgängeraufkommen stehen in akzeptablen Abständen Fußgängerampeln oder Zebrastreifen zur Verfügung. Zur Sicherung der Schulwege sind im Bereich der Schulen Querungshilfen, optische Bremsen, Markierungen und Beschilderungen angebracht. Häufig sind jedoch sehr schmale Querschnitte der Rad- und Fußwege und zu kleine oder schlecht gestaltete Aufenthaltsflächen festzustellen.

4.2.3.2 Altstadt

Die Heidelberger Altstadt liegt am südlichen Neckarufer, am Austritt des Neckartals in die Oberrheinebene. Begrenzt wird die Altstadt von den westlichen Zentrumsstadtteilen Bergheim und Weststadt sowie Schlierbach im Osten. Die eingezwängte Lage zwischen Neckar und Nordwesthang des Königstuhls zwingt zu einer deutlichen Ost-West-Ausrichtung der bebauten Fläche. Der Siedlungsbereich des Stadtkerns ist dicht bebaut und stark versiegelt. Eingestreute Grünflächen sind selten und auch das südliche Neckarufer hat, im Gegensatz zum nördlichen, kaum nennenswerte Grün- und Freiflächen zu bieten. Die Altstadt untergliedert sich in drei Stadtviertel:

• Kernaltstadt • Voraltstadt • Königstuhl

Die ***Kernaltstadt*** ist der östliche Teil der Altstadt. Zwischen Karlstor und Universitätsplatz dominiert heute enge Barockbebauung vom Anfang des 18. Jahrhunderts, auf den Grundrissen der staufischen Stadtgründung um 1200. Typisches Erscheinungsbild ist die geschlossene Blockrandbebauung in traufständiger Bauweise. In südlicher Richtung daran anschließend dominiert aufgelockerte Villenbebauung in Hanglage, mit dem Schloß als Blickfang und touristischem Aushängeschild der Stadt. Die Bebauung der sogenannten Bergstadt begann nach 1300 und wurde über Jahrhunderte hinweg erweitert (Stadt Heidelberg - Amt für Stadtentwicklung und Statistik 1996, S.157 ff.).

Die ***Voraltstadt*** (ab 1400) zwischen Universitätsplatz und Bismarckplatz hat eine gröber parzellierte städtebauliche Struktur als die Kernaltstadt. Die historische, enge Bebauung ist hier mit Neubauten durchmischt. Öffentliche Grün- und Freiflächen sind kaum vorhanden (Stadt Heidelberg - Amt für Stadtentwicklung und Statistik 1996, S.157 ff.).

Das südlich angrenzende Stadtviertel ***Königstuhl*** besteht vorwiegend aus Waldgebiet, praktisch ohne Wohnbebauung, und spielt in den folgenden Ausführungen nur eine Rolle als Naherholungsraum und klimaökologische Ausgleichsfläche. Für die Gestalt der Altstadt sind weitgehend homogene, gewachsene Strukturen mit kleinteiligem Grundriß typisch. Sie hat als Geschäftszentrum, Unistandort, kulturelles und Verwaltungszentrum sowie innerstädtisches Wohngebiet ausgeprägte Cityfunktionen inne (Stadt Heidelberg - Amt für Stadtentwicklung und Statistik 1996, S.157 ff.).

Hauptproblem des ***Verkehrs*** im Bereich der Kern- und Voraltstadt ist der Mangel an Ausweichflächen, was zu Nutzungskonflikten zwischen den verschiedenen Verkehrsarten einerseits und konkurrierenden Nutzungen andererseits führt. Belastungssituationen für Bewohner und Nutzer der Altstadt durch den Straßenverkehr sind damit vorprogrammiert. Das, von viel befahrenen HVS umgrenzte, Altstadtareal ist entweder für den Fahrzeugverkehr gesperrt oder konsequent verkehrsberuhigt, mit flächendeckender Begrenzung auf Tempo-30 oder Schrittgeschwindigkeit. Daneben besteht eine flächenhafte Parkraumbewirtschaftung, ergänzt durch Sondernutzungserlaubnisse und Anwohnerparkplätze. Der Einsatz eines verbesserten Parkleitsystems ist in Planung (Weber 1995, S. 10 ff.). Neben dem Transitverkehr ist die Altstadt ein hochfrequentiertes Ziel für den Berufs-, Ausbildungs-, Einkaufs- und Freizeitverkehr. Derzeit ist das Projekt eines Neckarufertunnels für die B37 in der Diskussion, mit dem Ziel, Heidelberg wieder zur "Stadt am Fluß" zu machen (Steinfatt et al. 1997).

Der ***ÖPNV***-Knotenpunkt am Bismarckplatz ermöglicht eine optimale Erreichbarkeit der westlichen Altstadt mit Bus und Bahn. Direkter Anschluß besteht sogar an den Regionalverkehr (BRN-Busse, DB-Busse und OEG-Bahnen). Die weitere Erschließung der Altstadt findet unter erschwerten Bedingungen statt. Das Fehlen einer Straßenbahnlinie und die tangentiale und querende Routenführung des Busverkehrs aufgrund der Fußgängerzone läßt, trotz guter Erreichbarkeit der Haltestellen, Wünsche für eine bessere Bedienung offen. Hinzu kommen langsame Geschwindigkeiten der Busse, da keine separaten Fahrspuren zur Verfügung stehen und die Linienführung im Bereich des Uniplatzes auf der Fußgängerzone verläuft. Mit dem Karlstorbahnhof am äußersten Ostende der Altstadt besteht weiterhin ein Haltepunkt der Deutschen Bahn. Die Königstuhl-Bergbahn hat ausschließlich touristische Funktion. Mittlerweile bestehen Pläne, die Altstadt wieder an das Straßenbahnnetz anzubinden (Stadt Heidelberg - Amt für Stadtentwicklung und Statistik 1996, S. 101).

Seit Einrichtung der Plöck als Fahrradstraße im Jahr 1993 und der Öffnung von Einbahnstraßen für den ***Radverkehr*** in beide Richtungen hat sich die Erschließung der Altstadt deutlich verbessert. Durch neu angelegte Radwege wurden die Lücken in Richtung Weststadt und südliche Stadtteile geschlossen. Das Radwegenetz erscheint, vor allem entlang der Hauptverkehrsachsen, weiterhin ausbaufähig. Dort bestehen bisher nur teilweise geeignete Radverkehrsanlagen. Im Altstadtbereich gibt es ca. 900 Fahrradabstellplätze, mit Schwerpunkt am Bismarckplatz und an den Universitätseinrichtungen.

In den Jahren 1977/78 wurde die ausgedehnte ***Fußgängerzone*** entlang der Hauptstraße und der angrenzenden Straßen eingerichtet. Seitdem besteht ein weit verzweigtes Wegenetz für Fußgänger, größtenteils attraktiv gestaltet und möbliert. Die Heidelberger Altstadt stellt ein gutes Beispiel für einen Schritt hin zur 'Stadt der kurzen Wege' dar, was durch den hohen Prozentsatz des Fußgängerverkehrs am Gesamtverkehr bestätigt wird. Problembereiche stellen sich allerdings zu beiden Seiten der Altstadt: Die Verbindung zum Neckarufer ist durch den Verlauf der B37 gekappt und damit die Altstadt vom Fluß abgeschnitten. Auf der anderen Seite bieten sich nur wenige attraktive Zugänge zu den bewaldeten Hängen des Königstuhls, die ein bedeutendes Potential an Naherholungsmöglichkeiten bieten. Zur Erhöhung der Sicherheit von Schulwegen wurde ein besonderes Maßnahmenpaket mit Querungshilfen, optischen Bremsen, Beschilderung, Pollern etc. durchgeführt (Stadt Heidelberg - Amt für Stadtentwicklung und Statistik 1996, S. 95 ff.).

4.2.3.3 Pfaffengrund

Der Pfaffengrund ist einer der westlichsten Stadtteile Heidelbergs in der Rheinebene, direkt an der Stadtgrenze nach Eppelheim gelegen. Im Norden und Süden wird er durch die ehemals dörflichen Stadtteile Wieblingen und Kirchheim begrenzt. Im gartenstädtisch angelegten Wohngebiet ist eine vorbildliche Durchgrünung der Privatgrundstücke anzutreffen. Diese Flächen stellen ein Verbindungselement für die regionale Vernetzung von Feldflur und innerstädtischen Freiflächen, zu einem ökologisch bedeutsamen Grünkorridor, dar. Die Freiflächen östlich des Siedlungsgebiets wirken als thermische und klimaökologische Ausgleichsflächen (Stadt Heidelberg - Amt für Stadtentwicklung und Statistik 1995b, S. 70 ff.; Karrasch et al. 1995, S. 92 ff., Karten im Anhang). Der Stadtteil ist in zwei funktional verschiedene Stadtviertel untergliedert:

• Pfaffengrund-Süd • Pfaffengrund-Nord

Pfaffengrund-Süd ist eine zwischen 1919 und ca. 1964 planmäßig entstandene, genossenschaftliche, halbländliche Wohnsiedlung. Es handelt sich um eine relativ lockere, einfache Ein- bis Zweifamilienhausbebauung, freistehend oder in Zeilen- und Reihenbauweise. Das homogene und straffe Siedlungsbild basiert auf den Prinzipien der Gartenstadt (Stadt Heidelberg - Amt für Stadtentwicklung und Statistik 1995b, S. 79 ff.).

Pfaffengrund-Nord ist nach der Zahl der Arbeitsplätze das größte, nach der Fläche das zweitgrößte, Industrie- und Gewerbegebiet Heidelbergs. Angesiedelt sind dort Betriebe der elektrotechnischen, optischen, feinmechanischen und chemischen Industrie, außerdem Stahl-, Maschinen- und Fahrzeugbau sowie Betriebe der Stadtwerke. In sehr geringem Maße befindet sich Wohnbebauung in Nachbarschaft zu den Industriebetrieben. Im Gegensatz zum Wohngebiet im Süden des Stadtteils, hat der nördliche Teil keinerlei gestalterische Qualitäten aufzuweisen. Das Erscheinungsbild ist rein funktional geprägt (Stadt Heidelberg - Amt für Stadtentwicklung und Statistik 1995b, S. 79 ff.).

Der Stadtteil wird in Ost-West- und Nord-Süd-Richtung von ***Hauptverkehrsstraßen*** geteilt, mit direktem Autobahnanschluß am Nordende und zum Teil hohen Schwerverkehrsanteilen. Außer auf Hauptverkehrsstraßen gilt flächendeckend Tempo-30. Das Wohngebiet gehört als Ganzes zu einer Lärmschutzzone. Die Westgrenze des Stadtteils folgt der Autobahn A5, die Nordgrenze der Eisenbahnlinie Mannheim - Heidelberg und die Südgrenze dem militärisch genutzten Flugplatz. Insgesamt ist der Stadtteil damit stark durch die Auswirkungen des überörtlichen Verkehrs belastet, vorwiegend in Form von Luftschadstoffen und Lärm.

Ein guter ***ÖPNV-Anschluß*** existiert, mit der Straßenbahnlinie, im zentralen Bereich des Stadtteils. Das Konzept der Zubringer-Busse, ergänzt durch Nachtverbindungen gibt ein befriedigendes Bild ab. An zwei Haltestellen sind Bike-and-Ride-Plätze angelegt. Die ÖPNV-Haltestellen sind von allen Teilen der Siedlungsfläche gut zu erreichen. Am nördlichen Ende des Stadtteils bietet der Bahnhof Wieblingen direkten Anschluß an Züge der Deutschen Bahn.

Die Verkehrsinfrastruktur im Pfaffengrund ist nicht fahrradfreundlich. Das ***Radwegenetz*** ist schlecht ausgebaut und die HVS besitzen zum Teil starke Trennwirkungen innerhalb des Stadtteils. 'Unechte' Einbahnstraßen mit Zweirichtungsradverkehr wurden nicht eingeführt. Die wenig attraktive Angebotsstruktur spiegelt sich in einem geringen Anteil Radverkehr am modal split wider. Mittlerweile ist eine erweiterte Radwegeplanung im Gange, insbesondere zur besseren Anbindung an die angrenzenden Stadtteile.

Im Wohngebiet Süd besteht ein gut ausgebautes ***Fußwegenetz***. Ansonsten fällt die, trotz Querungshilfen große Trennwirkung einiger HVS ins Auge. Bedingt wird diese durch breite Fahrbahnquerschnitte und hohe Verkehrsbelastungen. Im Bereich von Schulen und Kindergärten sind besondere Markierungen und Beschilderungen angebracht (Stadt Heidelberg - Amt für Stadtentwicklung und Statistik 1995b, S. 63 ff.; Stadt Heidelberg - Amt für Umweltschutz und Gesundheitsförderung 1993, S. 9).

Tab. 4.4: Strukturdaten der Stadtteile Hôpitaux Facultés - Plan des Quatre Seigneurs und Neuenheim

	Hôpitaux Facultés - Plan des 4 Seigneurs	**Neuenheim**
Lage im Stadtgebiet	nördl. Stadtteile	nördl. Stadtteile
Gliederung in Stadtviertel	- Hôpitaux Facultés - Plan des 4 Seigneurs	- Neuenheim-West - Neuenheim-Mitte - Neuenheim-Ost
Fläche (ha) / Siedlungsfläche (ha)	800 / ca. 560	488 / 303,7
Einwohnerzahl	18.429	13.342
Anzahl Haushalte / Haushaltsgröße (Pers./HH)	7830 / 2,35	9147 / 1,46
Erwerbstätige	4592	5490
Beschäftigte / Beschäftigte tertiärer Sektor	14.334 / 10.608 (74,0%)	11.361 / 10.446 (91,9%)
Studienplätze	25.647	12.246
Hochschulen	Université Montpellier II Université Montpellier III École d'Architecture	Universität Heidelberg Pädagogische Hochschule
Studentenwohnheimplätze	2930	1820
MTP: Ausstattung mit Pkw HD:Anzahl Pkw / Motorisierungsrate (Kfz/1000E)	HH ohne Pkw: 2308/29,5% HH mit 1 Pkw: 4404/56,2% HH mit >1 Pkw: 1118/14,3%	5463 / 451
Geschwindigkeitsbeschränkung auf Straßen	i.d.R. Tempo 50, wenig Tempo 30	HVS Tempo 50 / 30, Gebiete Tempo 30
öffentliche Parkplätze	nicht bewirtschaftet Uni: Berechtigungsausweis	NH-West nicht bew. NH-Mitte u. -Ost bew.
ÖPNV-Netz	Bus	Bus + Straßenbahn
Öffentliche Grünflächen (ha)	5	20,6
Schulen / Schulplätze	6 / 1587	6 / 2685
Plätze in Kindertagesstätten	218	495
Kliniken, Krankenhäuser Anzahl / Betten niedergelassene Ärzte	12 / 3700 65	sehr gut sehr gut
Senioren- / Behinderteneinrichtungen Plätze	340 /381	befriedigend
Ausstattung mit Einzelhandelsgeschäften	befriedigend	gut

Montpellier: INSEE-LR 1994; GREGAU 1993; Ministère de l'Équipement, des Transports et du Tourisme / Ministère de l'Enseignement supérieure et de la Recherche 1993; Ville de Montpellier - DAP 1995
Heidelberg: Stadt Heidelberg - Amt für Stadtentwicklung und Statistik 1997b; Stadt Heidelberg - Amt für Stadtentwicklung und Statistik 1995a; Stadt Heidelberg - Amt für Stadtentwicklung und Statistik 1994; Wermuth et al. 1994

Tab. 4.5: Strukturdaten der Stadtteile Centre Historique - Les Arceaux und Altstadt

	Centre Historique - Les Arceaux	**Altstadt**
Lage im Stadtgebiet	Zentrum	Zentrum
Gliederung in Stadtviertel	- Centre Historique - Les Arceaux	- Vor-Altstadt - Kern-Altstadt - Königstuhl
Fläche (ha) / Siedlungsfläche (ha)	140 / ca.130	1487,6 / 147,9
Einwohnerzahl	12.284	10.534
Anzahl Haushalte / Haushaltsgröße (Pers./HH)	6315 / 1,95	6783 / 1,55
Erwerbstätige	3956	4660
Beschäftigte / Beschäftigte tertiärer Sektor	11.288 / 10.200 (ca. 90%)	15.799 / 14.970 (94,8%)
Studienplätze	9704	17.654
Hochschulen	Université Montpellier I	Universität Heidelberg, staatl. Musikhochschule, Hochschule für jüdische Studien
Studentenwohnheimplätze	420	370
MTP: Ausstattung mit Pkw HD:Anzahl Pkw / Motorisierungsrate (Kfz/1000E)	HH ohne Pkw: 2942/46,6% HH mit 1 Pkw: 2759/43,7% HH mit >1 Pkw: 614/9,7%	5275 / 500
Geschwindigkeitsbeschränkung auf Straßen	i.d.R. Tempo 50, wenig Tempo 30	HVS Tempo 50 / 30, Gebiete Tempo 30 / Schrittgeschwindigkeit
öffentliche Parkplätze	3021 davon Straßenraum: 1081 davon Parkhäuser: 1940 bewirtschaftet	7420 davon Straßenraum: 1270 davon Parkhäuser: 4240 davon privat: 1920 bewirtschaftet
ÖPNV-Netz	Bus	Bus (+ Straßenbahn)
Öffentliche Grünflächen (ha)	6,2	1298,1 (13,1 im Siedlungsgebiet)
Schulen / Schulplätze	13 / 2612	5 / 2200
Plätze in Kindertagesstätten	139	238
Kliniken, Krankenhäuser Anzahl / Betten niedergelassene Ärzte	1 / 35 133	- sehr gut
Senioren- / Behinderteneinrichtungen Plätze	40 / -	sehr gut
Ausstattung mit Einzelhandelsgeschäften	gut	sehr gut

Montpellier: CETE-LR / DDE Hérault 1994; SMTU 1992; GREGAU 1993; INSEE-LR 1994; Ministère de l'Équipement, des Transports et du Tourisme / Ministère de l'Enseignement supérieure et de la Recherche 1993
Heidelberg: Stadt Heidelberg - Amt für Stadtentwicklung und Statistik 1997b; Stadt Heidelberg - Amt für Stadtentwicklung und Statistik 1996; Stadt Heidelberg - Amt für Stadtentwicklung und Statistik 1994; Karrasch et al. 1995; Wermuth et al. 1994

Tab. 4.6: Strukturdaten der Stadtteile St. Martin - Prés d'Arènes und Pfaffengrund

	St. Martin - Prés d'Arènes	**Pfaffengrund**
Lage im Stadtgebiet	südl. Stadtteile	westl. Stadtteile
Gliederung in Stadtviertel	- St. Martin - Prés d'Arènes	- Pfaffengrund-Süd - Pfaffengrund-Nord
Fläche (ha) / Siedlungsfläche (ha)	230 / ca. 200	264,1 / 217,6
Einwohnerzahl	7992	7798
Anzahl Haushalte / Haushaltsgröße (Pers./HH)	3572 / 2,2	3667 / 2,12
Erwerbstätige	2809	3318
Beschäftigte / Beschäftigte tertiärer Sektor	6738 / 4635 (69%)	8538 / 1392 (16,3%)
Studienplätze	-	-
Hochschulen	-	-
Studentenwohnheime Anzahl / Plätze	-	-
MTP: Ausstattung mit Pkw HD:Anzahl Pkw / Motorisierungsrate (Kfz/1000E)	HH ohne Pkw: 894/25% HH mit 1 Pkw: 2050/57% HH mit >1 Pkw: 628/18%	3778 / 550
Geschwindigkeitsbeschränkung auf Straßen	i.d.R. Tempo 50, wenig Tempo 30	HVS Tempo 50 / 30, Gebiete Tempo 30
öffentliche Parkplätze	nicht bewirtschaftet	Pfaffengrund-Süd z.T. bewirtschaftet
ÖPNV-Netz	Bus	Bus + Straßenbahn
Öffentliche Grünflächen (ha)	3,42	52,4
Schulen / Schulplätze	7 / 1206	4 / 657
Plätze in Kindertagesstätten	86	249
Kliniken, Krankenhäuser Anzahl / Betten niedergelassene Ärzte	- 19	- ausreichend
Senioren- / Behinderteneinrichtungen Plätze	- / 75	gut
Ausstattung mit Einzelhandelsgeschäften	befriedigend	befriedigend

Montpellier: INSEE-LR 1994; Ville de Montpellier 1994; CETE-LR / DDE 1994; SMTU / Montpellier District 1994
Heidelberg: Stadt Heidelberg - Amt für Stadtentwicklung und Statistik 1997b; Stadt Heidelberg - Amt für Stadtentwicklung und Statistik 1995b; Stadt Heidelberg - Amt für Umweltschutz und Gesundheitsförderung 1993; Karrasch et al. 1995

5 Vergleich der bestehenden Verkehrssituationen und Analyse der Emissions-, Immissions-, Belastungssituationen

5.1 Vergleichende Analyse der Städte Montpellier und Heidelberg

5.1.1 Verkehrssituationen auf den Hauptverkehrsstraßen

5.1.1.1 Aufbau der Hauptverkehrsstraßennetze

Der Verkehr wird in ***Montpellier*** über ein Hauptverkehrsstraßennetz abgewickelt, welches einerseits aus sternförmig verlaufenden Achsen, andererseits aus konzentrischen Ringstraßen besteht (vgl. Karte 5.1).

Vom Zentrum der Stadt führt eine Vielzahl ***radialer Ein- und Ausfallstraßen*** in alle Richtungen. Aufgrund der Nutzung sowohl durch den Binnen-, als auch durch den Ziel-, Quell- und Transitverkehr der Stadt sind die meisten sehr stark frequentiert (vgl. Tab. 5.1). Die ***Ringstraßen*** gliedern sich in:

- einen äußeren Umfahrungsring
- zwei Ringstraßen durch die äußeren Stadtteile
- drei 'ceintures' ('Gürtel') um und durch das Zentrum.

Der äußerste, noch unvollständige ***Umfahrungsring*** umschließt praktisch die gesamte Stadt und soll den Transitverkehr um das eigentliche Stadtgebiet herumleiten. Im Süden Montpelliers folgt der Verlauf der Autobahn A9, was zu einer 'Doppelbelastung' als Stadtautobahn und Fernstraße führt. Wegen häufiger Überlastung ist daher ein Ausbau der Autobahnstrecke geplant. Im Osten der Stadt fehlen noch größere Abschnitte zur Fertigstellung dieses Straßenrings.

Zwei ***konzentrische Ringstraßen*** durchlaufen die äußeren quartiers von Montpellier und verbinden diese untereinander. Beim äußeren Ring handelt es sich über die gesamte Länge um leistungsfähige, vierspurige Straßen, teilweise als Schnellstraßen ausgebaut. Der innere Ring folgt in den östlichen und nördlichen quartiers einer weniger offensichtlichen Linienführung auf schmaleren, zweispurigen Straßenquerschnitten. Südlich des Zentrums verläuft er vierspurig als 'Expressway'. Als Engpässe erweisen sich zu den morgendlichen und abendlichen Spitzenstunden die lichtzeichengeregelten Kreuzungsbereiche zwischen Ringstraßen und radialen Ein- und Ausfallstraßen (vgl. Karte 5.1).

Der eigentliche Zentrumsbereich wird von drei ***'ceintures'*** umschlossen, die jeweils nur in eine Richtung befahrbar sind. Der äußere und der innere Ring umfahren das Zentrum im Gegen-Uhrzeigersinn, der mittlere im Uhrzeigersinn. Der Verlauf der drei 'ceintures' folgt im wesentlichen breiten Boulevards mit zwei bis drei Fahrspuren. Aufgrund des historisch bedingten inhomogenen Aufbaus des Straßennetzes und des Mangels an Ausweichflächen werden stellenweise schmalere zweispurige Quartiersstraßen in das Ringsystem eingebaut. An anderen Stellen schneiden sich die 'ceintures' oder laufen parallel auf den gleichen Straßenabschnitten. Diese Bereiche stellen Brennpunkte bezüglich der Verkehrsabwicklung und der Umfeldverträglichkeit von Verkehr dar.

Trotz der teilweise schmalen Straßenquerschnitte und der unterschiedlichen Ansprüche von verkehrlicher und sonstiger Straßenraumnutzung liegt die zulässige ***Höchstgeschwindigkeit*** im Hauptverkehrsstraßennetz Montpelliers fast ausnahmslos bei 50 km/h. Anzumerken ist, daß auch auf den äußeren, vierspurig ausgebauten HVS mit Schnellstraßencharakter nur 50 km/h zugelassen sind, die in der Praxis jedoch häufig überschritten werden.

Im Vergleich zu Montpellier fällt bei der Betrachtung ***Heidelbergs*** zunächst die relativ geringe Anzahl an radial verlaufenden ***Ein- und Ausfallstraßen*** auf (vgl. Karte 5.2). Grund dafür ist die topographische Situation an der westlichen Abdachung des Odenwalds. Im gesamten Sektor Ost bieten sich nur die Trassenführungen zu beiden Seiten des Neckars für leistungsfähige Verkehrsachsen an.

Die topographische Lage bedingt ebenfalls das Fehlen konzentrisch angeordneter Ringstraßen. Einzige leistungsfähige ***Umfahrungsstrecke*** für das erweiterte Stadtgebiet ist die Autobahn A5, die ähnlich wie im Falle Montpelliers die Funktionen von Regionalverkehrs- und Fernverkehrsabwicklung vereint. Für den sonstigen Transitverkehr, sowie den Verkehr zwischen den Stadtteilen gibt es keine Möglichkeit zentrumsnahe Bereiche zu umfahren. Das innerstädtische Straßennetz ist geprägt durch Verzweigungen der

- Nord-Süd-verlaufenden Hauptachsen
- Ost-West-verlaufenden Hauptachsen.

Die westliche Hauptachse in ***Nord-Süd-Richtung*** bildet mit der Ernst-Walz-Brücke die meist befahrene Neckarquerung und damit auch den Straßenabschnitt mit dem höchsten DTV-Wert im Heidelberger Stadtgebiet. Die östliche Strecke verläuft über die ebenfalls stark frequentierte Theodor-Heuss-Brücke. Nach Süden hin setzen sich die zwei Achsen fort und vereinigen sich bei Rohrbach Markt wieder zu einem Strang. Die Westliche durchzieht das Stadtgebiet durchgängig auf vier, die östliche auf zwei Fahrspuren. Die von ***Südwesten*** kommenden Radialen münden, verbunden durch eine Querspange im Bereich des Hauptbahnhofs vierspurig in das innerstädtische Verkehrsnetz (vgl. Karte 5.2).

In ***Ost-West-Richtung*** verläuft eine Achse am nördlichen Neckarufer von Ziegelhausen bis Neuenheim. Am südlichen Neckarufer zieht sich die Achse von Schlierbach bis nach Wieblingen. Von Westen kommend trifft die Verlängerung der Autobahn A656 genau auf die Altstadt. Die Zentrumsstadtteile werden auf deren Südseite durchgängig mit vier Fahrspuren eingerahmt (vgl. Karte 5.2).

Die Länge der vierspurig ausgebauten Straßenabschnitte ist in Heidelberg deutlich geringer als in Montpellier. Dabei ist zu beachten, daß aufgrund der nur etwa halb so großen Siedlungsfläche das gesamte Hauptverkehrsstraßennetz eine kleinere Dimension besitzt. ***Konfliktpotential*** tritt in den Bereichen auf, in denen die Nutzung als Hauptverkehrsstraße mit empfindlichen Nutzungsstrukturen des straßennahen Umfelds kollidieren. Insbesondere trifft dies auf die Zentrumsstadtteile im Bereich der Neckar- und Königstuhlseitigen Umfahrungen und auf die Wohngebiete entlang der Nord-Süd-Achsen zu. In Heidelberg gelten für einige Abschnitte des Hauptverkehrsstraßennetzes Begrenzungen auf 30 km/h.

5.1.1.2 Bedeutung des Ziel-, Quell- und Transitverkehrs

Die tägliche Verkehrsmenge auf dem Hauptverkehrsstraßennetz im Stadtgebiet von ***Montpellier*** beträgt 305.000 Kfz. Zwei Drittel der Fahrten werden dem Ziel- und Quellverkehr über die Stadtgrenzen hinweg und dem Transitverkehr zugerechnet (Ministère de l'Équipement, du Logement, de l'Aménagement, du Territoire et du Tourisme et al. 1997, S. 42). Diese Wege werden über das sternförmige Netz an radial verlaufenden Ein- und Ausfallstraßen abgewickelt (vgl. Karte 5.1).

Stark frequentierte radiale Straßenzüge führen vom Zentrum in alle Richtungen: Die am stärksten belasteten Ein- und Ausfallstraßen sind die Autobahnzubringer Route de Palavas Richtung Süden und Avenue Pierre Mendès-France Richtung Osten. Ebenfalls sehr stark belastet sind die Route de Toulouse nach Südwesten, die Avenue de la Liberté nach Westen, die Avenue de la Mer nach Südosten und die Route de Ganges nach Norden (vgl. Tab. 5.1).

Der ***Schwerverkehrsanteil*** variiert stark zwischen den einzelnen Ein- und Ausfallstraßen: Von 1,4% bis 7,5%. Dabei sind die Straßen in Richtung der nördlichen und nordwestlichen Wohnvororte deutlich geringer mit Lkw belastet, als insbesondere diejenigen im Bereich der Gewerbegebiete im Süden der Stadt. Der Anteil ***Radverkehr*** entlang der großen Ein- und Ausfallstraßen ist mit maximal 1,1% durchweg sehr gering. Tab. 5.1 zeigt die Verkehrsmengen und -zusammensetzungen auf allen bedeutenden Radialen bei der Ein- und Ausfahrt über die Stadtgrenze:

Tab. 5.1: Verkehrsmenge und -zusammensetzung auf den radialen Ein- und Ausfallstraßen Montpelliers (Ziel-, Quell- und Transitverkehr)

Straße	Richtung (v. Zentrum)	DTV stadteinwärts	DTV stadtauswärts	Anteil MIV	Anteil Lkw und Busse	Anteil Fahrräder
Av. du Val de Montferrand	N	5600	5780	97,9%	1,4%	0,7%
Route de Mende	N	5000	5800	95,9%	3,2%	0,9%
Route de Ganges	N	17000	14000	95,3%	4,3%	0,6%
Route de Grabels	NW	4900	4600	96,6%	2,3%	1,1%
Rue du Prof. Blayac	NW	4700	5200	96,5%	3,2%	0,3%
Av. de Lodève	W	7750	9570	93,8%	5,5%	0,7%
Av. de la Liberté	W	17200	19700	94,4%	5,3%	0,3%
Route de Laverune	SW	8500	9400	95,8%	3,3%	0,8%
Route de Toulouse	SW	21100	17700	94,3%	5,3%	0,4%
Av. de Maurin	S	10820	9630	93,5%	6,2%	0,3%
Route de Palavas	S	26100	21300	92,3%	7,5%	0,3%
Av. de la Mer	SO	16720	19940	96,2%	3,0%	0,8%
Av. Pierre Mendès France	O	20000	21000	95,9%	4,0%	0,1%
Rue Albert Einstein	O	0 (Einbahn)	4000	94,4%	4,9%	0,7%
Rue de la Vielle Poste	O	5800	5100	95,6%	4,0%	0,6%
Av. de la Pompignane	NO	9600	10000	93,4%	5,9%	0,8%
Route de Nîmes	NO	11200	10100	94,2%	4,8%	1,1%
Av. St. Lazare	NO	12500	11500	97,7%	1,7%	0,7%

HDR France und Schroeder & Associés 1990 (%-Werte); Ville de Montpellier - DAP o. J. (DTV-Werte); eigene Bearbeitung

55% der ca. 475.000 täglichen MIV-Wege im ***Heidelberger*** Stadtgebiet führen als Ziel-, Quell-, oder Transitverkehr über die Stadtgrenzen hinweg (Wermuth et al. 1994, Abb. 4.1). Diese Wege werden über die relativ geringe Anzahl an radial verlaufenden Straßen abgewickelt (vgl. Karte 5.2; Tab. 5.2).

Die Autobahn A656 aus Westen ist die am häufigsten genutzte Zufahrt zur Stadt, gefolgt von der Karlsruher Straße aus Süden und der Speyerer Straße aus Südwesten. Die einzigen leistungsfähigen Straßenverbindungen in östlicher Richtung sind die Schlierbacher Landstraße und die Ziegelhäuser Landstraße. Der über diese Achsen abgewickelte Verkehr stellt einen überpropotional großen Belastungsfaktor für die Stadt dar, denn er fließt direkt durch die zentralen, dicht besiedelten Stadtteile Altstadt und Neuenheim. Zusätzlich sind die Anteile von Lkw und Bussen auf der Schlierbacher- und der Ziegelhäuser Landstraße die höchsten der Heidelberger Zufahrtsstraßen. Die geringsten ***Schwerverkehrsanteile*** sind auf den Straßen in südlicher und südwestlicher Richtung anzutreffen.

Wenig erstaunlich ist die große Variationsbreite des ***Radverkehrsanteils*** entlang der Hauptverkehrsachsen. Die Nutzung hängt stark vom Vorhandensein von Radverkehrsanlagen und von alternativen Möglichkeiten der Wegewahl über Nebenstraßen und Landwirtschaftswege ab. Die Mannheimer Straße hebt sich mit sehr hohem Radverkehrsanteil deutlich von den anderen Straßen ab, gefolgt von der Eppelheimer Straße und der Ziegelhäuser Landstraße. Im Bereich des Cuzarings bieten sich attraktivere Alternativen für Radfahrer an, die

Klingenteichstraße schreckt durch ihre enorme Steigung in Richtung Königstuhl ab und entlang der A656 ist das Radfahren gänzlich verboten, daher ist der Fahrradanteil auf diesen Strecken fast gleich Null. Dennoch läßt sich bereits an den Zahlen die deutlich größere Fahrradorientierung der Heidelberger im Vergleich zu den Montpellieranern ablesen. In Tab. 5.2 sind die Verkehrsmengen und -zusammensetzungen an allen bedeutenden Ein- und Ausfahrten über die Stadtgrenze zusammengefaßt:

Tab. 5.2: Verkehrsmenge und -zusammensetzung auf den radialen Ein- und Ausfallstraßen Heidelbergs (Ziel-, Quell- und Transitverkehr)

Straße	Richtung (v. Zentrum)	DTV stadteinwärts	DTV stadtauswärts	Anteil MIV	Anteil Lkw und Busse	Anteil Fahrräder
Dossenheimer Landstraße	N	10860	10390	96,6%	2,0%	1,4%
Mannheimer Straße	NW	3970	3900	k.A.	k.A.	12,8%
A 656 / Bergheimer Straße	W	26930	28720	98,6%	1,4%	0,0%
Eppelheimer Straße	W	10630	10210	89,8%	2,4%	8,8%
Speyerer Straße	SW	21360	20110	96,4%	0,3%	3,3%
Cuzaring	SW	12060	11130	99,4%	0,5%	0,1%
Karlsruher Straße	S	22580	21870	94,2%	0,3%	5,5%
Steigerweg	SO	4050	4770	93,0%	2,2%	4,8%
Klingenteichstraße	SO	2340	3020	97,4%	2,6%	0,0%
Schlierbacher Landstraße	O	13840	11880	92,2%	4,5%	3,3%
Ziegelhäuser Landstraße	O	8120	8870	89,6%	3,7%	6,7%

Wermuth et al. 1994 (%-Werte Fahrräder, Verkehrsanteile Richtungsverkehr stadtein- / auswärts); Stadt Heidelberg - Amt für Umweltschutz und Gesundheitsförderung o. J. (DTV-Werte, %-Werte MIV und Lkw / Busse); eigene Bearbeitung

5.1.2 Emissions-, Immissions-, Belastungssituationen an den Hauptverkehrsstraßen

5.1.2.1 Luftschadstoffe

Die Untersuchungen zur Luftschadstoffsituation an den Hauptverkehrsstraßen Montpelliers und Heidelbergs beinhalten:

- Luftschadstoffemissionen des fließenden Verkehrs
- Luftschadstoffimmissionen.

Auf die Betrachtung der Kohlenwasserstoffemissionen des ruhenden Verkehrs wird verzichtet, da sich entlang der meisten untersuchten HVS keine oder nur wenige Parkplätze befinden und die Verdampfungsemissionen daher in Bezug auf die Gesamtsituation vernachlässigbar sind. Dies führt auf einzelnen Straßenabschnitten zu leichten Unterschätzungen der HC-Gesamtemissionen.

Luftschadstoffemissionen des fließenden Verkehrs:
Berechnungsparameter:

- Fahrzeugkategorien: Pkw, Lkw
- Bezugsjahr: 1997
- Verkehrszusammensetzung: Westliche Bundesländer Deutschlands
- Betriebszustand: Fließender Verkehr, warm (ohne Startzuschläge).

Zur Berechnung der Luftschadstoffemissionen des fließenden Verkehrs auf den Hauptverkehrsstraßen Montpelliers und Heidelbergs werden, für jede zu untersuchende Straße, die ***Emissionsfaktoren*** für Pkw und Lkw bestimmt. Dies erfolgt mit dem Rechenprogramm des UBA (Umweltbundesamt 1995). Die Struktur der ***Verkehrszählungsdaten*** bedingt die Beschränkung auf Pkw und Lkw. Für motorisierte Zweiräder und eine genauere Differenzierung zwischen verschiedenen Lkw-Kategorien liegen keine Daten vor. Zu beachten ist außerdem, daß die verwendeten DTV-Werte aus verschiedenen Jahren stammen, was bei allgemein steigender Verkehrsleistung zu leichten Unterschätzungen der realen Situation führen kann. Berechnet werden für die HVS nur die Emissionen in ***warmem Betriebszustand***. Auf die Anwendung von Kaltstartzuschlägen wird verzichtet, da eine genaue Untersuchung der Quell- und Zielorte und der Länge der Fahrten auf gesamtstädtischer Ebene den Rahmen dieser Arbeit sprengen würde. Folge davon ist wiederum eine leichte Unterschätzung der Emissionen. Aufgrund der im Jahresdurchschnitt niedrigeren Temperaturen ist mit einer etwas größeren Abweichung für die Stadt Heidelberg zu rechnen.

Die ***Berechnungsergebnisse*** für die Luftschadstoffemissionen auf den untersuchten HVS-Abschnitten Montpelliers und Heidelbergs sind Abb. 5.1 bis 5.14 zu entnehmen.

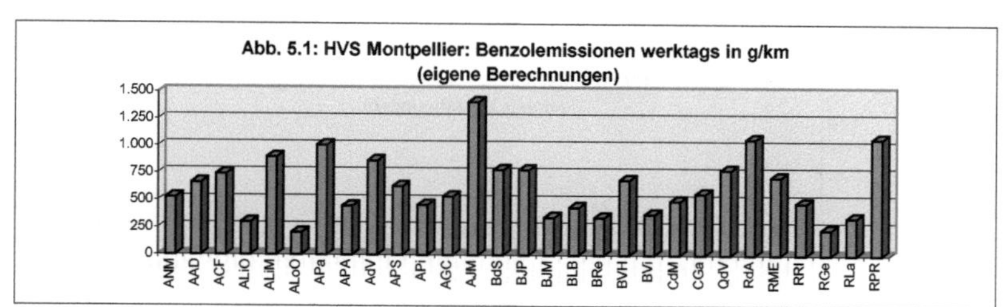
Abb. 5.1: HVS Montpellier: Benzolemissionen werktags in g/km
(eigene Berechnungen)
1.500
1.250
1.000
750
500
250
0
ANM AAD ACF ALiO ALiM ALoO APa APA AdV APS APi AGC AJM BdS BJP BJM BLB BRe BVH BVi CdM CGa QdV RdA RME RRI RGe RLa RPR

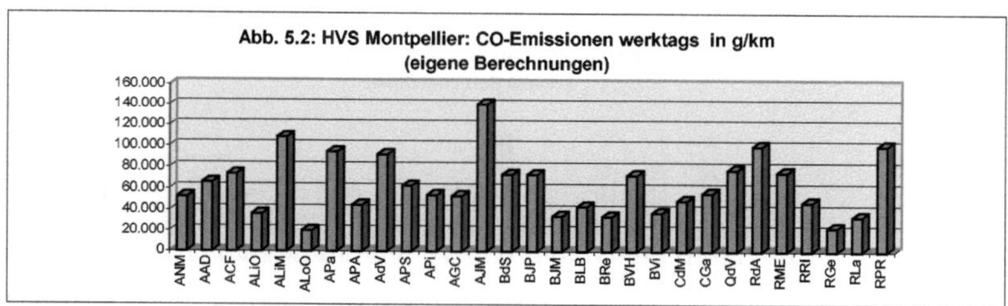
Abb. 5.2: HVS Montpellier: CO-Emissionen werktags in g/km
(eigene Berechnungen)
160.000
140.000
120.000
100.000
80.000
60.000
40.000
20.000
0
ANM AAD ACF ALiO ALiM ALoO APa APA AdV APS APi AGC AJM BdS BJP BJM BLB BRe BVH BVi CdM CGa QdV RdA RME RRI RGe RLa RPR

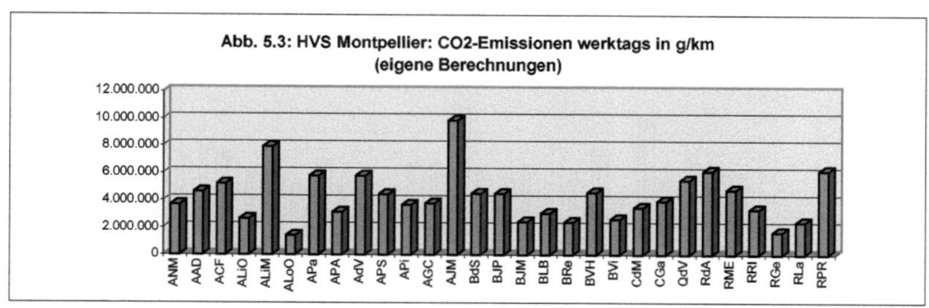
Abb. 5.3: HVS Montpellier: CO2-Emissionen werktags in g/km
(eigene Berechnungen)
12.000.000
10.000.000
8.000.000
6.000.000
4.000.000
2.000.000
0
ANM AAD ACF ALiO ALiM ALoO APa APA AdV APS APi AGC AJM BdS BJP BJM BLB BRe BVH BVi CdM CGa QdV RdA RME RRI RGe RLa RPR

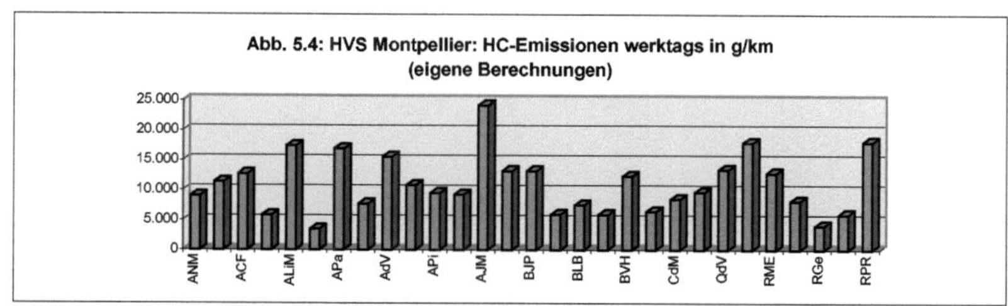
Abb. 5.4: HVS Montpellier: HC-Emissionen werktags in g/km
(eigene Berechnungen)
25.000
20.000
15.000
10.000
5.000
0
ANM ACF ALiM APa AdV APi AJM BJP BLB BVH CdM QdV RME RGe RPR

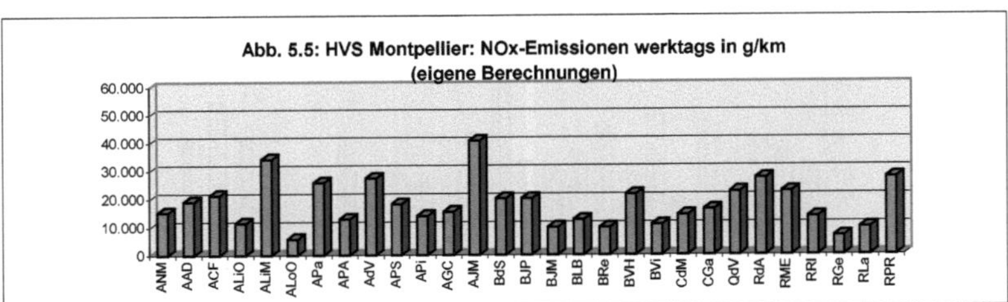
Abb. 5.5: HVS Montpellier: NOx-Emissionen werktags in g/km
(eigene Berechnungen)
60.000
50.000
40.000
30.000
20.000
10.000
0
ANM AAD ACF ALiO ALiM ALoO APa APA AdV APS APi AGC AJM BdS BJP BJM BLB BRe BVH BVi CdM CGa QdV RdA RME RRI RGe RLa RPR

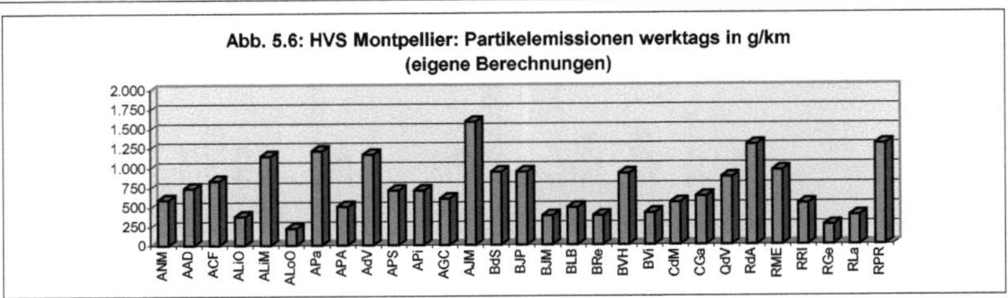
Abb. 5.6: HVS Montpellier: Partikelemissionen werktags in g/km
(eigene Berechnungen)
2.000
1.750
1.500
1.250
1.000
750
500
250
0
ANM AAD ACF ALiO ALiM ALoO APa APA AdV APS APi AGC AJM BdS BJP BJM BLB BRe BVH BVi CdM CGa QdV RdA RME RRI RGe RLa RPR

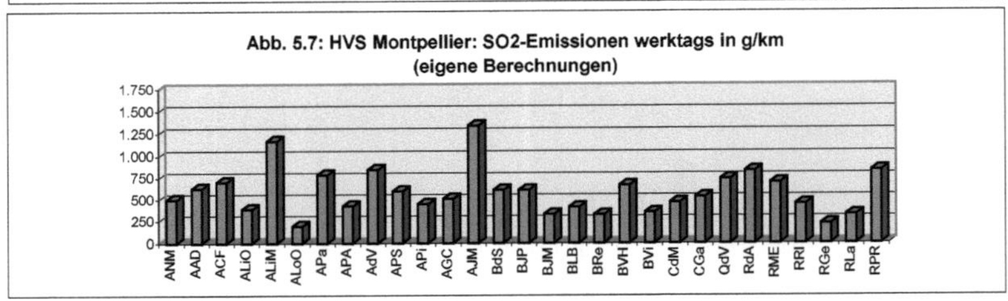
Abb. 5.7: HVS Montpellier: SO2-Emissionen werktags in g/km
(eigene Berechnungen)
1.750
1.500
1.250
1.000
750
500
250
0
ANM AAD ACF ALiO ALiM ALoO APa APA AdV APS APi AGC AJM BdS BJP BJM BLB BRe BVH BVi CdM CGa QdV RdA RME RRI RGe RLa RPR

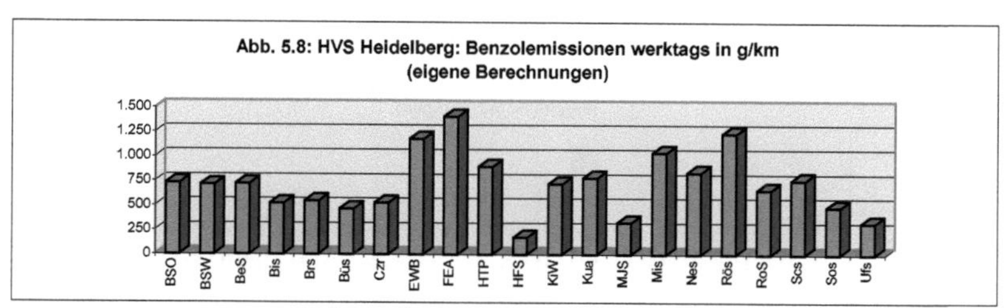

Abb. 5.8: HVS Heidelberg: Benzolemissionen werktags in g/km (eigene Berechnungen)

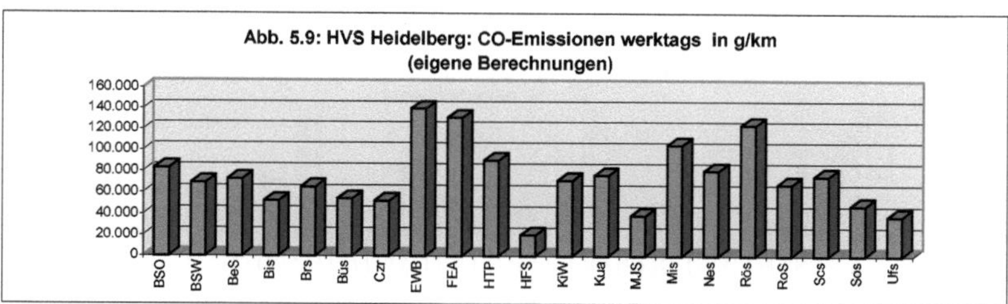

Abb. 5.9: HVS Heidelberg: CO-Emissionen werktags in g/km (eigene Berechnungen)

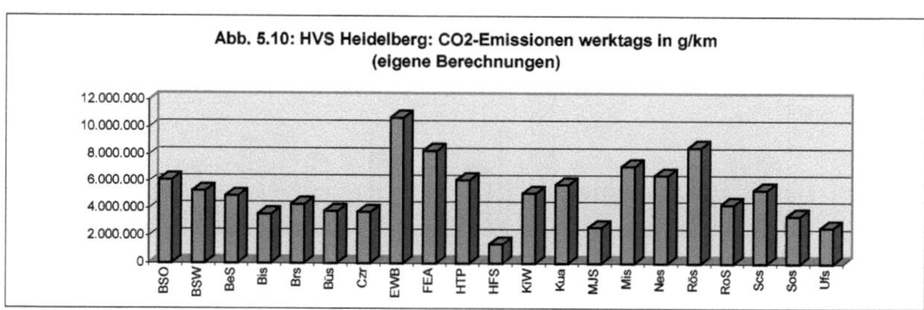

Abb. 5.10: HVS Heidelberg: CO2-Emissionen werktags in g/km (eigene Berechnungen)

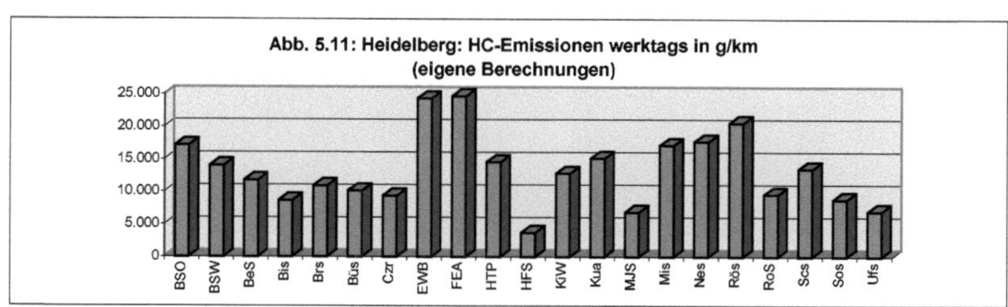

Abb. 5.11: Heidelberg: HC-Emissionen werktags in g/km (eigene Berechnungen)

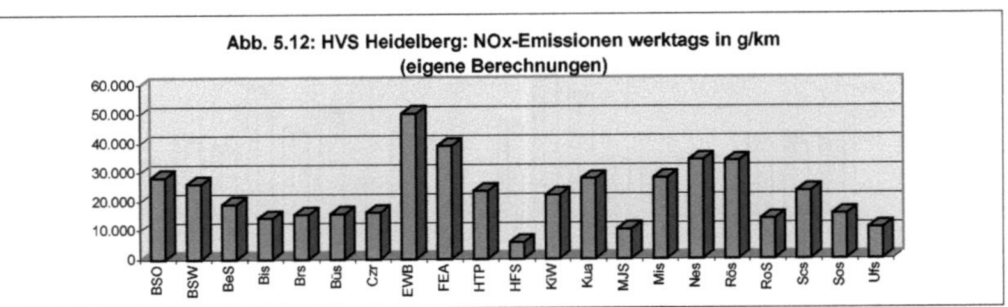
Abb. 5.12: HVS Heidelberg: NOx-Emissionen werktags in g/km
(eigene Berechnungen)
60.000
50.000
40.000
30.000
20.000
10.000
0
BSO
BSW
BeS
Bis
Brs
Büs
Czr
EWB
FEA
HTP
HFS
KIW
Kua
MJS
Mis
Nes
Rös
RoS
Scs
Sos
Ufs

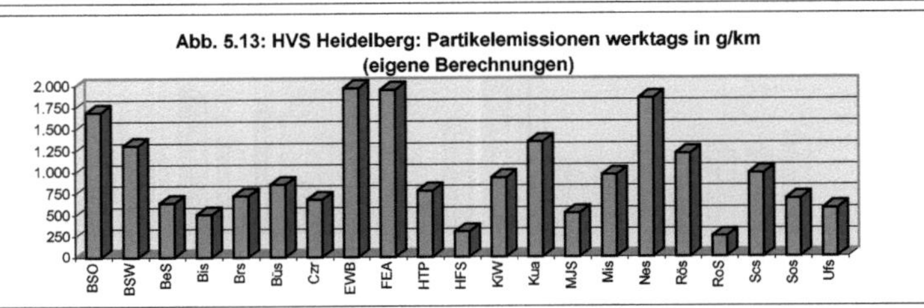
Abb. 5.13: HVS Heidelberg: Partikelemissionen werktags in g/km
(eigene Berechnungen)
2.000
1.750
1.500
1.250
1.000
750
500
250
0
BSO
BSW
BeS
Bis
Brs
Büs
Czr
EWB
FEA
HTP
HFS
KIW
Kua
MJS
Mis
Nes
Rös
RoS
Scs
Sos
Ufs

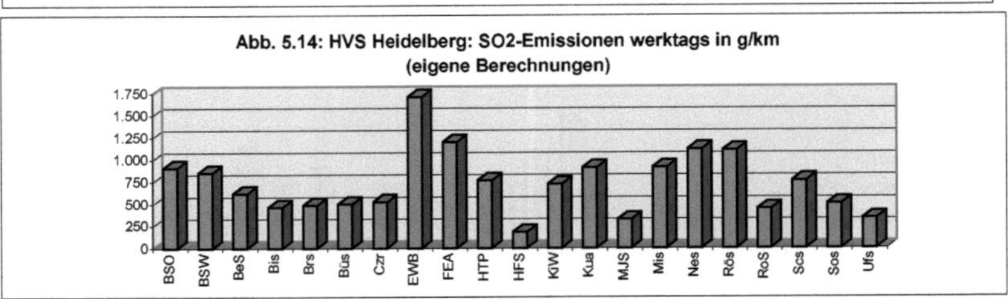
Abb. 5.14: HVS Heidelberg: SO2-Emissionen werktags in g/km
(eigene Berechnungen)
1.750
1.500
1.250
1.000
750
500
250
0
BSO
BSW
BeS
Bis
Brs
Büs
Czr
EWB
FEA
HTP
HFS
KIW
Kua
MJS
Mis
Nes
Rös
RoS
Scs
Sos
Ufs

Tab. 5.3: HVS Montpellier: Straßennamen

	Straße
ANM	Allee du Nouveau Monde
AAD	Av. Albert Dubout
ACF	Av. Charles Flahaut
ALiO	Av. de la Liberte, östl. Abschnitt
ALiM	Av. de la Liberte, mittl. Abschnitt
ALoO	Av. de Lodeve, östl. Abschnitt
APa	Av. de Palavas
APA	Av. des Pres d'Arenes
AdV	Av. de Vanieres
APS	Av. du Pere Soulas
APi	Av. du Piree
AGC	Av. Georges Clemenceau
AJM	Av. Jean Mermoz
BdS	Blvd. de Strasbourg
BJP	Blvd. du Jeu de Paume
BJM	Blvd. J. F. de Morlhon
BLB	Blvd. Louis Blanc
BRe	Blvd. Renouvier
BVH	Blvd. Victor Hugo
BVi	Blvd. Vieussens
CdM	Chemin de Moulares
CGa	Cours Gambetta
QdV	Quai de Verdenson
RdA	Rue d'Alco
RME	Rue de Montels Eglise
RRI	Rue du 81. Regime d'Infantrie
RGe	Rue Gerhardt
RLa	Rue Lakanal
RPR	Rue Paul Rimbaud

Tab. 5.4: HVS Heidelberg: Straßennamen

	Straße
BSO	Bergheimer Straße O
BSW	Bergheimer Straße W
BeS	Berliner Straße
Bis	Bismarckstraße
Brs	Brückenstraße
Büs	Bürgerstraße
Czr	Czernyring
EWB	Ernst-Walz-Brücke
FEA	Friedrich-Ebert-Anlage
HTP	Hans-Thoma-Platz
HFS	Heinrich-Fuchs-Straße
KiW	Kirchheimer Weg
Kua	Kurfürstenanlage
MJS	Max-Josef-Straße
Mis	Mittermaierstraße
Nes	Neckarstaden
Rös	Römerstraße
RoS	Rohrbacher Straße
Scs	Schurmannstraße
Sos	Sofienstraße
Ufs	Uferstraße

Kohlenmonoxid gilt als Leitkomponente für Schadstoffe des MIV. Die Bedeutung des Lkw-Verkehrs ist sehr gering, da Dieselmotoren nur kleine Mengen dieses Schadstoffes ausstoßen. Die CO-Belastung liegt in den Städten weit unter den gesundheitsgefährdenden Werten. Die täglichen Emissionen von bis zu 140 kg/km CO stellen kein erhöhtes Risiko dar. In Montpellier sind es die verkehrsstärksten Straßen Av. Jean Mermoz, Av. de la Liberté (mittlerer Abschnitt), Rue Paul Rimbaud und Rue d'Alco, die Werte über 100 kg/km erreichen, in Heidelberg die Ernst-Walz-Brücke, die Friedrich-Ebert-Anlage, die Römerstraße und die Mittermaierstraße.

Die hohen CO-Emissionen implizieren allerdings auch hohe Emissionen anderer Schadstoffe des Pkw-Verkehrs und deuten damit auf Brennpunkte der Belastung durch den Straßenverkehr hin. Die 'Hot Spots' sind an Straßen mit hohem Anspruchsniveau und hohen Luftschadstoff-emissionen zu finden. In Montpellier gehören dazu insbesondere die Av. Jean Mermoz, Av. de Palavas, Quai de Verdenson, Av. Charles Flahaut, Blvd. de Strasbourg und Blvd. du Jeu de

Paume. In Heidelberg fallen der Hans-Thoma-Platz, die Bergheimer Straße, die Berliner Straße und die Kurfürstenanlage in diese Kategorie.

Bei den ***Stickoxidemissionen*** kommt der Lkw-Anteil zum Tragen, da Lastwagen einen je nach Verkehrssituation über zehnmal höheren NO_x-Ausstoß haben als Pkw. In Heidelberg hat der verkehrsstärkste Straßenabschnitt Ernst-Walz-Brücke zusätzlich einen leicht überdurchschnittlichen Lkw-Anteil und erreicht mit gut 50 kg/km pro Tag mit Abstand den höchsten Wert der zwei Städte. Friedrich-Ebert-Anlage (39 kg/km) und insbesondere Neckarstaden (34 kg/km) weisen aufgrund eines hohen Lkw-Anteils bedeutende Emissionen auf.

Den höchsten Wert für Montpellier hat die Av. Jean Mermoz (40 kg/km pro Tag), gefolgt von der Av. de la Liberté (mittlerer Abschnitt: 34 kg/km). Das Gros der Straßen liegt in beiden Städten in den Bereichen von 10 bis 20 kg/km und 20 bis 30 kg/km, die niedrigsten Werte liegen bei 5 kg/km. In Montpellier haben 7 der 17 (41%) Straßenabschnitte mit hohem Anspruchsniveau Emissionswerte über 20 kg/km, in Heidelberg sind es dagegen nur 3 von 13 (23%). Bei den Ergebnissen für Montpellier kann der Einfluß des Lkw-Anteils nicht detailliert in die Auswertung mit einbezogen werden, da die Berechnungen mit einem Mittelwert durchgeführt wurden.

Die maximalen ***Kohlenwasserstoffemissionen*** liegen sowohl in Montpellier auf der Av. Jean Mermoz, als auch in Heidelberg auf der Ernst-Walz-Brücke und der Friedrich-Ebert-Anlage bei 24 kg/km pro Tag. In Heidelberg weisen zwei Drittel der untersuchten HVS HC-Emissionen von über 10 kg/km auf, in der Partnerstadt dagegen nur knapp die Hälfte der Straßenabschnitte. Bei über 15 kg/km ist es in Heidelberg ein Drittel, in Montpellier nur ein Fünftel der untersuchten Straßen. Bei der Betrachtung der Straßenabschnitte mit hohem Anspruchsniveau und empfindlicher Seitenraumnutzung relativiert sich die Situation wieder: In Montpellier haben 47% (8/17) der Fälle HC-Emissionen über 10 kg/km, in Heidelberg 54% (7/13). Die direkte, kleinräumige Betroffenheit der Bevölkerung liegt damit in beiden Städten auf einem ähnlichen Niveau.

Die Emissionen des kanzerogenen Kohlenwasserstoffs ***Benzol*** liegen in beiden Städten täglich zwischen ca. 200 und 1400 g/km, wobei die Straßen mit hohem Verkehrsaufkommen mit Abstand die höchsten Werte aufweisen. Der Lkw-Anteil spielt nur eine sehr geringe Rolle. Der Schwerpunkt liegt in beiden Städten bei Werten zwischen 500 und 1000 g/km, wobei Montpellier 14% (4/29) Straßen mit mehr als 1000 g/km aufweist, Heidelberg immerhin 19% (4/21). Aufgrund der bereits in geringen Konzentrationen gesundheitsschädigenden Wirkung stellen insbesondere die Straßen mit bedeutender Aufenthaltsfunktion und dichter Wohnbebauung 'Hot Spots' dar.

Schwefeldioxidemissionen sind stark abhängig vom Anteil der Lastwagen am Straßenverkehr. In Heidelberg sind es die Ernst-Walz-Brücke, die Friedrich-Ebert-Anlage,

Neckarstaden und Römerstraße, die die höchsten Werte (>1000g/km pro Tag) erreichen, wobei die drei Erstgenannten überdurchschnittliche Lkw-Anteile aufweisen. In Montpellier haben die Av. Jean Mermoz und der mittlere Abschnitt der Av. de la Liberté SO_2-Emissionen über 1000 g/km, in Heidelberg sind es damit 19% der untersuchten HVS, in Montpellier 7%. Gut die Hälfte der Straßenabschnitte liegt in beiden Städten bei Werten zwischen 500 und 1000 g/km. Bei Betrachtung der Straßenabschnitte mit hohem Anspruchsniveau kehrt sich das Bild um: In Montpellier weisen 6% (1/17) der Abschnitte Emissionen größer 1000 g/km auf, in Heidelberg keiner. 59% (10/17) liegen in Montpellier zwischen 500 und 1000g/km, in Heidelberg 54% (7/13). Für die Werte Montpelliers gilt in Bezug auf die Lkw-Anteile das im Abschnitt 'Stickoxidemissionen' Gesagte.

In Heidelberg hat die Ernst-Walz-Brücke die höchsten ***Partikelemissionen*** (knapp 2 kg/km pro Tag), dicht gefolgt von der Friedrich-Ebert-Anlage, den Neckarstaden und dem östlichen Teil der Bergheimer Straße (jeweils >1,5 kg/km) (19%, 4/21). In Montpellier fällt nur die Av. Jean Mermoz in die Klasse über 1,5 kg/km (3%, 1/29). Zur Kategorie von 1 - 1,5 kg/km gehören in Montpellier 5 (17%), in Heidelberg 3 (14%) der HVS. Der Hauptteil der Straßen hat zwischen 0,5 und 1 kg/km Partikelemissionen. Immerhin 28% (8) der Abschnitte in Montpellier liegen unter 0,5 kg/km, in Heidelberg nur 10% (2). Auch bei den Partikelemissionen gleicht sich das Bild der zwei Städte wieder an, wenn nur die Straßen mit hohem Anspruchsniveau betrachtet werden. Über 1,5 kg/km findet sich jeweils noch ein Straßenabschnitt, von 1 bis 1,5 kg/km in Montpellier wiederum einer, in Heidelberg zwei. Die Masse liegt im Bereich zwischen 0,5 und 1 kg/km. Stärker noch als NO_x- und SO_2-Emissionen hängen die Partikelemissionen vom Lkw-Verkehr ab: Der Dieselruß stellt einen Großteil der emittierten Partikel dar. Daher ist bei der vergleichenden Auswertung der Ergebnisse besonders darauf zu achten, daß die Berechnungen für Montpellier mit einem Durchschnittswert für den Lkw-Anteil durchgeführt wurden und somit nur Orientierungswerte liefern können.

Aufgrund der fahrzeug- und treibstofftechnischen Entwicklungen der letzten Jahre haben die ***Bleiemissionen*** des Straßenverkehrs stetig abgenommen. Die Abschaffung verbleiten Benzins hat zur Folge, daß bei Berechnung der Emissionsfaktoren für das Bezugsjahr 1997 in allen Fällen als Ergebnis der Wert null herauskommt und somit in diesem Rahmen auf eine weitere Betrachtung der Schadstoffkomponente Blei verzichtet werden kann (vgl. Umweltbundesamt 1995).

Kohlendioxid ist nicht zu den eigentlichen Luftschadstoffen zu zählen und hat keine kleinräumige Belastungswirkung für die Anwohner und Nutzer der Straßenräume. Auf eine Analyse vor dem Hintergrund der verschiedenen Anspruchsniveaus der Straßenabschnitte kann daher verzichtet werden. Im Sinne einer umfassenden Betrachtung der Umfeld- und Umweltverträglichkeit von Stadtverkehr darf die aktuelle und viel diskutierte Problematik der CO_2-Emissionen trotzdem nicht ausgeblendet werden. Die Menge an CO_2-Emissionen pro km hängt im wesentlichen von der Verkehrsleistung ab, die höchsten Emissionswerte finden sich daher auf den meistbefahrenen Strecken: In Montpellier dominiert die Av. Jean Mermoz mit täglich knapp 10.000 kg/km, gefolgt von der Av. de la Liberté (mittlerer Abschnitt) mit knapp 8.000 kg/km. Mit über 10.000 kg/km hat die Ernst-Walz-Brücke den höchsten Wert aller untersuchten Straßenabschnitte, auf der Friedrich-Ebert-Anlage und auf der Römerstraße werden mehr als 8.000 kg/km emittiert.

Die ***Berechnung der Emissionen*** aller genannten Schadstoffe erfolgt für jeden Straßenabschnitt für die Situation werktags (00.00 - 24.00). Die Wahl relativ langer Streckenabschnitte ermöglicht einen Überblick über die wichtigsten Linienquellen in den Stadtgebieten Montpelliers und Heidelbergs und ist als hinreichend genaue Datenbasis anzusehen, um gute Orientierungswerte zu bestimmen. Für weiterführende Untersuchungen und eine Darstellung der Emissionen pro Flächeneinheit (100 x 100 m Raster) wird auf Karrasch et al. 1992 verwiesen. Die Benutzung eines Durchschnittswerts für den Lkw-Anteil auf den HVS Montpelliers hat bei der Berechnung der CO- und HC-Emissionen nur geringe Auswirkungen, bei NO_x und insbesondere bei SO_2 und Partikeln können dagegen größere Abweichungen von der realen Situation auftreten (vgl. Karrasch et al. 1994, S. 131). Während der Ferienmonate Juli und August (période estivale) ist in Montpellier aufgrund der deutlich veränderten Verkehrsbedingungen mit anderen Emissionswerten zu rechnen, die hier angegebenen Werte beziehen sich auf die 'période normale' (vgl. CETE-LR 1994, S. 46 - 49).

Eine ***Gesamtbetrachtung der Luftschadstoffemissionen*** aus dem fließenden Verkehr zeigt bei den meisten Komponenten einen etwas höheren absoluten Schadstoffausstoß auf den Hauptverkehrsstraßen Heidelbergs als auf denen der französischen Partnerstadt. Der Grund dafür liegt in der stärkeren Kanalisierung des Straßenverkehrs auf wenige, stark befahrene Achsen. Die Ursache dafür liegt einerseits bei den topographischen Gegebenheiten, die aufgrund der Lage am Westrand des Odenwalds und am Austritt des Neckars in die Rheinebene die Anlage eines radial-konzentrischen Straßennetzes nicht zulassen. Andererseits tragen die Bemühungen der Stadt- und Verkehrsplanung Heidelbergs um flächenhafte Verkehrsberuhigung der Quartiere und Bündelung des Verkehrs auf wenigen Achsen zu diesem Ergebnis bei.

Die Beurteilung der ***Bevölkerungsexposition*** ist angelehnt an das von Karrasch für Heidelberg eingeführte 'Hot Spot-Verfahren', bei dem Belastungen durch Luftverunreinigungen und Lärm in Zusammenhang mit der betroffenen Bevölkerung gebracht werden: "Der Begriff 'Hot Spot' wird zunächst in rein beschreibendem Sinne verwendet. Es soll damit nicht mehr, aber auch nicht weniger zum Ausdruck gebracht werden, als daß in den markierten Bereichen eine relativ große Bevölkerungszahl einer relativ hohen Verkehrsemissionsbelastung ausgesetzt ist. Auch das Adverb 'relativ' sollte beachtet werden; denn die Ausweisung der 'Hot Spots' basiert auf keinen absoluten Maßstäben, sondern ist ausschließlich aus der relativen Verteilung der Bevölkerungsdichten und der Verkehrsemissionen in Heidelberg abgeleitet worden" (Karrasch et al. 1994, S. 44 ff). Für die vorliegende Anwendung ist das Kriterium Bevölkerungsdichte durch das Anspruchsniveau (vgl. Kap. 2.2) ersetzt worden, um dem spezifischen Blickwinkel der Umfeldverträglichkeit besser gerecht zu werden.

Bei Beschränkung auf die Straßenabschnitte mit hohem Anspruchsniveau der Randnutzung zeigt sich ein anderes Bild als bei der Betrachtung der Emissionssituation für die gesamten Untersuchungsgebiete: Das HVS-Netz Heidelbergs ist so gestaltet, daß empfindliche Randnutzungen entlang der meistbefahrenen Straßenabschnitte selten sind und somit nur an relativ wenigen Stellen punktuelle oder bandförmige 'Hot Spots' auftreten (vgl. Karrasch et al. 1994 Karte 1; Winkler 1998 Karte 9 / 10). Dies kann durchaus als Erfolg der Stadt- und Verkehrsplanung gesehen werden. Im Untersuchungsgebiet Montpellier treten häufiger Nutzungskonflikte in Form von 'Hot Spots' auf: Hohe Schadstoff- und Lärmemissionen überlagern sich mit Randnutzungen gehobenen Anspruchsniveaus deutlich flächenhafter als in Heidelberg. Verursacht wird diese Situation durch die weniger stark kanalisierte Verkehrsführung aufgrund des historisch bedingten, ungünstig strukturierten Straßennetzes. Daher dringt der motorisierte Straßenverkehr stärker in Gebiete mit hohen Nutzungsansprüchen in Form von Wohnen, Einkaufen, Schulen, Krankenhäusern, Altenheimen etc. ein. In dieser Hinsicht besteht besonders in Montpellier noch planerischer Handlungsbedarf zur räumlichen Verlagerung von Verkehr und Förderung flächenhaft verkehrsberuhigter Gebiete und Stadtteilzentren.

Luftschadstoffimmissionen

Ergänzend zur Emission von Luftschadstoffen wird an dieser Stelle auf die Immissionen eingegangen. Dies erfolgt auf der Basis von ***Meßergebnissen***:

- Meßgesellschaften: AMPADI (Montpellier), UMEG (Heidelberg)
- Bezugsjahr: 1995
- Art der Messungen: Punktmessungen, kontinuierlich arbeitende Vielkomponenten-Dauerstationen.

Detaillierte Informationen zu den Messungen sind den Veröffentlichungen AMPADI 1996a und UMEG 1996 zu entnehmen. Die Art der Messungen ist geeignet, um ***Repräsentativaussagen zur Luftqualität*** zuzulassen. Eine kleinräumige Differenzierung der Belastungen innerhalb der Untersuchungsgebiete ist anhand der Daten nur in sehr bedingtem Maß möglich und auch nicht beabsichtigt. Aus diesem Grund wird auf die Auswertung von Luftschadstoffimmissionsmessungen in den Kapiteln zu den einzelnen Stadtteilen verzichtet. Die Verteilung der Luftschadstoffbelastungen in direkter Straßennähe kann anhand der engen Korrelation zwischen Emission und Immission an dem entsprechenden Straßenabschnitt für den Verwendungszweck dieser Arbeit hinreichend genau erschlossen werden (vgl. Abb. 5.1 - 5.14).

Die Untersuchung beschränkt sich auf ***Schadstoffkomponenten***, die direkt oder indirekt vom Straßenverkehr emittiert werden. Zusätzlich zu den, bei den Emissionen erfaßten Komponenten wird der sekundäre Luftschadstoff Ozon (O_3) mit in die Betrachtung einbezogen. Für eine umfassende Darstellung zum Themenkomplex Luftschadstoffimmissionen wird auf Karrasch et al. 1994, S. 45 ff verwiesen.

Die Daten für ***Montpellier*** stammen aus insgesamt vier Meßstationen, wobei drei die Hintergrundbelastung und eine die Belastung in direkter Straßennähe messen. ***Mermoz*** ist eine Station zur Messung der Hintergrundbelastung im Osten der Stadt. Durch die Lage unweit einer der befahrensten Straßen der Stadt (Av. Jean Mermoz, 2e couronne) ist jedoch ein deutlicher Verkehrsbezug zu erwarten. Die Hintergrundstation ***Chaptal*** liegt im quartier Centre Historique - Les Arceaux, nahe der Av. de Lodève westlich der Altstadt. Die innenstadtfernere Belastung in einem gemischten Wohnviertel wird durch die Station ***Cévennes*** repräsentiert, die im gleichnamigen quartier im Nordwesten der Stadt liegt. Die Station hat, außer beim 98%-Wert der Ozonkonzentration immer die niedrigsten Meßergebnisse vorzuweisen. ***St-Denis*** liegt als straßennahe Meßstation am südlichen Rand der Innenstadt, im Kreuzungsbereich der 2e couronne (Blvd. de Strasbourg - Cours Gambetta) mit der Südwest-Nordost-Achse Av. Georges Clemenceau - Tunnel de la Comédie (vgl. Karte 5.1).

Für ***Heidelberg*** stehen lediglich Daten einer kontinuierlich messenden Vielkomponentenstation zur Verfügung. Die Station ***Berlinerstraße*** liegt im Stadtteil Neuenheim, an der westlichen der beiden großen Ausfallstraßen Richtung Norden, gegenüber der Einmündung der Straße Im Neuenheimer Feld (vgl. Karte 5.2). Bei der Interpretation der Immissionswerte ist zu beachten, daß der Standort durch die östlich angrenzende Freifläche Langgewann für eine straßennahe Meßstation außergewöhnlich gut belüftet ist.

Die Jahresmittelwerte der ***CO-Konzentration*** liegen an den Stationen Montpelliers zwei- bis viermal höher als an der Heidelberger Station. Den höchsten Wert erreicht die Station St-Denis mit 2,8 mg/m^3, hervorgerufen durch die hohe Verkehrsbelastung im Kreuzungsbereich zweier großer Straßen und die schlechte Belüftung aufgrund drei- bis fünfstöckiger, geschlossener Blockrandbebauung. Die 98%-Werte sind für Montpellier nur für die Hintergrundstationen Mermoz und Cévennes angegeben. Mit dem Wert von 2,4 mg/m^3 liegt die Berliner Straße immer noch knapp unter der am geringsten belasteten Station Montpelliers Cévennes und weit unterhalb der Station Mermoz mit 4,5 mg/m^3.

Sowohl in Montpellier, als auch in Heidelberg treten mit Abstand die höchsten CO-Monatsmittelwerte im Winter auf, die geringsten Werte in den Sommermonaten. Der Tages- und Wochengang der Immissionen hängt direkt mit der Verkehrsstärke zusammen, Belastungspeaks treten in Heidelberg insbesondere während der morgendlichen und abendlichen Verkehrsspitzen an Werktagen auf. Für Montpellier liegen für die Tages- und Wochengänge der Luftschadstoffimmissionen keine Daten vor, es ist jedoch mit ähnlichen Verläufen zu rechnen. An der straßennahen Station St-Denis sind 1995 an 11 Tagen Überschreitungen des OMS-Referenzwerts für 8 Stunden (10 mg/m^3) zu verzeichnen, an einem Tag eine Überschreitung des Stundenwerts von 30 mg/m^3. In Heidelberg sind keine Übertretungen von

Grenz- und Richtwerten festzustellen (AMPADI 1996a, S. 34 / 39; UMEG 1996, S. 74; Karrasch et al. 1994, S. 49 ff).

Tab. 5.5: Luftschadstoffimmissionen Montpellier und Heidelberg: Jahresmittelwerte 1995

Stadt	Station	Typ	CO mg/m³	NO_2 µg/m³	HC µg/m³	Benzol µg/m³	SO_2 µg/m³	Staub µg/m³	Pb µg/m³	O_3 µg/m³
Montpellier	Mermoz	Hintergrund	1,8	43			6	46	0,08	43
Montpellier	Chaptal	Hintergrund		46			13			41
Montpellier	Cévennes	Hintergrund	1,4	28						37
Montpellier	St-Denis	Straßennähe	2,8	62					0,14	
Montpellier	Durchschn.	Hintergrund	1,6	40			9			41
Heidelberg	Berliner Str.	Straßennähe	0,7	38	58	2,4	10	48	0,04	42

Montpellier: AMPADI 1996a; Heidelberg: UMEG 1996 (Leerzellen: Keine Angaben)

Tab. 5.6: Luftschadstoffimmissionen Montpellier und Heidelberg: 98%-Werte 1995

Stadt	Station	Typ	CO mg/m³	NO_2 µg/m³	HC µg/m³	Benzol µg/m³	SO_2 µg/m³	Staub µg/m³	Pb µg/m³	O_3 µg/m³
Montpellier	Mermoz	Hintergrund	4,5	94			24	74		102
Montpellier	Chaptal	Hintergrund		101			37			94
Montpellier	Cévennes	Hintergrund	2,7	70						104
Montpellier	St-Denis	Straßennähe		133						
Heidelberg	Berliner Str.	Straßennähe	2,4	84	238	9,4	34	112		153

Montpellier: AMPADI 1996a; Heidelberg: UMEG 1996 (Leerzellen: Keine Angaben)

Weniger groß ist die Streuung der Werte bei den ***NO_2-Belastungen***. Mit einem Jahresmittel von 38 µg/m³ liegt der Wert Heidelbergs um nur 2 µg/m³ unter der durschnittlichen Hintergrundbelastung Montpelliers. Die straßennahe Station St-Denis liegt mit 62 µg/m³ allerdings deutlich höher. Auch beim 98%-Wert liegt die Berliner Straße mit 84 µg/m³ im Bereich der Hintergrundstationen Montpelliers (70 - 101 µg/m³), St-Denis liegt bei 133 µg/m³. Bei den NO_2-Immissionen ist der Jahresgang in beiden Städten nur sehr wenig ausgeprägt. Die Belastung im Winterhalbjahr ist nur wenig höher als im Sommerhalbjahr, auch im Sommer treten bedeutende peaks auf. Auch der NO_2-Tages- und Wochengang in Heidelberg zeigt nur geringe Maxima zu verkehrsstarken Zeiten. An den Meßstationen Montpelliers werden, mit einer Ausnahme die Grenz- und Leitwerte der EU eingehalten. Die Überschreitung des Leitwerts für das 1-Stunden-Mittel (50 µg/m³) um 7 µg/m³ findet wiederum an der Station St-Denis statt. An der Heidelberger Station werden die Grenz- und Leitwerte nicht überschritten (AMPADI 1996a, S.17; UMEG 1996, S. 74; Karrasch et al. 1994, S. 49 ff).

HC- und Benzolimmissionen sind nur für Heidelberg angegeben, der Jahresmittelwert beläuft sich auf 58 µg/m³ für die Summe der Kohlenwasserstoffe (ohne Methan), auf 2,4 µg/m³ für Benzol. Die 98%-Werte liegen bei 238 µg/m³ und 9,4 µg/m³. Der BImSchV-Prüfwert für Benzol (1995: Jahresmittelwert 15 µg/m³) wird an der Heidelberger Station mit 3,7 µg/m³ deutlich unterschritten, der LAI-Beurteilungsmaßstab (Jahresmittelwert 2,5 µg/m³) dagegen nicht erfüllt (UMEG 1996, S. 29 / 108 ff).

Bei den ***SO$_2$-Immissionen*** liegt Chaptal sowohl beim Jahresmittelwert, als auch beim 98%-Wert deutlich über der Station Mermoz. Mit einem Jahresmittel von 10 µg/m^3 und einem 98%-Wert von 34 µg/m^3 liegt die Berliner Straße jeweils zwischen den zwei Angaben für Montpellier. Da die SO_2-Immissionen neben dem Lkw-Verkehr stark von Kraftwerken, Industrie und Hausbrand abhängen, ist in diesem Fall eine Beeinflussung durch nicht-verkehrlichen Schadstoffausstoß anzunehmen. Deshalb läßt sich für die SO_2-Immissionen in beiden Untersuchungsstädten ein Jahresgang mit deutlich geringeren Meßwerten im Sommer als im Winter feststellen. Die EU-Beschränkungen werden, wie auch alle anderen gängigen Grenz-, Leit- und Richtwerte an den Stationen Montpelliers und Heidelbergs eingehalten (AMPADI 1996a, S.29; UMEG 1996, S. 46 ff).

Die ***Schwebstaubbelastung*** (Tab. 5.5 / 5.6: Staub) liegt im Jahresmittel an der Hintergrundstation Mermoz mit 46 µg/m^3 um nur 2 µg/m^3 niedriger als an der straßennahen Heidelberger Station, der 98%-Wert liegt mit 74 µg/m^3 allerdings erheblich unter den 112 µg/m^3 in Heidelberg. Mit dem vorhandenen Datenmaterial sind weder für Montpellier noch für Heidelberg eindeutige Jahres-, Wochen- und Tagesgänge der Schwebstaubbelastung auszumachen. Die EU-Grenz- und Richtwerte und die Werte anderer üblicher Regelwerke werden an den Meßstationen sicher eingehalten (AMPADI 1996a, S.35; UMEG 1996, S. 91 ff).

Die ***Bleibelastung*** an der Hintergrundstation Montpellier-Mermoz hat einen Jahresmittelwert von 0,08 µg/m^3, die straßennahen Stationen St-Denis und Berliner Straße 0,14 µg/m^3 und 0,04 µg/m^3. Der Jahresgang der Bleiimmissionen zeigt im Winterhalbjahr leicht erhöhte Werte im Vergleich zum Sommer. Der EU-Grenzwert von 2 µg/m^3 wird an allen Meßpunkten ganz deutlich unterschritten. Die Bleibelastung durch den Straßenverkehr hat in den letzten Jahren sowohl in Deutschland, als auch in Frankreich stetig abgenommen und dürfte heute unter den gemessenen Werten von 1995 liegen. Grund dafür ist die Verminderung des Bleigehalts in den Kraftstoffen, beziehungsweise die Abschaffung des verbleiten Benzins (AMPADI 1996a, S.33; UMEG 1996, S. 91 ff).

Ozon wird aufgrund seiner Schadwirkung für Mensch und Vegetation und seiner Funktion als Leitkomponente für den photochemischen Sommersmog herangezogen. Die Jahresmittelwerte dieses sekundären Luftschadstoffs liegen bei allen Stationen (keine Angaben für St-Denis) dicht gestreut um die 40 µg/m^3. Beim 98%-Wert überragt die Heidelberger Station mit 153 µg/m^3 die Stationen Montpelliers (94 - 104 µg/m^3) deutlich. In beiden Untersuchungsräumen sind klare Jahresgänge festzustellen: Die Entstehung von O_3 durch photochemische Prozesse bedingt einen Anstieg der Belastung mit der Strahlungsintensität der Sonne und führt zu deutlichen peaks in den Sommermonaten. Dies zeigt sich auch im Verlauf der Monatsmittelwerte (vgl. Abb. 5.15). Der Mittelwert der Sommermonate Mai bis September beträgt für die Stationen Montpelliers 52 µg/m^3, für die Heidelberger Station Berliner Straße 63 µg/m^3. Die gleiche Ursache führt zu ausgeprägten Tagesgängen, wobei die Maxima mit zeitlicher Verschiebung zwischen 14.00 und 17.00 auftreten. Der höchste im Jahr 1995 in Montpellier gemessene Stundenmittelwert liegt bei 152 µg/m^3, der höchste Tagesmittelwert

einen Luftschadstoff handelt, der Mensch und Umwelt in beiden Untersuchungsstädten stark beeinträchtigt. Die Belastungen in Heidelberg liegen deutlich über denen in Montpellier.

Abb. 5.15: Ozonsituation im Sommer 1995 in Montpellier und Heidelberg

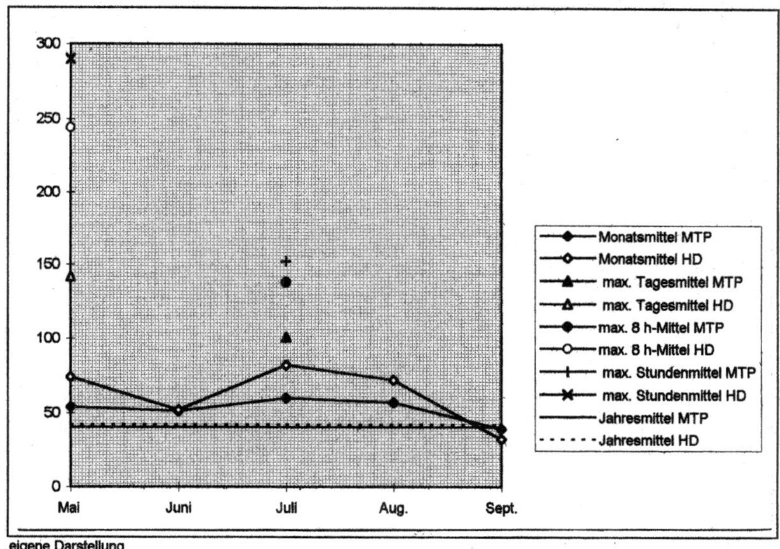

eigene Darstellung

Überschreitungen von Grenz-, Leit- oder Richtwerten für die Ozonbelastung im Jahr 1995 (AMPADI 1996b; UMEG 1996, S. 75 ff; eigene Auswertungen):

- EU-Schwellenwert für den Schutz der Vegetation: Mittelwert 65 $\mu g/m^3$ während 24 Stunden: Montpellier 58 mal, Heidelberg 59 mal
- Schwellenwert für den Gesundheitsschutz: Mittelwert 110 $\mu g/m^3$ während 8 Stunden: Montpellier 15 Tage, Heidelberg 53 Tage
- Schwellenwert für die Unterrichtung der Bevölkerung: Mittelwert 180 $\mu g/m^3$ während 1 Stunde: Montpellier keine Überschreitung, Heidelberg 11 Tage
- Schwellenwert für den Schutz der Vegetation: Mittelwert 200 $\mu g/m^3$ während 1 Stunde: Montpellier keine Überschreitung, Heidelberg 4 Tage
- Schwellenwert: Mittelwert 240 $\mu g/m^3$ während 1 Stunde: Montpellier keine Überschreitung, Heidelberg 1 Tag
- Schwellenwert für die Auslösung des Warnsystems: Mittelwert 360 $\mu g/m^3$ während 1 Stunde: Keine Überschreitungen.

Neben dem Vorhandensein der Vorläufersubstanzen für die Entstehung (vor allem NO_x, VOC) sind folgende Faktoren für die Höhe der Ozonkonzentrationen ausschlaggebend:

- Schwellenwert für die Auslösung des Warnsystems: Mittelwert 360 µg/m^3 während 1 Stunde: Keine Überschreitungen.

Neben dem Vorhandensein der Vorläufersubstanzen für die Entstehung (vor allem NO_x, VOC) sind folgende Faktoren für die Höhe der Ozonkonzentrationen ausschlaggebend:

- Energieinput durch Sonneneinstrahlung: Globalstrahlung, Lufttemperatur
- Einfluß horizontaler und vertikaler Luftströmungen
- Scavenging-Effekt: Ozonabbauprozeß durch Oxidation von NO zu NO_2.

Die großen Unterschiede bei den gemessenen sommerlichen Ozonimmissionen Montpelliers und Heidelbergs können, bei vergleichbar hohen anthropogenen Emissionen von Vorläufersubstanzen, auf naturräumliche Faktoren zurückgeführt werden. Zusätzlich beeinflussen die Standorte der Meßstationen die Ergebnisse in bedeutendem Maße.

Die Topographie Heidelbergs bedingt ein häufiges Auftreten von nächtlichen, tiefliegenden Temperaturinversionen mit dem Resultat eines deutlichen Konzentrationsanstiegs primärer Luftverunreinigungen. Dieser Reservoir-Effekt führt zu einem sehr schnellen Anstieg der Ozonwerte im Laufe des folgenden Tages (Winkler 1998, S. 81 / 120 / 151).

Hohe Ozonkonzentrationen werden in Heidelberg häufig bei Wetterlagen mit leichtem Ostwind gemessen. Die Meßstation ist von Osten her frei anströmbar, damit ist eine Beeinflussung durch allochton gebildetes Ozon aus den nahegelegenen 'Reinluftgebieten' des Odenwalds möglich. Biogene VOC-Emissionen (Isopren, Terpene) können im Bereich großer Waldgebiete ähnlich hohe Werte erreichen wie die anthropogenen Emissionen. Die Meßstation Berliner Straße liegt östlich der stark befahrenen Verkehrsachse am Rand der ausgedehnten Grünfläche 'Langgewann'. Bei Ostwind ist daher an der Meßstation zusätzlich mit stark vermindertem Scavenging-Effekt zu rechnen, was zu höheren Meßwerten führen kann als an anderen straßenverkehrsbeeinflußten Standorten (Winkler 1998, S. 81 / 120 / 151; eigene Bearbeitung).

Zu den Meßergebnissen ist außerdem anzumerken, daß der Sommer 1995 in Heidelberg eine ungewöhnlich lange Schönwetterperiode mit sich gebracht hat und damit auch die höchsten bisher festgestellten Ozonwerte an der Heidelberger Meßstation überhaupt (Winkler 1998, S. 81 / 120 / 151).

Das Stadtgebiet Montpelliers wird dagegen tagsüber durch den Seewind aus Richtung Süden von wenig belasteter Luft angeströmt, was zu vergleichsweise geringen Ozonbelastungen an den Meßstationen beiträgt. Die topographische Lage und das Lokalklima machen das Auftreten von Temperaturinversionen sehr viel seltener als in Heidelberg. Die Problematik hoher Ozonbelastungen wird durch die lokale Windsituation ins Hinterland verlagert. Eine der Autobahn A9 ins Hinterland, andererseits ist dort der Scavenging-Effekt stark abgeschwächt. Die Stationen im Stadtgebiet zeigen einen nächtlichen Anstieg der Ozonwerte, der auf die Umkehr der Windrichtung und den Rücktransport des sekundären Luftschadstoffs zurückzuführen ist (Abb. 5.16) (AMPADI 1996a, S.23 ff; AMPADI 1996b, S.5 / Annexe 5).

Abb. 5.16: Tagesgang der Ozonbelastung vom 29. Juni 1995

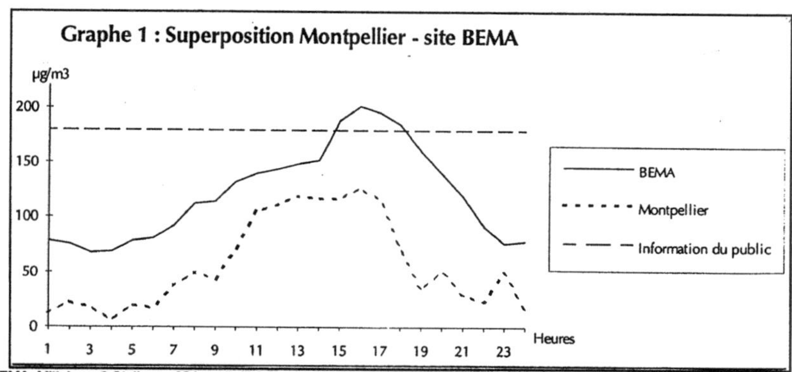

BEMA: Mittel aus 2 Stationen 20 km nördlich von Montpellier (Garrigue / Wald)
Montpellier: Mittel aus 3 innerstädtischen Stationen
AMPADI 1996a, S. 24

Neben der höheren Ozonbelastung am Rand der Ballungsräume und an ländlichen Meßstationen in Baden-Württemberg ist interessanterweise in Heidelberg eine weitere Parallele zur Situation in Montpellier festzustellen: "Erwähnenswert bleibt, daß es in den Nächten nach einem Absinken der Ozonkonzentration wieder zu einem schwachen Anstieg kommen kann [...]. Dies ist offenbar ein lokalklimatischer Effekt, der mit der Präsenz des Neckartälers [Anm: Neckartal-Abwind] erklärt werden könnte..." (Karrasch et al. 1994, S. 58; vgl. Burst 1997, S. 353; Winkler 1998, S. 83).

5.1.2.2 Lärm

Die Untersuchungsergebnisse für das Bewertungsfeld Lärm zeigen deutlich, daß die ***Schallimmissionen*** sowohl in Montpellier als auch in Heidelberg zu den wichtigsten Belastungsfaktoren für Anwohner und Straßenumfeldnutzer zählen. Der Beurteilungspegel in 10 Metern Entfernung von der Schallquelle liegt tags (L_r10T) bei den untersuchten Hauptverkehrsstraßen Montpelliers zwischen 68 und 78,5 dB(A), in Heidelberg sogar bis 78,8 dB(A), nachts jeweils ca. 8 dB(A) niedriger.

Unter Einbeziehung der Anspruchsniveaus der Seitenraumnutzungen führen die Berechnungsergebnisse in allen Fällen, sowohl tags (6.00 - 22.00) als auch nachts (22.00 - 6.00) zu einer Überschreitung der Immissionsgrenzwerte. Besonders hohe ***Überschreitungen der Grenzwerte*** finden sich in beiden Städten an Straßenabschnitten mit Wohnbebauung oder anderen lärmempfindlichen Nutzungen wie Schulen, Krankenhäusern etc. Hohe Verkehrsstärken, Lkw-

Unter Einbeziehung der Anspruchsniveaus der Seitenraumnutzungen führen die Berechnungsergebnisse in allen Fällen, sowohl tags (6.00 - 22.00) als auch nachts (22.00 - 6.00) zu einer Überschreitung der Immissionsgrenzwerte. Besonders hohe ***Überschreitungen der Grenzwerte*** finden sich in beiden Städten an Straßenabschnitten mit Wohnbebauung oder anderen lärmempfindlichen Nutzungen wie Schulen, Krankenhäusern etc. Hohe Verkehrsstärken, Lkw-Anteile und Fahrgeschwindigkeiten führen in beiden Städten zu stark belastenden Schallimmissionen. Die Grenzwertüberschreitungen an den HVS liegen bei beiden Städten auf sehr ähnlichem Niveau, in Heidelberg sind sie geringfügig höher als in Montpellier (vgl. Abb. 5.18 und 5.20). Wie auch bei den Luftschadstoffemissionen liegt ein Grund dafür in der stärkeren Kanalisierung des Straßenverkehrs auf wenige, stark befahrene Achsen im Stadtgebiet Heidelbergs (vgl. Abschnitt 'Gesamtbetrachtung der Luftschadstoffemissionen'; Abb. 5.17 und 5.19). Des weiteren können Ungenauigkeiten bei der Berechnung der Lärmimmissionen an den HVS Montpelliers, die auf Basis eines durchschnittlichen Lkw-Anteils bestimmt wurden zu den oben genannten Unterschieden beitragen.

Um eine Vergleichbarkeit der Untersuchungsergebnisse zu gewährleisten wird das deutsche RLS 90-Verfahren und die Bewertung nach der deutschen 16. BImSchV auf beide Städte angewandt. Die Lärmpegel für die Stadt Montpellier sind selbst errechnet. Diejenigen für Heidelberg wurden von Mitarbeitern der 'Arbeitsgruppe Siedlungsökologie' am Geographischen Institut der Universität Heidelberg erhoben und den Strukturen entsprechend angepaßt. Die ***Ergebnisse*** sind Abb. 5.18 und 5.20 sowie Tab. 5.7 zu entnehmen.

Die Grenzwerte für nächtliche Lärmbelastung sind 10 dB(A) niedriger angesetzt als diejenigen für tags. Da die berechneten Lärmimmissionen nachts im Durchschnitt nur ca. 8 db(A) unter den Tageswerten liegen, folgt daraus eine um ca. 2 dB(A) höhere Grenzwertüberschreitung als am Tag. Einen Überblick über die Grenzwertüberschreitungen gibt Tab. 5.7.

Tab. 5.7: Lärmimmissionen: Anzahl der untersuchten Straßen mit Grenzwertüberschreitungen

dB(A)		**Tag**				**Nacht**			
Grenzwert-überschreitung		**Montpellier**		**Heidelberg**		**Montpellier**		**Heidelberg**	
>= 15	**(- -)**	7	24,1%	5	25,0%	13	44,8%	10	50,0%
10 - 14,9	**(- -)**	9	31,0%	12	60,0%	8	27,6%	8	40,0%
5 - 9,9	**(-)**	10	34,5%	3	15,0%	6	20,7%	2	10,0%
0 - 4,9	**(o)**	3	10,3%	0	0,0%	2	6,9%	0	0,0%
Summe		*29*	*100%*	*20*	*100%*	*29*	*100%*	*20*	*100%*

eigene Berechnungen

Über die Hälfte der untersuchten Straßen Montpelliers haben mindestens 10 dB(A) ***Grenzwertüberschreitung*** am Tag, dem stehen über 4/5 der Heidelberger Straßenabschnitte gegenüber. Jede dritte untersuchte HVS Montpelliers weist tags zwischen 5 und 10 dB(A) Grenzwertüberschreitung auf, in Heidelberg ein halb so hoher Anteil. In Montpellier hat jede zehnte untersuchte Straße nur geringe Überschreitungen von maximal 5 dB(A) tags, in Heidelberg gar keiner.

Abb. 5.17 : HVS Montpellier: Verkehrsaufkommen tags (6.00 - 22.00) (Pkw / Lkw)

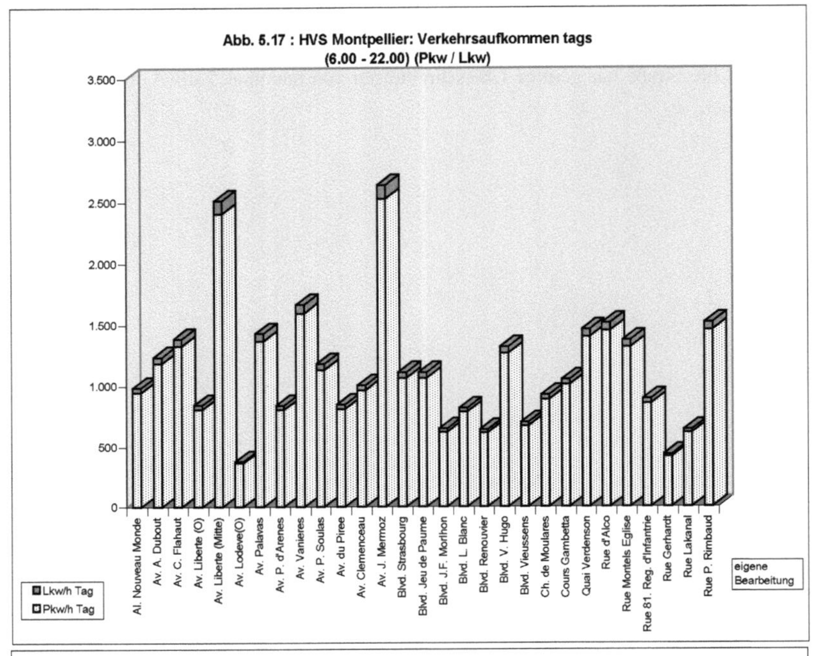

Abb. 5.18 : HVS Montpellier: Lärmgrenzwerte und Grenzwertüberschreitungen tags (Lr10T) (6.00 - 22.00) in dB(A)

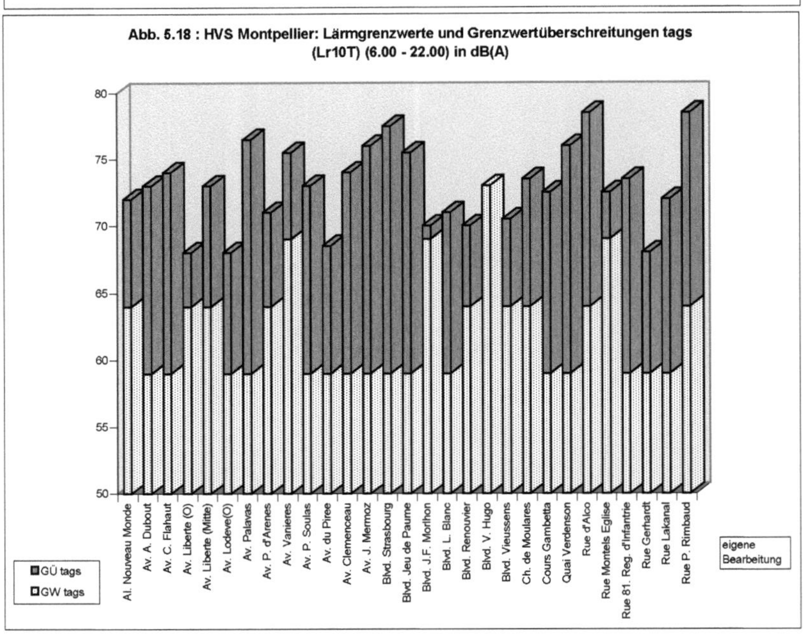

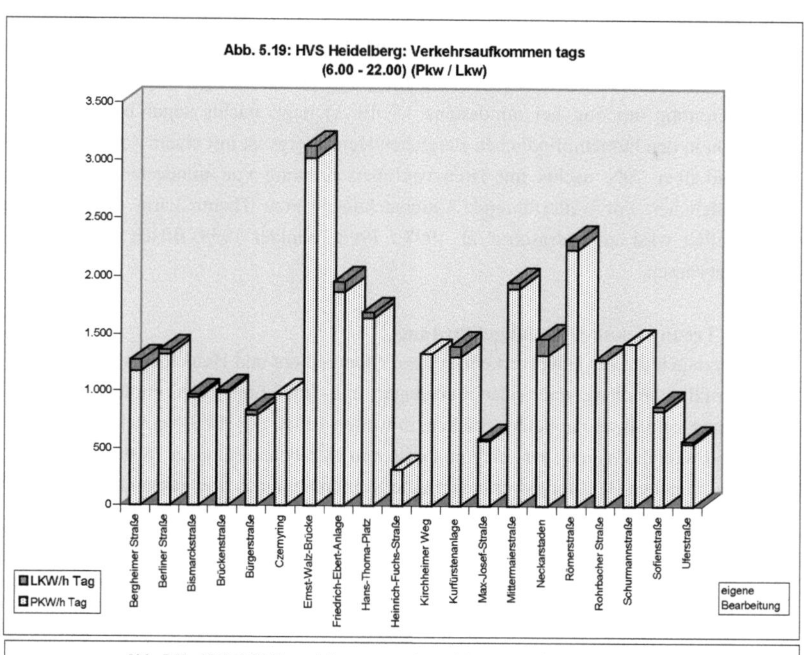
Abb. 5.19: HVS Heidelberg: Verkehrsaufkommen tags
(6.00 - 22.00) (Pkw / Lkw)
3.500
3.000
2.500
2.000
1.500
1.000
500
0
Bergheimer Straße
Berliner Straße
Bismarckstraße
Brückenstraße
Bürgerstraße
Czernyring
Ernst-Walz-Brücke
Friedrich-Ebert-Anlage
Hans-Thoma-Platz
Heinrich-Fuchs-Straße
Kirchheimer Weg
Kurfürstenanlage
Max-Josef-Straße
Mittermaierstraße
Neckarstaden
Römerstraße
Rohrbacher Straße
Schurmannstraße
Sofienstraße
Uferstraße
LKW/h Tag
PKW/h Tag
eigene Bearbeitung

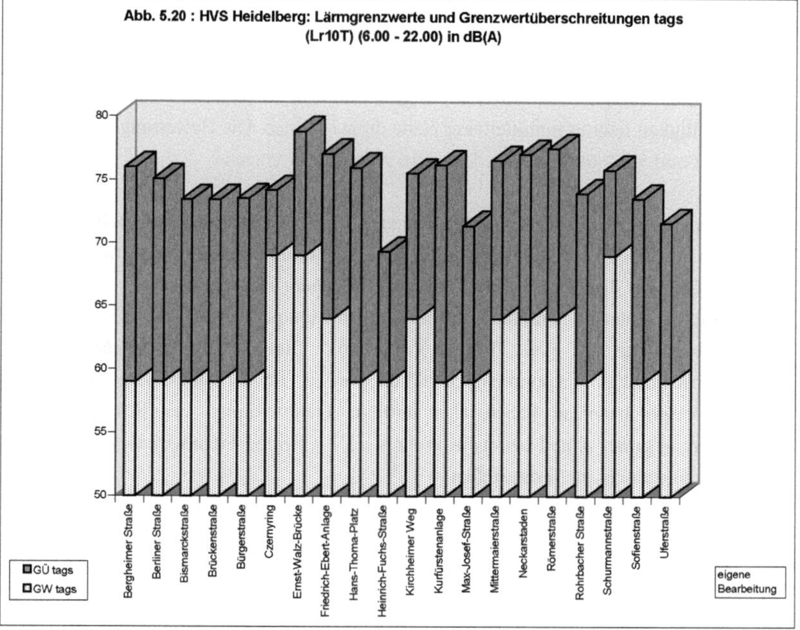
Abb. 5.20 : HVS Heidelberg: Lärmgrenzwerte und Grenzwertüberschreitungen tags
(Lr10T) (6.00 - 22.00) in dB(A)
80
75
70
65
60
55
50
Bergheimer Straße
Berliner Straße
Bismarckstraße
Brückenstraße
Bürgerstraße
Czernyring
Ernst-Walz-Brücke
Friedrich-Ebert-Anlage
Hans-Thoma-Platz
Heinrich-Fuchs-Straße
Kirchheimer Weg
Kurfürstenanlage
Max-Josef-Straße
Mittermaierstraße
Neckarstaden
Römerstraße
Rohrbacher Straße
Schurmannstraße
Sofienstraße
Uferstraße
GÜ tags
GW tags
eigene Bearbeitung

Da in beiden Städten an allen Straßen Überschreitungen der entsprechenden Grenzwerte festzustellen sind, bleiben die Bewertungsklassen (+) und (+ +) unbesetzt. Besonders bedenklich ist, daß bei über 40% der HVS Montpelliers mit hohem Anspruchsnivau die Grenzwertüberschreitung am Tag bei mindestens 15 dB(A) liegt, nachts sogar bei über 60%. Die Situation in den lärmempfindlichen Bereichen Heidelbergs ist mit einem Anteil von über 40% tags und über 70% nachts mit Grenzwertüberschreitung von mindestens 15 dB(A) noch unverträglicher. Für weiterführende Untersuchungen zum Thema Lärm in Heidelberg und Montpellier wird auf Karrasch et al. 1997 / 1998, Winkler 1998, Bitsch 1995 und Poelaert 1997 verwiesen.

5.1.2.3 Trennwirkung / Unfallgefährdung

Die Untersuchung der Hauptverkehrsstraßen Montpelliers und Heidelbergs auf Trennwirkung und Unfallgefährdung querender Fußgänger und Radfahrer zeigt eindeutige Ergebnisse: Erwartungsgemäß sind in beiden Städten, in weiten Teilen der HVS-Netze hohe Trennwirkungen und Gefährdungen der nichtmotorisierten Straßenraumnutzer festzustellen. Bedingt werden die hohen Belastungswerte durch die Kombination aus drei Faktoren:

- hohes Verkehrsaufkommen
- breite Fahrbahnquerschnitte
- hohe Fahrgeschwindigkeiten.

DTV-Werte von 8000 Fahrzeugen pro Tag werden auf fast allen großen innerstädtischen Straßen weit überschritten und viele der Straßen haben mehr als zwei Fahrspuren. In der Regel ist die Geschwindigkeit auf 50 km/h begrenzt und die tatsächlich gefahrene Durchschnittsgeschwindigkeit liegt in unmittelbarer Nähe dieses Wertes. Die Bewertungsergebnisse sind in Abb. 5.21 und 5.22 sowie in Tab. 5.9 - 5.16 zusammengetragen.

Die Trennwirkung übt bei allen untersuchten Hauptverkehrsstraßen Montpelliers und Heidelbergs bedeutende Belastungen auf die nichtmotorisierten Straßenraumnutzer aus. Insbesondere gilt dies für Straßenabschnitte mit ***hohem Anspruchsniveau***. Das trifft auf gut die Hälfte der untersuchten Hauptverkehrsstraßen Montpelliers und auf 2/3 der untersuchten HVS Heidelbergs zu (vgl. Tab. 5.9 - 5.16). Die ***Bewertungsergebnisse*** für diese Straßenabschnitte sind besonders bedenklich: Nur ca. 1/5 der Straßenzüge Montpelliers mit hohem Anspruchsniveau haben eine mittlere Trennwirkung, der Rest eine hohe, bei Heidelberg liegt der Anteil bei etwas mehr als 1/4. Geringe Trennwirkungen sind an keinem dieser Straßenabschnitte festzustellen.

Eine dem Anspruchsniveau entsprechende Anzahl ***Überquerungshilfen*** steht in Montpellier nur bei etwas mehr als 1/4 der untersuchten Straßenzüge zur Verfügung, in Heidelberg bei etwas mehr als 1/3. In Montpellier erreichen immerhin knapp 2/3 der Straßen mit guter Ausstattung an Überquerungshilfen eine mittlere Trennwirkung, in Heidelberg deutlich weniger als die Hälfte. Im Vergleich mit der Gesamtheit der untersuchten Abschnitte zeigen diese Werte dennoch, daß eine gute Ausstattung mit Überquerungshilfen das Niveau deutlich hebt.

Am günstigsten schneiden die Straßenabschnitte ab, die neben einer guter Ausstattung an Überquerungshilfen eine geringe ***Anzahl an Fahrstreifen*** oder einen begehbaren Mittelstreifen haben. Die Fahrgeschwindigkeit hat bei sehr stark befahrenen Straßen nur einen geringen Einfluß auf die Bewertung der Trennwirkung.

Sowohl in Montpellier, als auch in Heidelberg hat nur einer von 16, beziehungsweise 15 untersuchten Straßenabschnitten mit ***hohem Anspruchsniveau*** eine geringe ***Unfallgefährdung***. In Montpellier fällt knapp jeder Fünfte in die Kategorie mittlere Unfallgefährdung, in Heidelberg ist dieser Anteil doppelt so groß.

Wesentlich besser zeigt sich die Situation auf den Straßen mit ***Geschwindigkeitsbegrenzung auf 30 km/h***: In Montpellier betrifft dies nur einen Straßenabschnitt, dieser ist mit mittlerer Unfallgefährdung bewertet. In Heidelberg fällt eine von sieben untersuchten Tempo-30-Straßen in die Klasse geringe, weitere fünf in die Klasse mittlere und nur eine in die Klasse hohe Unfallgefährdung. Die Bedeutung zeigt sich im Vergleich mit der Gesamtzahl der untersuchten HVS: In Montpellier hat nur ein Straßenabschnitt von 29 geringe, 1/5 mittlere und 3/4 hohe Unfallgefährdung, in Heidelberg hat ein Straßenabschnitt von 23 geringe, 2/5 mittlere und knapp 3/5 hohe Unfallgefährdung.

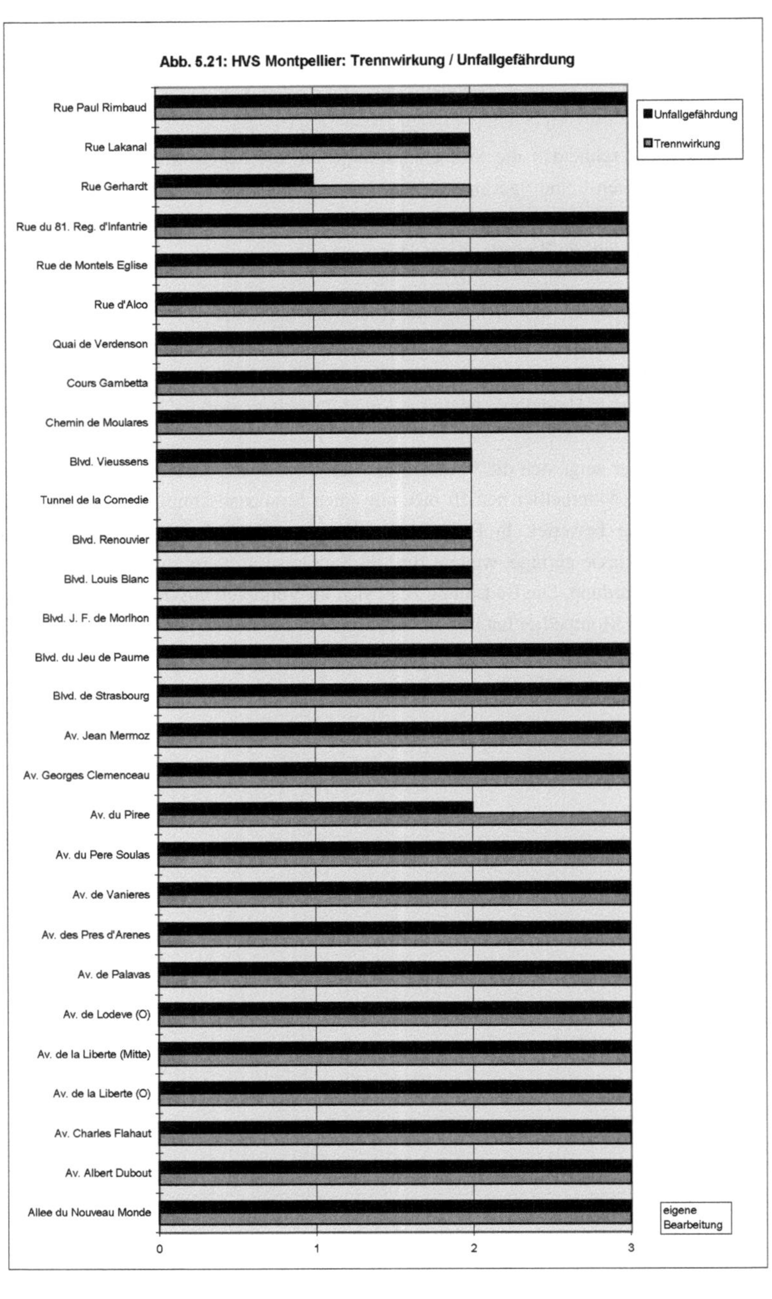
Abb. 5.21: HVS Montpellier: Trennwirkung / Unfallgefährdung
Rue Paul Rimbaud
Rue Lakanal
Rue Gerhardt
Rue du 81. Reg. d'Infantrie
Rue de Montels Eglise
Rue d'Alco
Quai de Verdenson
Cours Gambetta
Chemin de Moulares
Blvd. Vieussens
Tunnel de la Comedie
Blvd. Renouvier
Blvd. Louis Blanc
Blvd. J. F. de Morlhon
Blvd. du Jeu de Paume
Blvd. de Strasbourg
Av. Jean Mermoz
Av. Georges Clemenceau
Av. du Piree
Av. du Pere Soulas
Av. de Vanieres
Av. des Pres d'Arenes
Av. de Palavas
Av. de Lodeve (O)
Av. de la Liberte (Mitte)
Av. de la Liberte (O)
Av. Charles Flahaut
Av. Albert Dubout
Allee du Nouveau Monde
0
1
2
3
Unfallgefährdung
Trennwirkung
eigene Bearbeitung

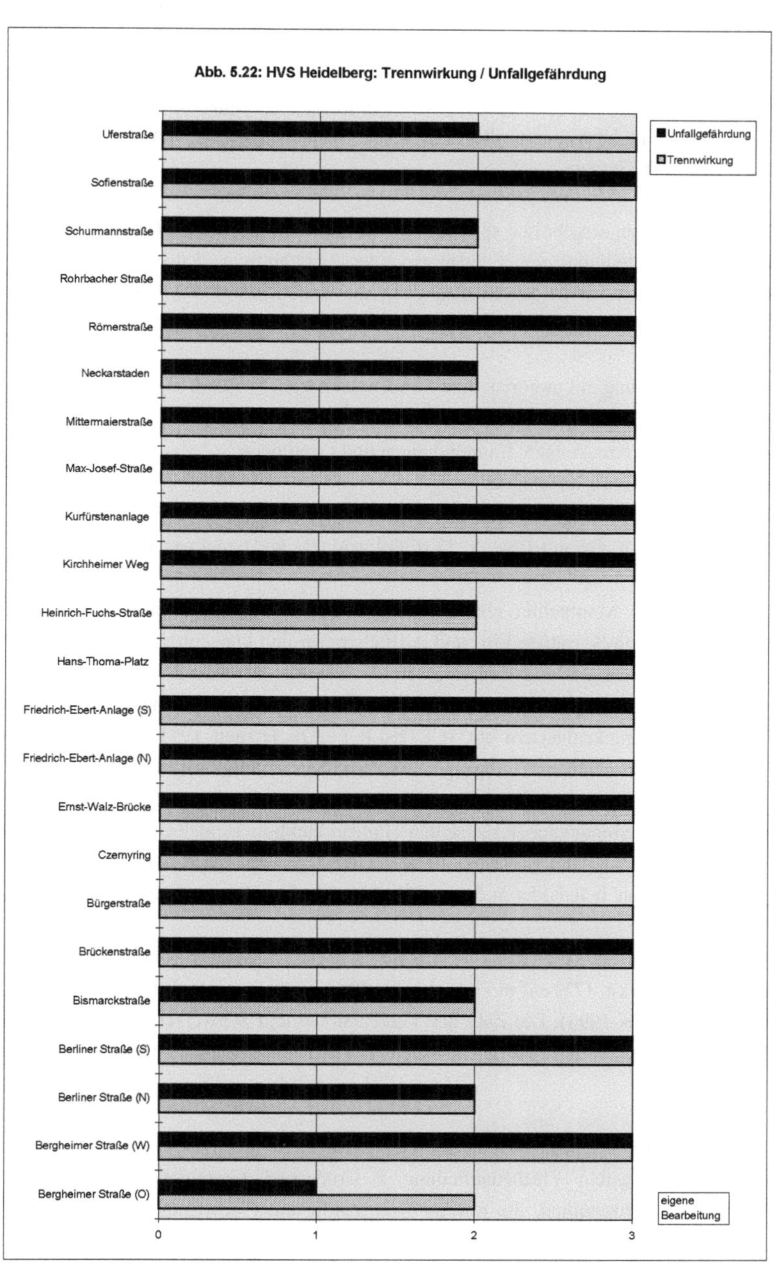

Abb. 5.22: HVS Heidelberg: Trennwirkung / Unfallgefährdung
Uferstraße
Sofienstraße
Schurmannstraße
Rohrbacher Straße
Römerstraße
Neckarstaden
Mittermaierstraße
Max-Josef-Straße
Kurfürstenanlage
Kirchheimer Weg
Heinrich-Fuchs-Straße
Hans-Thoma-Platz
Friedrich-Ebert-Anlage (S)
Friedrich-Ebert-Anlage (N)
Ernst-Walz-Brücke
Czernyring
Bürgerstraße
Brückenstraße
Bismarckstraße
Berliner Straße (S)
Berliner Straße (N)
Bergheimer Straße (W)
Bergheimer Straße (O)
0
1
2
3
Unfallgefährdung
Trennwirkung
eigene Bearbeitung

Die ***geringsten Belastungswerte*** treten auf, wenn zu dem Tempolimit von 30 km/h ein DTV-Wert von unter 8000 Kfz / Tag und/oder eine geringe Fahrbahnbreite hinzu kommen. Aus dem Blickwinkel der Unfallgefährdung erscheint es daher sinnvoll, ausgewählte Hauptverkehrsstraßen in die Planung von Tempo-30-Regelungen mit einzubeziehen. Für die Ausstattung mit Überquerungshilfen und die Anzahl an Fahrspuren gilt das im Abschnitt 'Trennwirkung' Gesagte.

Die Untersuchungsergebnisse spiegeln im wesentlichen die ***realen Unfallschwerpunkte*** für Unfälle mit Beteiligung von Fußgängern oder Radfahrern in den Städten Montpellier und Heidelberg wider. In beiden Städten zeigt die Lokalisierung der Unfallschwerpunkte mit Fußgänger- und Radfahrerbeteiligung eine Funktion aus

- hoher Belastung mit motorisiertem Straßenverkehr
- hohem Fußgänger- und Fahrradverkehrsaufkommen
- gefährlichen Kreuzungen, Einmündungen und Querungen
- breiten Fahrbahnquerschnitten
- schlecht ausgebauter Fahrrad- und Fußgängerinfrastruktur

(CETE-LR / DDE Hérault 1994, S. 23 ff; Polizeidirektion Heidelberg 1997b).

Auffällig ist in Montpellier eine Konzentration der Fußgänger- und Radfahrerunfälle in Bereichen, wo große radiale Ein- und Ausfallstraßen und konzentrische Ringstraßen Gebiete mit hohem Fußgänger- und Radfahreranteil schneiden: Im Bereich von Stadtteilzentren mit Versorgungsfunktion, von Universitätseinrichtungen und -wohnheimen, Wohngebieten, Schulen und Krankenhäusern etc. (CETE-LR / DDE Hérault 1994, S. 28). Eine deutliche Häufung von Unfällen mit Fußgänger- und Radfahrerbeteiligung ist auch in Heidelberg an Knotenpunkten der großen Verkehrsachsen und viel befahrenen HVS mit bedeutenden Rad- und Fußwegeverbindungen festzustellen (Polizeidirektion Heidelberg 1997b). In der Regel handelt es sich dabei um Bereiche, die in der vorliegenden Arbeit unter die Kategorie 'hohes Anspruchsniveau' fallen oder in direkter Nachbarschaft zu derartigen Gebieten liegen.

Die Gesamtzahl der Straßenverkehrsunfälle ist in beiden Stadtgebieten stetig abnehmend: In Montpellier um ca. 17% auf in vier Jahren (1988 bis 1992), in Heidelberg um ca. 45% in acht Jahren (1988 bis 1996). Die Zahl der Verkehrstoten und Schwerverletzten nimmt in beiden Städten jedoch kaum ab (CETE-LR / DDE Hérault 1994, S. 24; Polizeidirektion Heidelberg 1997a).

5.1.2.4 Flächenaufteilung / Grün und Gestaltung

Das Bewertungsfeld Flächenaufteilung / Grün und Gestaltung setzt sich aus vier Komponenten zusammen, die jeweils eigenständig untersucht und bewertet werden. Zwei Kriterien beschreiben die Problematik der ***Flächennutzungskonkurrenz*** zwischen MIV und anderen Straßenraumnutzern:

• Raumaufteilung • Breite Seitenraum

Zwei weitere Kriterien zeigen den Zustand der ***Durchgrünung des Straßenraums*** auf:

• Abstand der Bäume • Grünvolumen

Die Gesamtbetrachtung der Untersuchungsergebnisse aus diesem Bewertungsfeld gibt Aufschluß über wichtige attraktivitätsbestimmende Faktoren für die Straße als Lebensraum mit Aufenthaltsfunktion. Diese Informationen sind in Abb. 5.23 und 5.24 und Tab. 5.9 - 5.16 zu finden.

Bei genauer Betrachtung überraschen die Unterschiede zwischen den Untersuchungsergebnissen des Kriteriums ***Raumanteil*** und ***Breite Seitenraum*** nicht. Bei den untersuchten Straßenabschnitten handelt es sich durchweg um Hauptverkehrsstraßen. Diese sind in aller Regel von der nutzbaren Straßenbreite her breit angelegt. Die breiten Querschnitte erlauben die Anlage von Fuß- und Radwegen, die den geforderten Mindeststandards an absoluter Breite entsprechen. Das bei der Bewertung der Raumaufteilung entscheidende Verhältnis zwischen der Fahrbahnbreite und der Breite des Seitenraums führt in beiden Städten zu deutlich schlechteren Ergebnissen als die absolute Seitenraumbreite. Im realen Straßenraum äußert sich dies in der Anlage möglichst breiter Fahrspuren bei gerade noch akzeptablen Seitenraumbreiten. Städtebaulich-gestalterische Kriterien fallen demnach sowohl in Montpellier, als auch in Heidelberg in sehr vielen Straßenzügen den hohen Mobilitätsansprüchen zum Opfer.

In Montpellier erreichen 2/3 der Straßenzüge beim Kriterium ***Seitenraumbreite*** die Note gut oder sehr gut, in Heidelberg sind es sogar 3/4. Dennoch fällt in Montpellier fast 1/3 der ***Straßenabschnitte mit hohem Anspruchsniveau*** bei der Bewertung der Seitenraumbreite in die Kategorien ausreichend oder mangelhaft, in Heidelberg ist es nur 1/15. Bei der ***Raumaufteilung*** wird in Montpellier dagegen 1/4 gut oder sehr gut bewertet, in Heidelberg etwas mehr als 1/4. Die Straßen mit hohem Anspruchsniveau geben mit gut der Hälfte in Montpellier, beziehungsweise 1/3 in Heidelberg in den Bereichen mit den Noten ausreichend oder mangelhaft kein besonders gutes Bild ab. Ein Vergleich der absoluten Seitenraumbreite und der Raumaufteilung im Hauptverkehrsstraßennetz der beiden Partnerstädte führt zu der Erkenntnis, daß in Montpellier das Problem der Flächennutzungskonkurrenz in sehr ähnlicher Form besteht wie in Heidelberg. Die Situation für Fußgänger, Radfahrer und sonstige nichtmotorisierte Straßenraumnutzer, sowie der gestalterische Aspekt der Raumaufteilung ist in Heidelberg insgesamt geringfügig besser zu bewerten als in Montpellier.

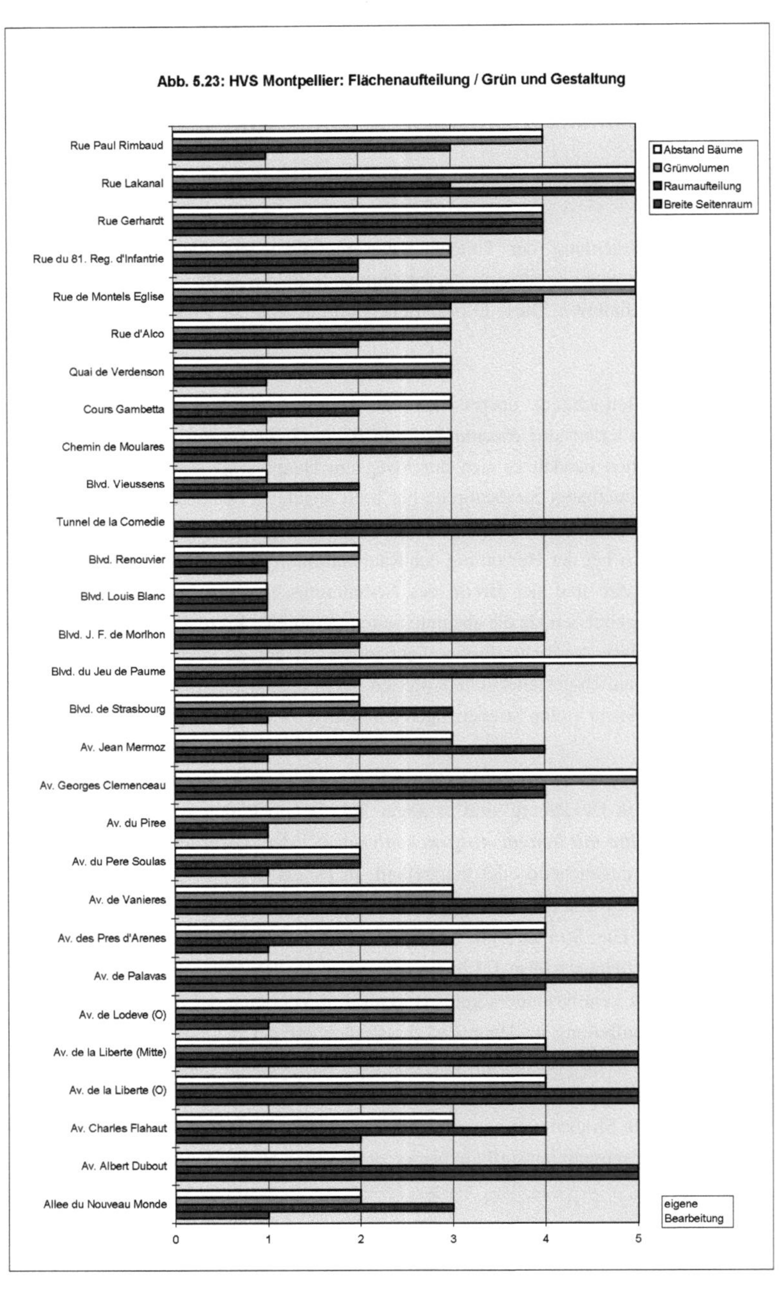
Abb. 5.23: HVS Montpellier: Flächenaufteilung / Grün und Gestaltung
Abstand Bäume
Grünvolumen
Raumaufteilung
Breite Seitenraum
Rue Paul Rimbaud
Rue Lakanal
Rue Gerhardt
Rue du 81. Reg. d'Infantrie
Rue de Montels Eglise
Rue d'Alco
Quai de Verdenson
Cours Gambetta
Chemin de Moulares
Blvd. Vieussens
Tunnel de la Comedie
Blvd. Renouvier
Blvd. Louis Blanc
Blvd. J. F. de Morlhon
Blvd. du Jeu de Paume
Blvd. de Strasbourg
Av. Jean Mermoz
Av. Georges Clemenceau
Av. du Piree
Av. du Pere Soulas
Av. de Vanieres
Av. des Pres d'Arenes
Av. de Palavas
Av. de Lodeve (O)
Av. de la Liberte (Mitte)
Av. de la Liberte (O)
Av. Charles Flahaut
Av. Albert Dubout
Allee du Nouveau Monde
0
1
2
3
4
5
eigene Bearbeitung

Abb. 5.24: HVS Heidelberg: Flächenaufteilung / Grün und Gestaltung

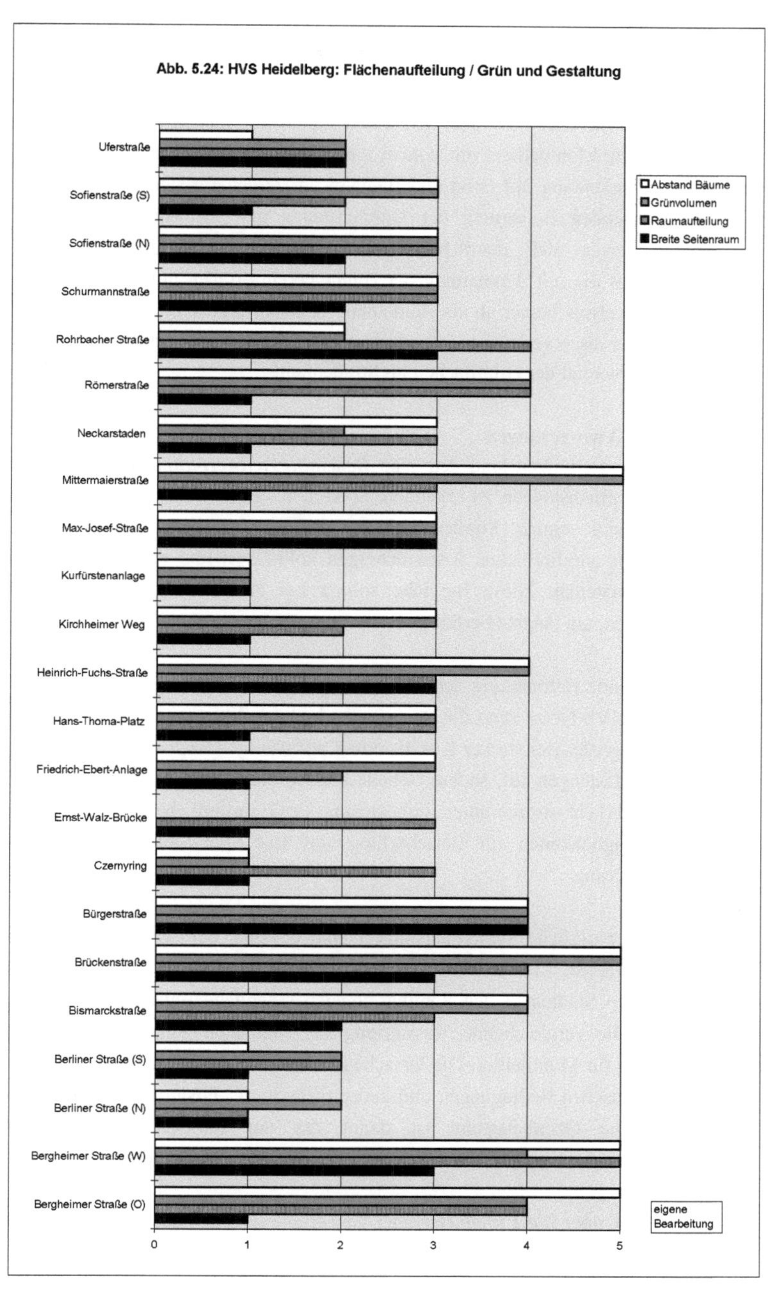

Die Kriterien ***Grünvolumen*** und ***Abstand Bäume*** führen bei den untersuchten HVS in den meisten Fällen zu ähnlichen Ergebnissen. In Montpellier fällt jeweils ein knappes Drittel in die Kategorien gut oder sehr gut, in Heidelberg etwas weniger. Ein knappes Drittel der Straßenabschnitte Montpelliers mit hohem Anspruchsniveau hat nur eine ausreichende oder mangelhafte Ausstattung mit Grün und Bäumen, in Heidelberg sind es sogar 2/5. Auch bei einer vergleichenden Bewertung der Durchgrünung der Straßenräume Montpelliers und Heidelbergs zeigen sich deutliche Parallelen. Bei der Gesamtbetrachtung schneidet Montpellier, was die mit Ausstattung der Hauptverkehrsstraßen mit Straßenbegleitgrün und Bäumen angeht etwas besser ab als Heidelberg. Nicht in die Betrachtung eingehen kann der Faktor der unterirdisch verlegten Versorgungs- und Entsorgungsleitungen, der Einfluß hat auf das mögliche Potential der Grünflächen im Straßenraum.

5.1.3 Fazit der Auswertungen

Anhand der Auswertungen sind deutliche ***Belastungsschwerpunkte*** bei Straßenabschnitten mit hohem Anspruchsniveau zu erkennen. Sowohl für Montpellier als auch für Heidelberg kristallisieren sich einige Straßenabschnitte heraus, bei denen im Ist-Zustand hohe Belastungen mit empfindlichen Randnutzungen kollidieren und damit die 'Hot Spots' der Betrachtung darstellen. Diese Bereiche sollten bei zukünftigen Planungen vordringlich behandelt werden, um längst überfällige Belastungsminderungen einleiten zu können.

Eine vergleichende Betrachtung der streckenspezifischen Belastungen vor dem Hintergrund der jeweiligen HVS-Netze zeigt die Beeinflußbarkeit der Situation durch verkehrs- und stadtplanerische Eingriffe. Bei starker Kanalisierung auf wenige Hauptadern treten entlang dieser Linien hohe Belastungen auf, andere Gebiete können dafür entlastet werden. Bei geschickter Lenkung der Verkehrsströme unter Einbeziehung der Empfindlichkeiten der Randnutzungen bieten sich Möglichkeiten zur Entschärfung von 'Hot Spot'-Situationen durch räumliche Verkehrsverlagerung.

Kompliziertere räumliche Verteilungsmuster sind dagegen bei der Problematik des photochemisch gebildeten Luftschadstoffs ***Ozon*** anzutreffen. Die Immissionskonzentrationen stellen in beiden Städten in den Sommermonaten erhebliche Belastungen für Mensch und Umwelt dar. Die vergleichende Auswertung der Meßdaten zeigt für Heidelberg höhere Belastungen als für Montpellier. Die Ursachen hierfür sind einerseits in den topographischen und lokalklimatischen Bedingungen und andererseits in der Positionierung der Meßstationen zu suchen. Die Ozonbelastung ist damit das am stärksten durch naturräumliche Rahmenbedingungen geprägte Untersuchungskriterium der vorliegenden Arbeit.

Beim ***Überblick über die Ergebnisse*** aller Bewertungskriterien sind auffällige Parallelen zu erkennen: Bei den HVS-Netzen beider Städte ist festzustellen, daß alle Straßenabschnitte mit

- sehr hohen Luftschadstoffemissionen des MIV: Leitkomponente CO > 70 kg/km pro Tag

- sehr hohe Lärmgrenzwertüberschreitungen: > 15 db(A) tags und nachts

aufweisen. Hohe Überschreitungen der Lärmgrenzwerte treten nachts an deutlich mehr Straßenabschnitten auf als tags. Durchgängige Parallelen finden sich auch bei den Straßen mit

- hoher Unfallgefährdung
- hoher Trennwirkung

Die Problembereiche des Bewertungsfelds Flächenaufteilung / Grün und Gestaltung sind dagegen in beiden Untersuchungsräumen unregelmäßig über die Stadtgebiete verteilt (vgl. Tab. 5.9 - 5.16).

5.2 Vergleichende Analyse der Untersuchungsstadtteile

5.2.1 Einleitende Anmerkungen zur vergleichenden Analyse auf Stadtteilebene

Für jeden der sechs Untersuchungsstadtteile wird eine ***Auswahl an Straßenabschnitten*** getroffen, die in charakteristischer Weise die Belastungssituationen in den eng gefaßten räumlichen Rahmen kennzeichnen. Voraussetzung ist, daß für die jeweiligen Straßen Verkehrszählungsdaten und alle weiteren nötigen Grundinformationen vorliegen. Da bei den Verkehrszählungen auf die begrenzte Datenbasis der städtischen Ämter Montpelliers und Heidelbergs zurückgegriffen wurde, kann nicht für alle Stadtteile die gleiche Anzahl an Abschnitten analysiert werden. Neben den Quartierstraßen wird jeweils auf die bereits untersuchten Hauptverkehrsstraßen verwiesen, die für den Verkehr der entsprechenden Stadtteile von Bedeutung sind. Zur vergleichenden Analyse werden drei binationale Stadtteilpaare gebildet:

- Hôpitaux-Facultés - Plan des Quatre Seigneurs & Neuenheim:
  Situation in den ausgelagerten Campusvierteln und direkt angrenzenden Wohngebieten
- Centre Historique - Les Arceaux & Altstadt:
  Situation in den Altstadtkernen mit Einzelhandel, Wohnen und Universität
- St. Martin - Prés d'Arènes & Pfaffengrund:
  Situation innerhalb großer Gewerbegebiete am Stadtrand und in den direkt angrenzenden Wohngebieten.

Auf den Quartierstraßen sind die Umwelteinflüsse des fließenden Verkehrs aufgrund des geringeren Verkehrsaufkommens, Lkw-Anteils und der niedrigeren Fahrgeschwindigkeit in der Regel weniger dominant als bei den HVS. Die Bedeutung geparkter Fahrzeuge nimmt zu, daher werden für die Stadtteile die ***Luftschadstoffemissionen*** des ruhenden Verkehrs in die Betrachtungen mit einbezogen. Die Berechnungen des Luftschadstoffausstoßes für die Nebenstraßen werden anhand des gleichen Verfahrens durchgeführt wie für die HVS, ergänzt durch Startzuschläge und Verdampfungen des ruhenden Verkehrs.

Startzuschläge zu den Luftschadstoffemissionen des fließenden Verkehrs werden auf der Aggregationsebene der Stadtteile bestimmt. Dies erscheint deshalb sinnvoll, weil sich die erhöhten Emissionen bei kaltem Motor über eine Fahrstrecke von 2 - 5 km verteilen und somit nur äußerst schwierig für einzelne Straßenabschnitte quantifiziert werden können. Berechnungsgrundlage ist der werktägliche Quell- und Binnenverkehr der jeweiligen Stadtteile, wobei für jede Pkw-Fahrt ein Startvorgang angenommen wird.

Wie die Startzuschläge werden auch die ***Luftschadstoffemissionen des ruhenden Verkehrs*** auf Stadtteilebene berechnet. Für die Stadtteile beider Untersuchungsstädte liegen genaue Daten zum Ziel- und Binnenverkehr vor, die als Ausgangspunkt für die Anzahl der täglich abgestellten Pkw genommen werden. Die Auswertung von gemessenen Luftschadstoffimmissionen kann aufgrund der begrenzten Zahl an Meßstationen nicht auf Stadtteilebene erfolgen.

Die Vorgehensweise für die Berechnung und Bewertung der ***Lärmimmissionen*** des fließenden Verkehrs entspricht der beim HVS-Netz angewandten. Auf die Berechnung von Parkplatzlärm wird verzichtet, da dieser aufgrund der dekonzentrierten Anlage der Parkplätze entlang der Straßen in keinem der ausgewählten Straßenabschnitte zu bedeutenden Belastungen führt. Dies hat eine leichte Unterschätzung der realen Verkehrslärmsituation zur Folge. Auch für die Bewertungsfelder ***Trennwirkung / Unfallgefährdung*** und ***Flächenaufteilung / Grün und Gestaltung*** gelten die gleichen Vorgehensweisen wie in Kapitel 2 beschrieben und Kapitel 5.1 angewandt.

Die ***graphische Darstellung der Ergebnisse*** erfolgt in direktem Vergleich zu den Entwicklungsmöglichkeiten in Kap. 7.7. Typische Belastungsmuster für Straßentypen sind in Abb. 7.4 - 7.13 dargestellt, eine Zuordnung der untersuchten Straßen zu den jeweiligen Typen ist Tab. 7.55 zu entnehmen.

Tab. 5.9: Montpellier, sonstige HVS: Ist-Zustand

Bewertungstabelle Umfeld- und Umweltverträglichkeit von Stadtverkehr

Straße	Anspruchs-niveau	CO-Emissionen / Tag Pkw (kg/km)	Lärm-Immissionen GÜ tags (db(A))	Lärm-Immissionen GÜ nachts (db(A))	Trenn-wirkung	Unfall-gefährdung	Seitenraum-breite	Raum-aufteilung	Grün-volumen	Baum-bestand
Allee du Nouveau Monde	mittel	49,9	8,0	9,5	(- -)	(- -)	(+ +)	(o)	(+)	(+)
Av. de la Liberte, östl. Abschnitt	mittel	34,6	4,0	5,5	(- -)	(- -)	(- -)	(- -)	(-)	(-)
Av. de la Liberte, mittl. Abschnitt	mittel	103,4	9,0	10,5	(- -)	(- -)	(- -)	(- -)	(-)	(-)
Av. des Pres d'Arenes	mittel	42,4	7,0	8,5	(- -)	(- -)	(+ +)	(o)	(-)	(-)
Av. de Vanieres	gering	87,6	6,5	8,0	(- -)	(- -)	(-)	(- -)	(o)	(o)
Av. du Piree	hoch	51,4	9,5	11,0	(-)	(o)	(+ +)	(+ +)	(+)	(+)
Av. Georges Clemenceau	hoch	50,8	15,0	16,5	(-)	(-)	(-)	(-)	(- -)	(- -)
Av. Jean Mermoz	hoch	133,1	17,0	18,5	(-)	(-)	(+ +)	(-)	(o)	(o)
Blvd. de Strasbourg	hoch	69,5	18,5	19,5	(-)	(-)	(+ +)	(o)	(+)	(+)
Blvd. J. F. de Morlhon	gering	32,7	1,0	2,5	(-)	(-)	(+)	(-)	(+)	(+)
Blvd. Louis Blanc	hoch	41,3	12,0	13,5	(-)	(-)	(+ +)	(+ +)	(+ +)	(+ +)
Blvd. Renouvier	mittel	32,5	6,0	7,5	(-)	(-)	(+ +)	(+ +)	(+)	(+)
Blvd. Vieussens	mittel	35,4	6,5	8,0	(-)	(-)	(+ +)	(+)	(+ +)	(+ +)
Chemin de Moulares	mittel	46,7	9,5	11,0	(- -)	(- -)	(+ +)	(o)	(o)	(o)
Rue d'Alco	mittel	94,8	14,5	15,5	(-)	(-)	(+)	(o)	(o)	(o)
Rue de Montels Eglise	gering	72,3	3,5	4,5	(- -)	(- -)	(o)	(-)	(- -)	(- -)
Rue Gerhardt	hoch	22,1	9,0	10,5	(-)	(o)	(-)	(-)	(-)	(-)

eigene Bearbeitung; GÜ = Grenzwert-Überschreitung

Tab. 5.10: Heidelberg, sonstige HVS: Ist-Zustand

Bewertungstabelle Umfeld- und Umweltverträglichkeit von Stadtverkehr

Straße	Anspruchs-niveau	CO-Emissionen / Tag Pkw (kg/km)	Lärm-Immissionen GÜ tags (db(A))	Lärm-Immissionen GÜ nachts (db(A))	Trenn-wirkung	Unfall-gefährdung	Seitenraum-breite	Raum-aufteilung	Grün-volumen	Baum-bestand
Bürgerstraße	hoch	50,4	14,5	16,1	(-)	(o)	(-)	(-)	(-)	(-)
Czernyring	gering	48,9	5,2	6,9	(- -)	(- -)	(+ +)	(o)	(+ +)	(+ +)
Ernst-Walz-Brücke	gering	130,3	9,8	11,9	(- -)	(- -)	(+ +)	(o)	Brücke	Brücke
Friedrich-Ebert-Anlage	mittel	122,7	13,1	14,8	(-)	(-)	(+ +)	(+)	(o)	(o)
Heinrich-Fuchs-Str.	hoch	19,2	10,3	12,1	(o)	(o)	(o)	(o)	(-)	(-)
Kirchheimer Weg	mittel	67,0	11,5	13,3	(- -)	(- -)	(+ +)	(+)	(o)	(o)
Max-Josef-Straße	hoch	36,6	12,4	14,7	(-)	(o)	(o)	(o)	(o)	(o)
Mittermaierstraße	mittel	100,6	12,5	14,9	(- -)	(- -)	(+ +)	(o)	(- -)	(- -)
Neckarstaden	mittel	70,0	13,1	13,3	(-)	(-)	(+ +)	(o)	(+)	(o)
Römerstraße	mittel	118,7	13,5	15,6	(- -)	(- -)	(+ +)	(-)	(-)	(-)
Rohrbacher Straße	hoch	67,8	15,0	16,8	(-)	(-)	(o)	(-)	(+)	(+)
Schurmannstraße	gering	70,6	6,8	8,6	(-)	(-)	(+)	(o)	(o)	(o)

eigene Bearbeitung; GÜ = Grenzwert-Überschreitung

5.2.2 Hôpitaux Facultés - Plan des Quatre Seigneurs & Neuenheim

5.2.2.1 Luftschadstoffe

Luftschadstoffemissionen des fließenden Verkehrs

Die Höhe der Kohlenmonoxidemissionen auf den ***Zufahrtsstraßen zur Universität*** liegen in Montpellier und in Heidelberg auf dem gleichen Niveau. Aufgrund der Funktion von CO als Leitkomponente für Luftschadstoffe des Straßenverkehrs, lassen diese Ergebnisse auf ähnliche Emissions- als auch Immissionssituationen (in direkter Straßennähe) in den beiden Campusvierteln schließen. Die Av. A. Fiche und Av. E. Diacon einerseits und die westliche Mönchhofstraße und die Straße Im Neuenheimer Feld andererseits, weisen CO-Emissionswerte um die 30 kg/km auf. Ähnliche Parallelen lassen sich auch für die anderen untersuchten Schadstoffkomponenten auf den Straßenabschnitten der Univiertel feststellen:

- NO_x: Jeweils <10 kg/km)
- HC: Jeweils ca. 5 kg/km)
- Benzol: Jeweils ca. 300 g/km
- SO_2: Jeweils 200 - 300 g/km
- Partikel: Jeweils 300 - 400 g/km
- CO_2: Jeweils ca. 2000 kg/km.

Für die Situation im angrenzenden ***Wohngebiet*** liegen für Montpellier keine Verkehrszählungs- und damit auch keine Emissionsdaten vor. In Heidelberg sind die Emissionen auf den Quartierstraßen in Neuenheim-Mitte, dem östlichen Abschnitt der Mönchhofstraße und der Schröderstraße im Bereich unter 20 kg CO pro km anzusiedeln. Für die anderen Schadstoffe gilt ein ähnliches Verhältnis, von mindestens einem Drittel unter den Zufahrtsstraßen des Campusgeländes. Eigene Beobachtungen in Montpellier legen die Vermutung nahe, daß auch dort die Emissionen in den uninahen Wohnvierteln deutlich unter denjenigen der Zufahrtsstraßen liegen. Im Vergleich zu den angrenzenden HVS liegen die Werte in den Univierteln beider Städte wesentlich niedriger. Die berechneten Werte der ***Emissionsfaktoren*** sind für alle Untersuchungsstadtteile Montpelliers und Heidelbergs gültig.

Die Berechnung der ***Startzuschläge*** für die beiden Stadtteile Hôpitaux Facultés - Plan des Quatre Seigneurs und Neuenheim führt zu sehr ähnlichen Werten. Grund dafür ist der tägliche MIV-Quellverkehr und damit die Anzahl der Startvorgänge, die in beiden Untersuchungsräumen mit gut 17.000 fast gleich ist. Die CO-Emissionen belaufen sich auf 344 kg /Tag in Hôpitaux Facultés - Plan des Quatre Seigneurs und auf 357 kg/Tag in Neuenheim. Im Vergleich zu den anderen Untersuchungsstadtteilen sind die Emissionen als hoch einzustufen. Sie werden nur noch vom Heidelberger Stadtteil Altstadt übertroffen. Ähnliche Verhältnisse gelten auch für die weiteren untersuchten Schadstoffe.

Die lockere Bebauung und gute Durchgrünung und Belüftung des Neuenheimer Felds dürfte insgesamt zu einer ***Immissionssituation*** primärer Luftschadstoffe führen, die etwas unter derjenigen von Hôpitaux Facultés liegt. Die Immissionswerte der Station Berliner Straße stützen diese Annahme, eine direkte Vergleichsstation im Univiertel Montpelliers besteht jedoch nicht (vgl. Kap. 5.1.2.1). Bei ungünstiger Windrichtung treten in Neuenheim allerdings erhöhte Immissionswerte durch den Zustrom belasteter Luftmassen aus den östlich gelegenen Stadtteilen auf.

Luftschadstoffemissionen des ruhenden Verkehrs
In Neuenheim liegt der tägliche MIV-Zielverkehr mit über 17.000 Fahrten und Abstellvorgängen genauso hoch wie der Quellverkehr, in Hôpitaux-Facultés mit 15.500 etwas niedriger. Die Summe der HC-Verdampfungsemissionen nach Abstellen der Fahrzeuge und infolge Tankatmung ist aufgrund dessen in Neuenheim mit knapp 60 kg/Tag wenige kg höher als in Hôpitaux-Facultés. Die Gesamtemissionen setzen sich zu gut 40% aus Emissionen nach dem Abstellen und zu knapp 60% aus Emissionen infolge Tankatmung zusammen. Die Unistadtteile finden sich bei den Emissionen des ruhenden Verkehrs in der Mitte der Rangliste wieder, unterboten von den peripheren Gewerbe- und Wohnstandorten, überboten von den Zentrumsstadtteilen. Die oben genannten HC-Verdampfungsemissionen liegen deutlich über den Startzuschlägen in den jeweiligen Stadtteilen mit ca. 45 kg HC/Tag.

5.2.2.2 Lärm

In Hôpitaux Facultés erreichen beide untersuchten Straßen tags ***Lärmimmissionswerte*** von über 70 dB(A) (L_T10T). Es treten sowohl an der Av. A. Fiche, als auch an der Av. E. Diacon hohe Überschreitungen der Grenzwerte auf. Tagsüber liegen diese in unmittelbarer Straßennähe bei 13,5 und 11,0 dB(A), nachts jeweils 1,5 dB(A) höher. Auf den Straßen Neuenheims ist die Situation ein wenig besser, der höchste Wert liegt bei 68,5 dB(A), der niedrigste bei 59,5 dB(A). Von den sechs untersuchten Abschnitten erreichen nur die Straße Im Neuenheimer Feld und die westliche Mönchhofstraße eine Grenzwertüberschreitung von 10 dB(A) tags. Die geringste Überschreitung hat die Schröderstraße mit nur 0,5 dB(A). Für eine zusammenfassende Darstellung der Grenzwertüberschreitungen in allen Untersuchungsstadtteilen und deren Bewertung vgl. Tab. 5.8.

Insgesamt läßt sich feststellen, daß auf fast allen untersuchten Straßenabschnitten Überschreitungen der Grenzwerte auftreten. Lärm ist damit nicht nur an den Hauptverkehrsstraßen der Untersuchungsstädte ein ernst zunehmendes Problem, sondern besonders auch in den Stadtteilen mit empfindlichen Randnutzungen. Es zeigt sich, daß die ***Lärmsituation auf den Stadtteilstraßen*** Heidelbergs weniger gravierend ist, als in Montpellier. Im Gegensatz dazu liegen die Lärmbelastungen an den HVS in Heidelberg höher als in der französischen Partnerstadt. Dies bestätigt die Beobachtung, daß der Straßenverkehr in Heidelberg stärker auf wenige große Achsen kanalisiert wird, an denen hohe Belastungen anzutreffen sind. In Montpellier dagegen verteilt sich die Belastung dispers über die Stadtteile und führt so flächenhaft zu großem Konfliktpotential in den Bereichen empfindlicher Straßenraum- und Randnutzungen.

Die Tabellen 5.39 und 5.40 setzen die Grenzwertüberschreitungen für die Stadtteile Hôpitaux Facultés - Plan des Quatre Seigneurs und Neuenheim in Relation zu den anderen Bewertungsfaktoren.

Tab. 5.8: Lärmimmissionen: Straßen mit Grenzwertüberschreitungen in den Untersuchungsstadtteilen Heidelbergs und Montpelliers

dB(A)		Tag				Nacht			
Grenzwert-überschreitung		Montpellier		Heidelberg		Montpellier		Heidelberg	
		Hop.-Fac.-4 S.		Neuenheim		Hop.-Fac.-4 S.		Neuenheim	
>= 15	(- -)					1	50%		
10 - 14,9	(- -)	2	100%	2	33%	1	50%	2	33%
5 - 9,9	(-)			2	33%			3	50%
0 - 4,9	(o)			2	33%			1	17%
Summe		*2*	*100%*	*6*	*100%*	*2*	*100%*	*6*	*100%*
		C. Hist.-L. Arc.		Altstadt		C. Hist.-L. Arc.		Altstadt	
>= 15	(- -)								
10 - 14,9	(- -)	2	67%	1	50%	2	67%	2	100%
5 - 9,9	(-)	1	33%	1	50%	1	33%		
0 - 4,9	(o)								
Summe		*3*	*100%*	*2*	*100%*	*3*	*100%*	*2*	*100%*
		St. Mart.-P.d'A.		Pfaffengrund		St. Mart.-P.d'A.		Pfaffengrund	
>= 15	(- -)								
10 - 14,9	(- -)					1	50%		
5 - 9,9	(-)	2	100%	2	33%	1	50%	3	50%
0 - 4,9	(o)			2	33%			1	17%
-5 - -0,1	(+)			2	33%			2	33%
Summe		*2*	*100%*	*6*	*100%*	*2*	*100%*	*6*	*100%*
		gesamt		gesamt		gesamt		gesamt	
>= 15	(- -)					1	14%		
10 - 14,9	(- -)	4	57%	3	21%	4	57%	4	29%
5 - 9,9	(-)	3	43%	5	36%	2	29%	6	43%
0 - 4,9	(o)			4	29%			2	14%
-5 - -0,1	(+)			2	14%			2	14%
Summe		*7*	*100%*	*14*	*100%*	*7*	*100%*	*14*	*100%*

eigene Berechnungen

5.2.2.3 Trennwirkung / Unfallgefährdung

Verkehrsbelastungen um die 10.000 Kfz/Tag und eine erlaubte Höchstgeschwindigkeit von 50 km/h führen an den untersuchten Straßen des quartiers ***Hôpitaux Facultés - Plan des Quatre Seigneurs*** zu hohen Trennwirkungen und Unfallgefährdungen. Die Fahrbahnquerschnitte sind dazu relativ breit und der durchschnittliche Abstand der Überquerungshilfen liegt mit 125 Metern knapp über dem empfohlenen Wert von 100 Metern für Gebiete mit hohem Anspruchsniveau.

Im Stadtteil ***Neuenheim*** zeichnet sich ein deutlich positiveres Bild ab. Keine der untersuchten Straßen hat eine hohe Unfallgefährdung, hohe Trennwirkungen haben lediglich 2 der 6 Abschnitte. Die flächendeckende Geschwindigkeitsbegrenzung auf 30 km/h senkt die Unfallgefahren und die Trennwirkung beträchtlich. Hinzu kommen schmalere Fahrbahnquerschnitte mit jeweils nur 2 Fahrspuren. Die, für die entsprechenden Anspruchsniveaus empfohlenen Abstände zwischen den Querungshilfen werden auch hier nicht eingehalten. In verkehrsarmen Tempo-30-Straßen werden dennoch gute Bewertungen erreicht, wie zum Beispiel in der Schröderstraße. In derartigen Fällen kann auf die Forderung nach Überquerungshilfen verzichtet werden. Die Bewertungstabellen 5.39 und 5.40 zeigen die Ergebnisse.

5.2.2.4 Flächenaufteilung / Grün und Gestaltung

Im Hinblick auf die ***Seitenraumbreite und die Raumaufteilung*** geben die untersuchten Straßen von Hôpitaux Facultés - Plan des Quatre Seigneurs ein gutes Bild ab. Die großzügige Anlage läßt, trotz breiten Fahrbahnen genügend Raum für Fußgänger und Straßenbegleitgrün in Form von alleeartigen Baumreihen oder Hecken.

Neuenheim zeigt eine breitere Streuung, wobei die westliche Mönchhofstraße, die Tiergartenstraße und die Straße im Neuenheimer Feld eine fußgänger- und radfahrerfreundliche Flächenaufteilung haben. Bei der östlichen Mönchhof-, Schröder- und Kirschnerstraße mit ihren schmaleren Querschnitten sind vor allem bei der absoluten Seitenraumbreite ungünstigere Verhältnisse anzutreffen. Im Falle der Kirschnerstraße können die angrenzenden Grünflächen nicht zur nutzbaren Straßenraumbreite hinzugezählt werden, da sie außerhalb der Gehwege liegen. Dies führt zu einer schlechteren Bewertung als der vor Ort vermittelte Eindruck. Dieses Problem stellt sich bei allen Straßenzügen, die seitlich von Parkanlagen oder sonstigen Grün- und Freiflächen gesäumt werden. In diesen Fällen wird gesondert darauf hingewiesen.

Für die Kriterien ***Grünvolumen und Abstand der Bäume*** zeichnet sich ein ähnliches Bild ab, wie für die Flächenaufteilung. In aller Regel haben großzügig angelegte Straßenräume breite Seitenbereiche und sind zusätzlich gut begrünt, was auf einen weniger starken Flächennutzungskonflikt auf diesen Abschnitten hinweist. Dies trifft auf die Av. A. Fiche und die Av. E. Diacon zu, sowie auf die Tiergartenstraße, die Straße im Neuenheimer Feld und, wie bereits angedeutet die Kirschnerstraße. In der Schröder- und der östlichen Mönchhofstraße verbessert das Grün aus angrenzenden Privatgärten die Situation ganz entscheidend, in der westlichen Mönchhofstraße tritt das Grün gegenüber verkehrlichen Elementen zurück.

Insgesamt stellen die Campusviertel und die nahegelegenen Wohngebiete in beiden Städten die am besten mit Aufenthalts- und Verkehrsflächen für nichtmotorisierte Straßenraumnutzer ausgestatteten Untersuchungsräume dar. Gleiches gilt für die Ausstattung mit Straßenbegleitgrün, siehe Tab. 5.11 und 5.12.

Tab. 5.11: Hopitaux Facultes - Plan des Quatre Seigneurs: Ist-Zustand
Bewertungstabelle
Umfeld- und Umweltverträglichkeit von Stadtverkehr

Straße	Anspruchs-niveau	CO-Emissionen / Tag Pkw (kg/km)	Lärm-Immissionen GÜ tags (db(A))	Lärm-Immissionen GÜ nachts (db(A))	Trenn-wirkung	Unfall-gefährdung	Seitenraum-breite	Raum-aufteilung	Grün-volumen	Baum-bestand
Av. A. Fiche	hoch	31,9	13,5	15,0	(-)	(-)	(+ +)	(o)	(+)	(+)
Av. E. Diacon	hoch	28,3	11,0	12,5	(-)	(-)	(+ +)	(+)	(+ +)	(+ +)
HVS:										
Av. Charles Flahaut	hoch	69,9	15,0	16,0	(-)	(-)	(+)	(-)	(o)	(o)
Av. du Pere Soulas	hoch	59,6	14,0	15,0	(-)	(-)	(+ +)	(+)	(+)	(+)
Rue 81. Reg. d'Infantrie	hoch	45,0	14,5	16,0	(-)	(-)	(+)	(+)	(o)	(o)
Rue Lakanal	hoch	32,5	13,0	14,5	(o)	(o)	(- -)	(o)	(- -)	(- -)
Rue Paul Rimbaud	hoch	95,1	14,5	15,5	(-)	(-)	(+ +)	(o)	(-)	(-)

eigene Bearbeitung; GÜ = Grenzwert-Überschreitung

Tab. 5.12: Neuenheim: Ist-Zustand
Bewertungstabelle
Umfeld- und Umweltverträglichkeit von Stadtverkehr

Straße	Anspruchs-niveau	CO-Emissionen / Tag Pkw (kg/km)	Lärm-Immissionen GÜ tags (db(A))	Lärm-Immissionen GÜ nachts (db(A))	Trenn-wirkung	Unfall-gefährdung	Seitenraum-breite	Raum-aufteilung	Grün-volumen	Baum-bestand
Im Neuenh. Feld	sehr hoch	30,2	10,0	11,5	(-)	(o)	(+)	(+)	(+)	(+)
Kirschnerstr.	sehr hoch	10,9	6,0	7,5	(+)	(+)	(- -)	(-)	(+ +)	(+ +)
Mönchhofstr. (W)	sehr hoch	29,4	10,0	11,5	(-)	(o)	(+ +)	(+)	(o)	(o)
Mönchhofstr. (O)	sehr hoch	18,4	8,0	9,5	(o)	(o)	(o)	(+)	(+)	(+)
Schröderstr.	hoch	6,0	0,5	2,0	(+)	(+)	(o)	(+)	(+)	(+)
Tiergartenstr.	mittel	19,6	4,5	6,0	(o)	(o)	(+ +)	(+)	(+ +)	(+ +)
HVS:										
Berliner Straße	hoch	70,0	16,1	18,3	(o) - (-)	(o) - (-)	(+ +)	(+) - (+ +)	(+)	(+ +)
Brückenstraße	hoch	62,8	14,4	16,4	(-)	(-)	(o)	(-)	(- -)	(- -)
Hans-Thoma-Platz	hoch	87,2	17,0	19,2	(-)	(-)	(+ +)	(o)	(o)	(o)
Uferstraße	hoch	35,3	12,6	14,5	(-)	(o)	(+)	(+)	(+)	(+ +)

eigene Bearbeitung; GÜ = Grenzwert-Überschreitung

5.2.3 Centre Historique - Les Arceaux & Altstadt

5.2.3.1 Luftschadstoffe

Luftschadstoffemissionen des fließenden Verkehrs

Die Straßen Montpelliers, für die Verkehrszählungen vorliegen, befinden sich nicht unmittelbar im Altstadtkern, sondern im westlich angrenzenden Wohnviertel Les Arceaux. Die Mönchgasse repräsentiert die obere Altstadt Heidelbergs, die Klingenteichstraße das Wohngebiet am Nordwesthang des Königstuhls. Mit ***Emissionswerten*** zwischen 30 und 40 kg ***CO*** pro km liegen die Rue du Faubourg St. Jaumes, die Rue Pitot und die Mönchgasse eng bei einander. Der, in Relation zum Verkehrsaufkommen auffällig hohe Wert für die Mönchgasse von 39 kg/km CO beruht auf den extrem hohen Emissionsfaktoren bei Stop-and-Go-Verkehr (5 km/h). Aufgrund der altstadttypischen Umstände mit einer Nutzung der Fahrbahn durch Fußgänger, parkende Lieferfahrzeuge, Kopfsteinpflaster als Straßenbelag etc. erscheint diese Wahl gerechtfertigt. Zusätzlich trägt der, durch den Lieferverkehr verursachte Lkw-Anteil von 11,5 % zu dem hohen Schadstoffaustoß bei. Die Av. de la Gaillarde fällt mit ihrem geringen Verkehrsaufkommen und den niedrigsten Emissionen bei allen untersuchten Komponenten etwas aus dem Rahmen.

Beim ***NO_x-Ausstoß*** kehrt sich das Bild um: Bedingt durch die niedrigen Fahrgeschwindigkeiten ist die Mönchgasse mit 4 kg/km am unteren Ende der Liste wiederzufinden. Bei den anderen Schadstoffen liegen die Straßen Montpelliers, mit Ausnahme der Av. de la Gaillarde und Heidelbergs dicht zusammen, wobei die Emissionswerte im südfranzösischen Untersuchungsgebiet in der Regel geringfügig höher sind. Ein Vergleich dieser Emissionsdaten mit denjenigen der anderen Untersuchungsstadtteile führt zu dem Ergebnis, daß sowohl in Montpellier, als auch in Heidelberg die Werte der Zentrumsstadtteile höher liegen als die der ausgewählten peripheren Stadtteile.

Bei 18.000 täglichen Startvorgängen fallen die ***Startzuschläge*** für den Zentrumsstadtteil Heidelbergs deutlich höher aus als für den Montpelliers mit 10.000. Mit über 2.000 kg CO/Tag liegt die Altstadt an der Spitze der untersuchten Gebiete, auf Centre Historique - Les Arceaux entfallen lediglich gut 1.100 kg CO. Diese Verhältnisse spiegeln sich auch bei den anderen Komponenten wider.

Luftschadstoffemissionen des ruhenden Verkehrs

In den beiden Zentrumsstadtteilen werden die ***höchsten Verdampfungsemissionen*** der Untersuchungsräume festgestellt. Der Zielverkehr liegt in beiden Fällen über dem Quellverkehr, in der Heidelberger Altstadt geringfügig, in Montpellier erheblich. Das Verkehrsaufkommen bedingt die hohen Emissionen von über 71 kg HC pro Tag in der Altstadt und über 65 kg im Centre Historique - Les Arceaux. Demgegenüber betragen die Startzuschläge nur gut 47 und 26 kg HC pro Tag. Diese Werte demonstrieren die große Bedeutung der HC-Emissionen des ruhenden Verkehrs.

5.2.3.2 Lärm

Die ***Lärmimmissionen*** an den untersuchten Straßen der Zentrumsstadtteile liegen relativ dicht gestreut ***auf hohem Niveau***. Den höchsten Wert erreicht die Rue du Faubourg St. Jaumes mit 71 dB(A) tags, den niedrigsten Wert die Av. de la Gaillarde mit 64 dB(A). Die Rue Pitot, sowie die beiden untersuchten Straßen der Heidelberger Altstadt sind bei knapp 70 dB(A) zu finden. Daraus resultieren hohe Grenzwertüberschreitungen, die in allen Fällen in die Klassen 5 - 9,9 dB(A) oder 10 - 14,9 dB(A) fallen. Für eine zusammenfassende Darstellung der Grenzwertüberschreitungen in den Stadtteilen und deren Bewertung siehe Tab. 5.8 im Abschnitt 5.2.2.2 und die Tabellen 5.13 und 5.14.

5.2.3.3 Trennwirkung / Unfallgefährdung

Bei der vergleichenden Auswertung der Straßen der Zentrumsstadtteile zeigt sich das gleiche Phänomen wie in den Campusvierteln. In Montpellier fallen die Bewertungen schlechter aus als in Heidelberg, da mit wenigen Ausnahmen, auf allen Straßen Tempo-50 gefahren werden darf. In der Heidelberger Altstadt dagegen sind Beschränkungen auf 30 km/h oder weniger zu finden. Die Abstände zwischen den Überquerungshilfen sind überall relativ groß und führen somit zu keiner wesentlichen Verbesserung der Situation. Die Ergebnisse in Tab. 5.13 und 5.14 zeigen außerdem den starken Einfluß des Verkehrsaufkommens auf die Trennwirkung und die Unfallgefahren.

5.2.3.4 Flächenaufteilung / Grün und Gestaltung

Sowohl die Rue Pitot, als auch die Rue du Faubourg St. Jaumes bieten aufgrund ihrer sehr schmalen Querschnitte kaum Raum für Fußgänger und Radfahrer. Eine ähnliche Situation herrscht in der Klingenteichstraße. Weniger einseitig auf den Autoverkehr ausgerichtet sind die Av. de la Gaillarde und die Heidelberger Mönchgasse. Letztere bietet zwar keinen besonders breiten ***Seitenraum***, ist jedoch aufgrund der niedrigen Verkehrsbelastungen und Fahrgeschwindigkeiten trotzdem für Fußgänger attraktiv.

Auch in der spärlichen ***Begrünung*** der genannten Straßen spiegelt sich der enorme Mangel an Ausweichflächen in den beiden Innenstädten wider. Am schlechtesten schneidet dabei die Mönchgasse ab, die direkt im alten Stadtkern Heidelbergs liegt. Die besten Werte hat die Av. de la Gaillarde, die besonders am zentrumsferneren Ende durch weniger dicht bebautes Gebiet verläuft. Siehe auch Tab. 5.13 und 5.14.

Tab. 5.13: Centre Historique - Les Arceaux: Ist-Zustand
Bewertungstabelle
Umfeld- und Umweltverträglichkeit von Stadtverkehr

Straße	Anspruchs-niveau	CO-Emissionen / Tag Pkw (kg/km)	Lärm-Immissionen GÜ tags (db(A))	Lärm-Immissionen GÜ nachts (db(A))	Trenn-wirkung	Unfall-gefährdung	Seitenraum-breite	Raum-aufteilung	Grün-volumen	Baum-bestand
Av. de la Gaillarde	hoch	8,3	5,0	6,5	(o)	(+)	(+)	(+)	(+ +)	(+)
Rue du Fbg. St. Jaumes	hoch	30,7	12,0	13,5	(o)	(o)	(- -)	(-)	(o) - (+)	(o) - (+)
Rue Pitot	hoch	34,0	10,5	12,0	(-)	(-)	(- -)	(-)	(o)	(o)
HVS:										
Av. de Lodeve	hoch	19,2	9,0	10,0	(-)	(-)	(+ +)	(o)	(o)	(o)
Blvd. du Jeu de Paume	hoch	69,5	16,5	17,5	(-)	(-)	(+)	(-)	(-)	(- -)
Blvd. Victor Hugo	hoch	69,5	14,0	15,0	Tunnel	Tunnel	(- -)	(- -)	Tunnel	Tunnel
Cours Gambetta	hoch	53,1	13,5	14,5	(-)	(-)	(+ +)	(+)	(o)	(o)
Quai de Verdenson	hoch	73,8	17,0	18,0	(-)	(-)	(+ +)	(o)	(o)	(o)

eigene Bearbeitung; GÜ = Grenzwert-Überschreitung

Tab. 5.14: Altstadt: Ist-Zustand
Bewertungstabelle
Umfeld- und Umweltverträglichkeit von Stadtverkehr

Straße	Anspruchs-niveau	CO-Emissionen / Tag Pkw (kg/km)	Lärm-Immissionen GÜ tags (db(A))	Lärm-Immissionen GÜ nachts (db(A))	Trenn-wirkung	Unfall-gefährdung	Seitenraum-breite	Raum-aufteilung	Grün-volumen	Baum-bestand
Klingenteichstr.	hoch	22,0	10,0	11,5	(-)	(o)	(-)	(-)	(o)	(o)
Mönchgasse	hoch	36,9	9,5	11,0	(+)	(+)	(o)	(o)	(- -)	(- -)
HVS:										
Bergheimer Straße	hoch	74,5	17,0	19,7	(o) - (-)	(+) - (-)	(o) - (+ +)	(- -) - (-)	(-)	(- -)
Bismarckstraße	hoch	50,1	14,4	16,8	(o)	(o)	(+)	(o)	(-)	(-)
Kurfürstenanlage	hoch	69,1	17,2	18,2	(-)	(-)	(+ +)	(+ +)	(+ +)	(+ +)
Sofienstraße	hoch	44,3	14,6	16,3	(-)	(-)	(+) - (+ +)	(o) - (+)	(o)	(o)

eigene Bearbeitung; GÜ = Grenzwert-Überschreitung

5.2.4 St. Martin - Prés d'Arènes & Pfaffengrund

5.2.4.1 Luftschadstoffe

Luftschadstoffemissionen des fließenden Verkehrs

Die Av. du Mas d'Argelliers stellt die Hauptzufahrtstraße zum ***Gewerbegebiet*** Prés d'Arenes dar. Ihr gegenübergestellt werden die Industriestraße und der Kurpfalzring im Gewerbegebiet Pfaffengrund-Nord. Aufgrund des hohen Verkehrsaufkommens von über 20.000 Kfz pro Tag sind auf der Av. du Mas d'Argelliers bei allen Luftschadstoffen die höchsten Emissionen zu finden: Z.B. CO knapp 60 kg/km, NO_x knapp 20 kg/km und HC knapp 10 kg/km. Der Kurpfalzring liegt stets bei knapp der Hälfte der Werte, die Industriestraße nochmals deutlich darunter.

Die angrenzenden ***Wohngebiete*** werden einerseits durch die Av. du Marechal Leclerc und andererseits durch den Kranich- und Schwalbenweg und die Markt- und Schützenstraße repräsentiert. Die Av. du Marechal Leclerc liegt mit 12 kg CO pro km im Mittelfeld der Wohnstraßen. Deutlich darüber findet sich der Kranichweg mit 25 kg/km CO und die Marktstraße mit 15 kg/km, deutlich darunter die Schützenstraße mit 4 kg/km und der Schwalbenweg mit 2 kg/km. Diese Reihenfolge zieht sich durch die gesamte Palette der untersuchten Schadstoffe. Zu beachten ist, daß die Emissionsfaktoren für die Wohnstraßen Heidelbergs mit Tempo-30-Regelung (UBA 1995: IO_Nebenstr_dicht) für alle Komponenten geringfügig höher liegen als für die Straßen mit Tempo-50 (UBA 1995: IO_LSA_2). Die Höhe der Emissionen hängt in diesem Fall fast ausschließlich vom Verkehrsaufkommen ab.

Bei den ***Startzuschlägen*** zeigen die beiden peripheren Gewerbe- und Wohngebiete geringe Werte. Mit nur 7500 täglichen Startvorgängen in St. Martin - Prés d'Arènes und 10.000 im Pfaffengrund liegen sie deutlich unter dem Niveau der anderen Stadtteile. Für die Leitkomponente CO sind es 150 kg/Tag im französischen und 201 kg/Tag im deutschen Untersuchungsgebiet. St. Martin - Prés d'Arènes stellt auch bei den anderen Schadstoffen die niedrigsten Werte, gefolgt vom Pfaffengrund.

Luftschadstoffemissionen des ruhenden Verkehrs

St. Martin - Prés d'Arènes und Pfaffengrund stellen die Stadtteile mit den ***geringsten HC-Verdampfungsemissionen*** dar. In St. Martin - Prés d'Arènes ist der tägliche MIV-Zielverkehr deutlich höher als der Quellverkehr, im Pfaffengrund ist der Unterschied nur gering. Mit 41 kg HC pro Tag liegt der Wert für das französische Untersuchungsgebiet deutlich über den 35 kg/Tag für das deutsche. Knapp 60% der Emissionen entstammen der Tankatmung, gut 40% der Verdampfung nach dem Abstellen. Die Startzuschläge liegen mit etwas über 19 kg HC pro Tag für St. Martin - Prés d'Arènes und mit gut 25 kg HC pro Tag für den Pfaffengrund deutlich unter den Verdampfungsemissionen.

5.2.4.2 Lärm

Die Av. du Mas d'Argelliers im Gewerbegebiet Prés d'Arènes hat tagsüber mit 74 dB(A) enorm hohe Lärmimmissionen. Die Av. du Marechal Leclerc im Wohngebiet St. Martin liegt mit 66,5 dB(A) deutlich darunter, dennoch ist die ***Grenzwertüberschreitung*** hier mit 9,5 dB(A), aufgrund des sehr hohen Anspruchsniveaus wesentlich höher. Eine vergleichbare Situation ist im Pfaffengrund anzutreffen: Die im Gewerbegebiet gelegene Industriestraße und der Kurpfalzring haben mit 69 und 73 dB(A) sehr hohe Immissionswerte, jedoch ohne große Grenzwertüberschreitungen. Ganz anders ist das Bild im Wohngebiet des Pfaffengrund, wo Kranichweg und Marktstraße erhebliche Grenzwertüberschreitungen aufweisen, Schützenstraße und Schwalbenweg dagegen sogar unter den Grenzwerten bleiben. Für eine zusammenfassende Darstellung der Grenzwertüberschreitungen in den Stadtteilen und deren Bewertung siehe Tab. 5.8 im Abschnitt 5.2.2.2 und die Bewertungstabellen 5.15 und 5.16.

5.2.4.3 Trennwirkung / Unfallgefährdung

Bei der Auswertung der Stadtteile St. Martin - Prés d'Arènes und Pfaffengrund fallen vor allem die Straßen des ***Wohngebiets*** Pfaffengrund-Süd positiv auf. Markt- und Schützenstraße, sowie Schwalbenweg weisen nur geringe Belastungen auf, lediglich der Kranichweg hat sowohl mittlere Trennwirkung, als auch Unfallgefährdung. Geringes Verkehrsaufkommen, flächendeckende 30 km/h-Regelung und schmale Straßenquerschnitte führen zu den guten Ergebnissen. Die Av. du Marechal Leclerc im Wohngebiet St. Martin hat aufgrund der höheren Fahrgeschwindigkeiten eine mittlere Trennwirkung und Unfallgefährdung.

In den ***Gewerbegebieten*** sieht die Situation anders aus. Sowohl die Av. du Mas d'Argelliers als auch der Kurpfalzring haben in beiden Fällen hohe Werte. Grund dafür sind die hohen Verkehrsbelastungen und die erlaubten Fahrgeschwindigkeiten von 50 km/h. Im Gegensatz dazu ist die Industriestraße im Pfaffengrund nur gering belastet. Das liegt, neben der geringeren Verkehrsbelastung an der Beschränkung auf 30 km/h und an der guten Ausstattung mit Überquerungshilfen. Die Ergebnisse finden sich in Tab. 5.15 und 5.16.

5.2.4.4 Flächenaufteilung / Grün und Gestaltung

Die Straßen der Gewerbegebiete Prés d'Arènes und Pfaffengrund weisen in vielen Bereichen Ähnlichkeiten auf. Die städtebauliche Gestaltung der gesamten Areale ist durch flächenintensive Bauweise geprägt. Die durchweg breiten Straßenquerschnitte erlauben den Anspruchsniveaus angepaßte Seitenräume. Dies führt zum gleichen Ergebnis wie bei den Hauptverkehrsstraßen: Die absolute ***Breite der Seitenräume*** ist sehr gut, der gestalterische Aspekt der ***Raumaufteilung*** dagegen in der Regel weniger gut. Eine Ausnahme bildet der Kurpfalzring, bei dem auch dieser die Bestnote erreicht. Die Straßen in den angrenzenden Wohngebieten bieten sowohl in Heidelberg, als auch in Montpellier nur mittlere bis schlechte Seitenraumbreiten und Raumaufteilungen.

Alle Straßenabschnitte in den Gewerbegebieten werden sowohl bei dem Kriterium ***Grünvolumen***, als auch beim ***Abstand der Bäume*** mit schlecht bis sehr schlecht bewertet. Da genügend Raum für eine ansprechendere Gestaltung vorhanden ist, muß angenommen werden, daß der Begrünung dieser Gebiete keine städtebauliche Bedeutung zugemessen wird. Anders stellt sich die Situation in den Wohnvierteln St. Martin und Pfaffengrund dar. Dort sind alle Straßen mittelmäßig bis gut begrünt. Aufgrund der schmaleren nutzbaren Straßenraumbreiten dominiert jedoch die Vegetation der angrenzenden Vorgärten (vgl. Tab. 5.15 und 5.16).

Tab. 5.15: St. Martin - Pres d'Arenes: Ist-Zustand
Bewertungstabelle
Umfeld- und Umweltverträglichkeit von Stadtverkehr

Straße	Anspruchs-	CO-Emissionen / Tag	Lärm-Immissionen	Lärm-Immissionen	Trenn-	Unfall-	Seitenraum-	Raum-	Grün-	Baum-
	niveau	Pkw (kg/km)	GÜ tags (db(A))	GÜ nachts (db(A))	wirkung	gefährdung	breite	aufteilung	volumen	bestand
Av. du M. Leclerc	sehr hoch	12,1	9,5	11,0	(o)	(o)	(-)	(-)	(+)	(+)
Av. du Mas d'Argelliers	gering	57,1	5,0	6,5	(-)	(-)	(+ +)	(-)	(- -)	(- -)
HVS:										
Av. Albert Dubout	hoch	62,4	14,0	15,5	(-)	(-)	(- -)	(- -)	(+)	(+)
Av. de Palavas	hoch	89,4	17,5	18,5	(-)	(-)	(-)	(- -)	(o)	(o)

eigene Bearbeitung; GÜ = Grenzwert-Überschreitung

Tab. 5.16: Pfaffengrund: Ist-Zustand
Bewertungstabelle
Umfeld- und Umweltverträglichkeit von Stadtverkehr

Straße	Anspruchs-	CO-Emissionen / Tag	Lärm-Immissionen	Lärm-Immissionen	Trenn-	Unfall-	Seitenraum-	Raum-	Grün-	Baum-
	niveau	Pkw (kg/km)	GÜ tags (db(A))	GÜ nachts (db(A))	wirkung	gefährdung	breite	aufteilung	volumen	bestand
Industriestr.	niedrig	12,7	0,0	1,0	(+)	(+)	(+ +)	(o)	(- -)	(- -)
Kranichweg	hoch	24,0	8,5	9,5	(o)	(o)	(o)	(o)	(+)	(+)
Kurpfalzring	niedrig	22,9	4,0	5,5	(-)	(-)	(+ +)	(+ +)	(-)	(-)
Marktstr.	hoch	14,3	6,0	7,0	(+)	(+)	(-)	(-)	(o)	(o)
Schützenstr.	hoch	3,9	-2,0	-0,5	(+)	(+)	(-)	(o)	(o)	(o)
Schwalbenweg	hoch	2,1	-4,5	-3,0	(+)	(+)	(-)	(o)	(+)	(+)

eigene Bearbeitung; GÜ = Grenzwert-Überschreitung

5.2.5 Fazit der Auswertungen

Bei fast allen Bewertungskriterien ist festzustellen, daß die Unterschiede zwischen den zwei jeweils zugeordneten Untersuchungsstadtteilen Montpelliers und Heidelbergs viel geringer sind, als zwischen den verschiedenen Stadtteilen der einzelnen Städte. Bei genauer Betrachtung treten in den universitär geprägten Stadtteilen, den Innenstädten und den zentrumsfernen Gewerbe- und Wohngebieten der beiden Partnerstädte jeweils sehr ähnliche Probleme auf. Diese beschränken sich nicht nur auf städtebauliche Aspekte, sondern äußern sich auch konkret in der Verkehrsbelastung und deren Folgen in Form von Luftschadstoffen, Lärm, Trennwirkung, Unfallgefährdung, Flächenaufteilung, Grün und Gestaltung.

Eine Typisierung und ***graphische Darstellung der Ergebnisse*** in direktem Vergleich zu den Entwicklungsmöglichkeiten erfolgt in Kap. 7.7. Die Abb. 7.4 - 7.13 stellen typische Belastungsmuster für Straßentypen dar, Tab. 7.55 ordnet die untersuchten Straßen den jeweiligen Typen zu.

Diese Ergebnisse führen zu dem Schluß, daß im Falle Montpelliers und Heidelbergs die ***städtebaulichen und nutzungsstrukturellen Eigenheiten*** der Stadtteile deutlich größere Auswirkungen auf die Verkehrs-, Umfeld- und Umweltbelastungen haben als die historischen, politischen, kulturellen und auch naturräumlichen Rahmenbedingungen der Städte. Darauf aufbauend werden die räumlichen Ausprägungen der Verursacherstrukturen des Verkehrs auf Stadtteilebene untersucht. Die Ergebnisse hierzu sind dem folgenden Kapitel zu entnehmen. Als Konsequenz daraus resultieren Strategien und Minderungsszenarien, die Siedlungs- und Nutzungsstrukturen nicht als statische Größen betrachten. Durch das Aufzeigen von Entwicklungspotentialen in mittel- bis langfristigem Zeitrahmen wird ein Beitrag zu nachhaltig attraktiven, verkehrssparenden und umweltschonenden Stadtstrukturen geleistet.

6 Vergleichende Analyse der Verursacherstrukturen

6.1 Einleitende Anmerkungen zur vergleichenden Analyse der Verursacherstrukturen

Bei der Analyse der Verursacherstrukturen wird, wie bereits bei der Auswertung der Emissionen, Immissionen und Belastungen auf die Hauptverkehrsstraßen und die ausgewählten Untersuchungsstadtteile eingegangen. Die Betrachtungen beschränken sich wiederum auf die Fahrzwecke Berufs- und universitärer Ausbildungsverkehr. Die Auswahl der Städte Montpellier und Heidelberg mit sehr hohem Berufs- und Ausbildungseinpendleraufkommen zeigt schon die ***Orientierung auf den Zielverkehr***. Insbesondere gilt dies für die Untersuchungsstadtteile, die alle sehr hohe Arbeits- und/oder Studienplatzüberschüsse aufweisen.

Konkret wird Bezug genommen auf die Verkehrsentstehung für die Wege von der Wohnung zum Arbeits- und Studienplatz vor dem Hintergrund der Annahme eines ***konstanten täglichen Reisezeitbudgets***: Die räumliche und zeitliche Länge der Wege hat Auswirkungen auf die Wahl der Verkehrsmittel, und damit in doppelter Hinsicht auf die entstehenden Belastungen. Je länger die Fahrstrecke, desto mehr Straßen sind von den Belastungen betroffen und desto größer sind die absoluten Emissionen pro Weg. Mit zunehmender Länge der Wege steigt auch der Anteil der MIV-Benutzung, damit erhöht sich weiterhin das resultierende Belastungspotential. Die Entwicklungen der letzten Jahrzehnte zeigen jedoch, daß auch der Umkehrschluß gilt: Je höher die Pkw-Verfügbarkeit, desto weiter werden die durchschnittlich zurückgelegten Entfernungen (Knoflacher 1986 / 1991; Köhler 1991; Schallaböck 1991; Kanzlerski 1993; Würdemann 1993a).

An diesem Punkt muß neben den ***Wohnentfernungen*** die bestehende ***Verkehrsinfrastruktur*** in die Betrachtung mit einbezogen werden. Je besser und schneller die Verbindungen mit Verkehrsmitteln des Umweltverbunds (Fuß, Fahrrad, ÖPNV) sind, desto eher werden diese angenommen. Je besser und schneller aber die Verbindungen mit dem schnellsten Verkehrsmittel (i.d.R. MIV) sind, desto weiter werden die akzeptierten täglichen Wege zum Arbeits- und Studienort bei gleichbleibendem Zeitbudget. Ohne eine Verlängerung der Unterwegsdauer hat sich so die durchschnittliche täglich zurückgelegte Entfernung in den Städten (West-)Deutschlands von 1972 bis 1997 beinahe verdoppelt (VDV / Socialdata 1995, S. 9; Schallaböck 1991, S. 67). Vor diesem Hintergrund werden die Untersuchungsgebiete der beiden Partnerstädte gegenübergestellt und deren Verursacherstrukturen vergleichend analysiert.

6.2 Anmerkungen zur Datenlage

Zur Analyse der Verursacherstrukturen ist die Kenntnis der durchschnittlichen ***werktäglichen Verkehrsbewegungen*** in und um die beiden Untersuchungsstädte nötig. Neben den Quell- und Zielorten und -stadtteilen sollte eine ***Differenzierung nach Fahrzweck und benutztem Verkehrsmittel*** vorliegen. Hierzu wird eine Vielzahl von Informationsquellen ausgewertet. In aller Regel handelt es sich dabei um Daten aus Haushalts- oder ähnlichen Befragungen. Die Untersuchungen sind alle von unterschiedlichen Organisationen und zu verschiedenen Zwecken und Zeitpunkten durchgeführt worden. Von daher stellt die ***Datenhomogenisierung*** mit möglichst geringem Informationsverlust den schwierigsten Teil der vergleichenden Analyse dar. Folge der Benutzung verschiedener Datengrundlagen ist, daß die hier dargestellten Ergebnisse nicht in allen Fällen eine hundertprozentig genaue Vergleichbarkeit bieten können, gute Orientierungswerte sind damit aber gewährleistet.

Zur Analyse des ***Berufspendlerverhaltens*** über die Stadtgrenzen hinweg werden in beiden Fällen die Daten aus Volkszählungen herangezogen, für Montpellier INSEE (1990), für Heidelberg die Auswertungen der Volkszählung 1987 durch Schmaus (1991). Für Heidelberg wird diese Quelle auch zur Untersuchung des ***Ausbildungseinpendlerverhaltens*** genutzt, ergänzt durch die Untersuchungen von Belz (1996), beruhend auf einer Befragung von knapp 10.000 Heidelberger Studierenden im Wintersemester 1994/95. Für Montpellier werden die Daten der Studentenbefragung der Arbeitsgruppe GREGAU (1993) ausgewertet, die auf der Befragung von fast 27.000 (ca. 50%) Studierenden Montpelliers basiert.

Für die Interpretation der Werte aus dem Datensatz der Nahverkehrsbetriebe SMTU zum ***Binnenverkehr Montpelliers*** muß auf einige Punkte hingewiesen werden (***SMTU 1993***). Es handelt sich um eine Haushaltsbefragung von ca. 1300 Haushalten. Die Daten sind auf der Aggregationsebene der Stadtteile ('quartiers INSEE') erhoben und differenzieren nach Fahrzweck und benutztem Verkehrsmittel. Die Mobilitätsdaten umfassen alle werktäglichen Wege innerhalb der Stadt mit einer Länge über 300 m. Das entspricht ca. 50% der in der Realität zurückgelegten Wege: 1,71 Wege pro Tag und Einwohner im Vergleich zu 3,41 aus der Untersuchung zum Verkehrsentwicklungsplan (plan de déplacements urbains) von 1984 (SOFRETU 1984, S. 29). Der entsprechende Wert für die Stadt Heidelberg liegt bei 3,62 Wegen pro Tag und Einwohner (Wermuth et al. 1990, Anl. 8). Durch das Fehlen der kurzen Wege wird der Fahrzweck Ausbildung (8%) unterrepräsentiert, während im Gegenzug der Berufsverkehr (18%) stark überrepräsentiert wird. Des weiteren basieren die Mobilitätsdaten für den Ausbildungsverkehr auf der Zahl von 25.000 gemeldeten Studierenden im Stadtgebiet Montpelliers. Diese Zahl liegt jedoch um ca. 10.000 unter den realen Werten, da viele Studenten im Haushalt ihrer Eltern gemeldet sind, aber am Studienort wohnen (GREGAU 1993, S.70). Dies führt zu einer weiteren Unterschätzung des Univerkehrs in der SMTU-Studie. Ähnliche Probleme stellen sich für die Verkehrsmittelwahl: Fußgänger- und Fahrradverkehr werden unter-, der ÖPNV und insbesondere der MIV überrepräsentiert.

Aus diesen Gründen wird im Binnenverkehr so weit wie möglich auf ***andere Datensätze*** zurückgegriffen: Für den Berufsverkehr erfolgt ein Abgleichen der SMTU-Daten mit den Daten der Volkszählung 1990, die allerdings nicht nach Verkehrsmittel differenziert sind (Ville de Montpellier - DAP 1995). Zur Betrachtung des Univerkehrs wird der Datensatz von GREGAU (GREGAU 1993) herangezogen. Nachteil daran ist, daß die räumliche Auflösung zum Teil nicht exakt den Stadtteilen entspricht. Außerdem wird in dieser Arbeit wegen der seltenen Nutzung das Verkehrsmittel Fahrrad nicht in die Betrachtungen zum modal split einbezogen. Die Benutzung verschiedener Datensätze hat zur Folge, daß die in den Kreisdiagrammen dargestellten SMTU-Werte nicht immer mit den im Text angegebenen Werten aus anderen Quellen übereinstimmen.

Die Analyse des ***Heidelberger Binnenverkehrs*** mit Fahrzweck Arbeit beruht auf dem Datensatz der Haushaltsbefragung 1988 zum Verkehrsentwicklungsplan (Wermuth et al. 1990 und 1994; ifeu 1993). Im Univerkehr hat der ÖPNV seit der Haushaltsbefragung 1988 stark an Bedeutung gewonnen: Die Attraktivitätssteigerung beruht in erster Linie auf der Einführung des Semestertickets für Studierende im Jahr 1993. Um diesem Umstand gerecht zu werden, gehen neben den oben genannten Datengrundlagen auch die Untersuchungsergebnisse der Studentenbefragung vom Wintersemester 1994/95 in die Betrachtungen zum studentischen modal split ein (Belz 1996).

Die ***Verkehrsmittelnutzung*** wird in den französischen Arbeiten in der Regel nach Pkw, ÖPNV, Fuß und Zweirad differenziert. Dabei ist zu beachten, daß Zweirad sowohl Fahrräder, als auch Motorräder beinhaltet. Die 5% Zweiradnutzung im Binnenverkehr Montpelliers (alle Fahrzwecke) unterteilen sich in 2% Fahrräder und 3% motorgetriebene Zweiräder (Ville de Montpellier - DAP 1997, mündliche Auskunft). Beim Vergleich der Einpendleraufkommen stellt sich weiterhin das Problem der unterschiedlich strukturierten Entfernungsklassen bei den verschiedenen Datenquellen.

6.3 Verursacherstrukturen des Verkehrs auf den Hauptverkehrsstraßen der Städte Montpellier und Heidelberg

6.3.1 Strukturen des Ein- und Auspendlerverkehrs

6.3.1.1 Berufspendler

Die Städte Montpellier und Heidelberg haben die Gemeinsamkeit, daß sie außerordentlich hohe Einpendlerzahlen aus anderen Gemeinden aufweisen. Nach INSEE (1990) werden die Wohnorte der 44.663 ***Berufseinpendler Montpelliers*** eingeteilt in:

- 'première couronne', 16 Gemeinden bis max. 10 km Entfernung: 18.584 (41,6%)
- weitere 34 Gemeinden bis max. 20 km Entfernung: 13.302 (29,8%)
- Fernbereich über 20 km: 12.777 (28,6%).

Die Zahl der ***Berufseinpendler Heidelbergs*** beläuft sich auf insgesamt 46.375, aufgeteilt in (Schmaus 1991, S. 14):

- 'Mittelbereich Heidelberg', 25 Gemeinden bis max. 20 km Entfernung: 23.309 (50,3%)
- Zone von 20 - 30 km: 19.835 (42,8%)
- Fernbereich über 30 km Entfernung: 3231 (7,0%).

Für die Fahrt nach Heidelberg benützen 78,8% motorisierte Individualverkehrsmittel, 18,9% Bus oder Bahn und 2,4% kommen zu Fuß oder mit dem Fahrrad (Schmaus 1991, S. 11).

Tab. 6.1: Berufseinpendler Montpellier und Heidelberg nach Entfernungsklassen

Entfernungsklasse Montpellier	**Anzahl Berufseinpendler**
première couronne, 16 Gemeinden, < 10 km	18.584 (41,6%)
34 Gemeinden 10 - 20 km	13.302 (29,8%)
Fernbereich > 20 km	12.777 (28,6%)
gesamt	**44.663** (100%)

Entfernungsklasse Heidelberg	**Anzahl Berufseinpendler**
Mittelbereich Heidelberg, 25 Gemeinden < 20 km	23.309 (50,3%)
20 - 30 km	19.835 (42,8%)
Fernbereich > 30 km	3231 (7,0%)
gesamt	**46.375** (100%)

Montpellier: INSEE 1990; Heidelberg: Schmaus 1991

Da die gewählten ***Entfernungsklassen*** bei den Untersuchungsstädten zum Teil nicht identisch sind, lassen sich beim Vergleich der Wohnentfernungen nur ungefähre Aussagen machen. Im Fall Montpelliers haben ca. 40% der Berufseinpendler ihren Wohnsitz im Umkreis von 10 km um die Stadt, insgesamt ca. 70% im Umkreis von 20 km. Im Fall Heidelbergs sind es nur ca. 50% im 20 km-Bereich. Diese Zahlen zeigen, daß ein Großteil der Berufseinpendler Heidelbergs weitere Wege zurücklegen muß, als es in der Region Montpellier nötig ist.

Für die Verkehrsverhältnisse und das städtische Umfeld innerhalb Heidelberg ergeben sich daraus keine direkten Nachteile. Die, durch längere Fahrstrecken höheren absoluten Emissionen des MIV haben dagegen negative Auswirkungen für die großräumige Umwelt und sollten daher bei einer umfassenden Betrachtung erwähnt werden. Erklärbar sind die ***Entfernungsstrukturen*** mit der Lage Heidelbergs am Rand des Rhein-Neckar-Raums: Die Berufseinpendler leben nicht nur dispers im Umland der Stadt Heidelberg, sondern zu einem großen Teil auch in den anderen beiden Oberzentren des Ballungsraums, Mannheim und Ludwigshafen, die außerhalb der 20 km-Zone liegen. Bestätigt wird dies durch den großen Anteil an Einpendlern aus dem Bereich von 20 bis 30 km. Montpellier als alleiniges Oberzentrum hat sein Arbeitskräftereservoir in den dispers um die Stadt gestreuten kleineren Gemeinden.

Der Einfluß des Berufspendlerverkehrs auf die verschiedenen Ein- und Ausfallstraßen der Untersuchungsstädte läßt sich anhand der ***Lage der Wohnorte*** detaillierter darstellen. Dabei werden nur die Gebiete bis ca. 20 km um die Städte (s.o.) betrachtet, da bei den Fernpendlern die Bündelung auf den Autobahnen die Zusammenhänge zwischen Lage des Wohnorts und Richtung der benutzten Einfallstraßen des Zielorts verwischt. Für Montpellier werden ca. 30.000 Berufseinpendler in die Betrachtung mit einbezogen, für Heidelberg ca. 23.000, wobei die Quellorte nach Himmelsrichtungen in vier Sektoren eingeteilt werden.

Im Fall ***Montpelliers*** ergeben sich kaum Unterschiede beim Beliebtheitsgrad der Herkunftszonen, es kommen aus dem:

- Sektor Süd: ca. 1/4 der Berufseinpendler
- Sektor Ost: ca. 1/4 der Berufseinpendler
- Sektor Nord: ca. 1/4 der Berufseinpendler
- Sektor West: ca. 1/4 der Berufseinpendler.

Die dadurch verursachten Belastungen verteilen sich gleichmäßig auf das Hauptverkehrsstraßennetz und die angrenzenden Stadtteile. Der Verkehr aus allen Richtungen verstärkt das Problem des historisch gewachsenen, relativ unkoordinierten Straßennetzes (Ministère de l'Équipement, du Logement, de l'Aménagement, du Territoire et du Tourisme 1997, S. 29).

Aus dem 'Mittelbereich ***Heidelberg***' kommen jeweils aus dem

- Sektor Süd: ca. 1/3 der Berufseinpendler
- Sektor Ost: ca. 1/3 der Berufseinpendler
- Sektoren Nord und West: ca. 1/3 der Berufseinpendler

Ein Vergleich der bevorzugten Wohnstandorte mit dem ***HVS-Netz*** Heidelbergs zeigt die Bündelung des hohen Pendleraufkommens aus Richtung Osten auf den Trassen am nördlichen und südlichen Neckarufer. Folge davon ist nicht nur die Belastung der östlichen, sondern insbesondere auch der zentralen Stadtteile. Für die Pendler aus Richtung Süden ist die Karlsruher Straße der prädestinierte Verkehrsweg, die betroffenen Stadtteile sind vor allem Rohrbach und Südstadt (Schmaus 1991, S. 10; eigene Auswertung).

Im Vergleich zu Montpellier treten in Heidelberg die Belastungen deutlich konzentrierter an einzelnen Straßenabschnitten auf. Folge davon ist eine hohe Störwirkung des Verkehrs entlang dieser Trassen, auf der anderen Seite aber eine weniger flächenhafte Belastung des Stadtgebiets. Zu beachten ist allerdings, daß die Fernpendler über 20 km Distanz nicht in diese Auswertung einbezogen sind und in beiden Städten zu hohen Belastungen vorwiegend entlang der Autobahn-Zubringerstraßen führen.

Die Zahlen der ***Berufsauspendler*** liegen dagegen deutlich niedriger. In beiden Fällen überschreiten täglich rund viermal so viele Beschäftigte die Stadtgrenze stadteinwärts wie stadtauswärts. Absolut heißt das:

- 12.301 Berufsauspendler für Montpellier (INSEE 1990)
- 10.145 Berufsauspendler für Heidelberg (Schmaus 1991, S. 5).

6.3.1.2 Studentische Ausbildungspendler

Die Zahl der ***Studenten***, die außerhalb der Stadt wohnen und zu den Universitäten ***Montpelliers*** einpendeln beträgt 20.601. Die Wohnorte sind wie folgt verteilt (GREGAU 1993, Bd. 1A, S. 46 / 50):

- 26 Gemeinden des Nahbereichs, 'périphérie', bis ca. 15 km: 14.878 (72,2%)
- Entfernungsklasse über 15 km: 5723 (27,8%).

Die Ausbildungseinpendler kommen zu 59,3% mit dem Pkw, zu 36,6% mit dem ÖPNV und zu 4,1% mit dem Zweirad (GREGAU 1993, Bd. 1A, S. 46 / 50).

In ***Heidelberg*** beträgt die Zahl der Ausbildungseinpendler 14.053. Sie kommen aus folgenden Entfernungsklassen:

- 'Mittelbereich Heidelberg', 25 Gemeinden bis max. 20 km Entfernung: 5393 (38,4%)
- Zone von 20 - 30 km: 5834 (41,5%)
- Fernbereich über 30 km Entfernung: 2826 (20,1%)

(Schmaus 1991, S. 9 / 11).

Seit Einführung des Semestertickets ist der ÖPNV mit ca. 48% das bevorzugte Verkehrsmittel der auswärtigen Studenten, knapp gefolgt vom Auto mit ca. 43%, auf den Rad- und Fußgängerverkehr entfallen aufgrund der Entfernungen nur ca. 9% der Wege (Belz 1996; Schmaus 1991; eigene Bearbeitung).

Beim ***Vergleich der Distanzen*** der Ausbildungseinpendler zeigt sich ein noch größerer Unterschied zwischen den Städten, als bei den Berufseinpendlern. Um Montpellier legen die Studierenden eher kürzere Wege zurück, als die Beschäftigten. Beim täglichen Weg an die Universität Heidelberg werden von den Ausbildungseinpendlern deutlich längere Wege zurückgelegt.

Tab. 6.2: Ausbildungseinpendler Montpellier und Heidelberg nach Entfernungsklassen

Entfernungsklasse Montpellier	**Anzahl Ausb.-einpendler**	**Entfernungsklasse Heidelberg**	**Anzahl Ausb.-einpendler**
'périphérie', 26 Gemeinden < 15 km	14.878 (72,2%)	Mittelbereich Heidelberg, 25 Gemeinden < 20 km	5393 (38,4%)
> 15 km	5723 (27,8%)	20 - 30 km	5834 (41,5%)
		Fernbereich > 30 km	2826 (20,1%)
gesamt	**20.601** (100%)	**gesamt**	**14.053** (100%)

Montpellier: GREGAU 1993; Heidelberg: Schmaus 1991

Wie auch bei den Berufseinpendlern hat dies kaum Konsequenzen auf die Verträglichkeit des Verkehrs innerhalb der Stadt, die Menge der gesamten Luftschadstoffemissionen steigt dadurch aber an. Die Erklärung ist die gleiche wie bei den Berufseinpendlern: Bevorzugte Wohnstandorte sind häufig die anderen Großstädte des Ballungsraums. Die ***regionalen Siedlungsstrukturen*** können auch zur Erklärung der Verkehrsmittelwahl herangezogen werden: Trotz größerer Entfernungen liegt der ÖPNV-Anteil für Heidelberg mit 48% um 11% höher als für Montpellier, der MIV-Anteil um 16% niedriger. Durch die Bündelung in den Städten Mannheim, Ludwigshafen und anderen größeren Orten ist eine wesentlich effektivere und attraktivere ÖPNV-Erschließung möglich, als bei der ausschließlich flächenhaften Besiedlung im Großraum Montpellier.

Bei den knapp 15.000 in der 'périphérie' Montpelliers wohnenden Studenten ergibt die Wahl der Wohnorte ein unregelmäßigeres Muster in Bezug auf die vier ***Sektoren*** als bei den Berufstätigen:

- Sektor Süd: 20% der studentischen Ausbildungseinpendler
- Sektor Ost: gut 40% der studentischen Ausbildungseinpendler
- Sektor Nord: knapp 30% der studentischen Ausbildungseinpendler
- Sektor West: 10% der studentischen Ausbildungseinpendler.

Dies ist insofern günstig für die ***Verkehrssituation***, als sich der Hauptteil der Universitätseinrichtungen in den nördlichen Stadtteilen befindet, zu geringeren Teilen im Zentrum und in Zukunft verstärkt auch im Osten. Damit besteht meist eine direkte Erreichbarkeit ohne das gesamte Stadtgebiet durchqueren zu müssen. Durch den universitären Ausbildungsverkehr sind daher vorwiegend die nördlichen und östlichen Stadtteile Montpelliers betroffen - ein sehr positiver Aspekt.

Für die gut 5000 studentischen Ausbildungseinpendler des 'Mittelbereichs Heidelberg' gilt, ähnlich wie bei den Berufseinpendlern:

- Sektor Süd: ca. 30%
- Sektor Ost: ca. 30%
- Sektor Nord: ca. 30%
- Sektor West: ca. 10%.

Für die ***verkehrlichen Belastungen*** gilt das für die Berufspendler Gesagte. Hinzu kommt die Belastung der von Norden ins Stadtgebiet führenden Dossenheimer Landstraße und in Folge davon der nördlichen Stadtteile Handschuhsheim und Neuenheim. Insbesondere auf dem Weg zu den Universitätseinrichtungen auf dem Neuenheimer Feld durchquert eine Vielzahl von Studenten täglich die zentralen Stadtteile - ein negativer Faktor bei der Bewertung der Umfeldverträglichkeit des Univerkehrs in der Stadt (Schmaus 1991, S. 10; eigene Auswertung).

Bei den Studierenden zeigt sich ein noch extremeres Verhältnis zwischen Ein- und ***Auspendlern*** als bei den Beschäftigten: In Heidelberg stehen 14.053 Ausbildungseinpendler 1362 -auspendler entgegen, was einem Verhältnis von ca. 1:10 entspricht (Schmaus 1991, S. 5).

6.3.2 Strukturen des Binnenverkehrs

6.3.2.1 Berufsverkehr innerhalb der Städte

Neben dem Verkehr über die Stadtgrenzen hinweg spielt der Binnenverkehr selbstverständlich eine große Rolle für das Geschehen in den Straßenräumen der beiden Untersuchungsstädte. Detaillierte Analysen der Verkehrsbeziehungen innerhalb der Stadtgebiete werden anhand der ausgewählten Untersuchungsstadtteile beispielhaft durchgeführt. Für die Gesamtstädte Montpellier und Heidelberg kann im Rahmen dieser Arbeit nur ein Überblick gegeben werden.

Abb. 6.1: Binnenverkehr Montpellier, differenziert nach Fahrzweck und modal split

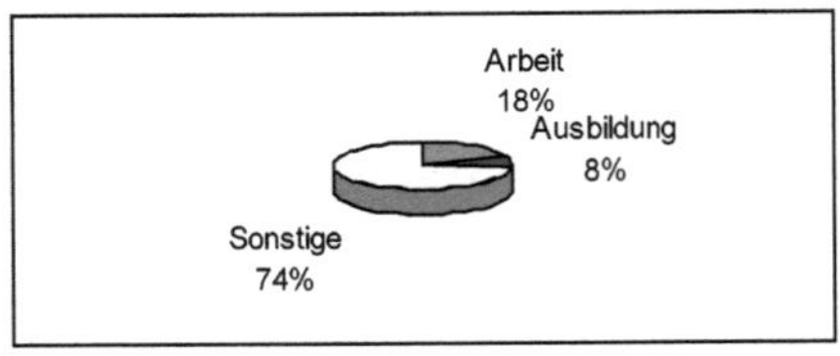

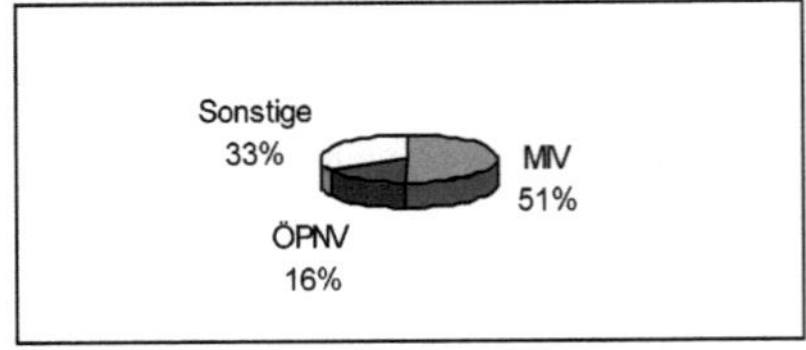

SMTU 1993

Die Summe der täglichen Wege im Berufsverkehr innerhalb der Stadt ***Montpellier*** beläuft sich auf ca. 45.000, das entspricht 0,76 Wege pro Erwerbstätigem und Tag (Ville de Montpellier - DAP 1995, INSEE 1990). Die ***Quellgebiete des Berufsverkehrs*** liegen vorwiegend in den westlichen und zentralen Stadtteilen. Die höchsten Zahlen an Erwerbstätigen haben:

- St. Clément im Westen
- Comédie im Zentrum
- La Paillade im Westen
- Estanove im Südwesten.

Die wichtigsten ***Zielgebiete*** liegen einerseits im Zentrumsbereich der Stadt, andererseits in den Universitäts- und Klinikumsvierteln im Norden (INSEE 1992, CETE-LR / DDE 1994, S.12). Die größten ***Belastungen*** durch den innerstädtischen Berufsverkehr erfahren demnach die Stadtteile zwischen den großen Wohngebieten im Westen und den Gebieten hoher Arbeitsplatzkonzentrationen im Zentrum und im Norden der Stadt.

Zur Zeit der morgendlichen rush-hour geht die größte Zahl der Fahrten in Richtung Innenstadt, abends in die entgegengesetzte Richtung. Dies führt in Kombination mit den Berufseinpendlern zu starken richtungsgebundenen Verkehrsspitzen mit den entsprechenden Folgen für den Verkehrsfluß und die Belastungen im Straßenraum. Die Straßenverkehrsinfrastruktur ist, soweit es das Flächenangebot zuläßt, entsprechend aufwendig ausgebaut. Der Pkw ist mit rund der Hälfte der Wege das beliebteste Verkehrsmittel im Berufsverkehr. Fußgänger und Zweiradfahrer machen zusammen ca. ein Drittel der Wege aus, der Rest entfällt auf den ÖPNV (SMTU 1993).

Abb. 6.2: Binnenverkehr Heidelberg, differenziert nach Fahrzweck und modal split

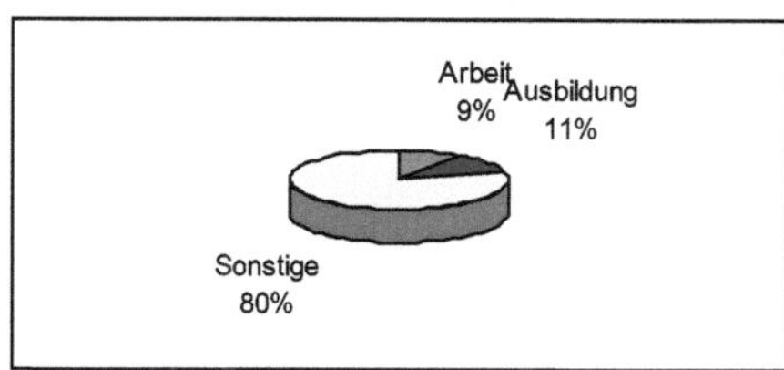

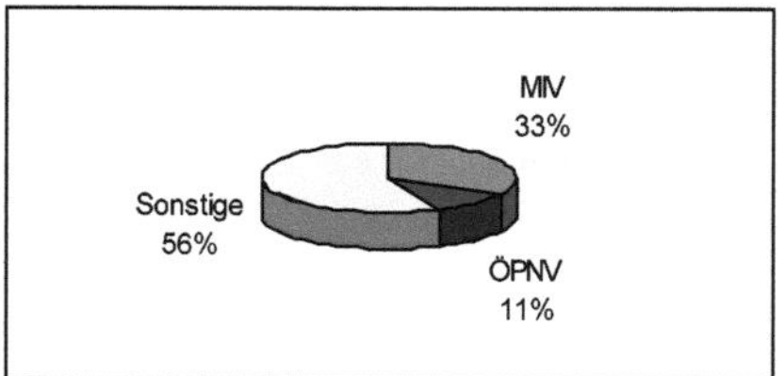

ifeu 1993

Innerhalb ***Heidelbergs*** stehen dem ca. 43.000 (9%) tägliche Verkehrsbewegungen mit ***Fahrzweck 'Arbeit'*** gegenüber, 0,97 Wege pro Erwerbstätigem und Tag (ifeu 1993). Die Erwerbstätigen in Heidelberg legen damit deutlich häufiger den Weg zwischen Wohnung und Arbeitsplatz zurück als in Montpellier. Ein wichtiger Grund dafür liegt in den durchschnittlich kürzeren Arbeitswegen als im französischen Untersuchungsgebiet. Die ***Quellgebiete*** des Verkehrs sind ein Spiegel der Einwohnerzahlen der Stadtteile:

- Weststadt im Zentrum
- Altstadt im Zentrum
- Handschuhsheim im Norden
- Neuenheim im Norden

- Rohrbach im Süden.

Wichtigstes ***Zielgebiet*** des Berufsverkehrs ist eindeutig das Zentrum:

- Altstadt im Zentrum
- Weststadt im Zentrum
- Bergheim im Zentrum
- Neuenheim im Norden.

Innerhalb und zwischen den drei genannten Zentrumsstadtteilen, sowie Handschuhsheim und Neuenheim finden die meisten Wege im Berufsverkehr statt. Folge davon ist ein hoher Prozentsatz ***kurzer Wege*** - die beste Voraussetzung für eine stadtverträgliche Verkehrsabwicklung, wenigstens im Binnenverkehr. Weiterhin reizt dies aber zum häufigeren Zurücklegen der Wege, wie beim Vergleich mit den Wegehäufigkeiten im Berufsverkehr Montpelliers festzustellen ist (ifeu 1993, Abb. 3.5, 3.7).

Trotz der relativ kurzen Strecken stellt der Pkw mit der Hälfte der Fahrten mit Abstand das beliebteste ***Verkehrsmittel*** für den Weg zur Arbeit dar. Fußgänger- und Fahrradverkehr nehmen mit zusammen 38% der Wege einen deutlich größeren Stellenwert ein als in der französischen Partnerstadt, der ÖPNV wird dagegen mit 11% seltener benutzt (ifeu 1993).Wie in Montpellier zeigt sich auch hier das Problem, daß Berufseinpendler und -binnenpendler zur morgendlichen und abendlichen Spitzenstunde die gleiche Fahrtrichtung einschlagen und sich dadurch hohe Belastungsspitzen in und um das Stadtzentrum ergeben. Daneben stellt in beiden Städten der ruhende Verkehr in den zentralen Zielgebieten einen bedeutenden Belastungsfaktor dar.

6.3.2.2 Universitärer Ausbildungsverkehr innerhalb der Städte

Der Binnenverkehr ***Montpelliers*** mit Fahrzweck 'Universität' zählt rund 35.000 tägliche Wege. Die beliebtesten Wohngebiete der Studierenden und damit ***Quellorte*** für den Univerkehr sind die quartiers:

- Hôpitaux Facultés im Norden
- Les Cévennes im Nordwesten
- Centre Historique - Les Arceaux im Zentrum
- Boutonnet direkt nördlich des Zentrums
- Beaux-Arts direkt nördlich des Zentrums.

Alle diese Stadtgebiete haben gemeinsam, daß sie in der Nähe der Universitätsinstitute liegen. Die ***Zielstadtteile*** sind:

- Hôpitaux Facultés

- Centre Historique - Les Arceaux
- Antigone.

Der Univerkehr spielt sich im Wesentlichen in der nördlichen Hälfte des Stadtgebiets ab. Verkehrsbeziehungen zwischen dem Campusviertel und dem Stadtzentrum sind häufig, diese Achse stellt das ***Hauptbelastungsgebiet*** dar. Die Verkehrsbelastungen der südlichen Stadtteile durch den universitären Ausbildungsverkehr sind vernachlässigbar. Antigone, im Osten der Innenstadt gelegen, wird durch die Ansiedlung neuer Universitätseinrichtungen bewußt zum Zielgebiet gemacht, um die Strukturen innerhalb der Stadt zu entzerren.

Im Binnenverkehr zeigt der ***modal split*** sehr erfreuliche Ergebnisse: Mit über 40% werden die meisten Wege zu Fuß zurückgelegt, weitere 6% mit dem Zweirad. Der ÖPNV nimmt fast ein Drittel der Wege auf, während auf das Auto nur ein Fünftel entfällt (GREGAU 1993, Bd. 1A, S. 50, 70, 71).

Die in ***Heidelberg*** wohnenden Studenten legen genauso viele Wege zur Hochschule zurück wie in der Vergleichsstadt Montpellier: Gut 35.000. Die zwei großen ***Zielstadtteile*** im universitären Ausbildungsverkehr sind:

- Neuenheim im Norden
- Altstadt im Zentrum.

Diese sind jedoch nicht nur Standort der Universitäten und der PH, sondern ebenfalls die wichtigsten Wohnstandorte der Studierenden und damit ***Quellstadtteile***, gefolgt von der Weststadt. Daher deckt dieser eng gesteckte Raum einen sehr großen Teil der Binnenwege des Univerkehrs ab. Kurze Wege sind die Regel.

Dies spiegelt sich auch in der ***Verkehrsmittelbenutzung*** wider: Das Fahrrad ist auch nach Einführung des Semestertickets mit ca. 36% der Wege wichtigstes Verkehrsmittel, gefolgt vom Fußgängerverkehr mit über 30%. D.h. rund zwei Drittel der Wege werden mit nicht-motorisierten Verkehrsmitteln zurückgelegt. Den Pkw benutzen gut 7% der in Heidelberg wohnenden Studierenden, Bus oder Bahn ca. 25% (Belz 1996; ifeu 1993; eigene Bearbeitung).

Wenn auch ganz unterschiedlich strukturiert, so ist das Verkehrsverhalten der Studierenden im Binnenverkehr beider Städte als vorbildlich zu bezeichnen. Die Bedeutung des Radverkehrs tritt in Montpellier im Vergleich zu Heidelberg stark zurück. Der Fußgängerverkehr ist dafür wesentlich stärker ausgeprägt und auch der ÖPNV besitzt eine wichtigere Stellung. Das Auto wird in beiden Fällen nur relativ selten benutzt, wobei die MIV-Nutzung in Heidelberg seit dem Fahrpreisangebot des Semestertickets nochmals deutlich abgenommen hat.

6.4 Vergleichende Analyse der Untersuchungsstadtteile

6.4.1 Hôpitaux Facultés - Plan des Quatre Seigneurs & Neuenheim

6.4.1.1 Berufsverkehr

Tab. 6.3 und 6.4: Zielverkehr Hôpitaux Facultés - Plan des Quatre Seigneurs und Neuenheim, differenziert nach Quellstadtteilen, Fahrzweck 'Arbeit'

Zielverkehr Hôpitaux Facultés
Fahrzweck: Arbeit
Verkehrsmittel: gesamt

Quelle \ Ziel	Hôpitaux Facultés
Hôpitaux	1643
Aiguelongue	57
H.d.l. Paillade	44
La Paillade	58
Cévennes	117
St. Clément	25
La Martelle	305
La Chamberte	314
Estanove	374
Lemasson	754
C. d'Argent	192
St. Martin	174
Aiguerelles	414
Pompignane	328
Boutonnet	49
Beaux-Arts	392
Les Arceaux	724
Comédie	652
Antigone	346
Figuerolles	94
Summe	***7056***

SMTU 1993

Zielverkehr Neuenheim
Fahrzweck: Arbeit
Verkehrsmittel: gesamt

Quelle \ Ziel	Neuenheim
Schlierbach	112
Altstadt	753
Bergheim	467
Weststadt	725
Südstadt	139
Rohrbach	419
Kirchheim	413
Pfaffengrund	278
Wieblingen	307
Handschuhsh.	1033
Neuenheim	1044
Boxberg	75
Emmertsgrund	75
Ziegelhausen	456
Summe	***6296***

ifeu 1993

Abb. 6.3: Zielverkehr Hôpitaux Facultés - Plan des Quatre Seigneurs differenziert nach Fahrzweck und nach modal split

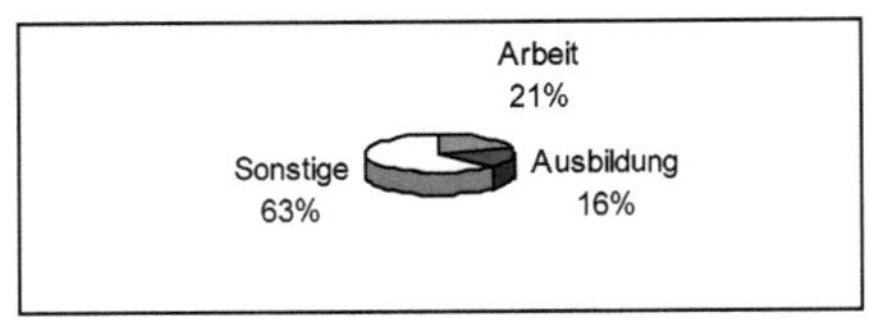

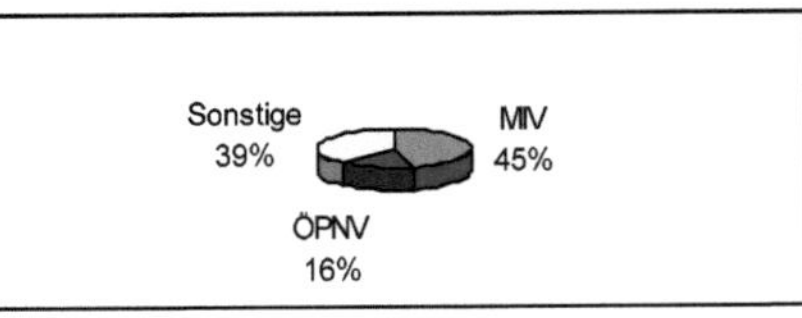

SMTU 1993

Um zu ihrem Arbeitsplatz zu gelangen, begeben sich täglich über 7000 Bewohner ***Montpelliers*** in den Stadtteil Hôpitaux Facultés - Plan des Quatre Seigneurs. Für über 1600 ist dies gleichzeitig der ***Wohnstandort***. Ein Großteil der Binnenpendler kommt aus den Stadtteilen in und um die Innenstadt:

- Lemasson südlich des Zentrums
- Les Arceaux im Zentrum
- Comédie im Zentrum
- Aiguerelles im Südosten.

Es folgen weitere Stadtteile, die sich ringförmig um die Stadtmitte anordnen. Die Wahl der Wohnstadtteile scheint sich nicht an der Lage der Arbeitsstätten zu orientieren: Außer denjenigen die direkt in Hôpitaux Facultés - Plan des Quatre Seigneurs wohnen, müssen die meisten relativ lange Strecken zurücklegen. Keiner der bevorzugten Stadtteile grenzt direkt an den Stadtteil in dem gearbeitet wird.

Ein Abgleichen der Tabellenwerte für Hôpitaux Facultés - Plan des Quatre Seigneurs mit den Volkszählungsergebnissen (Summe: 7148) (Ville de Montpellier - DAP 1995) zeigt, daß die Benutzung der SMTU-Werte die reale Situation sehr gut wiedergibt. Differenziert nach Fahrzweck liegen für Montpellier auf Stadtteilebene nur Schätzwerte zum modal split vor. Nach diesen Werten und den oben genannten Entfernungsstrukturen sind hohe MIV- und ÖPNV-Anteile zu erwarten, für Fußgänger- und Radverkehr sehr geringe Anteile.

Die Verkehrsverhältnisse für den ***MIV*** sind eher ungünstig, da die Straßen in und um das Stadtzentrum sehr stark belastet sind und wegen der enormen Flächennutzungskonkurrenz kaum Ausbaumöglichkeiten oder Ausweichstrecken bestehen. Mit dem zentralen Verkehrsleitsystem 'Petrarque' wird versucht der Situation im MIV und ÖPNV Herr zu werden. Zudem ist der Parkraum sowohl in Innenstadtnähe, als auch in einigen Teilen von Hôpitaux Facultés knapp und häufig überbelegt. Dies führt nicht nur zu einer Verlängerung der Reisezeiten im MIV, sondern auch zu bedeutenden Belastungen für das Straßenumfeld, sei es durch fließenden oder durch ruhenden Verkehr.

Für die Bewohner des Zentrums bestehen schnelle und direkte Busverbindungen, dort sind hohe ***ÖPNV***-Anteile zu erwarten. Diejenigen, die am Rande der Innenstadt wohnen, müssen mit längeren ÖPNV-Reisezeiten rechnen, was vermutlich eine verstärkte MIV-Nutzung nach sich zieht. Eine Straßenbahnlinie, die das Zentrum mit dem Universitäts- und Klinikumsviertel verbindet ist im Bau. Ab dem Zeitpunkt der Fertigstellung werden sich die Verbindungen nochmals deutlich verbessern: Die Reisezeit vom Zentrum in das Campusviertel wird um ca. 10 Minuten auf die Dauer einer Viertelstunde sinken. Ein deutlicher Anstieg des ÖPNV-Anteils am Binnenverkehr wird prognostiziert.

Die meisten Beschäftigten wohnen außerhalb der Distanzen fußläufiger Erreichbarkeit zu ihrem Arbeitsplatz, daher ist mit einem ***NMIV***-Wert deutlich unter dem Durchschnitt aller Fahrzwecke (39%) zu rechnen. Das Fahrrad könnte bei entsprechendem infrastrukturellen Ausbau zu einer Entlastung der Straßen beitragen: Im Zuge des Straßenbahnbaus ist die Einrichtung einer durchgängigen Radwegverbindung geplant (Montpellier District / SMTU

1996, S. 4, 7; Ville de Montpellier 1995?). Ob das Angebot angenommen wird, bleibt fraglich. Eine gute Öffentlichkeitsarbeit zur Image-Verbesserung des Fahrrads als Verkehrsmittel tut Not.

Abb. 6.4: Zielverkehr Neuenheim
differenziert nach Fahrzweck und modal split

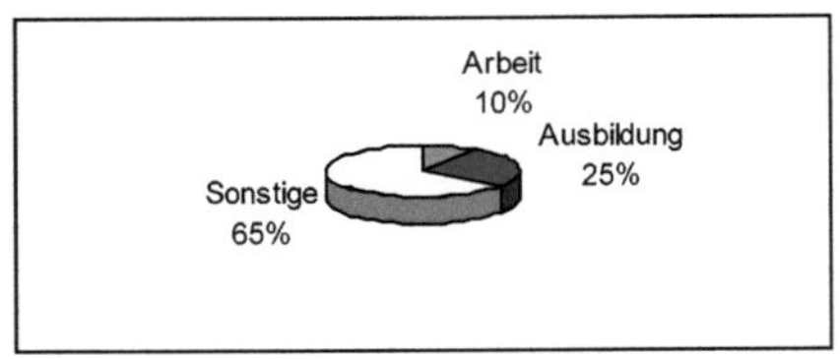

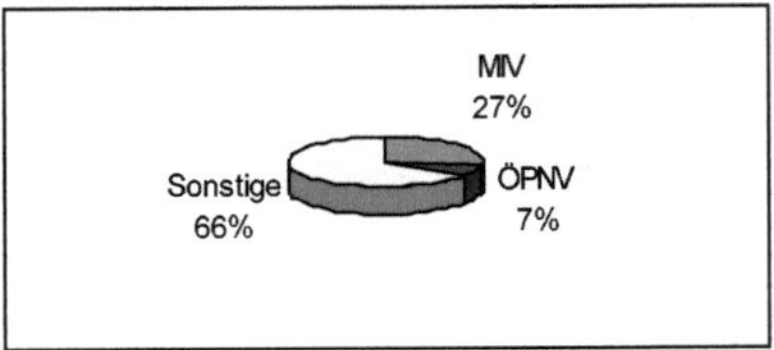

ifeu 1993

Der tägliche Zielverkehr mit Fahrzweck 'Arbeit' nach ***Neuenheim*** beträgt ca. 6300 Wege. Das entspricht 10% des gesamten Zielverkehrs des Stadtteils und liegt knapp unter dem absoluten Wert für den französischen Vergleichsstadtteil. Die wichtigsten ***Quellgebiete*** liegen alle in direkter Nähe:

- Neuenheim
- Handschuhsheim
- Altstadt
- Weststadt

Die weiter entfernten Stadtteile weisen deutlich geringere Werte auf. Im Gegensatz zum Vergleichsstadtteil Hôpitaux Facultés sind die Entfernungsstrukturen optimal für eine stadtverträgliche Abwicklung des Verkehrs. Trotz der im Durchschnitt sehr kurzen Wege zur Arbeitsstelle in Neuenheim kommt knapp über die Hälfte der Beschäftigten mit dem Auto. Ein MIV-Anteil, der fast doppelt so hoch ist wie der Stadtteildurchschnitt aller Fahrzwecke:

• MIV: 53% • ÖPNV: 10% • Fahrrad: 18% • zu Fuß: 21%

Die Fußgänger kommen fast alle aus Neuenheim selbst und den angrenzenden Stadtteilen, sowie der Weststadt. Gleiches gilt, in abgeschwächter Form für die Radfahrer. Es ist daher nicht erstaunlich, daß genau dies die Stadtteile mit den geringsten MIV-Anteilen am ***modal split*** sind. Eine hohe Pkw-Nutzung findet sich bei allen entfernt liegenden Stadtteilen: Emmertsgrund, Boxberg, Schlierbach, Ziegelhausen, Pfaffengrund, Rohrbach, Wieblingen und Kirchheim. Die ÖPNV-Nutzung ist von allen Stadtteilen aus ähnlich, lediglich Neuenheim selbst fällt mit nur 3% aus dem Rahmen. Der Grund ist bei den geringen Distanzen und dem hohen NMIV-Anteil zu suchen. Aus dem gleichen Grund haben die angrenzenden Stadtteile Handschuhsheim und Bergheim unterdurchschnittliche Werte, der Emmertsgrund wegen der weniger günstigen Verbindungen (ifeu 1993).

Insgesamt ist dies ein relativ umwelt- und umfeldfreundlicher modal split mit knapp 50% der Arbeitswege mit Verkehrsmitteln des Umweltverbunds. Vor dem Hintergrund der geringen Distanzen und der guten ÖPNV-Anbindung erscheint die Situation dennoch verbesserungswürdig. Der ÖPNV-Anteil ist niedrig, jedoch nur unwesentlich unter dem Stadtdurchschnitt. Grund dafür ist nicht eine Unterversorgung mit öffentlichem Verkehr, sondern eher die gute Ausstattung mit kostenlosen Parkplätzen in Neuenheim-West nahe der Arbeitsplätze. Mit dem Bau der geplanten Straßenbahnlinie auf das Neuenheimer Feld und gleichzeitiger konsequenter Parkraumbewirtschaftung könnte noch ein lohnendes Potential an Umsteigern mobilisiert werden.

Ähnlich wie bei der Zufahrt zum quartier Hôpitaux Facultés treten auch auf dem Weg nach Neuenheim die größten ***Belastungspotentiale*** zwischen Stadtzentrum und Zielstadtteil auf. Die Pkw-Nutzung ist bei den peripheren Quellstadtteilen besonders hoch. Ein Großteil dieser Fahrten führt notgedrungen durch die Zentrumsstadtteile und bündelt sich auf der Ernst-Walz- und der Theodor-Heuss-Brücke. Die Störwirkung des ruhenden Verkehrs hält sich auf dem Neuenheimer Feld in Grenzen, da ausreichend (kostenloser) Parkraum zur Verfügung steht. Anders sieht das Bild allerdings in Neuenheim-Mitte und -Ost aus, wo parkende Autos die Aufenthaltsqualität des Straßenraums deutlich einschränken.

6.4.1.2 Universitärer Ausbildungsverkehr

Tab. 6.5 und 6.6: Zielverkehr Hôpitaux Facultés - Plan des Quatre Seigneurs und Neuenheim, differenziert nach Quellstadtteilen, Fahrzweck 'Hochschule'

Zielverkehr Hôpitaux-Facultés
Fahrzweck: Hochschule
Verkehrsmittel: gesamt

Quelle \ Ziel	Hôpitaux-
Centre	1854
Gambetta	1273
Antigone	1075
Boutonnet -	2493
Les Arceaux	1238
Montpellier-Sud	1405
Aiguerelles	515
Les Aubes -	396
Hôpitaux-	9216
Alco - Cévennes	2909
La Paillade	902
Summe	***23276***

GREGAU 1993

Zielverkehr Neuenheim
Fahrzweck: Hochschule
Verkehrsmittel: gesamt

Quelle \ Ziel	Neuenheim
Schlierbach	110
Altstadt	1371
Bergheim	806
Weststadt	1180
Südstadt	346
Rohrbach	634
Kirchheim	356
Pfaffengrund	161
Wieblingen	460
Handschuhsh.	1834
Neuenheim	5479
Boxberg	12
Emmertsgrund	11
Ziegelhausen	313
Summe	***13073***

ifeu 1993

Über 23.000 Wege mit dem Ziel 'Hochschule' führen täglich in den Stadtteil ***Hôpitaux Facultés***. Mehr als 9000 Wege davon haben ihren Ursprung im gleichen Stadtgebiet, die Rangfolge der ***Quellgebiete*** lautet:

- Hôpitaux Facultés
- Alco-Cévennes: westlich angrenzend
- Boutonnet - Beaux Arts: südlich angrenzend.

Auf den mittleren Plätzen rangieren die Zentrumsstadtteile, am Ende der Skala die zentrumsfernen Stadtteile im Westen, Süden und Osten der Stadt. Demnach ist eine sehr starke räumliche Bindung zwischen Wohnort und Studienort gegeben. Nicht zuletzt ausschlaggebend dafür ist die räumliche Lage der meisten Studentenwohnheime in unmittelbarer Uninähe (GREGAU 1993).

Ein großer Anteil der Wohnungen liegt im Bereich der fußläufigen Erreichbarkeit. Für den Radverkehr besteht kaum Infrastruktur, Radwege sind nur in Teilstücken vorhanden, Abstellanlagen sind im Unibereich eine Seltenheit. Den Bewohnern des Zentrums stehen gute ÖPNV-Verbindungen zur Verfügung. Für den Pkw-Verkehr sind die Verhältnisse ungünstig: Der Parkplatzmangel im Zielgebiet und bei den zentral gelegenen Stadtteilen auch im Quellgebiet, dazu häufig überlastete Zufahrtsstraßen zur rush-hour lassen die Reisezeiten relativ lang werden. Der Univerkehr zum Campusviertel Hôpitaux Facultés belastet in direkter Weise vorwiegend das zentrale und nördliche Stadtgebiet.

Diese Beobachtungen spiegeln sich im ***modal split*** der Studierenden wider: Knapp ¾ der Bewohner des Campusviertels gehen zu Fuß zur Uni, bei den Bewohnern der angrenzenden Stadtteile werden ebenfalls bedeutende Anteile erreicht: Boutonnet - Beaux-Arts fast die Hälfte, Alco - Cévennes und St. Clément jeweils ungefähr 1/5. Die Busbenutzer kommen vorwiegend aus den Zentrumsstadtteilen, wo der ÖPNV Anteile bis zu 60% erreicht. Die geringsten Werte erreichen die nördlichen, uninahen Stadtgebiete. In den uni- und zentrumsfernen Stadtteilen dominiert der Pkw-Verkehr mit Anteilen bis zu 40%. Auffällig ist, daß der relativ nah am Campus gelegene, aber mit einer ungünstigen ÖPNV-Verbindung ausgestattete Stadtteil Alco - Cévennes ebenfalls hohe MIV-Anteile aufweist. Der modal split der Studierenden ist insgesamt deutlich umfeld- und umweltfreundlicher als bei den anderen Fahrzwecken mit Ziel Hôpitaux Facultés (GREGAU 1993):

• MIV: 21% • ÖPNV: 34% • zu Fuß: 44%

Neuenheim zieht täglich 13.000 Studierende an seine Hochschulen, über 40% davon wohnen auch dort. Wie auch im französischen Vergleichsstadtteil spielt dabei die Lage der Wohnheime eine entscheidende Rolle. Die beliebtesten ***Wohnstandorte***:

- Neuenheim
- Handschuhsheim: nördlich angrenzend
- Altstadt: südlich angrenzend
- Bergheim: südlich angrenzend
- Weststadt: südlich, nicht direkt angrenzend.

Die peripheren Stadtteile Emmertsgrund, Boxberg, Schlierbach, Pfaffengrund und Ziegelhausen sind in den seltensten Fällen Wohnort der Studierenden. Die Studierenden zeigen, wie auch im Vergleichsstadtteil Montpelliers eine ideale Wohnstandortverteilung aus dem Blickwinkel einer stadtverträglichen Verkehrsabwicklung. Kurze Strecken und gute ÖPNV-Verbindungen ermöglichen einen hohen Anteil an Wegen mit Verkehrsmitteln des Umweltverbunds (ifeu 1993).

Wenn die Verkehrsmittelwahl auch sehr unterschiedlich zu den in Hôpitaux Facultés Studierenden ist, so hat Neuenheim dennoch einen vorbildlichen ***modal split***:

• MIV: 7% • ÖPNV: 24% • Fahrrad: 34% • zu Fuß: 35%

(Belz 1996; Wermuth et al. 1990 und 1994; ifeu 1993; eigene Bearbeitung). Der Fußgängerverkehr beschränkt sich aus Distanzgründen auf die Quellstadtteile Neuenheim, Bergheim, Handschuhsheim und Altstadt. Die Stadtteile mit moderater Entfernung weisen die größte Fahrradbenutzung auf: Südstadt, Weststadt, Altstadt und Handschuhsheim. Selbst am Hang gelegene Stadtteile wie Emmertsgrund, Schlierbach und Ziegelhausen weisen als Schlußlichter noch respektable Fahrradanteile auf. Mit 24% wird dagegen das ÖPNV-Angebot weniger angenommen als im Univiertel von Montpellier mit 36%. Im Vergleich zu den Jahren vor Einführung des Semestertickets ist die ÖPNV-Nutzung im Univerkehr Neuenheims stark angestiegen. Im Gegensatz zu Montpellier liegen die Stadtteile, für die der ÖPNV eine große Rolle spielt weit außerhalb: Schlierbach, Rohrbach, Ziegelhausen und Wieblingen. Die Nähe zwischen Zentrum und Univiertel erlaubt die Benutzung von Fuß und Rad. Die Pkw-Benutzung liegt trotz großer Parkflächen mit nur 7% deutlich niedriger als in Hôpitaux Facultés. In beiden Städten dominieren beim Autoverkehr die weit entfernten Stadtteile, hier Boxberg, Emmertsgrund, Ziegelhausen und Schlierbach (Belz 1996; Wermuth et al. 1990 und 1994; ifeu 1993; eigene Bearbeitung).

6.4.2 Centre Historique - Les Arceaux & Altstadt

6.4.2.1 Berufsverkehr

Tab. 6.7 und 6.8: Zielverkehr Centre Historique - Les Arceaux und Altstadt, differenziert nach Quellstadtteilen, Fahrzweck 'Arbeit'

Zielverkehr Centre Hist.-Arceaux
Fahrzweck: Arbeit
Verkehrsmittel: gesamt

Quelle \ Ziel	Centre Hist.- Arceaux
Hôpitaux	674
Aiguelongue	340
H.d.l. Paillade	349
La Paillade	639
Cévennes	768
St. Clément	26
La Martelle	319
La Chamberte	50
Estanove	392
Lemasson	788
C. d'Argent	201
St. Martin	182
Aiguerelles	432
Pompignane	344
Boutonnet	52
Beaux-Arts	63
Les Arceaux	1277
Comédie	27
Antigone	362
Figuerolles	13
Summe	***7298***

SMTU 1993

Zielverkehr Altstadt
Fahrzweck: Arbeit
Verkehrsmittel: gesamt

Quelle \ Ziel	Altstadt
Schlierbach	237
Altstadt	1460
Bergheim	504
Weststadt	898
Südstadt	159
Rohrbach	473
Kirchheim	415
Pfaffengrund	291
Wieblingen	350
Handschuhsh.	717
Neuenheim	708
Boxberg	238
Emmertsgrund	201
Ziegelhausen	591
Summe	***7242***

ifeu 1993

Abb. 6.5: Zielverkehr Centre Historique - Les Arceaux, differenziert nach Fahrzweck und modal split

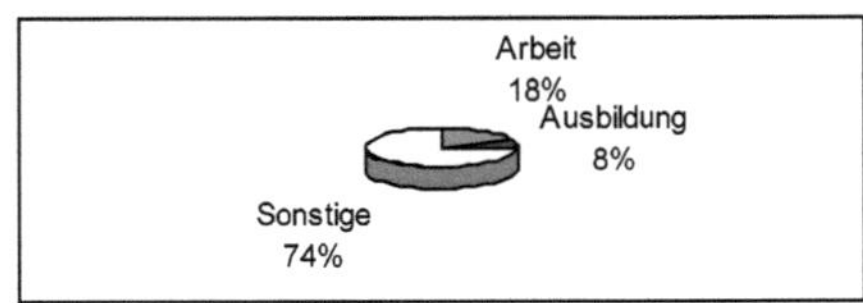

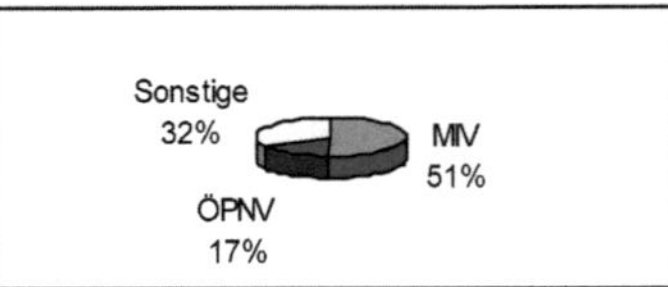

SMTU 1993

Ca. 7300 Erwerbstätige aus Montpellier kommen täglich in das quartier Centre Historique - Les Arceaux zum Arbeiten. Für ca. 1300 unter ihnen ist der Arbeitsstadtteil gleichzeitig auch Wohnstadtteil, der damit an der Spitze der ***Quellgebiete*** liegt:

- Centre Historique - Les Arceaux
- Lemasson: südlich angrenzend
- Les Cévennes: im Westen

- Hôpitaux Facultés: im Norden
- La Paillade: im Westen.

Es sind demnach zwei Pole auszumachen, an denen jeweils ca. 30% der im Zentrum arbeitenden Bevölkerung wohnhaft ist: Einerseits das Zentrum selbst, andererseits die bevölkerungsstarken, peripheren Stadtteile im Westen und Norden des Stadtgebiets. Die dazwischen liegenden, rings um das Zentrum angelagerten quartiers Figuerolles, St. Clément, Comédie, La Chamberte, Boutonnet und Beaux Arts beherbergen praktisch keine in Centre Historique - Les Arceaux arbeitenden Personen. Der restliche Anteil wohnt dispers über das Stadtgebiet verstreut (SMTU 1993).

Die Zahlen spiegeln mehrere ***städtebauliche Tendenzen*** wider: Die große Zahl der im Stadtkern lebenden und arbeitenden Menschen zeigt die nach wie vor bedeutende soziostrukturelle und wirtschaftliche Rolle des Zentrums für die Stadt auf, des weiteren eine starke räumliche Bindung zwischen Wohn- und Arbeitsort. Die Bedeutung der nordwestlichen Stadtteile als zweiter Pol der Wohnstandorte zeichnet die Linien der Stadtplanung Montpelliers in den letzten Jahrzehnten nach. Die Entwicklung dieser Stadtteile wurde stark gefördert, was zu einer unausgeglichenen Stadt- und Verkehrsentwicklung geführt hat, der heute durch eine Orientierung nach Südosten entgegen gesteuert wird.

Wie im universitären Ausbildungsverkehr stellen die Straßen zwischen Zentrum und nordwestlichen Stadtgebieten auch im Berufsverkehr die am stärksten frequentierten und ***belasteten Verkehrswege*** dar. Diese Konzentration von Verkehr zeigt einerseits bedeutende Problemzonen auf, ermöglicht andererseits auch ein effektives ÖPNV-Konzept. Die ansonsten im Stadtgebiet verstreut lebenden Erwerbstätigen sind Ausdruck der zeitweise sehr unreglementierten Stadterweiterung und -verdichtung, die ihren Beitrag zu den heutigen Verkehrsproblemen in Form eines flächenhaften Siedlungsbilds mit inkohärentem Straßennetz leistet.

Bei den in Centre Historique - Les Arceaux wohnenden Personen spielt der Fußgängerverkehr eine große Rolle auf dem Weg zum Arbeitsplatz. Wie auch in Heidelberg trägt hierzu neben den kurzen Wegen und der attraktiven Infrastruktur für Fußgänger auch die schwierige Straßenverkehrs- und Parkplatzsituation bei. Parkmöglichkeiten sind zwar in der Regel in ausreichender Anzahl vorhanden, jedoch sind sie im gesamten Innenstadtbereich flächendeckend bewirtschaftet. Im Gegensatz dazu ist beim Quellverkehr der nördlichen und westlichen Stadtteile nur ein marginaler Fußgängeranteil zu erwarten, MIV und ÖPNV machen nahezu die Gesamtheit des Berufsverkehrs ins Zentrum aus. Die im Bau befindliche Straßenbahnlinie wird das Verhältnis in Richtung ÖPNV verschieben. Die Werte des Kreisdiagramms (Abb. 6.5: alle Fahrzwecke) dürften dem modal split des Berufsverkehrs sehr nahe kommen.

Ein Vergleich der in Tab. 6.7 benutzten Zahlen (SMTU 1993) mit dem Datensatz der Volkszählung 1990 (Ville de Montpellier - DAP 1995) zeigt eine deutliche Überschätzung der Berufsbinnenpendler nach Centre Historique - Les Arceaux. Die hier angegebenen Absolutwerte sind im Zweifelsfall eher nach unten zu korrigieren.

Abb. 6.6: Zielverkehr Altstadt, differenziert nach Fahrzweck und modal split

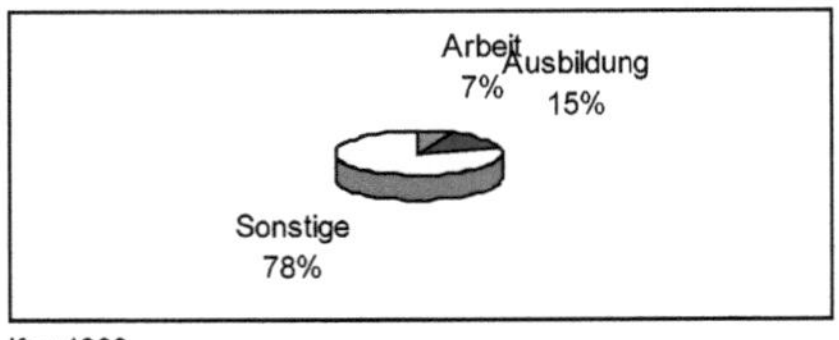

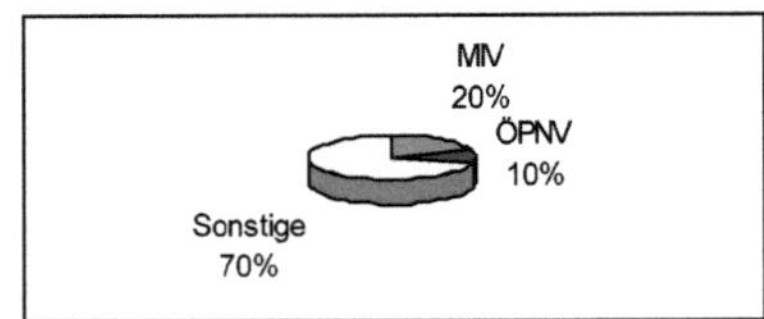

ifeu 1993

Bevorzugte ***Wohngegend*** der über 7000 in der Altstadt Beschäftigten sind die zentralen und nördlichen Stadtteile:

- Zentrum: Altstadt, Weststadt und Bergheim: 40%
- Norden: Handschuhsheim und Neuenheim: 20%.

Die entfernteren südlichen und westlichen Stadtteile Rohrbach, Kirchheim, Pfaffengrund und Wieblingen liegen im Mittelfeld, während Emmertsgrund, Boxberg und Schlierbach auf den hinteren Plätzen rangieren (ifeu 1993). Damit ist, wie auch bei Centre Historique - Les Arceaux beim Berufsverkehr mit Ziel Altstadt ein deutlicher Bezug zwischen Wohn- und Arbeitsort festzustellen. Ein Großteil der Beschäftigten hat kurze, zu Fuß oder mit dem Fahrrad zu bewältigende Distanzen zurückzulegen.

Eine weitere Ähnlichkeit zum französischen Vergleichsstadtteil stellt die Parallele zwischen bevorzugten Wohnorten der Beschäftigten und der Studierenden dar. Auch in Heidelberg konzentrieren sich die Verkehrsbelastungen beider Fahrzwecke auf die Verbindungsstrecken zwischen Zentrum und nördlichen Stadtteilen. Dies führt insbesondere im Bereich der Zu- und Abfahrten der beiden großen Neckarbrücken zu hohen Verkehrsaufkommen.

Der ***modal split*** der in der Altstadt Beschäftigten liegt in Sachen Stadt- und Umweltverträglichkeit an der Spitze der Heidelberger Stadtteile und ist damit auch deutlich besser zu bewerten als die Vergleichswerte für Hôpitaux - Facultés. Dafür sind, in Kombination mit der günstigen Wahl der Wohnstadtteile die guten Verbindungen im ÖPNV und die gute Erreichbarkeit mit nichtmotorisierten Verkehrsmitteln verantwortlich. Zusätzlich spielen aber auch die erschwerten Bedingungen für den Kfz-Verkehr eine nicht zu vernachlässigende Rolle. Knapper Parkraum und flächendeckende Parkplatzbewirtschaftung, Fußgängerzone und

Fahrradstraße verschieben das Attraktivitätsverhältnis weg vom MIV hin zu den Verkehrsmitteln des Umweltverbunds:

• MIV: 45% • ÖPNV: 13% • Fahrrad: 21% • zu Fuß: 22%

Der ***MIV***-Anteil liegt damit trotz allem deutlich höher als bei anderen Fahrzwecken. Mit zunehmender Länge der Fahrstrecke wächst der Anteil der Pkw-Benutzung. Entferntere Stadtteile weisen Werte über 60% auf. Die höchsten Werte werden von den zusätzlich am Hang gelegenen Stadtteilen Emmertsgrund, Boxberg und Ziegelhausen erreicht. Bei der ***ÖPNV***-Benutzung dominieren ebenfalls die längeren Wege, wobei kein markanter Unterschied zwischen Quellstadtteilen in der Ebene und in Hanglage festzustellen ist. Ob die Anbindung mit Straßenbahn oder Bus geschieht, spielt keine entscheidende Rolle. Mit Abstand die geringsten ÖPNV-Anteile haben die zentralen Stadtteile Altstadt, Weststadt und Bergheim.

Das Haupteinzugsgebiet des ***Fahrradverkehrs*** liegt bei den mittleren und nahen Entfernungen: Neuenheim, Handschuhsheim, Südstadt, Bergheim und Weststadt weisen überdurchschnittliche Werte auf. Es erstaunt nicht, daß die weit entfernten und am Hang gelegenen Stadtteile Emmertsgrund, Boxberg und Ziegelhausen mit großem Abstand die Schlußlichter bilden. Beim ***Fußgängerverkehr*** zeichnet sich ein deutlicher entfernungsabhängiges Bild ab: Die Quellzonen Altstadt, Weststadt und Bergheim sind die einzigen mit überdurchschnittlich hohen Werten, bei weiter entfernten Zonen tendiert der Anteil gegen Null (ifeu 1993).

6.4.2.2 Universitärer Ausbildungsverkehr

Tab. 6.9 und 6.10: Zielverkehr Centre Historique - Les Arceaux und Altstadt, differenziert nach Quellstadtteilen, Fahrzweck 'Hochschule'

Zielverkehr Centre Hist.-Arceaux
Fahrzweck: Hochschule
Verkehrsmittel: gesamt

Quelle \ Ziel	**Centre Hist.- Arceaux**
Centre	1732
Gambetta	968
Antigone	624
Boutonnet - Beaux-Arts	1870
Les Arceaux	1220
Montpellier-Sud	925
Aiguerelles	307
Les Aubes - Pompignane	253
Hôpitaux-Facultés	1829
Alco - Cévennes	1609
La Paillade	385
Summe	***11723***

GREGAU 1993

Zielverkehr Altstadt
Fahrzweck: Hochschule
Verkehrsmittel: gesamt

Quelle \ Ziel	**Altstadt**
Schlierbach	347
Altstadt	4345
Bergheim	930
Weststadt	1694
Südstadt	433
Rohrbach	761
Kirchheim	325
Pfaffengrund	159
Wieblingen	492
Handschuhsh.	962
Neuenheim	1864
Boxberg	67
Emmertsgrund	51
Ziegelhausen	562
Summe	***12992***

ifeu 1993

Knapp 12.000 Studierende begeben sich täglich an die Universitätsinstitute im quartier ***Centre Historique - Les Arceaux***. Es ist ein enger Bezug zwischen Wohnort und Studienort festzustellen, wenn auch geringer als im Campusviertel:

- Zentrum: Centre, Les Arceaux und Boutonnet - Beaux Arts: 41%
- Norden: Hôpitaux Facultés und Alco - Cévennes: 29%.

Die Wohnstandortverteilung wird nicht unwesentlich durch die räumliche Verteilung der Wohnheimplätze im Stadtgebiet beeinflußt. Die westlichen, südlichen und östlichen Stadtteile haben als Wohnort für die Studenten nur sehr geringe Bedeutung (GREGAU 1993).

Wie schon beim quartier Hôpitaux Facultés festgestellt, spielt sich der Univerkehr in der nördlichen Hälfte des Stadtgebiets ab, der Süden bleibt davon fast unberührt. Die Wohnstandortverteilung führt zu ähnlichen Wegen wie bei den in Hôpitaux Facultés Studierenden, nur in umgekehrter Richtung: Die Strecken zwischen den nördlichen Stadtteilen und dem Zentrum stellen den Brennpunkt des universitären Ausbildungsverkehrs dar, sei es stadtein- oder -auswärts. Hinzu kommt eine bedeutende Anzahl kurzer Wege innerhalb der Innenstadt.

Der Universitätsbereich im Centre Historique ist aufgrund der zentralen Lage sehr gut zu Fuß oder mit dem Rad zu erreichen. Sehr gut sind auch die Busverbindungen aus fast allen Richtungen. Für den MIV sind die ***Verkehrsbedingungen*** noch schlechter als in Hôpitaux Facultés. Die Straßen um das Zentrum sind zu Stoßzeiten häufig überlastet, durch Fußgängerbereiche und Einbahnregelungen müssen lange Umwege in Kauf genommen werden. Der Parkraum ist flächendeckend bewirtschaftet.

Entsprechend den kurzen Wegen und der Verkehrsinfrastruktur gestaltet sich auch die ***Verkehrsmittelwahl*** deutlich umfeld- und umweltverträglicher als beim, in Abb. 6.5 dargestellten Zielverkehr aller Fahrzwecke:

• MIV: 24% • ÖPNV: 32% • zu Fuß: 43%

Der Bereich der fußläufigen Erreichbarkeit wird gut ausgenützt: Überdurchschnittlich hohe ***Fußgängeranteile*** sind bei allen Stadtteilen des erweiterten Zentrums festzustellen. Mit wachsender Entfernung nimmt der Anteil stark ab: Am geringsten ist er bei La Paillade mit 7%, gefolgt von Montpellier Sud, Alco - Cévennes, Aiguerelles, Hôpitaux Facultés und Les Aubes - Pompignane.

Genau entgegengesetzt ist die Verteilung der ***ÖPNV***-Nutzung: La Paillade dominiert klar mit 60%, gefolgt von den südlichen und westlichen quartiers und dem Campusviertel Hôpitaux Facultés. Ganz ähnlich gelagert ist auch die räumliche Verteilung der ***MIV***-Nutzung, die bei den peripheren Stadtteilen im Westen am höchsten ist und im Gegenuhrzeigersinn um den

Stadtkern immer weiter abnimmt. Mit Abstand die geringste Autonutzung haben die Stadteile des Zentrums, insbesondere das Centre mit 7% (GREGAU 1993).

Die Verteilung der ***Wohnstandorte*** der in der Heidelberger ***Altstadt*** Studierenden ist ebenso konzentriert wie beim Vergleichsstadtteil Montpelliers:

- Altstadt
- Neuenheim
- Weststadt
- Bergheim

Aber auch weiter entfernte Stadtteile erreichen hohe Werte:

- Handschuhsheim
- Rohrbach.

Die peripheren Stadtteile beherbergen am wenigsten Studenten, allen voran Emmertsgrund und Boxberg, gefolgt von Pfaffengrund, Kirchheim und Schlierbach. Die Distanzen zur Universität sind überwiegend sehr kurz, die Wege bündeln sich aus den Richtungen Nord, West und Süd zur Altstadt hin. Dementsprechend konzentrieren sich die ***Belastungen*** durch den Univerkehr stark auf die direkte Umgebung der Universitätseinrichtungen, in geringerem Maß sind die angrenzenden Stadtteile Bergheim, Neuenheim und Weststadt betroffen. Die Achse zwischen den zwei Universitätszentren Altstadt und Neuenheimer Feld stellt, parallel zum Vergleichsfall Montpellier, die am stärksten belastete innerstädtische Verbindung im universitären Ausbildungsverkehr dar. Die zentrumsfernen Stadtteile werden vom Univerkehr nicht belastet (ifeu 1993).

Die ***Verkehrsverhältnisse*** für die verschiedenen Verkehrsmittel sind denjenigen des Centre Historique Montpelliers sehr ähnlich. Die zentrale Lage der Universitätsgebäude inmitten des großzügig gestalteten Fußgängerbereichs und die zunehmende Verbesserung der Radwegverbindungen machen den NMIV zur prädestinierten Fortbewegungsart. Die Nähe zum ÖPNV-Knotenpunkt am Bismarckplatz ermöglicht schnelle Verbindungen in alle Richtungen. Lediglich die Erschließung der Altstadt durch den Busverkehr erscheint verbesserungswürdig, der Bau einer neuen Straßenbahnlinie ist in Planung. Hohes Verkehrsaufkommen bei starken Flächennutzungskonflikten machen es den MIV-Nutzern schwer. Ob in Parkgaragen oder im Straßenraum, die uninahen Parkmöglichkeiten sind begrenzt und flächendeckend bewirtschaftet. Insbesondere die schwierige Parksituation scheint bedeutenden Einfluß auf die Verkehrsmittelwahl auf dem Weg zum Studienort Altstadt zu haben.

Der nichtmotorisierte Verkehr nimmt auch im Univerkehr der Altstadt die absolute Spitzenstellung ein und stellt einen Garanten für eine umfeld- und umweltverträgliche Verkehrsabwicklung dar:

• MIV: 5% • ÖPNV: 27% • Fahrrad: 41% • zu Fuß: 28%

(Belz 1996; Wermuth et al. 1990 und 1994; ifeu 1993; eigene Bearbeitung). Die Quellgebiete des ***Fußgängerverkehrs*** liegen klar abgegrenzt in den drei Stadtteilen mit den kürzesten Wegen zur Uni: Altstadt, Bergheim und Weststadt. Durch den enormen ***Fahrradanteil*** ensteht ein deutlicher Unterschied zu den Verkehrsstrukturen des französischen Vergleichsstadtteils. Besonders hohe Fahrradanteile haben die Stadtteile der mittleren Entfernungsklassen: Handschuhsheim, Südstadt, Neuenheim und Rohbach. Die weiter entfernten, aber in der Rheinebene gelegenen Quellgebiete Wieblingen, Pfaffengrund und Kirchheim stehen dem nicht viel nach. Mit Abstand die geringsten Fahrradanteile weisen die weiter entfernten und am Hang gelegenen Stadtteile Boxberg, Emmertsgrund und Ziegelhausen auf.

Die ***ÖPNV***-Nutzung liegt trotz hoher Steigerungsraten in den letzten Jahren noch deutlich unter dem Vergleichswert von Centre Historique. Überdurchschnittlich viele Nutzer von Bus und Bahn finden sich in den Stadtteilen mit geringen NMIV-Anteilen, insbesondere Emmertsgrund und Ziegelhausen, gefolgt von Rohrbach, Kirchheim, Schlierbach, Boxberg und Pfaffengrund. Die Bewohner der Zentrumsstadtteile benutzen den ÖPNV fast gar nicht.

Der Anteil Autofahrer stellt den geringsten Wert aller untersuchten Unistadtteile beider Städte dar. Die Quellgebiete mit den höchsten ***MIV***-Anteilen haben alle lange Zufahrtswege mit Steigungen: Boxberg, Emmertsgrund, Ziegelhausen und Schlierbach. Ebenfalls überdurchschnittliche Werte weisen die Stadtteile mit langen Wegen ohne Steigungen auf: Wieblingen, Pfaffengrund und Kirchheim. Von den zentral gelegenen Stadtteilen fahren kaum Studenten mit dem Pkw zur Uni (ifeu 1993).

6.4.3 St. Martin - Prés d'Arènes & Pfaffengrund

6.4.3.1 Berufsverkehr

Tab. 6.11 und 6.12: Zielverkehr St. Martin - Prés d'Arènes und Pfaffengrund, differenziert nach Quellstadtteilen, Fahrzweck 'Arbeit'

Zielverkehr St. Martin-P. d'Arenes
Fahrzweck: Arbeit
Verkehrsmittel: gesamt

Quelle \ Ziel	**St. Martin-P. d'Arenes**
Hôpitaux	283
Aiguelongue	142
H.d.I. Paillade	147
La Paillade	269
Cévennes	324
St. Clément	143
La Martelle	134
La Chamberte	139
Estanove	165
Lemasson	45
C. d'Argent	13
St. Martin	1068
Aiguerelles	28
Pompignane	145
Boutonnet	184
Beaux-Arts	172
Les Arceaux	319
Comédie	12
Antigone	152
Figuerolles	41
Summe	***3925***

SMTU 1993

Zielverkehr Pfaffengrund
Fahrzweck: Arbeit
Verkehrsmittel: gesamt

Quelle \ Ziel	**Pfaffengrund**
Schlierbach	37
Altstadt	266
Bergheim	237
Weststadt	351
Südstadt	72
Rohrbach	224
Kirchheim	352
Pfaffengrund	544
Wieblingen	294
Handschuhsh.	259
Neuenheim	262
Boxberg	27
Emmertsgrund	30
Ziegelhausen	103
Summe	***3058***

ifeu 1993

Abb. 6.7: Zielverkehr St. Martin - Prés d'Arènes, differenziert nach Fahrzweck und modal split

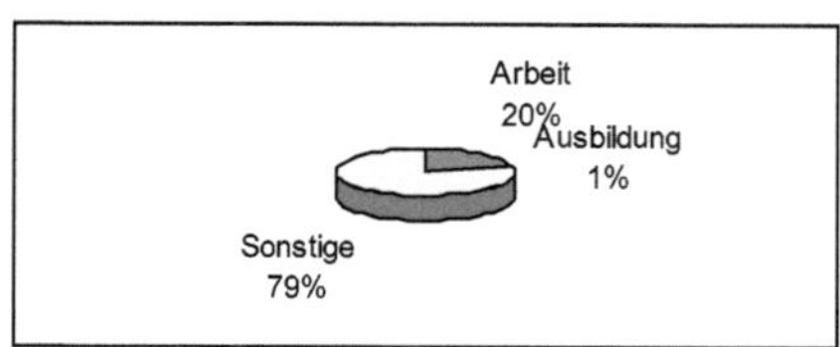

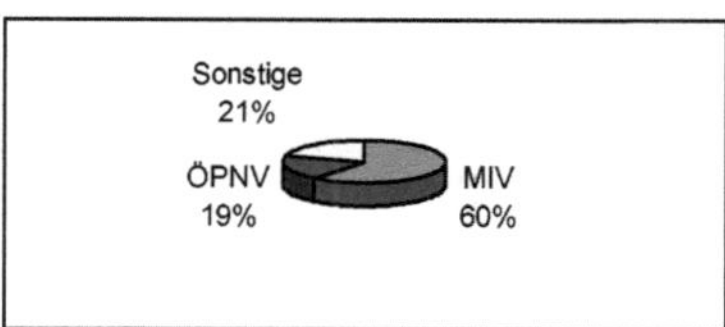

SMTU 1993

Von den knapp 4000 in St. Martin - Prés d'Arènes Beschäftigten wohnt ein bedeutender Anteil auch in diesem Stadtteil. Ansonsten sind die nordwestlichen Stadtteile die bevorzugten ***Wohngegenden***:

- St. Martin - Prés d'Arènes: ca. ¼ der Beschäftigten

- Nordwesten: Cévennes, Hôpitaux Facultés, La Paillade und Hauts de la Paillade: ca. ¼
- direkt westlich und nördlich des Zentrums: Les Arceaux, Boutonnet, Beaux Arts, St. Clément und Aiguelongue: ¼.

Dementsprechend sind die nahe an St. Martin - Prés d'Arènes gelegenen Stadtteile nur ganz schwach vertreten: Die 10 quartiers, die die südliche Hälfte der Stadt ausmachen (ohne St. Martin - Prés d'Arènes) beherbergen nur gut 1/5 der Beschäftigten (SMTU 1993).

Eine derartige Wohnstandortverteilung führt bei den meisten Beschäftigten zu langen ***Anfahrtswegen*** zu den Arbeitsstätten. Dies hat zur Folge, daß außer bei den im Arbeitsstadtteil selbst Wohnenden nur eine sehr geringe Anzahl an Fußgängern und Radfahrern zu erwarten ist. Neben einem relativ hohen ÖPNV-Anteil resultiert daraus notgedrungen ein hoher Anteil an MIV-Nutzern. Diese Tendenz ist ebenfalls im Kreisdiagramm der Abb. 6.7 zu erkennen.

Aus der Lage St. Martin - Prés d'Arènes' südlich des Zentrums und der Wohnstandorte auf der gegenüberliegenden Seite der Stadt ergibt sich eine Wegführung, die zu hohen Verkehrsbelastungen im Innenstadtbereich und auf den Ringstraßen führt. Das Gewerbe- und Industriegebiet Prés d'Arènes ist mit autogerechten Zufahrtsstraßen und großflächigen Parkplätzen ausgestattet, was den ***Pkw*** konkurrenzlos zum schnellsten und bequemsten Verkehrsmittel macht.

Die ***ÖPNV***-Anbindung ist gewährleistet, für die Bewohner der nördlichen Stadthälfte jedoch langwierig und mit Umsteigevorgängen verbunden. In der ersten Ausbaustufe werden die südlichen quartiers Montpelliers nicht an das Straßenbahnnetz angebunden. Mit einer deutlichen Beschleunigung der ÖPNV-Anbindung ist demnach zunächst nicht zu rechnen.

Für den ***NMIV*** besteht keine attraktive Infrastruktur. Aus verkehrsplanerischer Sicht mit Blickwinkel auf eine umfeld- und umweltverträgliche Abwicklung des Verkehrs sind die Verhältnisse beim Berufsverkehr mit Ziel St. Martin - Prés d'Arènes als ungünstig zu bezeichnen.

Ein Abgleichen des Berufsverkehrs nach St. Martin - Prés d'Arènes mit dem INSEE 90-Datensatz (Ville de Montpellier - DAP 1995) zeigt eine leichte Überschätzung der absoluten Anzahl der Wege bei Benutzung der SMTU 1993-Werte.

Abb. 6.8: Zielverkehr Pfaffengrund, differenziert nach Fahrzweck und modal split

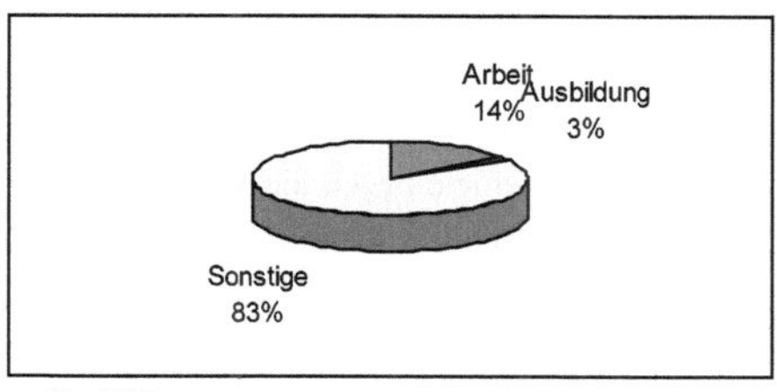

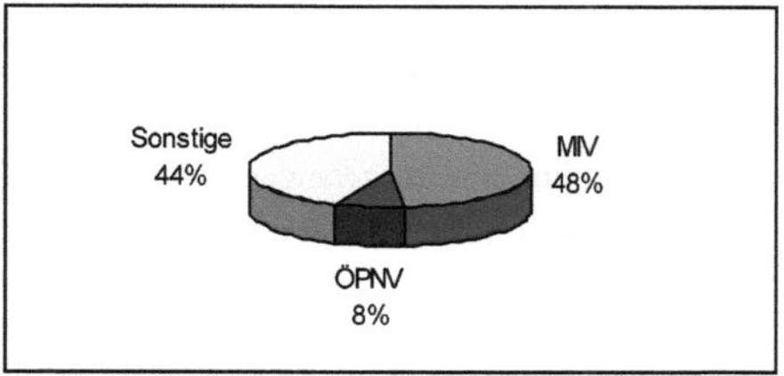

ifeu 1993

Auch im Pfaffengrund ist der Arbeitsstadtteil gleichzeitig beliebtester Wohnstadtteil, jedoch weniger stark ausgeprägt als im quartier St. Martin - Prés d'Arènes. Die weitere ***Wohnstandortverteilung*** unterscheidet sich dagegen deutlich vom französischen Vergleichsstadtteil, denn in den meisten Fällen werden nahe gelegene Wohngebiete bevorzugt:

- Pfaffengrund: knapp 1/5 der Beschäftigten
- angrenzende Stadtteile: Kirchheim, Weststadt und Wieblingen: ca. 1/3 der Beschäftigten.

Der Pfaffengrund und die nächstgelegenen Stadtteile beherbergen damit die Hälfte der Beschäftigten und bieten ihnen kurze Wege zum Arbeitsplatz. Die Stadtteile im Zentrum und im Norden der Stadt liegen im Mittelfeld, während die weit entfernten Gebiete Boxberg, Emmertsgrund, Schlierbach und Ziegelhausen nur ganz selten als Wohnort gewählt werden (ifeu 1993).

Der Pfaffengrund hat durch seine Lage an der westlichen Begrenzung des Stadtgebiets zwar eine sehr gute Erreichbarkeit aus Richtung Autobahn, er ist jedoch durch große Verkehrs- und Freiflächen von den anderen Stadtteilen Heidelbergs getrennt. Um so positiver muß daher die Wohnstandortverteilung der dort Beschäftigten beurteilt werden, die trotz der peripheren Lage einen hohen Prozentsatz innerhalb des für Fußgänger und Radfahrer geeigneten Entfernungsbereichs sammelt. Auf diese Weise wird der Einfluß auf die ***Verkehrsbelastung*** im Zentrumsbereich Heidelbergs gering gehalten. Zu den morgendlichen und abendlichen Hauptverkehrszeiten haben die Wege in den Pfaffengrund in der Regel die entgegengesetzte Richtung zum Hauptstrom, der sich in Richtung Zentrum und Neuenheim ergießt. Mit dem Pkw sind die Arbeitsstätten im Pfaffengrund problemlos zu erreichen und auch der Parkraum stellt keinen Engpaß dar. Daher haben die Verkehrsmittel des Umweltverbunds einen schweren Stand, als attraktive Alternative aufzutreten. Im Vergleich zu St. Martin - Prés d'Arènes ist die Verkehrssituation vor allem deshalb deutlich günstiger einzuschätzen, weil vorwiegend die westlichen Stadtteile betroffen sind und das Stadtzentrum kaum belastet wird. Der modal split zeigt sich sehr MIV-lastig:

• MIV: 63% • ÖPNV: 11% • Fahrrad: 12% • zu Fuß: 14%

Der ***MIV-Anteil*** ist der höchste der untersuchten Heidelberger Stadtteile für den Fahrzweck 'Arbeit'. Gering ist der Anteil nur innerhalb des Pfaffengrunds selbst mit 22%. Sogar in den angrenzenden Stadtteilen Weststadt mit 68%, Wieblingen mit 72% und Kirchheim mit 79% stellt das Auto mit Abstand das wichtigste Verkehrsmittel dar, um zum Arbeiten in den Pfaffengrund zu gelangen. Für die zentral gelegenen Quellgebiete liegen die Werte bei ca. 60 bis 70%, für die entfernteren wie Boxberg, Emmertsgrund, Schlierbach und Ziegelhausen bei 90 bis 100%.

Die Benutzung ***öffentlicher Verkehrsmittel*** liegt im gesamtstädtischen Durchschnitt. Am höchsten sind die Anteile bei den Beschäftigten mit Wohnsitz in den zentral gelegenen Stadtteilen Altstadt, Bergheim und Weststadt. Von dort aus bestehen die schnellsten und einfachsten Verbindungen zum Zielort. Praktisch nicht genutzt werden Bus und Bahn im Pfaffengrund selbst, hier bietet der ÖPNV kaum Vorteile gegenüber dem NMIV. Des weiteren weisen die Quellgebiete mit vergleichsweise langen Fahrzeiten Boxberg, Emmertsgrund, Ziegelhausen, Wieblingen und Handschuhsheim unterdurchschnittliche Werte auf.

Auf den ***nichtmotorisierten Verkehr*** entfällt insgesamt ca. ¼ der Wege. Dieser Wert liegt deutlich unter denjenigen für die zentraler gelegenen Zielstadtteile Neuenheim und Altstadt. Fußgänger kommen fast nur aus dem Pfaffengrund selbst und in sehr geringem Maße noch aus den benachbarten und nahe gelegenen Stadtteilen. Beim Radverkehr dominieren die Zentrumsstadtteile Altstadt, Weststadt und Bergheim sowie Neuenheim und Wieblingen (ifeu 1993).

Es ist demnach für diesen Stadtteil, wie auch für St. Martin - Prés d'Arènes ein modal split festzustellen, der deutlich weniger umfeld- und umweltverträglich ist, als derjenige der zentraler gelegenen Untersuchungsgebiete. Als Grund dafür können einerseits die Entfernungsstrukturen angeführt werden, andererseits aber auch der autogerechte Ausbau der Verkehrsinfrastruktur auf dem Weg zu den Arbeitsstätten.

6.5 Fazit der Verursacherstrukturen

Wie auch bei den Auswertungen der Emissionen, Immissionen und Belastungen im vorhergehenden Kapitel sind deutliche Parallelen bei den Verursacherstrukturen der jeweiligen Vergleichsstadtteile zu erkennen. Diese Parallelen sind stärker ausgeprägt als die Ähnlichkeiten innerhalb der deutschen und der französischen Untersuchungsstadt. Besonders hervorzuheben sind die ***Parallelen in der Wohnstandortverteilung*** der Studierenden und auch der Beschäftigten beider Städte. Dies führt in beiden Fällen zu den höchsten Belastungen in den Innenstadtbereichen, insbesondere zwischen Zentrum und Campusviertel.

Ebenfalls sind bei beiden Untersuchungsstädten wesentliche Unterschiede bei der ***Verkehrsmittelwahl*** für Fahrten ins Zentrum, in das Universitätsviertel und das periphere Gewerbe- und Industriegebiet festzustellen. Auch hier finden sich deutliche Parallelen zwischen den jeweiligen Vergleichsstadtteilen. Bei allen Stadtteilen ist eine entfernungsabhängige Veränderung des modal split zu erkennen: Mit zunehmender Distanz nimmt der Anteil Fußgänger und Radfahrer ab, der ÖPNV und insbesondere der MIV zu.

Dennoch sind beim modal split Heidelbergs und Montpelliers auch auffällige ***Unterschiede*** zu sehen. Beim nichtmotorisierten Verkehr weist Heidelberg deutlich höhere Werte auf als das französische Untersuchungsgebiet. Grund dafür ist die hohe Fahrradbenutzung, die aus deutschem Blickwinkel gesehen in Montpellier ein Schattendasein führt. Die Ursachen für den geringen Fahrradanteil sind nicht nur im mangelnden Ausbau der Infrastruktur, der vermeintlichen Rücksichtslosigkeit der Autofahrer und anderen äußeren Umständen zu suchen. Zu großen Teilen beruht das Phänomen auf schwer erklärbaren gesellschaftlichen Gewohnheiten, bei denen nur durch effiziente Öffentlichkeitsarbeit ein Bewußtseinswandel herbeigeführt werden kann (s.u.). Der Fußgängerverkehr und insbesondere der ÖPNV ist dagegen in Montpellier deutlich stärker ausgeprägt. Die Ursache liegt nicht primär in Qualitätsunterschieden der Nahverkehrsanbindungen, sondern stellt eher ein Wechselspiel von Radverkehr in Heidelberg und öffentlichem Nahverkehr in Montpellier dar.

Exkurs zur Radverkehrsentwicklung in Frankreich und Deutschland

Die, in den Auswertungen festgestellten, deutlichen Unterschiede beim Radverkehrsanteil am modal split der Untersuchungsstädte, spiegeln typische Situationen in französischen und deutschen Städten wider. In den Nachkriegsjahrzehnten hat in beiden Ländern der Radverkehrsanteil stark abgenommen. Dies ist zum einen auf die Autoorientierung in der Verkehrs- und Stadtplanung sowie die damit zusammenhängende infrastrukturelle Benachteiligung des RV zurückzuführen. Auf der anderen Seite bekam das Fahrrad ein Image als 'Arme-Leute-Verkehrsmittel', was zu einem starken Rückgang der Benutzung führte.

In Deutschland hat sich dieser Trend Mitte der siebziger Jahre gewendet, die gesellschaftliche Wertschätzung begann sich zu verbessern, die soziale Akzeptanz wuchs und damit auch der Anteil am modal split. In Frankreich dagegen vollzog sich kein derartiger Imagewandel, das Verkehrsmittel Fahrrad wurde in der Planung nach wie vor vernachlässigt, die Benutzung sank weiterhin (Horn 1993, S. 9 ff.; Minvielle 1994). Erst seit Ende der achtziger Jahre treten Verfechter einer Renaissance des Fahrrads in Frankreich verstärkt in der Öffentlichkeit auf. Mit der Gründung des 'Club des Villes Cyclables' im Jahr 1989 hat sich ein Bund aus Städten und Planungsorganisationen gebildet, der die Förderung der Fahrradnutzung verfolgt. Durch massiven Ausbau der Radverkehrsinfrastruktur und flankierende Öffentlichkeitsarbeit konnten in einigen Städten gute Erfolge erzielt werden. Die Städte Strasbourg, Grenoble und Lorient gelten mit RV-Anteilen von bis zu 15% an den täglichen innerstädtischen Fahrten (ohne Fußwege) als Aushängeschilder. Montpellier ist Mitglied im 'Club des Villes Cyclables' und gehört zu der Gruppe der Städte, denen bei weiterer Förderung gute Chancen auf respektable Fahrradanteile eingeräumt werden (Club des Villes Cyclables 1995; Brett 1994, S. 25 ff.).

Verschiedene Untersuchungen weisen Zusammenhänge zwischen der Infrastrukturausstattung für Radfahrer und der Benutzungshäufigkeit dieses Verkehrsmittels nach. Eine aktive Förderung des Radverkehrs im Zuge einer integrierten Verkehrsplanung wird daher angeraten. Daneben wird in den gleichen Quellen allerdings auch der Einfluß anderer Determinanten, wie 'kommunales Klima', 'subjektive Perzeption' und 'individuelle Einstellung und Wertschätzung des Fahrrads' betont. Diese Faktoren gelten als kaum quantifizierbar und planbar, was zu Unsicherheiten bei der Vorhersage zukünftiger Entwicklungen beiträgt (Bracher 1993; Brög 1981, S. 51). Kompakte Siedlungsstrukturen mit kurzen und direkten Wegen gelten als förderlich für eine verstärkte Nutzung des Fahrrads im Stadtverkehr (Horn 1993, S. 15). Zusätzlich ist ein Einfluß topographischer Verhältnisse auf die Fahrradnutzung festzustellen, wobei ebene Gebiete den stark reliefierten vorgezogen werden. Für klimatische, respektive jahreszeitliche Faktoren wird nur ein geringer Einfluß festgestellt (Brög 1981, S. 50 ff.)

Die Ergebnisse der Untersuchungen zu den Belastungswirkungen des Stadtverkehrs und zu dessen Verursacherstrukturen leiten zu möglichen ***zukünftigen Entwicklungstrends*** über. Die Situationsanalysen in den Vergleichsstadtteilen Montpelliers und Heidelbergs legen eine Konzentration auf die Siedlungs- und Nutzungsstrukturen auf Stadtteilebene nahe. In mittel- bis langfristigen Veränderungen werden bisher ungenutzte Chancen zur Minderung der Verkehrs-, Umfeld- und Umweltbelastungen in Städten gesehen. Näheres hierzu im folgenden Kapitel 7.

7 Strategien zur Verbesserung der Umfeld- und Umweltverträglichkeit des Berufs- und universitären Ausbildungsverkehrs in Montpellier und Heidelberg

7.1 Einleitende Anmerkungen zu den Strategien

In Kapitel 5 werden die Emissionen, Immissionen und Belastungen des Verkehrs in Montpellier und Heidelberg analysiert. Auf diese Weise werden die Brennpunkte sichtbar gemacht, an denen dieser zu hohen Belastungen führt und auf welche Art. Das daran anschließende Kapitel 6 ermöglicht einen Einblick in die Verursacherstrukturen des Berufs- und universitären Ausbildungsverkehrs. Dies ist die Basis für weitergehende Reflexionen zum Thema 'nachhaltige Verbesserung der Umfeld- und Umweltverträglichkeit des Stadtverkehrs' in den ausgewählten Untersuchungsgebieten.

Diese Arbeit soll sich nicht nur auf die Feststellung der aktuellen Verkehrs- und Belastungssituationen beschränken, sondern anhand von Maßnahmenpaketen zu ***Strategien besserer Umfeld- und Umweltverträglichkeit*** gelangen. Ziel ist es, anhand dessen Möglichkeiten zur Verbesserung der Lebens- und Umweltqualität in Montpellier und Heidelberg aufzuzeigen und gleichzeitig die Verkehrsverhältnisse für den notwendigen und zweckdienlichen Verkehr zu begünstigen.

Zunächst wird eine breite Palette an ***Maßnahmen*** vorgestellt, die die Bausteine für Strategien zur Verbesserung der Umfeld- und Umweltverträglichkeit von Stadtverkehr darstellen. Im Anschluß daran werden für die Untersuchungsgebiete Szenarien aufgestellt, die die jeweiligen Entwicklungsmöglichkeiten aufzeigen und untereinander vergleichbar machen. Die Basis dazu bildet das ***Status-Quo-Szenario***, eine Fortschreibung der derzeitigen Entwicklungen in die Zukunft. Mit den ***Alternativszenarien*** werden möglichst umfeld- und umweltverträgliche Entwicklungen des Stadtverkehrs angestrebt. In der ersten Ausbaustufe geht es darum, zu beleuchten, welche Möglichkeiten die Ausschöpfung der derzeit gültigen gesetzlichen und planerischen Rahmenbedingungen bietet. Auf diese Weise wird das bisher, aufgrund von Vollzugsdefiziten, brachliegende Potential zur Verbesserung der Umfeld- und Umweltverträglichkeit des Stadtverkehrs aufgezeigt. Wie beim Status-Quo-Szenario ist das Bezugsjahr 2010. Die zweite Ausbaustufe, mit langfristiger Orientierung über das Jahr 2010 hinaus, beruht auf Veränderungen der gesetzlichen und planerischen Rahmenbedingungen (vgl. Abb. 7.1). Die derzeitigen Rahmenbedingungen in Deutschland und Frankreich und ihre möglichen Umorientierungen sind in Kap. 1.3.1 und 1.3.3 beschrieben. Die Minderungspotentiale ergeben sich aus einem Vergleich der verschiedenen Szenarien.

Es darf nicht ausbleiben, auf die generellen ***Schwierigkeiten bei der Quantifizierung*** und Bewertung von Verkehr und seinen Auswirkungen hinzuweisen. Insbesondere gilt dies aufgrund der "sozio-emotionalen Motivatoren, welche die 'transportunabhängige Faszination des Pkw' ausmachen und sich ihrem Wesen nach nicht in Verkehrsnachfragemodelle einbauen lassen und daher auch in rationalen Modal-Split-Überlegungen keine Berücksichtigung finden können..." (Cerwenka 1996, S. 28). Des weiteren sind "die Wirksamkeiten einzelner Maßnahmen [...] nach dem heutigen Erkenntnisstand nur sehr schwierig zu beschreiben oder gar zu quantifizieren, da

- jede Maßnahme nicht nur beabsichtigte Primärwirkungen, sondern oft Sekundärwirkungen nach sich zieht, die zudem oft konträr gerichtet sind,
- die Stärke jeder Wirkung von dem Intensitätsgrad der ergriffenen Maßnahme abhängt,
- eine Maßnahme in verschiedenen räumlichen Gebieten unterschiedlich wirksam ist und
- nur für wenige Maßnahmen halbwegs gesicherte empirische Erfahrungen vorliegen" (Wermuth 1994).

7.2 Systematik: Einflußgrößen und Maßnahmen

Die Systematik der Einflußgrößen und Maßnahmen orientiert sich an Schmitz, wobei Veränderungen und Ergänzungen vorgenommen wurden (Schmitz 1990, S. 146 ff.). Die ***Einflußgrößen*** auf die Umfeld- und Umweltverträglichkeit von Stadtverkehr lassen sich in folgende Kategorien untergliedern:

1. die Rahmenbedingungen, die in Form von gesetzlichen und planerischen Vorgaben den Aktionsradius abstecken
2. die Verkehrsnachfrage tritt als Verkehrsaufkommen in Erscheinung, sie ist abhängig von Siedlungs-, Bevölkerungs-, Nutzungs-, Wirtschafts- und Verkehrsstrukturen
3. die räumliche Anordnung der Fahrziele beeinflußt die zurückzulegenden Entfernungen und wandelt so das Verkehrsaufkommen in die Verkehrsleistung um
4. die Verkehrsmittelwahl bestimmt den modal split und die Anteile der Fahrzeugarten am Gesamtverkehr
5. der Besetzungsgrad der Fahrzeuge bestimmt die Fahrleistungen, die zur Erbringung der Verkehrsleistung notwendig sind
6. die Fahrgeschwindigkeiten und Fahrzyklen basieren auf den Strecken- und Verkehrsmerkmalen, dem individuellen Fahrverhalten und externen Faktoren
7. die technischen Fahrzeugmerkmale haben direkten Einfluß auf die Schadstoff- und Lärmemissionen des Verkehrs.

Diese Einflußgrößen stellen die Basis der eigentlichen Maßnahmen dar und verdeutlichen die Bezüge zu den Ursachen der Verkehrsentstehung. Von den Einflußgrößen gehen jeweils verschiedene Einzelmaßnahmen zur Reduzierung der Verkehrsemissionen und -belastungen aus (vgl. Abb. 7.1). Es handelt sich um ***Maßnahmen***

1. zur Veränderung der gesetzlichen und planerischen Rahmenbedingungen (vgl. Kap. 1.3.1)
2. zur Vermeidung von Verkehr (vgl. Kap. 7.3.1)
3. zur Beeinflussung der Zielwahl (vgl. Kap. 7.3.1)
4. zur Beeinflussung der Verkehrsmittelwahl (vgl. Kap. 7.3.2)
5. zur Verbesserung des Besetzungsgrads (vgl. Kap. 7.3.2)
6. zur Beeinflussung des Straßenverkehrsablaufs (vgl. Kap. 7.3.3)
7. zur Veränderung des Emissionsverhaltens der Fahrzeuge (vgl. Kap. 7.3.4)

(verändert und ergänzt nach Schmitz 1990, S. 147).

Die Status-Quo- und Alternativszenarien mit dem Bezugsjahr 2010 beziehen Maßnahmen der Punkte 2 bis 7 ein. Bei den längerfristigen Alternativszenarien sind grundlegende Veränderungen der Rahmenbedingungen (Punkt 1) Teil der Betrachtung (vgl. Abb. 7.1).

Abb. 7.1: Konzeptioneller Aufbau von Status-Quo-Szenario und Alternativszenarien

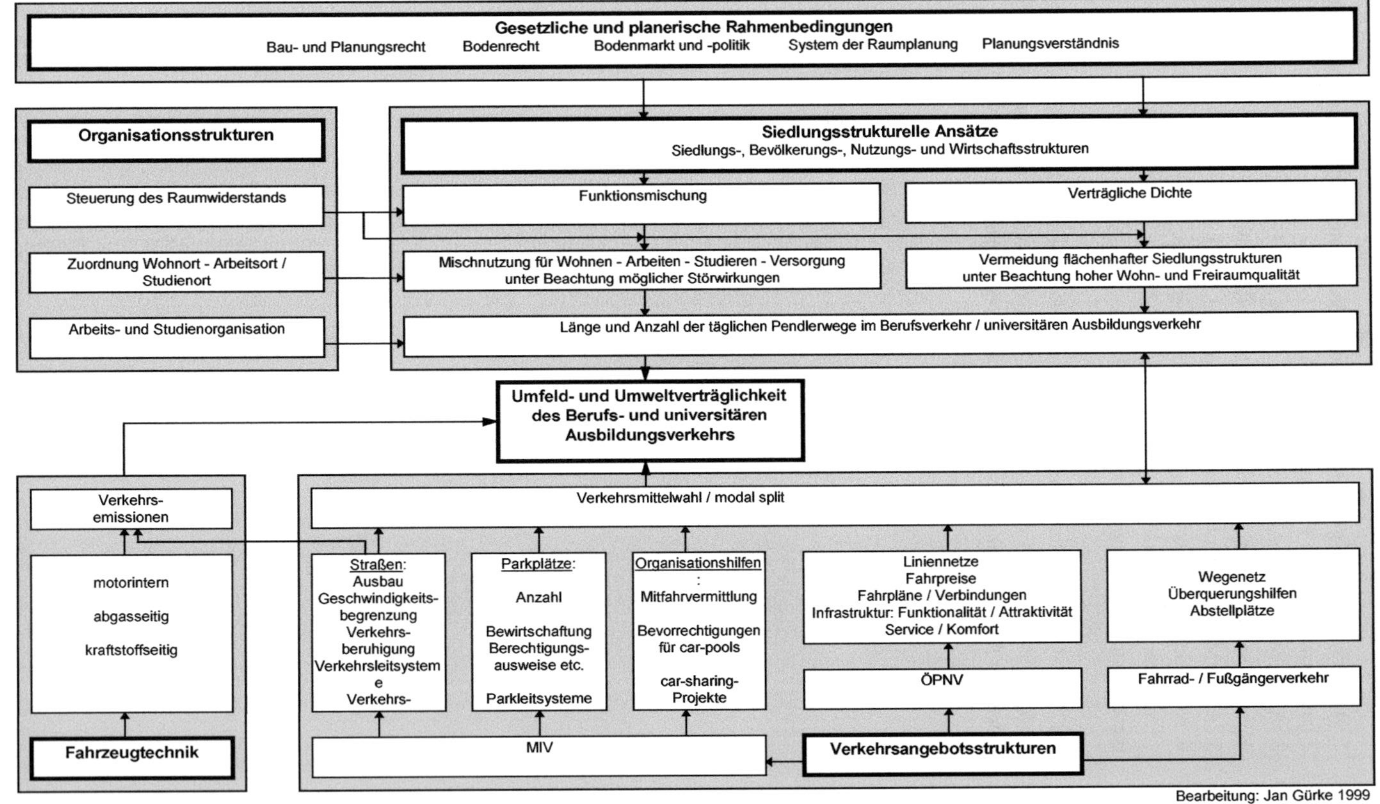

Bearbeitung: Jan Gürke 1999

7.3 Maßnahmen zur Verbesserung der Umfeld- und Umweltverträglichkeit von Stadtverkehr

Wirksame Strategien müssen ***Kombinationen*** aus kurz-, mittel- und langfristigen Maßnahmen zur Verminderung der Belastungswirkungen des Verkehrs im Stadtraum und der großräumig wirkenden Emissionen darstellen. Dabei werden sowohl Maßnahmen zur

- umfassenden Vermeidung von Verkehr
- modalen Verlagerung von Verkehr
- räumlichen Verlagerung von Verkehr
- verträglichen Abwicklung von Verkehr

einbezogen (verändert nach Würdemann 1996, S. 1). Die Aufzählung stellt gleichzeitig eine Vergabe von Prioritäten dar: Verkehrsvermeidung vor Verkehrsverlagerung vor verträglicher Abwicklung, wobei in der Praxis nur der parallele Einsatz der verschiedenen Maßnahmenpakete zu maximalem Erfolg führen kann. Die, in Kap. 7.2 aufgeführten, Maßnahmen der Punkte 1 bis 3 fallen unter die Kategorie Verkehrsvermeidung, die Punkte 4 und 5 unter die modale Verkehrsverlagerung, Punkt 6 unter die räumliche Verkehrsverlagerung, beziehungsweise die verträgliche Abwicklung von Verkehr und Punkt 7 unter die verträgliche Abwicklung von Verkehr (vgl. Kap. 7.2). Ausführliche Erläuterungen zu den gesetzlichen und planerischen Rahmenbedingungen (Punkt 1) sind Kap. 1.3.1 und 1.3.3 zu entnehmen, die weiteren Maßnahmen zur Verkehrsvermeidung, Verkehrsverlagerung und zur verträglichen Abwicklung sind auf den folgenden Seiten beschrieben.

Neben geeigneten Maßnahmenkombinationen ist ein besonderes Augenmerk auf die tatsächliche ***Umsetzung*** zu richten. Die derzeit rechtlich, planerisch, organisatorisch und technisch möglichen Maßnahmen zur Verbesserung der Umfeld- und Umweltverträglichkeit von Stadtverkehr werden bei weitem nicht ausgeschöpft. Im Rahmen kurz- und mittelfristiger Konzepte müssen zunächst diese Vollzugsdefizite beseitigt werden, um die bestmöglichen Entwicklungen erreichen: "Allerdings hilft der vergrößerte Instrumentenkoffer nicht viel weiter, solange die politisch-gesellschaftliche Akzeptanz fehlt, die erarbeiteten planungstechnischen Konzepte wirksam in die Praxis umzusetzen. [...] Um das Verkehrssystem zu reformieren, benötigen wir eine kombinierte Strategie von gesellschaftlich-politischer Aufklärungsarbeit und der Erarbeitung alternativer Planungskonzepte" (Teschner 1993, S. 253 / 255).

Die Maßnahmen werden für die Szenarienbildung in verschiedene Bausteine eingeteilt (vgl. Abb. 7.1). Beim Status-Quo-Szenario kommt nur ein Teil dieser Bausteine zur Anwendung, für die Alternativszenarien sind dagegen die verschiedensten Kombinationen möglich. Im Text aufgeführt sind jeweils nur diejenigen Bausteine, die in das entsprechende Szenario eingehen.

7.3.1 Maßnahmen zur Vermeidung von Verkehr und zur Beeinflussung der Zielwahl

Die Einordnung der Verkehrsentwicklung und der sie beeinflussenden Siedlungs- und Nutzungsstrukturen in die ***gesetzlichen und planerischen Rahmenbedingungen*** erfolgt in Kap. 1.3.1 und Kap. 1.3.3. Dort sind auch die Grundlagen der ***Verkehrsvermeidung*** ausführlich beschrieben. Die folgenden Ausführungen beschränken sich auf eine ergänzende Darstellung, abgestimmt auf die Verhältnisse des Berufs- und universitären Ausbildungsverkehrs in den Untersuchungsstädten Montpellier und Heidelberg. Die folgenden Abschnitte sind in Zusammenhang mit den oben genannten Kapiteln zu sehen.

Nachhaltig wirksame Konzepte zur Verbesserung der Umfeld- und Umweltverträglichkeit von Stadtverkehr beruhen auf ***Veränderungen der Strukturen der Verkehrsentstehung*** und müssen daher bereits beim Planungsprozeß einsetzen. Bei der Planung und Durchführung entsprechender Maßnahmen muß auf Konsensfähigkeit der Konzeptionen geachtet werden, da das Erreichen positiver Effekte auf die Unterstützung der Bevölkerung angewiesen ist. Diese sollte durch prozeßorientierte, offene Strukturen von Anfang an in die Planung einbezogen werden. Begleitende Öffentlichkeitsarbeit hat zur Aufgabe, die Bürger für den ***Wandel der Mobilitäts- und Lebensgewohnheiten*** zu sensibilisieren (Bundesforschungsanstalt für Landeskunde und Raumordnung 1995, S.75 ff.).

Das Feld der ***siedlungsstrukturellen Maßnahmen*** wirkt in zwei zentralen Handlungssträngen auf die Reduzierung gesellschaftlicher Mobilitätszwänge hin:

- Verträgliche Dichte
- Funktionsmischung

Die gewählten Untersuchungsräume ***Montpellier und Heidelberg*** bieten bei den Fahrzwecken 'Arbeit' und 'Universität' geeignete Angriffspunkte für mittel- bis langfristige strukturelle Ansätze der Verkehrsvermeidung. Die Analyse der Wohnstandorte, Arbeits- und Studienorte liefert die Kenntnisse der Raum- und Verkehrsstrukturen. In Kombination mit den gewonnenen Informationen zum Verkehrsverhalten können Konzepte zur Verkehrsvermeidung entwickelt werden. Auf diese Weise sind direkte Bezüge zwischen den Verursacherstrukturen des Verkehrs und den Vermeidungsstrategien herzustellen.

Attraktive Angebote aller Daseinsgrundfunktionen im Nahraum der Wohnung entledigen die Einwohner im Idealfall vom Zwang, lange Strecken zurücklegen zu müssen. Das Mobilitätsverhalten der betroffenen Stadt- und Umlandbewohner soll dadurch verändert, aber nicht wesentlich behindert werden, um Einschränkungen der Lebensqualität auszuschließen. Die Ziele bestehen darin, ***Mobilitätszwänge*** abzubauen, indem die Zahl der notwendigen Wege reduziert und ihre Länge verkürzt wird. In der vorliegenden Arbeit handelt es sich dabei insbesondere um eine bessere räumliche Zuordnung von Wohnort und Arbeits-, beziehungsweise Studienort. Kürzere Wege bieten zusätzlich mehr Wahlfreiheit in Bezug auf das bevorzugte Verkehrsmittel und somit ein neues Potential zur Umschichtung des modal split. Durch weniger Wege, kürzere Wege und einen stadt- und umweltfreundlicheren modal split besteht die Möglichkeit, die Wohn- und Aufenthaltsqualität in den Städten nachhaltig positiv zu beeinflussen. Attraktive Wohn- und Freiraumqualität hilft wiederum die Abwanderung aus den Kernstädten und damit die Suburbanisierung sowie die flächenhafte Siedlungsausweitung zu reduzieren. Neue Chancen für kompakte Stadtstrukturen sind die Folge. Maßnahmenzusammenhänge dieser Art können im Idealfall den in Abb. 1.3 gezeigten Regelkreis umkehren. Würdemann nennt dies schlagwortartig verkürzt: "Renaissance des räumlichen Nahbereichs" (Würdemann 1990, S. 615).

"Während auf der einen Seite gesellschaftliche, soziale und berufliche Mobilität zunimmt - Wechsel von Arbeitsplätzen, Veränderung sozialer Kontaktkreise, Veränderung von Aktivitätenarten / -strukturen insbesondere im Freizeitbereich - nimmt auf der anderen Seite die Wohnstandortmobilität nur unterproportional zu. [...] Folge sind erhebliche Pendelverkehre und Pendeldistanzen im Berufs- und Ausbildungsverkehr, zum Teil auch im Versorgungs- und Freizeitverkehr. [...] Die 'Verträglichkeitsorientierung' der Gestaltung des Stadtverkehrs ist ein 'neues Standbein' der städtischen Verkehrspolitik und muß vermehrt dazu ausgestaltet werden" (Beckmann 1993, S. 192 / 194). Die Siedlungsentwicklung sollte derart gesteuert werden, daß die ***Wohnstandortverteilung*** im Bezug auf Arbeits- und Studienplätze zu einer Verkürzung der Weglängen führt. Von Seiten des Städtebaus muß auf ein attraktives Angebot an Wohnraum in der Nähe der Arbeitsstätten und Universitäten die Basis darstellen. Auf Ebene der Stadtinnenentwicklung kann die Umsetzung in Form von polyzentrischen Stadtstrukturen geschehen. Der Ausbau von Stadtteilzentren beruht auf den beiden siedlungsstrukturellen Handlungssträngen der Funktionsmischung und der verträglichen Nachverdichtung. Städtebauliches und verkehrsplanerisches Ziel ist die ***Stadt der kurzen Wege***, wobei Verdichtung und Nutzungsmischung nur behutsam durchgeführt werden dürfen, um nicht zu unerwünschten zusätzlichen Störwirkungen führen.

Effektive ***Organisationshilfen*** seitens der Kommunen, Wohnungsbaugesellschaften und Studentenwerke stellen weitere Voraussetzungen für einen Erfolg dar. Beispielsweise bietet ein raumbezogenes Belegungsmanagement der Studentenwohnheime für diese Zielgruppe eine erfolgversprechende Möglichkeit zur besseren Zuordnung von Wohn- und Studienorten. Andersherum bietet eine gezielte ***Arbeitsplatzmobilität*** die Möglichkeit die Entfernungsstrukturen bei bestehendem Wohnort zu verkürzen. Im Falle der Universitäten scheidet diese Alternative aus, da spezielle Veranstaltungen meist nur an einem Institut angeboten werden. Bei effektiver Umsetzung dieser Ansätze wird verstärkte Funktionsmischung sowohl zur Voraussetzung, als auch zur Folge der Entwicklungen. Neben Wohn-, Arbeits- und Bildungsstätten sollten dabei unbedingt auch Versorgungseinrichtungen mit einbezogen werden. Auf eine weitere Auslagerung von Einkaufszentren und ähnlichem sollte, aufgrund der kontraproduktiven Wirkungen, verzichtet werden (Bundesforschungsanstalt für Landeskunde und Raumordnung 1995, S.79 ff.; vgl. Kap. 1.3.1).

Zusätzlich bieten veränderte ***Organisationsstrukturen*** des Studienablaufs, sowie neue Tendenzen bei Arbeitsorganisation und Arbeitszeitregelungen weitere Eingriffsmöglichkeiten, um Wege einzusparen und die tageszeitlichen Verkehrsmaxima zu entzerren. Da sich die Dimensionen der Verkehrsinfrastruktur an den Verkehrsspitzen orientieren, sind Auswirkungen eines veränderten Zeitmanagements auf den Raum durchaus vorstellbar.

Raumordnerisches Primärziel ist "eine weiterschreitende ***Suburbanisierung***, d.h. eine Kern-Rand-Wanderung von Wohn- und Arbeitsplätzen zu verhindern" (Schmitz 1991, S. 12). Dies kann nur durch eine Bewahrung und Förderung städtischer Wohn- und Lebensqualität, eine Sicherung der Gewerbestandorte und eine räumliche Verdichtung bestehender Siedlungsformen erreicht werden, sofern es ohne Nachteile für die Wohn- und Lebensqualität möglich ist.

Die Wirksamkeit der Konzepte hängt davon ab, wie konsequent und politisch entschieden sie umgesetzt werden. Finanzielle Steuerungsinstrumente wurden bisher nur begrenzt in die stadtverkehrspolitische Diskussion in Deutschland mit einbezogen, für eine langfristige verkehrspolitische Trendwende darf jedoch eine ***verursachergerechte Kostenanlastung*** im Kfz-Verkehr nicht tabuisiert werden (Kanzlerski 1993, S. 241). Das bisherige Preisgefüge ohne Anlastung sozialer und ökologischer Folgekosten bedeutet " 'eine Subventionierung der Ferne zu Lasten der Nähe' und hat damit eher verkehrsinduzierende als verkehrsvermeidende oder verkehrsdämpfende Wirkungen. [...] Die verkehrlichen Konsequenzen zeigen sich zusammenfassend in einer Zunahme der Verkehrsvorgänge und Verkehrsleistungen im motorisierten Straßenverkehr und einer Erschwerung der Bedienung durch den nichtmotorisierten Verkehr, den öffentlichen Personennahverkehr..." (Beckmann 1993, S. 192). Eine Steuerung des Raumwiderstands über finanzielle und zeitliche Faktoren liegt allerdings nur zum Teil im Kompetenzbereich der Gemeinden. In diesem Fall ist die Abstimmung mit übergeordneten Planungsebenen besonders wichtig (Bundesforschungsanstalt für Landeskunde und Raumordnung 1995, S.71).

7.3.2 Maßnahmen zur Beeinflussung der Verkehrsmittelwahl und des Besetzungsgrads

Konkret wird mit diesen Maßnahmen bei insgesamt gleichbleibender Verkehrsleistung eine Reduzierung der Fahrleistungen des MIV angestrebt. Die ***Einflußgrößen*** sind der modal split und der Besetzungsgrad der Fahrzeuge. Die Maßnahmen fallen in die Kategorie 'Verkehrsverlagerung'.

Maßnahmen zur Beeinflussung der Verkehrsmittelwahl

Veränderungen des modal split können über

- Maßnahmen zur Förderung des Fuß- und Fahrradverkehrs
- Maßnahmen zur Förderung des ÖPNV
- Restriktionen für den MIV

erreicht werden. ***Ziel*** ist es, die zurückzulegenden Wege vom MIV auf Verkehrsmittel des Umweltverbunds zu verlagern, um die Belastungen für das städtische Umfeld und die großräumige Umwelt zu vermindern. Untersuchungen zeigen, daß dabei auf bestehende Wirkungsmechanismen zwischen dem Angebot an Verkehrsinfrastruktur und der zugehörigen Nachfrage aufgebaut werden kann: "Bieten wir daher einer Stadt genügend Radwege an, ist mit einer Zunahme an Radfahrten und Radfahrern zu rechnen. Dieser Anteil wird von der Länge (Quantität), aber auch von deren Qualität und von der allgemeinen Einstellung zum Radfahren beeinflußt. Die letztgenannten Einflüsse sind aber (gemessen an der Infrastruktur) Sekundärgrößen und nicht, in Verkennung von Ursache und Wirkung, Primärgrößen. [...] Den gleichen Effekt kann man auch nach Einführung von Fußgängerzonen beobachten. Die Anzahl der in Fußgängerzonen tatsächlich gezählten Fußgänger ist immer viel größer als die vorher prognostizierten Ziffern. Wir können daher anhand von Zählungen nachweisen, daß 'Fußgängerzonen Fußgängerverkehr erzeugen'. Auch im öffentlichen Verkehr können wir den Nachweis führen, daß das verbesserte, vermehrte Angebot die Zahl der Fahrgäste erhöht" (Knoflacher 1996, S. 35 ff.).

Die ***kurz- bis mittelfristig realisierbaren Maßnahmenpakete*** zur Beeinflussung der Verkehrsmittelwahl stellen ein wichtiges Standbein für bessere Umfeld- und Umweltqualität in den Untersuchungsgebieten Montpelliers und Heidelbergs dar. Auf diese Weise können die Belastungen in einem Zeitrahmen deutlich reduziert werden, in dem die langfristigen siedlungsstrukturellen und organisatorischen Ansätze nicht greifen können. Im Vergleich zu Heidelberg sind beim Berufs- und universitären Ausbildungsverkehr Montpelliers bereits hohe ÖPNV-Anteile zu verzeichnen. Andererseits liegt die Fahrradbenutzung in Heidelberg auf hohem Niveau, während sie in den französischen Untersuchungsgebieten kaum eine Relevanz hat (vgl. Kap. 6.3 und 6.4).

"Es muß über eine Neuverteilung des öffentlichen Straßenraums nachgedacht werden, um die Aufenthaltsqualität zu verbessern" (Bundesforschungsanstalt für Landeskunde und Raumordnung 1996, S. 94). Für den ***Fuß- und Fahrradverkehr*** werden vier Oberziele formuliert:

• Erreichbarkeit • Sicherheit • Zügigkeit • Annehmlichkeit

Daraus lassen sich sieben Hauptanforderungen ableiten, die sowohl für Radfahrer, als auch für Fußgänger Gültigkeit besitzen. Die Anforderungen des Fußgänger- und Radverkehrs sind in Tab. 7. 1 konkretisiert:

Tab. 7.1: Anforderungen des Fußgänger- und Radverkehrs

Anforderungen Fußgänger	Anforderungen Radfahrer	Querverweis MIV
1. Vollständiges Wege- und Straßennetz - Gehwege an allen angebauten Straßen - Schaffung neuer Wegeverbindungen (z.B. Blockinnenbereiche) - komplette Furten an Knotenpunkten - dichtes Netz von Querungsstellen	**1. Vollständiges Wege- und Straßennetz** - Öffnung von Einbahnstraßen - Durchlässigkeit von Fußgängerzonen - Schaffung neuer Wegeverbindungen	- niedrige Kfz-Geschwindigkeiten
2. Gute Orientierung - sinnfällige Wegeführung (städtebauliche Orientierung) - Wegweisung, Routenpläne	**2. Gute Orientierung** - sinnfällige Routenführung (städtebauliche Orientierung) - darüber hinaus Wegweisung, Routenpläne	
3. Schutz vor "Stärkeren" - Trennung vom Radverkehr - Querungsanlagen - konfliktfreie Führung an LSA	**3. Schutz vor "Stärkeren"** - Trennung vom Kfz-Verkehr - Abbiege- und Querungshilfen - bei niedrigen Kfz-Geschwindigkeiten Mischung mit RV möglich	- angemessene Geschwindigkeiten des Fahrverkehrs - Einhaltung Tempo 30 (auch Radfahrer)
4. Ausreichend Verkehrsraum - Breitenstandards - Aufenthaltsflächen	**4. Ausreichend Verkehrsraum** - Breitenstandards - Abstellanlagen	- ggf. Einschränkungen bei den Verkehrsräumen des MIV
5. Leichtigkeit - Vorrang beim Queren - einzügiges Queren bei LSA - Verkürzung oder Teilung der Querungsstrecke - geringe Wartezeiten an LSA	**5. Leichtigkeit** - Vorrangtrassen - Bevorrechtigung an Knotenpunkten	- ggf. Einschränkungen beim Komfort des MIV - niedrige Kfz-Geschwindigkeiten - Beschränkungen für MIV
6. Umweltqualität - generell wenig Abgas und Lärm - Bepflanzung - Überdachungen - Wege in Parks und in der Landschaft	**6. Umweltqualität** - generell wenig Abgas und Lärm - Führung in Parks und in der Landschaft - straßenbegleitende 'grüne' Trassen	- Kfz-Mengen und -Geschwindigkeiten
7. Attraktivität und soziale Sicherheit - interessante Nutzungen (Belebtheit) - Beleuchtung - Einsehbarkeit	**7. Attraktivität und soziale Sicherheit** - interessante Nutzungen - Beleuchtung - Imageverbesserung - Partnerschaftspflege	

verändert nach Steinbrecher 1994, S. 41

Als tragendes Element zur Förderung des ***Fuß- und Fahrradverkehrs*** wird ein durchgängiges Wegenetz genannt, welches eine Erreichbarkeit aller bedeutsamen Orte im Stadtgebiet ermöglicht, Umwege vermeidet, Bevorrechtigungen gegenüber dem motorisierten Verkehr einräumt und auf diese Weise eine sichere, bequeme und direkte Fortbewegung erlaubt (Bundesforschungsanstalt für Landeskunde und Raumordnung 1996, S. 94). Für Radfahrer muß dieses Netz nicht überall aus separaten Radwegen oder -spuren bestehen. In verkehrsberuhigten Bereichen ist, bei geeigneter Gestaltung der Verkehrsflächen, durchaus eine Führung mit dem sonstigen Verkehr auf der Fahrbahn zu vertreten. Anderenfalls sind sowohl bei Rad- als auch bei Fußwegen Mindestbreiten zu beachten (vgl. Kap. 2.2.4). Konkrete ***Maßnahmen*** beziehen sich auf die Streckennetzelemente durchgängige und direkte Wegführung an Haupterschließungsstraßen und in verkehrsberuhigten Gebieten, sichere und zügige Querungsmöglichkeiten an und zwischen Knotenpunkten, nur in Ausnahmefällen gemeinsame Verkehrsflächen für Fußgänger und Radfahrer, sicherer und komfortabler Deckenaufbau und -zustand, Bordsteinabsenkungen für Radfahrer und gehbehinderte

Verkehrsteilnehmer, Beleuchtung, Beschilderung und Markierung, sichere Fahrradabstellanlagen, attraktive Gestaltung (Steinbrecher 1994, S. 40 ff.; Bracher 1996, S. 7 ff.).

Eine Attraktivitätssteigerung des ***ÖPNV*** basiert im wesentlichen auf den Hauptansatzpunkten

- Erschließung
- Bedienungstakt
- Fahrzeit und Umsteigen
- Fahrzeuge und Betriebsanlagen
- Serviceangebote
- Fahrpreispolitik.

Erste Voraussetzung für ein attraktives Nahverkehrssystem ist eine bedarfsgerechte ***Erschließung***. Es ist darauf zu achten, daß alle Stadtteile flächendeckend an das Netz angeschlossen werden und auf diese Weise die gesamte Einwohnerschaft Zugriff auf öffentliche Verkehrsmittel hat. Als Erschließungsradius von Haltestellen werden 300 m empfohlen, entsprechend einer Gehzeit von maximal 4 bis 5 Minuten (Vornehm 1994, S. 48).

Zweiter wesentlicher Gesichtspunkt ist der ***Bedienungstakt***. Je nach Lage der Haltestelle und je nach Verkehrszeit sind unterschiedliche Bedienungstakte erforderlich. Zu Hauptverkehrszeiten ist mindestens ein 10-Minuten-Takt zu fordern, ebenfalls während des gesamten werktäglichen Normalverkehrs. Auf Nebenstrecken erscheinen 15- bis 20-Minutentakte als noch akzeptabel, wenn auch nicht ideal. Problematischer sind kurze Taktzeiten im Spät- und Wochenendverkehr, da die Fahrzeuge in der Regel bei weitem nicht ausgelastet sind und dadurch hohe Kosten entstehen. Je nach Streckenverlauf und Nutzungsansprüchen können sehr variable Ansätze gefragt sein, wobei die unteren Grenzwerte bei 20- bis 60-Minuten-Takten liegen. Angebotsverdichtungen und verlängerte Bedienungszeiten im Nachtverkehr auf ausgewählten Linien erhöhen die ÖPNV-Attraktivität zum Beispiel für den abendlichen Freizeitverkehr (Vornehm 1994, S. 48).

Die Notwendigkeit von ***Umsteigevorgängen*** sollte möglichst gering gehalten werden. Durch optimierte Linienführung und gut koordinierte, rechnergestützte Planungsverfahren ist eine Minimierung derselben zu erreichen. Im Falle von Umsteigevorgängen sind die Wartezeiten durch Vertaktung der Fahrpläne bei maximal 5 bis 10 Minuten zu halten. Zur ***Beschleunigung des ÖPNV*** sollten bauliche und organisatorische Maßnahmen zum Einsatz kommen. Insbesondere ist die Führung auf separaten Gleiskörpern oder Busspuren zu nennen, in Kombination mit Vorrangschaltungen an lichtzeichengeregelten Kreuzungen und Einmündungen (Vornehm 1994, S. 49). Zur Verbesserung der Pendlerverbindungen ist zusätzlich eine Vertaktung von regionalem und lokalem Schienen- und Busverkehr vorzunehmen.

Den Komfortansprüchen der ÖPNV-Nutzer muß in Zukunft besser entsprochen werden. Sowohl ***Fahrzeuge*** als auch ***Betriebsanlagen*** sind dem derzeitigen Stand der Technik und des Designs anzupassen, um den empfundenen Komfortverlust gegenüber modernen Pkw möglichst gering zu halten. Dies äußert sich einerseits in praktischen Erwägungen, wie dem bequemen Einstieg in Niederflurwagen, besserer Schalldämpfung und Klimatisierung der Fahrzeuge etc., andererseits aber auch in einem notwendigen Image-Wandel des ÖPNV bei der Bevölkerung. Die Verkehrsunternehmen müssen ihre Aufgabe, hochwertige Dienstleistungen zu erbringen, in Zukunft noch besser erfüllen und vermarkten (Vornehm 1994, S. 49). Als attraktive, komfortable und leistungsfähige Verkehrsträger haben sich in den letzten Jahren oberirdische Stadt- und Straßenbahnen durchgesetzt (Bundesforschungsanstalt für Landeskunde und Raumordnung 1996, S. 93). Dieser Trend ist auch in den beiden Untersuchungsstädten Montpellier und Heidelberg zu festzustellen. In Montpellier ist derzeit die erste 'tramway'-Linie im Bau, ausgestattet mit modernen, fahrgastfreundlichen Zügen und attraktiv gestalteter Infrastruktur. Im Anschluß an die Fertigstellung der Linie ist ein weiterer Ausbau geplant. Heidelberg erweitert sein bestehendes Straßenbahnnetz um zwei neue Linien (vgl. Kap. 7.4).

Zu einer attraktiven Infrastruktur gehören neben gepflegten Fahrzeugen und Haltestellenbereichen auch funktionale Einheiten wie ***Park & Ride-*** und ***Bike & Ride***-Plätze an geeigneten Haltestellen. Diese sind nötig, um eine Verlagerung des Individualverkehrs aus den Außenbereichen in Richtung Stadtzentrum auf öffentliche Verkehrsmittel zu erleichtern. Park & Ride-Plätze sollten so positioniert sein, daß die Einpendler einerseits dazu motiviert werden, unterwegs vom MIV auf den ÖPNV umzusteigen, andererseits aber nicht davon abgebracht werden direkt ab dem Wohnort Bus und Bahn zu benutzen (Bracher 1993, S. 8; Arndt 1994, S. 1 ff.). Das Wirkungsgefüge aus erwünschten und möglichen kontraproduktiven Folgen des Park & Ride ist in Abb. 7.2 dargestellt.

Abb. 7.2: Wirkungsschema durch P + R

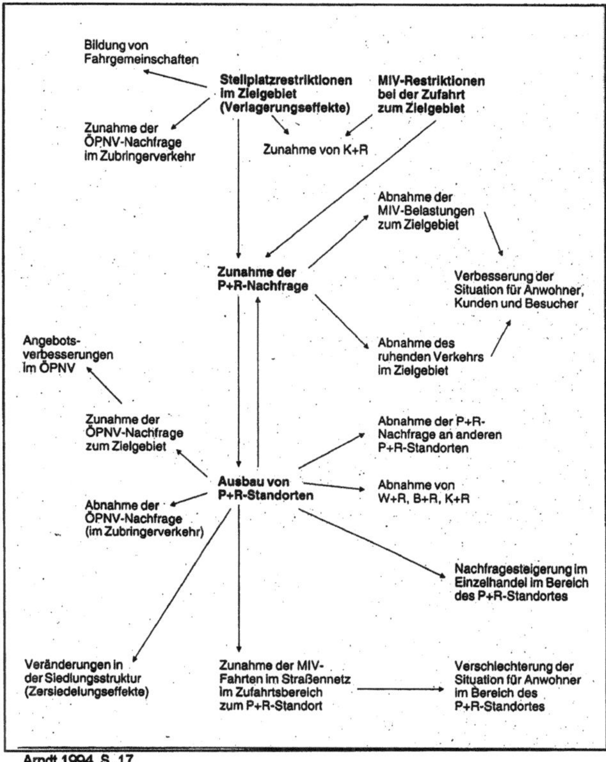

Arndt 1994, S. 17

Unter die Kategorie verbesserte ***Serviceangebote*** fällt unter anderem eine Fahrradmitnahmemöglichkeit in bestimmten Linien zu Schwachlastzeiten. Attraktive ***Fahrpreiskonzepte*** sollten besondere Tickets für Schüler, Studenten, Berufstätige und Senioren beinhalten, außerdem übertragbare Zeitkarten. Zusätzlich bedarf es eines übersichtlich gestalteten Tarifsystems und einer vereinfachten Bedienung der Verkaufsautomaten. Die Tarifangebote der Verkehrsunternehmen an Arbeitgeber (Jobticket) und Hochschulen (Semesterticket) beruhen auf Verträgen, welche die Vergabe ermäßigter Zeitkarten nach verschiedenen Finanzierungsmodellen regeln. Übliche Modi sind die Grundfinanzierung durch Beiträge aller potentiellen Nutzer unter Zuzahlung der tatsächlichen Nutzer, Mengenrabatte nach Anzahl der abgenommenen Tickets, Quotenrabatte nach dem Anteil der Käufer an den potentiellen Käufern und Erschließungsrabatte nach Anbindung der Wohngebiete der Käufer an die ÖPNV-Infrastruktur. Die Ausgestaltung der Zeitkartenverträge kann zusätzliche Angebote, wie die Mitnahme weiterer Personen zu Schwachlastzeiten etc., beinhalten. Ein ausreichend großer Geltungsbereich der

Die Maßnahmen zur Förderung des Fußgänger-, Fahrrad-, Bus- und Bahnverkehrs zeigen nur in Kombination mit flankierenden ***MIV-Restriktionen*** ihre volle Wirkung. Die Steuerbarkeit der Verkehrsmittelbenutzung über das Angebot gilt, wie bei den anderen Verkehrsarten, auch beim Autoverkehr: "Wir können zunächst nachweisen, daß Autoverkehr durch Maßnahmen der Stadt- und Verkehrsplanung 'erzwungen' (aus Fußgängerverkehr, Radverkehr, etc.), aber auch vermieden werden kann. Da das Autofahren die ökologisch schädlichste Landverkehrsart ist, wäre sie allein aus dieser Sicht zu minimieren" (Knoflacher 1996, S. 35 ff.). Zu möglichen Maßnahmen zählt eine flächenhafte Ausweitung der Verkehrsberuhigung auf alle Stadtteile und auf geeignete HVS-Abschnitte. Der Autoverkehr soll dabei auf administrativem Weg, auf das für die Funktionsfähigkeit des jeweiligen Stadtteils notwendige Maß, begrenzt werden. Je nach Art und Funktion des Gebiets können unterschiedlich strikte Maßnahmen zur Begrenzung des MIV zur Anwendung kommen. Auf diese Weise kann ein Umsteigen auf Verkehrsmittel des Umweltverbunds, eine Bündelung des Durchgangsverkehrs und eine mehr oder weniger konsequente Verdrängung der Autos aus den Quartieren erreicht werden. Dies kann bis hin zu unbegrenzten, oder zeitlich und räumlich begrenzten, Fahrverboten gehen. Durch geringere Fahrgeschwindigkeiten des Restverkehrs wird ein Rückbau von Straßen und damit eine Flächenumverteilung realisierbar. Die Reduzierung der Breite und Anzahl der Fahrspuren für den MIV ermöglicht eine Nutzung der frei werdenden Flächen für Fußgänger, Radfahrer, Busse, Bahnen, Taxen und Notdienste oder nichtverkehrliche Nutzungen (Topp 1995a, S. 25 ff.). Eine Abstufung der oben genannten Ansätze ist in Tab. 7.2 aufgeführt.

Tab. 7.2: Funktionale und instrumentelle Differenzierung der Fahrraumbewirtschaftung

Regelung/ Beschilderung	städtebaul. Funktionen	Charakteristik	Befahrbarkeit	Parken im Straßenraum
"Reine" Fußgängerzone: Fußgängerbereich (Z 242/243 StVO)	Einkauf Freizeit	Enger Stadtkern mit zusammenhängenden Fußgängerstraßen (dem Fußgängerverkehr vorbehalten)	Wirtschaftsverkehr zeitlich begrenzt; Zufahrt zu privaten Stellplätzen per Einzelausnahme	nein
Fußgängerzone: Fußgängerbereich (Z 242/243 StVO mit Zusatzbeschilderung)	Einkauf Wohnen Freizeit Gastronomie	Gebiete mit zusammenhängenden Fußgängerstraßen; Zulassung von Ausnahmen für ÖPNV, Liefer- und Fahrradverkehr möglich, Andienungsfunktion	Rad, ÖPNV möglich; Taxi mit genereller Ausnahmeregelung. Wirtschaftsverkehr zeitlich begrenzt; Zufahrt zu Privatstellplätzen mit Ausnahmegenehmigung	nein
ÖPNV-Straße: Z 245 StVO oder auch Z 250 StVO mit Zusatzbeschilderung	Einkauf Wohnen Dienstleistung	Straßen, die vor allem zugunsten einer Verbesserung des ÖPNV für den privaten Kfz-Verkehr gesperrt sind	Rad, ÖPNV, Taxi uneingeschränkt; Wirtschaftsverkehr zeitlich beschränkt; Zufahrt zu Privatstellplätzen möglich	nein
Fahrradstraße: Z 237 StVO mit Zusatzbeschilderung	Wohnen Dienstleistung öff. Einrichtungen	Straßen, die wichtige Netzschlüsse im Fahrradverkehr darstellen bzw. Bestandteile von Radfahr-Achsen	Anliegerverkehr oft auf eine Richtung beschränkt	ja
Straßen mit zeitlich begrenzter Zufahrtsbeschränkung: Z 250 StVO mit Zusatzbeschilderung	multifunktional	Verbot für Fahrzeuge aller Art, allerdings durch Zusatzbeschilderung für bestimmte Nutzergruppen aufgehoben	private Kfz nur mit Ausnahmegenehmigung für bestimmte Nutzergruppen; ÖPNV unbeschränkt; Wirtschaftsverkehr mit Ausnahmegenehmigung möglich; Zufahrt zu privaten Stellplätzen per Zusatzbeschilderung oder Ausnahmegenehmigung	(ja)
Verkehrsberuhigter Geschäftsbereich: Zonengeschwindigkeitsbeschränkung (Z 274.1/274.2 StVO; i.d.R. 20 km/h); (Z 290/292 StVO mit Zusatzbeschilderung zur Parkregelung) Zonenhaltverbot	Einkauf Freizeit Wohnen Dienstleistung	Zentrale Bereiche von kleineren oder mittleren Städten mit städtebaulich reizvoller Substanz; bauliche Gestaltung des Bereiches meist mit einer durchgehenden, niveaugleichen, dem Charakter der Bebauung angepaßten Flächengestaltung; rechtliche Trennung der Verkehrsarten	ohne Einschränkung	ja
Verkehrsberuhigter Bereich: Verkehrsberuhigter Bereich (Z 325/326 StVO)	Wohnen Aufenthalt Einkaufen	Gebiete mit überwiegender Wohnfunktion; Differenzierung der einzelnen Straßenteile nach Benutzungsarten ist durch erhebliche bauliche Umgestaltung aufgehoben	ohne Einschränkung; die StVO schreibt die Gleichberechtigung aller Straßennutzer und Schrittgeschwindigkeit für Fahrzeuge vor	ja

Forschungsgesellschaft für Straßen- und Verkehrswesen 1993

Eine rechtliche Maßnahme, für verstärkte modale und räumliche Verkehrsverlagerung, die bisher nur wenig ausgeschöpft wird, ist die ***Verkehrsbeschränkung*** für bestimmte Gebiete nach § 40 Abs. 2 BImSchG. Unter Berücksichtigung der Verkehrsbedürfnisse und der städtebaulichen Belange kann die Straßenverkehrsbehörde den Kfz-Verkehr in bestimmten Gebieten beschränken oder untersagen. Zweck der Maßnahme ist es, schädliche Umwelteinwirkungen durch Luftverunreinigungen zu vermindern oder deren Entstehung zu vermeiden. Damit ist dieses Instrument auch zum vorsorgenden Immissionsschutz geeignet. Die Anwendungsgebiete müssen fest umrissen sein. Dauerhafte Verkehrsbeschränkungen sind nicht ohne weiteres möglich und Anliegern ist die Zufahrt zu gewähren, dennoch geht es "nicht darum, Verkehrsbeschränkungen bei dem besonderen Fall einer austauscharmen Wetterlage für kurze Dauer vorzunehmen, sondern allgemein hochbelastete Gebiete für einen längeren Zeitraum von Autoabgasen zu entlasten und damit dem Wohl der Gesundheit der Bevölkerung gerecht zu werden" (Wicke 1994, S. 48).

Eine konsequente ***Parkraumbewirtschaftung*** kombiniert mit der Einrichtung von Anwohnerparkplätzen, selektiven Parkraumbeschränkungen und Parkleitsystemen gilt als wirkungsvolles Steuerungsinstrument für innerstädtische Verkehrsströme. Über zeitliche und räumliche Abstufungen der Parkgebühren und die maximal erlaubte Parkdauer kann Einfluß auf die Art der Nutzung und die Häufigkeit der An- und Abfahrten genommen werden. Leicht verständliche Beschilderung ist eine Grundvoraussetzung für das Funktionieren derartiger Ansätze. Der Erfolg integrativer Parkraumkonzepte mit restriktiver Ausgestaltung ist von der Akzeptanz der Betroffenen abhängig. Nur durch situationsangepaßte Planung und zusätzlich konsequente Überwachung und Sanktionierung können die gewünschten Effekte der Verkehrsverlagerung und -steuerung erreicht werden. Nach dem Prinzip der Gleichzeitigkeit sollten parallel zur Einführung von flächendeckender Parkraumbewirtschaftung Maßnahmen zur Attraktivierung des ÖPNV-Angebots durchgeführt werden, um die Bevölkerung zu einer veränderten Verkehrsmittelwahl zu ermutigen (Bundesministerium für Raumordnung, Bauwesen und Städtebau 1996b, S.13; CETUR 1994, S. 156 ff.)

Neben Parkgebühren sind weitere ***fiskalische Regelungen*** als Teil eines umfassenden Verkehrskonzepts denkbar, die von der Erhebung von Straßenbenutzungsgebühren bis zum Abbau finanzieller Anreize zur Pkw-Benutzung (z.B. steuerliche km-Pauschale) reichen. Das Rütteln an tradierten Einstellungen und Image-Denken stellt dabei eine wichtige und äußerst schwierige Aufgabe der Verkehrsplanung dar.

Als weitere rechtliche, beziehungsweise fiskalische Möglichkeit zur modalen und räumlichen Verkehrsverlagerung soll die Einführung einer ***Nahverkehrsabgabe*** erläutert werden. Diese liegt in der Gesetzgebungskompetenz der Länder, muß aber mit höherrangigem Recht vereinbar sein. Ziel der Nahverkehrsabgabe ist es, den Autoverkehr in der Stadt zu reduzieren und den Umstieg vor allem auf den ÖPNV zu fördern. Die Ausgestaltung dieses Instruments kann auf unterschiedliche Weise erfolgen. Gemeinsam ist den verschiedenen Varianten, daß Kfz-Benutzer für das Befahren eines bestimmten Gebietes Gebühren oder Abgaben zu zahlen haben, die einerseits den Raumwiderstand für den MIV erhöhen und andererseits der Finanzierung des ÖPNV zugute kommen. Das Konzept kann Benutzervorteile für emissionsarme Kfz einräumen. Die technische Ausgestaltung kann über eine Vignette, die sowohl die Benutzung des eigenen Kfz, als auch des ÖPNV erlaubt geregelt werden (z.B. in Stockholm). Denkbar sind auch Mautstellen an den Einfahrten in die zufahrtsbeschränkten

Gebiete (z.B. in Oslo) oder die elektronische Erfassung der Kfz anhand spezieller Nummernschilder (z.B. in Tokyo) (Wicke 1994, S. 49 ff.).

Im Einklang mit der ***polyzentrischen Stadtentwicklung*** werden Siedlungskonzentration um Haltestellen des ÖPNV verstärkt, dessen Nutzungsbedingungen sich durch einen erhöhten Versorgungsgrad und bessere Erreichbarkeit positiv entwickeln. Die Stärkung des öffentlichen Verkehrs beruht auf den Wegen zwischen den Stadtteilzentren. Innerhalb der Stadtviertel wird die Attraktivität des Fußgänger- und Fahrradverkehrs durch kurze Wege, Nutzungsmischung sowie attraktive und sichere Gestaltung erhöht. Unschwer zu erkennen ist, daß sich die Siedlungsentwicklung vielfältig mit der Entwicklung des Verkehrsgeschehens verzahnt und damit einen wichtigen Angriffspunkt für zukünftige Entwicklungen darstellt (vgl. Kap. 7.3.1).

Maßnahmen zur Verbesserung des Besetzungsgrads

"Car-pooling hat das Ziel, durch gezielte Bildung und Förderung von Fahrgemeinschaften im (Berufs-) Pendelverkehr zu einer Verringerung des motorisierten Individualverkehrs (MIV) beizutragen. Im Zentrum des Ansatzes steht die Verhaltensänderung bisher allein fahrender Pkw-Fahrer" (Bundesministerium für Raumordnung, Bauwesen und Städtebau 1996b, S. 58). Die Maßnahmen zur Verbesserung des Besetzungsgrads der Fahrzeuge im lokalen und regionalen Verkehr sind in zwei Klassen zu gliedern:

- Organisationshilfen: Koordinationsstellen, Mitfahrbretter, Mitfahrtelefone und elektronische Mitfahrbörsen
- Begünstigungen für Pkw mit einer Mindestbesetzung: Reservierte Fahrspuren (car-pool-lanes), verbilligte Parkgebühren, reservierte Parkplätze.

Je nach Fahrzweck und -ziel kann es sich bei den ***Organisationshilfen*** um firmen- oder uniinterne Einrichtungen handeln oder aber um externe Organisationen. Alle genannten Einrichtungen haben zum Zweck, den potentiellen Fahrern und Mitfahrern eine Hilfe zu geben, sich einen Überblick über Angebot und Nachfrage zu verschaffen und Kontakte aufzunehmen. Der Organisationsaufwand für die Nutzer muß dabei notwendigerweise so gering wie möglich sein, um Hemmschwellen abzubauen. Abstimmungen der Arbeitszeiten benachbarter Firmen ermöglichen Zusammenschlüsse über einzelne Betriebe hinweg. Neben überbetrieblichen Koordinationsstellen für Fahrgemeinschaften bieten sich Zubringerdienste zu Park & Ride-Plätzen für car-pools an (Bundesministerium für Raumordnung, Bauwesen und Städtebau 1996b, S. 59).

Die Maßnahmenklasse der ***Begünstigungen*** für Pkw mit einer Mindestbesetzung sollte durch eine flächendeckende Parkraumbewirtschaftung auf Firmenparkplätzen eingeleitet werden. Diese kann in entsprechender Höhe durchaus Anreiz sein, den Besetzungsgrad der Autos zu erhöhen, um die pro-Kopf-Kosten zu senken. Eine Bevorzugung von Fahrgemeinschaften ist zusätzlich über eine Staffelung der Parkgebühren nach Anzahl der Insassen oder Fahrtkostenzuschüsse möglich. Reservierte car-pool-Parkplätze in bevorzugter Lage sind hinzuzufügen.

Die temporäre Sperrung einzelner Fahrspuren für Pkw mit geringer Besetzung, nach amerikanischem Vorbild, kann den Effekt zusätzlich verstärken. In diesem Fall sind öffentliche Planungsstellen zum Handeln aufgefordert. Als rechtliche Grundlage kann die Verkehrsbeschränkung nach §40 Abs. 2 BImSchG (s.o.) herangezogen werden. Im firmennahen öffentlichen Straßenraum sind Anwohnerparkzonen, Kurzparkzonen und Parkgebühren einzuführen (Bundesministerium für Raumordnung, Bauwesen und Städtebau 1996b, S. 59).

Strikte, gesetzlich festgelegte, Vorgaben an die Unternehmen zur Förderung von Fahrgemeinschaften können ***Wirkungen*** großer städtebaulicher Relevanz nach sich ziehen. Bei Pilotprojekten des Bundesministeriums für Raumordnung, Bauwesen und Städtebau konnte eine Reduzierung des Alleinfahreranteils von bis zu einem Fünftel erreicht werden (Bundesministerium für Raumordnung, Bauwesen und Städtebau 1996b, S. 61). Beim MIV und ÖPNV bestimmt der Besetzungsgrad den Energieverbrauch und die Emissionsmengen bei der Bewältigung einer bestimmten Verkehrsleistung. Bei durchschnittlicher Auslastung weisen Bus und Bahn deutlich bessere Werte auf als Pkw (CETUR 1994, S. 192). Gerade beim lokalen und regionalen Entfernungsbereich, der meist bei Weglängen unter 20 km liegt, bestehen Umsteigepotentiale. Diese sind allerdings nur durch eine Attraktivitätssteigerung umweltfreundlicher Verkehrsmittel gegenüber dem MIV unter Ausnutzung von push- und pull-Faktoren zu mobilisieren.

Car-sharing-Projekte gehören nicht eigentlich zur Kategorie 'Verbesserung des Besetzungsgrads', sondern zur Kategorie 'Verbesserung der allgemeinen Fahrzeugauslastung'. Sie bieten die Möglichkeit den Pkw-Bestand durch Mehrfachnutzung zu reduzieren und wirken sich damit positiv auf die städtebauliche Problematik des Flächenanspruchs von ruhendem Verkehr aus. Des weiteren fördern sie, aufgrund der hohen variablen Pkw-Fahrtkosten, die Benutzung von Verkehrsmitteln des Umweltverbunds, wenn diese zur Verfügung stehen. Das Auto wird in der Regel als Ergänzung zum ÖPNV und NMIV genutzt. Dies hat stark reduzierende Wirkung auf die pro-Kopf-Fahrleistung im Pkw. Nach der Einlage einer Grundgebühr und monatlichen Mitgliederbeiträgen steht den Teilnehmern eine Palette verschiedener Fahrzeuge zur Benutzung zur Verfügung. Im Vergleich zum Besitz eines eigenen Pkw liegen die Fixkosten sehr niedrig, die variablen Kosten pro Kilometer dagegen sehr hoch. Petersen errechnet für die Kombination Teilauto + Fahrrad + ÖPNV für einen durchschnittlichen Zweipersonenhaushalt eine Kostenersparnis von rund 40% gegenüber einem eigenen Pkw (Petersen 1994, S. 241 ff.).

7.3.3 Maßnahmen zur Beeinflussung des Straßenverkehrsablaufs

Neben den fahrzeugtechnischen Maßnahmen gehören auch die Maßnahmen zur Verbesserung des Straßenverkehrsablaufs zur Klasse der verträglichen Verkehrsabwicklung. Es handelt sich dabei um verschiedene Einflußmöglichkeiten zur umfeld- und umweltverträglichen Abwicklung des zweckdienlichen und notwendigen Straßenverkehrs. Hauptziel ist ein gleichmäßiger, verlangsamter Verkehrsfluß. Die Wirkungsbreite dieser ***Maßnahmen zur***

flächenhaften Verkehrsberuhigung geht weit über diejenige der Eingriffe in die Fahrzeugtechnik hinaus.

Bei den Untersuchungsgebieten Montpellier und Heidelberg handelt es sich um Großstädte und deren hoch verdichtete Zentrumsbereiche. Selbst bei Ausschöpfung der Verkehrsvermeidungs- und -verlagerungspotentiale werden dort in jedem Fall erhebliche Mengen an ***Restverkehr*** bestehen bleiben. Hohe Zielverkehre, große Flächennutzungskonkurrenz und empfindliche Randnutzungen machen Verbesserungsmaßnahmen bei der Verkehrsabwicklung als Bestandteil der Strategien unumgänglich.

"Unter Verkehrsberuhigung werden [...] ***organisatorische, bauliche und verkehrsregelnde Maßnahmen*** verstanden, mit denen die vom Kfz ausgehenden Nachteile für das gesamte Verkehrsgeschehen, die städtebauliche Situation und die Umweltqualität abgebaut werden können" (Kanzlerski 1993, S. 235). Wichtigster Gesichtspunkt ist die ***Reduzierung der Fahrgeschwindigkeit*** auf den Nebenstraßen. Dies erfolgt in der Regel in Form von Tempo-30 Zonen. Neben der Beschilderung sind flankierende bauliche Maßnahmen dringend notwendig, um einerseits den Autofahrern optische Signale zur Geschwindigkeitsreduzierung zu geben und andererseits die Aufenthaltsqualität im Straßenraum durch fußgängergerechte Gestaltung und zusätzliche Begrünung zu erhöhen. In besonderen Fällen kann die Einrichtung von Fahrradstraßen und Spielstraßen mit einer Beschränkung auf Schrittgeschwindigkeit angebracht sein (Kanzlerski 1993, S. 235 ff.).

Auf diese Weise können sowohl Luftschadstoff- und Lärmemissionen verringert, als auch positiver Einfluß auf Trennwirkung, Unfallgefährdung, Flächenaufteilung sowie Grün und Gestaltung genommen werden. Im Gegensatz zur französischen Partnerstadt Montpellier sind in Heidelberg in weiten Bereichen des Stadtgebiets Tempo-30-Zonen eingerichtet. Eine effektive Durchführung beruht auf der Unterstützung der Bevölkerung. Insbesondere gute Öffentlichkeitsarbeit, aber auch eine regelmäßige Geschwindigkeitsüberwachung tragen deutlich zur Akzeptanz bei.

Die ***zugelassene Höchstgeschwindigkeit*** sollte auf allen innerörtlichen HVS, auch bei entsprechendem Ausbau, auf maximal 50 km/h beschränkt werden. Auch auf diesen Straßen kann eine konsequente Geschwindigkeitsüberwachung, in Kombination mit durchdachten Ampelschaltungen und Verkehrsleitsystemen, zu situationsangepaßterem Verkehrsverhalten führen und damit einen Beitrag zur stadtverträglicheren Verkehrsabwicklung leisten (Schmitz 1990, S.160 ff.). Wie ein Modellprojekt des Bundesministeriums für Raumordnung, Bauwesen und Städtebau zeigt, kann eine Einbeziehung von innerstädtischen Hauptverkehrsstraßen in die flächendeckende Verkehrsberuhigung mit Tempo-30 sinnvolle Ergebnisse bezüglich einer Reduzierung der Unfallzahlen und Erhöhung der Aufenthaltsqualität erzielen. Die gleiche Studie verdeutlicht aber auch die großen

Umsetzungsprobleme aufgrund mangelnder Akzeptanz der Bürger (Bundesministerium für Raumordnung, Bauwesen und Städtebau 1996b, S. 32 ff.).

Neben situationsgerechten Fahrgeschwindigkeiten ist der ***flüssige Verkehrsablauf*** Grundbedingung für eine stadtverträgliche Verkehrsabwicklung. Die Unstetigkeit des innerörtlichen Verkehrsflusses ist auf zwei verschiedene Phänomene zurückzuführen:

- freiwillige Unstetigkeit durch häufiges, starkes Beschleunigen und Abbremsen im Stadtverkehr
- erzwungene Unstetigkeit durch häufigen Wechsel von Stand und Fahrt bei zähfließendem Verkehr und Stau.

Das ***individuelle Verkehrsverhalten*** kann neben den oben genannten flächendeckenden Konzepten und verkehrsregelnden Maßnahmen nur durch eine Aufklärung der Bevölkerung beeinflußt werden. Zu einem verbesserten Straßenverkehrsablauf, aufgrund geringerer erzwungener Unstetigkeiten, können auch moderne ***Verkehrs- und Parkleitsysteme*** sowie verbesserte Ampelschaltungen beitragen. Eine Offenheit gegenüber neuen technischen Eingriffsmöglichkeiten ermöglicht "mit Sachverstand und Augenmaß und ohne übertriebene Euphorie - spezifisch geeignete Telematik-Systeme in die zielorientiert konzipierten Maßnahmenbündel für alternative Szenarien des Gesamtverkehrsmanagements zu integrieren. [...] Sie werden mit dazu beitragen, die Verkehrserzeugung, die Verkehrszielwahl, die Verkehrsmittelwahl und die Verkehrswegewahl zu beeinflussen, mit den Zielen: Autoverkehr vermeiden, Autoverkehr verlagern und Autoverkehr verträglicher machen" (Retzko 1996, S. 54 / 56). Solange es sich dabei nicht um flächendeckende Konzepte handelt, bleibt die Wirkung allerdings sehr begrenzt. Die einzige ursachenbezogene Maßnahme besteht in der Reduzierung des Verkehrsaufkommens. Dies zeigt eine doppelte Wirkung, einen gleichmäßigeren, emissionsmindernden Verkehrsfluß in Kombination mit der Verringerung der Kraftfahrzeugmenge (Schmitz 1990, S. 161 ff.).

Wenn jedoch ***Verkehrstelematik*** isoliert, ohne die Ansätze der Verkehrsvermeidung und -verlagerung, zum Einsatz kommt, wird dies keine zukunftsfähige Verkehrsentwicklung mit sich bringen (vgl. Weise 1996, S. 13). Neue Techniken zur Verkehrsregelung erhöhen die Kapazitäten der bestehenden Verkehrsinfrastruktur und werden den Trend der letzten Jahrzehnte zu immer mehr motorisiertem Individualverkehr weiterführen. Einem Ausbrechen aus der Entwicklung zu mehr Pkw-Verkehr und immer autogerechteren Siedlungsstrukturen wird damit eindeutig entgegengewirkt (vgl. Abb. 1.3). Substitution physischen Verkehrs durch elektronische Datenübertragung kann in einigen Branchen zu Einsparpotentialen, vorwiegend bei Botenfahrten, führen. Telearbeit könnte, bei sachgemäßer Ausgestaltung, im Bereich der Bürotätigkeiten sowie Fernüberwachung und -steuerung Pendlerfahrten vermeiden. Die Praxis sieht jedoch so aus, daß telematische Vernetzungen derzeit eher verkehrssteigernde Effekte haben. Dezentralisierung, Unternehmensdispersion, Outsourcing und Just-in-Time-Verhältnisse haben weitere Fahrstrecken, höhere Lieferfrequenzen und damit eine

Verkehrszunahme im Personen-, wie im Güterverkehr zur Folge. Eine verkehrssparende Umsetzung von Telematik wird in erster Linie von den Rahmenbedingungen abhängen. Der finanzielle Raumwiderstand muß erhöht werden, um wirtschaftliche Anreize zur Verkehrssparsamkeit zu setzen (Gaßner 1994, S. 232 ff.).

Des weiteren können Lärmschutzzonen sowie räumliche und zeitliche ***Verkehrs-beschränkungen*** für Lkw und Krafträder lokal zur Verminderung der Verkehrsbelastungen beitragen. Eine Bündelung sowohl von Straßen-, als auch von Schienenverkehr kann insbesondere die Lärmsituation positiv beeinflussen. Einen ***baulichen Beitrag*** dazu leisten geräuschmindernde Flüsterasphaltdecken, sowie ein lärm- und erschütterungsdämmender Aufbau der Straßenbahngleiskörper (Stadt Heidelberg 1993, S. 6; Wirtschaftsministerium Baden-Württemberg 1994, S. 126).

7.3.4 Maßnahmen zur Veränderung des Emissionsverhaltens der Fahrzeuge

Technische Verbesserungsmaßnahmen fallen in die Kategorie verträgliche Abwicklung des Verkehrs und stellen einen wichtigen Ansatzpunkt zur kurz- bis mittelfristigen Verminderung der Luftschadstoffemissionen des Verkehrs dar. Die technischen Entwicklungen im Pkw-Bereich lassen sich in drei separate Stränge untergliedern:

- technische Verbesserung der Fahrzeuge zur Verbrauchs- und Emissionsreduktion
- Entwicklung neuer Fahrzeugkonzepte
- Kooperationsmöglichkeiten von Pkw mit anderen Verkehrsträgern in einem integrierten Verkehrssystem.

Die ***technischen Verbesserungen der Fahrzeuge*** beziehen sich, neben Verringerung des Luftwiderstands und Gewichts der Karosserien, vorwiegend auf kraftstoffseitige, antriebsbezogene und abgasseitige Maßnahmen (vgl. Abb. 7.3).

Bei den ***kraftstoffseitigen Maßnahmen*** wird an einer Weiterentwicklung der Dieseltechnik gearbeitet, mit dem Ziel einer deutlichen Senkung des Kraftstoffverbrauchs. Als Kat-Dieselmotor sollen die HC- und CO-Emissionen um 70% respektive 90% gegenüber herkömmlichen Dieselmotoren abnehmen. Weniger groß sind die Reduktionspotentiale bei NO_x und Partikeln. Eine Umstellung auf Bio-Dieselkraftstoff aus der Rapspflanze ist aufgrund der hohen Flächenansprüche für die Produktion nicht durchführbar. Eine Beimengung von 10% - 20% Rapsöl bei der Herstellung des Treibstoffs erscheint denkbar (Steger 1994, S. 144 ff.).

Als Alternative besteht das Multi-Fuel-Konzept auf Basis von Methanol und Ethanol. Eingesetzt werden können die Alkohole entweder als Reinkraftstoffe oder als Gemisch mit Benzin. Die Gewinnung kann aus Erdgas oder Biomasse erfolgen. In Praxistests wurden Verbrauchssenkungen um ca. 5% gegenüber herkömmlichem Kraftstoff festgestellt. Als Hemmnis gilt der etwa viermal so hohe Preis wie von Benzin. Weitere alternative Kraftstoffe mit erheblichen Emissionsvorteilen sind Erdgas und Wasserstoff. Bei beiden ist jedoch das Problem der Speicherbarkeit noch nicht gelöst und damit eine Serienreife noch weit entfernt (Steger 1994, S. 149 ff.).

Auf dem Bereich ***alternativer Antriebstechniken*** beherrschen die Elektrofahrzeuge das Bild. Sie zeichnen sich durch lokale Schadstoff-Freiheit aus, bieten bei fossiler Stromerzeugung jedoch global keinen ökologischen Vorteil. Weitere Problembereiche sind die geringe Reichweite und der hohe Anschaffungspreis der Batterien. Hybridfahrzeuge kombinieren die Technik der Elektrofahrzeuge mit der von Verbrennungsmotoren und überwinden damit das Reichweiten-Problem. Der lokale Kraftstoffverbrauch und Schadstoffausstoß liegt nach wie vor deutlich unter dem herkömmlicher Pkw. Es bleibt jedoch das Problem der Stromerzeugung in Kraftwerken. Eine stärker an konventionellen Antriebssystemen orientierte Technik ist die Schwingnutzautomatik mit automatischer Motorabschaltung in rollendem Zustand. Für Testfahrzeuge wird eine Verbrauchsreduktion von 20% - 30% und Emissionsreduktionen von 59% bei CO und 22% bei NO_x angegeben (Steger 1994, S. 151 ff.).

Beim Einsatz ***neuer Pkw-Konzepte*** spielt die Reduzierung des Fahrzeuggewichts eine entscheidende Rolle. Durch Materialsubstitution in Form anderer Werkstoffe, zum Beispiel Aluminium beim Karosseriebau, ließe sich das Gewicht deutlich reduzieren und das Ziel des Dreiliterautos in greifbare Nähe rücken. Der Umsetzung dieser Maßnahmen stehen jedoch die weiterhin steigenden Ansprüche an Sicherheit und Komfort entgegen (Steger 1994, S. 156).

Unter ***Kooperationsmöglichkeiten von Pkw mit anderen Verkehrsträgern*** in einem integrierten Verkehrssystem sind Strategien wie verstärkter Einsatz von Autoreisezügen, Park+Ride sowie Verkehrsleitsysteme und Verkehrstelematik zu verstehen (Steger 1994, S. 159).

Abb. 7.3: Zukünftige Maßnahmen im Bereich der Fahrzeugtechnik

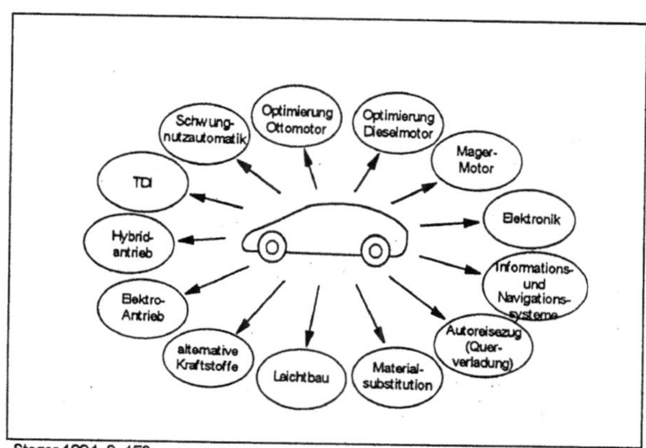

Steger 1994, S. 158

Bei Maßnahmen zur ***Minderung von Lärmemissionen*** muß zwischen Rollgeräuschen und Antriebsgeräuschen differenziert werden. Zur Reduzierung von Schallemissionen bei Verbrennungsmotoren besteht die Möglichkeit einer schalldämpfenden Kapselung und leiseren Auspuffanlagen. Rollgeräusche sind über verbesserte Reifen zu erreichen (Schmitz 1990, S. 147 ff.). In Bezug auf die Stadtverträglichkeit des Verkehrs sollten daneben Maßnahmen zur Erhöhung der Verkehrssicherheit in die technischen Konzepte mit einbezogen werden.

Zur nachhaltigen Verbesserung der städtischen Belastungssituationen durch Verkehr können technische Entwicklungen nur einen kleinen Teil beitragen: Die in den Bewertungsfeldern 'Trennwirkung / Unfallgefährdung' und 'Flächenaufteilung / Grün und Gestaltung' untersuchten Kriterien werden dadurch nicht berührt (vgl. Kapitel 2.2.3 und 2.2.4).

Die fahrzeugtechnischen Maßnahmen gehen in Form von verringerten ***Luftschadstoff-Emissionsfaktoren*** in die Szenarien ein. Fahrzeugtechnische Entwicklungen zur Reduzierung von Lärmemissionen und Unfallgefahren können nicht berücksichtigt werden. Ausgehend von den Emissionsfaktoren für den Ist-Zustand (vgl. Tab. 5.17 - 5.22 im Tabellenanhang) erfolgt die Bestimmung der Luftschadstoffemissionen der Kfz in den Szenarien anhand von Fortschreibungen der Emissionsfaktoren (Umweltbundesamt 1995). Um den realen Entwicklungen möglichst nahe zu kommen, wird für die Alternativszenarien eine vom Umweltbundesamt errechnete Fortschreibung der Emissionsfaktoren angewandt (vgl. Tab. 7.66 - 7.71 im Tabellenanhang), für das Status-Quo-Szenario dagegen eine veränderte Variante mit 50% geringerem Minderungspotential (vgl. Tab. 7.56 - 7.61 im Tabellenanhang). Die Verbesserungen der Fahrzeugtechnik betreffen alle Fahrzwecke und Untersuchungsgebiete. Es wird von gleichen technischen Standards und Entwicklungen in den Untersuchungsgebieten Frankreichs und Deutschlands ausgegangen. Die Ermittlung der Luftschadstoffemissionen des fahrenden MIV (warmer Betriebszustand) erfolgt für den Ist-Zustand, das Status-Quo-

Szenario und die Alternativszenarien differenziert nach den einzelnen Straßenabschnitten (vgl. Tab. 5.23, 5.24, 7.62, 7.63, 7.72 u. 7.73 im Tabellenanhang). Die Startzuschläge und die Emissionen des ruhenden Verkehrs werden pauschal für die Gebiete der Stadtteile berechnet (vgl. Tab. 5.25, 5.26, 7.64, 7.65, 7.74 u. 7.75 im Tabellenanhang). Eine detaillierte Auflistung der Berechnungsweisen und der Ergebnisse ist im ***Tabellenanhang*** beispielhaft für die ***Stadtteile Centre Historique - Les Arceaux und Altstadt*** dargestellt. Eine Beschreibung der Verfahren ist Kap. 2.2.1 und Kap. 5.2.1 zu entnehmen.

Wie den Berechnungsergebnissen in Kap. 7.4 und 7.5 zu entnehmen ist, sind Maßnahmen zur Fahrzeugtechnik insbesondere als ***kurzfristig wirksame Möglichkeit*** zur Reduzierung von Luftschadstoffemissionen sehr wichtig (vgl. z.B. Tab. 7.16 u. 7.17). Eingebunden in umfassende Konzepte zur Verbesserung der Umweltverträglichkeit von Verkehr stellen diese Maßnahmenpakete durchaus sinnvolle und effektive Aspekte dar. Kritisch gesehen werden muß dagegen der isolierte Einsatz von fahrzeugtechnischen Maßnahmen, da diese nur auf einen geringen Teil der Umfeld- und Umweltbelastungen des Stadtverkehrs Einfluß nehmen (vgl. Kap. 1.3).

7.4 Status-Quo-Szenario (Horizont 2010)

7.4.1 Gesamtstädtische Rahmenbedingungen

Grundlage für die vergleichende Bewertung der Entwicklungsmöglichkeiten ist ein Status-Quo-Szenario, eine Verlängerung der derzeitigen Trends in die Zukunft. Es basiert auf ***Fortschreibungen*** der lokalen und regionalen Bevölkerungs-, Siedlungs- und Wirtschaftsentwicklungen mit ihren Auswirkungen auf den Verkehr und seine Folgen. Die in das Szenario eingehenden Änderungen gegenüber dem Ist-Zustand bestehen in den bisher getroffenen Entscheidungen und eingeleiteten Trends, große politische Eingriffe sind nicht Teil der Betrachtungen. Eventuell auftretende Verhaltensänderungen beruhen auf Zwängen und Verknappungen. Die Fortschreibungen der Luftschadstoffemissionsfaktoren des Umweltbundesamts gehen, in verschiedenen Ausprägungen, in das Status-Quo- und die Alternativszenarien ein (Umweltbundesamt 1995).

Ziel des Status-Quo-Szenarios ist es, die Verhältnisse aufzuzeigen, die aus einem politischen und planerischen 'business-as-usual' erwachsen, um im Anschluß daran die Auswirkungen der Alternativszenarien verdeutlichen zu können. Als ***Zeithorizont*** der Szenarien wurde das Jahr 2010 gewählt, um einerseits noch ernst zu nehmende Strukturdaten als Grundlage und andererseits einen ausreichend großen Zeitrahmen zu haben, um erste Veränderungen bei mittelfristigen Maßnahmen der Siedlungsentwicklung wahrnehmen zu können. Ein langfristig ausgelegtes Alternativszenario, über das Jahr 2010 hinweg, ermöglicht zusätzlich die Entwicklungen unter veränderten gesetzlichen und planerischen Rahmenbedingungen zu beleuchten.

7.4.1.1 Montpellier

Das Status-Quo-Szenario für Montpellier basiert im wesentlichen auf den, im dortigen Verkehrsentwicklungsplan (Dossier de Voirie d'Agglomération DVA; vgl. CETE-LR / DDE 1994) und Bodennutzungsplan (Plan d'Occupation des Sols POS; vgl. Ville de Montpellier - DAP 1993) veröffentlichten ***Strukturdaten***. Eine Auswahl an Daten zur Bevölkerungs-, Wirtschafts-, Siedlungs- und Verkehrsentwicklung ist Tab. 7.3 zu entnehmen:

Tab. 7.3: Status-Quo-Szenario Montpellier: Daten zur Bevölkerungs-, Wirtschafts-, Siedlungs- und Verkehrsentwicklung

	1990	2010
Bevölkerung	207.812	248.105
Erwerbstätige	71.799	87.916
Beschäftigte	104.161	125.926
Wohnungen	92.542*	122.542**
MIV-Fahrten (Binnenverkehr)	305.000***	410.000***

CETE-LR / DDE 1994; *INSEE 1990; **Ville de Montpellier - DAP 1993; ***Ministère de l'Equipement, du Logement, de l'Aménagement du Territoire et du Tourisme / DDE 1997, S. 42 ff.

Wirtschafts- und Nutzungsstrukturen

Wie aus Tab. 7.3 zu entnehmen ist, wird es weiterhin einen starken Zuwachs an Arbeitsplätzen geben. Der durchschnittliche Anstieg der Beschäftigtenzahl liegt bei ca. 1% pro Jahr. Die Zahl der täglichen Wege im Berufsverkehr steigt im gleichen Verhältnis an. Der Arbeitsplatzüberschuß Montpelliers bleibt prozentual auf dem gleichen Niveau wie 1990, daher ist auch mit einem gleichbleibenden Berufseinpendleranteil von 50,8% zu rechnen (Ville de Montpellier - DAP 1993, S.37 ff.).

Bevölkerungs- und Siedlungsstrukturen

Das Bevölkerungswachstum Montpelliers beruht, im Gegensatz zu Heidelberg, auf einem kräftigen Geburtenüberschuß. Die Zahl der Abwanderungen ins Umland hebt die der Zuwanderungen auf. Im näheren Umland liegt der relative Bevölkerungsanstieg noch höher als im Stadtgebiet (Ville de Montpellier - DAP 1993, S. 12).

Aufgrund der steigenden Einwohnerzahl, der sinkenden Haushaltsgrößen und der zunehmenden Wohnansprüche ist, nach wie vor, mit einem großen Wohnungsbedarf zu rechnen. Der durchschnittliche jährliche Anstieg soll auf ca. 1500 neue Wohneinheiten im Stadtgebiet begrenzt werden. Der Neubau der anvisierten 30.000 Wohnungen wird sich zu 60 bis 70% auf die östlichen Stadtteile 'Port Marianne' konzentrieren, mit dem Ziel ein neues Gleichgewicht in der Stadtentwicklung zu fördern. In der westlichen Hälfte des Stadtgebiets bestehen derzeit Flächenreserven für ca. 7000 neue Wohneinheiten. Die Vorteile der östlichen quartiers basieren auf der größeren Zentrumsnähe (0,5 - 2 km), der guten Verkehrsanbindung und der guten Erreichbarkeit der Küste (Ville de Montpellier - DAP 1993, S. 22). Ziel der Stadtverwaltung ist, eine Entwicklung von der radial-konzentrischen Stadtstruktur zu einer eher bandförmigen einzuleiten. Damit soll die starke verkehrliche Ausrichtung von allen

Seiten auf das Zentrum abgeschwächt und eine bessere Bedienbarkeit durch schienengebundene öffentliche Verkehrsmittel erreicht werden (Ville de Montpellier, Notre Ville, 4'1999).

Unter Zugrundelegung der steigenden Grundstücks- und Wohnungspreise muß jedoch angezweifelt werden, daß derartige Planungen zu gemischten, zentrumsnahen Siedlungsstrukturen führen. Eine Fertigstellung der, im Bau befindlichen, großen Umgehungsstraße (s.u.) wird, durch verbesserte MIV-Anbindung, zu fortschreitender flächenhafter Zersiedlung des Umlandes beitragen. Die genannten Faktoren folgen im Status-Quo-Szenario den derzeitigen Trends und werden daher nicht als veränderbare Steuerungsinstrumente eingesetzt.

Infrastrukturausstattung
Anhand der Ausweisung neuen Baulands soll der Zerstörung gewachsener Sozialstrukturen, durch eine übermäßige Nachverdichtung bestehender Wohngebiete, vorgebeugt werden. Die Siedlungsfläche der Stadt wird sich dadurch ausweiten. Beim Entwurf der neuen Stadtteile Montpelliers wird auf die Bildung von Stadtteilzentren geachtet. Für die betreffenden Stadtteile wird eine bessere Nutzungsmischung und eine attraktivere Infrastruktur in den Bereichen Sport, Freizeit und Kultur angestrebt. Die wirtschaftliche, soziale und kulturelle Bedeutung des Stadtzentrum soll weiterhin gefördert und dabei auf den Erhalt innerstädtischer Grün- und Freiflächen geachtet werden (Ville de Montpellier - DAP 1993, S. 24 ff.).

Auch im Bereich der Wirtschaftsentwicklung soll die Nutzungsmischung einen höheren Stellenwert bekommen: Das Technopole-Konzept mit seinen Forschungs- und Entwicklungsparks soll in Richtung östliche Stadtteile ausgebaut werden. Ähnliches gilt für die Universität: Die Wirtschafts- und Jura-Studiengänge sollen an den neuen Standort 'Richter' verlagert werden. Im Westen der Stadt wird die Ansiedlung von Arbeitsplätzen in der Nähe der bevölkerungsreichen Stadtteile gefördert (Ville de Montpellier - DAP 1993, S. 40). Die reale Umsetzung der Planungen wird allerdings nur partiell durchführbar sein. Es muß daher von einer weiteren Suburbanisierungstendenz ausgegangen werden, welche mehr Autoverkehr und längere Fahrstrecken nach sich zieht.

Verkehrsangebotsstrukturen
Die geplanten Maßnahmen im Verkehrssektor beziehen sich auf

- einen Aus- und Umbau der MIV-Infrastruktur
- eine Förderung des ÖPNV
- eine Förderung des Radverkehrs.

Die Verlagerungsmaßnahmen bestehen im Ausbau der Umgehungsstraßen '4^{e} und 5^{e} ceinture', um den Transitverkehr von der Innenstadt fern zu halten und in der Bündelung des innerstädtischen MIV auf Hauptverkehrsstraßen, um die Qualität der Stadtviertel aufzuwerten (CETE / DDE 1994, S. 14 ff.). Durch bauliche und verkehrsregelnde Maßnahmen dieser Art besteht jedoch die Gefahr, daß durch schnelle Verkehrsabwicklung im MIV die Bereitschaft für längere Fahrstrecken wächst. Dies wirkt sich kontraproduktiv auf die Siedlungsentwicklung und letztlich auf das gesamte Mobilitätsverhalten aus.

Zentrales Element der ÖPNV-Maßnahmen ist der Bau der ersten Straßenbahnlinie, mit Nordwest-Südost-Verlauf durch das Stadtgebiet. Die Züge sollen auf der ca. 15 km langen, durchgehend zweigleisigen, Strecke zu Hauptverkehrszeiten im 4-Minuten-Takt verkehren. Der durchschnittliche Abstand der 28 Haltestellen wird 560 m betragen. Die tägliche Bedienungszeit ist von 5.00 bis 1.00 angesetzt. Des weiteren sollen zwei P+R-Plätze im Norden und Nordwesten der Stadt sowie einige kleinere P+R-Möglichkeiten angelegt werden. Im Zuge des 'tramway'-Baus wird auch der Buslinienplan geändert und ausgebaut. Begleitend dazu wird die Öffentlichkeit, mit Hilfe eines Infozentrums und der Verbreitung von Informationsmaterial, auf die Entwicklungen aufmerksam gemacht. Die erhoffte Steigerungsrate der werktäglichen ÖPNV-Fahrten durch die Angebotsverbesserung bemißt sich auf 17% (Montpellier District / SMTU 1996, S. 37). Der Aufbau eines Radwegenetzes soll, durch eine Streckenverlängerung um 60 km, begonnen werden (Ville de Montpellier o.J. c). Bei einem Ausbau der Radinfrastruktur kann, ohne andauernde flankierende Maßnahmen der Öffentlichkeitsarbeit, nur mit suboptimalen Verlagerungspotentialen gerechnet werden (vgl. Kap. 6.5).

Trotz einer Erhöhung der ÖPNV- und NMIV-Fahrten werden die Belastungen des Straßenverkehrs weiter stark steigen. Die Anzahl der Pkw steigt mit dem Bevölkerungszuwachs, die Fahrleistungen überproportional aufgrund des Ausbaus der MIV-Infrastruktur und der Siedlungsentwicklung. Der Besetzungsgrad der Fahrzeuge wird sich kaum ändern (Ville de Montpellier - DAP 1993, S. 28). Unter Status-Quo-Bedingungen wird sich die Zahl der täglichen MIV-Fahrten im Innenstadtbereich bis 2010 stark erhöhen und die Zahl von 410.000 erreichen. Daß damit neben enormen Problemen der Verkehrsbewältigung auch eine inakzeptable Steigerung der Belastungen für Mensch und Umwelt einhergeht, ist offensichtlich (Ministère de l'Équipement, du Logement, de l'Aménagement, du Territoire et du Tourisme / DDE 1997, S. 42 ff.; vgl. Kap. 7.1).

Fahrzeugtechnik

Neben den in Kap. 7.3.4 vorgestellten, bei allen Untersuchungsgebieten im Status-Quo-Szenario als teilweise realisierbar angenommenen, Maßnahmen zur emissionsmindernden Fahrzeugtechnik an Pkw, werden in Montpellier zukunftsweisende Technologien im ÖPNV erprobt. Der 'Petitbus' zur Bedienung der Fußgängerzone wird bereits im Ist-Zustand von schadstoff- und geräuscharmen Gasmotoren angetrieben (G.P.L., Gaz de Pétrole Liquifié, Butan-Propan-Gemisch). Für den sonstigen Busverkehr ist in Zukunft eine Umstellung auf G.N.V.-Gasmotoren (Gas Naturel pour Véhicules, Methan aus Erdgas) geplant. Diese Technik soll den Bussen ermöglichen im Betrieb 2 - 3 dB weniger zu emittieren als herkömmliche Dieselfahrzeuge sowie die CO-, HC-, NO_x- und Partikelemissionen deutlich zu senken. In der Umstellungsphase sollen die bisherigen Busse mit Aquazole (Gemisch aus Diesel, Wasser und Additiven) betrieben werden, mit dem Ziel die Partikel- und Rußemissionen deutlich zu senken (-10 bis -50%), wobei mit einem Anstieg an NO_x (+15 bis +30%) zu rechnen ist. Bei der Konstruktion der Straßenbahnzüge und -schienen werden besonders geräusch- und vibrationsarme Bauweisen eingesetzt (Montpellier District, Puissance 15, 4/5'1999).

Die fahrzeugtechnischen Maßnahmen drücken sich in einer Fortschreibung der Luftschadstoffemissionsfaktoren des Umweltbundesamtes für den Horizont 2010 aus. Um den realen Entwicklungen möglichst nahe zu kommen, wird mit einem um 50% verringerten Minderungspotential gegenüber den Alternativszenarien gerechnet (Umweltbundesamt 1995; vgl. Kap. 7.3.4; vgl. Tab. 7.56 - 7.61 u. 7.66 - 7.71 im Tabellenanhang). Je größer der Einfluß des Berufs- und Univerkehrs auf die jeweilige Straße, desto größer ist die Differenz zwischen Ist-Zustand, Status-Quo-Szenario und Alternativszenarien bei den errechneten Luftschadstoffemissionen. Für Straßenabschnitte, bei denen die erlaubte Höchstgeschwindigkeit von 50 auf 30 km/h herabgesetzt wird, erfolgt die Berechnung mittels der vorgesehenen Fahrmodi. Dadurch entstehen in diesen Fällen unterschiedlich starke Veränderungen bei den einzelnen Schadstoffkomponenten. Das gleiche Verfahren wird für alle Untersuchungsstadtteile Montpelliers und Heidelbergs angewandt.

7.4.1.2 Heidelberg

Das Status-Quo-Szenario für Heidelberg orientiert sich an den Vorgaben des Stadtentwicklungsplans Heidelberg 2010 (vgl. empirica 1995), des Modells Räumlicher Ordnung (vgl. Stadt Heidelberg 1998) und des Nahverkehrsplans (vgl. Stadt Heidelberg 1999). Die wichtigsten Daten zur Bevölkerungs-, Wirtschafts-, Siedlungs- und Verkehrsentwicklung sind Tab. 7.4 zu entnehmen.

Tab. 7.4: Status-Quo-Szenario Heidelberg: Daten zur Bevölkerungs-, Wirtschafts-, Siedlungs- und Verkehrsentwicklung

	1993	2010
Bevölkerung	133.500	149.489
Erwerbstätige	55.000*	66.593
Beschäftigte	94.000	107.100
Wohnungen	63.949*	82.054*
MIV-Fahrten (Binnenverkehr)	235.500**	285.500**

empirica 1995; *eigene Bearbeitung; **empirica 1995 / Wermuth et al 1994/ eigene Bearbeitung

Wirtschafts- und Nutzungsstrukturen

Auch in Heidelberg wird ein weiterer Anstieg der Beschäftigten im Dienstleistungssektor zu verzeichnen sein, aber auf ca. 0,8% pro Jahr verlangsamt. Die Einpendlerquote zeigt eine weiter steigende Tendenz: 57% (abs. 61.047) für das Jahr 2010. Das heißt nur 43% (abs. 46.053) der in Heidelberg arbeitenden Personen wohnen auch dort. Die Auspendlerquote liegt mit 25% deutlich niedriger (abs. 16.648) (empirica 1995, S. 21).

Die Zahl der Beschäftigten in Industrie und Gewerbe wird abnehmen. Damit geht eine Verlagerung der Flächenansprüche auf den Dienstleistungssektor einher, insbesondere in Form von neuen Büroflächen. Dies sollte potentiell die Voraussetzungen für eine kleinräumige Nutzungsmischung verbessern, deren Realisierung allerdings unter Status-Quo-Bedingungen nicht absehbar ist (empirica 1995, S. 7, S. 24). Vermehrte Brach- und Altlastenflächen sowie der Neubau von Bürogebäuden in kostengünstiger Lage werden distanzvergrößernde und entmischende Wirkungen auf die Siedlungs- und Straßenverkehrsstrukturen haben.

Bevölkerungs- und Siedlungsstrukturen

Das Heidelberger Bevölkerungswachstum nährt sich ausschließlich aus der Zuwanderung, die natürliche Bevölkerungsbewegung zeigt ein negatives Saldo. Durch die starke Zuwanderung und die steigende pro-Kopf-Wohnfläche wird der Neubedarf an Wohnraum bei über 1000 Wohnungen pro Jahr liegen. Neben den weitergehenden Suburbanisierungstendenzen wird daher eine rege Neubautätigkeit nicht ausbleiben. Der Siedlungsdruck wird ein Ausweichen auf billiges Bauland nach sich ziehen, was zu eher unkontrolliertem Wachstum mit, in der Regel, schlechterer Verkehrsanbindung des ÖPNV führt. Die dadurch zunehmende Dispersion wird die Verkehrsströme räumlich und zeitlich diffuser machen, die Verhältnisse für die Bündelungen von Wegen verschlechtern und zu mehr MIV führen. In einigen Stadtteilen wird es vereinzelt zu Nachverdichtungen kommen, insgesamt wird sich der Trend zur Aufwertung der zentralen Stadtteile fortsetzen (empirica 1995, S.21 ff.).

Die beschriebenen Faktoren folgen damit den derzeitig absehbaren Entwicklungslinien. Ein aktives Eingreifen in die strukturellen Rahmenbedingungen erfolgt beim Status-Quo-Szenario nicht.

Infrastrukturausstattung

Auch im Falle Heidelbergs werden sich die Suburbanisierungstendenzen noch verstärken. Wichtigster Grund dafür sind die hohen Miet- und Immobilienpreise in der Stadt. Die hohen Standortkosten und die damit verbundene Auslagerung der Wohnfunktion ist einer Verbesserung der Infrastrukturausstattung der bestehenden Stadtteile nicht zuträglich. Die Wege im Berufs-, Uni- und Einkaufsverkehr werden im Durchschnitt an Länge zunehmen.

Verkehrsangebotsstrukturen

Der verkehrsplanerische Maßnahmenkatalog umfaßt neben vereinzelten Verkehrsberuhigungen sowie Straßenum- und -ausbauungen den Bau einer Altstadtumfahrung. Dabei stehen drei Varianten zur Diskussion:

- Bau eines Neckarufertunnels entlang des Flusses zwischen Altstadt und südlichem Neckarufer
- Bau eines Königstuhltunnels zwischen Karlstor und Steigerweg
- Verkehrslenkende und -reduzierende Maßnahmen ohne Tunnelprojekt

(Steinfatt et al 1997; Stadt Heidelberg, Stadtblatt, 31.3.1999). Außerdem werden verbesserte Ampelschaltungen sowie intelligente Leitsysteme zum Einsatz kommen. Diese baulichen

Maßnahmen werden nur punktuell Belastungsminderungen durch verträglichere Abwicklung und räumliche Verlagerung des MIV zur Folge haben. An anderer Stelle werden sich die Belastungen verstärken. Die Pkw-Gesamtfahrleistungen im Stadtgebiet werden aufgrund erhöhter MIV-Pendlerzahlen und Zulassungszahlen durch den Heidelberger Bevölkerungszuwachs spürbar ansteigen. Der Besetzungsgrad der Kfz wird sich dabei kaum ändern.

Bei der Betrachtung des Binnenverkehrs der Stadt Heidelberg ist mit einer Zunahme der täglichen MIV-Fahrten um ca. 50.000 auf 285.500 im Jahr 2010 zu rechnen (empirica 1995, Wermuth et al 1994, eigene Bearbeitung). Diese Zahl deutet bereits auf die hohen, zu erwartenden Belastungen für Umwelt und Umfeld hin. Bei weiterhin steigenden Pendleranteilen ist zusätzlich von noch stärker wachsenden MIV-Zahlen im Verkehr über die Stadtgrenze hinweg auszugehen. Die Gesamtverkehrsentwicklung im Status-Quo-Szenario für Heidelberg wird inakzeptabel hohe Belastungen für Anwohner und Straßenraumnutzer zur Folge haben.

Eine Fortschreibung der ÖPNV-, Rad- und Fußwegeförderung eröffnet bescheidene Umsteigepotentiale. Wichtigste Aktivität auf dem ÖPNV-Sektor ist der Bau der zwei neuen Straßenbahnlinien nach Kirchheim und in die Altstadt. Für die weniger frequentierten Ziele Kernphysikalisches Institut, Schlierbach, Kohlhof und Bärenbach werden Ruftaxis eingesetzt (Stadt Heidelberg 1999, S. 75; Stadt Heidelberg, Stadtblatt, 18.3.1998). Der regionale SPNV wird durch den Einsatz von R-/S-Bahn-Zügen verstärkt. Heidelberg wird dabei einen Knotenpunkt von Ost-West- und Nord-Süd-Strecken darstellen (Raumordnungsverband Unterer Neckar 1994, S. 145 ff.). Ohne begleitende MIV-Restriktionen werden diese Maßnahmen zwar zum Ansteigen der ÖPNV-Nutzung beitragen, auf den MIV jedoch ohne bedeutende Auswirkungen bleiben. Der Ausbau des Rad- und Fußwegenetzes wird sich auf Korrekturen und Lückenschlüsse beschränken, die keine umwälzenden Verhaltensänderungen nach sich ziehen. Neben den innerstädtischen Maßnahmen soll der regionale Radverkehr durch eine neue, einheitliche Beschilderung gefördert werden. Die Betrachtung der Verkehrssituation im Stadtgebiet Heidelbergs läßt eine deutliche Erhöhung des Kfz-Verkehrs und der darauf beruhenden Umfeld- und Umweltbelastungen erwarten (empirica 1995, S. 25).

Die baulichen Maßnahmen zur Förderung des ÖPNV werden durch organisatorischen Einsatz unterstützt. Die Einrichtung einer Mobilitätszentrale am Bismarckplatz ermöglicht eine bessere Informationspolitik und direkteren Kundenkontakt. Die Informationen sind auch über das Internet abrufbar (Stadt Heidelberg, Stadtblatt, 1.4.1998).

Fahrzeugtechnik

Im ÖPNV Heidelbergs werden verstärkt fahrzeugtechnische Maßnahmen zur Attraktivierung öffentlicher Verkehrsmittel und zur emissionsärmeren Abwicklung des Verkehrs geplant. Der Fuhrpark der HSB soll zunächst durch acht moderne, attraktive Straßenbahnzüge mit besserer Geräusch- und Schwingungsdämmung aufgewertet werden. Im Busverkehr sind Fahrzeuge mit Diesel-Partikel-Filter im Probebetrieb. Diese sollen den Ausstoß an Partikeln um 90% gegenüber herkömmlichen Fahrzeugen reduzieren sowie die CO-, NO_x- und HC-Emissionen deutlich senken (Stadt Heidelberg, Stadtblatt, 20.1.1999 u. 3.3.1999). Für weitere Erläuterungen zu den fahrzeugtechnischen Maßnahmen, insbesondere im MIV, vgl. Abschnitt Montpellier und Kap. 7.3.4.

7.4.2 Hauptverkehrsstraßen Montpelliers und Heidelbergs

Anhand der Auswertungen zur Ist-Situation sind für die HVS Montpelliers und Heidelbergs bereits deutliche ***Belastungsschwerpunkte*** zu erkennen. Diese konzentrieren sich auf Straßenabschnitte, in denen hohe Anspruchsniveaus mit großen Verkehrsmengen kollidieren. In die Szenarien werden nur diese HVS-Abschnitte mit hohem Anspruchsniveau einbezogen, da Belastungsminderungen in jenen Bereichen vordringlich behandelt werden sollten. Die Bedeutung des untersuchten Berufs- und Ausbildungsverkehrs für das Verkehrsgeschehen auf den ausgewählten HVS ist den Auswertungen für die Stadtteile zu entnehmen, welchen diese aufgrund ihrer räumlichen Nähe zugeordnet sind (vgl. Tab. 7.11, 7.12, 7.19, 7.20, 7.27 u. 7.28). Bei den Szenarien ist zu beachten, daß es sich um lokale, kleinräumige Ansätze handelt. Eine umfassende Analyse der Verursacherstrukturen des Verkehrs für die Gesamtheit der HVS-Netze der Städte Montpellier und Heidelberg bedarf großräumiger, regionaler Ansätze. Dem kann diese, auf innerstädtische Strukturen ausgerichtete Arbeit nicht gerecht werden.

7.4.3 Hôpitaux Facultés - Plan des Quatre Seigneurs & Neuenheim

Die Szenarien für den Stadtteil Hôpitaux Facultés - Plan des Quatre Seigneurs erfolgen unter Einbeziehung der angrenzenden HVS Av. Charles Flahaut, Av. du Père Soulas, Rue Paul Rimbaud, Rue du 81. Regiment d'Infantrie und Rue Lakanal. Für Neuenheim werden die Berliner Straße, Brückenstraße, Hans-Thoma-Platz und Uferstraße mit einbezogen (vgl. Tab. 7.5, 7.6, 7.11 u. 7.12; vgl. Karte 5.1 u. 5.2).

Wirtschafts- und Nutzungsstrukturen

Für das quartier Hôpitaux Facultés - Plan des Quatre Seigneurs wird mit einem Anstieg an Arbeitsplätzen gerechnet, der dem Durchschnitt der Stadt Montpellier entspricht. Auf der einen Seite bietet der Stadtteil mit seinen vielen Einrichtungen der Kategorie 'Forschung und Entwicklung' und der starken Konzentration auf den Dienstleistungssektor gute wirtschaftliche Entwicklungschancen. Universitäten, Kliniken und die 'Parcs d'Activités' Agropolis und Euromédecine stützen den Beschäftigungszuwachs, jedoch ohne die Ansiedlung neuer Großprojekte. Denn auf der anderen Seite gehört der Stadtteil nicht zum Bereich der besonders geförderten Stadtentwicklung, der nur den östlichen Teil der Stadt umfaßt. Der Anstieg der

Arbeitsplätze um 20,9% bis zum Jahr 2010 wird zu einer Beschäftigtenzahl von 17.330 führen (Ville de Montpellier - DAP 1993, S. 40; eigene Bearbeitung).

Neuenheim stellt, wie auch der französische Vergleichsstadtteil, einen Dienstleistungsstandort mit Schwerpunkt auf Forschung und Entwicklung dar. Dies ist die Grundlage für ein weiteres überdurchschnittliches Anwachsen der Beschäftigtenzahlen im Stadtteil um 2753 Personen (24,2%) auf 14.114 von 1990 bis 2010. Anvisiert wird u.a. ein Ausbau des Technologieparks in Neuenheim West, beziehungsweise im angrenzenden Gebiet 'Langgewann II' auf Handschuhsheimer Boden. Diese Sondernutzungsflächen werden ausschließlich für Unternehmen aus wissenschaftsnahen Branchen reserviert. Für Neuenheim wird nach wie vor ein starkes Ansteigen des Einpendleranteils angenommen (Stadt Heidelberg 1995a, S. 28; Stadt Heidelberg 1998, S. 27; eigene Bearbeitung).

Für die Studierendenzahlen Montpelliers wird, dem bisherigen Trend entsprechend, mit einem weiteren Anstieg gerechnet. Bei gleichbleibendem Studentenanteil an der Gesamtbevölkerung der Stadt werden die Steigerungsraten nur halb so hoch liegen, wie in den achtziger Jahren. Unter Einbeziehung der Entwicklungen in den jeweiligen Fachbereichen ist für das Campusviertel mit einem Anstieg um ca. 10.000 Studierende, auf die Zahl von mehr als 35.000, zu rechnen (GREGAU 1993, Bd. 1, S. 8; eigene Fortschreibung). Bei den Studentenzahlen im Neuenheimer Feld wird dagegen für die nähere Zukunft, aufgrund von Zulassungsbeschränkungen, nicht von einer weiteren Steigerung ausgegangen (Stadt Heidelberg 1995a, S. 38).

Die täglichen Wege im Berufsverkehr nach Hôpitaux Facultés - Plan des Quatre Seigneurs werden, nach den o.g. Berechnungsgrundlagen, um über 1400 steigen, im Univerkehr deutlich stärker um knapp 9000. Die Anzahl der täglichen Wege innerhalb der Heidelberger Stadtgrenzen zu den Arbeits- und Studienplätzen in Neuenheim werden auf dem Niveau des Ist-Zustands verbleiben. Der Grund dafür liegt in der fortschreitenden Zahl an Berufs- und Ausbildungseinpendlern über die Stadtgrenzen hinweg, welche den gesamten Zuwachs an Wegen auffangen (vgl. Tab. 7.5 u. 7.6).

Bevölkerungs- und Siedlungsstrukturen

2/3 der in Hôpitaux Facultés neu hinzukommenden Beschäftigten (abs. 974) werden ihre Wohnung in den städtebaulich geförderten, östlichen Stadtteilen Port Marianne, Antigone, Pompignane, Aiguerelles und Aiguelongue haben. Auf die anderen quartiers wird nur 1/3 (abs. 487) des Zuwachses entfallen. Für die Zahl der Berufspendler aus den, oben genannten, östlichen Stadtteilen nach Hôpitaux Facultés wird das einen Zuwachs von 85% gegenüber 1990 bedeuten, für die restlichen Stadtteile von 8,2%. Damit einher geht eine zunehmende Verschiebung der Wohnstadtteile nach Osten, was zu räumlichen Verlagerungen der Verkehrsbelastungen führen wird. Von einer Kern-Rand-Wanderung der Bevölkerung und einer damit verbundenen Siedlungsflächenausweitung muß ausgegangen werden. Für die durchschnittliche Wohnentfernung wird, aufgrund der hohen Miet- und Bodenpreise im Zentrumsbereich, mit einem Anstieg um 10% gerechnet (Ville de Montpellier - DAP 1993, S. 37 ff.; eigene Bearbeitung).

Die Zahl der Binnenpendler innerhalb des Heidelberger Stadtgebiets, mit Arbeitsplatz in Neuenheim, wird mit über 6.000 praktisch gleich bleiben. Unter Status-Quo-Bedingungen ist nicht mit großen Veränderungen der Wohnstandorte innerhalb Heidelbergs zu rechnen. Es muß daher davon ausgegangen werden, daß sich für den Fahrzweck 'Arbeit' keine bedeutenden Änderungen bei den Weglängen im Binnenverkehr ergeben (Stadt Heidelberg 1995a, S. 38 ff.).

In Montpellier wird aufgrund der starken Bindung der studentischen Wohnstandorte an den Studienort nur von einer schwachen Verschiebung der Wohnverteilung in Richtung östliche Stadtteile ausgegangen. Der Einfluß auf eine Veränderung der zurückzulegenden Wegstrecken wird vernachlässigbar sein (GREGAU 1993 Bd. 1A, S. 45 ff.). Für Heidelberg wird ebenfalls angenommen, daß es bei der Wahl der studentischen Wohnstandorte nicht zu wesentlichen Änderungen kommt. Daher kann auch für den Fahrzweck 'Studium' von gleichbleibenden Verursacherstrukturen ausgegangen werden (Stadt Heidelberg 1995a, S. 38) (vgl. Tab. 7.5 u. 7.6).

Tab. 7.5: Entwicklung des Verkehrsaufkommens Hôpitaux Facultés - Plan des Quatre Seigneurs

Binnenverkehr der Stadt Montpellier
Zielstadtteil: Hopitaux-Facultes - Plan des Quatre Seigneurs
Fahrzweck 'Arbeit'

	Ist-Zustand	Status-Quo	Veränderung (absolut)	Veränderung (prozentual)
MIV	3599	4308	709	19,7%
ÖPNV	1200	1436	236	19,7%
sonstige	2328	2787	459	19,7%
gesamt	*7127*	*8531*	*1404*	*19,7%*

Fahrzweck 'Hochschule'

	Ist-Zustand	Status-Quo	Veränderung (absolut)	Veränderung (prozentual)
MIV	4888	6770	1882	38,5%
ÖPNV	7914	10961	3047	38,5%
sonstige	10241	14184	3943	38,5%
gesamt	*23043*	*31915*	*8872*	*38,5%*

eigene Bearbeitung

Tab. 7.6: Entwicklung des Verkehrsaufkommens Neuenheim

Binnenverkehr der Stadt Heidelberg
Zielstadtteil: Neuenheim
Fahrzweck 'Arbeit'

	Ist-Zustand	Status-Quo	Veränderung (absolut)	Veränderung (prozentual)
MIV	3336	3336	0	0,0%
ÖPNV	630	630	0	0,0%
sonstige	2455	2455	0	0,0%
gesamt	*6421*	*6421*	*0*	*0,0%*

Fahrzweck 'Hochschule'

	Ist-Zustand	Status-Quo	Veränderung (absolut)	Veränderung (prozentual)
MIV	907	907	0	0,0%
ÖPNV	3058	3058	0	0,0%
sonstige	8978	8978	0	0,0%
gesamt	*12943*	*12943*	*0*	*0,0%*

eigene Bearbeitung

Verkehrsangebotsstrukturen

Die geplanten Änderungen der ***MIV-Infrastruktur*** in Hôpitaux-Facultés, die in das Status-Quo-Szenario einbezogen werden, beeinflussen die Nutzungsattraktivität der verschiedenen Verkehrsmittel und den Verkehrsablauf:

- Ausbau des Umfahrungsrings im Bereich Av. V. Auriol, Av. des Moulins und Av. de Blayac
- Aus- und Umbau der Ein- und Ausfallstraßen Route de Mende und Route de Ganges
- P+R-Plätze an der Route de Ganges und der Route de Grabels am Nordrand des Stadtgebiets

(Ville de Montpellier, Notre Ville, 4'1999). Der o.g. Ausbau der Straßeninfrastruktur wird die Verkehrsabwicklung des MIV insbesondere im nördlichen und westlichen Teil des quartiers Hôpitaux-Facultés - Plan des Quatre Seigneurs beschleunigen. Die neuen Kapazitäten werden in Einklang mit der weiterhin starken Verkehrsnachfrage neue Möglichkeiten der MIV-Nutzung eröffnen, ein Anstieg der Pkw-Fahrten im Berufs- und Univerkehr um 30% (abs. 2591 Fahrten) ist zu erwarten. Die angestrebte Bündelung des MIV auf den Hauptverkehrsstraßen wird, ohne die Anwendung des gesamten Maßnahmenkatalogs zur flächenhaften Verkehrsberuhigung, nur geringe Wirkung zeigen. Die steigenden Verkehrsmengen im MIV werden sowohl die HVS als auch die Quartiersstraßen zusätzlich belasten. Unter der Voraussetzung eines weiteren Ausbaus des Straßennetzes ist nicht mit wesentlichen Veränderungen der Verkehrsgewohnheiten durch die Bereitstellung von P+R-Plätzen zu rechnen.

Große verkehrsinfrastrukturelle Eingriffe werden beim ***ÖPNV und Radverkehr*** stattfinden:

- Inbetriebnahme der ersten Straßenbahnlinie
- Anpassung des Busnetzes an die neuen Gegebenheiten
- Ausbau des Radwegenetzes im Zuge des Straßenbahnbaus
- B+R-Anlagen an allen Straßenbahnstationen

(Montpellier District / SMTU 1996, S. 1 ff.; Ville de Montpellier, Notre Ville, 10'1998). Der 'tramway'-Verlauf durch Hôpitaux Facultés, mit fünf Haltepunkten im Stadtteil, wird die ÖPNV-Anbindung für einen Großteil der hier Beschäftigten und Studierenden erheblich verbessern. Hierdurch sind Veränderungen bei der Verkehrsmittelwahl der Binnenpendler zum Arbeitsplatz und zur Uni zu erwarten: Für bestimmte Strecken wird der ÖPNV Fahrten vom MIV übernehmen. Insbesondere sind die Innenstadt, die neuen südöstlichen Stadtteile und das Wohngebiet La Paillade im Westen als Quellgebiete mit verbesserten Anbindungen zu nennen. Die tägliche Nutzung öffentlicher Verkehrsmittel wird um knapp 3300 steigen.

Der Ausbau des Radwegenetzes wird solange nur ein unbedeutendes Potential an Umsteigern mobilisieren können, wie er nicht die Unterstützung einer deutlich verstärkten Öffentlichkeitsarbeit bekommt. Seine Rolle im Zubringerverkehr für den ÖPNV wird sich dennoch verbessern. Für den Fußgängerverkehr stehen keine bedeutenden Veränderungen an. Der Anteil von Fußgänger- und Radverkehr am modal split wird sich daher nicht erhöhen, aufgrund der allgemein steigenden Wegezahlen ist dennoch eine Zunahme um 4400 Wege festzustellen (eigene Bearbeitung).

Das weitere Ansteigen der Beschäftigten- und Studierendenzahlen wird eine Zunahme der Fahrten auf den Verkehrswegen in und um Hôpitaux Facultés verursachen. Es handelt sich dabei um die Größenordnung von insgesamt 10.000 Wegen mit dem Ziel Arbeits- oder Studienplatz im Campusviertel. Es ist davon auszugehen, daß durch die Inbetriebnahme der Straßenbahnlinie eine Verlagerung von Wegen hin zum Auto vermieden werden kann. Daher wird mit einer gleichbleibenden ***Verkehrsmittelwahl*** gerechnet. Bei allen Verkehrsmittel werden Zuwächse gegenüber dem Ist-Zustand festgestellt. Der dadurch verursachte zusätzliche Pkw-Verkehr, der sich über die Zufahrtsstraßen auf die Straßen des Stadtteils verteilt, wird die Gesamtverkehrsmengen auf den Straßenquerschnitten deutlich erhöhen. Der geschätzte Zuwachs liegt je nach Straßenabschnitt zwischen 4% und 24% des DTV-Werts, entsprechend 900 bis 2700 Pkw/Tag (Ville de Montpellier - DAP 1993, S.28 ff.; eigene Bearbeitung).

In Neuenheim werden die verkehrsplanerischen Neuerungen weniger Einfluß auf die Abwicklung des Binnenverkehrs mit dem Ziel Arbeits- und Studienplatz haben. Für den ***MIV*** stehen keine richtungsweisenden baulichen Maßnahmen im Stadtteil an. Die Umsetzung organisatorischer Planungen bezieht sich vorwiegend auf eine verbesserte Koordination der Ampelschaltungen auf allen bedeutenden Verkehrsachsen. Flüssigerer Verkehrsablauf und leicht verkürzte Fahrzeiten im MIV und ÖPNV sind die Folge. Fernwirkungen einer MIV-Beschleunigung aus Richtung Neckartal im Bereich Schlierbacher Landstraße sowie nördlich und/oder südlich der Altstadt werden nur geringen Einfluß auf den Zielverkehr Neuenheims haben (vgl. Stadt Heidelberg 1995a, S. 83 ff.).

Beim ***ÖPNV*** ist mit einer besseren Anbindung auf der östlichen Straßenbahntrasse durch die Brückenstraße zu rechnen. In Neuenheim-West ist eine leicht veränderte Buserschließung geplant. Die Maßnahmen hierzu bestehen in

- einem 10-Minuten-Takt für die OEG
- einer besseren Vertaktung mit dem Straßenbahnangebot der HSB
- einer Verbesserung der Busandienung des Neuenheimer Felds
- P+R-Angebot an Samstagen auf dem Neuenheimer Feld, 10-Minuten-Takt, kostenlose Tickets

(Stadt Heidelberg 1999; Stadt Heidelberg, Stadtblatt, div. Ausgaben 1998 - 1999). Die Straßenbahnlinie nach Kirchheim sowie die geplante Altstadtlinie werden für diese beiden Quellstadtteile zu leichten Verschiebungen hin zum ÖPNV führen. Für die geplante Straßenbahnstrecke ins Neuenheimer Feld sind bisher erst die Voruntersuchungen und Beantragungen der Zuschußprogramme durchgeführt. Machbarkeitsstudien, Kosten-Nutzen-Untersuchungen und Vorentwürfe stehen noch aus, daher wird die Linie nicht in dieses Szenario miteinbezogen (Stadt Heidelberg, Stadtblatt, 16.12.1998).

Für den ***Rad- und Fußgängerverkehr*** stehen bauliche Verbesserungen an:

- Ausbau der Wege an der Achse Mittermaier Straße - Ernst-Walz-Brücke - Berliner Straße - Hans-Thoma-Platz
- Verbesserungen im Kreuzungsbereich Berliner Straße - Jahnstraße
- Ausbau des Leinpfads am nördlichen Neckarufer
- Ausbau der Rampen des Wehrstegs über den Neckar
- über 700 neue Abstellanlagen am Tiergartenschwimmbad.

Die Anlage eines Radwegs entlang der Ziegelhäuser Landstraße verbessert zusätzlich die Anbindung aus dem Neckartal (Stadt Heidelberg 1995a, S.86 ff.; Stadt Heidelberg, Stadtblatt, div. Ausgaben 1998 - 1999).

Es kann davon ausgegangen werden, daß die Auslastung der Straßen und Parkplätze, in Verbindung mit den Maßnahmen zugunsten der Verkehrsmittel des Umweltverbunds, ein weiteres Ansteigen des MIV-Anteils im Berufs- und Univerkehr nach Neuenheim verhindern. Im Endeffekt wird daher ein, gegenüber der Ist-Situation, unveränderter modal split angenommen. Zusätzliche Verkehrsbelastungen auf den Straßen des Stadtteils beruhen auf dem Pendlerverkehr mit Quelle außerhalb Heidelbergs und auf anderen Fahrzwecken (Stadt Heidelberg 1995a, S. 88 ff.; eigene Bearbeitung; vgl. Tab. 7.6). Mit der Umsetzung von Maßnahmen zur umfassenden Verkehrsvermeidung ist in den Untersuchungsstadtteilen beider Städte nicht zu rechnen.

Fahrzeugtechnik

Für Erläuterungen zu den fahrzeugtechnischen Maßnahmen vgl. Kap. 7.3.4.

Auswirkungen auf die Umfeld- und Umweltverträglichkeit

In die folgenden Berechnungen gehen ausschließlich Veränderungen des Verkehrsgeschehens ein, die in Zusammenhang mit dem Berufs- und universitären Ausbildungsverkehr innerhalb der Untersuchungsstädte stehen. Die, in diesem Abschnitt dargestellten, Werte repräsentieren nicht die Gesamtverkehrsentwicklung und ihre Folgen im betreffenden Stadtteil.

Im Hinblick auf die ***Luftschadstoffemissionen*** wird der Mehr-Verkehr gegenüber dem Ist-Zustand auf den Straßen Hôpitaux Facultés bei einigen Schadstoffgruppen durch die fahrzeugtechnischen Innovationen kompensiert. Für die Emissionen des fahrenden Verkehrs in warmem Betriebszustand sinkt der Ausstoß bei den Komponenten HC, CO, Benzol und NO_x. Bei Partikeln, SO_2 und dem 'Treibhausgas' CO_2 sind dagegen steigende Werte zu erwarten.

Tab. 7.7: Entwicklung der Luftschadstoffemissionen (fahrender Verkehr) Hôpitaux-Facultés: Ist-Zustand - Status-Quo

HC	CO	Benzol	NO_x	CO_2	Partikel	SO_2
-25 - -39%	-23 - -36%	-17 - -49%	0 - -15%	+18 - -3%	+24 - +3%	+24 - +3%

eigene Bearbeitung

In ähnlichen Größenordnungen bewegen sich die Veränderungen bei den, auf Ebene der Stadtteile berechneten, Startzuschlägen. Eine Zunahme der Emissionen ist nur bei Partikeln festzustellen, bei allen anderen Komponenten ergeben sich leichte Verbesserungen.

Tab. 7.8: Entwicklung der Luftschadstoffemissionen (Startzuschläge) Hôpitaux-Facultés: Ist-Zustand - Status-Quo

HC	CO	Benzol	NO_x	CO_2	Partikel	SO_2
-23 %	-20 %	-23 %	-8 %	-6 %	+13 %	+/-0 %

eigene Bearbeitung

Für die HC-Verdampfungsemissionen des ruhenden Verkehrs ergibt sich, aufgrund technischer Fortschritte, eine Abnahme um ca. 38%.

Bei der Berechnung der ***Lärmimmissionen*** führt der Zuwachs im Berufs- und Univerkehr bei 5 der 7 untersuchten Straßenabschnitte zu einer Erhöhung um 0,5 bis 1 db(A). Die Bewertungsfelder ***'Trennwirkung / Unfallgefährdung'*** sowie ***'Flächenaufteilung / Grün und Gestaltung'*** werden durch die Entwicklungen bei den erwähnten Fahrzwecken und die einbezogenen Maßnahmen gegenüber dem Ist-Zustand nicht wesentlich verändert (vgl. Tab. 7.11).

Das, durch die gesellschaftlichen Randbedingungen verursachte, gleichbleibende Verkehrsaufkommen der untersuchten Fahrzwecke für Neuenheim führt bei Fortschritten in der Fahrzeugtechnik zu einer Verminderung der ***Luftschadstoffemissionen*** des fließenden Verkehrs. Mit Abnahmen gegenüber dem Ist-Zustand entsprechen die Auswirkungen der fahrzeugtechnischen Neuerungen denen des französischen Vergleichsstadtteils und überschreiten diese sogar noch.

Tab. 7.9: Entwicklung der Luftschadstoffemissionen (fahrender Verkehr) Neuenheim: Ist-Zustand - Status-Quo

HC	CO	Benzol	NO_x	CO_2	Partikel	SO_2
-40 - -42%	-38%	-33 - -50%	-15 - -18%	-6%	0 - -25%	+/- 0%

eigene Bearbeitung

Bei den Startzuschlägen ergibt sich ein leichter Zuwachs für die Partikelemissionen, alle anderen Schadstoffkomponenten nehmen durch den Einsatz fahrzeugtechnischer Maßnahmen zwischen 3% und 26% ab.

Tab. 7.10: Entwicklung der Luftschadstoffemissionen (Startzuschläge) Neuenheim: Ist-Zustand - Status-Quo

HC	CO	Benzol	NO_x	CO_2	Partikel	SO_2
-26 %	-23 %	-25 %	-11 %	-9 %	+9 %	-3 %

eigene Bearbeitung

Die Verdampfungsemissionen des ruhenden Verkehrs werden gegenüber dem Ist-Zustand um 40% sinken.

Für die verbleibenden Bewertungsfelder ***'Lärm', 'Trennwirkung / Unfallgefährdung'*** sowie ***'Flächenaufteilung / Grün und Gestaltung'*** sind die Veränderungen des Verkehrsaufkommens durch den Berufs- und Univerkehr zu gering, als daß wesentliche Veränderungen der Belastungen gegenüber der Ist-Situation festzustellen wären (vgl. Tab. 7.12).

Die Verkehrsverhältnisse des Berufs- und Univerkehrs, mit Quelle und Ziel innerhalb Heidelbergs, werden sich nur geringfügig bis zum Jahr 2010 ändern. Ein ganz anderes Bild gibt dagegen die Entwicklung des Berufseinpendlerverkehrs ab. Hier sind kräftige Zuwachsraten mit den entsprechenden Folgen für Umfeld- und Umweltbelastungen, auch im Stadtgebiet zu verzeichnen. Diese können aber aufgrund des eng gesteckten räumlichen Rahmens keinen Eingang in diese Untersuchung finden.

Tab. 7.11: Status-Quo-Szenario: Hopitaux-Facultes - Plan des Quatre Seigneurs
Bewertungstabelle
Umfeld- und Umweltverträglichkeit von Stadtverkehr

Straße	Anspruchs-niveau	CO-Emissionen / Tag Pkw (kg/km)	Lärm-Immissionen GÜ tags (db(A))	Lärm-Immissionen GÜ nachts (db(A))	Trenn-wirkung	Unfall-gefährdung	Seitenraum-breite	Raum-aufteilung	Grün-volumen	Baum-bestand
Av. A. Fiche	hoch	23,9	14,5	16,0	(-)	(-)	(+ +)	(o)	(+)	(+)
Av. E. Diacon	hoch	21,7	12,0	13,5	(-)	(-)	(+ +)	(+)	(+ +)	(+ +)
HVS:										
Av. Charles Flahaut	hoch	47,8	16,0	17,0	(-)	(-)	(+)	(-)	(o)	(o)
Av. du Pere Soulas	hoch	38,0	14,0	15,0	(-)	(-)	(+ +)	(+)	(+)	(+)
Rue 81. Reg. d'Infantrie	hoch	30,1	15,0	16,5	(-)	(-)	(+)	(+)	(o)	(o)
Rue Lakanal	hoch	22,3	13,5	15,0	(o)	(o)	(- -)	(o)	(- -)	(- -)
Rue Paul Rimbaud	hoch	61,9	14,5	15,5	(-)	(-)	(+ +)	(o)	(-)	(-)

eigene Bearbeitung; GÜ = Grenzwert-Überschreitung

Tab. 7.12: Status-Quo-Szenario: Neuenheim
Bewertungstabelle
Umfeld- und Umweltverträglichkeit von Stadtverkehr

Straße	Anspruchs-niveau	CO-Emissionen / Tag Pkw (kg/km)	Lärm-Immissionen GÜ tags (db(A))	Lärm-Immissionen GÜ nachts (db(A))	Trenn-wirkung	Unfall-gefährdung	Seitenraum-breite	Raum-aufteilung	Grün-volumen	Baum-bestand
Im Neuenh. Feld	sehr hoch	18,6	10,0	11,5	(-)	(o)	(+)	(+)	(+)	(+)
Kirschnerstr.	sehr hoch	6,7	6,0	7,5	(+)	(+)	(- -)	(-)	(+ +)	(+ +)
Mönchhofstr. (W)	sehr hoch	18,2	10,0	11,5	(-)	(o)	(+ +)	(+)	(o)	(o)
Mönchhofstr. (O)	sehr hoch	11,3	8,0	9,5	(o)	(o)	(o)	(+)	(+)	(+)
Schröderstr.	hoch	3,7	0,5	2,0	(+)	(+)	(o)	(+)	(+)	(+)
Tiergartenstr.	mittel	12,1	4,5	6,0	(o)	(o)	(+ +)	(+)	(+ +)	(+ +)
HVS:										
Berliner Straße	hoch	43,2	16,1	18,3	(o) - (-)	(o) - (-)	(+ +)	(+) - (+ +)	(+)	(+ +)
Brückenstraße	hoch	38,9	14,4	16,4	(-)	(-)	(o)	(-)	(- -)	(- -)
Hans-Thoma-Platz	hoch	53,8	17,0	19,2	(-)	(-)	(+ +)	(o)	(o)	(o)
Uferstraße	hoch	21,9	12,6	14,5	(-)	(o)	(+)	(+)	(+)	(+ +)

eigene Bearbeitung; GÜ = Grenzwert-Überschreitung

7.4.4 Centre Historique - Les Arceaux & Altstadt

Die weiteren Analysen zum Stadtteil Centre Historique - Les Arceaux werden durch die angrenzenden HVS Av. de Lodève, Blvd. du Jeu de Paume, Blvd. Victor Hugo, Cours Gambetta und Quai de Verdenson ergänzt. Der Heidelberger Altstadt werden die Bergheimer Straße, die Bismarckstraße, die Kurfürstenanlage und die Sofienstraße zugeordnet. Die Berechnungsergebnisse für das Status-Quo-Szenario dieses Stadtteilpaars sind in Tab. 7.13, 7.14, 7.19 und 7.20 zusammengefaßt.

Wirtschafts- und Nutzungsstrukturen

Wie schon für das quartier Hôpitaux Facultés wird auch für das Centre Historique mit einem, für Montpellier durchschnittlichen, Wachstum an Arbeitsplätzen um 20,9% bis 2010 gerechnet. Der zentral gelegene Stadtteil bietet aufgrund seines hohen Besatzes an Dienstleistungsunternehmen und seiner weiterhin großen Attraktivität gute Entwicklungschancen. Eine, seitens der Stadtverwaltung erwünschte, Aufwertung und Umstrukturierung des Einzelhandelsbesatzes im Bereich der Fußgängerzone und der angrenzenden Gebiete wird ebenso dazu beitragen, wie die Politik der Innenstadtförderung bezüglich Kongreß- und Kulturtourismus. Anzumerken bleibt, daß derartige Tendenzen, bei bereits bestehendem großen Arbeitsplatzüberschuß, zu einer monofunktionalen Entwicklung des Zentrumsbereichs beitragen und einer Nutzungsmischung mit der Wohnfunktion entgegenwirken. Der Zuwachs an Arbeitsplätzen wird jedoch weit hinter den städtebaulich besonders geförderten quartiers im Osten der Stadt zurückstehen. Die Gründe hierfür sind erstens im ausgeprägten Mangel an Entwicklungsflächen und zweitens in der Struktur der Tätigkeitsfelder zu suchen. Der östliche Entwicklungspol der Stadt bietet im Gegensatz dazu ein hohes Maß an Flächenreserven zur Ansiedlung neuer technologieorientierter Unternehmen. Absolut wird die Zahl der Beschäftigten im Centre Historique auf 13.650 ansteigen, 8820 davon wohnhaft in Montpellier. Die Zahl der Binnenpendler mit Fahrzweck Arbeit und Ziel Zentrum nimmt um gut 1.500 zu (Ville de Montpellier - DAP 1993, S. 40; eigene Bearbeitung).

Die Prägung der Heidelberger Altstadt durch den Dienstleistungssektor wird sich auch in Zukunft nicht wesentlich ändern und eine stabile, aber verhaltene Wirtschaftsentwicklung ermöglichen. Universität, außeruniversitäre Forschungseinrichtungen, Stadtverwaltung, Handel, Gastronomie- und Tourismusbranche werden die bedeutendsten Arbeitgeber bleiben. Dem bisherigen Trend folgend, wird mit einem moderaten Anstieg der Beschäftigtenzahlen in der Heidelberger Altstadt gerechnet: Für das Jahr 2010 wird von 17.800 ausgegangen, was einem jährlichen Zuwachs von deutlich unter 100 neuen Beschäftigten entspricht. Für den Binnenverkehr der Stadt mit Fahrzweck 'Arbeit in der Altstadt' bedeutet das eine Zunahme um gut 600 Wege / Tag auf 7870 im Jahr 2010 (Stadt Heidelberg 1996, S. 38 / 53; eigene Bearbeitung). Bezüglich der Flächenreserven und der Orientierung auf zukunftsweisende Technologien gilt das für Centre-Historique - Les Arceaux Gesagte.

Für Centre Historique - Les Arceaux muß mit einer Abnahme der Studierendenzahlen gerechnet werden. Zwar wird die Gesamtzahl für die Universitäten Montpelliers weiterhin steigen, für die im Zentrum angesiedelten Fachbereiche allerdings nur teilweise. Der Abzug der Rechts- und Wirtschaftswissenschaften an den neuen Standort 'Richter' im Osten der Stadt führt letztlich zu einer Abnahme von 11.723 auf 9.120 täglichen Binnenwegen zur Uni im Stadtzentrum (-22%) (GREGAU 1993, Bd. 1, S. 8; eigene Bearbeitung). Die Zunahme der täglichen Wege im Berufsverkehr nach Centre Historique - Les Arceaux wird durch die Abnahme im Univerkehr überkompensiert, insgesamt ist mit einer Reduzierung der Wege um ca. 1000 zu rechnen.

Der Univerkehr mit Ziel Altstadt wird sich dagegen bis 2010 erhöhen: Ein leichter Anstieg der Studentenzahlen in der Altstadt von 15.885 auf 16.870 zieht auch ein Mehr an Verkehr nach sich. Die Zahl der Wege im universitären Ausbildungsverkehr wird, bezogen auf die in Heidelberg wohnhaften Studierenden, um gut 800 auf 13.800 steigen (empirica 1995; eigene Bearbeitung). Die Anzahl der täglichen Wege innerhalb der Heidelberger Stadtgrenzen zu den Arbeitsplätzen und Studienplätzen in der Altstadt wird, nach den o.g. Berechnungen, um insgesamt 1400 / Tag steigen.

Bevölkerungs- und Siedlungsstrukturen

Ca. 2/3 der zusätzlich in Centre Historique - Les Arceaux Arbeitenden werden ihre Wohnung in den östlichen Stadtteilen Antigone, Pompignane, Aiguerelles und Aiguelongue haben. Daraus resultiert ein überdurchschnittliches Verkehrswachstum zwischen Zentrum und Osten der Stadt. Für die durchschnittliche Entfernung vom Wohn- zum Arbeitsort ist von einer Steigerung um 10%, aufgrund des wachsenden Arbeitsplatzüberschusses und der Wohn-Suburbanisierungstendenz, auszugehen (Ville de Montpellier - DAP 1993, S. 21 ff.; eigene Bearbeitung).

Für die Binnenpendler Heidelbergs werden gleichbleibende Entfernungsstrukturen erwartet. Für die Gesamtheit der Wege im Berufs- und Ausbildungsverkehr wird dagegen mit wachsenden Entfernungen gerechnet, die durch vermehrte Pendlerbeziehungen über die Stadtgrenze hinweg ausgelöst werden. Dieser Zielverkehr der Stadt führt zu zusätzlichen Belastungen auf den Straßen Heidelbergs, kann allerdings im Rahmen dieser Arbeit keine Berücksichtigung finden (Stadt Heidelberg 1996, S. 38 / 53; eigene Bearbeitung).

Tab. 7.13: Entwicklung des Verkehrsaufkommens Centre Historique - Les Arceaux

Binnenverkehr der Stadt Montpellier
Zielstadtteil: Centre Historique - Les Arceaux
Fahrzweck 'Arbeit'

	Ist-Zustand	Status-Quo	Veränderung (absolut)	Veränderung (prozentual)
MIV	3649	4412	763	20,9%
ÖPNV	1241	1500	259	20,9%
sonstige	2408	2911	503	20,9%
gesamt	*7298*	*8823*	*1525*	*20,9%*

Fahrzweck 'Hochschule'

	Ist-Zustand	Status-Quo	Veränderung (absolut)	Veränderung (prozentual)
MIV	2814	2189	-625	-22,2%
ÖPNV	3751	2918	-833	-22,2%
sonstige	5041	3922	-1119	-22,2%
gesamt	*11606*	*9029*	*-2577*	*-22,2%*

eigene Bearbeitung

Tab. 7.14: Entwicklung des Verkehrsaufkommens Altstadt

Binnenverkehr der Stadt Heidelberg
Zielstadtteil: Altstadt
Fahrzweck 'Arbeit'

	Ist-Zustand	Status-Quo	Veränderung (absolut)	Veränderung (prozentual)
MIV	3259	3543	284	8,7%
ÖPNV	941	1023	82	8,7%
sonstige	3114	3384	270	8,7%
gesamt	*7314*	*7950*	*636*	*8,7%*

Fahrzweck 'Hochschule'

	Ist-Zustand	Status-Quo	Veränderung (absolut)	Veränderung (prozentual)
MIV	604	641	37	6,1%
ÖPNV	3556	3776	220	6,2%
sonstige	8962	9518	556	6,2%
gesamt	*13122*	*13935*	*813*	*6,2%*

eigene Bearbeitung

Verkehrsangebotsstrukturen

Größere Neu- und Umbauten von Straßen sind im engeren Zentrumsbereich Montpelliers nicht absehbar. In der erweiterten Innenstadt und in den Außenbezirken wird sich das Angebot für den ***MIV*** durch den Straßenausbau verbessern:

- Ausbau einer vierten und fünften konzentrischen 'ceinture'
- 2 x 2-spuriger Ausbau der radialen Einfallstraße Av. de la Liberté im Westen der Stadt
- 2 x 2-spuriger Ausbau der radialen Einfallstraße Av. Mendès-France im Osten der Stadt
- 2 x 2-spuriger Ausbau der radialen Einfallstraße Av. du Mondial 98 im Osten der Stadt

(CETE-LR / DDE 1994, S. 14 ff; Ville de Montpellier, Notre Ville, 4'1999). Daraus ist eine Beschleunigung des Straßenverkehrsablaufs abzuleiten, die zur Folge haben wird, daß mehr

Autoverkehr schneller die Innenstadt erreicht. Die geplanten P+R-Plätze an der Route de Ganges, Route de Grabels und weitere kleinere an verschiedenen 'tramway'-Haltestellen werden nur geringe Umsteigewirkung zeigen, solange parallel dazu die MIV-Infrastruktur Richtung Innenstadt ausgebaut wird. Der aktuelle Bestand von ca. 10.000 Parkplätzen in Parkhäusern und Tiefgaragen, im Umkreis von einem Kilometer um den zentralen Place de la Comédie, wird sich nicht wesentlich ändern (Montpellier District / SMTU 1996;Ville de Montpellier, Notre Ville, 4'1999).

Stärker noch als für den Campus-Stadtteil wird sich die ***ÖPNV***-Erreichbarkeit der Innenstadt verbessern. Die grundlegenden Maßnahmen diesbezüglich bestehen in

- der Fertigstellung der ersten Straßenbahnlinie mit 4 Stationen in fußläufiger Entfernung des Zentrums
- der Anpassung des Buslinienplans an die neuen Gegebenheiten
- der Aufwertung der Haltestellen- und Aufenthaltsbereiche

(Montpellier District / SMTU 1996, S 1 ff.; Ville de Montpellier, Notre Ville, 10'1998). Der Anteil öffentlicher Verkehrsmittel am modal split wird sich vorwiegend aus den Quellstadtteilen erhöhen, die direkt durch die neue Strecke angebunden sind.

Der ***Fußgängerverkehr*** ist im Bereich des Stadtzentrums durch die Fußgängerzone bereits sehr gut mit einem Wegenetz ausgestattet. Daran wird sich auch im Planungszeitraum 2010 nichts Wesentliches ändern, allgemein werden weitere Verbesserungen bei der Gestaltung, Möblierung, Beleuchtung und Begrünung der Fußgängerbereiche angestrebt (Ville de Montpellier, Notre Ville, 3'1999). Für den ***Radverkehr*** sind im Zuge des 'tramway'-Baus neue bauliche und organisatorische Maßnahmen geplant. Für das Stadtzentrum relevant sind

- die Anlagen neuer Radspuren und -wege im Bereich der westlichen Innenstadt: Blvd. Henri IV, Av. St. Charles, Av. Chancel, Av. d'Assas, Blvd. des Arceaux und Rue G. Pellicier
- die Anlagen neuer Radspuren und -wege im Bereich der östlichen Innenstadt: Av. de Nîmes, Rue du Fbg. de Nîmes, Allee de la Citadelle, Allee du Nouveau Monde und Av. des Etats du Languedoc
- die B+R-Abstellplätze an den 'tramway'-Stationen
- die Fahrrad-Mitnahmemöglichkeiten in der Straßenbahn

(Montpellier District / SMTU 1996, S. 7; Ville de Montpellier, Notre Ville, 2'1999). Für die tatsächliche Bedeutung des geplanten Radwegenetzes gilt auch hier die Aussage aus dem Abschnitt Hôpitaux Facultés: Um nennenswerte Steigerungen zu erreichen, muß zunächst eine erfolgreiche Sensibilisierung der Bevölkerung für das Verkehrsmittel Fahrrad erfolgen.

Aufgrund der oben genannten Entwicklungen wird sich der Zielverkehr aus dem Stadtgebiet Montpelliers mit Fahrzweck Arbeit oder Studium um insgesamt 1000 Wege pro Tag vermindern. Die Abnahme an Fahrten wird sich bei den Verkehrsmitteln des Umweltverbunds niederschlagen. Für die ÖPNV-Nutzung wird, trotz Infrastrukturausbau, eine Verringerung um ca. 500, für den NMIV um ca. 600 Wege errechnet. Der MIV wird einen Anstieg um 140 Fahrten verzeichnen. Auswirkungen auf den DTV der Quartiers- und Zufahrtsstraßen werden kaum wahrnehmbar sein (Ville de Montpellier - DAP 1993, S. 28 ff.; eigene Bearbeitung).

Die hohe Verkehrsbelastung der Heidelberger Altstadt ist ein derzeit viel diskutiertes planerisches Problem. Die Ursache dafür liegt einerseits im hohen Verkehrsaufkommen mit Ziel in der Altstadt selbst, andererseits im hohen Durchgangsverkehr. Grundlegendes Problem ist der Mangel an Ausweichflächen. Aufgrund dieser brisanten Situation bestehen verschiedene Planungsvarianten zur Veränderung der Verkehrsabwicklung im Bereich Altstadt, die im Status-Quo-Szenario zu erwähnen sind:

- Bau eines Neckarufertunnels zwischen Karlstor und Theodor-Heuss-Brücke
- Bau eines Tunnels durch den Königstuhl zwischen Karlstor und Steigerweg
- verkehrslenkende und -reduzierende Maßnahmen ohne Tunnelbau

(Steinfatt et al. 1997; Stadt Heidelberg, Stadtblatt 31.3.1999). Der Tunnelbau ist zwar noch nicht endgültig beschlossen, soll aber aufgrund seiner derzeit großen Bedeutung in der Heidelberger Öffentlichkeit in die Betrachtungen einfließen. Auswirkungen werden beide Tunnelvarianten vorwiegend auf den Durchgangsverkehr haben. Für den Ziel- und Quellverkehr der Altstadt werden sich wenig neue Impulse ergeben, der Einfluß auf Verkehrsmenge und Verkehrsmittelwahl der im vorliegenden Szenario betrachteten Verursachergruppen wird daher als vernachlässigbar angenommen. Die direkten Umfeldbelastungen des Verkehrs entlang des Neckarufers werden praktisch völlig verschwinden, kleinräumig ist somit eine deutliche Verbesserung der Belastungssituation als sicher anzusehen. Der Ausstoß an umweltbelastenden Emissionen von Luftschadstoffen wird dagegen nicht gesenkt und die Probleme der innerstädtischen Verkehrsabwicklung an andere Stelle verschoben. Bei beiden Tunnelvarianten sind ähnliche Auswirkungen zu erwarten. Kleinräumige Unterschiede ergeben sich vorwiegend nord- oder südseitig der Altstadt, beziehungsweise auf den westlich anschließenden Verkehrsflächen. Die Variante ohne Tunnel umfaßt ein kompliziertes Gefüge aus Voll- und Teilsperrungen verschiedener Straßenabschnitte, vorwiegend auf der Neckarzugewandten Seite der Altstadt. Im Bereich der Friedrich-Ebert-Anlage werden Änderungen bei der Verkehrsführung notwendig. Eine Umsetzung dieser Variante ist nur im Zuge eines neuen Gesamtverkehrskonzepts, in Kombination mit einer deutlichen Verlagerung von Verkehr auf den ÖPNV und die geplante R-/S-Bahn, durchführbar (Steinfatt et al. 1997). Bei Realisierung einer der drei Alternativen zur 'Stadt am Fluß' wird der Fußgänger- und Radverkehr, aufgrund der frei werdenden Flächen und der lokal deutlich verringerten Belastungssituation, in der Altstadt an Attraktivität hinzugewinnen.

Die Schlierbacher Landstraße, Hauptzufahrtsstraße zur Altstadt aus Richtung Neckartal, wird zwischen Ziegelhäuser Brücke und Karlstor ausgebaut. Neben neuen Fahrbahnen werden Radwege, Grünstreifen und abschnittsweise Parkstreifen angelegt (Stadt Heidelberg, Stadtblatt 3.2.1999). Zur Kapazitätssteigerung des Straßennetzes wird diese Maßnahme kaum beitragen.

Kurzfristig realisierbare Maßnahmen bestehen in der Einführung besser abgestimmter Ampelschaltungen, in Verbindung mit modernen Park- und Verkehrsleitsystemen. Dies wird den Ablauf des MIV und des ÖPNV an den entsprechenden Straßenabschnitten und damit die Ausnutzung der bestehenden Verkehrsflächen verbessern. Ein push- oder pull-Effekt für den Umstieg auf andere Verkehrsmittel oder gar eine verkehrsreduzierende Wirkung ist nicht zu erwarten. Die ca. 5000 Plätze in zentrumsnahen öffentlichen Parkhäusern und die zusätzlichen Parkplätze im Straßenraum werden erhalten bleiben (empirica 1995, S. 25 ff.).

Bauliche und organisatorische Änderungen stehen auch beim ***ÖPNV*** an:

- Bau einer neuen Straßenbahntrasse durch die Altstadt, entlang der Friedrich-Ebert-Anlage mit Stich zum Universitätsplatz
- Anpassung von Taktzeiten und Verlauf der betroffenen Buslinien
- Anschluß an die R-/S-Bahn

(Stadt Heidelberg 1996, S. 99 ff.). Über die Weiterführung der Straßenbahn bis zum Karlstor und mögliche Trassenvarianten ist noch nicht endgültig entschieden. Die neue Linie wird die ÖPNV-Erschließung der mittleren und östlichen Altstadt deutlich verbessern, die Fahrzeiten verkürzen sowie Umsteigevorgänge vermeiden. Des weiteren wird die, im Bau befindliche, Straßenbahn nach Kirchheim den ÖPNV-Anteil zwischen diesem Stadtteil und der Altstadt erhöhen. Die Altstadt soll, mit dem Karlstorbahnhof, direkt an die geplante R-/S-Bahn-Strecke durch das Neckartal angebunden werden. Damit werden schnelle, umsteigefreie Verbindungen in Richtung Eberbach, Osterburken sowie Mannheim, Ludwigshafen, Kaiserslautern entstehen (Stadt Heidelberg 1996, S. 99 ff.; Regionalverband Unterer Neckar 1994, S. 145 ff.).

Wie im französischen Vergleichsstadtteil, besteht auch in der Heidelberger Altstadt im Ist-Zustand bereits ein sehr gut ausgebautes Netz an ***Fußgängerflächen***. Bei Realisierung einer der Verkehrsalternativen zum Thema 'Stadt am Fluß' wird der Fußgänger- und Radverkehr auf der Neckarseite der Altstadt stark profitieren. Des weiteren sind im Zuge des Status-Quo-Szenarios Lückenschlüsse kleineren Ausmaßes sowie Anpassungen an geänderte bauliche und verkehrliche Rahmenbedingungen zu erwarten. Für den ***Radverkehr*** werden die Zufahrten von Osten und Südwesten in die Altstadt verbessert:

- Ausbau der Schlierbacher Landstraße
- Radweg entlang der Ziegelhäuser Landstraße

- Lückenschluß Sofienstraße zwischen der Fahrradstraße Plöck und Adenauerplatz
- Verbesserung der Rad- und Fußwegsituation an der Kurfürstenanlage

(Stadt Heidelberg 1996, S. 103 ff.; Stadt Heidelberg, Stadtblatt 4.2.1998 u. 14.4.1999). Veränderungen der MIV-, ÖPNV- und NMIV-Infrastrukturen und die jeweilige organisatorische Unterstützung halten sich die Waage. Im Endeffekt ist, unter Berücksichtigung des weiter anhaltenden allgemeinen Trends zur Pkw-Benutzung, im Berufs- und Univerkehr in die Altstadt nicht mit einer Verschiebungen der Verkehrsmittelwahl in Richtung Umweltverbund zu rechnen.

Die Berechnungsergebnisse lassen folgende Schlüsse zur Berufs- und Univerkehrsentwicklung mit Horizont 2010 zu: Zunahme der täglichen MIV- und ÖPNV-Wege um jeweils ca. 300, der Fuß- und Radbenutzung um insgesamt ca. 600 (Stadt Heidelberg 1996, S. 104 ff.; eigene Bearbeitung; vgl. Tab. 7.14).

Fahrzeugtechnik
Für Erläuterungen zu den fahrzeugtechnischen Maßnahmen vgl. Kap. 7.3.4.

Auswirkungen auf die Umfeld- und Umweltverträglichkeit
Die folgenden Berechnungsergebnisse geben ausschließlich die Veränderungen des Verkehrsgeschehens wieder, welche auf dem Binnenverkehr der Untersuchungsstädte mit den Fahrzwecken Beruf und Studium basieren. Die Verkehrsentwicklung aller Fahrzwecke und ihre Folgen für die Umfeld- und Umweltverträglichkeit in den betreffenden Stadtteile kann aus diesen Werten nicht abgelesen werden.

Die Entwicklung der ***Luftschadstoffemissionen*** in Centre Historique - Les Arceaux wird, wie auch bei den anderen Stadtteilen, durch verbesserte Technik bestimmt. Für Partikel- und SO_2-Emissionen sind stagnierende Werte zu erwarten, bei den sonstigen Komponenten sind Abnahmen zwischen 4% und 50% festzustellen.

Tab. 7.15: Entwicklung der Luftschadstoffemissionen (fahrender Verkehr) Centre Historique - Les Arceaux: Ist-Zustand - Status-Quo

HC	CO	Benzol	NO_x	CO_2	Partikel	SO_2
-39 - -42%	-36 - -38%	-33 - -50%	-16 - -18%	-4 - -5%	0 - +1%	0 - +1%

eigene Bearbeitung

Bei den Startzuschlägen sind, durch den Einsatz fahrzeugtechnischer Maßnahmen, Emissionsreduktionen zwischen 5% und 35% bei allen Schadstoffkomponenten zu erwarten.

Tab. 7.16: Entwicklung der Luftschadstoffemissionen (Startzuschläge) Centre Historique - Les Arceaux: Ist-Zustand - Status-Quo

HC	CO	Benzol	NO_x	CO_2	Partikel	SO_2
-35 %	-33 %	-35 %	-23 %	-21 %	-5 %	-15 %

eigene Bearbeitung

Bei den HC-Verdampfungsemissionen des ruhenden Verkehrs werden durch fahrzeugtechnische Verbesserungen Minderungspotentiale um 44% erreicht.

Für Lärmimmissionen und die Bewertungsfelder 'Trennwirkung / Unfallgefährdung' sowie 'Flächenaufteilung / Grün und Gestaltung' sind keine wesentlichen Veränderungen feststellbar (vgl. Tab. 7.19).

Die Veränderung der Emissionsfaktoren durch technischen Fortschritt zeigt auch in der Heidelberger Altstadt ihre Wirkung. Die relative Abnahme der Luftschadstoffemissionen gegenüber dem Ist-Zustand liegt in der gleichen Größenordnung wie im französischen Vergleichsstadtteil.

Tab. 7.17: Entwicklung der Luftschadstoffemissionen (fahrender Verkehr) Altstadt: Ist-Zustand - Status-Quo

HC	CO	Benzol	NO_x	CO_2	Partikel	SO_2
-31 - -41%	-28 - -38%	-29 - -42%	-3 - -18%	-5%	-19 - +1%	0 - +1%

eigene Bearbeitung

Bei den Startzuschlägen ergibt sich, außer bei Partikeln mit +7%, bei allen Schadstoffkomponenten eine Abnahme des Schadstoffausstoßes zwischen 4% und 27%.

Tab. 7.18: Entwicklung der Luftschadstoffemissionen (Startzuschläge) Altstadt: Ist-Zustand - Status-Quo

HC	CO	Benzol	NO_x	CO_2	Partikel	SO_2
-27 %	-24 %	-26 %	-13 %	-11 %	+7 %	-4 %

eigene Bearbeitung

Die Verdampfungsemissionen aus dem Motorraum und Kraftstofftank in ruhendem Zustand gehen, aufgrund fahrzeugtechnischer Weiterentwicklungen, um 41% zurück. Die Auswirkungen des veränderten Berufs- und Univerkehrs auf das durchschnittliche Verkehrsaufkommen der Straßen ist zu gering, als daß bei den Bewertungsfeldern ***'Lärm'***, ***'Trennwirkung / Unfallgefährdung'*** sowie ***'Flächenaufteilung / Grün und Gestaltung'*** bemerkenswerte Unterschiede zu verzeichnen wären (vgl. Tab. 7.20).

Tab. 7.19: Status-Quo-Szenario: Centre Historique - Les Arceaux

Bewertungstabelle

Umfeld- und Umweltverträglichkeit von Stadtverkehr

Straße	Anspruchs-niveau	CO-Emissionen / Tag Pkw (kg/km)	Lärm-Immissionen GÜ tags (db(A))	Lärm-Immissionen GÜ nachts (db(A))	Trenn-wirkung	Unfall-gefährdung	Seitenraum-breite	Raum-aufteilung	Grün-volumen	Baum-bestand
Av. de la Gaillarde	hoch	5,1	5,0	6,5	(o)	(+)	(+)	(+)	(+ +)	(+)
Rue du Fbg. St. Jaumes	hoch	19,6	12,0	13,5	(o)	(o)	(- -)	(-)	(o) - (+)	(o) - (+)
Rue Pitot	hoch	21,7	10,5	12,0	(-)	(-)	(- -)	(-)	(o)	(o)
HVS:										
Av. de Lodeve	hoch	12,0	9,0	10,0	(-)	(-)	(+ +)	(o)	(o)	(o)
Blvd. du Jeu de Paume	hoch	44,2	16,5	17,5	(-)	(-)	(+)	(-)	(-)	(- -)
Blvd. Victor Hugo	hoch	43,9	14,0	15,0	Tunnel	Tunnel	(- -)	(- -)	Tunnel	Tunnel
Cours Gambetta	hoch	32,9	13,5	14,5	(-)	(-)	(+ +)	(+)	(o)	(o)
Quai de Verdenson	hoch	45,6	17,0	18,0	(-)	(-)	(+ +)	(o)	(o)	(o)

eigene Bearbeitung; GÜ = Grenzwert-Überschreitung

Tab. 7.20: Status-Quo-Szenario: Altstadt

Bewertungstabelle

Umfeld- und Umweltverträglichkeit von Stadtverkehr

Straße	Anspruchs-niveau	CO-Emissionen / Tag Pkw (kg/km)	Lärm-Immissionen GÜ tags (db(A))	Lärm-Immissionen GÜ nachts (db(A))	Trenn-wirkung	Unfall-gefährdung	Seitenraum-breite	Raum-aufteilung	Grün-volumen	Baum-bestand
Klingenteichstr.	hoch	14,0	10,0	11,5	(-)	(o)	(-)	(-)	(o)	(o)
Mönchgasse	hoch	26,8	9,5	11,0	(+)	(+)	(o)	(o)	(- -)	(- -)
HVS:										
Bergheimer Straße	hoch	46,1	17,0	19,7	(o) - (-)	(+) - (-)	(o) - (+ +)	(- -) - (-)	(-)	(- -)
Bismarckstraße	hoch	31,1	14,4	16,8	(o)	(o)	(+)	(o)	(-)	(-)
Kurfürstenanlage	hoch	42,9	17,2	18,2	(-)	(-)	(+ +)	(+ +)	(+ +)	(+ +)
Sofienstraße	hoch	27,5	14,6	16,3	(-)	(-)	(+) - (+ +)	(o) - (+)	(o)	(o)

eigene Bearbeitung; GÜ = Grenzwert-Überschreitung

7.4.5 St. Martin - Prés d'Arènes & Pfaffengrund

Die Auswertungen für den Stadtteil St. Martin - Prés d'Arènes schließen die benachbarten HVS Av. Albert Dubout und Av. de Palavas mit ein. Für den Heidelberger Pfaffengrund werden keine weiteren Straßenabschnitte hinzu genommen. Die Ergebnisse sind in den Tabellen 7.21, 7.22, 7.27 und 7.28 zu entnehmen.

Wirtschafts- und Nutzungsstrukturen

Für das Gewerbegebiet St. Martin - Prés d'Arènes wird ein Anstieg der Beschäftigten angenommen, der leicht unter dem Durchschnitt der Stadt liegt. Zum einen ist der Stadtteil kein Standort von Hochtechnologie-, Forschungs- und Entwicklungsparks oder ähnlichen Zugpferden der wirtschaftlichen Entwicklung Montpelliers. Zum anderen gehört er nicht zu den Gebieten, denen in Zukunft eine besondere städtebauliche Förderung zukommt. Der Dienstleistungsanteil von ca. 2/3 der Beschäftigten beruht wesentlich auf der Bedeutung des Groß- und Einzelhandels, die Zahl der Beschäftigten wird um ca. 1200 auf 8000 anwachsen. Für den Berufsverkehr nach St. Martin - Prés d'Arènes ist eine Zunahme um ca. 750 Wege / Tag auf knapp 4700 zu erwarten (Ville de Montpellier - DAP 1993, S. 40; eigene Bearbeitung; vgl. Tab 7.21).

Das Heidelberger Industrie- und Gewerbegebiet Pfaffengrund wird im Laufe der nächsten Jahre einen Wandel in Bezug auf seine Beschäftigtenstruktur durchmachen. Die Gesamtzahl der Beschäftigten wird verhalten ansteigen, wobei der derzeit noch sehr hohe Anteil des produzierenden Gewerbes stetig abnimmt und mehr und mehr durch den Dienstleistungssektor ersetzt wird. Die täglichen Arbeitswege in den Pfaffengrund steigen mit einem Plus von 168 nur leicht an (Stadt Heidelberg 1995b, S. 69 ff.; eigene Bearbeitung; vgl. Tab. 7.22).

Bevölkerungs- und Siedlungsstrukturen

Bei St. Martin - Prés d'Arènes wird, wie auch bei den anderen Stadtteilen Montpelliers mit einem gleichbleibenden Einpendleranteil von 50,8% gerechnet. 2/3 (500) der neu hinzugekommenen Binnenpendler werden ihre Wohnung in den geförderten östlichen Stadtteilen haben, 1/3 (250) im restlichen Stadtgebiet. Für die östlichen Quellstadtteile bedeutet dies eine Verdopplung der täglichen Arbeitswege nach St. Martin - Prés d'Arènes. Die durchschnittlichen Weglängen werden bei anhaltender Kern-Rand-Wanderung Richtung Osten leicht ansteigen (Ville de Montpellier - DAP 1993, S. 40; eigene Bearbeitung).

Bei einer leichten Zunahme des Einpendleranteils, über die Stadtgrenzen Heidelbergs hinweg, werden die stadtinternen Wege mit Ziel im Pfaffengrund um 165 auf 3320 im Jahre 2010 ansteigen. Mit einer bedeutenden Veränderung der Weglängen ist nicht zu rechnen (Stadt Heidelberg 1995b, S. 69 ff.; eigene Bearbeitung).

Tab. 7.21: Entwicklung des Verkehrsaufkommens St. Martin - Prés d'Arènes

Binnenverkehr der Stadt Montpellier
Zielstadtteil: St. Martin - Pres d'Arenes
Fahrzweck 'Arbeit'

	Ist-Zustand	Status-Quo	Veränderung (absolut)	Veränderung (prozentual)
MIV	2355	2800	445	18,9%
ÖPNV	785	933	148	18,9%
sonstige	785	933	148	18,9%
gesamt	*3925*	*4666*	*741*	*18,9%*

eigene Bearbeitung

Tab. 7.22: Entwicklung des Verkehrsaufkommens Pfaffengrund

Binnenverkehr der Stadt Heidelberg
Zielstadtteil: Pfaffengrund
Fahrzweck 'Arbeit'

	Ist-Zustand	Status-Quo	Veränderung (absolut)	Veränderung (prozentual)
MIV	1957	2063	106	5,4%
ÖPNV	336	354	18	5,4%
sonstige	795	838	43	5,4%
gesamt	*3088*	*3255*	*167*	*5,4%*

eigene Bearbeitung

Verkehrsangebotsstrukturen

Bezüglich der Verkehrsinfrastruktur wird sich für St. Martin - Prés d'Arènes weniger ändern, als bei den beiden anderen Untersuchungsstadtteilen Montpelliers. Für den ***Straßenverkehr*** beziehen sich die Veränderungen auf

- einen Ausbau der '4e ceinture' im Bereich der Av. A. Dubout
- einen Anschluß dieser Ringstraße zu den neuen Stadtteilen östlich des Lez über die 2 x 2-spurig ausgebaute Av. du Mondial 98
- einen Ausbau der Route de Palavas als 'voie départementale urbaine'

(CETE-LR / DDE 1994, S. 14 ff.; Ville de Montpellier, Notre Ville, 4'1999). Damit wird sich vorwiegend die Verbindung zu den anderen peripheren Stadtteilen beschleunigen, die Anbindung an die Innenstadt gewinnt nicht hinzu. Aufgrund des Straßenausbaus kann insgesamt von einem steigenden Transitverkehr sowohl in Ost-West-, wie auch in Nord-Süd-Richtung durch den Stadtteil ausgegangen werden.

Die erste Ausbaustufe der ***Straßenbahn*** berührt nicht die Grenzen des betreffenden Stadtteils. Es wird, im Zuge der Straßenbahninbetriebnahme, lediglich zu einer

- Umstrukturierung des Busliniennetzes
- Verbesserung verschiedener Verbindungen mit Umsteigen auf die Straßenbahn

kommen. Dabei kann von einer räumlich und zeitlich verbesserten Busbedienung, Beschleunigung und verbesserten Umsteigebedingungen ausgegangen werden (Montpellier District / SMTU 1996, S. 7; Montpellier District, Puissance 15, 4'1997). Mit einer Zunahme des ÖPNV-Anteils im Berufsverkehr ist dennoch nicht zu rechnen.

Für den ***Radverkehr*** sind neue Wege entlang der Route de Palavas geplant. Damit kann ein erster Anknüpfungspunkt an das, zu entwickelnde, gesamtstädtische Radverkehrsnetz geschaffen werden (Ville de Montpellier o.J. c; Ville de Montpellier, Notre Ville, 4'1999).

Die ca. 750 hinzukommenden täglichen Wege im Berufsverkehr nach St. Martin - Prés d'Arènes werden sich wie folgt auf die verschiedenen Verkehrsmittel verteilen: Der bedeutendste Anstieg wird beim MIV mit ca. 450 Fahrten erwartet, bei den öffentlichen Verkehrsmitteln und beim NMIV werden jeweils 150 neue Wege hinzukommen (vgl. Tab. 7.21). Der Einfluß auf die Werte des durchschnittlichen täglichen Verkehrsaufkommens bleibt bei allen untersuchten Straßenabschnitten mit einer Zunahme um ca. 1% gering (Ville de Montpellier - DAP 1993, S. 28 ff.; eigene Bearbeitung).

Bei den ***öffentlichen Verkehrsmitteln*** im Pfaffengrund wird sich die Anbindung an den regionalen SPNV und die Buserschließung verbessern:

- Inbetriebnahme der R-/S-Bahn mit Haltepunkt Wieblingen-Bahnhof
- Einsatz einer neuen Tangential-Buslinie Wieblingen - Pfaffengrund - Kirchheim

(Stadt Heidelberg 1995b, S. 69; Stadt Heidelberg, Stadtblatt 2.12.1998; 31.3.1999). Durch die direkte Anbindung an die R-/S-Bahnlinie von Kaiserslautern über Mannheim, Heidelberg, Eberbach nach Osterburken wird das Gewerbegebiet Pfaffengrund für den Pendlerverkehr schneller zu erreichen. Die bisher wenig ausgeprägte Verbindung zwischen den benachbarten westlichen Stadtteilen Heidelbergs wird sich durch die neu einzurichtende Tangential-Buslinie verstärken. Für den MIV besteht eine gut ausgebaute Infrastruktur, für die nur partiell kleinere Nachbesserungen zu erwarten sind.

Für ***Fahrradfahrer*** und ***Fußgänger*** werden sich die baulichen Maßnahmen auf einzelne Lückenschlüsse konzentieren:

- Anlage von separaten Rad- und Fußwegen auf beiden Seiten des Kurpfalzrings
- Errichtung von lichtsignalgeregelten Überquerungshilfen an der Industriestraße und Friedrich-Schott-Straße

(Stadt Heidelberg 1995b, S. 69; Stadt Heidelberg, Stadtblatt 16.12.1998). Die Maßnahmen verbessern die Erreichbarkeit des Gewerbegebiets Pfaffengrund und des Bahnhofs Wieblingen vom südlichen Wohnviertel aus.

Die Verkehrsmittelwahl der im Pfaffengrund Beschäftigten wird sich für den Weg zum Arbeitsplatz, durch die o.g. Maßnahmen, nicht ändern. Bei unverändertem modal split entfällt mit über 100 der größte Teil der hinzukommenden Wege auf den MIV. Bei Fahrrad- und Fußgängerverkehr liegt die Zunahme bei insgesamt 40 Wegen / Tag, beim Bus- und Bahnverkehr bei nur 20. Die DTV-Werte auf den untersuchten Straßenabschnitten des Pfaffengrunds werden in keinem Fall um wesentlich mehr als 1% erhöht (Stadt Heidelberg 1995b, S. 69 ff.; eigene Bearbeitung).

Fahrzeugtechnik
Für Erläuterungen zu den fahrzeugtechnischen Maßnahmen vgl. Kap. 7.3.4.

Auswirkungen auf die Umfeld- und Umweltverträglichkeit
Die folgenden Angaben basieren ausschließlich auf Veränderungen des Berufsverkehr innerhalb der Stadtgrenzen der Untersuchungsstädte Montpellier und Heidelberg. Direkte Rückschlüsse auf die Gesamtverkehrsentwicklung und ihre umfeld- und umweltrelevanten Folgen im betreffenden Stadtteil können daraus nicht abgeleitet werden.

Die fahrzeugtechnischen Maßnahmen bezüglich des Emissionsverhaltens führen, trotz wachsender Verkehrsmenge und MIV-Benutzung, in St. Martin - Prés d'Arènes bei den meisten ***Schadstoffen*** zu Verringerungen des Ausstoßes. Für Partikel und SO_2 werden stagnierende Werte errechnet.

Tab. 7.23: Entwicklung der Luftschadstoffemissionen (fahrender Verkehr) St. Martin - Prés d'Arènes: Ist-Zustand - Status-Quo

HC	CO	Benzol	NO_x	CO_2	Partikel	SO_2
-39 - -40%	-36 - -38%	-33 - -50%	-16 - -18%	-4 - -5%	0 - +1%	0 - +1%

eigene Bearbeitung

Bei den Startzuschlägen ergibt sich bei Partikeln mit +16% und SO_2 mit +3% eine zunehmende Tendenz, bei den sonstigen Schadstoffkomponenten eine Abnahme zwischen 4% und 21%.

Tab. 7.24: Entwicklung der Luftschadstoffemissionen (Startzuschläge) St. Martin - Prés d'Arènes: Ist-Zustand - Status-Quo

HC	CO	Benzol	NO_x	CO_2	Partikel	SO_2
-21 %	-18 %	-21 %	-6 %	-4 %	+16 %	+3 %

eigene Bearbeitung

Die Senkung der Verdampfungsemissionen aus abgestellten Fahrzeugen beträgt 37%. Für Lärmbelastung, Trennwirkung, Unfallgefahren, Flächenaufteilung sowie Grün und Gestaltung sind keine Veränderungen gegenüber dem Ist-Zustand festzustellen (vgl. Tab. 7.27).

Das Minderungspotential für Luftschadstoffe durch fahrzeugtechnische Maßnahmen im Pfaffengrund führt, bei weiter steigender Anzahl an MIV-Fahrten, außer bei Partikel- und SO2-Emissionen zu einer Abnahme der Werte.

Tab. 7.25: Entwicklung der Luftschadstoffemissionen (fahrender Verkehr) Pfaffengrund: Ist-Zustand - Status-Quo

HC	CO	Benzol	NO_x	CO_2	Partikel	SO_2
-39 - -41%	-37 - -38%	-45 - -50%	-15 - -18%	-4 - -5%	0 - +1%	0 - +1%

eigene Bearbeitung

Bei den Startzuschlägen zeigen die Partikel mit +10% einen Anstieg, bei allen anderen Schadstoffkomponenten wird eine Abnahme des Schadstoffausstoßes zwischen 2% und 25% errechnet.

Tab. 7.26: Entwicklung der Luftschadstoffemissionen (Startzuschläge) Pfaffengrund: Ist-Zustand - Status-Quo

HC	CO	Benzol	NO_x	CO_2	Partikel	SO_2
-25 %	-22 %	-25 %	-10 %	-8 %	+10 %	-2 %

eigene Bearbeitung

Die Kohlenwasserstoffemissionen des ruhenden Verkehrs nehmen im Pfaffengrund um 39% ab. Die Zunahme an täglichen Pkw-Fahrten im Berufsverkehr zieht auch hier keine Veränderungen in den Bewertungsfeldern 'Lärm', 'Trennwirkung / Unfallgefährdung' sowie 'Grün und Gestaltung' nach sich (vgl. Tab. 7.28).

Tab. 7.27: Status-Quo-Szenario: St. Martin - Pres d'Arenes

Bewertungstabelle

Umfeld- und Umweltverträglichkeit von Stadtverkehr

Straße	Anspruchs-niveau	CO-Emissionen / Tag Pkw (kg/km)	Lärm-Immissionen GÜ tags (db(A))	Lärm-Immissionen GÜ nachts (db(A))	Trenn-wirkung	Unfall-gefährdung	Seitenraum-breite	Raum-aufteilung	Grün-volumen	Baum-bestand
Av. du M. Leclerc	sehr hoch	7,6	9,5	11,0	(o)	(o)	(-)	(-)	(+)	(+)
Av. du Mas d'Argelliers	gering	35,6	5,0	6,5	(-)	(-)	(+ +)	(-)	(- -)	(- -)
HVS:										
Av. Albert Dubout	hoch	38,6	14,0	15,5	(-)	(-)	(- -)	(- -)	(+)	(+)
Av. de Palavas	hoch	57,2	17,5	18,5	(-)	(-)	(-)	(- -)	(o)	(o)

eigene Bearbeitung; GÜ = Grenzwert-Überschreitung

Tab. 7.28: Status-Quo-Szenario: Pfaffengrund

Bewertungstabelle

Umfeld- und Umweltverträglichkeit von Stadtverkehr

Straße	Anspruchs-niveau	CO-Emissionen / Tag Pkw (kg/km)	Lärm-Immissionen GÜ tags (db(A))	Lärm-Immissionen GÜ nachts (db(A))	Trenn-wirkung	Unfall-gefährdung	Seitenraum-breite	Raum-aufteilung	Grün-volumen	Baum-bestand
Industriestr.	niedrig	8,0	0,0	1,0	(+)	(+)	(+ +)	(o)	(- -)	(- -)
Kranichweg	hoch	14,8	8,5	9,5	(o)	(o)	(o)	(o)	(+)	(+)
Kurpfalzring	niedrig	14,2	4,0	5,5	(-)	(-)	(+ +)	(+ +)	(-)	(-)
Marktstr.	hoch	8,8	6,0	7,0	(+)	(+)	(-)	(-)	(o)	(o)
Schützenstr.	hoch	2,4	-2,0	-0,5	(+)	(+)	(-)	(o)	(o)	(o)
Schwalbenweg	hoch	1,3	-4,5	-3,0	(+)	(+)	(-)	(o)	(+)	(+)

eigene Bearbeitung; GÜ = Grenzwert-Überschreitung

7.4.6 Fazit des Status-Quo-Szenarios (Horizont 2010)

Das vorliegende Status-Quo-Szenario stellt eine ***Fortschreibung*** der derzeitigen Entwicklungen in Montpellier und Heidelberg sowie den ausgewählten Untersuchungsstadtteilen für das Jahr 2010 dar. Der weitere Verlauf der Bevölkerungs-, Wirtschafts-, Stadt- und Verkehrsentwicklung würde unter Status-Quo-Bedingungen in beiden Städten zu Veränderungen führen, die sich negativ auf die Lebens- und Umweltqualität auswirken.

Für den Anstieg der Bevölkerungs-, Beschäftigten- und Erwerbstätigenzahlen bis zum Jahr 2010 werden in Montpellier höhere Werte zugrundegelegt als in Heidelberg. Daraus resultieren größere Steigerungsraten beim Wohnungsbau Montpelliers (+30.000 / +32%) im Vergleich zu Heidelberg (+18.000 / +28%) und bei der Gesamtverkehrsentwicklung. Als Folge davon ist im Stadtgebiet Montpelliers mit einem höheren Zuwachs an Pkw-Fahrten zu rechnen als in Heidelberg. Für den ***Binnenverkehr aller Fahrzwecke*** wird in Montpellier mit einem Anstieg der täglichen MIV-Fahrten um 105.000 (+34%) auf 410.000 ausgegangen. Der entsprechende Wert für Heidelberg zeigt einen Anstieg um ca. 50.000 (+21%) auf 285.000 Fahrten. Beide Untersuchungsstädte haben bereits im Ist-Zustand hohe Verkehrs-, Umfeld- und Umweltbelastungen. Zukünftige Entwicklungen nach dem Muster des Status-Quo-Szenarios würden große Verkehrsprobleme und unbefriedigende Lebensbedingungen nach sich ziehen. Der erwartete Anstieg der Pendleranteile würde diese Entwicklung zusätzlich verstärken.

Das eigentliche Szenario bezieht nur die Veränderungen der beiden ***Bezugsgruppen***, Beschäftigte und Studierende in den entsprechenden Untersuchungsstadtteilen ein. Alle davon abweichenden Verkehrsbewegungen, sei es aufgrund von Fahrzweck, Quelle oder Ziel der Fahrt, können in ihren Auswirkungen auf die Umfeld- und Umweltsituation nicht in den detaillierten Betrachtungen berücksichtigt werden. Die Tabellen zur Entwicklung des Verkehrsaufkommens verdeutlichen das allgemeine Verkehrswachstum im Berufs- und Univerkehr der Städte Montpellier und Heidelberg sowie die steigende Anzahl täglicher MIV-Fahrten. Die unterschiedlichen Werte sind in erster Linie durch nutzungs- und wirtschaftsstrukturelle Trends der einzelnen Stadtteile bedingt. Maßnahmen im Verkehrssektor stellen beim Status-Quo-Szenario eher zweitrangige Faktoren für die Entwicklung der Verkehrsnachfrage dar.

Die, zu erwartende, Entwicklung der ***täglichen Wege*** im Berufsverkehr Montpelliers liegt bei allen drei untersuchten Stadtteilen bei ca. +20% gegenüber dem Ist-Zustand. Für die Heidelberger Stadtteile werden Werte bis +9% ermittelt. Die Entwicklung des Univerkehrs in Montpellier zeigt zwei unterschiedliche Aspekte. In Hôpitaux-Facultés ist ein starkes Wachstum um 39% zu erwarten, wohingegen in Centre Historique - Les Arceaux durch die Auslagerung von Universitätseinrichtungen mit einer Abnahme um 22% gerechnet werden muß. Der Univerkehr in die Heidelberger Altstadt wird um 6% ansteigen. Für Neuenheim wird das Niveau des Ist-Zustands beibehalten, da die Anzahl der Wege, aufgrund von Zulassungsbeschränkungen, stagniert.

Die sonstigen Verursacherstrukturen werden im Ist-Zustand 'eingefroren', um die, für diese Arbeit zentralen, Einflüsse klar herauspräparieren zu können. Das Status-Quo-Szenario zeigt dabei, daß die ausgewählten Bezugsgruppen trotz ihrer außerordentlich hohen Präsenz in den Untersuchungsstädten einen relativ geringen Einfluß auf das Gesamtverkehrsgeschehen haben.

Die größten ***verkehrlichen Veränderungen*** ergeben sich beim Stadtteil Hôpitaux-Facultés, aufgrund der Kombination von stark ansteigenden Wegezahlen im Berufs- und im universitären Ausbildungsverkehr. Dies zeigt sich in einer Zunahme von ca. 2600 zusätzlichen täglichen MIV-Fahrten in den Stadtteil bis zum Jahr 2010. Die zu erwartenden Steigerungsraten des DTV für Pkw liegen bei bis zu 24% auf einzelnen Straßenabschnitten. Beim Centre Historique - Les Arceaux wird der wachsende Berufsverkehr durch die abnehmende Studentenzahl und die damit verbundene Verringerung der Wege zur Uni fast ausgeglichen, bzw. auf die östlichen Stadtteile verlagert. Der Autoverkehr auf den untersuchten Straßenabschnitten steigt daher mit bis zu 1,5% geringfügig an. Das langsame Wachstum an Arbeitsplätzen in St. Martin - Prés d'Arènes führt zu geringen Zunahmen beim Berufsverkehr, die sich in einem Anwachsen des DTV um ca. 1% auf den untersuchten Straßenabschnitten ausdrücken.

Die Verkehrsentwicklung im Berufs- und Univerkehr Neuenheims schert aus der allgemeinen Tendenz aus. Stagnierende Wegezahlen im Uni- und Berufsverkehr innerhalb der Stadtgrenzen führen bei gleichbleibendem modal split zu keinen Veränderungen des Verkehrsgeschehens. Die bis zum Jahr 2010 hinzukommenden Fahrten entfallen durchweg auf den Einpendlerverkehr. Das Ansteigen der täglichen MIV-Wege im Heidelberger Binnenverkehr mit Ziel Arbeits- und Studienplatz in der Altstadt führt zu Mehrbelastungen auf allen untersuchten Zufahrtsstraßen um ca. 1% des DTV-Werts. Das moderate Arbeitsplatzwachstum im Pfaffengrund hat einen Anstieg der MIV-Fahrten zur Folge, der in Bezug zum DTV-Wert der untersuchten Straßen ebenfalls bei ca. 1% liegt.

Einer Bewertung des Verkehrsgeschehens muß hinzugefügt werden, daß sich die Verkehrsmenge unter Einbeziehung aller Fahrzwecke und vor allem auch des Ziel-, Quell- und Transitverkehrs der Städte wesentlich stärker steigern würde, als bei der Betrachtung nur der untersuchten Segmente.

Dennoch zeigt sich bei genauerer Betrachtung der Berechnungen der Luftschadstoffemissionen, daß trotz technischer Fortschritte das ***Minderungspotential von*** $\boldsymbol{CO_2}$ nur gering ist. Bei den Emissionen in warmem Betriebszustand sind ca. -5% die Regel, wobei bei einzelnen Straßenabschnitten auch Steigerungsraten bis zu +17,5% verzeichnet werden. Bei den Startzuschlägen liegen die Werte zwischen -4% und -21%. Auf diese Weise läßt sich eindeutig erkennen, daß die in der Weltklimakonferenz von Rio beschlossenen und in den 'Lokale Agenda 21'-Programmen der Untersuchungsstädte veröffentlichten Ziele zur CO_2-Reduzierung nur anhand von technischem Fortschritt nicht erreicht werden können. Die Politik des 'business-as-usual', die im Status-Quo-Szenario dargestellt wird, kann nicht zu einer befriedigenden Verkehrsentwicklung im Sinne der Umfeld- und Umweltverträglichkeit führen.

Für die anderen Bewertungsfelder ***Lärm, Trennwirkung / Unfallgefährdung, Flächenaufteilung / Grün und Gestaltung*** zeigen sich bei den Ergebnissen des Status-Quo-Szenarios nur geringe Veränderung gegenüber dem Ist-Zustand. Der Grund dafür liegt in der ausschließlichen Betrachtung des Berufs- und Univerkehrs, dessen alleiniger Einfluß auf diese Faktoren sich als gering herausgestellt hat. Für detaillierte Ergebnisse bedarf es weiterer Forschungen auf Basis des Gesamtverkehrsgeschehens auf den entsprechenden Straßenabschnitten, die den Maßstab der vorliegenden Arbeit sprengen würden. Die erwartete Zunahme der MIV-Binnenverkehre um 105.000, respektive 50.000 Fahrten pro Tag in Montpellier und Heidelberg läßt das Ausmaß der Belastungen erahnen. Entwicklungstrends der gleichen Größenordnung bezüglich Luftschadstoffen, Lärm, Trennwirkung und Unfallrisiko stellt auch Wermuth in seinem Status-Quo-Szenario für den Heidelberger Verkehrsentwicklungsplan (Planfall P0: Ausgangsjahr 1988, Horizont 2000) fest. Trotz flächendeckend zunehmender MIV-Nutzung wird eine stark abnehmende Tendenz bei den Luftschadstoffemissionen durch fahrzeugtechnische Maßnahmen errechnet. Verbesserungen ergeben sich ebenfalls bei den Lärmbelastungen durch Geschwindigkeitsbeschränkungen. Trennwirkung und Unfallrisiko verändern sich nur geringfügig gegenüber dem Ist-Zustand (Analyse-Fall AF) (Wermuth et al. 1994, S.43 ff.).

Die Ergebnisse des Status-Quo-Szenarios legen nahe, daß sich der Einsatz von integrierter Stadt- und Verkehrsplanung lohnen könnte, um den Weg in Richtung eines umwelt- und umfeldverträglichen Stadtverkehrs und damit einer besseren Lebensqualität und einer nachhaltigen Entwicklung einzuschlagen. Ergebnisse dazu sind dem Vergleich mit den folgenden Alternativszenarien zu entnehmen. Eine zusammenfassende Darstellung der Ergebnisse anhand von Graphiken und ein direkter Vergleich zum Ist-Zustand und den Alternativszenarien findet sich in Kapitel 7.7.

7.5 Alternativszenarien (Horizont 2010)

7.5.1 Gesamtstädtische Rahmenbedingungen

Auf Basis des Status-Quo-Szenarios werden Alternativszenarien entwickelt. Der Inhalt besteht in einer Zusammenstellung verschiedener Bausteine zur Verbesserung der Umfeld- und Umweltverträglichkeit des Verkehrs in den Untersuchungsräumen Montpellier und Heidelberg, vor dem Hintergrund der derzeitigen gesetzlichen und planerischen Rahmenbedingungen. Wie das Status-Quo-Szenario, so werden auch die Alternativszenarien in Form von Teilschritten dargestellt, so daß die Realisierung konkreter Einzelmaßnahmen nachvollzogen werden kann. Die Präsentation in den Tabellen, Abbildungen und Karten bezieht sich auf die Umsetzung aller aufgeführten Teilschritte. Dabei werden Maßnahmen aus allen Bereichen mit einbezogen: Die Vollzugsdefizite des Status-Quo-Szenarios werden als überwindbar erachtet. Ausgehend von der mittel- bis langfristigen Veränderbarkeit der Wohn- und Beschäftigungsstrukturen im Raum werden erste kleinräumige Verlagerungen von Wohn- und Arbeitsorten in die Szenarien aufgenommen. Das führt, auf Ebene der Stadtteile, zu Bevölkerungs-, Wirtschafts- und Siedlungsentwicklungen, die bewußt vom Status-Quo-Szenario abgekoppelt sind.

Auf diese Weise können die Verursacherstrukturen des Verkehrs zur Stellschraube gemacht werden, anhand der das zukünftige Verkehrsgeschehen gelenkt werden kann. Neben der ***Verkehrsvermeidung*** resultieren daraus auch Faktoren zur ***räumlichen Verkehrsverlagerung*** und Beeinflussung der ***Verkehrsmittelwahl***. Die räumliche Verlagerung geht in Form von Bündelung von Verkehr in die Konzepte ein, die Beeinflussung der Verkehrsmittelwahl in Form von Veränderung der Attraktivität der einzelnen Verkehrsmittel in den Untersuchungsgebieten. Eine konsequente Durchführung von flächenhafter Verkehrsberuhigung wird zur Förderung einer ***verträglicheren Verkehrsabwicklung*** in die Konzeptionen eingebaut. Zur Berechnung der Luftschadstoffemissionen der Kraftfahrzeuge werden die Fortschreibungen der UBA-Emissionsfaktoren für das Jahr 2010 angewandt (Umweltbundesamt 1995; eigene Bearbeitung).

Ziel der ***Gegenüberstellung der Szenarien*** ist es, die Auswirkungen alternativer Planungsstrategien erläutern, bewerten und wenn möglich quantifizieren zu können. Für die Auswirkungen regionaler, verkehrssparender Lösungsansätze mit verstärkter Konzentration von Bevölkerung, Arbeitsplätzen und Infrastruktur in Mittelzentren des Umlands besteht weiterer Forschungsbedarf. Dies kann aufgrund des eng gesteckten räumlichen Rahmens nicht Teil dieser Untersuchung sein. Um die groben Rahmenbedingungen vergleichbar zu halten, wird auf der Ebene der Gesamtstädte für die Alternativszenarien die gleiche Steigerung der ***Bevölkerungs-, Beschäftigten- und Erwerbstätigenzahlen*** angenommen wie für das Status-Quo-Szenario.

7.5.1.1 Montpellier

Die Daten und Informationen aus dem Bodennutzungsplan (POS; vgl. Ville de Montpellier - DAP 1993) und Verkehrsentwicklungsplan Montpellier (DVA; vgl. CETE-LR / DDE 1994 u. 1995) stellen die Grundlagen für die eigene Bearbeitung der Alternativszenarien mit Horizont 2010 dar. Die Daten zur Entwicklung der Bevölkerungs-, Beschäftigten- und Erwerbstätigenzahlen entsprechen Tab. 7.3, die Siedlungs- und Verkehrsentwicklung ist vom Status-Quo-Szenario abgekoppelt und in Tab. 7.29 dargestellt.

Tab. 7.29: Alternativszenarien Montpellier: Daten zur Siedlungs- und Verkehrsentwicklung

	Ist-Zustand 1990	**Status-Quo-Szenario 2010**	**Alternativszenarien 2010**
Wohnungen	92.542	122.542*	115.042**
MIV-Fahrten (Binnenverkehr)	305.000***	410.000***	305.000****

INSEE 1990; *Ville de Montpellier - DAP 1990; **eigene Bearbeitung nach*; ***Ministère de l'Equipement, du Logement, de l'Aménagement du Territoire et du Tourisme / DDE 1997, S. 42 ff; ****eigene Bearbeitung nach***

Wirtschafts- und Nutzungsstrukturen

Das räumliche Abbild der Wirtschaftsentwicklung der Stadt Montpellier steht in engem Verhältnis zur Entwicklung der Wohnstandorte: Der Schwerpunkt des Zuwachses an Arbeitsstätten und Arbeitsplätzen wird in den Bereichen der Stadterweiterung östlich des Flusses Lez liegen. Das Großprojekt für den neuen Stadtteil Port Marianne mit stadtbildprägenden Erweiterungsflächen für Gewerbe und Wohnen befindet sich im Aufbau. Die angrenzenden Gewerbegebiete Millenaire I und II sowie Parc Antenna bieten im Bestand, in eingeschränktem Maße, noch Potential zur Nachverdichtung und Erweiterung für Gewerbebetriebe. Eine größtmögliche räumliche Nähe zu den Wohnvierteln wird angestrebt, da es sich bei den Neuansiedlungen in aller Regel um Dienstleistungsbetriebe ohne größere Störwirkung für das Umfeld handelt (Ville de Montpellier - DAP 1993, S.22). Die Anlage der Erschließungsstraßen wird so erfolgen, daß der MIV gebündelt zu den Arbeitsplatzkonzentrationen geführt wird, um die Wohnbereiche möglichst wenig zu beeinträchtigen (CETE-LR / DDE 1994, S. 17 ff.).

Bei der Neuansiedlung und Verlagerung von Arbeitsplätzen in anderen, bestehenden Stadtteilen sollte konsequent auf eine verträgliche Dichte und geeignete Nutzungsmischung hingearbeitet werden. Die Ausschreibung von reinen Wohn- und Gewerbegebieten im Bodennutzungsplan (POS) sollte in Zukunft unterbleiben. Nachbesserungen des POS sollten, unter Beachtung möglicher Störwirkungen, derzeitige reine Wohn- und Gewerbegebiete der Mischnutzung öffnen. Bestandsflächen für Gewerbe befinden sich, in größerem Ausmaß, noch in den südlichen Stadtteilen St. Martin - Prés d'Arènes, Croix d'Argent und Estanove. Im Nordwesten des Stadtgebiets bestehen noch Erweiterungsflächen in Hôpitaux Facultés (Parc Euromédecine), Cévennes und La Paillade. Die Freiflächen sind im Bodennutzungsplan POS in zwei Kategorien eingeteilt: Stadterweiterungsflächen (NA II), die kurzfristig einer Bebauung zugeführt werden können und sonstige Freiflächen (NA 0) deren Bebauung einer Änderung im POS bedarf. Die kurzfristig zur Verfügung stehenden Flächen befinden sich, in der Regel, in direkter Nachbarschaft zu Stadtteilen, die im Aufbau begriffen sind (Ville de Montpellier - DAP 1994, S. 23). Mit beiden Flächenkategorien sollte so sparsam wie möglich umgegangen werden, um stadtökologisch wichtige Grün- und Freiflächen zu erhalten. Der Nachverdichtung bestehender Gebiete ist Vorrang einzuräumen. In geringem Ausmaß sind in allen Stadtteilen Stadtumbauflächen auszumachen, die auf kleinen Arealen die Ansiedlung einzelner emissionsarmer Gewerbebetriebe in Mischnutzungsgebieten ermöglichen würden (Ville de Montpellier, Notre Ville, 3'1999; Montpellier District, Puissance 15, 11'1998). Damit könnten Voraussetzungen für verbesserte Entfernungsstrukturen im Berufsverkehr geschaffen werden, unterstützt durch eine attraktive Gestaltung der Erreichbarkeit zu Fuß, mit dem Fahrrad und mit der Straßenbahn.

Unter Zugrundelegung der städtebaulichen Leitlinien Montpelliers wird beim Bau neuer Wohnungen auf eine gute Abstimmung auf das, im Stadtteil arbeitende, Zielpublikum geachtet, um kleinräumige Bindungen von Wohn- und Arbeitsort zu erleichtern. Die Auslagerung der wirtschaftswissenschaftlichen und juristischen Fakultäten der Universität vom Centre Historique an den neuen Standort 'Richter' im Stadtteil Port Marianne wird auf gleiche Weise beim Wohnungsbau berücksichtigt, um den Bezug Wohnort - Studienort weiter zu verbessern (Ville de Montpellier - DAP 1993, S. 3 / 40).

Bevölkerungs- und Siedlungsstrukturen

Bei wachsender Bevölkerungszahl wird der Wohnungsbedarf weiter steigen. Aktualisierungen des Bodennutzungsplans POS sollten Mindestdichten für die Bebauung von Gebieten festlegen und gezielt auf sanierende Bestandsverdichtung hinarbeiten. Flächenausweisungen sollten nachfrageorientiert erfolgen. Mit Hilfe dieser Maßnahmen könnte der Bedarf an Grundfläche für die neu zu erstellenden Wohngebäude besser gesteuert und minimiert werden. Die städtebauliche Orientierung nach Osten wird mit Einschränkungen beibehalten: Mit 11.250 Wohneinheiten wird die Hälfte der Neubauten dort errichtet, die andere Hälfte könnte in der bestehenden Siedlungsfläche nachverdichtet werden. Bestands- und Stadtumbauflächen kleineren Ausmaßes für die Wohnnutzung sind in fast allen Stadtteilen auszumachen. Aufgrund der hohen Bebauungsdichte sind die Potentiale in den Zentrumsstadtteilen eingeschränkt. Die Bereiche der erweiterten Innenstadt und der peripheren Stadtteile bieten eine Vielzahl an kleinen Arealen zur Bestandsverdichtung. Die Zahl der östlich des Lez fälligen neuen Wohnungen wäre, gegenüber dem Status-Quo-Szenario, um ca. 60% zu reduzieren und könnte daher die Vorteile der neuen Siedlungsfläche bestmöglich ausnutzen. Es müßten nur die citynahen Freiflächen bebaut und von Anfang an mit einer Straßenbahnanbindung versehen werden. Dabei wäre darauf zu achten, daß die Siedlungskonzentrationen in fußläufiger Entfernung zu den Haltestellen liegen. Durch gezielte Lenkung der Entwicklungen, anhand einer integrierten Stadt- und Verkehrsplanung, könnten so sehr gute Erreichbarkeitsstrukturen geschaffen werden (verändert nach Ville de Montpellier - DAP 1993).

Zielgerichtetes Belegungs- und Umzugsmanagement könnte die Wohnsituation dem realen Wohnflächenbedarf anpassen. Zusammenarbeit von Wohnbaugesellschaften mit der Gemeinde bilden die Grundlage dafür. Über finanzielle und organisatorische Umzugshilfen, Prämien und Beibehalten des Quadratmeter-Mietpreises beim Umzug in kleinere Wohnungen gleicher Ausstattung könnten Anreize zum Wohnungswechsel geschaffen werden. Zielgruppe sind vorwiegend Haushalte älterer Personen und Familien, deren Kinder nicht mehr im Haushalt leben und deren Flächenansprüche sich dadurch reduziert haben. Freiwerdende Flächenkapazitäten könnten mobilisiert und auf den Wohnungsmarkt gebracht werden, der jährliche Neubaubedarf an Wohnungen könnte um 25% auf 1125 Wohnungen gedrosselt werden. Folge wäre die Vermeidung des Neubaus von 7500 Wohneinheiten bis zum Jahr 2010 (vgl. Tab. 7.29). Dies würde die Flächenansprüche erheblich reduzieren und ein kompakteres Siedlungsbild mit kürzeren Wegen ermöglichen. Die Konzentration des POS auf den Bau neuer Stadtteile im Osten müßte, zugunsten einer Nachverdichtung bestehender Gebiete, verändert werden und von einer nachfrage- zu einer angebotsorientierten Wohnraumpolitik übergehen (vgl. Bundesforschungsanstalt für Landeskunde und Raumordnung 1995, S. 92; vgl. Kap. 1.3.1).

Das, im POS artikulierte, Ziel 'B-2: Continuer à rechercher le rapprochement géographique de l'emploi et de l'habitat' verfolgt eine bessere räumliche Zuordnung von Wohn- und Arbeitsstätten (Ville de Montpellier - DAP 1993, S. 3 / 40). Realisiert werden könnte dies durch ein Anpassen der Größe, Art, Kauf- und Mietpreise der Neubauwohnungen auf das potentielle Zielpublikum: Die Haushalte der im Nahbereich Arbeitenden oder Studierenden. Dazu gehört auch der Bau von Studentenwohnheimen am neuen Universitätsstandort 'Richter' und eine sinnvolle Verteilung der Wohnheimplätze im Stadtgebiet, um unnötige Wege zu vermeiden (vgl. GREGAU 1993 1A, S. 2 ff.). Neben Maßnahmen zur Funktionsmischung und verträglichen Dichte könnten organisatorische Kooperationen von Gemeinde, Arbeitgebern und Wohnbaugesellschaften zum Erreichen des Ziels beitragen. Kampagnen zur Sensibilisierung der Bevölkerung sowie Prämien beim Umzug in arbeitsplatznahe Wohnungen würden eine Entwicklung hin zu verkehrssparenden Siedlungsweisen fördern (Bundesforschungsanstalt für Landeskunde und Raumordnung 1995, S. 91 ff.).

Infrastrukturausstattung

Die Hälfte des Einwohnerzuwachses bis 2010 wird in den östlichen Stadtteilen stattfinden, die andere Hälfte könnte durch behutsame Nachverdichtung und langsame Umstrukturierung bestehender Stadtteile ermöglicht werden. Die Aufstellung von Überschuß-/Defizitplänen würde die Identifizierung von Gebieten mit Ausstattungsmängeln ermöglichen. Derartige Planungen bestehen bisher in Montpellier nicht, sind aber prinzipiell in den POS integrierbar. Bei der Durchführung von Bestandsverdichtung und Funktionsmischung sollte besonders auf die Anlage attraktiver Stadtteilzentren Wert gelegt und auf eine wirtschaftliche und versorgungstechnische Eigenständigkeit geachtet werden. Eine besondere Förderung sollten die, in Zukunft, an Straßenbahnlinien angeschlossenen quartiers erhalten. Durch das Setzen gezielter Verdichtungsschwerpunkte könnten wichtige Grün- und Freiflächen und die klimatisch bedeutenden Frischluftschneisen freigehalten werden.

Daneben sollte in den Neubaugebieten parallel zum Wohnungsbau die gesamte Palette der Versorgungsinfrastruktur eingebettet werden (Ville de Montpellier - DAP 1993, S. 23). Dabei sollte, wie auch bei der Bereitstellung der ÖPNV-Infrastruktur, besonders auf den Grundsatz der Gleichzeitigkeit geachtet werden. Als Folge kann mit verstärkten Bindungen an den Wohnstadtteil gerechnet werden. Auf diese Weise könnte die historisch gewachsene, kompakte Stadtstruktur Montpelliers erhalten und eine Zersiedlung weitgehend gebremst werden.

Organisationsstrukturen

Im Zuge der Alternativszenarien wird eine Reduzierung der Wege zum Arbeitsplatz um 5% durch effektivere Arbeitsorganisation und mehr Tele- und Heimarbeit angestrebt. Folge davon könnte eine Verminderung der Verkehrsbelastungen durch den Berufsverkehr sein. Ähnliches gilt für den universitären Ausbildungsverkehr: Hier kann von einer Reduzierung um 10% der Wege durch verbesserte Organisation des Studienablaufs und den Einsatz neuer Übertragungsmedien ausgegangen werden. Unter Berücksichtigung der Geschwindigkeit technologischer Entwicklungen erscheinen, bei effektivem Einsatz, Minderungspotentiale dieser Größenordnung für den Horizont 2010 realisierbar. Höhere finanzielle Raumwiderstände durch fiskalische Eingriffe von öffentlicher Seite könnten den verkehrssparenden Effekt neuer

Kommunikationsmedien noch deutlich verstärken (vgl. OECD /CEMT 1995, S. 43; empirica 1995, S. 25). Derartige Schritte sind jedoch nur unter geänderten Rahmenbedingungen denkbar (vgl. Kap. 7.6).

Verkehrsangebotsstrukturen MIV

Größere Investitionen für den Straßenverkehr bleiben insofern nicht aus, als eine durchgängige Stadtumfahrung fertiggestellt werden muß, um den Transitverkehr aus dem Stadtgebiet zu verbannen. Innerhalb der Stadt wird zusätzlich zur Reduzierung, eine Bündelung des MIV angestrebt (CETE-LR / DDE 1995, S.29). Hierzu sollte konsequent eine flächenhafte Verkehrsberuhigung auf Nebenstraßen aller Stadtteile eingeführt werden, die neben der Beschränkung auf 30 km/h auch die Umwidmung von Straßenfläche für andere Nutzungen beinhaltet. Dabei kann es sich je nach Situation um Verkehrsflächen für andere Verkehrsmittel oder um Aufenthalts-, Frei- oder Grünflächen handeln. In Stadtteilzentren mit besonderer Aufenthaltsfunktion und Wohngebieten sollten Bereiche mit Begrenzung auf Schrittgeschwindigkeit ausgewiesen und die Straßenfläche rückgebaut werden. Da derartige Maßnahmen in Montpellier bisher weitgehend fremd sind, in Heidelberg aber schon gute Erfahrungen zur Erhöhung der Aufenthaltsqualität im Straßenraum damit gemacht wurden, wird mit positiven Ergebnissen gerechnet. Tempo-30-Regelungen sollten dort auf Teilstrecken der HVS ausgeweitet werden, wo Konfliktsituationen mit besonders empfindlichen Randnutzungen bestehen. Als Beispiele der Zufahrtsstraßen zum Untersuchungsstadtteil Hôpitaux Facultés - Plan des Quatre Seigneurs sind die Av. du Père Soulas, Rue du 81. Régiment d'Infantrie und Rue Lakanal zu nennen. Auf einen Ausbau der innerstädtischen HVS sollte weitestgehend verzichtet werden. Maßnahmen zur flächenhaften Verkehrsberuhigung mit Tempo-30-Regelung sind bisher nicht Teil der Stadt- und Verkehrsplanung Montpelliers und weder im Verkehrsentwicklungsplan (DVA) noch im Bodennutzungsplan (POS) festgeschrieben. Tempo-30-Zonen haben seit 1990 eine Verankerung im französischen Straßenverkehrsrecht und könnten daher ohne größere Verzögerungen in die 'hiérarchisation du réseau de voirie' des DVA-Montpellier einbezogen und umgesetzt werden (CETUR 1994, S.131).

Diese Maßnahmen sollten mit einem restriktiven Parkraummanagement einhergehen: In und um die Innenstadt wird die flächendeckende Parkraumbewirtschaftung beibehalten, ebenso die Staffelung der Preise und Parkdauer nach Entfernung vom Zentrum (zone jaune: courte durée, zone orange: longue durée). Das Preisniveau könnte bis 2010 um 100% angehoben, die kostenlose Parkzeit von mittags 12.00 bis 14.00 Uhr aus dem Programm gestrichen werden. Daraus würden Preise von ca. 4 DM / h auf zentral gelegenen Kurzzeitparkplätzen und ca. 3 DM / h auf Langzeitparkplätzen resultieren. In städtischen Parkgaragen sollten die Preise auf ca. 3,50 bis 6 DM / h erhöht werden. Auf die Preisgestaltung der privaten Parkhäuser kann aus rechtlichen Gründen nicht direkt Einfluß genommen werden. Es ist jedoch davon auszugehen, daß über steigende Nachfrage und marktgerechte Anpassung der Preise ein ähnliches Niveau erreicht wird. Der Anteil der Anwohnerparkplätze sollte, nach Vorbild des Heidelberger Stadtzentrums, im Straßenraum deutlich erhöht werden (verändert nach SMTU 1992). Durch eine Reduzierung der innenstadtnahen Parkplätze um 25% könnte einerseits eine Verknappung erreicht und andererseits neue Flächen für andere Verkehrsarten und sonstige Nutzungen hinzugewonnen werden. Der Parkplatzrückbau bezieht sich auf die Stellplätze im Straßenraum, bestehende Parkgaragen bleiben erhalten. Der Neubau von Parkierungsanlagen im Innenstadtbereich sollte untersagt werden. Um den Parksuchverkehr dennoch gering zu halten, könnte ein Parkleitsystem in das innerstädtische Verkehrsleitsystem 'Petrarque' eingebettet, das bestehende System weiter ausgebaut und auf die neue Situation angepaßt werden.

Neu wäre die Einführung der Parkraumbewirtschaftung in anderen Gebieten hoher Arbeitsplatz-, Studienplatz- und Infrastrukturkonzentrationen. Die Kosten und erlaubte Höchstparkdauer sollten, bis auf einige Stadtteilzentren (zone jaune: courte durée), dem äußeren Zentrumsbereich (zone orange: longue durée) entsprechen. Parallel zur Parkraumbewirtschaftung auf öffentlichen Stellflächen sollten sich die Behörden der Stadt- und Verkehrsplanung für eine organisatorische Förderung des car-pooling einsetzen. Voraussetzung dafür wäre die Bewirtschaftung der Firmen- und Hochschulparkplätze In Zusammenarbeit mit Betrieben und Universitäten könnten an geeigneten Stellen Parkplätze für Fahrzeuge reserviert werden, die mit mehr als zwei Personen besetzt sind. Ergänzt werden könnte diese Förderung durch streckenweise reservierte Fahrspuren auf wichtigen Zufahrtsstraßen zu Hauptverkehrszeiten. Als Beispiel aus dem Stadtteil Hôpitaux Facultés kann die 2x2-spurig ausgebaute Route de Ganges angeführt werden. Im Bereich der ampelgeregelten Zufahrten zum Parc d'Activités Euromédecine sowie zum Klinikum Lapeyronie und der Universität Montpellier II könnte zeitweise jeweils eine Fahrspur für Fahrzeuge mit mindestens drei Insassen reserviert werden. Alle wichtigen Wohngebiete sollten flächendeckend mit Anwohnerparkplätzen (Berechtigungsschein ca. 200 DM / Jahr) versehen werden. Durch die Kombination dieser Maßnahmen zu einem gesamtstädtischen Parkraummanagement auf öffentlichen und zum Teil privaten Flächen könnte ein erster Schritt in Richtung einer Steuerung der Attraktivität der verschiedenen Verkehrsmittel anhand von finanziellen Regelungen aufgebaut werden. Dieses Maßnahmenbündel verspräche gute Minderungspotentiale bei relativ einfacher Durchführbarkeit und technischem Aufwand im Vergleich zu den diversen Ansätzen des 'road pricing' (vgl. Wermuth et al. 1994, S. 48 ff., Testfall T2.2). Ausnahmeregelungen für soziale Härtefälle wären, anhand von kostenlosen Anwohner- oder Nutzerausweisen, einzubauen. Die Einhaltung der Regelungen müßte anhand von konsequenten Kontrollen gewährleistet werden. Eine veränderte Parkraumbewirtschaftung ist bereits im POS vorgesehen, ein Rückbau von Parkplätzen ist nicht Teil der Planungen (Ville de Montpellier - DAP 1993, S. 31). Insbesondere die städtischen Behörden Montpelliers sind dazu aufgerufen, in diesem Bereich die bisherigen Vollzugsdefizite wahrzunehmen und restriktive Maßnahmen gegenüber dem MIV konsequent in ihr Verkehrskonzept einzubeziehen.

Organisatorische Ansätze zum car-sharing sind in Montpellier weitgehend unbekannt und könnten durch Initiativen öffentlicher Stellen angekurbelt werden. Gerade in Zusammenhang mit dem bedeutenden Ausbau des ÖPNV-Netzes erscheint ein attraktiver Markt für die Teil-Auto-Nutzung möglich, indem private Pkw für viele Stadtbewohner in Zukunft für die täglichen Fahrten durch Bus und Bahn ersetzt werden könnten. Kampagnen der Öffentlichkeitsarbeit stellen einen wichtigen Teil dieser Maßnahme dar.

Aufgrund der durchschnittlich abnehmenden Entfernungen zwischen Wohn- und Arbeits-, beziehungsweise Studienplätzen, der attraktiven Angebote für die Verkehrsmittel des Umweltverbunds und der teureren und schwierigeren Parkverhältnisse könnte die Motorisierungsrate auf 420 Pkw / 1000 Einwohner sinken. Die Zahl von 104.000 im Stadtgebiet zugelassenen Fahrzeugen entspräche dem Ist-Zustand und läge um rund 20.000 unter dem Wert der Status-Quo-Analyse. Die Anzahl der täglichen MIV-Fahrten im Innenstadtbereich wäre auf den Wert des Ist-Zustands (305.000) zu beschränken, im Vergleich zu 410.000 im Status-Quo-Szenario (vgl. Tab. 7.29). Die, um 105.000 tägliche Binnenfahrten, verminderte MIV-Entwicklung stellt nur einen Teil der möglichen Auswirkungen auf das Gesamtverkehrsgeschehen der Stadt dar. Unter Einbeziehung des Pendlerverkehrs über die Stadtgrenzen hinweg ist mit größeren Minderungspotentialen zu rechnen (Ministère de l'Équipement, du Logement, de l'Aménagement, du Territoire et du Tourisme / DDE 1997, S. 44 ff.; eigene Bearbeitung; vgl. Tab. 7.3).

Verkehrsangebotsstrukturen ÖPNV

Die Verkehrsplanung setzt den Schwerpunkt auf ein neues ÖPNV-Konzept in Kombination mit Park+Ride-Angeboten sowie deutlichen Verbesserungen der Situation für Radfahrer und Fußgänger. Einerseits wird damit eine bessere Umfeld- und Umweltsituation in der Stadt angestrebt, andererseits bessere Verkehrsverhältnisse für den notwendigen und zweckdienlichen Straßenverkehr (Ville de Montpellier - DAP 1993, S. 28). Beides würde zu einer höheren Lebensqualität der Stadtbewohner beitragen.

Wesentlicher Bestandteil des ÖPNV-Konzepts soll ein stark beschleunigter Ausbau des Straßenbahnnetzes sein. Neben der, im Bau befindlichen, Linie mit Nordwest-Südost-Verlauf sollen zwei weitere Linien gebaut werden, welche die erste im Stadtzentrum kreuzen. Auf diese Weise entstünde ein radiales Netz vom Zentrum aus in sechs Richtungen. In einer Aktualisierung des DVA sind zwei Linien projektiert:

- Eine Linie von Hôpitaux Facultés im Norden, durch das Zentrum, nach St. Martin-Prés d'Arènes im Süden der Stadt
- Eine weitere Linie von St. Jean de Védas im Südwesten nach Castelnau-le-Lez im Nordosten der Stadt.

Als Ergänzung sollen Buslinien auf separaten Fahrspuren eingesetzt werden, die in einem konzentrischen Kreis um das Zentrum verlaufen und die Verbindung der äußeren Stadtteile untereinander sichern. In der nördlichen Stadthälfte ist ein Verlauf auf der '4^e^ ceinture' geplant, im Süden parallel zur '5^e^ ceinture'. Zusätzlich soll eine Busspur die bedeutenden Wohngebiete der westlichen Stadtteile direkt mit dem Zentrum verbinden (CETE-LR / DDE 1998). An lichtzeichengeregelten Kreuzungen sollte dem ÖPNV stets Vorrang eingeräumt werden. Die

Realisierung der neuen Straßenbahnprojekte bis zum Jahr 2010 stellt ein ehrgeiziges Ziel dar. Bei effektiver Kooperation von Stadt- und Verkehrsplanung erscheinen diese, in den Grundzügen bereits geplanten, Projekte dennoch als durchführbar (Delhaye 1998, S. 3).

Des weiteren sollten Änderungen beim Fahrpreiskonzept angestrebt werden. Zur Attraktivitätssteigerung und Erhöhung des Auslastungsgrads könnte die Einführung von verbilligten Semester- und Jobtickets für Studierende und Beschäftigte, nach Heidelberger Vorbild, beitragen. Für den Einkaufs-, Freizeit- und sonstigen Verkehr sollten diese durch übertragbare Zeitkarten ergänzt werden.

Für den Regional- und insbesondere den Pendlerverkehr könnten durch die Einrichtung eines Verkehrsverbundes von den Ausmaßen des VRN starke Anreize ausgehen. Bisher besteht in Montpellier nur eine Kooperation zwischen der Kernstadt und den Gemeinden des District sowie einigen weiteren direkt angrenzenden Gemeinden, deren ÖPNV gemeinsam von der SMTU durchgeführt wird. Das öffentliche, auf Départementsebene agierende, Verkehrsunternehmen SODETRHÉ und die staatliche Eisenbahngesellschaft SNCF wickeln ihre Regionalverkehre ohne engere Koordination mit der SMTU ab (SMTU 1994). Veränderungen für die Nutzer ergäben sich insbesondere in Form von vereinfachten Tarifstrukturen und einer besseren Vertaktung der regionalen und lokalen öffentlichen Verkehrsmittel.

Verkehrsangebotsstrukturen NMIV

Neben dem neuen ÖPNV-Konzept sind deutliche Verbesserungen der Verkehrsinfrastruktur für Radfahrer und Fußgänger wichtiger Teil der Alternativszenarien.

Im Zuge einer flächenhaften Verkehrsberuhigung und verstärkten Nutzungsmischung in den Stadtteilzentren sollten kleinräumige Fußgängerbereiche eingerichtet werden. Dies könnte über eine Attraktivierung der Nutzungsstrukturen zu größeren Anteilen des NMIV am Gesamtverkehr führen. Die Trennwirkung der Verkehrsachsen für nichtmotorisierte Verkehrsteilnehmer könnte durch besser angeordnete Überquerungshilfen und kürzere Wartezeiten an Ampeln, an den wichtigen radialen und konzentrischen HVS, verringert werden.

Für Radfahrer sollte ein durchgängiges Wegenetz mit Schwerpunkt auf sicherer und direkter Routenführung, guten Querungsmöglichkeiten an Kreuzungen und Einmündungen und sicheren, komfortablen Abstellanlagen aufgebaut werden. Wie beim Bau der ersten Straßenbahnlinie, sollte auch entlang der neuen Streckenprojekte ein durchgehender Rad- und Fußweg angelegt werden. Diese Wege könnten Hauptachsen des Netzes darstellen, verbunden durch Querspangen. Die Haltestellenbereiche der neuen Straßenbahnlinien sollten, wie bei der ersten Linie, mit Bike+Ride-Anlagen ausgestattet sein, gleiches gilt für die Möglichkeit der Fahrradmitnahme in den Wägen zu Schwachlastzeiten (verändert nach Montpellier District / SMTU 1996, S.37 ff.; Ville de Montpellier o.J. c). Damit könnten alle notwendigen Grundlagen geschaffen werden, um die Bevölkerung in einer Kampagne der Öffentlichkeitsarbeit für das Verkehrsmittel Fahrrad zu sensibilisieren: Sicherheit, Komfort, Schnelligkeit, Preisvorteile und vor allem auch kurze Wege zur Uni, zum Arbeitsplatz und zu den Versorgungs- und Freizeiteinrichtungen. Das Resultat könnte sich in einer Steigerung der bisher unbedeutenden Radverkehrsanteile am modal split widerspiegeln, wobei darauf geachtet werden muß, daß dadurch vorwiegend ehemals mit dem MIV zurückgelegte Kurzstrecken ersetzt werden. Unter Heranziehen der Heidelberger Verhältnisse als Vorbild könnte Montpellier zum Vorreiter einer Entwicklung für die französichen Städte werden. Insbesondere die hohe Zahl der Studenten ist als Träger dieser Entwicklung von großer Bedeutung.

Fahrzeugtechnik

Für Erläuterungen zu den fahrzeugtechnischen Maßnahmen vgl. Kap. 7.3.4.

7.5.1.2 Heidelberg

Als Grundlage orientieren sich die Alternativszenarien mit Horizont 2010 (eigene Bearbeitung) am Informations- und Datenmaterial des Stadtentwicklungsplans Heidelberg 2010 (vgl. empirica 1995), des Modells Räumlicher Ordnung (vgl. Stadt Heidelberg 1998) und des Testfalls T2.2 aus den Voruntersuchungen zum Verkehrsentwicklungsplan Heidelberg (vgl. Wermuth et al. 1994). Die Entwicklung der Bevölkerungs-, Beschäftigten- und Erwerbstätigenzahlen entspricht den Werten in Tab. 7.4, die Siedlungs- und Verkehrsentwicklung verläuft unabhängig vom Status-Quo-Szenario und ist Tab. 7.30 zu entnehmen.

Tab. 7.30: Alternativszenarien Heidelberg: Daten zur Siedlungs- und Verkehrsentwicklung

	Ist-Zustand 1990	Status-Quo-Szenario 2010	Alternativszenarien 2010
Wohnungen	63.949	82.054	72.949
MIV-Fahrten (Binnenverkehr)	235.000*	285.000*	215.000*

eigene Bearbeitung; *eigene Bearbeitung nach Wermuth et al. 1994, T2.2

Wirtschafts- und Nutzungsstrukturen

Eine, den Raumansprüchen der Stadtteile angepaßte, Nutzungsmischung beinhaltet ein angemessenes Verhältnis von Wohnungen zu Arbeitsplätzen. Der in Heidelberg vorherrschende Dienstleistungssektor ermöglicht in vielen Fällen eine relativ problemlose Nachbarschaft von Wohn- und Arbeitsstätten. Im Zuge der Alternativszenarien wird dieser Umstand genutzt und eine bessere räumliche Zuordnung von Wohnen und Arbeiten sowie eine Reduzierung der Verbauung von Freiflächen angestrebt. Das 'Modell Räumliche Ordnung' der Stadt Heidelberg kann als Grundlage herangezogen werden.

Zunächst ist auf eine Bestandssicherung zu achten. "Die vorhandenen Industrie- und Gewerbestandorte werden - wie auch die Handwerks- und Produktionsbetriebe in den innerstädtischen Mischgebieten im 'Modell Räumliche Ordnung' gesichert, soweit keine unzumutbaren Beeinträchtigungen angrenzender empfindlicher Nutzungen (z.B. Wohnen) festzustellen sind" (Stadt Heidelberg 1998, S. 26). Darauf aufbauend sollte die Nutzungsmischung weiter gefördert werden. "Das Potential an zusätzlichen gewerblich nutzbaren Bauflächen [...] soll vorrangig in Bereichen ausgewiesen werden, die bisher untergenutzt sind, mit anderen Zwischennutzungen belegt sind oder brachliegen" (Stadt Heidelberg 1998, S. 26). Im Rahmen der Bestandsentwicklungspotentiale bestehen ca. 28 ha Gewerbeflächen in Pfaffengrund, Wieblingen, Rohrbach und Südstadt. Durch Stadtumbaupotentiale könnten zusätzlich ca. 31 ha, meist innenstadtnahe, Gewerbeflächen in Bergheim (Großer Ochsenkopf), Weststadt (u.a. Bahninsel), Kirchheim (u.a. Bahninsel) und Wieblingen (zwischen DB und BAB) hinzugewonnen werden. Das Stadtumbaupotential an Mischgebieten für Wohnen und Gewerbe beläuft sich auf weitere ca. 52 ha, zum Teil in innenstadtnaher Lage: Bergheim (HSB / Landfried), Weststadt (Bahninsel), Rohrbach (Furukawa), Pfaffengrund (Eppelheimer Str.) und Kirchheim (Bahnhof Kirchheim) (Stadt Heidelberg 1998, S. 26 ff.). Die ca. 41 ha Stadterweiterungspotentiale für Gewerbe in Kirchheim und Wieblingen sollten als Grün- und Freiflächen zurückgehalten werden. Der Bereich Langgewann II in Handschuhsheim stellt zwar auch eine Erweiterungsfläche dar, hat aber einen ausgesprochen guten räumlichen Bezug zu dem ausbaufähigen Quartierszentrum Neuenheim-West und eine sehr gute ÖPNV-Anbindung. Aufgrund dieser Vorzüge sollten die ca. 6 ha Freifläche zur Nutzung durch wissenschaftsnahe Unternehmen freigegeben werden. Die, vorwiegend durch Bestandsverdichtung und Stadtumbau, bereitzustellenden Gewerbeflächen könnten den Anstieg an Beschäftigten von ca. 13.000 auf 107.000 bis zum Jahr 2010 aufnehmen (verändert nach Stadt Heidelberg 1998, S. 28). Durch diese Standortwahl könnten sowohl kurze Wege zu den angrenzenden Wohngebieten, gute ÖPNV-Verbindungen aus anderen Stadtteilen, als auch ein Erhalt von Grün- und Freiflächen erreicht werden.

Bevölkerungs- und Siedlungsstrukturen

In Heidelberg wird weiterhin mit einem Bevölkerungsanstieg durch Zuwanderung gerechnet, die Schaffung neuen Wohnraums ist daher unumgänglich. Im Gegensatz zum Status-Quo-Szenario wird nur von einem leichten Anstieg der Flächenansprüche ausgegangen. Der Neubau von Wohnungen sollte vorwiegend durch Nachverdichtung bestehender Strukturen mit geringer Dichte realisiert werden. Die folgenden räumlichen Zuordnungen sind am 'Modell Räumliche Ordnung' Heidelberg orientiert, in welchen eine Bestandsverdichtung bei der Anlage zukünftiger Wohngebäude propagiert wird. "Es ist eine maßvolle Innenentwicklung durch Nachverdichtung gemäß eines nach sozialverträglichen, stadtbildpflegerischen und stadtklimatologischen Gesichtspunkten zu erarbeitenden städtebaulichen Dichteplanes anzustreben. Vorrang bei der Bebauung haben in der Regel diejenigen Gebiete, die dem Mittelpunkt der Stadt am nächsten und entlang von ÖPNV-Trassen liegen" (Stadt Heidelberg 1998, S. 5).

Bestandsentwicklungspotentiale für den Wohnungsbau finden sich in fast allen Stadtteilen, wobei es sich durchweg um sehr kleine Areale mit insgesamt ca. 38 ha handelt. Derzeit extensiv oder unter Lagewert genutzte Flächen werden dem Stadtumbaupotential zugerechnet. Die weitaus größten Flächen dieser Art finden sich auf dem Gelände der Bahninsel in den Stadtteilen Weststadt und Kirchheim. Weitere Flächen verteilen sich, meist in Form relativ kleiner Parzellen, auf die Stadtteile Bergheim, Neuenheim, Altstadt, Rohrbach, Ziegelhausen und Pfaffengrund sowie Areale außerhalb der Bahninsel in der Weststadt und Kirchheim. Für die Wohnnutzung summieren sich die Stadtumbauflächen auf ca. 91 ha. Flächenausweisungen sollten ausschließlich nachfrageorientiert erfolgen, die Stadterweiterungspotentiale auf bisher unbebauten Flächen in peripherer Lage sollten erst nach Ausschöpfen aller oben genannten Möglichkeiten der Nachverdichtung zum Einsatz kommen. Die, insgesamt ca. 67 ha großen, Stadterweiterungspotentiale verteilen sich auf die Stadtteile Kirchheim, Pfaffengrund, Wieblingen, Handschuhsheim, Emmertsgrund und Rohrbach (Stadt Heidelberg 1998, S. 18 ff.).

In den Bebauungsplänen sollten Mindestdichten für alle bebauten und zu bebauenden Flächen festgelegt werden. In Heidelberg wird mit dem Baudichteplan ein erster Schritt in diese Richtung gemacht, indem Dichtespannen sowie 'statische' und 'dynamische Bereiche' für die Bauflächen festgelegt werden. Der Baudichteplan hat jedoch nur den Status einer informellen ergänzenden Planung (Stadt Heidelberg 1998, S. 12 ff.).

Durch zielgerichtetes Belegungs- und Umzugsmanagement könnte die Wohnsituation dem realen Wohnflächenbedarf angepaßt werden. Als Hauptakteure sind hierbei die Wohnbaugesellschaften angesprochen, wobei der Gemeinde einleitende organisatorische Maßnahmen zufallen. Die Bevölkerung sollte über finanzielle und organisatorische Umzugshilfen dazu gebracht werden, ihre pro-Kopf-Wohnfläche einem stadtverträglichen Rahmen anzupassen. Mietpreisvorzüge beim Umzug kleiner Haushalte aus großen in kleinere Wohnungen gleichen Ausstattungsniveaus könnten mittelfristige Anreize zu flächensparenden Wohnansprüchen darstellen (Bundesforschungsanstalt für Landeskunde und Raumordnung 1995, S. 92; vgl. Kap. 1.3.1). Die Anzahl der Wohnungen würde dadurch prozentual nur wenig stärker ansteigen als die Bevölkerungszahl. Auf diese Weise ließe sich die Zahl der bis 2010 neu zu erstellenden Wohneinheiten um die Hälfte, auf gut 9000, reduzieren (vgl. Tab. 7.30). Kompaktere Siedlungsstrukturen und kürzere Wege könnten die Folge sein sowie wichtige Grün- und Freiflächen erhalten werden. Die Siedlungskonzentrationen wären wiederum besser mit öffentlichen Verkehrsmitteln zu bedienen, als dispers am Stadtrand verstreute Einfamilienhausgebiete.

Bei den Beschäftigten sollte besonders darauf geachtet werden, daß sich die Zuwanderer in arbeitsplatznahen Bereichen ansiedeln. Ihre Wohnstandortwahl erscheint leichter zu beeinflussen, als die der alteingesessenen Bewohner und könnte dazu genutzt werden, neue Trends der stadtinternen Binnenwanderungen anzukurbeln. Organisatorische Kooperationen von Arbeitgebern und Wohnbaugesellschaften könnten die Zuordnung von Wohn- und Arbeitsort verbessern. Sensibilisierung und Prämien bieten Möglichkeiten zur Steigerung der Nachfrage nach arbeitsplatznahem Wohnraum (vgl. Bundesforschungsanstalt für Landeskunde und Raumordnung 1995, S. 91 ff.).

Bei den rund 800 neu im Stadtgebiet Heidelbergs wohnenden Studierenden muß nicht besonders auf die Wohnstandortwahl geachtet werden. Es wird davon ausgegangen, daß sie sich an den Gepflogenheiten der dienstälteren Studentenschaft orientieren und sich in uninahen Stadtteilen ansiedeln. Dies führt zu einem weiteren Erhalt der sehr guten Entfernungsstrukturen im universitären Ausbildungsverkehr. Der Neubau von Studentenwohnheimen könnte, laut Bebauungsplan, im Umkreis der fußläufigen Erreichbarkeit der Universitätseinrichtungen stattfinden (Stadt Heidelberg 1995a, S. 21; vgl. Kap. 7.5.2).

Infrastrukturausstattung

Auf eine bessere Ausstattung mit Versorgungseinrichtungen und dadurch stärkere Konzentration auf fußläufig erreichbare Stadtteilzentren wäre über die Anwendung von §1 Abs. 5 und 9 BauNVO Einfluß zu nehmen. Über Überschuß-/Defizitpläne könnten Gebiete mit Ausstattungsmängeln identifiziert und ein funktionaler Ausgleich angestrebt werden. Auf Ebene der Stadtteile Heidelbergs sind die Ausstattungsniveaus in den Stadtteilrahmenplänen verzeichnet (vgl. Stadt Heidelberg 1995a, 1995b u. 1996). Ebenfalls eine Aufgabe der städtischen Planungsstellen wäre eine ansprechende Gestaltung der Aufenthaltsflächen und Straßenräume in den Bereichen der Stadtteilzentren. Die dadurch geförderte Quartiersbindung der Bevölkerung könnte verkehrsvermeidende Effekte nach sich ziehen (Bundesforschungsanstalt für Landeskunde und Raumordnung 1995, S. 80).

Zur Förderung einer polyzentrischen Stadtentwicklung Heidelbergs sollten neben dem Hauptzentrum Innenstadt weitere Subzentren aufgebaut werden. Ansätze dazu sind im Städtebaulichen Leitplan Heidelberg formuliert (Stadt Heidelberg 1998, S. 4 ff.). Bestehende Nebenzentren mit Bedeutungsüberschuß befinden sich in der Weststadt und in Neuenheim, im Bereich der Brückenstraße. Als zukünftiges Nebenzentrum sollte das Bahnhofsumfeld ausgebaut und, im Zuge dessen, ein Entwicklungskorridor erster Ordnung zwischen Bismarckplatz und Bahnhof gefördert werden. Stadtteilzentren mit Versorgungsinfrastruktur für das kleinräumige Umfeld befinden sich in Handschuhsheim, Wieblingen, Rohrbach und Ziegelhausen. In Zukunft sollten in Kirchheim, Boxberg / Emmertsgrund und Pfaffengrund (Eppelheimer Str. / Diebsweg) eigenständige Stadtteilzentren entwickelt werden. Quartierszentren unterer Ordnung befinden sich im Pfaffengrund (Kranichweg), Rohrbach (Hasenleiser), Weststadt (Christuskirche) sowie im Patrick-Henry-Village. Im Zuge dieser Arbeit ist die Förderung eines Quartierszentrums in Neuenheim-West an der Berliner Straße interessant, in direktem Umfeld zu den Universitäts- und Forschungseinrichtungen auf dem Neuenheimer Feld sowie Langgewann I und II. Entwicklungskorridore zweiter Ordnung sollten vom geplanten Nebenzentrum Bahninsel nach Süden und Westen verlaufen und damit die bisher abgekoppelten Stadtteile Kirchheim und Pfaffengrund stärker an die Innenstadt binden. Entwicklungsachsen dritter Ordnung sind zwischen Kirchheim und Rohrbach sowie zwischen Bahnhof und Neuenheim-West vorgesehen (Stadt Heidelberg 1998, S. 10).

Organisationsstrukturen

Wie für Montpellier, wird auch für Heidelberg eine Reduzierung der Wege zum Arbeitsplatz um 5% durch mehr Tele- und Heimarbeit und effektivere Arbeitsorganisation angestrebt. Für den Univerkehr wird von einer Reduzierung um 10% der täglichen Wege durch verbesserte Organisation des Studienablaufs und den Einsatz neuer Übertragungsmedien ausgegangen (vgl. empirica 1995, S. 25; OECD / CEMT 1995, S. 43). Unter Berücksichtigung der technologischen Fortschritte erscheinen die genannten Minderungspotentiale bis 2010, bei geeignetem Technikeinsatz, realistisch. Maßnahmen dieser Art werden solange nur wenige Prozentpunkte zur Verkehrsvermeidung im Berufs- und universitären Ausbildungsverkehr beitragen, wie der finanzielle Raumwiderstand unverändert gering bleibt (vgl. Kap. 7.6).

Verkehrsangebotsstrukturen MIV

Wie in Montpellier, sollte auch in Heidelberg der Umstieg vom MIV auf den ÖPNV durch restriktive push-Faktoren unterstützt werden. Die Parkraumbewirtschaftung sollte über die Innenstadt hinaus flächendeckend auf alle wichtigen Zielgebiete ausgeweitet werden. Dazu zählt das Neuenheimer Feld ebenso wie alle Stadtteile mit hohem Arbeitsplatz- und Infrastrukturbesatz (Wermuth et al. 1994, S. 50 ff.). Nach dem Beispiel der französischen Partnerstadt sollten Preis und Höchstparkdauer nach Entfernung vom Zentrum gestaffelt werden. Stadt- und Stadtteilzentren sollten bis 2010 mit um 100% erhöhten Parkgebühren belegt werden. Für zentral gelegene Kurzzeitparkplätze würde ein Preis von 4 DM / h, für Langzeitparkplätze von 3 DM / h resultieren. Für städtische Parkhäuser sollten die Gebühren im gleichen Umfang erhöht werden. Auch wenn die rechtlichen Voraussetzungen die Steuerung der Preispolitik privater Parkhäuser nicht ermöglichen, ist doch von einem marktbedingten Angleichen der Preise auf höherem Niveau auszugehen. Neben der Parkraumbewirtschaftung der öffentlichen Flächen und Parkhäuser sollten Absprachen mit Betrieben und Hochschulen getroffen werden, die kostenloses Parken auf Firmen- und Hochschulparkplätzen unterbinden und damit die Raumüberwindung mit dem Verkehrsmittel Pkw verteuern. Als Anreiz für die Bildung von car-pools sollten von den Firmen und Hochschulen für Fahrgemeinschaften mit 3 und mehr Personen Stellplätze in bevorzugter Lage reserviert und preisgünstiger angeboten werden. Als zusätzlicher Anreiz für die Bildung von Fahrgemeinschaften könnte, nach amerikanischen Vorbild, eine Reservierung von Fahrspuren auf wichtigen Zufahrtsstraßen zu morgendlichen und abendlichen Spitzenzeiten eingeführt werden. Als Beispiel in Bezug auf das Universitätsgelände Neuenheimer Feld können die südlichen Rampen der Ernst-Walz-Brücke genannt werden. Im Bereich der lichtzeichengeregelten Kreuzung mit der Vangerowstraße könnte die Aufstellfläche einer Fahrspur zur morgendlichen rush-hour für Fahrgemeinschaften reserviert und dadurch die Zufahrt beschleunigt werden.

Im Zentrum sollten als restriktive Maßnahmen gezielt 25% der Parkplätze abgebaut, die gewonnene Fläche umgestaltet und anderen Nutzungen zugeführt werden. Vorhandene Tiefgaragen und Parkhäuser sollten erhalten bleiben, auf eine Neuanlage aber verzichtet werden. Bei der Verkehrsentwicklung nach Maßgabe der Alternativszenarien erscheint ein Abbau in dieser Größenordnung mit dem Bedarf an Anwohnerparkplätzen vereinbar. Ein Abbau der innerstädtischen Parkmöglichkeiten um 50%, wie in Testfall T2.2 der Untersuchungen zum Verkehrsentwicklungsplan vorgeschlagen, würde die Attraktivität des Heidelberger Zentrums für Kunden und Einzelhandel stark beeinträchtigen (Wermuth et al. 1994, S. 50 ff.). Bei Maßnahmen dieses Ausmaßes steigt die Gefahr von kontraproduktiven Wirkungen durch Abwanderung von Betrieben in periphere Lagen, was zusätzlichen Verkehr und einen weiteren Attraktivitätsverlust der Altstadt nach sich ziehen würde. Beim Einsatz von push-Faktoren ist auf Gleichzeitigkeit mit attraktivitätssteigernden Projekten beim ÖPNV, Rad- und Fußgängerverkehr zu achten. In den Wohngebieten außerhalb des Zentrums sollten flächendeckend Anwohnerparkplätze mit Berechtigungsschein, zu einem Preis von 200 DM / Jahr, eingeführt werden.

In Heidelberg ist mit der 'Stadtmobil GmbH' bereits ein Anbieter für car-sharing auf dem Markt. Über 1000 Nutzern stehen ca. 50 Autos zur Verfügung (Stadt Heidelberg, Stadtblatt, 3.2.1999). Unterstützung in Sachen Öffentlichkeitsarbeit durch die Stadt und spezielle Angebote für Zeitkarten für den ÖPNV durch die HSB könnten den Bekanntheitsgrad und die Attraktivität dieser Verkehrsalternative weiterhin erhöhen. Weniger Pkw im Straßenraum kämen sowohl der Stadt, als auch den Nahverkehrsbetrieben entgegen, indem Straßen- und Parkflächen zur Umnutzung frei würden.

Die flächenhafte Verkehrsberuhigung der Stadtteile sollte aufrechterhalten und wo möglich durch weitere Rückbaumaßnahmen von Straßenfläche unterstützt werden. Für Stadtteilzentren mit besonderer Aufenthaltsfunktion und Wohngebiete sollte die Einführung von Bereichen mit Schrittgeschwindigkeit erwogen werden. Die Tempo-30-Regelung sollte auf ausgewählte, besonders belastete HVS-Abschnitte ausgeweitet werden. Im Zuge der Umbaumaßnahmen sollte ein Verkehrsleitsystem installiert werden, welches in Kombination mit dem Parkleitsystem funktioniert. Der Parksuchverkehr, die Auslastung der verbleibenden Verkehrsflächen und die Bevorrechtigung von Bussen und Bahnen an Kreuzungen könnte damit einvernehmlich gesteuert werden.

Durch die konsequente Förderung der Nahbereiche, der Verkehrsmittel des Umweltverbunds, der car-pooling- und car-sharing-Initiativen sowie die Verteuerung der Autonutzung aufgrund erhöhter Parkgebühren ist davon auszugehen, daß die Kfz-Zulassungszahlen trotz steigender Bevölkerungszahl auf dem Niveau des Ist-Zustands bei ca. 60.000 verbleiben. Die Anzahl der MIV-Wege im Binnenverkehr könnte, gegenüber dem Status-Quo-Szenario, um ca. 25% reduziert werden. Dem entspräche ein Wert von ca. 215.000 täglichen Fahrten im Jahr 2010 (verändert nach Wermuth et al. 1994, Abb. 7.11).

Verkehrsangebotsstrukturen ÖPNV

Aus verkehrsplanerischer Sicht liegt ein Ziel bei der Verlagerung vom MIV auf den ÖPNV. In diesem Bereich werden noch offene Potentiale gesehen. Die bisher relativ schwache Stellung von Bus und Bahn in Heidelberg sollte gefördert werden, wobei durch gleichzeitige Förderung des Rad- und Fußgängerverkehrs und Restriktionen für den MIV darauf zu achten ist, daß es zu einer möglichst geringen Umschichtung vom NMIV zum ÖPNV kommt. Die Maßnahmen im Rahmen der Alternativszenarien orientieren sich, in erweiterter Form, an den Vorgaben des Testfalls T2.2 der Untersuchungen zum Verkehrsentwicklungsplans Heidelberg (Wermuth et al. 1994, Abb. 7.1 - 7.3). Bauliche Maßnahmen beziehen sich auf

- eine Straßenbahnanbindung des Neuenheimer Felds durch die Mönchhofstraße
- eine Weiterführung der Altstadtstraßenbahn bis zum Karlstor
- einen Lückenschluß der Straßenbahngleise zwischen Bismarckplatz und Franz-Knauff-Str. (separater Gleiskörper, Benutzung auch als Busspur)
- einen Lückenschluß der Straßenbahngleise auf der Mittermaierstr. zwischen Bergheimer Str. und Bahnhof
- die Einrichtung eines separaten Gleiskörpers auf der Rohrbacher Str. und Karlsruher Str. (Benutzung auch als Busspur)
- separate Busspuren auf der Friedrich-Ebert-Anlage (auf dem Straßenbahngleiskörper), Kurfürsten-Anlage, Römerstr., Berliner Str. (auf dem Straßenbahngleiskörper).

Folgende neue Linienangebote sollten in den Fahrplan aufgenommen werden

- Busverbindung Wieblingen - Pfaffengrund - Kirchheim
- Busverbindung Handschuhsheim - Ziegelhausen - Schlierbach / Boxberg
- Ruftaxen nach Schlierbach, Kohlhof, Bärenbach, Kernphysikalisches Institut
- R-/S-Bahn in Kombination mit Stadtbahn Neckar-/Elsenztal
- Schiffsverbindung Karlstor - Neuenheimer Feld - Tiergartenschwimmbad.

Zusätzliche Angebote aus dem Servicebereich sollten in

- Bike+Ride-Plätzen an allen wichtigen Haltestellen
- der Fahrradmitnahmemöglichkeit in Straßenbahnen und Hangbuslinien zu Schwachlastzeiten
- einer behindertengerechten Ausstattung aller Fahrzeuge
- einer bedarfsangepaßten Erhöhung der Fahrtakte nach Linie und Tageszeit
- einer Mobilitätszentrale

bestehen (Wermuth et al. 1994, Abb. 7.1 - 7.3). Das innerstädtische Liniennetz ist mit dem Bau der Straßenbahnlinien durch die Altstadt und nach Kirchheim gut bestückt. Einzige wirklich neue Linie ist, im Vergleich zum Status-Quo-Szenario, der Anschluß des Neuenheimer Felds durch die Mönchhofstraße. Die Straßenbahnanbindung könnte die Verbindung zur Altstadt stark beschleunigen und die Verkehrsströme der Beschäftigten und Studierenden auf den ÖPNV umlenken. Außerdem könnten die Studenten- und Schwesternwohnheime und die Freizeitanlagen auf adäquate Weise erschlossen und damit eine bessere ÖPNV-Nutzung für den Einkaufs-, Freizeit- und sonstigen Verkehr der Anlieger ermöglicht werden. Die sonstigen baulichen Veränderungen (Gleise, Busspuren) und darauf basierenden Umstrukturierungen des Linienplans würden sich hauptsächlich als Beschleunigungsmaßnahmen durch Lückenschlüsse äußern. Für die Straßenbahnabschnitte Neuenheimer Feld, Altstadt bis Karlstor und Bismarckplatz - Franz-Knauff-Straße sind die Voruntersuchungen und Anmeldungen für Zuschußprogramme bereits durchgeführt (Stadt Heidelberg - Stadtblatt, 16.12.1998). Direktere Verbindungen mit weniger Umsteigevorgängen und kürzeren Reisezeiten könnten die

Attraktivität gegenüber dem MIV erhöhen. Bezüglich der Realisierbarkeit im zeitlichen Rahmen bis 2010 gilt das für die ÖPNV-Projekte Montpelliers Gesagte. Eine Umsetzung verlangt ehrgeizigen Einsatz seitens der Stadt, erscheint aber aufgrund der bereits vorliegenden ersten Planungen nicht als unmöglich.

Die zusätzlichen Bus- und Ruftaxilinien stellen bisher unterversorgte Nebenverbindungen dar. Die Schiffsverbindung zwischen Karlstor und Schwimmbad könnte, neben der üblichen Beförderungsfunktion, vor allem beim Freizeit- und Touristenverkehr eine zusätzliche Funktion als Werbemedium für den öffentlichen Nahverkehr übernehmen.

Die Fahrpläne der einzelnen Linien sollten noch stärker bedarfsorientiert gestaltet werden, insbesondere in den Abend- und Nachtstunden. Je nach Nutzungsstruktur der angedienten Ziel- und Quellgebiete können die Bedürfnisse dabei sehr unterschiedlich ausfallen, was sowohl für Direktverbindungen, als auch für die Koordination von Umsteigevorgängen gilt.

Ein weiterer Punkt der ÖPNV-Förderung läge bei der Verbesserung des Fahrpreisgefüges. Um dem Erfolg des Semestertickets für Studenten und des Schülertickets MAXX gleichzukommen, sollte das Jobticket für Beschäftigte eine besser angepaßte Struktur bekommen. Durch flexiblere Verträge könnten mehr Unternehmen zur Mitarbeit gewonnen werden. Dadurch würde einer Vielzahl von Beschäftigten die Chance auf verbilligte Zeitkarten gegeben und der Verkehr, insbesondere zur morgendlichen und abendlichen rush-hour, verstärkt auf Bus und Bahn verlagert. Ergänzend böten sich übertragbare Zeitkarten für den Einkaufs- und Freizeitverkehr an.

Verkehrsangebotsstrukturen NMIV

Die Förderung der Stadtteilzentren umfaßt nicht nur wirtschaftliche Komponenten, sondern auch gestalterische. Attraktive Fußgängerbereiche sollen zur verstärkten Nutzung des direkten Wohnumfelds und damit zum Zufußgehen anregen. Dabei ist auf die Anlage eines durchgängigen Netzes zu achten, welches an allen Abschnitten den Kriterien Sicherheit, Komfort, Erreichbarkeit und Orientierung gerecht wird. Konfliktbereiche an Knotenpunkten und Querungen von HVS sind prioritär zu behandeln. Bauliche und organisatorische Maßnahmen sind durch flankierende Öffentlichkeitsarbeit zu unterstützen. Handlungsschwerpunkte liegen in den Stadtteilzentren Wieblingen, Kirchheim, Handschuhsheim, Weststadt, Bergheim und Neuenheim (Nebenzentrum und Quartierszentrum West).

Bei den studentischen Verkehrsteilnehmern besitzt der Radverkehr einen hohen Anteil an den Gesamtwegen, was die potentielle Eignung Heidelbergs als 'Fahrradstadt' belegt. Bei den sonstigen Fahrzwecken ist die Situation verbesserungswürdig. Einerseits würden verkürzte Wege im Berufs- und Einkaufsverkehr zu einer besseren Erreichbarkeit mit dem Rad beitragen und andererseits eine weitere Attraktivierung der Infrastruktur sowie eine verstärkte Sensibilisierung der Bevölkerung dem Fahrrad zu einem höheren Anteil am modal split verhelfen. Der folgende Maßnahmenkatalog orientiert sich am 'Optimal-RV-Netz' der

Voruntersuchungen zum Heidelberger Verkehrsentwicklungsplan (Wermuth et al. 1994, S. 48). Das Gesamtkonzept sollte auf systematischen Netzstrategien beruhen, die ein durchgängiges, zügiges und sicheres Fortkommen gewährleisten. Hierzu sind Radverkehrsachsen auszubauen, bestehend aus

- Fahrradstraßen: z.B. Turnerstr., Handschuhsheimer Landstr.
- separaten Radwegen: z.B. Berliner Str., Neckarstaden, Schwetzinger Str., Industriestr., Franz-Knauff-Str.
- Fahrbahnseitenstreifen auf vielbefahrenen HVS: z.B. Bergheimer Str., Handschuhsheimer Landstr., Neuenheimer Landstr., Czernyring, Lessingstr.
- Verkehrsberuhigungsmaßnahmen zur Führung mit dem MIV auf engen HVS: z.B. in Kirchheim, Wieblingen und Ziegelhausen.
- Änderungen von Signalschaltungen und Aufheben von Behinderungen an Knotenpunkten und verkehrlichen Konfliktbereichen: z.B. Römerkreis, Jahnstr. / Berliner Str., Franz-Knauff-Str. / Rohrbacher Str., Römerstr., Ernst-Walz-Brücke / Iqbal-Ufer, Mönchhofstr., Handschuhsheimer Landstr.
- Ausschilderungen wichtiger RV-Achsen
- einem dezentralen System von Abstellanlagen und Bike+Ride-Plätzen.

Aufklärungs- und Werbekampagnen zur Verbesserung des Fahrradklimas in der Stadt sollten die baulichen und verkehrsregelnden Maßnahmen begleitend unterstützen.

Fahrzeugtechnik

Für Erläuterungen zu den fahrzeugtechnischen Maßnahmen vgl. Kap. 7.3.4.

7.5.2 Hôpitaux Facultés - Plan des Quatre Seigneurs & Neuenheim

Wirtschafts- und Nutzungsstrukturen

Das quartier Hôpitaux Facultés - Plan des Quatre Seigneurs hat einen hohen Arbeitsplatzüberschuß und daher einen sehr hohen Berufseinpendleranteil. Im Hinblick auf eine bessere räumliche Zuordnung von Wohn- und Arbeitsorten sollte angestrebt werden, über Änderungen der Ausschreibungen von Stadterweiterungsflächen im Bodennutzungsplan POS, neue Arbeitsplätze in anderen Stadtteilen anzusiedeln und den Wert für Hôpitaux Facultés - Plan des Quatre Seigneurs im Ist-Zustands 'einzufrieren'. Insbesondere die großen, westlich an den Forschungs- und Entwicklungspark Euromédecine anschließenden, Freiflächen sollten mittelfristig nicht der Gewerbenutzung zugeführt werden. Eine Stagnation bei der Zahl von 14.330 würde zu 3000 Beschäftigten weniger als beim Status-Quo-Szenario führen. Für die Arbeitsplätze im Bereich Forschung und Entwicklung finden sich in den städtebaulich geförderten Stadtteilen östlich des Lez sehr gute Standortbedingungen und direkte Nähe zu neuen Wohngebieten. Eine derartige Entwicklung entspräche den Leitlinien der Stadtentwicklung Montpelliers (Ville de Montpellier - DAP 1993, S. 22).

Ähnlich wie in Hôpitaux Facultés - Plan des Quatre Seigneurs gilt es auch in Neuenheim den Arbeitsplatzüberschuß und die hohen Berufseinpendlerzahlen zu begrenzen. Die bestehenden Wohnviertel bieten allerdings nur sehr begrenzte Möglichkeiten der Nachverdichtung. Auf dem Neuenheimer Feld bestehen noch weitere Freiflächen zur Ansiedlung neuer Unternehmen und Universitätseinrichtungen. Daher erscheint es schwierig, die Ansiedlung neuer Arbeitsplätze gänzlich in andere Stadtteile mit weniger Ausweichflächen zu verlagern. Eine Beschränkung der Neuzugänge auf die Hälfte des, im Status-Quo-Szenario genannten, Werts sollte als stadtplanerisches Ziel gesetzt werden. Da es sich vorwiegend um Sonderbauflächen der Universität handelt und die Stadt keinen direkten Zugriff auf deren Entwicklung hat, müßten Verhandlungen und Absprachen mit der Hochschule die Basis eines weiteren Vorgehens bilden. Über den Aufbau eines Reservepools nichtgenutzter Grundstücke unter Leitung der Gemeinde und die Ausweisung kommunaler Entwicklungsgebiete sollten Standortalternativen geschaffen werden können. Ein Ausweichen auf die Erweiterungsflächen Langgewann II auf Handschuhsheimer Grund würde kurzfristig keine wesentlichen Vorteile bei der Verkehrsentwicklung nach sich ziehen. Unter Beachtung der soziostrukturellen Situation Handschuhsheims, mit mehr Erwerbstätigen als Beschäftigten, erscheint eine mittelfristige Orientierung in diese Richtung dennoch nicht abwegig (Stadt Heidelberg 1997b). Bei Erreichen des oben genannten stadtplanerischen Ziels würde sich die Anzahl der Arbeitsplätze in Neuenheim um 1380 auf 12.740 erhöhen (empirica 1995, S. 78; Stadt Heidelberg 1995a, Abb. 44; eigene Bearbeitung).

Die täglichen Wege im Berufsverkehr nach Hôpitaux Facultés - Plan des Quatre Seigneurs könnten, unter den oben genannten Annahmen, gegenüber dem Status-Quo-Szenario um 1760 abnehmen, im Univerkehr um 3212. Eine spürbare Entlastung könnte beim MIV mit insgesamt ca. 5000 Wegen weniger erreicht werden. Beim ÖPNV wäre mit einer Abnahme von ca. 1000 täglichen Fahrten zu rechnen, beim Fahrrad- und Fußgängerverkehr dagegen mit einem Zugewinn von mehr als 1000 täglichen Wegen (vgl. Tab. 7.31).

Im Berufsverkehr des Heidelberger Campus-Stadtteils Neuenheim müßte mit einer Zunahme von gut 400 täglichen Wegen gegenüber dem Status-Quo-Szenario gerechnet werden. Diese könnte durch die Abnahme von ca. 1300 Wegen im Univerkehr überkompensiert werden. Veränderungen beim modal split könnten zu einer gleichbleibenden absoluten Zahl ÖPNV-Fahrten und einer leichten Zunahme beim NMIV führen. Auf den Autoverkehr würden 1300 Fahrten weniger pro Tag als beim Status-Quo-Szenario entfallen (vgl. Tab. 7.32).

Bevölkerungs- und Siedlungsstrukturen

Der Bevölkerungszuwachs im Stadtteil Hôpitaux Facultés - Plan des Quatre Seigneurs wird deutlich über dem Durchschnitt der anderen Stadtteile westlich des Lez liegen. Der ausschlaggebende Grund dafür ist der fortlaufende Anstieg der Studierendenzahlen um ca. 10.000 (vgl. Kap.7.4.3), bei gleichzeitiger Förderung uninaher Wohngelegenheiten. Die Kapazität der Studentenwohnheime könnte durch den Bau weiterer Komplexe mit 3000 Plätzen in der nördlichen Hälfte des Stadtteils verdoppelt werden. Westlich und östlich des Quartierszentrums Plan des Quatre Seigneurs bestehen geeignete Flächenreserven, eine

Bebauungsmaßnahme bedürfte jedoch einer Neuplanung durch die Universitäten und die städtischen Behörden. Dadurch könnten entsprechend viele neue Wege zur Universität auf den Nahbereich verlegt werden. Trotz dieser Maßnahmen würde sich der Anteil der in Hôpitaux Facultés - Plan des Quatre Seigneurs wohnhaften Studierenden an deren Gesamtzahl nur unwesentlich erhöhen und bei rund 40% der in Montpellier wohnhaften Studierenden stagnieren. Durch eine Förderung der angrenzenden Stadtteile als studentische Wohnstandorte könnte die durchschnittliche Wohnentfernung verringert werden und die ÖPNV- und NMIV-Erreichbarkeit ansteigen.

Die Wohnviertel Hôpitaux Facultés bieten noch weitere Möglichkeiten der Nachverdichtung und des kleinräumigen Ausbaus um den Bevölkerungsanstieg zu verkraften, der zusätzlich zu den Wohnheimbewohnern bei ca. 1600 Personen (insgesamt +25%) liegt. Modifikationen des POS wären notwendig um Bestandsverdichtungen in den Wohnvierteln westlich der Université de Montpellier II und östlich der Université de Montpellier III durchführen zu können.

Diese Wohngebiete liegen äußerst verkehrsgünstig zu den Arbeitsstätten und Hochschulen. Bei situationsangepaßter Wohnungsbelegung durch gezieltes Umzugs- und Belegungsmanagement könnten zusätzlich ca. 400 tägliche Wege von der Wohnung zum Arbeitsplatz innerhalb des Stadtteils und im Bereich fußläufiger Erreichbarkeit abgewickelt werden. Zur organisatorischen Abwicklung müßten Kooperationen zwischen der Stadt, Wohnbaugesellschaften und Arbeitgebern aufgebaut werden (vgl. Kap. 1.3.1 u. 7.5.1.1). Eine nennenswerte Verschiebung der Wohnorte der Beschäftigten in die östlichen Stadtteile könnte dadurch vermieden werden.

Der Bevölkerungsanstieg im Stadtteil Neuenheim wird sich auf insgesamt 2100 Personen belaufen, etwas über dem gesamtstädtischen Durchschnitt. Die Ausweisung eines neuen Wohngebiets für ca. 500 Einwohner auf dem Neuenheimer Feld entlang der Berliner Straße würde dabei helfen, den Bezug zwischen Wohn- und Arbeitsstätten zu verbessern. Diese Möglichkeit ist in den Änderungsbeschluß des Bebauungsplans 'Neue Universität in Heidelberg' aus dem Jahr 1993 einbezogen, eine Umsetzung bedarf noch Absprachen mit der Universität (Stadt Heidelberg 1995a, S. 21).

Als Zusatzmaßnahme sollte, durch gezieltes Umzugs- und Belegungsmanagement, auf eine weitere Verlagerung der Wohnorte der Beschäftigten in den Stadtteil ihrer Arbeitsstelle hingesteuert werden (vgl. Kap. 1.3.1 u. 7.5.1.2). Eine erhebliche Zunahme des Binnenverkehrs würde nicht erstaunen, denn es wird angenommen, daß der Einpendleranteil über die Stadtgrenzen hinweg mit 48% auf dem Wert des Ist-Zustands bestehen bleibt.

Die Zahl der Studierenden in Neuenheim wird im Ist-Zustand stagnieren (vgl. Kap. 7.4.3). Durch den Bau neuer Studentenwohnheime im Neuenheimer Feld könnten zumindest für diesen Bevölkerungsteil die Entfernungsstrukturen relativ leicht optimiert werden. 1000 zusätzliche Wohnheimplätze könnten dazu führen, daß die Hälfte der Wege zur Hochschule stadtteilintern abgewickelt würde (s.o.; Stadt Heidelberg 1995a, S. 21).

Infrastrukturausstattung

Eine Nachverdichtung des Stadtteils Hôpitaux Facultés - Plan des Quatre Seigneurs und eine Neuansiedlung von Bevölkerung würde den Ausbau der Quartierszentren Plan des Quatre Seigneurs und Vertbois ermöglichen. Vergrößerte Nachfrage könnte die Ansiedlung neuer Geschäfte und Versorgungseinrichtungen fördern. Durch Verkehrsberuhigung und attraktive Gestaltung sollten die Gebiete zusätzlich aufgewertet und die Bindung der Bewohner an ihr Umfeld erhöht werden. Auf diese Weise könnte, neben dem Weg zur Arbeit und zur Uni, auch beim Einkauf Verkehr vermieden werden. Die Aufwertung von Quartierszentren ist Teil des Bodennutzungsplan POS. Für den konkreten Fall eines Wohnungsneubaus größeren Ausmaßes im Norden des Stadtteils Hôpitaux Facultés - Plan des Quatre Seigneurs und eine flächendeckende Verkehrsberuhigung ist dennoch von notwendigen Änderungen im POS auszugehen (Ville de Montpellier - DAP 1993, S. 24 ff.).

Parallel zur Ansiedlung der neuen Bewohner in Neuenheim-West sollte die Versorgungsinfrastruktur in diesem Stadtviertel wesentlich aufgewertet werden. Neben dem Bereich um die Brückenstraße in Neuenheim-Ost könnte sich auf diese Weise ein zusätzliches Quartierszentrum entwickeln. Das Konzept der kleinräumigen Nutzungsmischung für die Versorgung mit Gütern des täglichen Bedarfs könnte vorbildlich zur Verkehrsvermeidung eingesetzt werden. Dieses Maßnahmenpaket findet im Städtebaulichen Leitplan Erwähnung, wobei die Berliner Straße als Entwicklungsachse dritter Ordnung eingestuft wird (Stadt Heidelberg 1998, S. 10 / Karte 'Städtebaulicher Leitplan').

Organisationsstrukturen

Eine zusätzliche Reduzierung der Wege um 5% durch veränderte Arbeitsorganisation sowie mehr Tele- und Heimarbeit würde zu einem Wert von 6770 täglichen Wegen zum Arbeitsplatz in Hôpitaux Facultés führen, 1760 weniger als unter Status-Quo-Bedingungen. In Neuenheim würde sich die Zahl der Binnenwege bei gleichbleibendem Arbeitsplatzbesatz und Pendleranteil, auch bei verkehrssparender Arbeitsorganisation, um 410 gegenüber dem Status-Quo-Szenario auf 6830 erhöhen (vgl. Tab. 7.31 u. 7.32; vgl. Kap.7.5.1.1 u. 7.5.1.2).

Die Gesamtzahl der täglichen Besuche an den Hochschulen in Hôpitaux Facultés - Plan des Quatre Seigneurs könnte sich, durch eine verbesserte Organisation des Studienablaufs und den Einsatz neuer Übertragungsmedien, um 10% reduzieren lassen. Das Resultat wäre, in Kombination mit den anderen erwähnten Entwicklungen, eine Abnahme um 3200 Wege gegenüber dem Status-Quo-Szenario auf knapp 29.000 tägliche Wege. Eine zehnprozentige Reduzierung der Wege durch eine bessere Organisation des Studienablaufs und den Einsatz neuer Technologien wird auch für Neuenheim angenommen. Daraus errechnet sich eine mögliche Abnahme um 1300 auf 11.770 tägliche Wege (vgl. Tab. 7.31 u. 7.32; vgl. Kap.7.5.1.1 u. 7.5.1.2).

Tab. 7.31: Entwicklung des Verkehrsaufkommens Hôpitaux Facultés - Plan des Quatre Seigneurs

Binnenverkehr der Stadt Montpellier
Zielstadtteil: Hopitaux-Facultes - Plan des Quatre Seigneurs
Fahrzweck 'Arbeit'

	Status-Quo	Alternativ	Veränderung (absolut)	Veränderung (prozentual)
MIV	4308	2306	-2002	-46,5%
ÖPNV	1436	1775	339	23,6%
sonstige	2787	2690	-97	-3,5%
gesamt	*8531*	*6771*	*-1760*	*-20,6%*

Fahrzweck 'Hochschule'

	Status-Quo	Alternativ	Veränderung (absolut)	Veränderung (prozentual)
MIV	6770	1640	-5130	-75,8%
ÖPNV	10961	11698	737	6,7%
sonstige	14184	15373	1189	8,4%
gesamt	*31915*	*28711*	*-3204*	*-10,0%*

eigene Bearbeitung

Tab. 7.32: Entwicklung des Verkehrsaufkommens Neuenheim

Binnenverkehr der Stadt Heidelberg
Zielstadtteil: Neuenheim
Fahrzweck 'Arbeit'

	Status-Quo	Alternativ	Veränderung (absolut)	Veränderung (prozentual)
MIV	3336	2766	-570	-17,1%
ÖPNV	630	1034	404	64,1%
sonstige	2455	3035	580	23,6%
gesamt	*6421*	*6835*	*414*	*6,4%*

Fahrzweck 'Hochschule'

	Status-Quo	Alternativ	Veränderung (absolut)	Veränderung (prozentual)
MIV	907	177	-730	-80,5%
ÖPNV	3058	2749	-309	-10,1%
sonstige	8978	8722	-256	-2,9%
gesamt	*12943*	*11648*	*-1295*	*-10,0%*

eigene Bearbeitung

Verkehrsangebotsstrukturen MIV

Ein Ausbau des Transitrings im Norden von Hôpitaux Facultés - Plan des Quatre Seigneurs, auf der Av. V. Auriol, Av. des Moulins und Av. de Blayac, wird auch im Zuge der Alternativszenarien notwendig sein, um den Durchgangsverkehr von anderen Straßenabschnitten mit empfindlicher Seitenraumnutzung fernhalten zu können. Auf einen Ausbau der Ein- und Ausfallstraßen Route de Ganges und Route de Mende sollte verzichtet werden. Die Route de Mende sollte, an bebauten Abschnitten, in eine Tempo-30-Regelung einbezogen werden. Die zwei geplanten Park+Ride-Plätze am nördlichen Rand des Stadtgebiets sind in das weitere Vorgehen mit einzuschließen.

Alle Nebenstraßen des Stadtteils Hôpitaux Facultés - Plan des Quatre Seigneurs sollten, im Zuge einer flächenhaften Verkehrsberuhigung, auf 30 km/h begrenzt und, soweit möglich, die Fahrbahnbreite reduziert werden. In Form von Aufpflasterungen, Schwellen und sonstigen optischen Bremsen sowie breiteren Seitenräumen und Begrünung könnte die Aufenthaltsqualität in den Straßenräumen durch bauliche Maßnahmen verbessert werden.

Der Parkraum sollte flächendeckend bewirtschaftet werden. In den Quartierszentren Hôpitaux Facultés, Plan des Quatre Seigneurs und Vertbois sollte die 'zone jaune / courte durée', in den sonstigen Bereichen die 'zone orange / longue durée' mit den jeweiligen Preisstrukturen zum Einsatz kommen. Die Wohngebiete sollten flächendeckend mit Anwohnerparkplätzen belegt werden. In direkter Nähe der Eingangsbereiche der Universitäten, der Kliniken und großen Arbeitsstätten sollten Parkplätze für Fahrgemeinschaften reserviert werden. Sowohl die Universitäten als auch die Unternehmen könnten an 'elektronische Mitfahrbretter' angeschlossen werden, die durch Öffentlichkeitsarbeit bekannt gemacht werden. Die Bereiche der Quartierszentren böten sich als gut erreichbare Standplätze für die Autos zukünftiger car-sharing-Projekte an (vgl. Kap. 7.5.1.1).

Es ist davon auszugehen, daß sich die genannten Maßnahmen in der Verkehrsmittelwahl des Berufs- und universitären Ausbildungsverkehr widerspiegeln. Deutliche Abnahmen der Pkw-Benutzung wären die Folge (vgl. Tab. 7.31).

In Neuenheim sollte die flächendeckende Verkehrsberuhigung beibehalten werden. Die Fahrbahnfläche könnte in den Wohnstraßen von Neuenheim-Mitte und -Ost teilweise durch Bauminseln verengt und auf Schrittgeschwindigkeit begrenzt werden. Die Mönchhofstraße, Uferstraße, südliche Handschuhsheimer Landstraße und westliche Neuenheimer Landstraße sollten in die Tempo-30-Regelung einbezogen werden. Verkehrsberuhigung und Straßenrückbau sind in Neuenheim im Ist-Zustand schon erheblich weiter fortgeschritten als im Vergleichsstadtteil Montpelliers, daher ist der verbleibende Spielraum für Verbesserungen weniger groß (Stadt Heidelberg 1995a, Abb. 37).

Im Neuenheimer Feld sollte eine Parkraumbewirtschaftung (Langzeitparkplätze) eingeführt und durch reservierte Parkplätze für Fahrgemeinschaften an günstigen Positionen (vor allem zentraler Bereich Mensa) ergänzt werden. Im Bereich des Nebenzentrums an der Brückenstraße besteht bereits im Ist-Zustand eine Parkraumbewirtschaftung. Diese sollte den Angaben zu Kurzzeitparkplätzen in Kap. 7.5.1.2 entsprechend verteuert werden. Für das zukünftige Quartierszentrum an der Berliner Straße sollte ebenso verfahren werden. In den Wohngebieten bestehen bereits fast überall Anwohnerparkplätze. An der Universität und den großen Arbeitsstätten in Neuenheim-West könnte die Bildung von car-pools durch eine elektronische Mitfahrvermittlung unterstützt werden (Stadt Heidelberg 1995a, Abb. 36; vgl. Kap. 7.5.1.2).

Die errechneten Abnahmen der MIV-Fahrten im Berufs- und Univerkehr nach Neuenheim, aufgrund der geänderten verkehrlichen und organisatorischen Voraussetzungen, sind in Tab. 7.32 dargestellt.

Verkehrsangebotsstrukturen ÖPNV

Die, im Bau befindliche, erste Straßenbahnlinie mit Nordwest-Südost-Verlauf wird die Verbindung einerseits ins Zentrum und die östlichen Stadtteile sowie andererseits in das westlich gelegene Wohngebiet La Paillade verbessern. Die Linie wird direkt die Universität sowie die Klinikumsbereiche und den Parc d'Activités 'Euromédecine' im Westen des Stadtteils bedienen. Die, in der Aktualisierung des DVA geplante, weitere Linie durch Hôpitaux Facultés - Plan des Quatre Seigneurs soll direkt südlich des Universitätsgeländes von der ersten Linien abzweigen und über die Route de Mende den östlichen Bereich des Stadtteils versorgen (CETE / DDE 1998). Auf diese Weise wäre eine sehr gute Anbindung der Universitäten und angrenzenden Wohngebiete in Richtung Stadtzentrum zu erreichen.

Die, konzentrisch um die Innenstadt verlaufenden, Buslinien auf separaten Fahrspuren würden den Stadtteil an seiner südlichen Begrenzung, auf der '4e ceinture' entlang der Voie Domicienne, streifen (CETE-LR / DDE 1998). Diese Maßnahme könnte die Verbindung zu den zentrumsfernen Wohngebieten der nördlichen Stadthälfte verbessern und damit einen Mangel im Liniennetz beheben.

Dem Ausbau des ÖPNV-Systems Montpelliers wird vor allem in Kombination mit den begleitenden MIV-Restriktionen ein deutlich größerer Effekt auf den Berufs- und Univerkehr nach Hôpitaux Facultés - Plan des Quatre Seigneurs zugeschrieben als im Status-Quo-Szenario. Als Folge wird mit einem bedeutenden Umstieg vom MIV auf den ÖPNV gerechnet (vgl. Tab. 7.31).

Eine Entlastung für Neuenheim auf dem Verkehrssektor wäre der Bau einer Straßenbahn-Ringtrasse durch das Neuenheimer Feld mit Verlängerung nach Osten, als Querspange entlang der Mönchhofstraße. Der Anschluß an die bestehenden Gleise auf der Brückenstraße würde am Mönchshofplatz stattfinden. Damit könnte die Anbindung des geplanten Quartierszentrums Neuenheim-West und der steigenden Zahl an Wohn- und Arbeitsstätten an die Altstadt sowie die östlichen Stadtteile wesentlich beschleunigt werden. Für die Straßenbahnerschließung des Neuenheimer Felds sind die Voruntersuchungen und die Zuschußanträge abgeschlossen. Eine Verlängerung durch die Mönchhofstraße ist derzeit nicht Teil der Planungen (Stadt Heidelberg 1995a, Abb. 37; Stadt Heidelberg - Stadtblatt, 16.12.1998). In Zusammenhang mit der flächendeckenden Parkraumbewirtschaftung im Stadtteil, einschließlich des Campusbereichs, könnte dies zu einer beachtenswerten Verlagerung vom MIV auf den ÖPNV führen (vgl. Tab. 7.32). Die neue Straßenbahnlinie sowie die geplante Abstimmung der Fahrplantakte der HSB mit der OEG und der geplanten R-/S-Bahn böte auch für Berufspendler über die Stadtgrenze hinweg ein beschleunigtes Verkehrsangebot des ÖPNV.

Verkehrsangebotsstrukturen NMIV
Der MIV sollte auf den Hauptverkehrsstraßen Montpelliers gebündelt, die Verkehrsmenge auf den Quartiersstraßen reduziert und verlangsamt werden. Durch flächenhafte Tempo-30-Regelungen in Hôpitaux Facultés - Plan des Quatre Seigneurs könnte mehr Fläche für Rad- und Fußwege gewonnen und diese Fortbewegungsarten attraktiviert werden. Auf Nebenstraßen sollte der Radverkehr auf der Fahrbahn geführt werden, an den HVS Route de Ganges und Route de Mende auf durchgängigen Radstreifen oder Radwegen. An diesen zwei Achsen sollten die Querungsbedingungen an den Knotenpunkten nach den Aspekten Sicherheit und Schnelligkeit überarbeitet werden. Die Grundstrukturen eines zukünftigen Radwegenetzes könnten durch die Straßenbahnlinien vorgegeben werden, entlang deren Verlauf Radwege und Bike+Ride-Anlagen geplant sind (Montpellier District / SMTU 1996, S. 37 ff.). Eine verbesserte Infrastrukturausstattung und Gestaltung der Straßenräume in den Quartierszentren Hôpitaux Facultés, Plan des Quatre Seigneurs und Vertbois könnte vermehrte Fußwege im Einkaufsverkehr nach sich ziehen.

Der Fußgängerverkehr könnte durch kürzere Entfernungsstrukturen einen leichten Zuwachs erhalten, der Radverkehr zusätzlich durch den Infrastrukturausbau und verstärkte Öffentlichkeitsarbeit hinzugewinnen. Beim Berufsverkehr ist aufgrund der Reduzierung der Gesamtzahl der Wege auch beim NMIV mit einer absoluten Abnahme zu rechnen (vgl. Tab. 7.31).

Für den Fahrradverkehr sollte der Aufbau durchgehender Achsen gefördert werden, die Einzelmaßnahmen für den Stadtteil Neuenheim sind dem Status-Quo-Szenario zu entnehmen (vgl. Kap. 7.4.3). Die Maßnahmen zur Anbindung an ein gesamtstädtisches Netz sind in Kap. 7.5.1.2 zusammengefaßt. Eine attraktive und sinnvolle Gestaltung der Fußwege im Nebenzentrum Brückenstraße und Quartierszentrum Berliner Straße sollte im Zuge verschiedener Umbaumaßnahmen flächendeckend gefördert werden (Stadt Heidelberg 1995a, S. 86 ff.). Vorhandene Radwege, die sich in baulich schlechtem Zustand befinden, sollten auf den Stand der Forderungen der StVO-Änderung von 1997 gebracht werden. In Neuenheim ist die Wielandstraße davon betroffen (Stadt Heidelberg, Stadtblatt, 23.9.1998).

Bei der geplanten Neuerung der Koordination von Ampelschaltungen an den Knotenpunkten aller HVS sollte, neben einer Verflüssigung des Verkehrsablaufs für den MIV, unbedingt die Sicherheit und zügige Überquerbarkeit für Fußgänger und Radfahrer vorne angestellt werden. Diesbezügliche Mängel bestehen an den Kreuzungen Berliner Straße / Jahnstraße sowie der Brückenstraße mit der Neuenheimer Landstraße, Mönchhofstraße und Blumenthalstraße (Stadt Heidelberg 1995a, Abb. 37).

Bedingt durch die oben beschriebenen Maßnahmen könnte der NMIV gegenüber dem Status-Quo-Szenario zunehmen. Aufgrund der insgesamt sinkenden Wegezahlen im Univerkehr ist für diesen Fahrzweck auch beim Rad- und Fußgängerverkehr eine absolute Abnahme zu verzeichnen, der Anteil am modal split ist dennoch zunehmend (vgl. Tab. 7.32).

Auswirkungen auf die Umfeld- und Umweltverträglichkeit
In die Berechnungen gehen nur Veränderungen des Verkehrsgeschehens ein, die in Zusammenhang mit dem Berufs- und universitären Ausbildungsverkehr innerhalb der Untersuchungsstädte stehen. Die, in den folgenden Abschnitten dargestellten, Werte lassen nicht unmittelbar auf die Gesamtverkehrsentwicklung und ihre Folgen im betreffenden Stadtteil schließen.

Im Vergleich zum Status-Quo-Szenario nehmen die ***Luftschadstoffemissionen*** auf den untersuchten Quartiersstraßen und HVS von Hôpitaux Facultés - Plan des Quatre Seigneurs deutlich ab. Einige Straßenabschnitte weichen, aufgrund veränderter Fahrmodi und Emissionsfaktoren, von dieser Tendenz ab. Für die Av. du Père Soulas, Rue du 81. Régiment d'Infantrie und Rue Lakanal muß durch gedrosselte Fahrgeschwindigkeiten und geänderten Fahrrythmus mit erhöhten Partikelemissionen und einem weniger starken Rückgang an CO_2 gerechnet werden.

Tab. 7.33: Entwicklung der Luftschadstoffemissionen (fahrender Verkehr) Hôpitaux-Facultés: Status-Quo-Szenario - Alternativszenarien

HC	CO	Benzol	NO_x	CO_2	Partikel	SO_2
-65 - -84%	-58 - -81%	-54 - -77%	-22 - -62%	0 - -53%	+81 - -54%	-7 - -54%

eigene Bearbeitung

Die, für den Stadtteil als Ganzes berechneten, Startzuschläge sinken für alle untersuchten Schadstoffkomponenten gegenüber dem Status-Quo-Wert zwischen 23% und 53%. Bedingt wird dies, wie auch beim fahrenden und ruhenden Verkehr, durch die abnehmende MIV-Benutzung im Berufs- und Univerkehr und durch verbesserte Emissionswerte der Kfz. Die HC-Emissionen des ruhenden Verkehrs nehmen, nach den Berechnungen der Alternativszenarien, um 78% ab. Es handelt sich dabei um Verdampfungsemissionen nach dem Abstellen und infolge der Tankatmung (Umweltbundesamt 1989 / 1995; eigene Berechnungen).

Tab. 7.34: Entwicklung der Luftschadstoffemissionen (Startzuschläge) Hôpitaux-Facultés: Status-Quo-Szenario - Alternativszenarien

HC	CO	Benzol	NO_x	CO_2	Partikel	SO_2
-53 %	-50 %	-53 %	-38 %	-36 %	-23 %	-31 %

eigene Bearbeitung

Die Luftschadstoffemissionen haben auf allen untersuchten Straßen Neuenheims eine stark abnehmende Tendenz. Aufgrund der bereits im Ist-Zustand und Status-Quo-Szenario bestehenden flächendeckenden Verkehrsberuhigung und Tempo-30-Regelung bleiben die angewandten Fahrmodi die gleichen. Die Annahme technischer Fortschritte gegenüber dem Status-Quo-Szenario reduziert die fahrzeugspezifischen Emissionswerte, in Abhängigkeit der Schadstoffkomponente, meist deutlich. Des weiteren beruhen die Abnahmen auf geringeren Verkehrsmengen im MIV. Der Einfluß des Berufs- und Univerkehrs mit Ziel in Neuenheim spiegelt sich in den unterschiedlichen Werten der einzelnen Straßen wider: Die bedeutendsten Reduktionspotentiale sind bei der Kirschnerstraße, Im Neuenheimer Feld, der Berlinerstraße und der Schröderstraße zu finden.

Tab. 7.35: Entwicklung der Luftschadstoffemissionen (fahrender Verkehr): Neuenheim: Status-Quo-Szenario - Alternativszenarien

HC	CO	Benzol	NO_x	CO_2	Partikel	SO_2
-68 - -78%	-62 - -73%	-51 - -65%	-21 - -44%	-7 - -34%	-1 - -53%	-2 - -29%

eigene Bearbeitung

Die Startzuschläge nehmen bei den Alternativszenarien im gesamten Stadtteil gegenüber dem Status-Quo-Wert zwischen 7% und 43% ab. Die Reduzierung der HC-Emissionen des ruhenden Verkehrs beläuft sich auf -72%. Die Abnahme der Emissionen des fließenden Verkehrs (warmer Betriebszustand) liegt damit etwas höher als im französischen Vergleichsstadtteil, die der Startzuschläge und des ruhenden Verkehrs dagegen etwas niedriger. Der Grund für die unterschiedliche Entwicklung der verschiedenen Emissionsarten ist bei der neu eingeführten Tempo-30-Regelung und dem damit verbundenen veränderten Verkehrsablauf in Hôpitaux Facultés zu suchen (Umweltbundesamt 1989 / 1995; eigene Berechnungen).

Tab. 7.36: Entwicklung der Luftschadstoffemissionen (Startzuschläge): Neuenheim: Status-Quo-Szenario - Alternativszenarien

HC	CO	Benzol	NO_x	CO_2	Partikel	SO_2
-43 %	-40 %	-43 %	-25 %	-23 %	-7 %	-17 %

eigene Bearbeitung

Nach den Berechnungen für die Alternativszenarien sinken die ***Lärmimmissionen*** in Hôpitaux Facultés - Plan des Quatre Seigneurs um 1 bis 7 db(A), wobei die viel befahrenen HVS Av. Charles Flahaut, Rue Paul Rimbaud und Av. du Père Soulas immer noch Grenzwertüberschreitungen über 10 db(A) aufweisen. Diese Straßen stellen die Belastungsschwerpunkte für Lärm dar. Für die beiden Erstgenannten gilt dies auch bezüglich der Trennwirkung und Unfallgefährdung. Was die Ausstattung mit Bäumen, Straßenbegleitgrün und Seitenraum angeht, ist die Rue Lakanal am schlechtesten zu beurteilen. In der Regel verbessert sich die Situation in den Bewertungsfeldern ***'Trennwirkung / Unfallgefährdung'*** und ***'Flächenaufteilung / Grün und Gestaltung'*** um 1 bis 2 Bewertungspunkte (Bundesministerium für Verkehr 1990, S. 11 ff.; Wirtschaftsministerium Baden-Württemberg 1994, S.69 ff.; eigene Bearbeitung; vgl. Tab. 7.37).

Die Abnahme der Lärmimmissionen ist, nach Maßgabe der Alternativszenarien, in Neuenheim mit 0,5 bis 5 db(A) weniger ausgeprägt als im französischen Vergleichsraum, wo verringerte Fahrgeschwindigkeiten zu der stärkeren Reduzierung beitragen. Hans-Thoma-Platz, Berliner Straße, Brückenstraße, westliche Mönchhofstraße und Im Neuenheimer Feld stellen mit mehr als 10 db(A) über den jeweiligen Grenzwerten die Belastungsschwerpunkte dar. Lärm bleibt damit das prioritäre Problemfeld für die Umfeldverträglichkeit des Stadtverkehrs

(Bundesministerium für Verkehr 1990, S. 11 ff.; Wirtschaftsministerium Baden-Württemberg 1994, S.69 ff.; eigene Bearbeitung; vgl. Tab. 7.38).

Bei der Berliner Straße und beim Hans-Thoma-Platz bleiben Trennwirkung und Unfallgefährdung problematisch. Bei der Kirschnerstraße ist die Breite des Seitenraums nicht mit den Ansprüchen zu vereinbaren, bei der Brückenstraße bleibt die Begrünung des Straßenraums ungenügend. Ähnlich wie in Hôpitaux Facultés verbessert sich die Gesamtsituation bezüglich der Umfeld- und Umweltverträglichkeit des Verkehrs in allen Bereichen, so daß die Bewertungen mit 'mangelhaft' deutlich abgenommen haben (eigene Bearbeitung; vgl. Tab. 7.38).

Tab. 7.37: Alternativszenarien: Hopitaux-Facultes - Plan des Quatre Seigneurs
Bewertungstabelle
Umfeld- und Umweltverträglichkeit von Stadtverkehr

Straße	Anspruchs-niveau	CO-Emissionen / Tag Pkw (kg/km)	Lärm-Immissionen GÜ tags (db(A))	Lärm-Immissionen GÜ nachts (db(A))	Trenn-wirkung	Unfall-gefährdung	Seitenraum-breite	Raum-aufteilung	Grün-volumen	Baum-bestand
Av. A. Fiche	hoch	5,2	6,5	8,0	(+)	(+)	(+ +)	(+ +)	(+ +)	(+ +)
Av. E. Diacon	hoch	4,2	5,5	7,0	(+)	(+)	(+ +)	(+ +)	(+ +)	(+ +)
HVS:										
Av. Charles Flahaut	hoch	13,4	13,5	15,0	(-)	(-)	(+ +)	(+)	(+)	(+)
Av. du Pere Soulas	hoch	15,8	11,0	12,5	(o)	(+)	(+ +)	(+ +)	(+ +)	(+ +)
Rue 81. Reg. d'Infantrie	hoch	10,9	9,5	10,5	(o)	(+)	(+)	(+)	(o)	(o)
Rue Lakanal	hoch	7,3	7,5	9,0	(+)	(+)	(-)	(+ +)	(- -)	(- -)
Rue Paul Rimbaud	hoch	24,2	11,5	12,5	(-)	(-)	(+ +)	(o)	(o)	(o)

eigene Bearbeitung; GÜ = Grenzwert-Überschreitung

Tab. 7.38: Alternativszenarien: Neuenheim
Bewertungstabelle
Umfeld- und Umweltverträglichkeit von Stadtverkehr

Straße	Anspruchs-niveau	CO-Emissionen / Tag Pkw (kg/km)	Lärm-Immissionen GÜ tags (db(A))	Lärm-Immissionen GÜ nachts (db(A))	Trenn-wirkung	Unfall-gefährdung	Seitenraum-breite	Raum-aufteilung	Grün-volumen	Baum-bestand
Im Neuenh. Feld	sehr hoch	6,0	8,5	10,0	(+)	(+)	(+ +)	(+ +)	(+)	(+)
Kirschnerstr.	sehr hoch	1,8	4,0	5,0	(+)	(+)	(-)	(o)	(+ +)	(+ +)
Mönchhofstr. (W)	sehr hoch	6,5	9,0	10,5	(o)	(+)	(+ +)	(+ +)	(+)	(+)
Mönchhofstr. (O)	sehr hoch	3,9	6,5	8,0	(+)	(+)	(o)	(+)	(+)	(+)
Schröderstr.	hoch	1,1	0,0	1,5	(+)	(+)	(o)	(+)	(+)	(+)
Tiergartenstr.	mittel	4,4	1,5	3,0	(+)	(+)	(+ +)	(+)	(+ +)	(+ +)
HVS:										
Berliner Straße	hoch	14,2	13,5	15,0	(+) / (-)	(+) / (-)	(+ +)	(+) - (+ +)	(+)	(+ +)
Brückenstraße	hoch	14,6	10,0	12,5	(o)	(+)	(+ +)	(+ +)	(- -)	(- -)
Hans-Thoma-Platz	hoch	20,3	15,0	17,5	(-)	(-)	(+ +)	(o)	(o)	(o)
Uferstraße	hoch	7,9	8,0	9,5	(o)	(+)	(+)	(+)	(+)	(+ +)

eigene Bearbeitung; GÜ = Grenzwert-Überschreitung

7.5.3 Centre Historique - Les Arceaux & Altstadt

Wirtschafts- und Nutzungsstrukturen

Ein wichtiger Anziehungspunkt des Stadtzentrums von Montpellier ist die große Zahl an Arbeits- und Studienplätzen. Die Zahl der Beschäftigten liegt ca. dreimal so hoch wie die der Erwerbstätigen. Um dieses Verhältnis nicht noch unausgeglichener werden zu lassen, wird angestrebt, neue Arbeitsplätze in den angrenzenden Stadtteilen anzusiedeln und nicht im eigentlichen Stadtzentrum. Insbesondere bietet sich hierzu der relativ neue, östlich an das Zentrum anschließende Stadtteil Antigone an. Dort dominiert bisher die Wohnfunktion, und es besteht noch ein bedeutendes Potential an leerstehenden Gewerbe- und Büroflächen in diesem zukünftigen Verbindungsglied zu den neu erschlossenen Flächen von Port Marianne östlich des Lez. Im Bodennutzungsplan POS ist dieser Bereich als Entwicklungsachse angelegt (Ville de Montpellier - DAP 1993, S. 22). Für Centre Historique - Les Arceaux sollte versucht werden, auf diese Weise ein Stagnieren der Beschäftigtenzahlen zu erreichen Die Entwicklung im Univerkehr von Centre Historique - Les Arceaux wird durch die Verlagerung von Teilen der Universitätseinrichtungen an den neuen Standort 'Richter' entlastet (GREGAU 1993, Bd. 1, S. 8; eigene Bearbeitung).

Analog dazu weist die Heidelberger Altstadt einen hohen Überschuß an Arbeitsplätzen auf. Wegen der mangelnden Flächenreserven bestehen auch hier nur begrenzte planerische Eingriffsmöglichkeiten (Stadt Heidelberg 1996, S. 38 ff.). Flächenpotentiale für eine Ansiedlung neuer Arbeitsplätze könnten auf der Bahninsel im Stadtteil Weststadt und Kirchheim sowie in kleinerem Umfang durch Bestandsverdichtung in anderen zentrumsnahen Stadtteilen gewonnen werden (Stadt Heidelberg 1998, S. 26 ff.; vgl. Kap. 7.5.1.2). Ein Stagnieren der Beschäftigtenzahlen in der Altstadt im Ist-Zustand erscheint daher als realistisches Ziel. Die Wege im Berufs- und Univerkehr sind, in aller Regel, schon im Ist-Zustand kurz, so daß eine Steuerung der räumlichen Verkehrsursachen kaum notwendig und lohnend erscheint. Maßnahmen zur Verbesserung der Umfeld- und Umweltverträglichkeit des Verkehrs müssen sich in diesem Fall auf modale und räumliche Verlagerungen und eine verträgliche Abwicklung konzentrieren. Die Zahl der Studierenden im Zentrumsstadtteil Heidelbergs wird weiterhin leicht zunehmen. Der Einfluß der steigenden Studentenzahlen in der Altstadt auf die Anzahl der täglichen Wege könnte durch den Einsatz neuer Medien und effizienterer Studienorganisation kompensiert werden (vgl. Abschnitt 'Organisationsstrukturen').

Die Anzahl der täglichen Wege im Berufsverkehr nach Centre Historique - Les Arceaux könnte, gegenüber dem Status-Quo-Szenario, um knapp 1900, im Univerkehr zusätzlich um mehr als 900 sinken. Dies würde sich in einer Abnahme der täglichen Wege beim MIV um ca. 3400, beim NMIV um über 400 Wege niederschlagen. Beim ÖPNV wäre eine Zunahme um ca. 1100 Fahrten zu verzeichnen (vgl. Tab. 7.39).

Die Anzahl der täglichen Wege innerhalb der Heidelberger Stadtgrenzen zu den Arbeits- und Studienplätzen in der Altstadt könnten um jeweils ca. 1400 abnehmen. Der größte Anteil davon entfiele mit ca. 1500 Wegen weniger auf den MIV, der Rad- und Fußgängerverkehr würde um 1280 Wege / Tag abnehmen. Für den ÖPNV könnte ein leichter Zuwachs verzeichnet werden (vgl. Tab. 7.40).

Bevölkerungs- und Siedlungsstrukturen

Der Stadtteil Centre Historique - Les Arceaux bietet keine nennenswerten Flächenreserven mehr, die zur Nachverdichtung mit Wohngebäuden genutzt werden können, ohne seinen Charakter und seine Attraktivität wesentlich in Mitleidenschaft zu ziehen. Die Baudichte ist bereits im Ist-Zustand hoch. Eine durchschnittliche Verkürzung der Wege mit Ziel Arbeitsplatz in Centre Historique - Les Arceaux könnte nur über eine langsame gesamtstädtische Verlagerung der Wohnstandorte in arbeitsplatznahe Wohnviertel erreicht werden. Durch gezieltes Umzugs- und Belegungsmanagement könnte mittelfristig auf eine solche Tendenz hingearbeitet werden (vgl. Kap. 1.3.1 u. 7.5.1.1). Das Potential zur Verkehrsvermeidung durch geänderte Siedlungs- und Nutzungsstrukturen erscheint eher gering. Es wird im Endeffekt mit einer gleichbleibenden Zahl an Wohnbevölkerung im Stadtteil gerechnet.

Auch für den universitären Ausbildungsverkehr nach Centre Historique - Les Arceaux ist das Potential zur Verkehrsvermeidung durch geänderte Siedlungs- und Nutzungsstrukturen gering. Die Entwicklung der Verkehrsbeziehungen ist dabei jedoch weniger kritisch. Durch die Verlagerung von Teilen der Universitätseinrichtungen an den neuen Standort 'Richter' im neuen Stadtteil Port Marianne, im Osten des Stadtgebiets, wird das Verhältnis Wohn- zu Studienplätzen im Zentrum deutlich ausgeglichener (GREGAU 1993, Bd. 1, S. 8; eigene Bearbeitung).

Strategien zur Verbesserung des räumlichen Bezugs zwischen Wohnungen und Arbeitsstätten stoßen in der Heidelberger Altstadt auf die gleichen Schwierigkeiten wie im Zentrum der Partnerstadt Montpellier. Der Arbeitsplatzüberschuß kann aufgrund des Mangels an Ausweichflächen nicht durch den Zuzug neuer Wohnbevölkerung gemindert werden. Die Altstadt sollte, um ihrer Zentrumsfunktion gerecht zu werden, weiterhin einen hohen Arbeitsplatzbesatz behalten. Für die Einwohnerzahl in der Altstadt gilt ebenfalls das Ziel, den Ist-Zustand für den Horizont 2010 aufrecht zu erhalten.

Bestandsentwicklungs- und Stadtumbaupotentiale in den angrenzenden Stadtteilen der inneren Stadt könnten, in eingeschränktem Maße, neue zentrumsnahe Wohngelegenheiten ermöglichen (Stadt Heidelberg 1998, S. 17 ff.). Eine, durch gezieltes Umzugs- und Belegungsmanagement geförderte, Binnenwanderung der Wohnstandorte in Richtung Stadtzentrum hätte dennoch kaum positive Auswirkungen auf die durchschnittliche Wohnentfernung, da die Distanzen bereits im Ist-Zustand sehr kurz sind. Verkehrsvermeidung durch Eingriffe in die Siedlungs- und Nutzungsstrukturen bieten demnach kaum Verbesserungsmöglichkeiten im Berufs- und Univerkehr.

Infrastrukturausstattung

Im Stadtviertel Les Arceaux sollte die Versorgung mit Lebensmittelgeschäften und sonstigem täglichen Bedarf gefördert werden, um ein eigenständiges Stadtteilzentrum westlich des eigentlichen Stadtzentrums aufbauen zu können. Die Ansätze am Blvd. des Arceaux bieten beste räumliche Voraussetzungen dazu. Die platzartige Erweiterung unter dem historischen Aquädukt ist im Ist-Zustand bereits Standort eines Wochenmarkts und würde sich gut für umfassende Maßnahmen zur Verkehrsberuhigung und eine Attraktivierung der Gestaltung des Straßenraums eignen. Auf diese Weise könnte eine bessere Bindung der Einwohner an ihr Wohnumfeld unterstützt und die steigende Entwicklung von Einkaufs- und Freizeitverkehr gebremst werden. Die Aufwertung des Stadtteils ließe sich gut mit den Vorgaben des POS vereinbaren. Centre Historique innerhalb des Altstadtrings weist bereist im Ist-Zustand eine gute Infrastrukturausstattung auf (Ville de Montpellier - DAP, S. 24 ff.).

Die Heidelberger Altstadt ist bereits ausgesprochen gut mit Einzelhandelsläden für Lebensmittel und Güter des täglichen Bedarfs ausgestattet. Lediglich im östlichen Randbereich der Kernaltstadt können sich etwas längere Fußwege zu den Geschäften ergeben. Ziel der Alternativszenarien ist, diese Situation zu erhalten und die Altstadt auch in Zukunft als attraktiven Wohnstadtteil zu sichern (Stadt Heidelberg 1996, S. 57).

Organisationsstrukturen

Bei verstärktem Einsatz von neuen Formen der Arbeitsorganisation, wie Tele- und Heimarbeit, könnte in beiden Vergleichsstadtteilen mit einer Abnahme der täglichen Wegezahlen im Berufsverkehr um 5% gerechnet werden. Als Resultat würde in Centre Historique - Les Arceaux die Anzahl der Wege um insgesamt ca. 1900 gegenüber dem Status-Quo-Szenario sinken. In der Heidelberger Altstadt wäre eine Abnahme um ca. 1360 Wege im Berufsverkehr zu erwarten (vgl. Tab. 7.39 u. 7.40; vgl. Kap. 7.5.1.1 und 7.5.1.2).

Durch bessere Organisation der Studiengänge und technische Neuerungen könnte die Zahl der täglichen Wege zu den Universitäten um 10% abnehmen. In Kombination mit den anderen erwähnten Entwicklungen würde dies in Centre Historique - Les Arceaux zu ca. 900 täglichen Wegen weniger führen. In der Altstadt wäre mit einem Minderungspotential von ca. 1400 Wegen im Univerkehr zu rechnen (vgl. Tab. 7.39 u. 7.40; vgl. Kap. 7.5.1.1 und 7.5.1.2).

Tab. 7.39: Entwicklung des Verkehrsaufkommens Centre Historique - Les Arceaux

Binnenverkehr der Stadt Montpellier
Zielstadtteil: Centre Historique - Les Arceaux
Fahrzweck 'Arbeit'

	Status-Quo	Alternativ	Veränderung (absolut)	Veränderung (prozentual)
MIV	4412	2427	-1985	-45,0%
ÖPNV	1500	1959	459	30,6%
sonstige	2911	2548	-363	-12,5%
gesamt	*8823*	*6934*	*-1889*	*-21,4%*

Fahrzweck 'Hochschule'

	Status-Quo	Alternativ	Veränderung (absolut)	Veränderung (prozentual)
MIV	2189	738	-1451	-66,3%
ÖPNV	2918	3551	633	21,7%
sonstige	3922	3838	-84	-2,1%
gesamt	*9029*	*8127*	*-902*	*-10,0%*

eigene Bearbeitung

Tab. 7.40: Entwicklung des Verkehrsaufkommens Altstadt

Binnenverkehr der Stadt Heidelberg
Zielstadtteil: Altstadt
Fahrzweck 'Arbeit'

	Status-Quo	Alternativ	Veränderung (absolut)	Veränderung (prozentual)
MIV	3543	2281	-1262	-35,6%
ÖPNV	1023	1336	313	30,6%
sonstige	3384	2967	-417	-12,3%
gesamt	*7950*	*6584*	*-1366*	*-17,2%*

Fahrzweck 'Hochschule'

	Status-Quo	Alternativ	Veränderung (absolut)	Veränderung (prozentual)
MIV	641	376	-265	-41,3%
ÖPNV	3776	3512	-264	-7,0%
sonstige	9518	8655	-863	-9,1%
gesamt	*13935*	*12543*	*-1392*	*-10,0%*

eigene Bearbeitung

Verkehrsangebotsstrukturen MIV

Für den Stadtteil Centre Historique - Les Arceaux sollte eine flächendeckende Verkehrsberuhigung in den POS aufgenommen werden. Innerhalb des Altstadtrings, im Bereich des Centre Historique besteht bereits eine ausgedehnte Fußgängerzone und mehrere Straßen und Gassen mit Fußgängerbevorrechtigung. Dort sollten die Flächen mit Fußgängervorrang und Begrenzung auf Schrittgeschwindigkeit ausgeweitet werden. Tempo-30-Zonen sollten im gesamten Stadtteil, mit Ausnahme der großen HVS, eingerichtet werden. Die HVS mit bedeutender Funktion für den Durchgangsverkehr sind Blvd. Henri IV, Av. de Lodève, Rue Paul Rimbaud, Av. Henri Marès, Av. Charles Flahaut, Rue Auguste Broussonnet und Blvd. Pasteur. Außer dem Blvd. Henri IV handelt es sich um Straßen, die den Stadtteil nach außen begrenzen. Daher wären sowohl für das Centre Historique, als auch für Les Arceaux zusammenhängende Zonen flächenhafter Verkehrsberuhigung vorstellbar. Bauliche

Maßnahmen wie Aufpflasterungen, Schwellen, Fahrbahnverengungen, Überquerungshilfen etc. sowie breitere Seitenräume und Grünstreifen könnten helfen, die Störwirkung des Straßenverkehrs zu reduzieren und die Straßenräume für nichtverkehrliche Nutzungen aufzuwerten. Insbesondere sei nochmals auf die Bedeutung des Stadtteilzentrums am Blvd. des Arceaux hingewiesen. Veränderungen des POS müßten die Grundlage dieses Maßnahmenpakets darstellen, die jedoch nach planungsrechtlichen Maßstäben realisierbar sein sollten (Ville de Montpellier - DAP 1993, S. 24 ff.; CETUR 1994, S. 131; vgl. Kap. 7.5.1.1).

Der gesamte Bereich innerhalb des Altstadtrings ist im Ist-Zustand flächendeckend mit einer Bewirtschaftung des Parkraums versehen. Es handelt sich dabei im Straßenraum ausschließlich um Kurzzeitparkplätze der 'zone jaune / courte durée'. Diese Zone zieht sich in den östlichen Teil von Les Arceaux hinein, nach Westen begrenzt durch die Rue Gerhardt und Rue St. Louis. Diese Gebiete sollten in dieser Form beibehalten werden. Anschließend befindet sich ein kleiner Bereich nördlich des Blvd. des Arceaux mit Parkplätzen der 'zone orange / longue durée', welcher unter Maßgabe der Alternativszenarien weiter ausgedehnt werden sollte. Für Parkplätze sollte die, in Kap. 7.5.1.1 spezifizierte, Verringerung der Anzahl um 25% und die Anhebung des Preisniveaus zum Einsatz kommen. Des weiteren sollten im Stadtteil flächendeckend Anwohnerparkplätze mit Berechtigungsschein ausgeschrieben werden. Die Anhebung des Preisniveaus sollte auch für die vier Parkgaragen im Stadtteil gelten (SMTU 1992; eigene Bearbeitung). Die Kombination aus Rückbau des MIV-Netzes, Verringerung der Parkplätze im Straßenraum, Verteuerung der Parkgebühren sowie gleichzeitiger Förderung des ÖPNV und NMIV könnte zu einer deutlichen Verlagerung der Verkehrsmittelbenutzung führen (vgl. Tab. 7.39).

Auch in der Heidelberger Altstadt sollte der Umstieg vom MIV auf den ÖPNV sowie Rad- und Fußgängerverkehr durch restriktive push-Faktoren unterstützt werden, die es in ein Gesamtkonzept einzubinden gilt. Ein äußert umfassendes 'Konzept für eine weitgehend autofreie Innenstadt' wird von Steinfatt vorgestellt, mit dem Ziel einer 'Stadt am Fluß' ohne Neckarufertunnel (Steinfatt et al. 1997). Dieses Konzept geht in seinem Ansatz über den, in dieser Arbeit vertretbaren, räumlichen und organisatorischen Rahmen hinaus. Es bezieht z.B. den Regionalpersonen- und Regionalgüterverkehr als entscheidende Faktoren mit ein. Eine Verminderung des Transitverkehrs durch die Stadt könnte nur durch großräumige Ansätze eingeleitet werden. Umfahrungen der Siedlungsfläche sind aufgrund der topographischen Lage praktisch unmöglich. Nach diesem Verkehrskonzept ließe sich der Durchgangsverkehr stark reduzieren, so daß die Verkehrsbelastungen der Ost-West-Verbindungen durch die Altstadt deutlich entlastet würden (Steinfatt et al. 1997, S. 6 ff.). Auf lokaler Ebene finden sich Maßnahmenpakete, die sich, losgelöst von dem Gesamtgutachten, gut in das Konzept der Alternativszenarien für den Berufs- und Univerkehr der Heidelberger Altstadt einfügen.

Im Zuge einer Ausweitung der flächenhaften Verkehrsberuhigung sollten die, notwendigerweise für den Kfz-Verkehr offenzuhaltenden, Altstadtgassen nur noch für Anlieger- und Lieferverkehr freigegeben und als Mischverkehrsfläche gestaltet werden. Beispiele hierfür sind die Brunnengasse, Akademiestraße, Märzgasse und Ingrimstraße. Die Erschließung der Parkhäuser sollte in Zukunft nur noch über Stichstraßen von den Neckarstaden und der Friedrich-Ebert-Anlage aus geschehen, um die MIV-belasteten Bereiche der Altstadt zu minimieren. Die Zufahrten sollten als fußgängerbevorrechtigte Bereiche ausgewiesen und entsprechend rückgebaut werden. Eine Sperrung der Alte Brücke für den Kfz-Verkehr könnte das betroffene Gebiet wieder für die Fußgängernutzung aufwerten. Die Zufahrtsstraßen zur Altstadt Bismarckstraße, Sofienstraße, Bergheimer Straße, Rohrbacher Straße sollten auf 30 km/h begrenzt und städtebaulich besser integriert werden. Die nördliche Friedrich-Ebert-Anlage könnte, im Zuge des Straßenbahnbaus, auf den Anlieger- und Erschließungsverkehr beschränkt werden. Der Durchgangsverkehr sollte auf den südlichen Fahrspuren im Zweirichtungsverkehr abgewickelt werden. Dadurch könnten auf der nördlichen Seite die Verhältnisse für die Straßenbahn, den NMIV und die Anwohner verbessert, eine stadtverträglichere Gestaltung angestrebt und die Zerschneidungswirkung des gesamten Straßenraums der Friedrich-Ebert-Anlage reduziert werden. Der dadurch notwendige, komplizierte Umbau des Adenauerplatzes sollte in Kombination mit der Anlage der Straßenbahninfrastruktur geschehen (Steinfatt et al. 1997, S. 6 ff.; eigene Bearbeitung).

Ein Rückbau der Parkflächen um 25%, nach den Vorgaben von Kap. 7.5.1.2, würde eine Umnutzung von Straßenraum und Plätzen ermöglichen und sie wieder ihrem ursprünglichen Zweck als Aufenthaltsflächen für Fußgänger zuführen. Die verbleibenden Parkflächen sollten flächendeckend für Anwohner reserviert bleiben, die Anwohnervorrechte, wenn planungsrechtlich durchsetzbar, auch auf Stellplätze in Parkhäusern ausgeweitet werden. Eine Erhöhung der Parkgebühren um 100% bis 2010 sollte diese Maßnahmen ergänzen (Stadt Heidelberg 1996, S.95 ff.; Steinfatt et al. 1997, S. 6 ff.; eigene Bearbeitung). Ein Großteil der Maßnahmen für Heidelberg sind bereits im Verkehrsentwicklungsplan beschlossen, allerdings in der Praxis nicht oder nur unzureichend umgesetzt. Diese Vollzugsdefizite sollten, in allen Bereichen, in den Alternativszenarien voll ausgeschöpft werden (Stadt Heidelberg 1994a, S. 9 ff. / S. 47 ff.).

Bei konsequenter Umsetzung der Maßnahmen, in Kombination mit den Verbesserungen für den ÖPNV und NMIV, könnte sowohl bei den Beschäftigten, als auch bei den Studierenden ein bedeutendes Potential an Umsteigern vom Pkw auf Verkehrsmittel des Umweltverbunds mobilisiert werden (vgl. Tab. 7.39).

Verkehrsangebotsstrukturen ÖPNV

Als Kreuzungspunkt der drei zukünftigen Straßenbahnlinien könnte sich die Innenstadt Montpelliers in Sachen ÖPNV-Erreichbarkeit stark verbessern. Die erste Linie, von La Paillade im Nordwesten nach Port Marianne im Südosten der Stadt, wird das Zentrum am Place Albert I berühren und östlich bis zum Place de la Comédie umfahren, wo sie das eigentliche Zentrum wieder in Richtung Bahnhof verläßt. Die zweite geplante Linie, von Hôpitaux-Facultés - Plan des Quatre Seigneurs im Norden nach St. Martin - Prés d'Arènes im Süden, wird den gleichen Verlauf um die Innenstadt nehmen. Die dritte geplante Linie, von Castelnau -le-Lez im Nordosten nach St. Jean de Védas im Südwesten, wird die Innenstadt im Bereich des

Kongreßzentrums Corum berühren und westlich über den Place Albert I und Blvd. Louis Blanc umfahren, bevor sie im Stadtteil Gambetta die Innenstadt nach Südwesten verläßt. Vom Centre Historique und dem östlichen Teil von Les Arceaux könnten Straßenbahnhaltestellen ohne Mühen zu Fuß erreicht werden. Der westliche Teil von Les Arceaux wäre weiterhin auf Busverbindungen angewiesen. Auf der Av. de Lodève, der südlichen Begrenzung von Les Arceaux, ist die Anlage einer Busspur vom Zentrum nach La Paillade geplant (CETE-LR / DDE 1998). Bei Realisierung der Pläne könnten für den gesamten Stadtteil direkte Bus- und Bahnverbindungen in alle Richtungen aufgebaut werden. Mit der Neuanlage der ÖPNV-Linien sollte eine attraktiv gestaltete Infrastruktur der Haltestellenbereiche mit Bike+Ride-Anlagen sowie verbesserte Serviceleistungen in Form von Fahrradmitnahmemöglichkeiten zu Schwachlastzeiten etc. einhergehen (Montpellier District / SMTU 1996, div. Abb.). Für organisatorische und fahrpreispolitische Erwägungen vgl. Kap. 7.5.1.1.

Trotz einer deutlichen Abnahme der Gesamtwege im Binnenverkehr der Stadt zu den Arbeits- und Studienplätzen in Centre Historique - Les Arceaux könnte der ÖPNV, unter Bedingungen der Alternativszenarien, bis 2010 kräftige Zuwächse verzeichnen (vgl. Tab. 7.39).

Der Bau einer Straßenbahnlinie durch die Heidelberger Altstadt, vom Bismarckplatz bis zum Karlstor, stellt das zentrale Element der ÖPNV-Entwicklung dar. Behelfsweise sollten als Sofortmaßnahmen kleine 'City-Busse', nach dem Vorbild Montpelliers, durch die Hauptstraße (z.T. parallel durch die Plöck, Friedrich-Ebert-Anlage, Seminarstraße) zur Bergbahn eingesetzt werden, um in den Jahren bis zur Fertigstellung der Straßenbahn eine verbesserte Bedienung der Altstadt zu gewährleisten. Eine sofortige Verbesserung der ÖPNV-Anbindung erscheint notwendig, um die Restriktionen für den MIV einleiten und den Pkw-Verkehr weitestmöglich aus der Altstadt verdrängen zu können. Einvernehmlich mit dem 'City-Bus'-Konzept sollten die Probleme der mangelnden Haltestellendichten und Fahrtakte in Abendstunden und an Wochenenden geregelt werden. Ergänzend zu den Maßnahmen im Personenverkehr sollte ein City-Logistik-Konzept für den innerstädtischen Lieferverkehr umgesetzt werden. Neben verkehrssparenden Effekten beim Gütertransport könnte durch einen Lieferservice für Einkaufsgüter die Akzeptanz von MIV-Restriktionen positiv beeinflußt werden. Als weiteres Straßenbahnprojekt, welches die Altstadt direkt beeinflußt, sollte die Verbindung vom Bismarckplatz durch die Rohrbacher Straße zur Franz-Knauff-Straße realisiert werden, um die Anbindung der südlichen Stadtteile zu beschleunigen. Die Gleiskörper der neuen Straßenbahnlinien sollten so ausgelegt sein, daß sie auch als separate Busspuren dienen können (Steinfatt et al. 1997, S. 6 ff.; Wermuth et al. 1994, Abb. 7.1 - 7.3).

Eine gute zeitliche und organisatorische Koordination von MIV-Restriktionen und Angebotserweiterungen im ÖPNV könnte beim Berufs- und Univerkehr Umsteigepotentiale mobilisieren, die allerdings aufgrund der Abnahme der Gesamtzahl der Wege nur zu geringen absoluten Steigerungen bei Bus und Bahn führen würden (vgl. Tab. 7.40).

Verkehrsangebotsstrukturen NMIV

Insbesondere der Fußgängerverkehr erreicht im Zentrumsbereich Montpelliers im Ist-Zustand schon einen sehr hohen Anteil an den täglichen Wegen. Dies liegt nicht zuletzt an den kompakten Siedlungsstrukturen mit hoher Nutzungsmischung, die kurze Wege zur Folge haben. Der attraktiv gestalteten Fußgängerzone wären noch Erweiterungen hinzuzufügen, so daß der größte Teil innerhalb des Altstadtrings zu Fußgängerzone oder fußgängerbevorrechtigtem Bereich erklärt werden könnte. Insbesondere die Rue Foch, Rue de l'Université und Rue St. Guilhelm sollten nur noch als Zu- und Abfahrten für die Parkhäuser und für den Anlieger- und Lieferverkehr freigegeben werden. Eine Gestaltung als Mischverkehrsflächen mit Vorrang für Fußgänger wäre anzustreben. Die Anliegerregelungen in den kleinen Altstadtgassen sollten weiter ausgedehnt werden. Da zwar eine Förderung des Zentrums im POS festgeschrieben ist, nicht aber die Ausweitung der Verkehrsberuhigung, müßten Veränderungen in der Stadtplanung die Grundlage für derartige Maßnahmen bilden (Ville de Montpellier - DAP 1993, S. 23). Für angestrebte Verbesserungen für den Fußgängerverkehr in Les Arceaux vgl. Abschnitt 'Infrastrukturausstattung'.

In der Innenstadt Montpelliers sollten für den Radverkehr aus Sicherheits-, Komfort- und Schnelligkeitsgründen noch Verbesserungen am Liniennetz und bei Abstellanlagen vorgenommen werden. Im Zuge des tramway-Baus sollten, wie für die erste Linie geplant, durchgängig begleitende Radwege angelegt werden. Diese würden eine ringförmige Hauptstrecke um das Zentrum beschreiben. Ergänzt durch die, bereits bestehende, Öffnung der Fußgängerzone für den Radverkehr könnten sehr gute Erreichbarkeitsstrukturen geschaffen werden. Das Potential an dezentralen, benutzergerechten Abstellanlagen für Fahrräder sollte im gesamten Zentrumsbereich aufgestockt werden. In Les Arceaux könnte, bei Umsetzung einer flächenhaften Verkehrsberuhigung und Begrenzung auf 30 km/h, weitestgehend auf die Anlage von Radwegen verzichtet werden. Für die angrenzenden HVS Av. de Lodève, Rue Paul Rimbaud, Av. Henri Marès und Rue Auguste Broussonet sollte eine Vervollständigung der Radstreifen und Radwege zu einem zusammenhängenden Netz angestrebt werden. Aktive Kampagnen der Öffentlichkeitsarbeit sollten zur Unterstützung von Wertewandel und Verhaltensänderungen bei der Bevölkerung beitragen (Montpellier District / SMTU 1996, S. 37 ff.; Ville de Montpellier o.J. c; eigene Bearbeitung).

Die Maßnahmen zur Förderung des Fußgänger- und Radverkehrs könnten sich in einer Erhöhung des Anteils am modal split des Berufs- und Univerkehrs niederschlagen. Bei allgemein abnehmenden Wegehäufigkeiten ist auch beim NMIV mit einer absoluten Abnahme zu rechnen (vgl. Tab. 7.39).

Entlang der Neckarstaden sollte ein durchgängiger, vom Fußgängerverkehr abgetrennter, Radweg eingerichtet werden, um eine zügige und sichere Radverbindung auf der Nordseite der Heidelberger Altstadt herzustellen. Auf diese Weise könnte nicht nur Konflikten zwischen Radfahrern und Autos, sondern auch zwischen Radfahrern und Fußgängern vorgebeugt werden. Vorhandene, aber unzulänglich ausgestattete Radverkehrsanlagen sollten auf den

Stand der Forderungen der StVO-Änderung von 1997 gebracht werden. Für die Altstadt trifft das auf den östlichen Teil der Neckarstaden zwischen Dreikönigstraße und Wehrsteg zu (Stadt Heidelberg, Stadtblatt, 23.9.1998). Die Umbaumaßnahmen an Kreuzungsbereichen und die geplante Verbesserung der Koordination von Ampelschaltungen für den MIV sollte in erster Linie schnellere und sicherere Querungsmöglichkeiten für Fußgänger und Radfahrer berücksichtigen. Der Unfallschwerpunkt mit vordringlichem Handlungsbedarf liegt diesbezüglich an den Neckarstaden westlich der Stadthalle. Allgemein hohe Unfallgefahr herrscht am Adenauerplatz und am Karlstor (Stadt Heidelberg 1996, Abb. 25).

Eine Förderung von Fuß- und Radverkehr im zentralen Altstadtbereich sollte in Einklang mit den MIV-Restriktionen erfolgen, indem frei werdende Flächen direkt in Fußgänger- oder fußgängerbevorrechtigte Bereiche umgewandelt werden. Eine Verbesserung der Aufenthaltsfunktion auf den Plätzen in der Altstadt sollte prioritär behandelt werden. Zu nennen wären insbesondere der Friedrich-Ebert-Platz, Am Brückentor, Neckarmünzplatz sowie Karlsplatz und Kornmarkt. Die Ausstattung mit sicheren und bedarfsgerechten Radabstellanlagen sollte in allen Bereichen mit hoher Nachfrage, insbesondere am Bismarckplatz, Uniplatz und im Bereich der sonstigen Universitätseinrichtungen, deutlich verbessert werden (Steinfatt et al. 1997, S. 8).

Im Berufs- und Univerkehr der Altstadt ist von insgesamt abnehmenden Verkehrsmengen auszugehen. Daher wird, trotz der Angebotsverbesserungen, mit einer absolut sinkenden Zahl an täglichen Wegen im Fuß- und Radverkehr gerechnet, obwohl der Anteil am Verkehrsgeschehen zunimmt (vgl. Tab. 7.40).

Auswirkungen auf die Umfeld- und Umweltverträglichkeit

Die folgenden Berechnungen beziehen nur Veränderungen des Verkehrsgeschehens ein, die vom Berufs- und universitären Ausbildungsverkehr innerhalb der Untersuchungsstädte beeinflußt werden. Die Gesamtverkehrsentwicklung und ihre Folgen im betreffenden Stadtteil können nicht aus den Ergebnissen abgelesen werden.

Unter den Bedingungen der Alternativszenarien sinken die *Luftschadstoffemissionen* des fließenden Verkehrs im Zentrum Montpelliers, gegenüber dem Status-Quo-Szenario, in den meisten Fällen stark ab. Ausnahmen bilden die Av. de la Gaillarde und Av. de Lodève bezüglich der Partikel sowie die Rue du Faubourg St. Jaumes und Rue Pitot bezüglich SO_2. Wie beim Stadtteil Hôpitaux Facultés - Plan des Quatre Seigneurs angemerkt, ist dies auf Änderungen der Fahrmodi aufgrund geänderter Geschwindigkeitsregelungen zurückzuführen. Wie auch in den anderen Stadtteilen stellen die viel befahrenen HVS die bedeutendsten Quellgebiete für Luftschadstoffe dar.

Tab. 7.41: Entwicklung der Luftschadstoffemissionen (fahrender Verkehr): Centre Historique - Les Arceaux: Status-Quo-Szenario - Alternativszenarien

HC	CO	Benzol	NO_x	CO_2	Partikel	SO_2
-65 - -70%	-54 - -63%	-50 - -57%	-21 - -25%	+2 - -11%	+85 - -14%	+31 - -13%

eigene Bearbeitung

Die Startzuschläge verringern sich gegenüber dem Status-Quo-Wert um 16% bis 49%, wobei die geringsten Reduktionspotentiale auf Partikel und SO_2 entfallen, die größten auf Benzol und HC. Die Rangordnung der Minderungspotentiale der verschiedenen Schadstoffkomponenten ist bei allen Untersuchungsgebieten die gleiche. Für die HC-Verdampfungsemissionen nach dem Abstellen und infolge der Tankatmung errechnet sich eine Abnahme um 71% gegenüber Status-Quo-Bedingungen (Umweltbundesamt 1989 / 1995; eigene Berechnungen).

Tab. 7.42: Entwicklung der Luftschadstoffemissionen (Startzuschläge): Centre Historique - Les Arceaux: Status-Quo-Szenario - Alternativszenarien

HC	CO	Benzol	NO_x	CO_2	Partikel	SO_2
-49 %	-46 %	-49 %	-32 %	-30 %	-16 %	-25 %

eigene Bearbeitung

Die Heidelberger Altstadt gibt, bezüglich der Entwicklung des Luftschadstoffausstosses, ein ähnliches Bild ab, wie der Zentrumsstadtteil Montpelliers. Die Abnahmen gegenüber den Status-Quo-Werten sind in der Regel hoch, wobei an einzelnen Straßen Zunahmen für Partikel und CO_2 errechnet werden. Die zunehmenden Tendenzen an Bismarck- und Sofienstraße werden durch die geänderten Fahrmodi beeinflußt.

Tab. 7.43: Entwicklung der Luftschadstoffemissionen (fahrender Verkehr): Altstadt: Status-Quo-Szenario - Alternativszenarien

HC	CO	Benzol	NO_x	CO_2	Partikel	SO_2
-51 - -71%	-43 - -64%	-46 - -57%	-12 - -24%	+5 - -13%	+91 - -7%	-2 - -7%

eigene Bearbeitung

Die Veränderungen der Startzuschläge liegen mit -5% bis -42% einige Prozentpunkte unter denen von Centre Historique - Les Arceaux. Beeinflußt wird das Ausmaß der Minderung von den weniger ausgeprägten Abnahmen bei der MIV-Nutzung im Berufs- und Univerkehr der Altstadt. Die Entwicklung der HC-Emissionen des ruhender Verkehr entspricht mit -71% dem Wert des französischen Vergleichsstadtteils (Umweltbundesamt 1989 / 1995; eigene Berechnungen).

Tab. 7.44: Entwicklung der Luftschadstoffemissionen (Startzuschläge): Altstadt: Status-Quo-Szenario - Alternativszenarien

HC	CO	Benzol	NO_x	CO_2	Partikel	SO_2
-42 %	-38 %	-42 %	-23 %	-21 %	-5 %	-15 %

eigene Bearbeitung

Bei den ***Lärmimmissionen*** in Centre Historique - Les Arceaux sind Abnahmen zu verzeichnen, die Grenzwertüberschreitung sinkt um bis zu 3 db(A). Dennoch können, wie in den meisten Stadtteilen, die Grenzwerte nicht eingehalten werden. Überschreitungen um ca. 15 db(A) finden sich an den HVS Blvd. du Jeu de Paume, Cours Gambetta und Quai de Verdenson. Überschreitungen über 10 db(A) nachts sind auch an den Quartierstraßen Rue du Faubourg St. Jaumes und Rue Pitot festzustellen. Die drei oben genannten HVS stellen gleichzeitig die Problempunkte bezüglich ***Trennwirkung*** und ***Unfallgefährdung*** dar, der Blvd. du Jeu de Paume zusätzlich bei der ***Begrünung***. Insgesamt ist bei allen Bewertungsfeldern eine leichte Verbesserung festzustellen (vgl. Tab. 7.45).

Beim Bewertungsfeld 'Lärm' fällt das Minderungspotential für die Altstadt hoch aus: Um 2 bis 8,5 db(A) verminderte Grenzwertüberschreitungen weisen auf eine deutlich verbesserte Situation hin. Dennoch sind bei allen untersuchten HVS sowohl tags als auch nachts Überschreitungen von über 10 db(A) festzustellen, was für die Anwohner und Straßenraumnutzer keinesfalls einen befriedigenden Zustand darstellt. Für die anderen Bewertungsfelder können fast alle Brennpunkte entschärft werden. Bei der Trennwirkung und Unfallgefährdung bleibt lediglich die Situation an der Kurfürstenanlage und Teilen der Bergheimer Straße mangelhaft, bei Grünvolumen und Baumbestand an der Mönchgasse. Die Gesamtsituation (außer Lärm) pendelt sich damit, dem Stadtzentrum Montpelliers entsprechend, auf einem befriedigenden Niveau ein (Bundesministerium für Verkehr 1990, S. 11 ff.; Wirtschaftsministerium Baden-Württemberg 1994, S.69 ff.; eigene Bearbeitung; vgl. Tab. 7.46).

Tab. 7.45: Alternativszenarien: Centre Historique - Les Arceaux

Bewertungstabelle

Umfeld- und Umweltverträglichkeit von Stadtverkehr

Straße	Anspruchs-niveau	CO-Emissionen / Tag Pkw (kg/km)	Lärm-Immissionen GÜ tags (db(A))	Lärm-Immissionen GÜ nachts (db(A))	Trenn-wirkung	Unfall-gefährdung	Seitenraum-breite	Raum-aufteilung	Grün-volumen	Baum-bestand
Av. de la Gaillarde	hoch	2,0	2,5	4,0	(+)	(+)	(+ +)	(+ +)	(+ +)	(+ +)
Rue du Fbg. St. Jaumes	hoch	8,9	9,5	10,5	(+)	(+)	(o)	(o)	(+)	(+)
Rue Pitot	hoch	10,0	10,0	11,0	(+)	(+)	(-)	(o)	(o)	(o)
HVS:										
Av. de Lodeve	hoch	5,1	6,0	7,5	(+)	(+)	(+ +)	(+)	(+)	(+)
Blvd. du Jeu de Paume	hoch	17,5	15,5	17,0	(-)	(-)	(+ +)	(o)	(-)	(- -)
Blvd. Victor Hugo	hoch	17,6			Tunnel	Tunnel	(- -)	(- -)	Tunnel	Tunnel
Cours Gambetta	hoch	12,3	13,0	14,5	(-)	(-)	(+ +)	(+ +)	(+)	(+)
Quai de Verdenson	hoch	17,4	15,5	16,5	(-)	(-)	(+ +)	(o)	(o)	(o)

eigene Bearbeitung; GÜ = Grenzwert-Überschreitung

Tab. 7.46: Alternativszenarien: Altstadt

Bewertungstabelle

Umfeld- und Umweltverträglichkeit von Stadtverkehr

Straße	Anspruchs-niveau	CO-Emissionen / Tag Pkw (kg/km)	Lärm-Immissionen GÜ tags (db(A))	Lärm-Immissionen GÜ nachts (db(A))	Trenn-wirkung	Unfall-gefährdung	Seitenraum-breite	Raum-aufteilung	Grün-volumen	Baum-bestand
Klingenteichstr.	hoch	5,8	5,0	6,5	(+)	(+)	(o)	(o)	(o)	(o)
Mönchgasse	hoch	15,2	1,0	3,5	(+)	(+)	(+)	(+)	(-)	(-)
HVS:										
Bergheimer Straße	hoch	16,7	14,5	16,0	(+) / (-)	(+) / (-)	(+ +)	(o)	(o)	(o)
Bismarckstraße	hoch	13,6	10,0	11,0	(o)	(+)	(+ +)	(+ +)	(o)	(o)
Kurfürstenanlage	hoch	15,7	15,0	16,5	(-)	(-)	(+ +)	(+ +)	(+ +)	(+ +)
Sofienstraße	hoch	12,0	10,5	12,0	(o)	(+)	(+ +)	(+)	(o)	(o)

eigene Bearbeitung; GÜ = Grenzwert-Überschreitung

7.5.4 St. Martin - Prés d'Arènes & Pfaffengrund

Wirtschafts- und Nutzungsstrukturen

Der Gesamtstadtteil St. Martin - Prés d'Arènes ist durch einen hohen Arbeitsplatzüberschuß gekennzeichnet, beruhend auf der wirtschaftlichen Bedeutung des Gewerbegebiets Prés d'Arènes. Folge ist ein hoher Berufseinpendleranteil. In Prés d'Arènes bestehen noch Flächenreserven, die zu den bedeutendsten außerhalb der neuen, geförderten Gewerbegebiete östlich des Lez gehören. Daher kann nicht damit gerechnet werden, daß die Zahl der Arbeitsplätze bis 2010 stagnieren oder gar abnehmen wird. Es wird von der gleichen Zunahme wie im Status-Quo-Szenario (+1200 Beschäftigte) ausgegangen.

Im Wohn- und Mischgebiet St. Martin zeigt sich ein anderes Bild. Im Dienste der kleinräumigen Nutzungsmischung sollte das Quartierszentrum an der Av. du Marechal Leclerc mit Versorgungseinrichtungen aller Art aufgewertet, auf diese Weise neue Arbeitsplätze nach St. Martin gezogen und der Zuwachs an Arbeitsplätzen besser im Gesamtstadtteil verteilt werden. Maßnahmen dieser Art entsprechen den Planungen des POS nach einer Aufwertung der Stadtteile und finden daher gute Realisierungschancen vor (Ville de Montpellier - DAP 1993, S. 24).

Der Arbeitsplatzüberschuß im Pfaffengrund hat ähnliche verkehrliche Folgen, wie die Situation im Vergleichsstadtteil St. Martin - Prés d'Arènes. Auch hier spielt der Einpendlerverkehr eine große Rolle. Aufgrund der Raumstrukturen kann nicht von einem Rückgang der Beschäftigtenzahlen ausgegangen werden. Die immer stärkere Orientierung auf den Dienstleistungssektor und der relativ starke Wandel der Wirtschaftsstrukturen könnte es hier jedoch ermöglichen, eine Stagnation beim Ist-Wert zu erreichen und neue Arbeitsstätten stadtverträglicher in andere Stadtteile zu integrieren. Hierzu würde sich z.B. die, in Zukunft zu entwickelnde, Bahninsel in den Stadtteilen Weststadt und Kirchheim anbieten (Stadt Heidelberg 1995b, S. 26 ff.; Stadt Heidelberg 1998, S. 25 ff.; eigene Bearbeitung).

Der Berufsverkehr nach St. Martin - Prés d'Arènes könnte durch Organisationsmaßnahmen gegenüber dem Status-Quo-Szenario um 230 Wege / Tag abnehmen (vgl. Abschnitt 'Organisationsmaßnahmen'). Die Abnahme nährt sich ausschließlich aus den Entwicklungen des MIV (-921), für die Werte des ÖPNV (+260) und des NMIV (+429) werden Anstiege errechnet (vgl. Tab. 7.47). Ein ähnliches Bild könnte sich für die Verhältnisse im Pfaffengrund ergeben. Hier ergäbe sich ein Minderungspotential für den Berufsverkehr um insgesamt 321 Wege / Tag, bei einem Minus von knapp 500 MIV-Wegen, einer quasi stagnierenden Zahl Fußgänger und Radfahrer und einem Plus von ca. 180 Wegen beim ÖPNV (vgl. Tab. 7.8).

Bevölkerungs- und Siedlungsstrukturen

Im Gewerbegebiet Prés d'Arènes müßten, durch die Verteilung auf den gesamten Stadtteil, weniger neue Arbeitsplätze angesiedelt werden als im Status-Quo-Szenario. Statt dessen sollte das dort bestehende, in sich geschlossene, Wohngebiet 'Tournezy' nach Norden erweitert werden. Dies würde die Nutzungsmischung im Stadtviertel erheblich verbessern und zusätzlich eine rentable kleinräumige Versorgung der Bewohner mit Gütern und Dienstleistungen des täglichen Bedarfs ermöglichen. Das Wohnviertel St. Martin sollte zusätzlich mit neuen Wohnungen behutsam nachverdichtet und die Straßenräume ansprechend gestaltet werden. Die positiven verkehrlichen Auswirkungen könnten sich sowohl beim Berufs- als auch beim Einkaufsverkehr wiederfinden. Der Bevölkerungszuwachs könnte sich auf insgesamt 1600 Personen belaufen und mit 20% im Durchschnitt der Stadt Montpellier liegen.

Bei einer Wohnungsbelegung mit Personen, die im gleichen Stadtteil beschäftigt sind, könnte daraus die Verlagerung von ca. 560 täglichen Arbeitswegen auf den unmittelbaren Nahbereich resultieren. Hierzu wäre ein gezieltes Umzugs- und Belegungsmanagement notwendig, welches auf Zusammenarbeit der Stadt mit Arbeitgebern und Wohnbaugesellschaften beruhen müßte (vgl. Kap.1.3.1 u. 7.5.1.1).

Die Aufwertung der Stadtteilzentren im Bereich südlich der Innenstadt Montpelliers könnte zu einer langsamen Verlagerungen der Wohnstandorte der in St. Martin - Prés d'Arènes Beschäftigten von der nördlichen in die südliche Stadthälfte führen. Folge davon wären, langfristig gesehen, kürzere Wege zum Arbeitsplatz und bessere Voraussetzungen für die Nutzung anderer Verkehrsmittel als der Pkw (Ville de Montpellier - DAP 1993, S. 3 ff.; eigene Bearbeitung).

Es ist davon auszugehen, daß der Bevölkerungszuwachs im Heidelberger Stadtteil Pfaffengrund gering ausfallen wird, da die Wohnsiedlung Pfaffengrund-Süd praktisch keine geeigneten Flächen zur Nachverdichtung bietet und die Freiflächen südlich und östlich des Stadtteils als Grünzug und Frischluftschneise für die Stadt erhalten bleiben sollten. Nach den derzeitigen Planungen der Stadt Heidelberg ist keine Siedlungserweiterung vorgesehen. Die Wohnstandortverteilung der Beschäftigten im sonstigen Stadtgebiet ist, in Bezug zur Lage der Arbeitsplätze im Pfaffengrund, bereits sehr gut, so daß auch durch eine allgemeine Binnenwanderung keine wesentliche Verkürzung der Wege erreicht werden könnte. Bezüglich der Raumstrukturen sind daher kaum Veränderungen gegenüber dem Ist-Zustand zu erwarten (Stadt Heidelberg 1995b, S. 19 ff.).

Infrastrukturausstattung

Das Quartierszentrum an der Av. du Marechal Leclerc sollte zunehmend mit Lebensmittelgeschäften und sonstigen Versorgungseinrichtungen für den täglichen Bedarf ausgestattet werden, um die kleinräumige Nutzungsmischung im Stadtteil zu fördern. Die gleiche Forderung ist an das auszubauende Wohngebiet Tournezy im Westen des Stadtteils zu stellen.

Im Heidelberger Stadtteil Pfaffengrund sollte das Quartierszentrum am Kranichweg in seinem Bestand gesichert werden. Außerdem ist im Städtebaulichen Leitplan in Pfaffengrund-Ost, im Bereich Eppelheimer Straße / Diebsweg, ein neues Stadtteilzentrum vorgesehen. Dieses soll die Anbindung an das städtebaulich und funktional aufzuwertende Gelände der Bahninsel stärken. Profitieren könnten hiervon auch die Bewohner des Pfaffengrund, für die sich eine bessere Infrastrukturausstattung und kürzere Einkaufswege ergeben würden (Stadt Heidelberg 1998, S. 10).

Organisationsstrukturen

In beiden Stadtteilen könnten durch den verstärkten Einsatz neuer Übertragungsmedien und neuer Formen der Arbeitsorganisation 5% der täglichen Wege mit Fahrzweck Arbeit eingespart werden. Die Folge wären in St. Martin - Prés d'Arènes und im Pfaffengrund Abnahmen der Belastungen durch den Berufsverkehr im Vergleich zum Status-Quo-Szenario. Im französischen Untersuchungsgebiet würde sich das Minderungspotential auf ca. 230, im deutschen auf ca. 320 tägliche Wege im Berufsverkehr gegenüber dem Status-Quo-Szenario belaufen (vgl. Tab. 7.47 u. 7.48; vgl. Kap.7.5.1.1 u.7.5.1.2).

Tab. 7.47: Entwicklung des Verkehrsaufkommens St. Martin - Prés d'Arènes

Binnenverkehr der Stadt Montpellier
Zielstadtteil: St. Martin - Pres d'Arenes
Fahrzweck 'Arbeit'

	Status-Quo	Alternativ	Veränderung (absolut)	Veränderung (prozentual)
MIV	2800	1879	-921	-32,9%
ÖPNV	933	1193	260	27,9%
sonstige	933	1362	429	46,0%
gesamt	*4666*	*4434*	*-232*	*-5,0%*

eigene Bearbeitung

Tab. 7.48: Entwicklung des Verkehrsaufkommens Pfaffengrund

Binnenverkehr der Stadt Heidelberg
Zielstadtteil: Pfaffengrund
Fahrzweck 'Arbeit'

	Status-Quo	Alternativ	Veränderung (absolut)	Veränderung (prozentual)
MIV	2063	1568	-495	-24,0%
ÖPNV	354	538	184	52,0%
sonstige	838	828	-10	-1,2%
gesamt	*3255*	*2934*	*-321*	*-9,9%*

eigene Bearbeitung

Verkehrsangebotsstrukturen MIV

Auf einen Umbau von Straßeninfrastruktur sollte, ohne die Berücksichtigung zukünftiger ÖPNV-Projekte, weitestgehend verzichtet werden. Die Ermittlung weiteren Bedarfs und mögliche Alternativen bei der Verteilung der Verkehrsflächen auf die verschiedenen Verkehrsmittel sollte den Straßenbaumaßnahmen vorausgehen. Dies bezieht sich insbesondere auf die Route de Palavas, die in Zukunft den Verlauf der dritten tramway-Linie darstellen könnte.

Die Nebenstraßen des Wohn- und Mischviertels St. Martin sollten, einschließlich der zentralen Erschließungsstraße Av. du Marechal Leclerc, im Zuge einer flächenhaften Verkehrsberuhigung auf 30 km/h begrenzt und die Fahrbahnbreite reduziert werden. In Form von Aufpflasterungen, Schwellen und sonstigen optischen Bremsen, sowie breiteren Seitenräumen und Begrünung könnte die Aufenthaltsqualität in den Straßenräumen durch bauliche Maßnahmen verbessert werden. Eine Förderung der Stadtteilzentren ist Teil des POS, für flächenhafte Verkehrsberuhigungen müßten jedoch Veränderungen vorgenommen werden (Ville de Montpellier - DAP 1993, S. 24). Der Parkraum in St. Martin sollte flächendeckend bewirtschaftet werden. Im Quartierszentrum sollte die 'zone jaune / courte durée', in den sonstigen Bereichen die 'zone orange / longue durée' mit den jeweiligen Preisstrukturen zum Einsatz kommen. In den Wohngebieten sollten flächendeckend Anwohnerparkplätze eingerichtet werden. Der Bereich des Quartierszentrums böte sich als gut erreichbarer Standplatz für Autos zukünftiger car-sharing-Projekte an (vgl. Kap. 7.5.1.1).

Es dürfte sich als schwierig erweisen, im Gewerbegebiet Prés d'Arènes, bei den Großbetrieben mit flächenintensiven privaten Parkplätzen von planerischer Seite eine Verknappung und Bewirtschaftung der Parkflächen durchzusetzen. In Verhandlungen der Stadt mit den Firmen sollte dennoch versucht werden, so weit wie möglich Einfluß auf die Parkraumentwicklung zu nehmen. Im öffentlichen Straßenraum sollten flächendeckend Parkgebühren der 'zone orange / longue durée' erhoben werden. Die MIV-Restriktionen werden, aufgrund der räumlichen und wirtschaftlichen Voraussetzungen, begrenzt bleiben und ihre Wirkung weniger stark entfalten können als in anderen Gebieten. Die Straßen des Gewerbegebiets sollten, mit Ausnahme der HVS Av. du Mas Argelliers, Rue de Montels Eglise, Blvd. Jacques Fabre de Morlhon und Av. des Prés d'Arènes flächendeckend verkehrsberuhigt, rückgebaut und begrünt werden.

Die push-Faktoren durch MIV-Restriktionen sind limitiert, die Förderung von Fahrgemeinschaften ohne geeignete Stellplatzpolitik erschwert. An den Hauptzufahrtsstraßen, in den Kreuzungsbereichen der Av. du Mas Argelliers mit der Av. de Palavas sowie der Rue de Montels Eglise mit der Av. du Colonel André Villars könnten zu den morgendlichen und abendlichen Spitzenzeiten 'car-pools-lanes' für Fahrzeuge mit mindestens drei Personen reserviert werden. Zur Verbesserung des Besetzungsgrads der Pkw sollte zusätzlich ein Versuch mit 'elektronischen Mitfahrbrettern' gemacht werden (vgl. Kap. 7.5.1.1).

Es wird davon ausgegangen, daß sich die genannten Maßnahmen, in Verbindung mit einer starken Förderung des ÖPNV und NMIV, in der Verkehrsmittelwahl des Berufsverkehrs niederschlagen. Bei allgemeiner Abnahme der Wege im Berufsverkehr könnte die Pkw-Benutzung, im Vergleich zum Status-Quo-Szenario, um mehr als 900 tägliche Fahrten reduziert werden (vgl. Tab. 7.47).

Im Wohnviertel Pfaffengrund-Süd sollte die flächendeckende Verkehrsberuhigung beibehalten werden. Die Fahrbahnfläche könnte in den Wohnstraßen teilweise durch Bauminseln verengt und auf Schrittgeschwindigkeit begrenzt werden. Die Verkehrsberuhigung ist in Pfaffengrund-

Süd im Ist-Zustand schon deutlich weiter fortgeschritten als im Vergleichsstadtteil Montpelliers, daher ist der verbleibende Spielraum für Verbesserungen geringer (Stadt Heidelberg 1995b, Abb. 23).

Die Parkraumbewirtschaftung sollte im Quartierszentrum am Kranichweg und im zukünftigen Einzelhandelszentrum Eppelheimer Straße / Diebsweg, den Angaben zu Kurzzeitparkplätzen in Kap. 7.5.1.2 entsprechend, verteuert werden. Im Wohngebiet sollten die Anwohnerparkregelungen mit Berechtigungsschein flächendeckend ausgeweitet werden (Stadt Heidelberg 1995b, Abb. 23; vgl. Kap. 7.5.1.2).

Im Gewerbegebiet Pfaffengrund-Nord wird, wie in Prés d'Arènes, bei den Großbetrieben mit flächenintensiven privaten Parkplätzen von planerischer Seite eine Verknappung und Bewirtschaftung der Parkflächen schwierig durchzusetzen sein. Die MIV-Restriktionen werden daher im wesentlichen auf den öffentlichen Straßenraum begrenzt bleiben. Sie können ihre Wirkung weniger stark entfalten als in anderen Heidelberger Stadtteilen. Die Straßen sind im Ist-Zustand, mit Ausnahme von Eppelheimer Straße, Kurpfalzring und Friedrich-Schott-Straße, auf Tempo-30 reduziert. Ein Rückbau der Straßenfläche sowie eine fußgänger- und radfahrerfreundliche Gestaltung sollten verstärkt zum Einsatz kommen. Eine Begrünung der Straßenräume sollte gefördert werden. Zur Verbesserung des Besetzungsgrads der Pkw im Berufsverkehr sollten auch hier car-pool-Fördermaßnahmen in Form von 'elektronischen Mitfahrbrettern' eingeführt werden (Stadt Heidelberg 1995b, S. 63 ff.; vgl. Kap. 7.5.1.2).

Die errechneten Abnahmen der MIV-Fahrten im Berufsverkehr in den Pfaffengrund, aufgrund der geänderten verkehrlichen und organisatorischen Voraussetzungen, sind in Tab. 7.48 dargestellt.

Verkehrsangebotsstrukturen ÖPNV

Der Schwerpunkt des ÖPNV-Ausbaus für St. Martin - Prés d'Arènes sollte in der Anlage einer Straßenbahnlinie liegen. Der geplante Verlauf vom Stadtzentrum über den Bahnhof, entlang der Av. de Palavas und durch den östlichen Teil von St. Martin sowie des Gewerbegebiets Prés d'Arènes würde einen Großteil der Arbeitsplätze und Einzelhandelsgeschäfte im Stadtteil mit schnelleren und attraktiveren ÖPNV-Verbindungen versorgen (Delhaye 1998, S. 2). Die Ergänzung durch eine konzentrisch verlaufende Buslinie auf separater Fahrspur entlang der Rue de Montels Eglise und Av. du Mas Argelliers könnte die Anbindung des westlichen Teils des Gewerbegebiets und des Wohngebiets Tournezy stark beschleunigen. Direkte Verbindungen zu den benachbarten peripheren Stadtteile würden geschaffen. Insbesondere die neuen Wohngebiete von Port Marianne, östlich des Lez, wären direkt an die Arbeitsplatzkonzentration von Prés d'Arènes angebunden (CETE-LR / DDE 1998).

Für den Berufsverkehr sollten die baulichen Maßnahmen durch neue Fahrpreiskonzepte in Form von Jobtickets unterstützt werden. Als Resultat der ÖPNV-Förderung, in Kombination mit den MIV-Restriktionen, könnte mit einem deutlichen Umstieg vom Pkw auf Bus und Bahn gerechnet werden (vgl. Tab. 7.47).

Zur verbesserten ÖPNV-Erschließung des Gewerbegebiets Pfaffengrund-Nord sollte eine Busverbindung Wieblingen - Pfaffengrund - Kirchheim aufgenommen werden. Auf diesem Weg könnte für die große Zahl der, in den benachbarten Stadtteilen wohnhaften, Beschäftigten eine schnelle und attraktive Alternative zum Auto geboten werden. Eine direkte Anbindung der Arbeitsplätze an den Bahnhof Wieblingen, als zukünftigen R-/S-Bahn-Haltepunkt, wäre damit ebenso zu gewährleisten (Stadt Heidelberg 1999, Karten 10 / 11). In Verbindung mit einer nutzungsorientierten Ausgestaltung der Bus- und Straßenbahnfahrpläne, einer Vertaktung mit der R-/S-Bahn sowie einem verbesserten Jobticket-Angebot könnte die Attraktivität der Verkehrsverbindungen vom MIV zum ÖPNV verschoben werden. Insbesondere gilt dies für die, bisher beim ÖPNV unterrepräsentierten, Bewohner des Nachbarstadtteils Wieblingen sowie Kirchheims. Die errechneten Werte für Veränderungen des modal split sind Tab. 7.48 zu entnehmen.

Verkehrsangebotsstrukturen NMIV
Stärker noch als bei den anderen Untersuchungsstadtteilen Montpelliers besteht in St. Martin - Prés d'Arènes Nachholbedarf beim Aufbau eines Radwegenetzes. Im Zuge einer neuen ÖPNV-Erschließung sollte, wie für die anderen Stadtteile geplant, eine parallele Anlage von separaten Rad- und Fußwegen durchgeführt werden. Damit könnten, als RV-Hauptachsen, direkte und sichere Verbindungen zur Innenstadt und zu den östlich und westlich angrenzenden quartiers eingerichtet werden (Montpellier District / SMTU 1996, S. 37 ff.). Innerhalb der verkehrsberuhigten Bereiche sollte der Radverkehr auf der Fahrbahn geführt werden.

Die Ausstattung der viel befahrenen HVS Av. de Palavas, Av. Albert Dubout, Av. des Prés d'Arènes, Blvd. Jacques Fabre de Morlhon, Av. du Mas Argelliers und Rue de Montels Eglise mit Überquerungshilfen sollte deutlich aufgewertet werden. Wegen der peripheren Lage und den relativ weiten Entfernungen zu den Wohngebieten vieler Beschäftigter könnten Bike+Ride-Angebote und eine Fahrradmitnahmemöglichkeit in der Straßenbahn für St. Martin - Prés d'Arènes eine besonders große Rolle spielen. Eine bessere räumliche Zuordnung von Wohnen und Arbeiten sowie eine Aufwertung der Quartierszentren könnte den Fußgänger- und Radfahreranteil zusätzlich erhöhen. Parallel dazu dürften andauernde Maßnahmen der Öffentlichkeitsarbeit nicht fehlen. Für den NMIV wird, gegenüber dem Status-Quo-Szenario, eine stark steigende Tendenz erwartet (vgl. Tab. 7.47; vgl. Kap. 7.5.1.1).

Für den Pfaffengrund könnte ein Ausbau des Radwegenetzes insofern Veränderungen des modal split nach sich ziehen, als ca. die Hälfte der Beschäftigten nur kurze bis mittlere Entfernungen zu den Arbeitsplätzen zurücklegen muß und damit eine prädestinierte Zielgruppe für die Fahrradnutzung darstellen würde. Das Radwegenetz an den HVS Eppelheimer Straße, Kurpfalzring, Friedrich-Schott-Straße, Industriestraße und Diebsweg sollte beidseitig durchgehend geführt werden. In den bestehenden Abschnitten sollte, im Sinne der StVO-

Neuerung von 1997, der Zustand bezüglich Befahrbarkeit und Sicherheit überprüft und konsequent überarbeitet werden. Entscheidend für eine zügige und sichere Fortbewegung mit dem Rad und zu Fuß wäre die Verbesserung der Überquerbarkeit der genannten HVS (Stadt Heidelberg 1995b, S. 63 ff. / Abb. 24). Am Bahnhof Wieblingen und an den Straßenbahnhaltestellen sollten zusätzliche Bike+Ride-Anlagen installiert werden.

Beim geplanten Ausbau des Stadtteilzentrums Pfaffengrund-Ost sollte auf eine gute Anbindung mit Fuß- und Radverkehrsanlagen in Richtung Wohngebiet Pfaffengrund und Bahnhof geachtet werden. Im Zuge dessen könnte die von der Innenstadt abgekoppelte Lage des Pfaffengrund besser ins Stadtgeschehen integriert werden (Stadt Heidelberg 1998, S. 10). Gegenüber dem Status-Quo-Szenario könnte der NMIV-Anteil am modal split prozentual ansteigen. Bei insgesamt abnehmenden Wegehäufigkeiten im Berufsverkehr ist für die absoluten Zahlen der täglichen Fuß- und Radwege mit einem gleichbleibendem Wert zu rechnen (vgl. Tab. 7.48).

Auswirkungen auf die Umfeld- und Umweltverträglichkeit

In die Berechnungen gehen nur Veränderungen des Verkehrsgeschehens ein, die in Zusammenhang mit dem Berufs- und universitären Ausbildungsverkehr innerhalb der Untersuchungsstädte stehen. Die, in den folgenden Abschnitten dargestellten, Werte lassen nicht unmittelbar auf die Gesamtverkehrsentwicklung und ihre Folgen im betreffenden Stadtteil schließen.

Die Berechnungsergebnisse der ***Luftschadstoffemissionen*** des fließenden Verkehrs (warmer Betriebszustand) in St. Martin - Prés d'Arènes unterscheiden sich deutlich von denen des Status-Quo-Szenario. Das Minderungspotential liegt dennoch etwas unter dem der anderen Untersuchungsstadtteile Montpelliers. Die Ursache dafür liegt darin, daß für St. Martin - Prés d'Arènes nur der Berufsverkehr in die Berechnungen eingeht und daher mit geringeren absoluten Veränderungen der Verkehrsmittelbenutzung zu rechnen ist, als bei den Stadtteilen mit zusätzlichem Verkehr zu Universitätseinrichtungen. Bei HC, CO, Benzol und NO_x kann dennoch von starken Abnahmen ausgegangen werden, die Werte für Partikel, SO_2 und CO_2 sinken nur um wenige Prozentpunkte.

Tab. 7.49: Entwicklung der Luftschadstoffemissionen (fahrender Verkehr): St. Martin - Prés d'Arènes: Status-Quo-Szenario - Alternativszenarien

HC	CO	Benzol	NO_x	CO_2	Partikel	SO_2
-66 - -70%	-59 - -62%	-51%	-20 - -25%	0 - -8%	-1 - -2%	-1 - -2%

eigene Bearbeitung

Für die Entwicklung der Startzuschläge im Stadtteil St. Martin - Prés d'Arènes sind ähnliche Feststellungen wie für die Emissionen in warmem Betriebszustand zu machen. Die Minderungen gegenüber dem Status-Quo-Szenario belaufen sich auf -4% bis -42%. Die Abnahme der HC-Verdampfungsemissionen des ruhenden Verkehrs liegt bei -70% (Umweltbundesamt 1989 / 1995; eigene Berechnungen).

Tab. 7.50: Entwicklung der Luftschadstoffemissionen (Startzuschläge): St. Martin - Prés d'Arènes: Status-Quo-Szenario - Alternativszenarien

HC	CO	Benzol	NO_x	CO_2	Partikel	SO_2
-42 %	-38 %	-42 %	-23 %	-21 %	-4 %	-14 %

eigene Bearbeitung

Im Pfaffengrund nimmt der Ausstoß an Luftschadstoffen, gegenüber Status-Quo-Bedingungen, an allen untersuchten Straßenabschnitten ab. Für das Ausmaß der Reduzierung und den ausschlaggebenden Grund dafür ist das gleiche wie bei St. Martin - Prés d'Arènes festzustellen. Die Anzahl täglicher MIV-Fahrten läßt sich bei Beschränkung auf den Berufsverkehr weniger stark beeinflussen, als bei den Stadtteilen, bei denen zusätzlich universitärer Ausbildungsverkehr auftritt. Starke Abnahmen sind bei HC, CO, Benzol und NO_x festzustellen, für Partikel, SO_2 und CO_2 sind nur geringfügige Änderungen zu erwarten. Die Zunahme an CO_2 an der Industriestraße errechnet sich aufgrund geänderter Fahrmodi.

Tab. 7.51: Entwicklung der Luftschadstoffemissionen (fahrender Verkehr): Pfaffengrund: Status-Quo-Szenario - Alternativszenarien

HC	CO	Benzol	NO_x	CO_2	Partikel	SO_2
-59 - -71%	-52 - -64%	-53 - -62%	-17 - -26%	+14 - -10%	-1 - -5%	-1 - -5%

eigene Bearbeitung

Auf Stadtteilebene ist eine Abnahme bei den Startzuschlägen festzustellen, die mit -3% bis -37% leicht unter der des französischen Vergleichsstadtteils liegt. Die Kohlenwasserstoffemissionen des ruhenden Verkehrs sinken um -69% gegenüber dem Status-Quo-Zustand des Berufsverkehrs (Umweltbundesamt 1989 / 1995; eigene Berechnungen).

Tab. 7.52: Entwicklung der Luftschadstoffemissionen (Startzuschläge): Pfaffengrund: Status-Quo-Szenario - Alternativszenarien

HC	CO	Benzol	NO_x	CO_2	Partikel	SO_2
-37 %	-33 %	-37 %	-17 %	-15 %	-3 %	-8 %

eigene Bearbeitung

Die Av. du Marechal Leclerc und die Av. du Mas d'Argelliers zeigen mit Grenzwertüberschreitungen von rund 5 db(A) unzureichende ***Lärmsituationen***. Auf noch höhere Werte belaufen sich die Überschreitungen an den HVS Av. Albert Dubout und Av. de Palavas, die trotz leichter Verbesserungen über 15 db(A) erreichen. Der Lärm bleibt damit ganz klar das Bewertungskriterium, welches am wenigsten mit einer stadtverträglichen Verkehrsabwicklung in Einklang zu bringen ist (Bundesministerium für Verkehr 1990, S. 11 ff.; Wirtschaftsministerium Baden-Württemberg 1994, S.69 ff.; eigene Bearbeitung)

Bei den drei letztgenannten Straßen kommt dazu eine, nach wie vor, hohe ***Trennwirkung*** und ***Unfallgefährdung***. An der Av. du Mas d'Argelliers ist die Ausstattung mit ***Straßen-***

begleitgrün unbefriedigend, an der Av. de Palavas die Raumaufteilung und an der Av. Albert Dubout zusätzlich zur Raumaufteilung noch die Seitenraumbreite. Die Situation in diesem Stadtteil gibt ein zweigeteiltes Bild ab: Die Gesamtsituation im Wohngebiet St. Martin ist als gut zu bezeichnen, während im Gewerbegebiet Prés d'Arènes und vor allem auf den HVS trotz Verbesserungen keine befriedigenden Zustände erreicht werden (eigene Bearbeitung; vgl. Tab. 7.53).

Im Pfaffengrund haben bemerkenswerte Verbesserungen bei den Lärmimmissionen zur Folge, daß lediglich an Kranichweg, Marktstraße und Kurpfalzring noch leichte Überschreitungen der Grenzwerte auftreten. In den anderen Fällen werden die geforderten Werte tags und nachts eingehalten. Besondere Beanstandungen gibt es des weiteren nur noch beim Grünvolumen und Baumbestand der Industriestraße. Alle anderen untersuchten Straßenabschnitte halten die Bewertungsstandards in mindestens befriedigendem Maße ein.

Im Vergleich zum quartier St. Martin - Prés d'Arènes ist festzustellen, daß die Umfeld- und Umweltverträglichkeit des Verkehrs innerhalb der Wohngebiete ein ähnlich hohes Niveau aufweist. Im Bereich der Gewerbegebiete und auf den HVS ist dagegen die Situation bei allen Bewertungskriterien im Pfaffengrund deutlich besser, als im französischen Vergleichsstadtteil (Bundesministerium für Verkehr 1990, S. 11 ff.; Wirtschaftsministerium Baden-Württemberg 1994, S.69 ff.; eigene Bearbeitung; vgl. Tab. 7.54).

Tab. 7.53: Alternativszenarien: St. Martin - Pres d'Arenes

Bewertungstabelle

Umfeld- und Umweltverträglichkeit von Stadtverkehr

Straße	Anspruchs-	CO-Emissionen / Tag	Lärm-Immissionen	Lärm-Immissionen	Trenn-	Unfall-	Seitenraum-	Raum-	Grün-	Baum-
	niveau	Pkw (kg/km)	GÜ tags (db(A))	GÜ nachts (db(A))	wirkung	gefährdung	breite	aufteilung	volumen	bestand
Av. du M. Leclerc	sehr hoch	3,1	6,5	7,5	(+)	(+)	(+)	(+)	(+)	(+)
Av. du Mas d'Argelliers	gering	13,5	4,5	5,5	(-)	(-)	(+ +)	(o)	(-)	(o)
HVS:										
Av. Albert Dubout	hoch	14,7	14,0	15,5	(-)	(-)	(-)	(- -)	(+)	(+)
Av. de Palavas	hoch	23,6	17,0	18,0	(-)	(-)	(+)	(-)	(o)	(o)

eigene Bearbeitung; GÜ = Grenzwert-Überschreitung

Tab. 7.54: Alternativszenarien: Pfaffengrund

Bewertungstabelle

Umfeld- und Umweltverträglichkeit von Stadtverkehr

Straße	Anspruchs-	CO-Emissionen / Tag	Lärm-Immissionen	Lärm-Immissionen	Trenn-	Unfall-	Seitenraum-	Raum-	Grün-	Baum-
	niveau	Pkw (kg/km)	GÜ tags (db(A))	GÜ nachts (db(A))	wirkung	gefährdung	breite	aufteilung	volumen	bestand
Industriestr.	niedrig	3,8	-4,5	-3,0	(+)	(+)	(+ +)	(+)	(-)	(-)
Kranichweg	hoch	5,6	6,0	7,5	(+)	(+)	(+ +)	(+ +)	(+)	(+)
Kurpfalzring	niedrig	5,3	0,5	2,0	(o)	(+)	(+ +)	(+ +)	(o)	(o)
Marktstr.	hoch	3,3	4,0	5,5	(+)	(+)	(+)	(+)	(+)	(+)
Schützenstr.	hoch	0,9	-3,0	-1,5	(+)	(+)	(o)	(+)	(o)	(o)
Schwalbenweg	hoch	0,5	-5,0	-3,5	(+)	(+)	(o)	(+)	(+)	(+)

eigene Bearbeitung; GÜ = Grenzwert-Überschreitung

7.5.5 Fazit der Alternativszenarien (Horizont 2010)

Die Alternativszenarien basieren auf ***Strategien zur Verbesserung der Umfeld- und Umweltverträglichkeit des Verkehrs*** in den Untersuchungsstadtteilen von Montpellier und Heidelberg. Zur Gewährung einer aussagekräftigen Vergleichbarkeit gelten für die Bevölkerungs- und Wirtschaftsentwicklungen der Städte die gleichen Rahmenbedingungen wie beim Status-Quo-Szenario, das Bezugsjahr ist ebenfalls 2010. Ein Vergleich der Bewertungstabellen von Status-Quo-Szenario und Alternativszenarien zeigt, daß die gewählten Kombinationen von Bausteinen unübersehbare positive Auswirkungen bei allen Bewertungskriterien nach sich ziehen könnten.

Der Anstieg der Bevölkerungs-, Beschäftigten- und Erwerbstätigenzahlen wird in Montpellier stärker sein als in Heidelberg. Daraus ergeben sich zunächst höhere Steigerungsraten bei der ***Gesamtverkehrsentwicklung***, die es mit der zukünftigen Stadtentwicklung zu vereinbaren gilt. Durch günstige städtebauliche Voraussetzungen bieten sich dadurch aber auch größere Gestaltungsspielräume bezüglich einer verkehrssparenden Zuordnung von Wohn- und Arbeits-, beziehungsweise Studienplätzen, einer Nutzungsmischung und verträglichen Dichte. Gegenüber dem Status-Quo-Szenario ist in Montpellier mit einer Abnahme der Wohnungen um 7500 (-6%) , in Heidelberg um 9100 (-11%) zu rechnen. Die relativen Minderungspotentiale im Straßenverkehr könnten in den Untersuchungsstädten ähnliche Niveaus erreichen. Bei konsequenter Durchführung der Maßnahmenpakete der Alternativszenarien könnte die Anzahl der täglichen MIV-Binnenwege in der Stadt Montpellier um 105.000 (-26%), in Heidelberg um 70.000 (-25%) gegenüber Status-Quo-Bedingungen gesenkt werden. Zusätzlich wären in beiden Städten Verkürzungen der durchschnittlichen Wegstrecken im Berufs- und universitären Ausbildungsverkehr möglich.

Die ***Anzahl täglicher MIV-Fahrten im Berufs- und Univerkehr*** der Untersuchungsstadtteile könnte in allen Fällen erheblich gesenkt werden. Die errechneten, relativen Abnahmen im Vergleich zum Status-Quo-Szenario liegen zwischen 17% und 81%. Dies könnte einerseits durch Verkehrsvermeidung erreicht werden, was zu einer Reduzierung der Gesamtzahl der Wege führen würde (je nach Stadtteil -21% bis +6%) und andererseits durch modale und räumliche Verkehrsverlagerung. Zusätzlich würde die durchschnittliche ***Länge der Wege*** abnehmen. Grundlage für die Verkehrsvermeidung und die Verkürzung der Wege wäre eine Veränderung der Verursacherstrukturen, im wesentlichen die Förderung des räumlichen Bezugs zwischen Wohn- und Arbeits-, beziehungsweise Studienorten.

Die bedeutende Reduzierung der MIV-Fahrten zu Arbeits- und Studienplätzen hätte ihren Niederschlag im ***Gesamtverkehrsaufkommen*** der untersuchten Straßenabschnitte in und um die Untersuchungsstadtteile. Insgesamt würde der Einfluß der untersuchten Verkehrsströme auf die DTV-Werte jedoch eher gering bleiben, da es sich trotz der Bedeutung für die beiden Untersuchungsstädte um ein kleine Segmente des Gesamtverkehrs handelt.

Bei der Entwicklung der ***Luftschadstoffemissionen*** spielen die fahrzeugtechnischen Minderungspotentiale eine entscheidende Rolle. Daneben beeinflussen die Verkehrsmengen und Geschwindigkeitsregelungen die Berechnungsergebnisse. Die Abnahmen gegenüber dem Status-Quo-Szenario sind meist hoch. Beim Großteil der untersuchten Straßen könnten die HC-, Benzol- und CO-Emissionen um ca. 50% bis 70% gesenkt werden. Für NO_x werden im Mittel Abnahmen um 20% bis 40% errechnet. Bei CO_2, Partikeln und SO_2 wären für die meisten untersuchten Straßen geringere Verbesserungen um 0% bis -30% zu erreichen. In wenigen Fällen würden die Emissionen von Partikeln und SO_2 durch den Einfluß geänderter Fahrzyklen ansteigen. Könnten für alle Fahrzwecke auch nur annähernd vergleichbare Abnahmen wie beim Berufs- und Univerkehr erreicht werden, bestünden keine Zweifel an der Realisierbarkeit der Forderungen von Rio und lokaler Agenda 21.

Die Entwicklungen bei den anderen Bewertungskriterien werden stärker durch verkehrsplanerische Eingriffe geprägt und zeigen daher bei den Berechnungsergebnissen größere Veränderungen. Konsequente flächenhafte Verkehrsberuhigung, bestehend aus Geschwindigkeitsbeschränkungen in Kombination mit baulichen Maßnahmen könnte bedeutende Verbesserungen bei den Bewertungsfeldern ***'Trennwirkung / Unfallgefährdung'*** und ***'Flächenaufteilung / Grün und Gestaltung'*** zur Folge haben. Die Anzahl der problematischen Bereiche ließe sich deutlich verringern, größere Unverträglichkeiten würden nur noch vereinzelt an viel befahrenen HVS auftreten. Für fast alle Straßenabschnitte wird eine Reduzierung der ***Lärmbelastung*** errechnet, diese genügt jedoch meist nicht zur Einhaltung der Grenzwerte. Lärm bleibt in allen Stadtteilen der größte Belastungsfaktor. Neben Geschwindigkeitsbegrenzungen und lärmreduzierendem Straßenbelag besteht diesbezüglich noch deutlicher Handlungsbedarf auf fahrzeugtechnischer Seite. Wie für die anderen Bewertungskriterien gilt auch hier: Bei einer entsprechenden Reduzierung der täglichen MIV-Fahrten bei allen Fahrzwecken könnte ohne Zweifel ein umfeld- und umweltverträglicher Stadtverkehr in Montpellier und Heidelberg realisiert werden.

Eine Umsetzung der Maßnahmenbündel in Form der Alternativszenarien verspräche eine erhebliche Steigerung der Lebensqualität in den Untersuchungsräumen. Daß sich die ***Mobilitätsbedingungen*** für die Bevölkerung dabei ändern würden, steht außer Zweifel. Die stellenweise notwendigen Einschränkungen könnten jedoch durchweg durch die Eröffnung neuer Möglichkeiten ausgeglichen werden. Die Gefahr einer Einschränkung der persönlichen Mobilität könnte daher ausgeschlossen werden.

Eine Gegenüberstellung der Alternativszenarien mit dem Ist-Zustand und dem Status-Quo-Szenario in Form von Graphiken zu verschiedenen Bewertungstypen ist Kap. 7.7 zu entnehmen.

7.6 Langfristige Alternativszenarien (Horizont >2010)

Die langfristigen Alternativszenarien unterscheiden sich von den Szenarien mit Horizont 2010 durch die Annahme einer generellen Umorientierung der wirtschaftlichen und gesellschaftlichen Einordnung von Verkehr, die verkehrsvermeidende Strukturen zunehmend berücksichtigt. ***Änderungen der gesetzlichen, planerischen, siedlungsstrukturellen und organisatorischen Rahmenbedingungen*** stellen die Basis für die weiterführenden Konzepte der Verkehrsvermeidung dar. "Die Enquete-Kommission empfiehlt politische Instrumentarien, die verkehrserzeugende Effekte unter Klimaschutzaspekten bei verkehrsrelevanten politischen Entscheidungen auf allen Ebenen berücksichtigen" (Enquete-Kommission 1995, S.1288). Neben den Klimaschutzaspekten kommt weiterhin der umfassende Blickwinkel der Umfeld- und Umweltverträglichkeit von Stadtverkehr zum Einsatz.

Mit dieser Perspektive könnten sich Handlungsspielräume eröffnen, die unter gegebenen Rahmenbedingungen deutlich über das Maß der Realisierbarkeit hinausgehen würden. Die folgenden Strategien sind in ihren Grundzügen in Kap. 1.3.1 beschrieben. Quantifizierungen der Auswirkungen, wie sie für die Szenarien in Kap. 7.4 und 7.5 erfolgt sind, erscheinen für die langfristigen Alternativszenarien wenig sinnvoll. Sie sind als Leitlinien für die Zukunft zu verstehen und dienen der Darstellung potentiell möglicher Entwicklungen im deutschen und französischen Planungssystem als Rahmen für die Untersuchungsgebiete Montpellier und Heidelberg.

Auf einen Bezug zu den jeweils drei Untersuchungsstadtteilen Montpelliers und Heidelbergs wird bei den langfristigen Alternativszenarien verzichtet, da es sich in den meisten Fällen um Veränderungen gesamtgesellschaftlichen Maßstabs handelt. Es werden einzelne Fallbeispiele aus den Untersuchungsräumen angeführt.

Erhöhung des finanziellen und zeitlichen Raumwiderstands

Die finanziellen und zeitlichen Raumwiderstände sind derzeit im französischen und deutschen Untersuchungsgebiet gleichermaßen gering und bieten kaum Anreize zu verkehrssparsamen Lebensweisen. Von einer langfristigen Veränderung dieser Rahmenbedingung wird die Effizienz des Einsatzes aller weiteren Maßnahmen abhängen.

Bei dieser Forderung werden elementare gesellschaftliche Grundprinzipien angetastet, die fest in die Politik und Planung implementiert sind. Um einen Wandel erreichen zu können, muß "von den traditionellen Forderungen der Verkehrspolitik [...] Abstand genommen und das Gegenteil gefordert werden:

- Verkehr muß nicht billig sein - er muß teurer werden;
- Verkehr muß nicht individuell sein - er sollte im Verbund mit anderen erfolgen, und
- Verkehr muß nicht einfach sein, sondern er kann und darf kompliziert sein"

(Malchus 1995, S. 96). Ziel dieser Forderungen ist eine Beeinflussung der Wertschätzung von Distanz und Geschwindigkeit, die sich in einer langfristigen 'Entschleunigung' gesellschaftlicher Prozesse ausdrücken würde (Beckmann 1993, S. 189).

Der ***finanzielle Aspekt der Raumüberwindung*** ist am direktesten über die Fahrtkosten zu steuern. Bezüglich des Kfz-Verkehrs ist die konsequenteste Variante einer verursacherbezogenen Kostenanlastung diejenige der Treibstoffpreise. In Frankreich, wie in Deutschland, ist eine staatliche Steuerung der Preise über die Mineralölsteuer möglich. Zur Anwendung bei den langfristigen Alternativszenarien wird ein Vorschlag der Enquete-Kommission 'Schutz der Erdatmosphäre' des Deutschen Bundestages übernommen. Er sieht eine stetige Erhöhung des EU-weit geltenden Mindestsatzes der Mineralölsteuer vor. Die Steuererhöhung sollte so bemessen sein, daß daraus eine Verteuerung der Kraftstoffe um real 7% / Jahr resultiert, mit einer Laufzeit von mindestens 10 Jahren (Enquete-Kommission 1995; S.1287 / 1290). Auf diese Weise wäre eine klare Entwicklungslinie für Wirtschaft, Planung und Privatpersonen ersichtlich und gesellschaftliche Strukturen könnten den, sich allmählich wandelnden, Bedingungen angepaßt werden. Als positiver Nebeneffekt wäre mit einer beschleunigten fahrzeugtechnischen Entwicklung und deren Umsetzung zur Reduzierung des Kraftstoffverbrauchs und der Luftschadstoffemissionen zu rechnen. Technische Vollzugsdefizite könnten vermieden, die weitere zielgerichtete Forschung und Entwicklung angekurbelt werden (Enquete-Kommission 1995, S. 1290).

Bei der Umsetzung des Konzepts zur Erhöhung der Kraftstoffpreise könnte auf eine Einführung von Straßenbenutzungsgebühren verzichtet werden. Zusätzliche Restriktionen als kleinräumige Steuerungsinstrumente für den MIV in Montpellier und Heidelberg sollten, wie in Kap. 7.5 beschrieben, über deutlich ***steigende Parkgebühren*** erfolgen. Über grundlegende Veränderungen der Stellplatzvorschriften nach BauNVO könnte ergänzend auf die Anzahl und Anlage der Privat-, Firmen- und Universitätsparkplätze Einfluß genommen werden. Verknappungen der Kapazitäten von Parkflächen auf nicht-öffentlichem Grund könnten zusätzliche restriktive Maßnahmen darstellen. Wünschenswert, aber schwierig umsetzbar, wäre die Ergänzung durch eine rechtliche Handhabe zur verpflichtenden Einführung von Parkgebühren auf privaten Flächen und zur Anlage von reservierten Stellplätzen für Fahrgemeinschaften in bevorzugter Lage. Bei den Untersuchungsstadtteilen wären die größten Veränderungen im Berufsverkehr nach St. Martin - Prés d'Arènes und Pfaffengrund zu erwarten, wo bei den vorhergehenden Szenarien nur geringe Wirkungen der Parkraumrestriktionen ermittelt wurden.

Neben den Maßnahmen zur Erhöhung des finanziellen sollte der ***zeitliche Raumwiderstand*** Bestandteil der Betrachtungen werden. Hierzu bieten sich einerseits Zufahrts- und Parkraumbeschränkungen und andererseits strengere Geschwindigkeitsbeschränkungen an. Der umfassende, ursachenbezogene Ansatz von Knoflacher bildet die Grundlage für die weiteren Überlegungen: "In einem System hoher Geschwindigkeiten kann es keine 'Stadt der kurzen Wege' geben. Die Geschwindigkeit wird über die Zeitkonstanz zur Steuergröße, um die Stadt zu strukturieren. Die Weglänge ist derzeit eine von der Geschwindigkeit abhängige Größe. [...] Es ist deshalb aussichtslos kurze Wege zu fordern, wenn man glaubt, daß es möglich wäre, die hohen Geschwindigkeiten beibehalten zu können. [...] Die Geschwindigkeit des Fußgängers muß für die Stadt bestimmend werden" (Knoflacher 1996, S. 58). In Bezug auf den Städtebau folgt daraus, daß "jene Bebauungsformen, die ein Maximum an Mikromobilität und ein Minimum an Makromobilität, also mechanischer Mobilität, in Form des automobilen Verkehrs oder des öffentlichen Verkehrs erzeugen, stadtverträglich sind und umgekehrt. Ein Maximum an Mikromobilität bedingt eine starke Funktionsmischung, um sämtliche Bedürfnisse des Menschen befriedigen zu können, d.h. sein Bedürfnis nach Wohnen, Einkaufen, Freizeit, Naturnähe, Arbeit, Kultur, etc." (Knoflacher 1996, S. 63).

In den Stadtgebieten sollten, für den notwendigen und zweckdienlichen Restverkehr, die Tempo-30-Regelungen auf HVS ausgeweitet werden. Für Nebenstraßen wäre Schrittgeschwindigkeit und Fußgängerbevorrechtigung einzuführen. Die autofreien Gebiete in den Städten sollten ausgeweitet und neue geschaffen werden. Um Einfluß auf den zeitlichen Raumwiderstand für den Regional- und Fernverkehr nehmen zu können, bieten sich allgemeine Tempolimits auf 80 km/h auf Landstraßen, 100 km/h auf Autobahnen sowie technische Tempobegrenzung auf 80 km/h für den Schwerverkehr an. Im Gegensatz zu den vorhergehenden Szenarien sollten die Restriktionen ein Ausmaß annehmen, was nicht nur zu einer räumlichen und modalen Verlagerung und verträglicheren Abwicklung von Verkehr führt, sondern eine generelle Verlangsamung nach sich zieht. Erst dann wäre es möglich, effektiv auf das Distanzverhalten der Bevölkerung einzuwirken. Ein Höchstmaß an Verkehrsvermeidung wäre nur zu erreichen, wenn zusätzlich zu den oben genannten Maßnahmen freiwillige Konsumeinschränkungen der Bürger, vor allem im Freizeit- und Urlaubsverkehr, akzeptiert würden (Enquete-Kommission 1995, S.1289 ff.).

Neben den Maßnahmen im MIV sollte auch beim ***ÖPNV*** auf weitere Beschleunigungsmaßnahmen verzichtet werden, um zukünftige Zersiedlungstendenzen zu bremsen. Insbesondere im regionalen Maßstab sollten steigende Pendlerentfernungen und -anteile nicht unterstützt werden. Ein Angleichen der durchschnittlichen Reisezeiten im MIV und ÖPNV auf derzeitigem ÖPNV-Niveau ist anzustreben. Zukünftige ÖPNV-Projekte sollten auf Attraktivitätssteigerungen in den Bereichen Komfort, Service, Sicherheit, Zuverlässigkeit und Bedienungszeiten liegen.

Bei einer Erhöhung der Raumwiderstände wären außer den Veränderungen der städtebaulichen Entwicklungen, der Entfernungsstrukturen, Nutzungsmischung und Dichte auch positive Auswirkungen auf den verkehrssparenden Einsatz von ***Telematik*** sowie sonstigen technischen Hilfsmitteln zu erwarten (OECD / CEMT 1995, S. 43). ***Organisatorische Maßnahmen*** wie car-sharing und car-pooling würden ebenso verbesserte Voraussetzungen für die Umsetzung erfahren. Es ist anzunehmen, daß sich im Berufs- und Univerkehr der Untersuchungsstädte unter geänderten Rahmenbedingungen deutlich mehr Verkehr durch gezielten Einsatz neuer Technologien und organisatorischer Maßnahmen ersetzen ließe, als bei den anderen Szenarien

In den Untersuchungsstädten Montpellier und Heidelberg wären gleichermaßen folgende verkehrliche Maßnahmen einzuführen:

- in allen Neben-, Stadtteil- und Quartierszentren generell Fußgängerbereiche
- in Wohn- und Mischgebieten sowie sonstigen kleineren Nebenstraßen Begrenzung auf Schrittgeschwindigkeit
- Ausweitung der Tempo-30-Regelungen flächendeckend auf das HVS-Netz der Städte, mit Ausnahme großer 2 x 2 -spurig ausgebauter Ein- und Ausfall- sowie Umfahrungsstraßen in unbebauten Bereichen
- Begrenzung auf 50 km/h in Montpellier auf der nördlichen Route de Ganges, Av. Pierre Mendès-France und Teilen der '5e ceinture': Av. de la Rocambole, Av. de Vanières und Av. du Colonel André Pavelet im Westen sowie Av. de la Mer im Osten; jeweils außerhalb der Siedlungsbereiche
- Begrenzung auf 50 km/h in Heidelberg auf der nördlichen Dossenheimer Landstraße, westlichen Mannheimer Straße, südöstlichen Speyerer Straße, Sandhäuser Straße, Leimener Weg sowie der südlichen Karlsruher Straße; jeweils auf Abschnitten ohne angrenzende bauliche Nutzung
- flächendeckende Parkraumbewirtschaftung in den gesamten Stadtgebieten: Angrenzend an alle Neben-, Stadtteil- und Quartiers- und Einzelhandelszentren Kurzzeitparkplätze (zone jaune / courte durée), in allen Wohngebieten flächendeckend Anwohnerparkplätze mit Berechtigungsschein, in Mischgebieten Kombinationen aus Anwohner- und Langzeitparkplätzen ('zone orange / longue durée'), in Gewerbegebieten Langzeitparkplätze
- Ausrichtung der zukünftigen Straßenbahnprojekte auf eine attraktivere Anbindung der Stadtteile an das ÖPNV-Netz, ohne den Schwerpunkt auf eine Beschleunigung zu legen. Die geplante R-/S-Bahn für Heidelberg sollte insbesondere bessere Bedienungstakte und höheren Fahrkomfort bieten, nicht aber die Pendlerdistanzen erhöhen.

In Kombination mit einem gezielten Ausbau des ÖPNV- und NMIV-Angebots sowie besserer Ausstattung und Gestaltung der Nahbereiche ist, im Berufs- und Univerkehr der jeweils drei Untersuchungsstadtteile, mit bedeutenden Umsteigerpotentialen zu rechnen. Es wird davon ausgegangen, daß ein Zusammenwirken der zwei Argumente Fahrtkosten und Fahrzeit deutliche Impulse auf das ***Distanz- und Mobilitätsverhalten*** der Bevölkerung hat. Bei erhöhten Fahrtkosten und -zeiten wäre eine bessere Akzeptanz eines gezielten Umzugs- und Belegungsmanagements zu erwarten. Für den universitären Ausbildungsverkehr beider Städte wäre dennoch nicht von wesentlichen Verkürzungen der Wegstrecken auszugehen, da die Wohnstandorte bereits bei den anderen Szenarien in der Nähe der Hochschulen anzusiedeln wären. Beim Berufsverkehr ist dagegen mit besseren Zuordnungen der Wohn- und Arbeitsstätten zu rechnen. Das größte Potential bestünde beim Stadtteil St. Martin - Prés d'Arènes, da dort bisher die durchschnittlich längsten Wegstrecken zurückzulegen sind und zusätzlich geeignete städtebauliche Möglichkeiten zur Ansiedlung von Bevölkerung vorhanden wären (vgl. Kap. 7.5.4).

Veränderungen des Planungsrechts
Eine Umgestaltung des Planungsrechts könnte darauf beruhen, daß in den Plänen nicht mehr zwischen verschiedenen Baugebietstypen unterschieden, sondern ein ***generelles Mischungsverhältnis*** von Wohnen, Arbeiten, Versorgung und Freiflächen festgelegt wird (Strittmatter et al. 1988). Da dies bisher weder bei den deutschen Bebauungsplänen noch bei den französischen Plans d'Occupation des Sols der Fall ist, könnten derartige Veränderungen prinzipiell für beide Untersuchungsgebiete Montpellier und Heidelberg Anwendung finden. Modifikationen der Planungsgrundlagen auf staatlicher Ebene wären die Voraussetzung. Für Deutschland müßte die BauNVO grundlegend überarbeitet werden, wobei insbesondere der erste Abschnitt 'Art der baulichen Nutzung' komplett zu ersetzen wäre (vgl. BauGB 1997, S. 233 ff.). Für Frankreich stellt der Code de l'Urbanisme die Rechtsgrundlage dar, in die das Gebot der Nutzungsmischung eingearbeitet werden müßte (vgl. Code de l'Urbanisme 1990, S. 787 ff.).

Den Bauherren würden mit den Nutzungsrechten auch Nutzungspflichten übertragen, welche innerhalb festgelegter Gebiete handelbar wären. Monofunktionale Gebäude müßten innerhalb dieser Gebiete mit Objekten anderer Nutzungen nach vorgeschriebenen Verhältnissen gemischt werden. Durch finanzielle Ausgleichszahlungen würden nachfrage- beziehungsweise nutzungsabhängige Bodenpreise entstehen. Das Konzept der Nutzungsrechte und -pflichten wäre durch Festlegung von Höchst- und Mindestdichten für die ausgeschriebenen Gebiete zu ergänzen. Eine ausführliche Darstellung des Konzepts ist Kap. 1.3.1 zu entnehmen (Bundesforschungsanstalt für Landeskunde und Raumordnung 1995, S. 86).

Ein neues Bau- und Planungsrecht nach diesem Muster wird, im Vergleich zu den Maßnahmen der Alternativszenarien 2010, keine ganz neuen Felder der Verkehrsvermeidung auftun. Ziel ist eine konsequentere Ausschöpfung des Potentials der Funktionsmischung und verträglichen Dichte durch die Vermeidung von Vollzugsdefiziten. Der umfassende, flächendeckende Ansatz und verringerte Verwaltungsaufwand sollten langfristig verbesserte Gestaltungsmöglichkeiten für Stadterweiterungs-, Stadtumbau- und Bestandsflächen eröffnen.

In Montpellier könnte eine konzeptionelle Änderung des POS zunächst im neuen Stadtteil ***Port Marianne*** östlich des Lez erfolgversprechend eingesetzt werden. Da dieser Bereich in den nächsten Jahrzehnten dynamisch wachsen wird, würden hier die besten Möglichkeiten bestehen, durch geänderte Planungsgrundsätze Veränderungen im Raum zu steuern (vgl. Ville de Montpellier - DAP 1993, S. 22). Die, mit den Mitteln der Alternativszenarien 2010 angestrebten, Mischungs- und Dichteverhältnisse sollten anhand der neuen rechtlichen Handhabe effektiver durchsetzbar sein. Für den zukünftigen Berufs- und Univerkehr könnten bessere Zuordnungen von Wohn- und Arbeits-, beziehungsweise Studienplätzen innerhalb des Stadtteils die Folge sein. Kürzere Wege und verbesserte Bedingungen für den Fuß- und Radverkehr könnten zu einer Abnahme der Verkehrsbelastungen beitragen. Beim

Einkaufsverkehr käme zu den kleinräumigen Verbesserungen eine kürzere Distanz zum Stadtzentrum durch weniger flächenintensive Bauweisen hinzu. Freibleibende Flächen sollten begrünt und der Naherholungsfunktion zugeführt werden, um den Freizeitverkehr durch bessere Quartiersbindung möglichst gering zu halten. In Kombination mit einer Verteuerung und Verlangsamung des Kfz-Verkehrs könnte von einer stetigen Abnahme der Motorisierungsrate ausgegangen werden. Folge davon wären wiederum verringerte Flächenansprüche des ruhenden Verkehrs im Stadtteil und damit verbesserte Voraussetzungen für kompakte Siedlungsstrukturen. Mit den neuen Rahmenbedingungen könnten für Port Marianne die Voraussetzung für den ersten 'autoarmen' Stadtteil Montpelliers geschaffen werden.

Die für Heidelberg bedeutendste zusammenhängende, zentrumsnahe Fläche, die sich als Stadtumbau- und -erweiterungspotential anbietet, ist das Areal der ***Bahnhofsinsel*** in den Stadtteilen Weststadt und Kirchheim (vgl. Stadt Heidelberg 1998, S. 19 ff.). In diesem Planungsprojekt könnten, unter Einsatz der neuen Rahmenbedingungen als erstes spürbare Veränderungen in Stadtbild und -struktur hervorgerufen werden. Der Aufbau eines verdichteten, funktionsgemischten Nebenzentrums könnte auf diese Weise konsequenter umgesetzt werden (vgl. Stadt Heidelberg 1998, S. 10). Potentielle Stadterweiterungsflächen im Süden und Westen des Areals könnten zunächst freigehalten, beziehungsweise erst in der nächsten Ausbaustufe an das kompakte Nebenzentrum angegliedert werden. Als zusätzlicher Beitrag zu einer prozeßorientierten Planung mit intensiver Bürgerbeteiligung hätte dies den Vorteil, die Funktionalität und die Annahme der ersten Ausbaustufe durch die Bevölkerung abschätzen zu können, bevor weitere Flächen zur Bebauung freigegeben werden. Notwendige Korrekturen und Verbesserungen wären leichter einzuarbeiten, Fehlentwicklungen zu vermeiden. Die Lage- und Verkehrsgunst des Areals könnte sich insbesondere im Berufs- und Einkaufsverkehr für den gesamten südwestlichen Stadtbereich und die Innenstadt positiv auswirken. Einerseits bekäme die Bevölkerung eine bessere Ausstattung mit Wohn-, Arbeits- und Infrastruktureinrichtungen vor Ort, andererseits wäre über die Entwicklungsachse Kurfürstenanlage eine sehr gute Anbindung an die Altstadt zu sichern (vgl. Stadt Heidelberg 1998, S. 10). Im Planungsprozeß und in der Öffentlichkeitsarbeit sollte besonderer Wert auf die Ausgleichsfunktion des neuen Nebenzentrums für die Altstadt gelegt werden, um Synergieeffekte bezüglich der Einwohner-, Arbeitsplatz- und Verkehrsentwicklung zu erreichen. Die sehr gute ÖPNV-Anbindung könnte im Freizeitverkehr zu den Erholungsgebieten der Region einen Umstiegseffekt fördern. Für den universitären Ausbildungsverkehr wären keine bedeutenden Vorteile zu erwarten. Mit einer konsequenten Durchführung des Projekts würden Effekte der Verkehrsvermeidung und Verkehrsverlagerung erreicht und in den Raumstrukturen langfristig angelegt, die sich in einer sinkenden Motorisierungsrate in Heidelberg auswirken könnten.

Bei der ***Nachverdichtung*** und Öffnung bestehender Stadtteile für die Funktionsmischung sind in beiden Untersuchungsstädten wichtige Potentiale zu erwarten, die unter Voraussetzung geänderter Rahmenbedingungen ausgeschöpft werden könnten (vgl. Kap. 7.5). In diesen Bereichen ist jedoch mit einer langsameren Umsetzbarkeit als bei den genannten neuen Großprojekten zu rechnen. Die Nachverdichtungen sollten strukturell und gestalterisch sehr gut in die Gebiete eingepaßt werden, um keine kontraproduktiven städtebaulichen Auswirkungen nach sich zu ziehen.

Bodenmarkt

Zur Förderung einer besseren Umsetzung der Planungen bezüglich höherer Bebauungsdichte und sparsameren Umgangs mit der Fläche sollte eine umfassende ***Reform des Bodenrechts*** durchgeführt werden. Als Mittel hierzu wird eine höhere Besteuerung des Bodens vorgeschlagen. Zu diesem Zweck könnte eine umfassende Bodenwertsteuer eingeführt werden, welche die gesamte Steuerlast auf die Grundstücke überträgt und Gebäude unbesteuert läßt (vgl. Kap. 1.3.1; Bundesforschungsanstalt für Landeskunde und Raumordnung 1995, S. 90). Die Ziele dieses Steuerungsinstruments für das Flächennutzungsverhalten bestehen in einer intensiven Ausnutzung und sparsamen Verwendung der Fläche, einer Vermeidung der Hortung und Zurückhaltung von Bauland, einer Mobilisierung von Flächen im Innenbereich sowie einer Verminderung von Neuausweisungen (Bundesforschungsanstalt für Landeskunde und Raumordnung 1996, S. 85 ff.).

Ergänzend zu dieser generellen Umstrukturierung sollten weitere Einzelmaßnahmen in einer Neufassung des Bodenrechts verankert werden. Eine verbindliche Rechtsvorschrift zur Kompensation der Flächeninanspruchnahme für Siedlungszwecke durch ***Ausgleichsmaßnahmen*** sollte Teil der Überarbeitung sein. Verbesserte ökologische Ausgleichsfunktion und Ressourcenschutz sind die Ziele dieser Maßnahme. Entsprechende Neuerungen wären im Flächennutzungsplan und Bebauungsplan festzuschreiben, Veränderungen von §5 und §9 BauGB müßten die rechtliche Grundlage darstellen (vgl. BauGB 1997, S. 9 ff.). In den französischen Planungsinstrumenten Schéma Directeur (SD), Schéma de Secteur (SS) und Plan d'Occupation des Sols (POS) ist ein situationsangepaßter, sparsamer Umgang mit der Fläche vorgeschrieben, das Konzept der Flächenkompensation ist auch dort nicht verankert. Es sind daher die gleichen Forderungen an Veränderungen zu stellen, wie in Deutschland. Die entsprechenden Artikel der Rechtsgrundlage Code de l'Urbanisme müßten dazu modifiziert werden (vgl. Loew 1988, S. 22 ff.; Kistenmacher et al. 1994, S. 133 ff.). Die Ausgestaltung sollte sich am Vorbild des rheinland-pfälzischen 'Öko-Konto' orientieren. Das Prinzip basiert auf einer Bevorratung von geeigneten Kompensationsflächen bei der Unteren Landespflegebehörde, so daß bei baulichen Eingriffen auf geeignete Ausgleichsflächen, die in räumlichem Zusammenhang mit dem Bauprojekt stehen, zurückgegriffen werden kann. In Frankreich böten sich die Directions Départementales de l'Equipement (DDE) als Verwaltungsbehörden für die Reserveflächen an. Erstens sind diese in die Vorbereitung der SD, SS und POS eingebunden, zweitens können sie den interkommunalen Bezug herstellen und den räumlichen Rahmen des Konzepts bei Bedarf erweitern (s.u.; vgl. Loew 1988, S. 12). Vertragliche Regelungen über die konkrete Ausgestaltung des Ausgleichs sollten vor dem jeweiligen baulichen Eingriff festgelegt werden. Der Aufbau eines derartigen Flächenpools wäre nur langfristig realisierbar (Bundesforschungsanstalt für Landeskunde und Raumordnung 1996, S. 81 ff.).

Eine Novellierung des BauGB bezüglich des FNP sollte auch dessen Aufgaben einbeziehen. Die Anlage des Gesamtplans sollte längerfristig ausgerichtet werden, mit zusätzlichen kurzfristigeren Teilflächennutzungsplänen im Sinne einer Prozeßplanung. Inhaltlich sollte eine Stärkung der strategischen, konzeptionellen, gesamtgemeindlichen Planung in Richtung auf einen umfassenden Boden- und Flächenbezug bei gleichzeitiger Integration der Umweltplanung vorgenommen werden. Als Vorbild könnte die Struktur der Schémas Directeurs (SD) und Schémas de Secteurs (SS) in Frankreich gewählt werden (vgl. folgender Abschnitt; Code de l'Urbanisme, Artikel L. 110). Der FNP könnte damit zum übergreifenden Planungsinstrument einer umfassenden kommunalen Leitplanung werden. Die nachgeordneten Detailplanungen Bebauungspläne, Vorhaben- und Erschließungspläne, Landschaftspläne, Grünordnungspläne, landschaftspflegerischen Begleitpläne und sonstigen Planungen sollten als Teile einer integrierten Gesamtplanung behandelt werden (Bundesforschungsanstalt für Landeskunde und Raumordnung 1996, S. 84).

Zusätzlich zu den innergemeindlichen Maßnahmen sollte eine Stärkung der ***interkommunalen Zusammenarbeit*** gefördert werden. Über eine regionale Bodenvorratspolitik, gemeinsame Entwicklung neuer Siedlungsschwerpunkte sowie gemeindeübergreifende Verkehrs- und Infrastrukturplanung könnten kontraproduktive Effekte, aufgrund zwischengemeindlicher Konkurrenzsituationen, vermieden werden. Als rechtliche Grundlage sollte die Erstellung eines interkommunalen Flächennutzungsplans im Bedarfsfall vorgeschrieben werden. Veränderungen des §204 BauGB wären die Voraussetzung (vgl. Bundesforschungsanstalt für Landeskunde und Raumordnung 1996, S. 83). Der französische Nutzungsleitplan Schéma Directeur (SD), als Planungsdokument zur mittelfristigen Nutzungszuordnung des Bodens mehrerer Gemeinden umfaßt alle geforderten strukturellen und inhaltlichen Punkte, außer dem eines Flächenpools (s.o.). Der Code de l'Urbanisme müßte als rechtliche Grundlage dahingehend geändert werden, daß die Erstellung von Schémas Directeurs für die Gemeinden zur Pflichtaufgabe gemacht wird (Code de l'Urbanisme, Artikel L. 110). Die detaillierteren Nutzungsteilpläne Schémas de Secteurs (SS), die das Bindeglied zwischen SD und POS darstellen, könnten als Vorbild für die Teilflächennutzungspläne herangezogen werden (vgl. Kap. 1.3.1; Loew 1988, S. 22 ff.; Kistenmacher et al. 1994, S. 133 ff.).

Niedrigere Bodenpreise im Umland als im Zentrum der Städte sind ein Faktor, der sowohl bei der Wohn-, als auch bei der Gewerbenutzung die Präferenz von peripheren Stadterweiterungsflächen gegenüber zentralen Bestands- und Stadtumbauflächen hervorruft. In teuren Zentrenlagen siedeln sich vorwiegend ertragsstarke Nutzungen an, weniger rentable Bauprojekte werden an preisgünstigere Standorte verdrängt. Diesem Phänomen könnte in Zukunft über das Gebot der Funktionsmischung mit ***Nutzungsrechten, Nutzungspflichten*** und nutzungsabhängigen Bodenpreisen entgegengewirkt werden (s.o., Abschnitt 'Veränderungen des Planungsrechts'). In Einzelfällen könnten ergänzend dazu Förderprogramme (Wohnungsbauförderung, Wirtschaftsförderung, Steuerbegünstigung) mit räumlich steuernder Wirkung zum Einsatz kommen.

Eine Ausweitung des ***gemeindlichen Vorkaufsrechts*** (§24 - 25 BauGB) auf Flächen, die keiner kommunalen Nutzung zugeführt werden, würde die Spielräume der Gemeinde zur Steuerung der Flächenpolitik deutlich erhöhen. Das Vorkaufsrecht könnte durch das Festlegen eines Preislimits in Höhe des Verkehrswertes in seiner Bedeutung erhöht werden (vgl. §3 BauGB; Bundesforschungsanstalt für Landeskunde und Raumordnung 1995, S. 88). Im Falle eines Scheiterns von Verhandlungen könnte bei städtebaulich bedeutsamen Flächen die ***städtebauliche Entwicklungsmaßnahme*** zum Einsatz kommen. Eine vorsichtige Ausweitung dieses sehr durchsetzungsstarken Instruments würde der Gemeinde zu weitergehenden Kompetenzen bei der Steuerung der Siedlungsentwicklung verhelfen (Bundesforschungsanstalt für Landeskunde und Raumordnung 1995, S. 89). Die genannten Maßnahmen würden den Aufbau eines kommunalen Flächenpools fördern.

Die Einführung einer Bodenwertsteuer könnte die Mobilisierung von Flächen zur Nachverdichtung im Innenbereich der Untersuchungsstädte Montpellier und Heidelberg erleichtern. Am Potential der Bestands-, Stadtumbau- und Stadterweiterungsflächen kann sich dadurch nichts ändern. Die Flächenreserven in den verschiedenen Stadtteilen entsprechen denen der Alternativszenarien 2010 und sind in Kap. 7.5.1.1 und 7.5.1.2 beschrieben. Dennoch ist davon auszugehen, daß unter neuen bodenrechtlichen Voraussetzungen eine Mobilisierung mit deutlich geringeren Vollzugsdefiziten realisierbar wäre. Positive Einflüsse auf die Siedlungsflächen- und Verkehrsentwicklung wären, bei integriertem Einsatz mit den anderen genannten Maßnahmenkomplexen, in beiden Städten sehr wahrscheinlich.

Die Erhaltung von Freiflächen durch die Ausgleichsfunktion eines Flächenpools sollte in räumlichem Bezug zu den Bauflächen stehen. Daher sollte die organisierte Anlage der Pools in den Untersuchungsstädten Montpellier und Heidelberg, soweit es das Raumangebot zuläßt, langfristig Ersatzflächen in direkter Nähe aller potentiellen zukünftigen Baugebiete einbeziehen. Betroffen wären in beiden Städten vorwiegend die Siedlungsränder, wobei, unter Aspekten langfristiger Entwicklungen, vorausschauend auch Bereiche einbezogen werden sollten, die derzeit noch nicht konkret zur Bebauung vorgesehen sind (vgl. Ville de Montpellier - DAP 1993, Karte 'protection et mise en valeur de l'environnement'; Stadt Heidelberg 1998, Karte 'Erläuterungsplan Flächennutzung Bestand').

Im Hinblick darauf sollte eine intensivere interkommunale Zusammenarbeit bei der Planung und Flächenbevorratung anvisiert werden. Im Falle Montpelliers könnte, bei weiterem Verlauf einer gemäßigten Entwicklung Richtung Südosten, die Stadtgrenze Richtung Maugio, Pérols, St. Aunès, Le Crès und Castelnau-le-Lez der entscheidende Bereich für den Einsatz eines interkommunalen Flächenpools sein. Im Bereich der südlichen Stadtgrenze nach Lattes erscheint eine Anwendung, wegen der linienhaften Abgrenzung durch die Autobahn, zweitrangig. Trotz einer derzeit relativ statischen Situation im Westen und Norden des Stadtgebiets sollte mit den angrenzenden Wohngemeinden St. Jean de Védas, Lavérune, Juvignac, Grabels, St.-Clément-de-Rivière, Montferrier und Clapiers langfristig eine gemeinsame Flächenbevorratung eingeleitet werden, um im Bedarfsfall agieren zu können. Zur Vermeidung kontraproduktiver Effekte sollte auch die Stadt Heidelberg die benachbarten Gemeinden vom Konzept eines interkommunalen Flächenpools überzeugen. In erster Linie sind dabei die, im Norden, Westen und Süden direkt an das Siedlungsgebiet angrenzenden Gemeinden Dossenheim, Edingen-Neckarhausen, Eppelheim, Plankstadt, Oftersheim, Sandhausen und Leimen einzubeziehen. Die, an die Ostseite der Stadt anschließenden Ortschaften im Odenwald, am Neckar und im Kraichgau sind durch ausgedehnte Waldgebiete von der Heidelberger Siedlungsfläche abgetrennt. In diesen Bereichen wird in absehbarer Zeit nur in Einzelfällen das Instrument einer gemeinsamen Flächenbevorratung notwendig werden.

Parallel dazu sollten in beiden Untersuchungsstädten nutzungsabhängige Bodenpreise anhand des Konzepts der Nutzungsrechte und -pflichten eingeführt werden. Durch die Breitenwirkung in den gesamten Stadtgebieten wäre das Kern-Rand-Gefälle der Bodenpreise zu verringern und damit auch der Druck auf die interkommunalen Flächenpools an den Siedlungsrändern der Städte.

Organisatorische Konzepte

Der Einsatz der folgenden organisatorischen Maßnahmen ist bereits unter bestehenden Rahmenbedingungen möglich:

- zielgerichtetes Belegungs- und Umzugsmanagement für Wohnungen
- (firmeninterne) Tauschbörsen für Arbeitsplätze
- Telekommunikation und Telematik.

Die Maßnahmen können ihre volle Wirkungsbreite aber erst bei erhöhtem Raumwiderstand entfalten. Im Vergleich zu den Alternativszenarien 2010 wären daher deutlich stärkere Effekte der Verkehrsvermeidung zu erwarten. Für eine effektive Umsetzung sollte Mischung als Zuordnung von Nutzungen auf individueller Ebene verstanden und ausgestaltet werden. Eine detaillierte Beschreibung der organisatorischen Maßnahmen ist Kap. 1.3.1, ihre Anwendung Kap.7.5 zu entnehmen (Bundesforschungsanstalt für Landeskunde und Raumordnung 1995).

Erweitertes Planungsverständnis

Die Schaffung politischer Voraussetzungen für Gesamtverkehrskonzepte könnte weitreichende Folgen für die Zukunft der Planung in beiden Untersuchungsstädten haben. Zentraler Ansatzpunkt ist die Förderung einer integrierten Planung von Verkehrs- und Siedlungsstrukturen. Veränderungen der Kooperationsstrukturen in der Stadt- und Verkehrsplanung könnten einen besser koordinierten Einsatz der oben genannten Maßnahmenpakete ermöglichen. Zwei Phänomene der Zusammenarbeit müssen dabei unterschieden werden:

- horizontal: Stadt- und Verkehrsplanung als Querschnittsplanung, basierend auf einem sektorübergreifenden Dialog und interdisziplinärer Zusammenarbeit über die Fachplanungen hinaus unter Mitwirkung von Wirtschaft und Wissenschaft
- vertikal: Verbesserung der Koordination zwischen den verschiedenen Planungsebenen, in Deutschland Bund, Land, Region und Gemeinde. In Frankreich bestehen aufgrund des zentralistisch orientierten Staatsaufbaus andere Abhängigkeitsstrukturen als in Deutschland (vgl. Kap. 1.3.3). Dennoch könnte eine bessere Abstimmung zwischen Staat, Région, Département und Gemeinde Potentiale im Planungssektor eröffnen.

(vgl. Enquete-Kommission 1995, S.1290 ff.). Das föderale ***Planungssystem Deutschlands*** hat gegenüber dem französischen den Vorteil, daß Strukturen für den vertikalen Austausch nach dem Gegenstromprinzip angelegt sind. Das Hauptproblem in der Realität sind die dabei auftretenden Vollzugsdefizite: "Dagegen ist es doch gerade ein Vorzug unseres Systems, daß für die vertikalen und horizontalen Abstimmungserfordernisse eine ausgebaute Organisationsstruktur von Raumordnung und Landesplanung zur Verfügung steht. Nur, sie sollte auch genutzt werden. [...] Für eine konkrete Ausgestaltung des Zielsystems wäre es hilfreich, den Dialog zwischen den vier Aktionsebenen räumlicher Planung: Bund, Länder, Regionen, Kommunen mit ernsthaftem Bemühen zu verstärken" (Schmitz 1995, S. 7 / 13; vgl. §1 Abs. 4 ROG). Es wird erwartet, daß größere Kooperationsbereitschaft, unterstützt durch einen zielgerichteten Einsatz von mehr Rechnerkapazität, den Mangel an frühzeitiger Abstimmung und einer gemeinsamen raumbezogenen Zieldefinition beheben könnte (Schmitz 1995, S. 13).

Die relativ starren, nach wie vor durch die zentralistische Vergangenheit geprägten, ***Planungsstrukturen Frankreichs*** ermöglichen bisher nur eine langsame Entwicklung der Zusammenarbeit zwischen den Planungsinstitutionen. Erste Schritte wurden seit der Dezentralisierungsreform 1983 gemacht. Da die Raumplanung nicht als Verfassungsgebot verankert ist, sondern als politisches Gebot verstanden wird, bestünden aus rechtlicher Sicht geringere Hürden zur Veränderung der Planungsstrukturen als im deutschen System (vgl. Loew 1988, S. 20). Unter entsprechenden politischen Voraussetzungen sollte auch in Frankreich langfristig eine verstärkte Kooperation zwischen den Institutionen durchzusetzen sein. Eingeschränkt werden die Umsetzungschancen allerdings durch die personellen Strukturen des rigiden Beamtenapparats.

Durch eine Kompetenzerhöhung der Regionalplanung gegenüber der bundesweiten Raumordnung könnten kleinräumige Probleme und Potentiale besser wahrgenommen und gezielter darauf reagiert werden. Als Beispiel ist die konsequente Beeinflussung der regionalen und kommunalen Flächensteuerung durch entsprechende Flächennutzungsplanung und der Wirtschaftsentwicklung durch gezielte Standortförderung zu nennen. Verbesserte räumliche Zuordnungen im Hinblick auf verkehrssparende Strukturen sollten durch die Stärkung regionaler Wirtschaftskreisläufe gegenüber nationalen und internationalen ausgebaut werden. Als langfristiges Ziel wird damit eine Entkoppelung des Wirtschafts- und Verkehrswachstums angestrebt (Enquete-Kommission 1995; S.1293 ff.). In Frankreich fallen den Planungsstellen auf lokaler Ebene deutlich geringere Kompetenzen zu, als in Deutschland. Eine konsequente Änderung dieses Umstands wäre nur bei einer Neugestaltung des Planungssystems (s.o.) zu erwarten. Solange in Frankreich der langfristige, umfassende Prozeß zu mehr Kompetenzverteilung, Kooperation und Bürgerbeteiligung im Planungsgeschehen nicht mit Nachdruck weitergeführt wird, bestehen in Heidelberg bessere Aussichten auf eine verstärkte Einflußnahme als in der Partnerstadt Montpellier.

Konkret sollten neben einer weiteren Förderung der Transparenz und Zusammenarbeit zwischen den verschiedenen städtischen Ämtern Heidelbergs (Stadtplanungsamt, Amt für Umweltschutz und Gesundheitsförderung, Amt für Stadtentwicklung und Statistik, Amt für Wirtschaftsförderung und Beschäftigung etc.) die Informationsgrenzen zu den übergeordneten Planungsstellen Regionalverband Unterer Neckar und Raumordnungsverband Rhein-Neckar durchlässiger gestaltet werden. Im Falle Montpelliers könnte eine organisatorische Vernetzung der kommunalen Direction Aménagement Programmation (DAP; Stadtplanungsamt) mit der Direction Départementale d'Équipement de l' Hérault (DDE) einen ersten Schritt zu effektiverem Arbeiten in Form einer integrierten Stadt- und Verkehrsplanung darstellen. Die DAP ist für die Erstellung der Bodennutzungspläne POS zuständig, die DDE für die Verkehrsentwicklungspläne der Agglomeration Montpellier (DVA). Dies hätte eine Zusammenarbeit einerseits über die Fachplanungen und andererseits über die Planungsebenen hinaus zur Folge. Montpellier und Heidelberg würden sich, als Wissenschafts- und Wirtschaftsstandorte, zur Einbindung des know-how universitärer Forschungs- und privater Wirtschaftseinrichtungen in einen langfristigen Entwicklungsprozeß hin zu einer Orientierung auf regionale Verkehrs- und Wirtschaftszusammenhänge anbieten.

Im Sinne eines demokratischen Verfahrens sollte eine frühzeitige Einbindung von betroffenen Bürgern und Gewerbetreibenden in den Planungsprozeß stattfinden. Mehr ***Bürgerbeteiligung*** hätte die Vorteile, die Detailkenntnisse der Verhältnisse vor Ort zu verbessern sowie den kleinräumigen Anwendungsbezug der Projekte und die Chance der gesellschaftlichen Akzeptanz zu erhöhen. Hierzu sollten, bei allen relevanten Projekten, fachgerecht moderierte Foren in den Planungsprozeß integriert werden. Die beteiligten Planer sollten sich während des Planungsprozesses auch ihrer Selbstverantwortung bewußt sein (Bundesforschungsanstalt für Landeskunde und Raumordnung 1995, S. 75 ff.; Knoflacher 1996, S. 193 ff.). Als innovatives Modell der Bürgermitwirkung in Heidelberg ist das Verkehrsforum anzuführen. Unter Beteiligung aller in das Stadtleben eingebundenen und am Verkehrsgeschehen interessierten Gruppen konnte ein gemeinsamer Meinungsbildungsprozeß initiiert werden. Aufgaben und Ziele des Konzept liegen in der Bereitstellung eines kompetenten Informations- und Diskussionsforums für die Bürger mit dem Versuch einer Konsensfindung, einer Sammlung und Ergänzung des Abwägungsmaterials, Empfehlungen für Lokalpolitik und Verwaltung sowie einer Orientierungsfunktion für den Verkehrsentwicklungsplan (Fiedler 1994, S. 138). Die Idee dieses Konzepts sollte weitergeführt und auf eine größere Anwendungsbreite zugeschnitten werden, um im Zuge einer integrierten Planung die erwünschte Bürgerbeteiligung zu ermöglichen. In der Stadt- und Verkehrsplanung Montpelliers fehlen derartige Ansätze bisher. Gesetzliche Vorgaben schreiben für große Planungsprojekte, wie zum Beispiel den Straßenbahnbau in Montpellier, Voruntersuchungen unter Beteiligung der betroffenen Bevölkerung (Concertation Préalable) sowie öffentliche Präsentationen und Auslagen der Pläne (Déclaration d'Utilité Publique, DUP) nach erfolgter Bürgerbefragung (Enquête Publique) vor. Die Befragung bezieht sich in erster Linie auf die bodenrechtlichen Verhältnisse im Hinblick auf den Erwerb und die Enteignung notwendiger Flächen (Montpellier District / SMTU 1996, S. 10; Code de l'Urbanisme Artikel L.300.2, L.123-8 u.a.). Die Bürgerbeteiligung bezieht sich vorwiegend auf die Auslage vorgefertigter Planungen und das nachträgliche Überarbeiten auf der Basis von Anregungen und Einwänden. In dieser Hinsicht sollte das Modell Verkehrsforum Heidelberg als Vorbild genommen werden. Eine planungsrechtliche Verankerung von mehr Bürgerbeteiligung bedürfte in beiden Staaten Veränderungen der Planungsverfahren, insbesondere des Baugesetzbuchs und des Code de l'Urbanisme. Übergangsweise sollten derartige Ansätze als freiwillige, beratende Foren in beiden Untersuchungsstädten zum festen Bestandteil der Planungsprozesse gemacht werden.

Die neu zu definierende Aufgabe der 'Verkehrsbewältigung' sollte einen zentralen Ansatzpunkt der ***integrierten Planung*** darstellen. Sie entspricht einer Forderung nach konsequenter Ausrichtung der räumlichen Planung aller Ebenen auf die Verkehrsvermeidung in der Region. Konkret müßte im deutschen System die Durchsetzungskraft der Planungsinstrumente BauGB, BauNVO (insbesondere Stellplatzvorschriften), Landesbauordnungen sowie institutionelle Regelungen bei der Abstimmung der Planungen in der Region und der Verteilung der finanziellen Mittel erhöht werden (Enquete-Kommission 1995, S.1292 ff.). In Frankreich stellt sich die Situation komplexer dar. Die planungsstrukturellen Voraussetzungen müßten, aufbauend auf dem Loi d'administration territoriale von 1992 und einem geänderten Code de l'Urbanisme erst verbessert werden. Die Forderung nach 'Verkehrsbewältigung' sollte als inhaltlicher Kernpunkt der Verkehrs- und Raumplanung den Aufbau neuer Kooperationsstrukturen und Kompetenzverteilungen begleiten. Bestandteil der Umstrukturierung müßte eine weitere Lockerung der finanziellen Abhängigkeit der kommunalen Behörden von den staatlichen sein (vgl. Kistenmacher et al. 1994, S. 63). Neben der Abstimmung bei allen raum- und verkehrsrelevanten Maßnahmen sollte in beiden Ländern ein neuer Grundgedanke bei den Finanzierungsentscheidungen zum Tragen kommen. Es handelt sich um den Ersatz der Wirtschaftlichkeitsuntersuchung für Verkehrsprojekte, beziehungsweise der Mise en Comptabilité des Documents d'Urbanisme durch eine Verkehrsfolgenprüfung. Diese sollte unter nachhaltiger Sichtweise die Gesamtheit der wirtschaftlichen, sozialen und umweltspezifischen Folgen von Planungen ermitteln. Über die Verteilung von Fördergeldern könnte finanzieller Druck ausgeübt werden, um Aspekte der Umwelt- und Sozialverträglichkeit bei Erschließungs- und Bauvorhaben stärker zu gewichten (Enquete-Kommission 1995; S.1292).

Die verbesserte Zusammenarbeit zwischen den verschiedenen Planungsebenen und -ressorts sollte, unter Einbeziehen der lokalen Bevölkerung, in einem kontinuierlichen ***Planungsprozeß*** zusammenlaufen. "Auf den Städtebau übertragen bedeutet das, daß auch hier unkontrollierte

Entwicklungen, die als Folge unüberlegter Planungen entstanden sind, in verantwortlicher Weise zurückgestutzt oder auch beseitigt werden müssen. Das Gedeihen einer Stadt als solches muß den inneren Gesetzmäßigkeiten überlassen bleiben, die sich aus den Funktionen entwickeln, die ihrerseits wieder durch das Zusammenleben vieler Menschen bedingt und bestimmt werden, also sozialen, ökologischen und kulturellen. Stadtplanung kann damit gar nicht im Sinne starrer Pläne betrieben werden" (Knoflacher 1996, S. 58). Mit Hilfe des oben beschriebenen Verkehrsforum-Ansatzes könnte durch Betonung der Prozeßplanung direkt auf eine bedarfsgerechtere Ausgestaltung von Projekten hingewirkt werden.

7.7 Zusammenfassende Bewertung und Typisierung

Bei den Auswertungen des Ist-Zustands, des Status-Quo-Szenarios und der Alternativszenarien 2010 zeichnen sich fünf Typen von Straßenabschnitten ab. Diese werden im Folgenden erläutert. Für jeden Typ werden beispielhaft die Ergebnisse von zwei Straßen graphisch dargestellt, die Einordnung der untersuchten Straßen in das Schema ist Tabelle 7.55 zu entnehmen. Die Auswirkungen der langfristigen Alternativszenarien (Horizont >2010) auf die einzelnen Straßenabschnitte ist nicht detailliert genug zu erfassen, um eine fundierte und aussagekräftige Darstellung in den Diagrammen zu ermöglichen.

In die Diagrammdarstellungen gehen nur Veränderungen des Verkehrsgeschehens ein, die in Zusammenhang mit dem innerstädtischen Berufs- und universitären Ausbildungsverkehr stehen. Die Ergebnisse lassen daher keine direkten Schlüsse auf die Gesamtverkehrs-entwicklung und ihre Folgen auf den betreffenden Straßen zu. Bei der Betrachtung des Gesamtverkehrs sind weit größere Unterschiede zwischen Ist-Zustand, Status-Quo-Szenario und Alternativszenarien zu erwarten, als bei der Auswahl einzelner Verkehrssegmente.

Je größer die Fläche innerhalb der Polygone in den Diagrammen ist, desto höher ist die Belastungswirkung des Stadtverkehrs für Umfeld und Umwelt an der jeweiligen Straße. Die Skalierung orientiert an den Schulnoten 1 bis 5, entsprechend (+ +) bis (- -). Die Fläche zwischen schwarzer und grauer Linie stellt die Verbesserungen des Status-Quo-Szenarios gegenüber dem Ist-Zustand dar, die Fläche zwischen grauer und gestrichelter Linie die Verbesserungsmöglichkeiten der Alternativszenarien 2010 gegenüber dem Status-Quo-Szenario.

Unter **Typ A** sind die großen radialen Ein- und Ausfallstraßen und konzentrischen Ringstraßen zusammengefaßt, einige davon in Zentrumsnähe, andere in den Außenbezirken der Städte. Gemeinsam ist diesen Straßen das sehr hohe Verkehrsaufkommen mit Schwerpunkt auf dem Durchgangs- und Zubringerverkehr. Die Belastungen sind im Ist-Zustand bei fast allen Bewertungsfeldern hoch, für nichtmotorisierte Straßenraumnutzer sowie Nutzer der angrenzenden Gebäude sind diese Straßen dementsprechend unattraktiv:

- ***CO-Emissionen:***
  im Ist-Zustand sehr hohe Luftschadstoffemissionen: (o) - (- -)
  hohes Minderungspotential: Bewertungen beim Status-Quo-Szenario (+) - (-), bei den Alternativszenarien 2010 (+ +) bis (+)
- ***Lärmimmissionen:***
  hohe Belastungen im Ist-Zustand wie auch bei den Szenarien: (-) - (- -)
- ***Trennwirkung / Unfallgefährdung:***
  hohe Belastungen im Ist Zustand wie auch bei den Szenarien: (-)
- ***Seitenraumbreite / Raumaufteilung:***
  Seitenraumbreite (+ +) - (+), Raumaufteilung (o) - (-) mit Verbesserungstendenzen bei den Alternativszenarien
- ***Grünvolumen / Abstand Bäume:***
  relativ schlechte Ausstattung mit Straßenbegleitgrün: (o) - (- -)
  Verbesserungsmöglichkeiten bei den Alternativszenarien.

Abb. 7.4 und 7.5: Bewertungstyp A

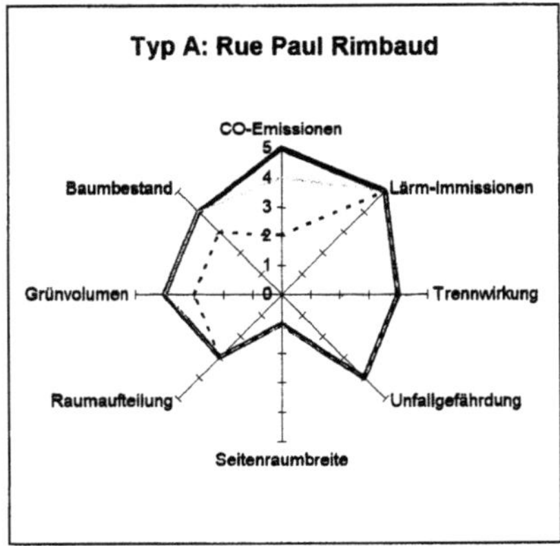

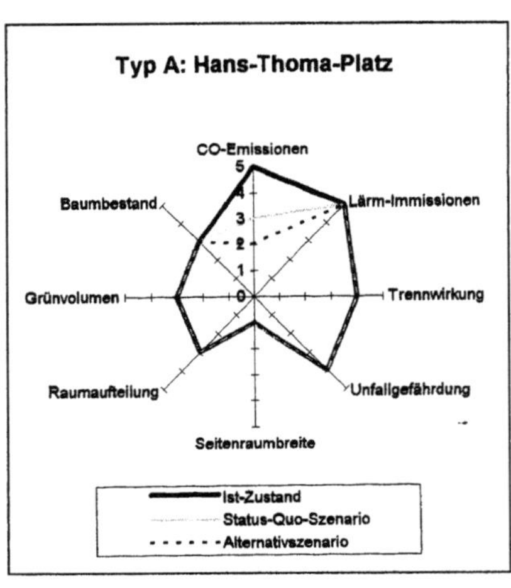

eigene Bearbeitung

Typ B repräsentiert vorwiegend größere Zufahrtsstraßen zur Innenstadt und zum Universitätsviertel, seltener auch zu großen Gewerbe- und Wohngebieten. Die Problematik ist ähnlich wie bei Typ A, jedoch ist das Verkehrsaufkommen bei vergleichbar großen Straßenquerschnitten geringer. Dadurch entstehen bessere Möglichkeiten bei der Gestaltung und Raumaufteilung der Straßenräume. Der Lärm stellt mit Abstand die größte Belastung dar.

- ***CO-Emissionen:***
  geringere Luftschadstoffemissionen im Ist-Zustand als bei Typ A: (+) - (o)
  beim Status-Quo-Szenario i.d.R. Verbesserung zu (+), bei den Alternativszenarien zu (+ +)

- ***Lärmimmissionen:***
  wie bei Typ A: hohe Belastungen im Ist-Zustand wie auch bei den Szenarien: (-) - (- -)
- ***Trennwirkung / Unfallgefährdung:***
  mittlere Belastungen im Ist Zustand: (o) - (-)
  bei den Alternativszenarien Verbesserungen zu erwarten
- ***Seitenraumbreite / Raumaufteilung:***
  sehr gute bis gute Seitenraumbreiten: (+ +) - (+) bei guter bis mittlerer Raumaufteilung: (+) - (o), deutliche Verbesserungen bei den Alternativszenarien
- ***Grünvolumen / Abstand Bäume:***
  mit wenigen Ausnahmen sehr gute bis mittlere Ausstattung mit Grün und Bäumen: (+ +) - (o).

Abb. 7.6 und 7.7: Bewertungstyp B

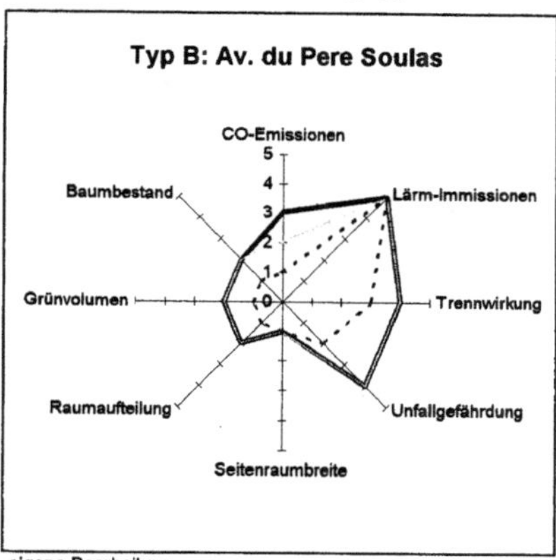

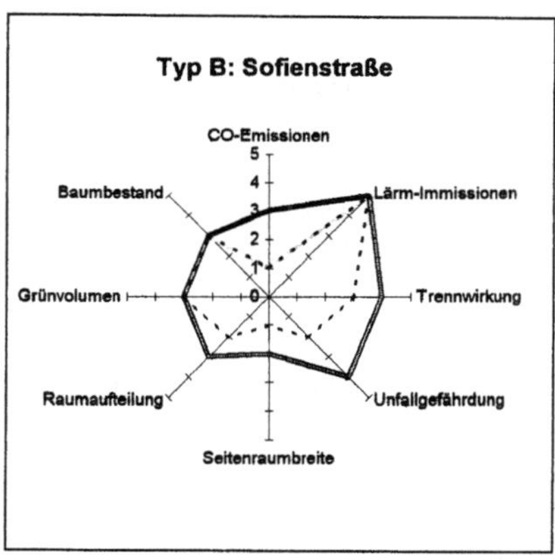

eigene Bearbeitung

Bei **Typ C** handelt es sich um kleinere Hauptverkehrsstraßen in Form von innerstädtischen Zubringer- und Durchgangsstraßen. Aufgrund der zentrumsnahen Lage und des Straßentyps ergeben sich große Flächennutzungskonflikte zwischen dem motorisierten Straßenverkehr, den sonstigen Straßenraumnutzern und den Belangen der Randnutzung. Bei den Belastungen ergeben sich starke Parallelen zu Typ B, mit Unterschieden bei der

- ***Seitenraumbreite / Raumaufteilung:***
  mittlere bis schlechte Seitenraumbreite und Raumaufteilung: (o) - (- -), mit Verbesserungstendenz nach (o) bei den Alternativszenarien.

Abb. 7.8 und 7.9: Bewertungstyp C

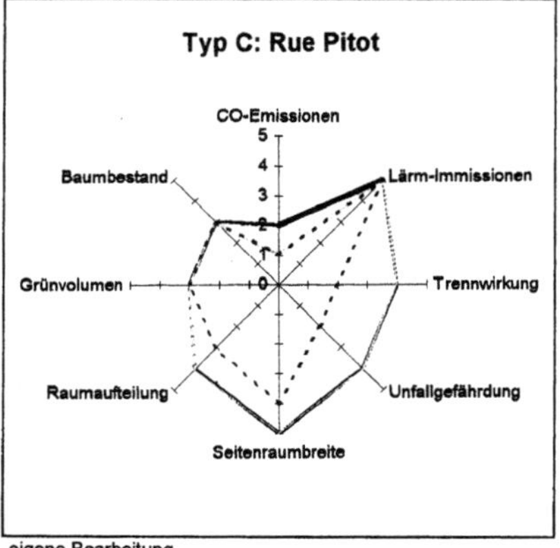

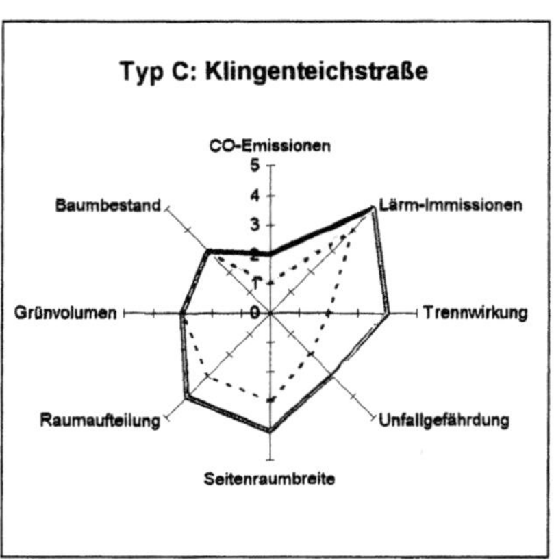

eigene Bearbeitung

Bei den Straßen des **Typ D** handelt es sich um relativ wenig befahrene Stadtteil- und Zufahrtsstraßen. Die Luftschadstoffemissionen sind gering, die Lärmbelastungen stellen dagegen ein bedeutendes Problemfeld dar. Wieviel Raum zur Anlage und Gestaltung von Seitenräumen zur Verfügung steht, ist abhängig davon, ob sich die jeweilige Straße in den hochverdichteten Stadtzentren oder in der locker bebauten Peripherie befindet.

- ***CO-Emissionen:***
  bereits im Ist-Zustand geringe Luftschadstoffemissionen: (+ +) - (+)
- ***Lärmimmissionen:***
  hohe Lärmbelastungen: (-) - (- -) im Ist-Zustand mit nur geringen Tendenzen zur Verbesserung bei den Alternativszenarien
- ***Trennwirkung / Unfallgefährdung:***
  geringe bis mittlere Trennwirkungen und Unfallgefährdungen: (+) - (o), mit Verbesserungstendenzen nach (+) bei den Alternativszenarien
- ***Seitenraumbreite / Raumaufteilung:***
  breit gestreute Bewertungen bei der Seitenraumbreite und Raumaufteilung im Ist-Zustand: (+ +) - (-), mit deutlichen Verbesserungen nach (+ +) - (+) bei den Alternativszenarien
- ***Grünvolumen / Abstand Bäume:***
  bei der Betrachtung von Grünvolumen und Abstand der Bäume ergibt sich sowohl im Ist-Zustand wie auch bei den Szenarien ein breit gestreutes Spektrum.

Abb. 7.10 und 7.11: Bewertungstyp D

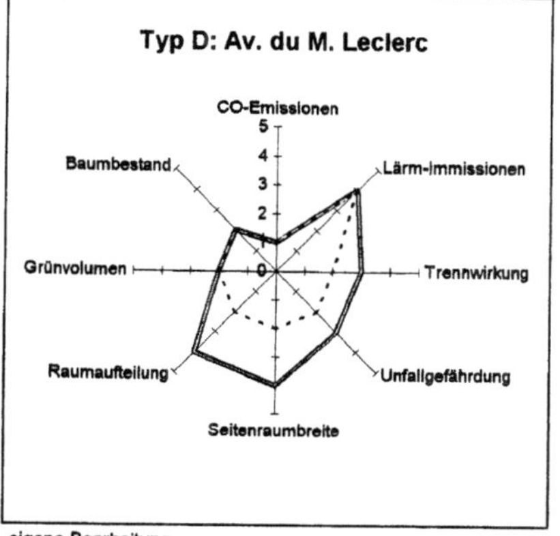

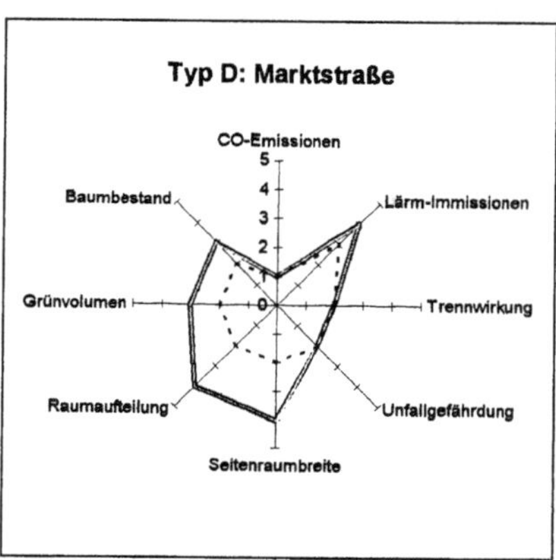

eigene Bearbeitung

Dem **Typ E** werden wenig befahrene Straßen in Wohngebieten zugeordnet. Die Belastungen entsprechen bei den meisten Bewertungskriterien Typ D, Unterschiede finden sich bei den geringeren Lärmimmissionen. Aufgrund der relativ schmalen Straßenquerschnitte bestehen nur begrenzte Gestaltungsmöglichkeiten für die Seitenräume.

- ***Lärmimmissionen:***
  die Lärmbelastungen sind im Ist-Zustand und bei den Szenarien deutlich geringer als bei Typ D: (+)
- ***Seitenraumbreite / Raumaufteilung:***
  die Raumaufteilung entspricht Typ D, die Seitenraumbreite ist dagegen schlechter: (o) - (-) im Ist-Zustand, (o) bei den Alternativszenarien.

Abb. 7.12 und 7.13: Bewertungstyp E

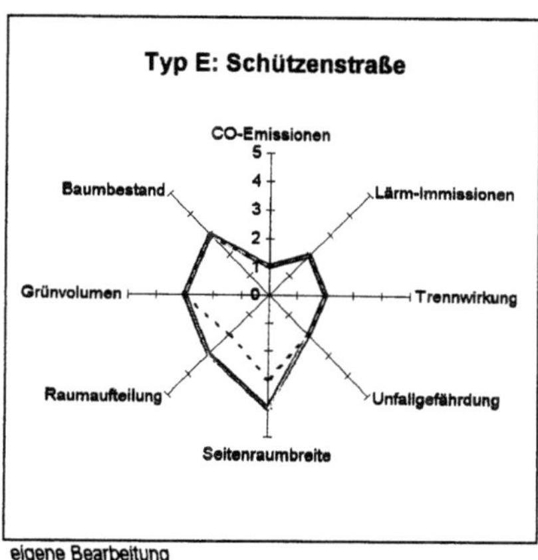

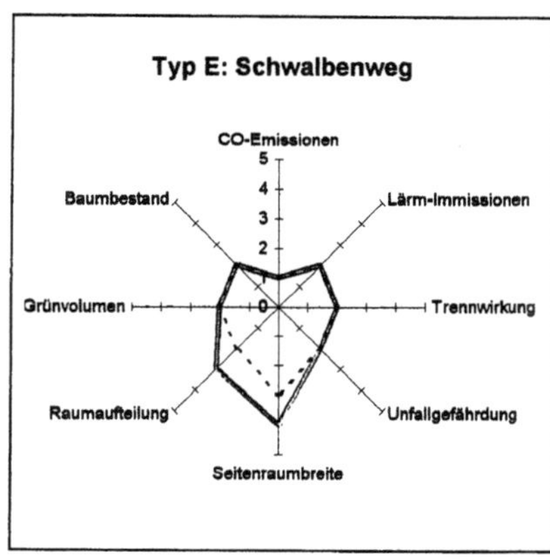

eigene Bearbeitung

Der Boulevard Victor Hugo kann wegen seiner Tunnellage keinem der oben genannten Typen zugeordnet werden.

Tab. 7.55: Einteilung der untersuchten Straßen nach Typen der Umfeld- und Umweltverträglichkeit

Typ	Straßen Montpellier	Straßen Heidelberg
A	Avenue Ch. Flahaut Avenue de Palavas Avenue du Mas d' Argelliers Boulevard du Jeu de Paume Quai de Verdenson Rue Paul Rimbaud	Bergheimer Straße Berliner Straße Bismarckstraße Hans-Thoma-Platz Kurfürstenanlage
B	Avenue A. Fiche Avenue de Lodève Avenue du Père Soulas Avenue E. Diacon Cours Gambetta Rue du 81. Régiment d'Infantrie	Brückenstraße Im Neuenheimer Feld Kranichweg Kurpfalzring Mönchhofstraße (W) Sofienstraße Uferstraße
C	Avenue Albert Dubout Rue du Faubourg St. Jaumes Rue Lakanal Rue Pitot	Klingenteichstraße
D	Avenue de la Gaillarde Avenue du M. Leclerc	Industriestraße Kirschnerstraße Marktstraße Mönchgasse Mönchhofstraße (O) Schröderstraße Tiergartenstraße
E		Schützenstraße Schwalbenweg
sonstige:	Boulevard Victor Hugo	

eigene Bearbeitung

8 Resümee

8.1 Schlußbetrachtung zur Erhebungs- und Bewertungsmethodik

8.1.1 Schlußbetrachtung zum 'Verfahren zur Bewertung von Umfeld- und Umweltverträglichkeit von Stadtverkehr'

Die methodische Neuerung der Bewertung von kleinräumigen Umfeld- und großräumigen Umweltbelastungen innerhalb eines Verfahrens zeichnet sich durch gute Aussagekraft und Anwendbarkeit aus. Die ***kleinräumigen Umfeldbelastungen*** werden anhand der Bewertungsfelder

- 'Luftschadstoffe'
- 'Lärm'
- 'Trennwirkung / Unfallgefährdung'
- 'Flächenaufteilung / Grün und Gestaltung'

umfassend analysiert. Der ***großräumige Umweltbezug*** wird durch die Auswertung der

- Luftschadstoffemissionen des fließenden Verkehrs
- Luftschadstoffemissionen ruhenden Verkehrs

gut erfaßt. Bei Bedarf kann der Treibstoffverbrauch leicht in die Berechnungen einbezogen werden.

Die Erhebung, Aufbereitung und Auswertung der Ausgangsdaten für diese Vielzahl von Bewertungsfaktoren bedarf eines erheblichen Arbeitsaufwands. Insofern eignet sich das Verfahren nur bedingt zur Anwendung auf große ***Untersuchungsgebiete*** oder für eine flächendeckende Bewertung aller Straßen eines Untersuchungsraums. Die Ebene der Stadtteile und ausgewählter HVS hat sich als praktikabel erwiesen. Die Straßenabschnitte wurden zum Teil relativ lang gewählt, was zu leichten Ungenauigkeiten bei den Ergebnissen führen kann. Diese Fehlerquelle ist durch die strikte Beschränkung auf kurze Straßenabschnitte zwischen zwei Kreuzungen oder Einmündungen zu beheben.

Die ***methodisch bedingten Fehler*** bei der Berechnung der Luftschadstoffemissionen und Lärmimmissionen sind den, in den entsprechenden Kapiteln angegebenen, Veröffentlichungen zu entnehmen. Die Übertragung dieser in Deutschland üblichen Berechnungsverfahren auf die Situation in ausländischen Untersuchungsgebieten kann zu weiteren Ungenauigkeiten führen, die auf technischen Unterschieden der Fahrzeugflotte und auf unterschiedlicher Fahrweise beruhen.

Für die Bewertung der Trennwirkung und Unfallgefährdung hat sich die reduzierte dreiteilige Skala als ausreichend und anwendungsfreundlich erwiesen. Einziges darauf beruhendes Problem ist die erschwerte Vergleichbarkeit zwischen den verschiedenen Bewertungsfeldern.

Bei der Genauigkeit der, anhand des Verfahrens bestimmten Untersuchungsergebnisse zur Umfeld- und Umweltverträglichkeit werden durchweg gute ***Orientierungswerte*** erreicht. Auf eine exakte, quantitative Bestimmung von Emissions-, Immissions- und Belastungswerten ist das Verfahren allerdings nicht ausgerichtet. Die vereinfachten Erhebungsmethoden ermöglichen dafür die Einbeziehung der ganzen Bandbreite der Bewertungsfelder, was dem gesamten Verfahren zu hoher ***Aussagekraft und Relevanz für die Planung*** verhilft.

Die weitere methodische Neuerung des Bewertungsverfahrens, die Analyse der ***Verursacherstrukturen***, hat sich als Quelle sehr interessanter Informationen bewährt. Der Einfluß der Stadt- und Nutzungsstrukturen auf die Verkehrsentstehung, auf den räumlichen Bezug zwischen Quelle und Ziel der täglichen Wege und auf die Verkehrsmittelwahl ist ein bedeutender Beitrag zum Verständnis des Verkehrsgeschehens auf Stadtstraßen.

Die Genauigkeit der Bewertungsergebnisse der ***Szenarien*** hängt selbstverständlich von der Richtigkeit der Annahmen ab, auf denen die Berechnungen und Bestimmungen basieren. Bei der Wahl von mittel- bis langfristigen Zeiträumen ist nicht davon auszugehen, daß sich in der Realität genau diese Entwicklungen einstellen werden. Dennoch ermöglicht der Vergleich des Status-Quo-Szenarios mit den Alternativszenarien (Bezugsjahr 2010) fundierte Aussagen über die Effekte der angewandten Maßnahmen, da in beiden Fällen die gleichen Rahmenbedingungen angenommen werden. Bei den langfristigen Alternativszenarien fließen dagegen elementare Veränderungen der gesellschaftlichen Rahmenbedingungen in die Betrachtung mit ein, so daß die Ergebnisse als eine mögliche Entwicklungslinie zu verstehen sind. Die Unwägbarkeiten der langfristigen Entwicklung sind der Grund dafür, daß für diesen Teil keine quantitativen Angaben gemacht werden.

8.1.2 Schlußbetrachtung zu den Datengrundlagen

Ein erheblicher Teil des Arbeitsaufwands zur Durchführung der vergleichenden Analyse zwischen den zwei Untersuchungsstädten liegt in der Datenbeschaffung, -aufbereitung und -homogenisierung. Größtenteils basieren die Auswertungen auf Datenmaterial welches von öffentlichen und privaten Stellen zur Verfügung gestellt wurde. Schwierigkeit bei der Anwendung des Bewertungsverfahrens ist die ***unterschiedliche Datenstruktur*** der diversen Erhebungen, die unterschiedlichen Bezugsjahre und Bezugsräume.

Auf eine ***Homogenisierung*** der Bezugsjahre wurde verzichtet, so daß die Untersuchungsergebnisse diesbezüglich Ungenauigkeiten aufweisen können. Der räumliche Bezug der Ausgangsdaten wurde, je nach Verwendungszweck, auf die Aggregationsebene der Gesamtstadt, der Stadtteile oder der einzelnen Straßenabschnitte angepaßt. Bei diesem Vorgehen lassen sich Informationsverluste nicht gänzlich vermeiden, Resultat ist schließlich eine gute Vergleichbarkeit der Daten beider Untersuchungsräume.

Die Auswirkungen von ungenauen Datengrundlagen, Rundungsfehlern und einzelnen Schätzwerten auf die Genauigkeit der Untersuchungsergebnisse ist schwierig zu quantifizieren. Aufgrund dessen werden sowohl die Ergebnisse zur Verträglichkeitsbewertung als auch zu den Verursacherstrukturen als Orientierungswerte bezeichnet.

Die Gegenüberstellung einerseits der verschiedenen Stadtteile einer Stadt untereinander und andererseits der binationalen Stadtteilpaare hat sich als ***Auswertungsmethodik*** mit hohem Informationsgehalt erwiesen. Bei thematischen Eingrenzungen nach dem Fahrzweck ist zu beachten, daß die Effekte von Strategien auf den Gesamtverkehr und die Belastungssituation einzelner Straßenabschnitte in aller Regel klein ausfallen. Daher ist beim Erstellen von Szenarien oder Zeitreihen darauf zu achten, daß zusätzlich eine Auswertung der Verkehrsentwicklung der untersuchten Bezugsgruppen durchgeführt wird, um deren spezifische Veränderungen festhalten zu können. Wenn bei der vorliegenden Untersuchung in einigen Fällen die Veränderungen der Belastungssituationen zwischen Ist-Zustand, Status-Quo-Szenario und Alternativszenarien klein erscheinen, so liegt das am relativ geringen Einfluß des Binnenverkehrs der Städte mit den Fahrzwecken Berufs- und universitärer Ausbildungsverkehr auf das Gesamtverkehrsaufkommen. Im Gegensatz dazu zeigen sich bei der Verkehrsentwicklung dieser beiden Segmente große Unterschiede bezüglich Status-Quo-Szenario und Alternativszenarien. Die Übertragbarkeit der gewonnenen Erkenntnisse auf andere Fahrzwecke oder den Gesamtverkehr hängt von der Bedeutung und Struktur des ausgewählten Verkehrssegments ab und kann daher nicht verallgemeinert werden.

Voraussetzung für die ***Übertragbarkeit*** des Bewertungsverfahrens und der Vorgehensweise bei der vergleichenden Analyse auf andere Fallbeispiele ist neben räumlichen und strukturellen Voraussetzungen das Vorhandensein einer geeigneten Datenbasis. Die Erhebung aller notwendigen Datengrundlagen erscheint aufgrund des hohen Arbeitsaufwands kaum praktikabel.

8.2 Schlußbetrachtung zum Vergleich der Partnerstädte Montpellier und Heidelberg

Die Gegenüberstellung der Partnerstädte Montpellier und Heidelberg im Zuge der vergleichenden Analyse stellt sich als eine geeignete Wahl der Untersuchungsgebiete heraus. Die erste Voraussetzung für die Durchführung der Untersuchungen besteht in einer guten ***Datenbasis***. Diese konnte für beide Städte erfolgreich zusammengetragen und homogenisiert werden.

Die äußeren ***Rahmenbedingungen*** sind aufgrund der Lage der Partnerstädte im Süden Frankreichs, beziehungsweise im Südwesten Deutschlands sowohl aus physisch- wie auch aus anthropogeographischer Sicht sehr verschieden. Dagegen zeigen sich deutliche Parallelen bei den ***Stadt- und Nutzungsstrukturen***. Diese Basis stellt sehr gute Voraussetzungen für die Untersuchung der Ursachen der Verkehrsentstehung anhand einer vergleichenden Analyse dar.

Die Ergebnisse des Ist-Zustands zeigen, daß die lokalen stadt- und nutzungsstrukturellen Eigenheiten der Untersuchungsgebiete die entscheidenden Einflüsse auf die Entstehung und die Strukturen des Stadtverkehrs und der Emissionen, Immissionen und Belastungen darstellen. Die starken ***Parallelen*** zwischen den Bewertungsergebnissen zur Umfeld- und Umweltverträglichkeit in folgenden Stadtteilen Montpelliers und Heidelbergs belegen dies:

- Hôpitaux Facultés - Plan des Quatre Seigneurs & Neuenheim
- Centre Historique - Les Arceaux & Altstadt
- St. Martin -Prés d'Arènes & Pfaffengrund.

Den ***nationalen Rahmenbedingungen*** in Form von Gesellschaft, Kultur, Politik und Wirtschaft kommt insofern Bedeutung zu, als sie über die Einflußmöglichkeiten auf die Entwicklung der lokalen Siedlungs- und Nutzungsstrukturen entscheiden. Sie wirken sich somit indirekt auf die Verkehrsentwicklung der Untersuchungsstädte aus. Die Untersuchungsergebnisse zum Ist-Zustand lassen aufgrund der sehr ähnlichen Strukturen der binationalen Stadtteilpaare nur sehr geringe Unterschiede bei den Einflüssen der gesellschaftlichen Rahmenbedingungen in Frankreich und Deutschland erkennen. Bei der Betrachtung der langfristigen Alternativszenarien zeigen sich mögliche Auswirkungen der verschiedenartigen Planungsstrukturen in den beiden Ländern auf die zukünftige Entwicklung des Stadtverkehrs und seiner Ursachen. Die gesellschaftlichen Rahmenbedingungen gelangen dann zu Einfluß, wenn sie sich in den kleinräumigen Stadt- und Nutzungsstrukturen niederschlagen.

Die ***naturräumlichen Rahmenbedingungen*** in Form von Topographie und Klima haben nur auf einen Teil der betrachteten Aspekte direkten Einfluß, den Verlauf der Verkehrswege und die Luftschadstoffimmissionen, vorwiegend von Ozon.

Diese Ergebnisse führen zu dem Schluß, daß die ***lokalen Stadt- und Nutzungsstrukturen zentrale Steuerungselemente für die Verkehrsentstehung*** und damit von großem Einfluß für die Umfeld- und Umweltverträglichkeit von Stadtverkehr sind. Dabei zeigt sich eine klare Entfernungsabhängigkeit: Je kürzer die Wege zwischen Wohnung und Hochschule, beziehungsweise Arbeitsstätte, desto geringer ist die Benutzung des MIV und die Belastung des direkten städtischen Umfelds und der großräumigen Umwelt. Wie der Vergleich der Untersuchungsstadtteile zeigt, wird eine verkehrssparende 'Stadt der kurzen Wege' durch 'kleinräumige Nutzungsmischung' gefördert.

Bezüglich der ***Verkehrsmittelbenutzung*** ist zusammenfassend festzustellen, daß der MIV-Anteil im Berufsverkehr Montpelliers und Heidelbergs beim ***Ist-Zustand*** auf ähnlichem Niveau liegt. In beiden Städten werden mehr als die Hälfte der Wege mit dem Pkw abgewickelt. Damit stellt der MIV eindeutig das am häufigsten benutzte Verkehrsmittel dar. Deutliche Unterschiede sind dagegen bei den sonstigen Verkehrsmitteln zu finden: Der ÖPNV-Anteil ist in Montpellier durchweg höher als in Heidelberg. Der Radfahrer- und Fußgängerverkehr ist dagegen in der deutschen Untersuchungsstadt stärker vertreten, was insbesondere auf die höhere Fahrradnutzung zurückzuführen ist. Vom Aspekt der Umfeld- und Umweltverträglichkeit des Berufsverkehrs ergeben sich daher nur geringfügige Unterschiede.

Ein anderes Bild zeigt sich beim universitären Ausbildungsverkehr. Hier liegt die MIV-Nutzung in Montpellier deutlich über den Werten für Heidelberg, auch der ÖPNV wird häufiger benutzt. Der Radverkehrsanteil der Studierenden Heidelbergs übertrifft den Montpelliers um ein Vielfaches. Der modal split im Heidelberger Univerkehr ist damit umweltverträglicher einzustufen als in der Partnerstadt.

Für das Status-Quo-Szenario wird in beiden Städten, aufgrund der bereits bestehenden Bemühungen der Stadtregierungen für eine umweltverträgliche Mobilität, nicht mit großen Verschiebungen beim modal split gerechnet. Für die ***Alternativszenarien*** (Horizont 2010) wird durchweg eine deutliche Reduzierung der MIV-Anteile erwartet. Beim Berufsverkehr der Städte Montpellier und Heidelberg verschieben sich die Verhältnisse hin zum ÖPNV und NMIV, so daß in beiden Städten von wesentlich umweltschonenderen Mobilitätsverhalten auszugehen ist. Die Berechnungsergebnisse bestätigen Montpellier beim Berufsverkehr ein geringfügig größeres Umsteigerpotential als Heidelberg, womit die französische Untersuchungsstadt bei den Alternativszenarien für 2010 ein etwas umfeld- und umweltfreundlicheres Mobilitätsverhalten an den Tag legt.

Auch beim universitären Ausbildungsverkehr beider Städte lassen die Alternativszenarien (Horizont 2010) deutliche Verbesserungen erwarten. Das Umsteigerpotential vom MIV auf den ÖPNV und den Rad- und Fußgängerverkehr ist in Montpellier aufgrund der, zunächst stärker autoorientierten, Ausgangsposition größer als in Heidelberg. Damit geht die Tendenz in Richtung einer Angleichung des studentischen Mobilitätsverhaltens mit sehr geringer MIV-Nutzung und großen Anteilen des ÖPNV und NMIV. Die Benutzung von Pkw, Bus und Bahn bleibt in Heidelberg dennoch geringer als in der Partnerstadt, der Radfahrer- und Fußgängeranteil höher, das Mobilitätsverhalten damit etwas umweltgerechter.

Der direkte Einfluß der Verkehrsmittelwahl der beiden Bezugsgruppen auf die Gesamtverkehrsentwicklung sowie die Bewertungsergebnisse der untersuchten Straßen und deren Entwicklungen bis 2010 ist sehr gering. Die ***Belastungssituation*** der Straßen in Heidelberg und Montpellier hat ähnliche Ausmaße. Die, in Heidelberg deutlich weiter verbreitete,

Verkehrsberuhigung mit Geschwindigkeitsbegrenzung auf Tempo-30 hat in diesen Bereichen im ***Ist-Zustand*** bessere Bewertungsergebnisse zur Folge als die französische Partnerstadt. Auf Straßen mit gleicher zugelassener Höchstgeschwindigkeit variiert die Belastung deutlich stärker nach den Faktoren Ausbauzustand sowie Menge und Zusammensetzung des Kfz-Verkehrs als nach der Untersuchungsstadt.

Sowohl beim ***Status-Quo-Szenario***, als auch bei den Alternativszenarien (Horizont 2010) ist mit abnehmenden Luftschadstoffemissionen des Kfz-Verkehrs aufgrund fahrzeugtechnischer Fortschritte zu rechnen. Die ermittelten Abnahmen liegen bei den Alternativszenarien 2010 ungefähr doppelt so hoch wie beim Status-Quo-Szenario. Die übrigen Bewertungskriterien zeigen in beiden Städten beim Status-Quo-Szenario nur geringe Veränderungen zum Ist-Zustand.

Die ***Alternativszenarien*** (Horizont 2010) bieten in beiden Städten Verbesserungsmöglichkeiten bezüglich aller Bewertungsfelder. Das Ausmaß der Entwicklung in Richtung auf einen umfeld- und umweltverträglichen Stadtverkehr liegt für Montpellier etwas höher als für Heidelberg. Dies liegt an dem oben genannten Nachholbedarf an flächenhafter Verkehrsberuhigung, welcher der französischen Untersuchungsstadt die Möglichkeit eröffnet, auf relativ einfache Weise mit der deutschen gleichzuziehen. Auf dieser Entwicklung basierend, fallen die Bewertungen der Belastungssituationen für die Alternativszenarien (Horizont 2010) in beiden Städten sehr ähnlich aus. Die kleinräumigen Merkmale der einzelnen Straßen üben, zusätzlich zur gesamtstädtischen Situation, großen Einfluß auf die Entwicklungen bei den verschiedenen Bewertungskriterien für die Umfeld- und Umweltverträglichkeit von Stadtverkehr aus. Letztlich bleibt anzumerken, daß trotz deutlicher Verbesserungen in beiden Städten weiterhin mit Übertretungen der Lärmgrenzwerte zu rechnen ist. Von sehr guten Ergebnissen bei den Entwicklungen des Stadtverkehrs in den Untersuchungsgebieten kann daher auch bei den Alternativszenarien 2010 nicht gesprochen werden.

Für beide Städte sind Konzepte, wie sie in den ***langfristigen Alternativszenarien*** behandelt werden stark anzuraten, um die negativen Einflüsse des Verkehrs auf die Lebensqualität zu minimieren. Die Umsetzung von Rahmenbedingungen und Planungsformen, welche eine umfeld- und umweltverträgliche Verkehrsentwicklung ermöglichen, erscheint für Heidelberg leichter zu erreichen als für Montpellier. Das deutsche System der Raumplanung ist von seinem föderalistisch orientierten Aufbau und dem Gegenstromprinzip her eher auf eine stärkere Gewichtung lokaler und regionaler Belange ausgerichtet als das französische. Die zentralistische Tradition des französischen Planungssystem bringt relativ starre Strukturen mit sich, deren Umbau mehr Aufwand erfordern und einer möglichst raschen Umsetzung entgegenstehen würden. Des weiteren sind Verfahren der Bürgerbeteiligung am Planungsprozeß in Heidelberg schon deutlich weiter entwickelt als in Montpellier, was einer wichtigen Forderung für zukunftsweisende Planungsstrategien entspricht. Ob und wie die langfristigen Prozesse der gesellschaftlichen Veränderung in der Realität der beiden Städte ablaufen können, bleibt schwierig vorherzusagen. Deshalb wurde für die langfristigen Alternativszenarien bewußt auf quantitative Darstellungen verzichtet.

Erschwerend kommt für Montpellier hinzu, daß mit einer dynamischeren Bevölkerungsentwicklung bis 2010 gerechnet wird als in Heidelberg. Der erwartete Zuwachs an Einwohnern und Arbeitsplätzen setzt die Stadt zusätzlich unter Druck, die Siedlungs- und Verkehrsentwicklung in die gewünschten Bahnen der Umfeld- und Umweltverträglichkeit zu lenken. Starke Neubautätigkeit und Motorisierung stellen hohe Anforderungen an die Planung und machen Tendenzen in Richtung 'Stadt der kurzen Wege', 'Funktionsmischung' und gute räumliche Zuordnung von Wohn-, Arbeits- und Studienplätzen noch schwieriger zu handhaben als in Heidelberg.

8.3 Schlußbetrachtung zur Repräsentanz der Untersuchungen

- ***Repräsentanz der ausgewählten Stadtteile für die Gesamtstädte***

Die jeweils drei Untersuchungsstadtteile Montpelliers und Heidelbergs sind vor dem Hintergrund der thematischen Eingrenzung auf den Berufs- und universitären Ausbildungsverkehr ausgewählt.

Dabei gehen alle Stadtteile in die Untersuchungen ein, die bedeutende Universitätseinrichtungen beherbergen. Daraus folgt, daß fast 100% der innerstädtischen Wege im Univerkehr in die Betrachtungen einfließen. Zusätzlich handelt es sich um Stadtteile mit außerordentlich hohem Arbeitsplatzbesatz: Im Falle Montpelliers haben 31,5% der Beschäftigten ihren Arbeitsplatz in einem der drei Untersuchungsstadtteile, in Heidelberg beläuft sich die Zahl sogar auf 38,6% (INSEE-LR 1994; Stadt für Stadtentwicklung Heidelberg - Amt und Statistik 1997a / b).

Die Stadtteile sind zusätzlich so ausgewählt, daß sie bezüglich der Lage im Raum und der Siedlungs- und Verkehrsstrukturen ein breites Spektrum der in den Stadtgebieten vorkommenden Ausprägungen widerspiegeln (Stadt Heidelberg - Amt für Stadtentwicklung und Statistik 1995a, 1995b, 1996).

Anhand dieser Grundlagen sind repräsentative Aussagen für den Univerkehr und Berufsverkehrs der Gesamtstädte Montpellier und Heidelberg möglich.

- ***Repräsentanz der untersuchten Fahrzwecke 'Berufs- und Ausbildungsverkehr' für andere Fahrzwecke und die Gesamtheit des Stadtverkehrs***

Von einer generellen Übertragbarkeit der Untersuchungsergebnisse auf andere Fahrzwecke ist nicht auszugehen, da jeder Fahrzweck durch spezifische Vorgänge der Verkehrsentstehung und eine Vielzahl von gesellschaftlichen und räumlichen Rahmenbedingungen bestimmt wird.

Der ***Berufs- und universitäre Ausbildungsverkehr*** unterliegt ausgeprägten Regelmäßigkeiten in Bezug auf Menge sowie Quell- und Zielorte der Wege. Neben lokalen Siedlungs- und Nutzungsstrukturen wird er von nationalen Phänomenen der Wirtschaftsentwicklung, der Bildungspolitik etc. beeinflußt.

Der ***Einkaufsverkehr*** weist unregelmäßigere Zeit- und Wegestrukturen auf und ist häufig in Wegeketten eingebunden. Ziele, Länge und Häufigkeit der Wege hängen stark von der Art der Bedürfnisse ab, ebenso das dafür gewählte Verkehrsmittel. Der Anteil des Einkaufsverkehrs am Gesamtpersonenverkehr hat in den letzten Jahren leicht zugenommen (vgl. Abb. 8.1). Dennoch ist davon auszugehen, daß die räumlichen Ausprägungen der Siedlungs- und Nutzungsstrukturen ähnliche Auswirkungen wie beim Berufs- und Univerkehr haben: Verträgliche Dichte, Nutzungsmischung und fußgängerfreundliche Umfeldgestaltung erhöhen die Attraktivität des direkten Wohnumfelds als Einkaufsort. Als Folgen sind auch hier kürzere Wege und Änderungen bei der Verkehrsmittelwahl in Richtung zu Fuß gehen, Radfahren und ÖPNV zu erwarten. In dieser Hinsicht ist mit einer ähnlichen Trendentwicklung wie beim Berufs- und Univerkehr zu rechnen und die Maßnahmenpakete zur Vermeidung, Verlagerung und verträglichen Abwicklung von Stadtverkehr sind sinngemäß auf den Fahrzweck 'Einkauf' zu übertragen.

Ein anderes Bild zeigt sich bei der Betrachtung des ***Freizeitverkehrs***: Wechselnde Ziele und Aktivitäten haben unregelmäßige Raum- und Zeitstrukturen und ebenso unterschiedliche Verkehrsansprüche zur Folge. Hinzu kommt ein starker Anstieg des Fahrzwecks 'Freizeit' am gesamten Personenverkehr (vgl. Abb. 8.1; OEDC / CEMT 1995, S. 41 ff.).

Abb. 8.1: Verkehrsleistung von Pkw nach Fahrzwecken in der Bundesrepublik Deutschland (alt)

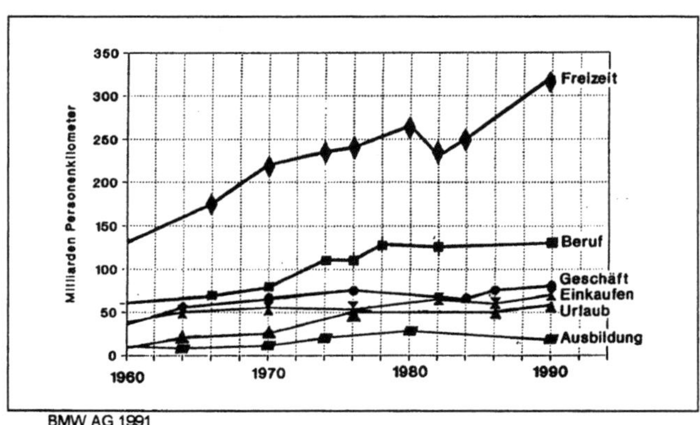

BMW AG 1991

Der Freizeitverkehr verläuft großenteils in Gegenrichtung des Berufs- und Univerkehrs, aus der Stadt hinaus. Daher ist bei der Planung von verkehrssparenden Siedlungsstrukturen

Der Freizeitverkehr verläuft großenteils in Gegenrichtung des Berufs- und Univerkehrs, aus der Stadt hinaus. Daher ist bei der Planung von verkehrssparenden Siedlungsstrukturen Vorsicht geboten, um die positiven Effekte in den Bereichen Berufs-, Ausbildungs- und Einkaufsverkehr nicht durch zusätzlichen Freizeitverkehr aufzuheben. Wer im Grünen außerhalb der Stadt wohnt, legt weniger und kürzere Wege zurück um Naherholungsgebiete aufzusuchen, als der von Enge und Mangel an Ausgleichsfläche geplagte Stadtbewohner. Um den kontraproduktiven Effekt der 'Stadtflucht' zu vermeiden, muß behutsam mit der innerstädtischen Verdichtung umgegangen werden und auf eine attraktive Umfeldgestaltung geachtet werden (Dörnemann et al. 1996, S. 7 ff.). Die Trendentwicklungen im Freizeitverkehr sind demnach sehr unterschiedlich zu denen des Berufs- und Univerkehrs.

Wie zu Beginn dieses Abschnitts angedeutet, darf daher nicht mit einer uneingeschränkten Übertragbarkeit der Untersuchungsergebnisse auf den Gesamtpersonenverkehr der Städte Montpellier und Heidelberg gerechnet werden. Weitere Untersuchungen bezüglich der Auswirkungen bestimmter Maßnahmenpakete auf die Umfeld- und Umweltverträglichkeit anderer Segmente des Stadtverkehrs sind den entsprechenden Fragestellungen anzupassen.

- ***Übertragbarkeit der Ergebnisse auf andere Städte***

Bei der Übertragung von Untersuchungsergebnissen der vorliegenden Studie auf andere Städte ist zu beachten, daß sowohl in Montpellier als auch in Heidelberg der Verkehr den größten Belastungsfaktor für Mensch und Umwelt darstellt. ***Industrie- und Gewerbeeinflüsse*** treten stark in den Hintergrund. Bei der Übertragung der Ergebnisse auf andere Untersuchungsräume können beispielsweise die Luftschadstoff- und Lärmemissionen des Verkehrs von Emissionen aus Industrie und Gewerbe in ihrer Bedeutung überschattet werden (Plate 1994, S.29, S. 37).

Im Vergleich zu den meisten anderen Städten ist der ***Berufs- und universitäre Ausbildungsverkehr*** in Montpellier und Heidelberg überrepräsentiert. Veränderungen in diesen beiden Bezugsgruppen haben daher in den Untersuchungsräumen dieser Arbeit größere Auswirkungen auf das gesamte Verkehrsgeschehen als in vielen anderen Städten.

Wie die Untersuchungen zeigen, haben die ***naturräumlichen Rahmenbedingungen*** nur geringe Einflüsse auf die Übertragbarkeit der Ergebnisse. Andersartige Verkehrsangebotsstrukturen und Verhaltensweisen können dagegen den modal split von denen der Städte Montpellier und Heidelberg stark abweichen lassen.

Unter Beachtung der oben genannten Einschränkungen können die Untersuchungsergebnisse bezüglich der Auswirkungen der Siedlungs- und Nutzungsstrukturen auf die Verkehrsentstehung und die Verkehrsmittelwahl auf andere Städte übertragen werden. Für Städte ähnlicher Größe und Struktur wie die Untersuchungsstädte Montpellier und Heidelberg sind die qualitativen Aussagen zu einer umfeld- und umweltverträglichen Entwicklung des Stadtverkehr verallgemeinerbar. Nicht übertragbar sind dagegen die quantifizierten

Folgewirkungen, da diese von einer Vielzahl externer Einflüsse abhängen die lokal variieren. Dies stellt ein interessantes Arbeitsfeld für Folgeuntersuchungen an anderen Fallbeispielen dar.

- ***Plausibilität der Szenarien***

Die ***Alternativszenarien mit Bezugsjahr 2010*** basieren auf den gängigen gesellschaftlichen Rahmenbedingungen, wie sie auch für das Status-Quo-Szenario gelten. Derzeit gültige rechtliche und planerische Vorgaben werden ausgeschöpft, um Stadt- und Verkehrsstrukturen möglichst umfeld- und umweltverträglich auszugestalten. Auf diese Weise können Vollzugsdefizite weitgehend vermieden werden. Bei Planern und Bevölkerung ist bereits ein Umdenken gefordert, welches jedoch immer noch auf gültigen gesellschaftlichen Werten und Normen beruht:

- die städtischen Siedlungs- und Nutzungsstrukturen der letzten Jahrzehnte, basierend auf den Prinzipien der Funktionstrennung, müssen hinterfragt werden
- die flächenhafte Besiedlung muß zugunsten einer Nachverdichtung gebremst werden
- die Stadt- und Verkehrsplanung muß gemeinsam die Schwerpunkte auf kleinräumige Entwicklungen legen
- die Prioritätenliste bei der Verkehrsplanung muß sich vom MIV zum ÖPNV, Rad- und Fußgängerverkehr verschieben
- geänderte Kostenanlastungen für die verschiedenen Verkehrsmittel müssen gesellschaftlich akzeptiert werden
- die Arbeits- und Studienorganisation muß einem Wandel hin zu verkehrssparsamen Strukturen zugeführt werden
- die technischen Maßnahmen für emissionsarme Fahrzeuge müssen umgesetzt werden.

Die politische Akzeptanz der Alternativszenarien 2010 ist nur unter bestimmten Vorgaben zu erwarten. Ein wachsendes Bewußtsein der Bedeutung des kleinräumigen Umfelds und der großräumigen Umwelt für die Lebensqualität stellt eine mögliche Grundlage für die Realisierung dar. Dabei ist die Bereitschaft, die Forderungen nach einer nachhaltigen Entwicklung auch beim persönlichen Verhalten umzusetzen, entscheidend. Ein anderer möglicher Anstoß zur Realisierung der Maßnahmen sind zunehmende Probleme bei der Verkehrsbewältigung nach den tradierten Mustern sowie wachsender Druck der Umweltprobleme auf die Wirtschaft und die Gesundheit der Bevölkerung. Ein Scheitern der Umdenkprozesse würde die Entwicklung auf die Trends des ***Status-Quo-Szenarios*** zubewegen.

Die ***langfristigen Alternativszenarien*** gehen von einem neuen Modell der Entwicklung von Stadt und Verkehr aus. Durch die grundlegenden Veränderungen der gesellschaftlichen Rahmenbedingungen wird das Terrain der gängigen Annahmen für zukünftige Stadt- und Verkehrsentwicklung verlassen. Derart weitreichende Neuerungen bedürfen drastischer Umdenkprozesse, die weit über die Fachbereiche der Stadt- und Verkehrsplanung hinausgehen. Ein Ausschöpfen der Potentiale ist nur bei bedeutenden Verhaltensänderungen gesamtgesellschaftlichen Ausmaßes zu erreichen:

- das Verständnis vom persönlichen Lebensraum muß grundlegend überdacht werden
- der Raumüberwindung muß ein anderer gesellschaftlicher Wert beigemessen werden
- die bisherige Entwicklung des Verhältnisses von finanziellem und zeitlichem Einsatz für die Raumüberwindung muß sich umkehren
- die Wertschätzung der verschiedenen Verkehrsmittel muß sich ändern
- die Alltagsmobilität muß durch angepaßte Wohnstandort- und Arbeitsplatzmobilität ersetzt werden
- an Stelle des quantitativen Wachstums, sei es an (Wohn- und Siedlungs-)Fläche oder an verkehrsintensiven Konsum- und Freizeitaktivitäten muß qualitatives Wachstum treten
- die stärkere Einbindung der lokalen Bevölkerung in Planungsprozesse muß zur Regel werden.

Als Voraussetzung für diese Entwicklungen muß zunächst ein tragfähiger gesellschaftlicher Konsens gefunden werden. Verhaltensänderungen und die Bereitschaft zur Selbstbeschränkung bei der Mehrheit der Bevölkerung sind dafür grundlegend. Die Durchsetzbarkeit der, in den langfristigen Alternativszenarien vorgestellten, Ansätze und Maßnahmenpakete wird entscheidend von den genannten Faktoren abhängen.

Die Alternativszenarien mit Horizont 2010 übermitteln damit einen Eindruck über potentiell Erreichbares, ohne auf einen tiefgreifenden gesellschaftlichen Wandel zu bauen. Die langfristigen Alternativszenarien weiten den Einfluß externer Einflüsse auf die Stadt- und Verkehrsentwicklung aus und zeigen wiederum das unter diesen geänderten Rahmenbedingungen potentiell Mögliche auf.

9 Zusammenfassung

Ziel der Arbeit

Das Ziel der Arbeit besteht in der vergleichenden Analyse des Stadtverkehrs und der davon ausgehenden Emissionen, Immissionen und Belastungen für Mensch und Umwelt in den Partnerstädten Montpellier und Heidelberg. Den Hintergrund der Untersuchung stellen sowohl die unterschiedlichen physisch- als auch anthropogeographischen Rahmenbedingungen der beiden Städte dar. Es handelt sich dabei um Einflüsse der

- topographischen und klimatischen Verhältnisse
- Gesellschaftsstrukturen kultureller, politischer und wirtschaftlicher Prägung auf nationaler Ebene
- kleinräumige Stadt- und Nutzungsstrukturen der Untersuchungsgebiete.

Die vorliegende Arbeit gliedert sich in die Reihe der Untersuchungen und Veröffentlichungen zum Themenkreis 'Verkehr und Umwelt' ein. Dabei schließt sie die Lücke zwischen den Forschungen zur Bewertung der Verträglichkeit von Verkehr in Städten und dessen zukünftigen Entwicklungsmöglichkeiten auf der einen Seite und dem Forschungsprogramm der 'Arbeitsgruppe Siedlungsökologie' am Geographischen Institut der Universität Heidelberg mit räumlichem Bezugsrahmen Heidelberg auf der anderen Seite. Die Einordnung in thematischer und räumlicher Hinsicht erfolgt unter dem Blickwinkel einer 'nachhaltigen Verkehrsentwicklung'.

'Verfahren zur Bewertung von Umfeld- und Umweltverträglichkeit von Stadtverkehr'

Zur Bewertung der Beeinträchtigungen durch den Verkehr in Form von Emissionen, Immissionen und sonstigen Belastungen wird das 'Verfahren zur Bewertung von Umfeld- und Umweltverträglichkeit von Stadtverkehr' entwickelt. Die methodische Neuerung des Verfahrens liegt in der Kombination verschiedener Ebenen:

- es ermöglicht eine Bewertung der kleinräumigen 'Umfeldverträglichkeit' des Verkehrs an einzelnen Straßenabschnitten und der großräumigen 'Umweltverträglichkeit' in Form von Luftschadstoffemissionen
- es bezieht die Verursacherstrukturen des Verkehrs mit ein und zeigt damit direkt die Eingriffsmöglichkeiten bezüglich der Vermeidung, Verlagerung und verträglichen Abwicklung von Verkehr auf. Der Verursacherbezug erlaubt die Entwicklung mittel- bis langfristiger Szenarien unter Beachtung sich verändernder Rahmenbedingungen und Verkehrsbeziehungen.

Das Verfahren basiert auf vier Bewertungsfeldern zur Bewertung der ***kleinräumigen Umfeldverträglichkeit***:

- 'Luftschadstoffe'
- 'Lärm'
- 'Trennwirkung / Unfallgefährdung'
- 'Flächenaufteilung / Grün und Gestaltung'.

Die Bewertung der ***großräumigen Umweltverträglichkeit*** erfolgt durch die Auswertung der

- Luftschadstoffemissionen des fließenden Verkehrs
- Luftschadstoffemissionen ruhenden Verkehrs.

Die Analyse der ***Verursacherstrukturen*** basiert auf Auswertungen zu den Quell- und Zielorten der Wege und zur Verkehrsmittelbenutzung. Die Kenntnis dieser Faktoren ist Voraussetzung für die Förderung einer nachhaltigen Verkehrsentwicklung mit dem Ziel einer Reduzierung von Verkehrsbedarf in Form einer 'Stadt der kurzen Wege', 'verträglichen Dichte' und 'Nutzungsmischung'.

Vergleichende Analyse der Partnerstädte Montpellier und Heidelberg

Die Partnerstädte Montpellier und Heidelberg weisen deutliche Parallelen bei der Bevölkerungs-, Stadt- und Wirtschaftsstruktur auf und präsentieren sich beide mit besonderem Anspruch auf eine hohe Lebens- und Umweltqualität. Der Verkehr ist sowohl in Montpellier, als auch in Heidelberg die dominante Verursachergruppe von Umweltbelastungen. Resultat ist in beiden Städten eine Einschränkung der Aufenthaltsqualität für die Anwohner, Straßenraum- und Umfeldnutzer durch Luftschadstoffe, Lärm, Flächennutzungskonflikte, Unfallgefahren, Trennwirkung etc.

Bei den detaillierten Untersuchungen wird der ***Berufs- und universitäre Ausbildungsverkehr*** innerhalb der Stadtgrenzen genauer beleuchtet. In beiden Städten haben diese Fahrzwecke aufgrund der soziostrukturellen Gegebenheiten eine herausragende Bedeutung. Der Studentenanteil Montpelliers ist mit 25% der Bevölkerung der höchste von allen französischen Städten, für Heidelberg errechnet sich der gleiche Prozentsatz. Der Anteil des Univerkehrs beträgt in Montpellier 8%, in Heidelberg sogar 11%, bezogen auf die Anzahl der werktäglichen Wege im Binnenverkehr der Stadt. Die Beschäftigtenzahl beläuft sich in Montpellier auf mehr als 102.000, in Heidelberg auf 92.000. Der Fahrzweck 'Beruf' hat im Falle Montpelliers einen Anteil von 18%, im Falle Heidelbergs 9%.

Anhand dieser thematischen Schwerpunkte erfolgt eine ***räumliche Eingrenzung der Untersuchungsgebiete*** auf jeweils drei Zielstadtteile, Quellgebiet des Verkehrs ist das gesamte Stadtgebiet. In die Auswahl der Untersuchungsgebiete sind alle wichtigen Unistandorte mit einbezogen, so daß der Zielverkehr der Universitäten umfassend untersucht werden kann. Um einen möglichst großen Anteil des Berufsverkehrs erfassen zu können, werden die Gebiete mit den höchsten Arbeitsplatzkonzentrationen ausgewählt. Bei der Auswertung der Daten werden folgende quartiers und Stadtteile gegenübergestellt:

- Hôpitaux Facultés - Plan des 4 Seigneurs & Neuenheim
- Centre Historique - Les Arceaux & Altstadt
- St. Martin - Prés d'Arènes & Pfaffengrund.

Das erste Stadtteilpaar repräsentiert die typischen Universitäts-, Forschungs- und Entwicklungsstandorte ausgelagerter Campusviertel. Das Zweite die Stadtzentren, ebenfalls geprägt durch die Universitäten und Arbeitsstätten im Dienstleistungssektor, das Dritte bedeutende Gewerbe- und Industriegebiete mit überdurchschnittlich vielen Arbeitsplätzen im produzierenden Gewerbe.

Die Belastungssituation der Straßen in Heidelberg und Montpellier hat im ***Ist-Zustand*** ähnliche Ausmaße. Die weitere Verbreitung von Tempo-30-Zonen in Heidelberg hat in diesen Bereichen bessere Bewertungsergebnisse zur Folge. Die Auswertung der Ist-Situation zeigt in beiden Städten sehr ähnliche Verteilungen der HVS-Abschnitte mit hohen Luftschadstoff-emissionen des MIV und hohen Lärmgrenzwertüberschreitungen. Eine direkte Abhängigkeit von der Verkehrsstärke (DTV-Wert) ist bei beiden Bewertungskriterien offensichtlich. Nachts treten an sehr viel mehr Straßenabschnitten überhöhte Lärmbelastungen auf als während des Tages. Starke Ähnlichkeiten zeigen sich auch zwischen der räumlichen Verteilung von hohen Unfallgefährdungen und hohen Trennwirkungen. Ein gänzlich anderes Bild zeigt sich bei dem Bewertungsfeld Flächenaufteilung / Grün und Gestaltung: In beiden Städten sind die mangelhaft ausgestatteten Straßenabschnitte unregelmäßig über die Stadtgebiete verteilt und ohne direkten Bezug zur täglichen Verkehrsmenge. Kompliziertere räumliche Verteilungsmuster sind dagegen bei den Immissionskonzentrationen des photochemisch gebildeten Luftschadstoffs Ozon anzutreffen.

Anhand der Auswertungen sind sowohl für Montpellier als auch für Heidelberg deutliche Belastungsschwerpunkte bei Straßenabschnitten mit hohem Anspruchsniveau zu erkennen. Diese 'Hot Spots' sollten bei zukünftigen Planungen durch verkehrs- und stadtplanerische Eingriffe vordringlich behandelt werden, um längst überfällige Belastungsminderungen einleiten zu können.

Auffallendes ***Ergebnis*** bei den Auswertungen zur Umfeld- und Umweltverträglichkeit des Stadtverkehrs sind die deutlichen Parallelen zwischen den zwei jeweils zugeordneten Untersuchungsstadtteilen Montpelliers und Heidelbergs: Bei fast allen Bewertungskriterien ist festzustellen, daß die Unterschiede viel geringer sind als zwischen den verschiedenen Stadtteilen der einzelnen Städte. Die

- Campusviertel
- Zentrumsstadtteile
- peripheren Gewerbe- und Industriegebiete

haben ihre spezifischen Probleme bezüglich des Verkehrs und seiner Folgewirkungen, in sehr ähnlichen Ausprägungen in beiden Untersuchungsstädten. Diese Erkenntnisse lassen die Feststellung zu, daß im Falle Montpelliers und Heidelbergs die städtebaulichen und nutzungsstrukturellen Eigenheiten der Stadtteile größere Auswirkungen auf die Verkehrs-, Umfeld- und Umweltbelastungen haben als die historischen, politischen, kulturellen und auch naturräumlichen Rahmenbedingungen der Städte.

Die Auswertung der ***Verursacherstrukturen*** basiert auf der Gegenüberstellung der Wohnorte und Arbeits-, beziehungsweise Studienorte. Dies erfolgt getrennt für die jeweiligen Zielstadtteile. Auf diese Weise wird ein Muster der täglichen Wege im Berufs- und Univerkehr gezeichnet und Erkenntnisse über Länge und Verlauf der Wege sowie die Ausstattung mit Infrastruktur verschiedener Verkehrsmittel gewonnen. Des weiteren wird die Verkehrsmittelwahl auf dem Weg zum Arbeits- und Studienplatz analysiert.

Die Parallelen in der Emissions-, Immissions- und Belastungssituation der Vergleichsstadtteile spiegeln sich bei der Analyse der Verursacherstrukturen wider: Für den Zielverkehr der Campusviertel, Stadtzentren und zentrumsfernen Gewerbe- und Industriegebiete sind Verteilungen der Quellgebiete und damit Entfernungsstrukturen auszumachen, die sich deutlich von einander unterscheiden. Zwischen den Vergleichsstadtteilen Montpelliers und Heidelbergs zeigen sich dagegen wieder Analogien.

Zwischen der ***Wohnstandortverteilung*** der Studierenden und Beschäftigten und dem Zielort des täglichen Pendlerwegs bestehen unterschiedlich starke Bezüge, einerseits abhängig von der Lage des Zielstadtteils, andererseits vom Fahrzweck ('Arbeit' oder 'Hochschule'). Der ***modal split*** ist ebenfalls von diesen zwei Faktoren beeinflußt. Für alle Untersuchungsstadtteile ist eine entfernungsbedingte Differenzierung des modal split festzustellen: Mit zunehmender Distanz nimmt der Fußgänger- und Fahrradverkehr ab, der ÖPNV und vor allem der MIV gewinnen an Bedeutung.

Hinsichtlich der ***Verkehrsmittelbenutzung*** im Berufsverkehr Montpelliers und Heidelbergs ist zusammenfassend festzustellen, daß der MIV-Anteil beim Ist-Zustand auf ähnlichem Niveau liegt. Die Umfeld- und Umweltverträglichkeit des Berufsverkehrs zeigt daher nur geringfügige Unterschiede. Beim universitären Ausbildungsverkehr liegt die MIV-Nutzung in Montpellier deutlich über den Werten für Heidelberg. Der modal split in Heidelberg ist für diesen Fahrzweck daher umweltverträglicher einzustufen als in der Partnerstadt.

Unabhängig von Fahrzweck und Weglänge sind auch Unterschiede bei der ***Verkehrsmittelwahl*** in den beiden Untersuchungsstädten auszumachen. Der NMIV hat in Heidelberg durchweg höhere Anteile, beruhend auf der großen Bedeutung des Radverkehrs, welcher in Montpellier nur eine Nebenrolle spielt. Auf den Fußgängerverkehr und insbesondere auf den ÖPNV entfallen dagegen in der französischen Partnerstadt weit mehr Wege. Diese Phänomene sind weder anhand der Entfernungsstrukturen, noch anhand einer unterschiedlichen Ausstattung mit Verkehrsinfrastruktur zu erklären. In diesem Fall werden Ursachen angenommen, die auf gesellschaftlichen Gewohnheiten beruhen und durch rationale Erklärungsmuster schwer zu erfassen sind.

Die Kombination aus Kenntnissen zu gesellschaftlichen Rahmenbedingungen, zu Verkehrs-, Umfeld- und Umweltsituationen in den Untersuchungsgebieten und den dazugehörigen Verursacherstrukturen ermöglicht die Entwicklung von ***Szenarien***. Es werden mittel- und langfristig angelegte Szenarien mit Bezug auf den Berufs- und Univerkehr innerhalb der Stadtgrenzen gegenübergestellt:

- Status-Quo-Szenario (Horizont 2010)
- Alternativszenarien (Horizont 2010)
- langfristige Alternativszenarien (Horizont >2010).

Das ***Status-Quo-Szenario*** stellt eine Fortschreibung der derzeitigen Entwicklungen in Montpellier und Heidelberg und den ausgewählten Untersuchungsstadtteilen für das Jahr 2010 dar. Der relativ moderate Verlauf der Bevölkerungs-, Wirtschafts-, Stadt- und Verkehrsentwicklung in beiden Städten führt zu wenig spektakulären Veränderungen. Es zeigt sich dabei, daß die ausgewählten Bezugsgruppen trotz ihrer außerordentlich hohen Präsenz in den Untersuchungsstädten einen geringen Einfluß auf das Gesamtverkehrsgeschehen haben. In beiden Städten weisen die Berechnungsergebnisse für den modal split beim Status-Quo-Szenario keine großen Verschiebungen auf. Bei den Luftschadstoffemissionen sind aufgrund fahrzeugtechnischer Verbesserungen zum Teil hohe Minderungspotentiale festzustellen. Das Minderungspotential von CO_2 ist dennoch nur gering. Die, in der Weltklimakonferenz von Rio beschlossenen und in den 'Lokale Agenda 21'-Programmen veröffentlichten, Ziele zur CO_2-Reduzierung können demnach nur anhand von technischem Fortschritt nicht erreicht werden. Auch dann nicht, wenn von einem Stagnieren der Kfz-Fahrleistungen auf heutigem Niveau ausgegangen wird. Bei den anderen Bewertungsfeldern treten kaum nennenswerte Änderungen gegenüber dem Ist-Zustand auf.

Diesen Ergebnissen werden die ***Alternativszenarien (Horizont 2010)*** gegenübergestellt. Für die Rahmenbedingungen der Bevölkerungs- und Wirtschaftsentwicklung gelten auf gesamtstädtischer Ebene die gleichen Annahmen wie beim Status-Quo-Szenario. Ansonsten handelt es sich um den Einsatz einer ökologisch orientierten Strategie zur Förderung der

Umfeld- und Umweltverträglichkeit des Stadtverkehrs. Die Alternativszenarien (Horizont 2010) beinhalten Maßnahmen

- zur Veränderung von Wirtschafts- und Nutzungsstrukturen
- zur Beeinflussung der kleinräumigen Infrastrukturausstattung
- zur Lenkung der Bevölkerungs- und Siedlungsstrukturen
- zur Verbesserung von Organisationsstrukturen
- zu den Verkehrsangebotsstrukturen im MIV, ÖPNV und NMIV
- zur Veränderung des Emissionsverhaltens der Fahrzeuge.

Ein ***Vergleich von Status-Quo- und Alternativszenarien (Horizont 2010)*** zeigt, daß die gewählten Maßnahmenkomplexe unübersehbare positive Auswirkungen bei allen Bewertungskriterien nach sich ziehen. Die Anzahl täglicher MIV-Fahrten im Berufs- und Univerkehr sinkt je nach Stadtteil zwischen 17% und 80% gegenüber dem Status-Quo-Szenario. Grund dafür ist eine Reduzierung der Gesamtzahl der Wege durch Verkehrsvermeidung (bis zu -21%) und eine Verkehrsverlagerung auf Fuß, Rad, Bus und Bahn. Die durchschnittliche Länge der Wege nimmt zusätzlich ab. Voraussetzung für die Verkehrsvermeidung und die Verkürzung der Wege ist ein besserer räumlicher Bezug zwischen Wohn-, Arbeits- und Studienorten. Die Berechnungsergebnisse der Alternativszenarien (Horizont 2010) belegen für Montpellier beim Berufsverkehr ein geringfügig größeres Umsteigerpotential vom MIV auf den ÖPNV, Rad- und Fußgängerverkehr als für Heidelberg. Damit legt die französische Untersuchungsstadt bei den Alternativszenarien (Horizont 2010) ein etwas umfeld- und umweltfreundlicheres Mobilitätsverhalten an den Tag Trotz ebenfalls größerem Umsteigerpotential bei den Studierenden Montpelliers bleibt die Verkehrsmittelwahl in Heidelberg dennoch etwas umweltverträglicher. Insgesamt geht die Tendenz in Richtung einer Angleichung des studentischen Mobilitätsverhaltens mit sehr geringer MIV-Nutzung.

Folge davon ist ein geringeres Gesamtverkehrsaufkommen auf den untersuchten Straßenabschnitten in und um die Zielstadtteile beider Städte. Der Einfluß des stadtinternen Berufs- und Univerkehrs auf die DTV-Werte bleibt dennoch von relativ geringer Bedeutung. Bei den Alternativszenarien (Horizont 2010) ist von größeren Minderungspotentialen für ***Luftschadstoffemissionen*** aufgrund fahrzeugtechnischer Fortschritte auszugehen als beim Status-Quo-Szenario. Die Alternativszenarien (Horizont 2010) bieten in beiden Städten Verbesserungsmöglichkeiten bezüglich aller Bewertungsfelder. Das Ausmaß der Entwicklung in Richtung auf einen umfeld- und umweltverträglichen Stadtverkehr liegt für Montpellier etwas höher als für Heidelberg.

Bei den Bewertungsfeldern ***'Trennwirkung / Unfallgefährdung'*** und ***'Flächenaufteilung / Grün und Gestaltung'*** treten durch verkehrsplanerische Eingriffe in Form von konsequenter flächenhafter Verkehrsberuhigung nur noch an wenigen Straßenabschnitten Unverträglichkeiten auf. Eine Reduzierung der Lärmbelastung wird fast überall erreicht, diese genügt jedoch meist nicht zur Einhaltung der Grenzwerte. ***Lärm*** bleibt in allen Stadtteilen Belastungsfaktor Nummer 1. Für alle Bewertungskriterien gilt: Bei der Reduzierung der täglichen MIV-Fahrten bei allen Fahrzwecken, in nur annähernd gleichem Maße wie beim Berufs- und Univerkehr, wird ohne Zweifel ein umfeld- und umweltverträglicher Stadtverkehr in Montpellier und Heidelberg realisierbar. Die ***Mobilitätsbedingungen*** müßten sich dabei ändern, die stellenweise notwendigen Einschränkungen könnten jedoch durchweg durch die Eröffnung neuer Alternativen ausgeglichen werden. Die Gefahr einer Einschränkung der persönlichen Mobilität könnte daher ausgeschlossen werden.

Die politische Akzeptanz der Alternativszenarien (Horizont 2010) ist nur unter äußeren Voraussetzungen zu erwarten, welche die Umsetzung der Forderungen nach einer nachhaltigen Entwicklung bei der Bevölkerung forciert. Ein Scheitern dieser Prozesse würde die Entwicklung auf die Trends des Status-Quo-Szenarios lenken. Eine Durchsetzbarkeit der Ansätze und Maßnahmenpakete der langfristigen Alternativszenarien wird von den Verhaltensänderungen und der Bereitschaft zur Selbstbeschränkung bei der Mehrheit der Bevölkerung abhängen. Für diese Entwicklungen müßte jedoch zunächst ein tragfähiger gesellschaftlicher Konsens gefunden werden.

Die ***langfristigen Alternativszenarien*** unterscheiden sich von den Szenarien mit Horizont 2010 durch die Annahme einer generellen Umorientierung der wirtschaftlichen und gesellschaftlichen Einordnung von Verkehr, die verkehrsvermeidende Strukturen zunehmend berücksichtigt. Änderungen der gesetzlichen, planerischen, siedlungsstrukturellen und organisatorischen Rahmenbedingungen stellen die Basis für die weiterführenden Konzepte der Verkehrsvermeidung dar. Die Maßnahmen beziehen sich auf folgende Bereiche:

- Erhöhung des finanziellen und zeitlichen Raumwiderstands
- Veränderungen des Planungsrechts
- Veränderungen des Bodenmarkts
- Organisatorische Konzepte
- Erweitertes Planungsverständnis.

Die langfristigen Alternativszenarien eröffnen damit Möglichkeiten, auf die Verursacherstrukturen des Verkehrs einzuwirken, die deutlich über den Rahmen der anderen Szenarien hinausgehen. Tiefgreifende gesellschaftliche Umdenkprozesse stellen die Voraussetzung dafür dar. Die Ausführungen zeigen, daß die gesellschaftlichen Rahmenbedingungen indirekt über die kleinräumigen Siedlungs- und Nutzungsstrukturen Einfluß auf die Verkehrssituation und die darauf basierenden Umfeld- und Umweltbelastungen nehmen. Die ***Umsetzung*** von veränderten Rahmenbedingungen und Planungsformen in den langfristigen Alternativszenarien, welche eine umfeld- und umweltverträgliche Verkehrsentwicklung ermöglichen, erscheint für Heidelberg leichter zu erreichen als für Montpellier. Das föderalistisch orientierte, deutsche Planungssystem bietet eher Ansatzpunkte dazu als das zentralistisch ausgerichtete französische.

Weiterführende Bedeutung

Die weiterführende Bedeutung der Arbeit liegt einerseits beim ***'Verfahren zur Bewertung von Umfeld- und Umweltverträglichkeit von Stadtverkehr'***. Die Verkehrsplanung hat damit ein Verfahren zur Verfügung, welches trotz einfacher Anwendbarkeit umfassende Informationen zur Verträglichkeit von Verkehr in Städten mit den Verursacherstrukturen in Bezug bringt und sich zur Anwendung auf andere Untersuchungsgebiete eignet.

Andererseits stellen die Untersuchungsergebnisse einen konkreten ***Beitrag zur nachhaltigen Stadt- und Verkehrsentwicklung*** in den Partnerstädten Montpellier und Heidelberg dar. Sie sprechen damit die Beteiligten des Stadt- und Verkehrsplanungsprozesses der beiden Städte an und wollen zu einem verstärkten internationalen Erfahrungs- und Ideenaustausch auf fachlicher Ebene anregen. Die Untersuchungen sind so ausgelegt, daß repräsentative Aussagen für den Univerkehr und Berufsverkehrs der Gesamtstädte Montpellier und Heidelberg möglich sind. Allerdings darf nicht von einer uneingeschränkten Übertragbarkeit der Untersuchungsergebnisse auf den Gesamtverkehr der Untersuchungsstädte ausgegangen werden.

Bei der ***Übertragung von Untersuchungsergebnissen*** der vorliegenden Studie auf andere Städte ist die Dominanz des Belastungsfaktors Verkehr in Montpellier und Heidelberg zu beachten. Nicht übertragbar sind daher die quantifizierten Belastungszustände, da diese von einer Vielzahl externer Komponenten abhängen die lokal variieren. Unter Beachtung der oben genannten Einschränkungen können die Untersuchungsergebnisse bezüglich der Auswirkungen der Siedlungs- und Nutzungsstrukturen auf die Verkehrsentstehung und die Verkehrsmittelwahl auf andere Städte übertragen werden. Für Städte ähnlicher Größe und Struktur wie Montpellier und Heidelberg sind die qualitativen Aussagen zu einer umfeld- und umweltverträglichen Entwicklung des Stadtverkehr verallgemeinerbar.

Literatur

Agence de l'Environnement et de la Maîtrise de l'Energie (Ademe) (1995): Energie, environnement et déplacements urbains: quelques points de répères. Paris

Ahrens, G.-A. (1991): Minderung von Schadstoffemissionen im Straßenverkehr durch verkehrsbeeinflussende Maßnahmen. In: Informationen zur Raumentwicklung Heft 1/2. S. 31 - 38

Akademie für Raumforschung und Landesplanung (ARL) (Hrsg.) (1995a): Handwörterbuch der Raumordnung. Hannover

Akademie für Raumforschung und Landesplanung (ARL) (1995b): Kurskorrektur für Raumordnungs- und Verkehrspolitik. Wege zu einer raumverträglichen Mobilität. Forschungs- und Sitzungsberichte 198. Hannover

Albers, G. (1997): Zur Entwicklung der Stadtplanung in Europa. Begegnungen, Einflüsse, Verflechtungen. Braunschweig, Wiesbaden

AMPADI LR (Association pour la Maîtrise de la Qualité de l'Air en Languedoc-Roussillon) (1996a): Rapport d'activité 1995. Montpellier

AMPADI LR (Association pour la Maîtrise de la Qualité de l'Air en Languedoc-Roussillon) (1996b): Bilan de la pollution par l'ozone sur la région Languedoc-Roussillon. Eté 1995. Montpellier

Apel, D. (1991): Erfahrungen mit städtischen Konzepten zur Verkehrsentlastung und Emissionsreduzierung im In- und Ausland. In: Informationen zur Raumentwicklung Heft 1/2. S. 101 - 109

Arbeitsgemeinschaft Modellvorhaben Flensburg: ARGUS (Arbeitsgruppe unabhängiger Verkehrsplaner), Ohrt-v.Seggern-Partner (1996): Modellvorhaben Flensburg - Grenzwerte für stadtverträglichen motorisierten Verkehr. Forschungsbericht. Hamburg

ARGUS (Arbeitsgruppe unabhängiger Verkehrsplaner), COOPERATIVE Infrastruktur und Umwelt, IWU (Institut für Wohnen und Umwelt) (1994): Das LADIR-Verfahren zur Bestimmung stadtverträglicher Belastungen durch Autoverkehr - Grenzwerte für eine städtebaulich verträgliche Verkehrsbelastung. Darmstadt, Braunschweig

Arndt, K. (1994): P + R -Potentiale. In: Apel, D.; Holzapfel, H.; Kiepe, F.; Lehmbrock, M. u. Müller, P. (1998): Handbuch der kommunalen Verkehrsplanung. Bd. II. Bonn. Abschnitt 3.3.6.1, 22 S.

Baier, R. (1992): Verträglichkeit des Kraftfahrzeugverkehrs in Straßenräumen und Straßennetzen. In: Internationales Verkehrswesen 44, H. 10, S. 395 - 399

Baugesetzbuch (BauGB) (1997)

Beckmann, K. J. (1993): Probleme und Perspektiven für die Entwicklung des Stadtverkehrs. In: Informationen zur Raumentwicklung Heft 5/6. S. 187 - 203

Belz, J. (1996): Auswirkungen und Akzeptanz des Heidelberger Semestertickets. Eine Untersuchung in Heidelberg. Diplomarbeit am Geographischen Institut der Universität Heidelberg

Bitsch, R. (1995): Verkehrslärmemissionskataster der Heidelberger Stadtteile Neuenheim und Handschuhsheim. Diplomarbeit am Geographischen Institut der Universität Heidelberg

Blowers, A. (1993): Planning for a sustainable environment. Town and Country Planning Association. London

BMW AG (1991): Verkehr und Auto. München

Bracher, T. (1993): Potentiale des Fahrradverkehrs. In: Apel, D.; Holzapfel, H.; Kiepe, F.; Lehmbrock, M. u. Müller, P. (1998): Handbuch der kommunalen Verkehrsplanung. Bd. I. Bonn. Abschnitt 2.2.2.1, 20 S.

Bracher, T. (1996): Die Neuorientierung der Radverkehrsplanung. In: Apel, D.; Holzapfel, H.; Kiepe, F.; Lehmbrock, M. u. Müller, P. (1998): Handbuch der kommunalen Verkehrsplanung. Bd. II. Bonn. Abschnitt 3.3.2.1, 33 S.

Brenner, J. u. Steierwald, M. (1998): Stadtverträglicher Verkehr - Schimäre oder Leitsatz. Ergebnisse des Workshops VII Kommunikation und Verkehr. Arbeitsbericht Nr. 100 der Akademie für Technikfolgenabschätzung in Baden-Württemberg. Stuttgart

Brett, Y.-B. (1994): Le vélo dans la ville: comment lui ouvrir la voie? In: L'Environnement Magazine, H. 1532, Nov. 1994, S. 21 - 26

Brög, W. (1981): Das Fahrrad als Verkehrs- und Transportmittel. In: Bundesministerium für Verkehr (1981): Dokumentation 1. Internationaler Fahrradkongreß VELO / CITY, 10. - 12. April 1980 in Bremen. Forschung Stadtverkehr, Sonderreihe H. 9. Bonn. S. 49 - 51

Brunet, R., Grasland, L., Garnier, J. P., Ferras, R. u. Volle, J. P. (1988): Montpellier Europole. G.I.P. RECLUS. Montpellier

Bundesforschungsanstalt für Landeskunde und Raumordnung (1995): Verkehrsvermeidung. Siedlungsstrukturelle und organisatorische Konzepte. Materialien zur Raumentwicklung, Heft 73. Bonn

Bundesforschungsanstalt für Landeskunde und Raumordnung (1996): Nachhaltige Stadtentwicklung. Herausforderungen an einen ressourcenschonenden und umweltverträglichen Städtebau. Bonn

Bundes-Immissionsschutzgesetz (BImSchG) (1990)

Bundesministerium für Raumordnung, Bauwesen und Städtebau (1996): Lokale Agenda 21. A: Stand und Perspektiven von Kapitel 28 in Deutschland. B: Übersicht über internationale Programme und Strategien. Schriftenreihe "Forschung" H. 499. Bonn

Bundesministerium für Raumordnung, Bauwesen und Städtebau (1996a): Raumordnung in Deutschland. Bonn

Bundesministerium für Raumordnung, Bauwesen und Städtebau (1996b): Städtebau und Verkehr. Dokumentation der Modellvorhaben. ExWoSt-Informationen 06.10. Bonn

Bundesministerium für Raumordnung, Bauwesen und Städtebau (1997): Zweite Konferenz der Vereinten Nationen über menschliche Siedlungen im Juni 1996 in Istanbul. Abschlußdokumente HABITAT II. Bonn

Bundesministerium für Raumordnung, Bauwesen und Städtebau (1998a): Nachhaltige Stadtentwicklung. Anforderungen an Städtebau, Wirtschaft und Handel. Bonn

Bundesministerium für Raumordnung, Bauwesen und Städtebau (1998b): Welt-Habitat-Tag, 6. Oktober 1997: Städte der Zukunft. Dokumentation. Bonn

Bundesministerium für Verkehr - Abteilung Straßenbau (1990): Richtlinien für den Lärmschutz an Straßen. RLS-90.

Bund für Umwelt und Naturschutz Deutschland e.V. (BUND) Regionalverband Unterer Neckar (1995): Blickwende Rhein-Neckar. Vorschläge für die Zukunftsfähigkeit der Region. Heidelberg

Burst, S. (1997): Untersuchungen zum sommerlichen Humanbioklima von Heidelberg. Dissertation am Geographischen Institut der Universität Heidelberg

Cerwenka, P. (1996): Zuckerbrot und / oder Peitsche zum Umsteigen auf den ÖPNV? In: Internationales Verkehrswesen 48, S. 27 - 30

CETE-LR (Centre d'Études Techniques de l'Équipement Languedoc-Roussillon) / DDE Hérault (Direction Départementale d'Équipement) (1994): Dossier de Voirie d'Agglomération de Montpellier (DVA). Chapitre 1. Montpellier

CETE-LR (Centre d'Études Techniques de l'Équipement Languedoc-Roussillon) / DDE Hérault (Direction Départementale d'Équipement) (1995): Dossier de Voirie d'Agglomération de Montpellier (DVA). Chapitre 2. Montpellier

CETE-LR (Centre d'Études Techniques de l'Équipement Languedoc-Roussillon) / DDE Hérault (Direction Départementale d'Équipement) (1998): Dossier de Voirie d'Agglomération de Montpellier (DVA). Montpellier

CETUR (Centre d'Etudes des Transports Urbains) (1984): Les plans de déplacements urbains. Etat des démarches d'élaboration dans les agglomérations d'Annecy, de Bourges, de Grenoble, de Lorient, de Montpellier et de Nantes à la fin de 1984. Bagneux

CETUR (Centre d'Études des Transports Urbains), Ministère de l'Équipement des Transports et du Tourisme (1994): Les enjeux des politiques de déplacement dans une stratégie urbaine. Bagneux

Club des Villes Cyclables (1995): Partageons la rue. Strasbourg

Code de l'Environnement. Troisième Edition 1990. Paris

Code de l'Urbanisme. Troisième Edition 1990. Paris

Delhaye, E. (1998): Voici le Montpellier de l'an 2020. La Direction départementale de l'Equipement livre sa proposition en terme d'urbanisation. In: Midi Libre, 22.10.1998, S. 2 - 3

Deutscher Wetterdienst (1953): Klima-Atlas von Baden-Württemberg. Offenbach

Deutscher Wetterdienst (o. J.): Klimadaten der Bundesrepublik Deutschland, Zeitraum 1951 - 1980. Offenbach

Deutsches Institut für Fernstudien (DIFF) (1988): Stadterfahrung - Stadtgestaltung. Bausteine zur Humanökologie. Band 1 Einführung. Universität Tübingen

Dörnemann, M., Gertz, C., Holz-Rau, C., Rau, P. und Wilke, G. (1996): Siedlungsstrukturen: Ein Ansatzpunkt zur Verkehrsvermeidung? Ergebnisse des Modellvorhabens Stuttgart "Verkehrserfordernisse". In: ExWoSt-Informationen zum Forschungsfeld "Städtebau und Verkehr" Nr. 06/8, S. 2 - 11

empirica - Gesellschaft für Struktur und Stadtforschung mbH / Stadt Heidelberg - Amt für Stadtentwicklung und Statistik (1995): Szenarien zur Stadtentwicklung Heidelberg 2010. Heidelberg

Enquete-Kommission 'Schutz der Erdatmosphäre' des Deutschen Bundestages (1995): Mehr Zukunft für die Erde - Nachhaltige Energiepolitik für dauerhaften Klimaschutz. Bonn

Fiedler, H. (1994): Das Heidelberger Verkehrsforum. Ein Modell für die BürgerInnen-mitwirkung. In: Klima Bündnis / Alianza del Clima: Klimaschutz durch Verkehrsvermeidung. Handlungsansätze auf kommunaler und regionaler Ebene. Frankfurt a. M., S. 137 - 145

Flor, T. (1999): Die floristische Bioindikation und ökologische Bewertung urbaner Flächen-nutzungen in Heidelberg. Dissertation am Geographischen Institut der Universität Heidelberg

Forschungsgesellschaft für Straßen- und Verkehrswesen (FGSV) (1985): Empfehlungen für die Anlage von Erschließungsstraßen EAE 85. Köln

Forschungsgesellschaft für Straßen- und Verkehrswesen (FGSV) (1993): Autoarme Innenstädte - Eine kommentierte Beispielsammlung. FGSV-Arbeitspapier 30

Gaßner, R. (1994): Telematische Ansätze zur Lösung städtischer Verkehrsprobleme. In: Behrendt, S. u. Kreibich, R. (1994): Die Mobilität von Morgen. Umwelt- und Verkehrs-entlastung in den Städten. Weinheim, Basel. S. 231 - 240

Gehring, C. (1993): Emissionskataster - Verkehr. Untersuchungsgebiet Heidelberg Süd. Diplomarbeit am Geographischen Institut der Universität Heidelberg

Gensac, A. (1992): Histoire et Evolution Urbaine de Montpellier. Service Protection et Mise en Valeur du Patrimoine. Montpellier (unveröffentlicht)

GREGAU (Groupe de Recherche en Géographie, Aménagement, Urbanisme) (1993): Université et Ville. Recherche-Expérimentation. Observatoire de la vie étudiante. Bd. 1 Les étudiants. Montpellier (piloté par Volle, J. P.)

GREGAU (Groupe de Recherche en Géographie, Aménagement, Urbanisme) (1993): Université et Ville. Recherche-Expérimentation. Observatoire de la vie étudiante. Bd. 1-A Les étudiants-Annexes. Montpellier (piloté par Volle, J. P.)

GREGAU (Groupe de Recherche en Géographie, Aménagement, Urbanisme) (1993): Université et Ville. Recherche-Expérimentation. Observatoire de la vie étudiante. Bd. 2 Les pratiques sociales. Montpellier (piloté par Volle, J. P.)

Grundgesetz für die Bundesrepublik Deutschland (GG). Stand November 1995

GUEPE (Groupe Universitaire d'Échanges et de Projets sur l'Environnement) (1995): Parcage des vélos à l'Univertsité Paul-Valéry. Montpellier (unveröffentlicht)

Gürke, J. (1994): Die Umweltbelastungen durch den Ziel- und Quellverkehr der Universität Heidelberg. Fallstudie Neuenheimer Feld. Diplomarbeit am Geographischen Institut der Universität Heidelberg

HDR France und Schroeder & Associés (1990): Observatoire de la circulation: Montpel-lier. Enquêtes cordon des 16 et 18 janvier 1990. Rapport final I et II. Paris / Luxembourg

Heidelberger Straßen- und Bergbahn Aktiengesellschaft (HSB) (1997): Informations- und Datenmaterial zum öffentlichen Personennahverkehr in Heidelberg. Heidelberg (unveröffentlicht)

Herrmann, M. u. Steierwald, M. (1996): Leitbild Urbanität - Leitbild vom Leben in der Stadt. Ergebnisse des Workshops V Kommunikation und Verkehr. Arbeitsbericht Nr. 63 der Akademie für Technikfolgenabschätzung in Baden-Württemberg. Stuttgart

Herrmann, M. u. Steierwald, M. (1997): Mobilität und Urbanität - Die Stadt und ihr Verkehr. Ergebnisse des Workshops VI Kommunikation und Verkehr. Arbeitsbericht Nr. 73 der Akademie für Technikfolgenabschätzung in Baden-Württemberg. Stuttgart

Hochbach, A. (1992): Verkehrsemissionen. Untersuchungsgebiet Heidelberg Nord. Diplomarbeit am Geographischen Institut der Universität Heidelberg

Horn, B. (1993): Geschichte der städtischen Radverkehrsplanung. In: Apel, D.; Holzapfel, H.; Kiepe, F.; Lehmbrock, M. u. Müller, P. (1998): Handbuch der kommunalen Verkehrsplanung. Bd. II. Bonn. Abschnitt 2.1.1.2, 18 S.

Hupfer, P. (1991): Der Energiehaushalt Heidelbergs - unter besonderer Berücksichtigung der städtischen Wärmeinselstruktur. Dissertation am Geographischen Institut der Universität Heidelberg

ifeu (Institut für Energie- und Umweltforschung Heidelberg GmbH) (1993): Maßnahmen und Maßnahmenkombinationen für einen Planfall 3 zum Verkehrsentwicklungsplan Heidelberg. Mit Datensatz zu Verkehrsbeziehungen im Binnenverkehr auf Basis der Rohdaten von Wermuth et al. (EDV: Visem). Heidelberg

INSEE (Institut National de la Statistique et des Études Économiques) (1990): Recensement générale de la population de 1990. Population - Activité - Ménages / Logement - Population - Emploi / Exhaustif - Flux. Hérault (34), Montpellier (172). Paris

INSEE (Institut National de la Statistique et des Études Économiques) (1992): Recensement générale de la population de 1990. Tableaux standards. Paris (EDV-Rohdaten)

INSEE-LR (Institut National de la Statistique et des Études Économiques, Languedoc-Roussillon) (1994): Enquête Équipements Urbains 1994 (EEU 94). Commune de Montpellier et quartiers. Montpellier

INSEE-LR (Institut National de la Statistique et des Études Économiques, Languedoc-Roussillon) (1996): Tableaux de l'économie du Languedoc-Roussillon. Edition 1996 - 1997. Montpellier

Institut für Energie- und Umweltforschung Heidelberg GmbH (ifeu) (1997): Nachhaltiges Heidelberg. Für eine lebenswerte Umwelt. Darstellung und Bewertung bisheriger Aktivitäten der Stadtverwaltung und Vorschläge für eine 'lokale Agenda 21'. Im Auftrag der Stadt Heidelberg. Heidelberg

Kanzlerski, D. (1993): Flächenhafte Verkehrsberuhigung und weiterer stadtverkehrspolitischer Handlungsbedarf. In: Informationen zur Raumentwicklung, H.4 1993, S.235 - 242

Karrasch, H. u. div. Mitarbeiter der Arbeitsgruppe 'Siedlungsökologie' (o. J.): Verkehrszählungen 1987 - 1995. Geographisches Institut der Universität Heidelberg (unveröffentlicht)

Karrasch, H. (1981): Ausgewählte Studien zur Luftqualität im Rhein-Neckar-Gebiet. In: Mannheimer Geographische Arbeiten 10, S. 179 - 189

Karrasch, H. (1988): Der Smog von Los Angeles. In: Geographische Rundschau 40, H. 5, S. 46 - 54

Karrasch, H. und Hupfer, P. (1991): Stadtklimatologisches Gutachten Heidelberg. Geographisches Institut der Universität Heidelberg

Karrasch, H. und Litterst, M. (1992): Emissionskataster Heidelberg, Quellengruppe Verkehr. Hrsg. Stadt Heidelberg

Karrasch, H. (1994): Siedlungsökologische Untersuchungen - Fallstudie Heidelberg. In: Frankenberg, Spieß (1994): Umwelt und Wirtschaft. Zur Situation des Rhein-Neckar-Dreiecks unter ökologischen, wirtschaftlichen und rechtlichen Gesichtspunkten. Umwelt- und Technikrecht 29, S. 119 - 124

Karrasch, H., Litterst, M. u. Winkler, R. (1994): Verkehrsbedingte Luftverunreinigungen in Heidelberg. Geographisches Institut der Universität Heidelberg. Hrsg. Stadt Heidelberg

Karrasch, H. (1995): Sustainable Development - eine Herausforderung für die Geographie in Forschung und Lehre. In: HGG-Journal Nr. 9, S. 2 - 6

Karrasch, H. u. Seitz, R. (1995): Stadtklima 1995. Heidelberg. Hrsg. Stadt Heidelberg

Karrasch, H. (1996): Stadtökologisches Untersuchungsprogramm Heidelberg. In: Heidelberger Geographische Arbeiten, H. 100, S. 40 - 54

Karrasch, H. u. Litterst, M. (1996): Emissionskataster Heidelberg, Quellengruppe Hausbrand und Kleingewerbe. Hrsg. Stadt Heidelberg

Karrasch, H., Deck, R. u. Heier, M. (1997): City-Logistic in der Heidelberger Altstadt. Datenreport einer Befragung von Einzelhandels- und Gastronomiebetrieben. Heidelberg

Karrasch, H., Menges, H. u. Winkler, R. (1997): Schallimmissionen und Lärmbelastungen in Heidelberg. Erläuterungen zum Schallimmissionsplan Heidelberg und ergänzende Analysen zur Lärmbelastung der Bevölkerung. Hrsg. Stadt Heidelberg

Karrasch, H. (1998): Geographie und Umwelt. In: HGG-Journal Nr. 12, S. 87 - 105

Karrasch, H. u. Winkler, R. (1998): Schallimmissionsplan Heidelberg. Schallimmissionen und Lärmbelastung in Heidelberg 1998. Geographisches Institut der Universität Heidelberg. Hrsg. Stadt Heidelberg - Amt für Umweltschutz und Gesundheitsförderung

Kistenmacher, H.; Marcou, G.; Clev, H.-G. (1994): Raumordnung und raumbezogene Politik in Frankreich und Deutschland. Beiträge der Akademie für Raumforschung und Landesplanung 129 / DATAR. Hannover, Paris

Knoflacher, H. (1986): Kann man Straßenbauten mit Zeiteinsparungen begründen? In: Internationales Verkehrswesen 38, H. 6, S.454 - 457

Knoflacher, H. (1991): Einzelhandel, Geschwindigkeit des Verkehrssystems und Shoppingcenters. In Zeitschrift für Verkehrswissenschaft 62, H. 1, S. 47 - 54

Knoflacher, H. (1995): Fußgeher- und Fahrradverkehr. Planungsprinzipien. Wien, Köln, Weimar

Knoflacher, H. (1996): Zur Harmonie von Stadt und Verkehr. Freiheit vom Zwang zum Autofahren. 2. Verbesserte und erweiterte Auflage. Wien, Köln, Weimar

Köhler, U. (1991): Verkehrsmittelwahl in der städtischen Verkehrsplanung. In: Internationales Verkehrswesen 43, H. 9, 1991, S. 382 - 386

Kreibich, R. (1994): Mobilität und Lebensqualität. In: Behrendt, S. und Kreibich, R.: Die Mobilität von Morgen. Umwelt- und Verkehrsentlastung in den Städten. Weinheim, Basel, S. 13 - 40

Kreibich, R. (1996): Zukunftsfähiger Stadt- und Regionalverkehr. In: Kreibich, Rolf und Nolte, Roland (Hrsg.): Umweltgerechter Verkehr. Innovative Konzepte für den Stadt- und Regionalverkehr. Berlin, Heidelberg, New York, S. 1 - 20

Kuhn, S.; Suchy, G.; Zimmermann, M. (Hrsg.) (1998): Lokale Agenda 21 - Deutschland. Kommunale Strategien für eine zukunftsbeständige Entwicklung. ICLEI. Berlin, Heidelberg, New York

Künne, H.-D. (1991): Stadt und Verkehr - Problem ohne Ende? In: Internationales Verkehrswesen 43, S. 441 - 446

Kutter, E. (1993): Eine Rettung des Lebensraumes Stadt ist nur mit verkehrsintegrierter Raumplanung möglich. In: Informationen zur Raumentwicklung Heft 5/6. S. 283 - 294

Lasch, F. (1996): Die soziodemographische Struktur der Wohnbevölkerung in Montpellier. Räumlicher Niederschlag und jüngste Entwicklungen. Staatsexamensarbeit am Geographischen Institut der Universität Heidelberg

Linke, D. (1998): Ozonbelastung im Stadtgebiet Heidelberg: Methodischer Vergleich von Bioindikation und Indigo-SAM-Verfahren. Diplomarbeit am Geographischen Institut der Universität Heidelberg

Litterst, M. (1996): Hochauflösende Emissionskataster und winterliche SO_2-Immissionen: Fallstudien zur Luftverunreinigung in Heidelberg. Dissertation am Geographischen Institut der Universität Heidelberg. Heidelberger Geographische Arbeiten 106

Loew, S. (1988): Planning in Britain and France. Occasional Paper 2/88. South Bank Polytechnic, London

Loske, R. u. Bleischwitz, R. (1996): Zukunftsfähiges Deutschland. Ein Beitrag zu einer global nachhaltigen Entwicklung. Studie des Wuppertal Instituts für Klima, Umwelt, Energie GmbH im Auftrag vom Bund für Umwelt und Naturschutz Deutschland e.V. und MISEREOR. Basel, Boston, Berlin

Malchus, V. F. v. (1995): Anforderungen an die Neuorientierung von Raumordnungs- und Verkehrspolitik. In: Akademie für Raumforschung und Landesplanung (ARL) (1995): Kurskorrektur für Raumordnungs- und Verkehrspolitik. Wege zu einer raumverträglichen Mobilität. Forschungs- und Sitzungsberichte 198. Hannover. S. 93 - 98

Mérienne, P. (1997): Petit Atlas de la France. Départements et Territoires d'Outre-Mer. Rennes

Merlin, P. (1992): Les transports urbains. Paris

Météo France (1996): Données relatives à la climatologie de la région de Montpellier Fréjorgues, département Hérault. Montpellier (unveröffentlicht)

Ministère de l'Environnement (1995a): L'évaluation environnementale , le développement durable et la ville. Seminaire annuel de la sous-direction de l'aménagement et des paysages, le 14 mars 1995. Paris

Ministère de l'Environnement (1995b): Pour une politique soutenable des transports. Collection des rapports officiels. Paris

Ministère de l'Environnement (1996a): Commission développement durable. Bulletin quotidien du Ministère de l'Environnement, 25 janvier 1996. Paris

Ministère de l'Environnement (1996b): La prise en compte de l'environnement dans les projets de travaux et d'aménagement et les politiques territoriales. Seminaire annuel de la sous-direction de l'aménagement et des paysages, le 28 mars 1996. Paris

Ministère de l'Environnement (o.J.): Les transports & l'environnement. Rapport définitif N° 90/94. Paris

Ministère de l'Equipement, des Transports et du Tourisme (1993): Données et analyses sur les transports collectifs urbains. Paris

Ministère de l'Équipement, des Transports et du Tourisme / Ministère de l'Enseignement supérieure et de la Recherche (1993): Accueil des Étudiants dans la Ville. Recherche sur la localisation et le contenu d'une "Maison de l'Étudiant" à Montpellier. Montpellier

Ministère de l'Équipement, du Logement, de l'Aménagement, du Territoire et du Tourisme / DDE (Direction Départementale de l'Equipement de l'Hérault) (1997): Les principes directeurs du DVA de Montpellier. Montpellier

Minvielle, E. (1994): La mobilité des personnes en milieu urbain. In: Ministère de l'équipement, des transports et du tourisme (1994): Observatoire économique et statistique des transports (OEST). Juillet-Août. Paris

Monheim, H. u. Monheim-Dandorfer, R. (1990): Straßen für alle - Analysen und Konzepte zum Stadtverkehr der Zukunft. Hamburg

Monheim, R. (1988): Verkehrsplanung und Verkehrsentwicklung einer Universität am Beispiel Bayreuth. Bayreuther Geowiss. Abh., Bd. 12

Montpellier District / SMTU (Société Montpellieraine de Transport Urbain) (1996): 1ère ligne de Tramway de l'agglomération de Montpellier. Dossier d'enquête préalable à la D.U.P. Montpellier

Montpellier District (1996 - 1999): Puissance 15. Diverse Ausgaben. Montpellier

Mousel, M., Piéchaud J.-P. u. Roure, J.-C. (1995): Des transports nommés désir. Paris

Müller, P. et al. (1988): Interdisziplinäres Sachverständigengutachten über die Auswirkungen von Ortsdurchfahrten / Ortsumgehungen. Im Auftrag des Hessischen Ministers für Wirtschaft und Technik, Wiesbaden (unveröffentlicht)

Müller, P., Skoupil, G. u. Topp, H. (1991): Praxisnahes Verfahren zur Beurteilung von Funktion, Nutzung und Gestalt von Stadtstraßen. In: Internationales Verkehrswesen 43, H. 11, S. 482 - 488

Neumann, W. u. Uterwedde, H. (1994): Raumordnungspolitik in Frankreich und Deutschland. Herausgegeben vom Deutsch-Französischen Institut. Stuttgart

Noin, D. (1996): L'espace français. Paris

Obermeier, A. (1991): Zeitliche und räumliche Verteilung der Emissionen von VOC und Kohlenmonoxid in Baden-Württemberg. Kernforschungszentrum Karlsruhe

Offner, Jean-Marc (1992): Les déplacements urbains. La Documentation Française, N° 690. Paris

Organisation de Coopération et de Développement Economiques (OEDC) u. Conférence Européenne des Ministres des Transports (CEMT) (1995): Transports et développement durable. Paris

Organisation for Economic Co-operation and Development (OECD) (1996): Innovative policies for sustainable urban development. The ecological city. Paris

Peschke, B.; Cramer von Laue, O. u. Bruns, H.L. (1996): Jobticket-Modelle und andere aktuelle Lösungsansätze im Berufsverkehr. In: Apel, D.; Holzapfel, H.; Kiepe, F.; Lehmbrock, M. u. Müller, P. (1998): Handbuch der kommunalen Verkehrsplanung. Bd. I. Bonn. Abschnitt 2.4.1.1, 20 S.

Petersen, M. (1994): Das Car-Sharing-Projekt STATTAUTO. In: Behrendt, S. u. Kreibich, R. (1994): Die Mobilität von Morgen. Umwelt- und Verkehrsentlastung in den Städten. Weinheim, Basel. S. 241 - 252

Plate, K. (Hrsg.)(1994): Stadtverkehr: Von der EGO-Mobilität zur ÖKO-Mobilität. Düsseldorf

Poelaert, E. (1997): L'analyse de la réglementation sur le bruit et comparaison des différentes politiques de lutte contre le bruit dans 29 collectivités. Maîtrise A-E-S, Mention développement social, Faculté de Montpellier

Polizeidirektion Heidelberg (1997a): Verkehrsunfallstatistik und Tätigkeiten des Sachgebietes Verkehr 1996. Stadtgebiet Heidelberg und Rhein-Neckar-Kreis. Heidelberg

Polizeidirektion Heidelberg (1997b): Kartographische Darstellung zur Verkehrsunfallstatistik 1996 für das Stadtgebiet Heidelberg (und mündliche Auskünfte). Heidelberg (unveröffentlicht)

Raumordnungsgesetz (ROG). 1994

Raumordnungspolitischer Handlungsrahmen. 1995

Raumordnungspolitischer Orientierungsrahmen. 1992

Raumordnungsverband Rhein-Neckar (1996): Verkehrsuntersuchung Rhein-Neckar VURN-A. 2 Bd. Auftragnehmer: Institut für Verkehr und Stadtbauwesen, Technische Universität Braunschweig. Mannheim

Regionalverband Unterer Neckar (1994): Regionalplan Unterer Neckar. Mannheim

Retzko, H.-G. (1996): Telematik - eine neue Herausforderung für die städtische und regionale Verkehrsplanung? In: Internationales Verkehrswesen 48, S. 52 - 56

Rippberger, N. (1992): Das Bioklima von Heidelberg - Modifikation im Einfluß topographischer und urbaner Faktoren. Dissertation am Geographischen Institut der Universität Heidelberg

Sauer, U. u. Straub, U. (1993): Studieren in Heidelberg. Sonderauswertung der 13. Sozial-erhebung des DSW im SS 1991 zur wirtschaftlichen und sozialen Situation der Studierenden in Heidelberg. Studentenwerk Heidelberg

Schaaff, R. W. (1995): Stehen unsere Städte vor einem Verkehrsinfarkt?. In: Internationales Verkehrswesen 47, H. 5, S. 250 - 254

Schade, D. u. Steierwald, M. (1996): Zusammenhang und Wirkung - Raum und Stadt. Arbeitsbericht Nr. 53 der Akademie für Technikfolgenabschätzung in Baden-Württemberg. Stuttgart

Schallaböck, K. O. (1991): Verkehrsvermeidungspotentiale durch Reduktion von Wegezahlen und Entfernungen. In: Informationen zur Raumentwicklung, H.1/2. 1991, S. 67 - 84

Schayck, E. van (1998): Städtebaupraxis. Verfahren, Elemente, Begriffsbestimmungen. Düsseldorf

Schiffner, A. (1996): Luftverunreinigungen in Frankreich. Staatsexamensarbeit am Geographischen Institut der Universität Heidelberg

Schmitz, G. (1995): Anforderungen und Angebote der Raumordnung an die Verkehrspolitik. In: Akademie für Raumforschung und Landesplanung (ARL) (1995): Kurskorrektur für Raumordnungs- und Verkehrspolitik. Wege zu einer raumverträglichen Mobilität. Forschungs- und Sitzungsberichte 198. Hannover. S. 5 - 16

Schmitz, S. (1990): Schadstoffemissionen des Straßenverkehrs in der Bundesrepublik Deutschland. Verursacherstruktur, räumliche Differenzierung und Ansätze zur Reduzierung. Forschungen zur Raumentwicklung Band 19. Bonn

Schmitz, S. (1991): Minderung von Schadstoff- und CO_2-Emissionen im Straßenverkehr - eine Herausforderung für Raumordnung und Städtebau. In: Informationen zur Raumentwicklung Heft 1/2. S. 1 - 18

Schnüll, R. (1995): Stadtverträgliche Erschließung von Innenstädte ohne Schlagworte - Konzepterarbeitung und Umsetzung. In: VSVI Baden-Württemberg 95, S. 31 - 45

Schütze, C. (1989): Das Grundgesetz vom Niedergang. Arbeit ruiniert die Welt. München, Wien

Schuster, H. (1991): Das Klima von Heidelberg und dessen Beobachtung. Staatsexamensarbeit am Geographischen Institut der Universität Heidelberg

Schuster, H. (1997): Subjektorientierte Erfassung von Umweltfaktoren im Wohnumfeld am Beispiel Heidelbergs. Dissertation am Geographischen Institut der Universität Heidelberg

Schuster, J. (1998): Zeitliche und räumliche Verteilung der Ozonimmissionen in Heidelberg. SAM-Meßkampagne im Sommer 1995. Diplomarbeit am Geographischen Institut der Universität Heidelberg

Senatsverwaltung für Stadtentwicklung u. Umweltschutz, Referat Öffentlichkeitsarbeit (Hrsg.)(1993): Studie zur ökologischen und stadtverträglichen Belastbarkeit der Berliner Innenstadt durch den Kfz-Verkehr. Ergebnisbericht 1992. Arbeitshefte Umweltverträglicher Stadtverkehr 4. Berlin

Sinn, P. (1976/77): Heidelberg und Montpellier. Ein Vergleich unter geographischen und historischen Aspekten. In: Ruperto Carola, 28./29. Jahrgang, Heft 58/59, S. 5 - 22

SMTU (Société Montpellieraine de Transport Urbain) (1992): Projet activité stationnement - plan à moyen terme 1992 - 2000. Montpellier

SMTU (Société Montpellieraine de Transport Urbain) (1993): Enquête Ménages 1993. Montpellier (EDV-Rohdaten) (unveröffentlicht)

SMTU (Société Montpellieraine de Transport Urbain) (1994): La SMTU, quinze ans d'évolution au service du District de Montpellier. Montpellier

SMTU (Société Montpellieraine de Transport Urbain) / Montpellier District (1994): Plan du reseau de bus. Montpellier

SOFRETU (1984): Etude du plan de déplacements urbains du District de Montpellier. 4 Bd. Paris

Stadt Heidelberg - Vermessungsamt (1990): Amtliche Stadtkarte 1:15.000. Radwege und Wanderwegekarte. Informationen und Straßenverzeichnis zur Amtlichen Stadtkarte. Heidelberg

Stadt Heidelberg - Stadtplanungsamt (1991): Pendlerentwicklung in Heidelberg. Auswertung der Volkszählungsergebnisse 1970 und 1987. Tabellenunterlagen zum Vortrag von Herrn B. Schmaus im Verkehrsforum am 17.09.1991. Heidelberg

Stadt Heidelberg - Amt für Umweltschutz und Gesundheitsförderung (1993): Modellprojekt LANUF. Zwischenbericht "Einsatz lärmarmer Nutzfahrzeuge". Heidelberg

Stadt Heidelberg - Stadtplanungsamt (1994a): Verkehrsentwicklungsplan 1994. Heidelberg

Stadt Heidelberg - Amt für Stadtentwicklung und Statistik (1994b): Wohnstandorte der Studierenden der Universität in Heidelberg nach Stadtteilen WS 1993/94 und WS 1994/95. Heidelberg

Stadt Heidelberg - Amt für Stadtentwicklung und Statistik (1995a): Stadtteilrahmenplan Neuenheim. Bestandsaufnahme, Prognose und Bewertung. Heidelberg

Stadt Heidelberg - Amt für Stadtentwicklung und Statistik (1995b): Stadtteilrahmenplan Pfaffengrund. Bestandsaufnahme, Prognose und Bewertung. Heidelberg

Stadt Heidelberg - Amt für Stadtentwicklung und Statistik (1996): Stadtteilrahmenplan Altstadt. Bestandsaufnahme, Prognose und Bewertung. Heidelberg

Stadt Heidelberg - Amt für Stadtentwicklung und Statistik (1997a): Heidelberg auf einen Blick. Statistisches Datenblatt Heidelberg 1996. Heidelberg

Stadt Heidelberg - Amt für Stadtentwicklung und Statistik (1997b): Stadtteile auf einen Blick. 14 Statistische Datenblätter Heidelberg 1996. Heidelberg

Stadt Heidelberg (1998): Städtebaulicher Leitplan, Baudichteplan, Modell Räumliche Ordnung. Informationsvorlage Stadtentwicklungsausschuß, Bauausschuß, Umweltausschuß. Auftragnehmer: Freie Planungsgruppe Berlin GmbH mit Conradi, Braum & Bockhorst. Heidelberg

Stadt Heidelberg (1998 - 1999): Stadtblatt. Diverse Ausgaben. Heidelberg

Stadt Heidelberg (1999): Nahverkehrsplan 1999 - 2003. Projektsteuerung: Verkehrsverbund Rhein-Neckar GmbH (VRN); Planerstellung: ptv System GmbH in Zusammenarbeit mit der Gesellschaft für Informatik, Verkehrs- und Umweltplanung mbH (IVU). Heidelberg

Steger, U. (1994): Zukunftsstrategien der Automobilindustrie. In: Behrendt, S. u. Kreibich, R. (1994): Die Mobilität von Morgen. Umwelt- und Verkehrsentlastung in den Städten. Weinheim, Basel. S. 141 - 159

Steinbrecher, Jürgen (1994): Anforderungen für den Fußgänger und Radverkehr. In: Institut für Landes- und Stadtentwicklungsforschung des Landes Nordrhein-Westfalen (ILS) (1994): Qualitätsstandards für den Verkehr. ILS-Schriften 77. Dortmund. S. 40 - 46

Steinfatt, M. und Drechsel, W. (1997): "Stadt am Fluß" ohne Neckarufer-Tunnel. Konzept für eine weitgehend autofreie Innenstadt. Gesellschaft für fahrgastorientierte Verkehrsplanung b.R. Nürnberg

Strittmatter, P. u. Gugger, M. (1988): Nutzungsdurchmischung statt Nutzungstrennung. Nationales Forschungsprogramm Boden, Bericht 16. Bern

Stumm, Thomas (1990): Staatseingriff und Steuerungsfähigkeit. Dargestellt am Beispiel der Raumordnungspolitik in Frankreich. Universität Tübingen

Sukopp, H. u. Wittig, R. (1998): Stadtökologie. Ein Fachbuch für Studium und Praxis. Stuttgart, Jena, Lübeck, Ulm

Teschner, M. (1993): Auto, Umwelt und Gesellschaft. In: Informationen zur Raumentwicklung, H. 5/6, S. 253 - 259

Tobelem-Zanin, C. (1995): La qualité de vie dans les villes françaises. Publication de l'Université de Rouen, N° 208. Rouen

Topp, H. H. (1989): Gibt es für Stadt und Auto eine gemeinsame Zukunft? In: Raumforschung und Raumordnung Heft 5/6. S. 325 - 334

Topp, H. H. (1995a): "Autofreie" Innenstädte - Schlagwort oder Lösungsansatz?. In: VSVI Baden Württemberg 95, S. 23 - 31

Topp, H. H. (1995b): Welchen Beitrag kann die Stadt- und Landesplanung zur Verkehrsvermeidung leisten? - Eine Einführung zum Seminar. In: Schriftenreihe der Deutschen Verkehrswissenschaftlichen Gesellschaft e.V (DVWG), Reihe B, B 177, S. 3 - 10

UMEG Gesellschaft für Umweltmessungen und Umwelterhebungen mbH (1993): Immissionsmessungen im Raum Mannheim / Heidelberg. Bericht Nr. 31- 12/93. Karlsruhe

UMEG Gesellschaft für Umweltmessungen und Umwelterhebungen mbH (1996): Jahresbericht 1995 - Luftschadstoffmessungen. Karlsruhe

Umweltbundesamt (Hrsg.)(1989): Emissionsfaktoren für die Verdampfungsemission von Kraftfahrzeugen mit Otto-Motor. Berlin

Umweltbundesamt (1992): Umweltqualitätsziele für die ökologische Planung. Forschungsberichte 109 01 008/01. Berlin

Umweltbundesamt (Hrsg.)(1995): Handbuch für Emissionsfaktoren des Straßenverkehrs. Erläuterungen zur CD-ROM, Version 1.1, Okt.1995. Berlin

Umweltbundesamt (Hrsg.)(1996): Was Sie schon immer über Auto und Umwelt wissen wollten. Stuttgart, Berlin, Köln

Umweltrecht (UmwR) (1997)

Verband Deutscher Verkehrsunternehmen (VDV) / Socialdata GmbH (1995): Nahverkehr in Ostdeutschland. Köln

Vereinte Nationen (1992): Erklärung des UN-Weltgipfels von Rio de Janeiro. 2. - 14. Juni 1992

Vester, F. (1990): Ausfahrt Zukunft. Strategien für den Verkehr von morgen. Eine Systemuntersuchung. München

Ville de Montpellier - DAP (Direction Aménagement Programmation) (1993): POS Partiel Ouest. Montpellier

Ville de Montpellier (1994): La charte d'environnement de Montpellier. Dossier de Presse. Montpellier

Ville de Montpellier - DAP (Direction Aménagemant Programmation) (1995): Exploitation du logiciel de trafic EMME 2. Découpage en zones de la commune de Montpellier et des communes périphériques. Données socio-économiques. Montpellier

Ville de Montpellier (1996 - 1999): Montpellier - Notre Ville. Diverse Ausgaben. Montpellier

Ville de Montpellier - DAP (Direction Aménagement Programmation)(o. J. a): Comptages de circulation 1990 - 1994. Montpellier (unveröffentlicht)

Ville de Montpellier - DAP (Direction Aménagement Programmation) (o. J. b): Naissance et Site Primitif de Montpellier. Montpellier (unveröffentlicht)

Ville de Montpellier (o.J. c): Le vélo. Plan des pistes cyclables à Montpellier. Montpellier

Volle, J. P. (1987): La dynamique urbaine en Languedoc-Roussillon. In: Revue de l'Economie Méridionale 35, H. 137, S. 67 - 82

Vornehm, N. (1994): Bedienungsstandards im öffentlichen Personennahverkehr - 'Heidelberger Leitlinien'. In: Institut für Landes- und Stadtentwicklungsforschung des Landes Nordrhein-Westfalen (ILS) (1994): Qualitätsstandards für den Verkehr. ILS-Schriften 77. Dortmund. S. 47 - 50

Weber, F. (1995): Situationsanalyse des ruhenden Verkehrs im Zentrumsbereich der Stadt Heidelberg im Hinblick auf die Erstellung eines Parkraumkonzepts. Diplomarbeit am Geographischen Institut der Universität Heidelberg. Heidelberg

Weise, H. (1996): Verkehr läßt sich nicht beliebig maßregeln. In: Internationales Verkehrswesen 48, S. 12 - 13

Weizsäcker, E. U. v. (1994): Wir im Norden müssen einiges vom Süden lernen. In: Klima Bündnis / Alianza del Clima: Klimaschutz durch Verkehrsvermeidung. Handlungsansätze auf kommunaler und regionaler Ebene. Frankfurt a. M., S. 277 - 283

Wermuth, M. u. Conrad, U. (1990): Verkehrsentwicklungsplan Heidelberg. 1. Zwischenbericht. IVV (Verkehrsforschung und Infrastrukturplanung GmbH Braunschweig) und Institut für Stadtbauwesen der Technischen Universität Braunschweig

Wermuth, M. (1992): Verkehrsentwicklungsplan Heidelberg. Testfälle 1 und 2. Verkehrsforschung und Infrastrukturplanung GmbH Braunschweig und Institut für Stadtbauwesen der Technischen Universität Braunschweig

Wermuth, M. et al. (1994): Verkehrsentwicklungsplan Heidelberg. Vorbereitende Untersuchungen für den Verkehrsentwicklungsplan - Erläuterungsbericht. IVV (Verkehrsforschung und Infrastrukturplanung GmbH Braunschweig)

Wermuth, M. (1994): Verkehrsverlagerung. Restriktive Maßnahmen im motorisierten Individualverkehr. In: Straßenverkehrstechnik 32, H. 5, S. 309 - 319

Wicke, L. (1994): Rechtliche und politische Rahmenbedingungen städtischer Verkehrskonzepte zur Umweltentlastung. In: Behrendt, S. u. Kreibich, R. (1994): Die Mobilität von Morgen. Umwelt- und Verkehrsentlastung in den Städten. Weinheim, Basel. S. 43 - 56

Wiedemann, R. u. Chlond, B. (1992): Universität Heidelberg - Untersuchung der Situation im Fahrradverkehr im Universitätsgelände 'Neuenheimer Feld'. Gutachten im Auftrag des Universitätsbauamt Heidelberg. Institut für Verkehrswesen der Universität (TH) Karlsruhe

Winkler, R. (1998): Verkehrsbedingte Luftverunreinigungen und Lärmbelastungen in Heidelberg. Untersuchungen zur räumlichen und zeitlichen Differenzierung unter

Berücksichtigung der Bevölkerungsexposition. Dissertation am Geographischen Institut der Universität Heidelberg.

Wirtschaftsministerium Baden-Württemberg (Hrsg.)(1994): Städtebauliche Lärmfibel. Hinweise für die Bauleitplanung. Stuttgart

Wirtschaftsministerium Baden-Württemberg (Hrsg.)(1995): Städtebauliche Klimafibel. Hinweise für die Bauleitplanung. Folge 2. Stuttgart

World Commission on Environment and Development (WCED) (1987): Our Common Future. New York

Würdemann, G. (1990): Städtebau und Verkehr. Der Versuch, Stadtplanung und Verkehrsplanung ganzheitlich umzusetzen. In: Informationen zur Raumentwicklung, H. 10 / 11, S. 609 - 624

Würdemann, G. (1993a): Stadt-Umland-Verkehr ohne Grenzen. Wo muß Verkehrsvermeidung als eine neue Planungsdimension ansetzen? In: Informationen zur Raumentwicklung Heft 5/6. S. 261 - 281

Würdemann, G. (1993b): Verkehrsvermeidung ja - aber... Welche Art von Stadt wollen wir und welchen Verkehr verträgt sie? In: ExWoSt-Informationen zum Forschungsfeld "Städtebau und Verkehr" Nr. 5, S. 1 - 10

Würdemann, G. (1996): Einfache Antworten auf städtische Mobilitätsansprüche gibt es nicht. ExWoSt-Informationen zum Forschungsfeld "Städtebau und Verkehr" Nr. 06.9. Bonn

Anhang A:

Tabellen

Tab. 5.17 - 5.19: Ist-Zustand: Emissionsfaktoren für Montpellier und Heidelberg (Pkw und Lkw)

Verkehrsemissionen, fließender Verkehr, warmer Betriebszustand
Bezugsjahr 1997, Verkehrszusammensetzung: Deutschland-West
Hauptverkehrsstraßen innerorts, vorfahrtsberechtigt, mittlere Störung
Steigung/ Gefälle: +/-4%

Fall	Verkehrssituation	Fahrzeugkategorie	Geschwindigkeit (gew.)	Schadstoff	Emissionsfaktor (gew.)
			(km/h)		(g/Fahrzeug-km)
HVS2	IO_HVS3	PKW	39,10	Benzol	0,03
HVS2	IO_HVS3	PKW	39,10	CO	3,21
HVS2	IO_HVS3	PKW	39,10	CO2	177,60
HVS2	IO_HVS3	PKW	39,10	HC	0,47
HVS2	IO_HVS3	PKW	39,10	NOx	0,69
HVS2	IO_HVS3	PKW	39,10	Part	0,02
HVS2	IO_HVS3	PKW	39,10	Pb	0,00
HVS2	IO_HVS3	PKW	39,10	SO2	0,02
HVS2	IO_HVS3	LKW	34,48	Benzol	0,04
HVS2	IO_HVS3	LKW	34,48	CO	3,44
HVS2	IO_HVS3	LKW	34,48	CO2	773,48
HVS2	IO_HVS3	LKW	34,48	HC	2,30
HVS2	IO_HVS3	LKW	34,48	NOx	7,15
HVS2	IO_HVS3	LKW	34,48	Part	0,52
HVS2	IO_HVS3	LKW	34,48	SO2	0,25

Hauptverkehrsstraßen innerorts, Lichtsignalanlagen geregelt, mittlere Störung
Steigung/ Gefälle: +/-0%

Fall	Verkehrssituation	Fahrzeugkategorie	Geschwindigkeit (gew.)	Schadstoff	Emissionsfaktor (gew.)
			(km/h)		(g/Fahrzeug-km)
HVS 3	IO_LSA2	PKW	28,0	Benzol	0,03
HVS 3	IO_LSA2	PKW	28,0	CO	3,08
HVS 3	IO_LSA2	PKW	28,0	CO2	195,09
HVS 3	IO_LSA2	PKW	28,0	HC	0,43
HVS 3	IO_LSA2	PKW	28,0	NOx	0,61
HVS 3	IO_LSA2	PKW	28,0	Part	0,01
HVS 3	IO_LSA2	PKW	28,0	Pb	0,00
HVS 3	IO_LSA2	PKW	28,0	SO2	0,02
HVS 3	IO_LSA2	LKW	21,4	Benzol	0,06
HVS 3	IO_LSA2	LKW	21,4	CO	4,00
HVS 3	IO_LSA2	LKW	21,4	CO2	767,98
HVS 3	IO_LSA2	LKW	21,4	HC	2,98
HVS 3	IO_LSA2	LKW	21,4	NOx	7,58
HVS 3	IO_LSA2	LKW	21,4	Part	0,61
HVS 3	IO_LSA2	LKW	21,4	SO2	0,25

Hauptverkehrsstraßen innerorts, Lichtsignalanlagen geregelt, mittlere Störung
Steigung/ Gefälle: +/-4%

Fall	Verkehrssituation	Fahrzeugkategorie	Geschwindigkeit (gew.)	Schadstoff	Emissionsfaktor (gew.)
			(km/h)		(g/Fahrzeug-km)
HVS4	IO_LSA2	PKW	28,01	Benzol	0,04
HVS4	IO_LSA2	PKW	28,01	CO	3,82
HVS4	IO_LSA2	PKW	28,01	CO2	205,94
HVS4	IO_LSA2	PKW	28,01	HC	0,57
HVS4	IO_LSA2	PKW	28,01	NOx	0,71
HVS4	IO_LSA2	PKW	28,01	Part	0,02
HVS4	IO_LSA2	PKW	28,01	Pb	0,00
HVS4	IO_LSA2	PKW	28,01	SO2	0,02
HVS4	IO_LSA2	LKW	20,53	Benzol	0,07
HVS4	IO_LSA2	LKW	20,53	CO	4,83
HVS4	IO_LSA2	LKW	20,53	CO2	949,52
HVS4	IO_LSA2	LKW	20,53	HC	3,55
HVS4	IO_LSA2	LKW	20,53	NOx	9,05
HVS4	IO_LSA2	LKW	20,53	Part	0,73
HVS4	IO_LSA2	LKW	20,53	SO2	0,31

Umweltbundesamt 1995, eigene Berechnung

Tab. 5.20 - 5.22: Ist-Zustand: Emissionsfaktoren für Montpellier und Heidelberg (Pkw und Lkw)

Verkehrsemissionen, fließender Verkehr, warmer Betriebszustand
Bezugsjahr 1997, Verkehrszusammensetzung: Deutschland-West
Hauptverkehrsstraßen, Innerortsstraßen im Stadtkern
Steigung/ Gefälle: +/-0%

Fall	Verkehrssituation	Fahrzeugkategorie	Geschwindigkeit (gew.)	Schadstoff	Emissionsfaktor (gew.)
			(km/h)		(g/Fahrzeug-km)
HVS5	IO_Kern	PKW	19,90	Benzol	0,03
HVS5	IO_Kern	PKW	19,90	CO	3,70
HVS5	IO_Kern	PKW	19,90	CO2	228,06
HVS5	IO_Kern	PKW	19,90	HC	0,53
HVS5	IO_Kern	PKW	19,90	NOx	0,64
HVS5	IO_Kern	PKW	19,90	Part	0,02
HVS5	IO_Kern	PKW	19,90	Pb	0,00
HVS5	IO_Kern	PKW	19,90	SO2	0,02
HVS5	IO_Kern	LKW	17,28	Benzol	0,07
HVS5	IO_Kern	LKW	17,28	CO	4,76
HVS5	IO_Kern	LKW	17,28	CO2	854,34
HVS5	IO_Kern	LKW	17,28	HC	3,57
HVS5	IO_Kern	LKW	17,28	NOx	8,40
HVS5	IO_Kern	LKW	17,28	Part	0,71
HVS5	IO_Kern	LKW	17,28	SO2	0,28

Hauptverkehrsstraßen innerorts, mit Lichtsignalanlagen, starke Störung
Steigung/ Gefälle: +/-4%

Fall	Verkehrssituation	Fahrzeugkategorie	Geschwindigkeit (gew.)	Schadstoff	Emissionsfaktor (gew.)
			(km/h)		(g/Fahrzeug-km)
ST4	IO_LSA3	PKW	23,89	Benzol	0,04
ST4	IO_LSA3	PKW	23,89	CO	4,25
ST4	IO_LSA3	PKW	23,89	CO2	223,23
ST4	IO_LSA3	PKW	23,89	HC	0,62
ST4	IO_LSA3	PKW	23,89	NOx	0,73
ST4	IO_LSA3	PKW	23,89	Part	0,02
ST4	IO_LSA3	PKW	23,89	Pb	0,00
ST4	IO_LSA3	PKW	23,89	SO2	0,03
ST4	IO_LSA3	LKW	17,92	Benzol	0,08
ST4	IO_LSA3	LKW	17,92	CO	5,30
ST4	IO_LSA3	LKW	17,92	CO2	1000,25
ST4	IO_LSA3	LKW	17,92	HC	3,96
ST4	IO_LSA3	LKW	17,92	NOx	9,57
ST4	IO_LSA3	LKW	17,92	Part	0,80
ST4	IO_LSA3	LKW	17,92	SO2	0,32

Innerortsstraßen, stop+go
Steigung/ Gefälle: +/-4%

Fall	Verkehrssituation	Fahrzeugkategorie	Geschwindigkeit (gew.)	Schadstoff	Emissionsfaktor (gew.)
			(km/h)		(g/Fahrzeug-km)
ST8	IO_Stop+Go	PKW	5,30	Benzol	0,17
ST8	IO_Stop+Go	PKW	5,30	CO	26,54
ST8	IO_Stop+Go	PKW	5,30	CO2	462,38
ST8	IO_Stop+Go	PKW	5,30	HC	2,44
ST8	IO_Stop+Go	PKW	5,30	NOx	0,75
ST8	IO_Stop+Go	PKW	5,30	Part	0,05
ST8	IO_Stop+Go	PKW	5,30	Pb	0,00
ST8	IO_Stop+Go	PKW	5,30	SO2	0,04
ST8	IO_Stop+Go	LKW	5,63	Benzol	0,21
ST8	IO_Stop+Go	LKW	5,63	CO	13,14
ST8	IO_Stop+Go	LKW	5,63	CO2	1884,06
ST8	IO_Stop+Go	LKW	5,63	HC	11,10
ST8	IO_Stop+Go	LKW	5,63	NOx	20,12
ST8	IO_Stop+Go	LKW	5,63	Part	1,99
ST8	IO_Stop+Go	LKW	5,63	SO2	0,61

Umweltbundesamt 1995, eigene Berechnung

Tab. 5.23: Ist-Zustand: Centre Historique - Les Arceaux

Luftschadstoffemissionen, werktags in g/km

Straße	Benzol	CO	CO2	HC	NOx	Part	Pb	SO2
	Pkw	Pkw	Pkw	Pkw	Pkw	Pkw	Pkw	Pkw
Av. de la Gaillarde	87,53	8.732,19	613.623,86	1.503,88	2.527,67	98,56	0,00	83,05
Rue du Fbg. St. Jaumes	346,58	32.444,33	1.992.231,02	5.839,34	8.906,35	418,49	0,00	270,31
Rue Pitot	383,72	35.920,51	2.205.684,35	6.464,99	9.860,60	463,33	0,00	299,27
HVS:								
Av. de Lodeve, östl. Abschnitt	203,19	20.217,16	1.424.483,97	3.491,15	5.867,81	228,80	0,00	192,79
Blvd. du Jeu de Paume	783,94	73.385,98	4.506.236,84	13.208,04	20.145,32	946,58	0,00	611,42
Blvd. Victor Hugo (Tunnel de la Comedie)	687,49	72.764,32	4.579.369,30	12.359,04	21.725,83	926,60	0,00	670,32
Cours Gambetta	562,68	56.135,52	3.944.724,84	9.667,80	16.249,32	633,60	0,00	533,88
Quai de Verdenson	781,50	77.966,00	5.478.784,50	13.427,50	22.568,50	880,00	0,00	741,50

eigene Berechnung

Tab. 5.24: Ist-Zustand: Altstadt

Luftschadstoffemissionen, werktags in g/km

Straße	Benzol	CO	CO2	HC	NOx	Part	Pb	SO2
	Pkw	Pkw	Pkw	Pkw	Pkw	Pkw	Pkw	Pkw
Klingenteichstr.	222,04	22.990,15	1.343.262,25	3.952,98	5.610,75	253,90	0,00	215,41
Mönchgasse	274,48	39.295,48	984.185,44	5.403,14	4.684,97	429,74	0,00	166,05
HVS:								
Bergheimer Straße O	731,36	83.144,35	6.146.771,28	17.171,55	28.184,94	1.696,04	0,00	912,66
Bismarckstraße	521,96	52.352,62	3.610.479,02	8.694,36	14.251,89	511,53	0,00	468,12
Kurfürstenanlage	784,24	76.527,41	5.797.515,25	15.155,24	27.689,54	1.350,80	0,00	910,58
Sofienstraße	484,79	47.858,29	3.487.275,91	8.826,72	15.491,60	684,27	0,00	509,23

eigene Berechnung

Tab. 5.25: Ist-Zustand: Centre Historique & Altstadt: Luftschadstoffemissionen, Startzuschläge

Emissionen des fließenden Verkehrs
Verkehrszusammensetzung: Deutschland-West
Bezugsjahr 1997, Jahresmittel
Fahrstrecke / Standzeit: Mittelwerte für Deutschland innerorts [Fall SZ 1, Fahrtmuster-Mix D-IO]

Startzuschläge

Untersuchungsraum	Fahrzeugkategorie	Schadstoff	Emissionsfaktor (gew.)	Quellverkehr	Emissionen
			(g/Startvorgang)	Pkw/Tag	g/Tag
Centre Historique - Les Arceaux	PKW	Benzol	0,13	10.256	1309,90
Centre Historique - Les Arceaux	PKW	CO	20,04	10.256	205579,00
Centre Historique - Les Arceaux	PKW	CO2	111,03	10.256	1138688,84
Centre Historique - Les Arceaux	PKW	HC	2,58	10.256	26437,68
Centre Historique - Les Arceaux	PKW	NOx	1,19	10.256	12171,95
Centre Historique - Les Arceaux	PKW	Part	0,02	10.256	212,80
Centre Historique - Les Arceaux	PKW	Pb	0,00	10.256	3,70
Centre Historique - Les Arceaux	PKW	SO2	0,01	10.256	121,86
Altstadt	PKW	Benzol	0,13	17.346	2215,43
Altstadt	PKW	CO	20,04	17.346	347696,31
Altstadt	PKW	CO2	111,03	17.346	1925867,46
Altstadt	PKW	HC	2,58	17.346	44714,12
Altstadt	PKW	NOx	1,19	17.346	20586,46
Altstadt	PKW	Part	0,02	17.346	359,92
Altstadt	PKW	Pb	0,00	17.346	6,25
Altstadt	PKW	SO2	0,01	17.346	206,11

eigene Berechnung

Tab. 5.26: Ist-Zustand: Centre Historique & Altstadt Verdampfungsemissionen des ruhenden Verkehrs

Verkehrszusammensetzung: Deutschland-West
Bezugsjahr 1997, Jahresmittel
Fahrstrecke / Standzeit: Mittelwerte für Deutschland

Verdampfung nach Abstellen

Untersuchungsraum	Fahrzeugkategorie	Schadstoff	Emissionsfaktor (gew.)	Zielverkehr	Emissionen
			(g/Abstellvorgang x Kfz)	Pkw/Tag	g/Tag
Centre Historique - Les Arceaux	PKW	HC	1,48	20.043	29693,32
Altstadt	PKW	HC	1,48	18.376	27223,69

Verdampfung infolge Tankatmung

Untersuchungsraum	Fahrzeugkategorie	Schadstoff	Emissionsfaktor (gew.)	Zielverkehr	Emissionen
			(g/Fahrzeug x Tag)	Pkw/Tag	g/Tag
Centre Historique - Les Arceaux	PKW	HC	2,09	20.043	41862,84
Altstadt	PKW	HC	1,90	18.376	34891,87

Gesamt

Untersuchungsraum	Fahrzeugkategorie	Schadstoff	Fall	Emissionen
				g/Tag
Centre Historique - Les Arceaux	PKW	HC	RuV1	71.556,16
Altstadt	PKW	HC	RuV1	62.115,56

eigene Berechnung

Tab. 7.56 - 7.58: Status-Quo-Szenario: Emissionsfaktoren für Montpellier und Heidelberg

Verkehrsemissionen, fließender Verkehr, warmer Betriebszustand
Bezugsjahr 2010, Verkehrszusammensetzung: Deutschland-West
Hauptverkehrsstraßen innerorts, vorfahrtsberechtigt, mittlere Störung
Steigung/ Gefälle: +/-4%

Fall	Verkehrssituation	Fahrzeugkat.	Geschwindigk. (gew.)	Schadstoff	Emissionsfaktor (gew.)
			(km/h)		(g/Fahrzeug-km)
21HVS2	IO_HVS3	PKW	39,10	Benzol	**0,02**
21HVS2	IO_HVS3	PKW	39,10	CO	**2,02**
21HVS2	IO_HVS3	PKW	39,10	CO2	**168,33**
21HVS2	IO_HVS3	PKW	39,10	HC	**0,27**
21HVS2	IO_HVS3	PKW	39,10	NOx	**0,57**
21HVS2	IO_HVS3	PKW	39,10	Part	**0,02**
21HVS2	IO_HVS3	PKW	39,10	Pb	**0,00**
21HVS2	IO_HVS3	PKW	39,10	SO2	**0,02**
21HVS2	IO_HVS3	LKW	34,48	Benzol	**0,04**
21HVS2	IO_HVS3	LKW	34,48	CO	**3,21**
21HVS2	IO_HVS3	LKW	34,48	CO2	**764,42**
21HVS2	IO_HVS3	LKW	34,48	HC	**2,14**
21HVS2	IO_HVS3	LKW	34,48	NOx	**6,19**
21HVS2	IO_HVS3	LKW	34,48	Part	**0,37**
21HVS2	IO_HVS3	LKW	34,48	SO2	**0,25**

Hauptverkehrsstraßen innerorts, Lichtsignalanlagen geregelt, mittlere Störung
Steigung/ Gefälle: +/-0%

Fall	Verkehrssituation	Fahrzeugkat.	Geschwindigk. (gew.)	Schadstoff	Emissionsfaktor (gew.)
			(km/h)		(g/Fahrzeug-km)
21HVS 3	IO_LSA2	PKW	28,0	Benzol	**0,02**
21HVS 3	IO_LSA2	PKW	28,0	CO	**1,90**
21HVS 3	IO_LSA2	PKW	28,0	CO2	**184,41**
21HVS 3	IO_LSA2	PKW	28,0	HC	**0,26**
21HVS 3	IO_LSA2	PKW	28,0	NOx	**0,50**
21HVS 3	IO_LSA2	PKW	28,0	Part	**0,01**
21HVS 3	IO_LSA2	PKW	28,0	Pb	**0,00**
21HVS 3	IO_LSA2	PKW	28,0	SO2	**0,02**
21HVS 3	IO_LSA2	LKW	21,4	Benzol	**0,05**
21HVS 3	IO_LSA2	LKW	21,4	CO	**3,74**
21HVS 3	IO_LSA2	LKW	21,4	CO2	**758,98**
21HVS 3	IO_LSA2	LKW	21,4	HC	**2,78**
21HVS 3	IO_LSA2	LKW	21,4	NOx	**6,56**
21HVS 3	IO_LSA2	LKW	21,4	Part	**0,43**
21HVS 3	IO_LSA2	LKW	21,4	SO2	**0,24**

Hauptverkehrsstraßen innerorts, Lichtsignalanlagen geregelt, mittlere Störung
Steigung/ Gefälle: +/-4%

Fall	Verkehrssituation	Fahrzeugkat.	Geschwindigk. (gew.)	Schadstoff	Emissionsfaktor (gew.)
			(km/h)		(g/Fahrzeug-km)
21HVS4	IO_LSA2	PKW	28,01	Benzol	**0,02**
21HVS4	IO_LSA2	PKW	28,01	CO	**2,42**
21HVS4	IO_LSA2	PKW	28,01	CO2	**194,96**
21HVS4	IO_LSA2	PKW	28,01	HC	**0,34**
21HVS4	IO_LSA2	PKW	28,01	NOx	**0,59**
21HVS4	IO_LSA2	PKW	28,01	Part	**0,02**
21HVS4	IO_LSA2	PKW	28,01	Pb	**0,00**
21HVS4	IO_LSA2	PKW	28,01	SO2	**0,02**
21HVS4	IO_LSA2	LKW	20,53	Benzol	**0,06**
21HVS4	IO_LSA2	LKW	20,53	CO	**4,51**
21HVS4	IO_LSA2	LKW	20,53	CO2	**938,51**
21HVS4	IO_LSA2	LKW	20,53	HC	**3,31**
21HVS4	IO_LSA2	LKW	20,53	NOx	**7,83**
21HVS4	IO_LSA2	LKW	20,53	Part	**0,51**
21HVS4	IO_LSA2	LKW	20,53	SO2	**0,30**

Umweltbundesamt 1995, eigene Bearbeitung

Tab. 7.59 - 7.61: Status-Quo-Szenario: Emissionsfaktoren für Montpellier und Heidelberg

Verkehrsemissionen, fließender Verkehr, warmer Betriebszustand
Bezugsjahr 2010, Verkehrszusammensetzung: Deutschland-West
Hauptverkehrsstraßen, Innerortsstraßen im Stadtkern
Steigung/ Gefälle: +/-0%

Fall	Verkehrssituation	Fahrzeugkat.	Geschwindigk. (gew.)	Schadstoff	Emissionsfaktor (gew.)
			(km/h)		(g/Fahrzeug-km)
21HVS5	IO_Kern	PKW	19,90	Benzol	**0,02**
21HVS5	IO_Kern	PKW	19,90	CO	**2,29**
21HVS5	IO_Kern	PKW	19,90	CO2	**215,59**
21HVS5	IO_Kern	PKW	19,90	HC	**0,31**
21HVS5	IO_Kern	PKW	19,90	NOx	**0,54**
21HVS5	IO_Kern	PKW	19,90	Part	**0,02**
21HVS5	IO_Kern	PKW	19,90	Pb	**0,00**
21HVS5	IO_Kern	PKW	19,90	SO2	**0,02**
21HVS5	IO_Kern	LKW	17,28	Benzol	**0,06**
21HVS5	IO_Kern	LKW	17,28	CO	**4,44**
21HVS5	IO_Kern	LKW	17,28	CO2	**844,26**
21HVS5	IO_Kern	LKW	17,28	HC	**3,33**
21HVS5	IO_Kern	LKW	17,28	NOx	**7,27**
21HVS5	IO_Kern	LKW	17,28	Part	**0,50**
21HVS5	IO_Kern	LKW	17,28	SO2	**0,27**

Hauptverkehrsstraßen innerorts, mit Lichtsignalanlagen, starke Störung
Steigung/ Gefälle: +/-4%

Fall	Verkehrssituation	ahrzeugkategori	Geschwindigkeit (gew.)	Schadstoff	Emissionsfaktor (gew.)
			(km/h)		(g/Fahrzeug-km)
21ST4	IO_LSA3	PKW	23,89	Benzol	**0,023**
21ST4	IO_LSA3	PKW	23,89	CO	**2,70**
21ST4	IO_LSA3	PKW	23,89	CO2	**211,22**
21ST4	IO_LSA3	PKW	23,89	HC	**0,37**
21ST4	IO_LSA3	PKW	23,89	NOx	**0,62**
21ST4	IO_LSA3	PKW	23,89	Part	**0,02**
21ST4	IO_LSA3	PKW	23,89	Pb	**0,00**
21ST4	IO_LSA3	PKW	23,89	SO2	**0,03**
21ST4	IO_LSA3	LKW	17,92	Benzol	**0,07**
21ST4	IO_LSA3	LKW	17,92	CO	**4,95**
21ST4	IO_LSA3	LKW	17,92	CO2	**988,71**
21ST4	IO_LSA3	LKW	17,92	HC	**3,70**
21ST4	IO_LSA3	LKW	17,92	NOx	**8,28**
21ST4	IO_LSA3	LKW	17,92	Part	**0,56**
21ST4	IO_LSA3	LKW	17,92	SO2	**0,32**

Innerortsstraßen, stop+go
Steigung/ Gefälle: +/-4%

Fall	Verkehrssituation	ahrzeugkategori	Geschwindigkeit (gew.)	Schadstoff	Emissionsfaktor (gew.)
			(km/h)		(g/Fahrzeug-km)
21ST8	IO_Stop+Go	PKW	5,30	Benzol	**0,12**
21ST8	IO_Stop+Go	PKW	5,30	CO	**19,08**
21ST8	IO_Stop+Go	PKW	5,30	CO2	**434,04**
21ST8	IO_Stop+Go	PKW	5,30	HC	**1,66**
21ST8	IO_Stop+Go	PKW	5,30	NOx	**0,72**
21ST8	IO_Stop+Go	PKW	5,30	Part	**0,045**
21ST8	IO_Stop+Go	PKW	5,30	Pb	**0,00**
21ST8	IO_Stop+Go	PKW	5,30	SO2	**0,04**
21ST8	IO_Stop+Go	LKW	5,63	Benzol	**0,20**
21ST8	IO_Stop+Go	LKW	5,63	CO	**12,27**
21ST8	IO_Stop+Go	LKW	5,63	CO2	**1862,46**
21ST8	IO_Stop+Go	LKW	5,63	HC	**10,36**
21ST8	IO_Stop+Go	LKW	5,63	NOx	**17,38**
21ST8	IO_Stop+Go	LKW	5,63	Part	**1,39**
21ST8	IO_Stop+Go	LKW	5,63	SO2	**0,60**

Umweltbundesamt 1995, eigene Berechnungen

Tab. 7.62: Status-Quo-Szenario: Centre Historique - Les Arceaux

Luftschadstoffemissionen, werktags in g/km

Straße	Benzol	CO	CO2	HC	NOx	Part	Pb	SO2
	Pkw	Pkw	Pkw	Pkw	Pkw	Pkw	Pkw	Pkw
Av. de la Gaillarde	53,90	5.120,50	496.984,95	700,70	1.347,50	26,95	0,00	53,90
Rue du Fbg. St. Jaumes	162,04	19.606,84	1.579.565,92	2.754,68	4.780,18	162,04	0,00	162,04
Rue Pitot	179,26	21.690,46	1.747.426,48	3.047,42	5.288,17	179,26	0,00	179,26
HVS:								
Av. de Lodeve, östl. Abschnitt	126,34	12.002,30	1.164.917,97	1.642,42	3.158,50	63,17	0,00	126,34
Blvd. du Jeu de Paume	365,14	44.181,94	3.559.384,72	6.207,38	10.771,63	365,14	0,00	365,14
Blvd. Victor Hugo (Tunnel de la Comedie)	434,82	43.916,82	3.659.662,53	5.870,07	12.392,37	434,82	0,00	434,82
Cours Gambetta	346,68	32.934,60	3.196.562,94	4.506,84	8.667,00	173,34	0,00	346,68
Quai de Verdenson	480,10	45.609,50	4.426.762,05	6.241,30	12.002,50	240,05	0,00	480,10

Luftschadstoffemissionen, werktags

Veränderungen (relativ) 1990 - 2010 durch Berufs- / Univerkehr und fahrzeugtechnische Maßnahmen

Straße	Benzol	CO	CO2	HC	NOx	Part	Pb	SO2
	Pkw	Pkw	Pkw	Pkw	Pkw	Pkw	Pkw	Pkw
Av. de la Gaillarde	-33,0%	-38,0%	-5,0%	-39,3%	-17,6%	0,5%	0,0%	0,5%
Rue du Fbg. St. Jaumes	-49,7%	-36,2%	-4,7%	-39,9%	-16,3%	0,7%	0,0%	0,7%
Rue Pitot	-49,7%	-36,3%	-4,8%	-40,0%	-16,4%	0,6%	0,0%	0,6%
HVS:								
Av. de Lodeve, östl. Abschnitt	-32,4%	-37,4%	-4,1%	-38,7%	-16,8%	1,4%	0,0%	1,4%
Blvd. du Jeu de Paume	-49,8%	-36,5%	-5,0%	-40,2%	-16,7%	0,3%	0,0%	0,3%
Blvd. Victor Hugo (Tunnel de la Comedie)	-33,1%	-36,8%	-4,8%	-42,3%	-17,0%	0,4%	0,0%	0,4%
Cours Gambetta	-33,0%	-38,0%	-5,0%	-39,2%	-17,6%	0,5%	0,0%	0,5%
Quai de Verdenson	-33,2%	-38,2%	-5,3%	-39,4%	-17,8%	0,2%	0,0%	0,2%

eigene Berechnung

Tab. 7.63: Status-Quo-Szenario: Altstadt

Luftschadstoffemissionen, werktags in g/km

Straße	Benzol	CO	CO2	HC	NOx	Part	Pb	SO2
	Pkw	Pkw	Pkw	Pkw	Pkw	Pkw	Pkw	Pkw
Klingenteichstr.	119,30	14.004,90	1.095.598,14	1.919,19	3.215,94	103,74	0,00	155,61
Mönchgasse	168,36	26.769,24	608.958,12	2.328,98	1.010,16	56,12	0,00	56,12
HVS:								
Bergheimer Straße O	403,02	46.145,79	4.344.354,09	6.246,81	10.881,54	403,02	0,00	403,02
Bismarckstraße	327,02	31.066,90	3.015.287,91	4.251,26	8.175,50	163,51	0,00	327,02
Kurfürstenanlage	451,56	42.898,20	4.163.608,98	5.870,28	11.289,00	225,78	0,00	451,56
Sofienstraße	289,68	27.519,60	2.670.994,44	4.055,52	7.242,00	144,84	0,00	289,68

Luftschadstoffemissionen, werktags

Veränderungen (relativ) 1990 - 2010 durch Berufs- / Univerkehr und fahrzeugtechnische Maßnahmen

Straße	Benzol	CO	CO2	HC	NOx	Part	Pb	SO2
	Pkw	Pkw	Pkw	Pkw	Pkw	Pkw	Pkw	Pkw
Klingenteichstr.	-42,4%	-36,3%	-5,2%	-40,2%	-14,9%	0,2%	0,0%	0,2%
Mönchgasse	-28,8%	-27,5%	-5,3%	-31,4%	-3,2%	-19,3%	0,0%	0,9%
HVS:								
Bergheimer Straße O	-33,3%	-38,0%	-5,4%	-41,4%	-15,5%	0,1%	0,0%	0,1%
Bismarckstraße	-32,9%	-37,9%	-4,9%	-39,2%	-17,5%	0,6%	0,0%	0,6%
Kurfürstenanlage	-32,9%	-38,0%	-4,9%	-39,2%	-17,6%	0,6%	0,0%	0,6%
Sofienstraße	-32,9%	-37,9%	-4,8%	-34,4%	-17,5%	0,7%	0,0%	0,7%

eigene Berechnung

Tab. 7.64: Status-Quo-Szenario: Centre Historique - Les Arceaux & Altstadt
Luftschadstoffemissionen, Startzuschläge

Emissionen des fließenden Verkehrs
Verkehrszusammensetzung: Deutschland-West
Bezugsjahr 2010, Jahresmittel
Fahrstrecke / Standzeit: Mittelwerte für Deutschland
innerorts [Fall 21SZ2, Fahrtmuster-Mix D-IO]
Quellverkehr: Veränderungen beziehen sich ausschließlich
auf den Binnenverkehr der Städte, Fahrzweck 'Arbeit' und 'Studium'

Startzuschläge

Untersuchungsraum	Fahrzeugkategorie	Schadstoff	Emissionsfaktor (gew.)	Quellverkehr	Emissionen
			(g/Startvorgang)	Pkw/Tag	g/Tag
Centre Historique - Les Arceaux	PKW	Benzol	**0,10**	8.957	854,18
Centre Historique - Les Arceaux	PKW	CO	**15,44**	8.957	138.257,18
Centre Historique - Les Arceaux	PKW	CO2	**100,66**	8.957	901.638,26
Centre Historique - Les Arceaux	PKW	HC	**1,92**	8.957	17.196,46
Centre Historique - Les Arceaux	PKW	NOx	**1,05**	8.957	9.430,98
Centre Historique - Les Arceaux	PKW	Part	**0,02**	8.957	202,68
Centre Historique - Les Arceaux	PKW	Pb	**0,00**	8.957	2,82
Centre Historique - Les Arceaux	PKW	SO2	**0,01**	8.957	103,29
Altstadt	PKW	Benzol	**0,10**	17.083	1.629,10
Altstadt	PKW	CO	**15,44**	17.083	263.687,33
Altstadt	PKW	CO2	**100,66**	17.083	1.719.625,58
Altstadt	PKW	HC	**1,92**	17.083	32.797,48
Altstadt	PKW	NOx	**1,05**	17.083	17.986,98
Altstadt	PKW	Part	**0,02**	17.083	386,55
Altstadt	PKW	Pb	**0,00**	17.083	5,38
Altstadt	PKW	SO2	**0,01**	17.083	197,00

eigene Berechnung

Tab. 7.65: Status-Quo-Szenario: Centre Historique - Les Arceaux & Altstadt
Verdampfungsemissionen des ruhenden Verkehrs

Verkehrszusammensetzung: Deutschland-West
Bezugsjahr 2010, Jahresmittel
Fahrstrecke / Standzeit: Mittelwerte für Deutschland
Zielverkehr: Veränderungen beziehen sich ausschließlich
auf den Binnenverkehr der Städte, Fahrzweck 'Arbeit' und 'Studium'

Verdampfung nach Abstellen

Untersuchungsraum	Fahrzeugkategorie	Schadstoff	Emissionsfaktor (gew.)	Zielverkehr	Emissionen
			(g/Abstellvorgang x Kfz)	Pkw/Tag	g/Tag
Centre Historique - Les Arceaux	PKW	HC	**0,94**	18.744	17.588,47
Altstadt	PKW	HC	**0,94**	18.113	16.996,37

Verdampfung infolge Tankatmung

Untersuchungsraum	Fahrzeugkategorie	Schadstoff	Emissionsfaktor (gew.)	Zielverkehr	Emissionen
			(g/Fahrzeug x Tag)	Pkw/Tag	g/Tag
Centre Historique - Les Arceaux	PKW	HC	**1,20**	18.744	22.400,14
Altstadt	PKW	HC	**1,09**	18.113	19.678,23

Gesamt

Untersuchungsraum	Fahrzeugkategorie	Schadstoff	Fall	Emissionen
				g/Tag
Centre Historique - Les Arceaux	PKW	HC	21RuV1	39.988,61
Altstadt	PKW	HC	21RuV1	36.674,60

eigene Berechnung

Tab. 7.66 - 7.68: Alternativszenarien: Emissionsfaktoren für Montpellier und Heidelberg

Verkehrsemissionen, fließender Verkehr, warmer Betriebszustand
Bezugsjahr 2010, Verkehrszusammensetzung: Deutschland-West
Hauptverkehrsstraßen innerorts, vorfahrtsberechtigt, mittlere Störung
Steigung/ Gefälle: +/-4%

Fall	Verkehrssituation	Fahrzeugkat.	Geschwindigk. (gew.)	Schadstoff	Emissionsfaktor (gew.)
			(km/h)		(g/Fahrzeug-km)
22HVS2	IO_HVS3	PKW	39,10	Benzol	0,01
22HVS2	IO_HVS3	PKW	39,10	CO	0,83
22HVS2	IO_HVS3	PKW	39,10	CO2	159,06
22HVS2	IO_HVS3	PKW	39,10	HC	0,08
22HVS2	IO_HVS3	PKW	39,10	NOx	0,44
22HVS2	IO_HVS3	PKW	39,10	Part	0,02
22HVS2	IO_HVS3	PKW	39,10	Pb	0,00
22HVS2	IO_HVS3	PKW	39,10	SO2	0,02
22HVS2	IO_HVS3	LKW	34,48	Benzol	0,04
22HVS2	IO_HVS3	LKW	34,48	CO	2,98
22HVS2	IO_HVS3	LKW	34,48	CO2	755,37
22HVS2	IO_HVS3	LKW	34,48	HC	1,99
22HVS2	IO_HVS3	LKW	34,48	NOx	5,23
22HVS2	IO_HVS3	LKW	34,48	Part	0,21
22HVS2	IO_HVS3	LKW	34,48	SO2	0,24

Hauptverkehrsstraßen innerorts, Lichtsignalanlagen geregelt, mittlere Störung
Steigung/ Gefälle: +/-0%

Fall	Verkehrssituation	Fahrzeugkat.	Geschwindigk. (gew.)	Schadstoff	Emissionsfaktor (gew.)
			(km/h)		(g/Fahrzeug-km)
22HVS 3	IO_LSA2	PKW	28,0	Benzol	0,01
22HVS 3	IO_LSA2	PKW	28,0	CO	0,73
22HVS 3	IO_LSA2	PKW	28,0	CO2	173,73
22HVS 3	IO_LSA2	PKW	28,0	HC	0,08
22HVS 3	IO_LSA2	PKW	28,0	NOx	0,40
22HVS 3	IO_LSA2	PKW	28,0	Part	0,01
22HVS 3	IO_LSA2	PKW	28,0	Pb	0,00
22HVS 3	IO_LSA2	PKW	28,0	SO2	0,02
22HVS 3	IO_LSA2	LKW	21,4	Benzol	0,05
22HVS 3	IO_LSA2	LKW	21,4	CO	3,47
22HVS 3	IO_LSA2	LKW	21,4	CO2	749,98
22HVS 3	IO_LSA2	LKW	21,4	HC	2,58
22HVS 3	IO_LSA2	LKW	21,4	NOx	5,54
22HVS 3	IO_LSA2	LKW	21,4	Part	0,24
22HVS 3	IO_LSA2	LKW	21,4	SO2	0,24

Hauptverkehrsstraßen innerorts, Lichtsignalanlagen geregelt, mittlere Störung
Steigung/ Gefälle: +/-4%

Fall	Verkehrssituation	Fahrzeugkat.	Geschwindigk. (gew.)	Schadstoff	Emissionsfaktor (gew.)
			(km/h)		(g/Fahrzeug-km)
22HVS4	IO_LSA2	PKW	28,01	Benzol	0,01
22HVS4	IO_LSA2	PKW	28,01	CO	1,02
22HVS4	IO_LSA2	PKW	28,01	CO2	183,99
22HVS4	IO_LSA2	PKW	28,01	HC	0,11
22HVS4	IO_LSA2	PKW	28,01	NOx	0,48
22HVS4	IO_LSA2	PKW	28,01	Part	0,02
22HVS4	IO_LSA2	PKW	28,01	Pb	0,00
22HVS4	IO_LSA2	PKW	28,01	SO2	0,02
22HVS4	IO_LSA2	LKW	20,53	Benzol	0,06
22HVS4	IO_LSA2	LKW	20,53	CO	4,19
22HVS4	IO_LSA2	LKW	20,53	CO2	927,49
22HVS4	IO_LSA2	LKW	20,53	HC	3,07
22HVS4	IO_LSA2	LKW	20,53	NOx	6,61
22HVS4	IO_LSA2	LKW	20,53	Part	0,29
22HVS4	IO_LSA2	LKW	20,53	SO2	0,30

Umweltbundesamt 1995, eigene Bearbeitung

Tab. 7.69 - 7.71: Alternativszenarien: Emissionsfaktoren für Montpellier und Heidelberg

Verkehrsemissionen, fließender Verkehr, warmer Betriebszustand
Bezugsjahr 2010, Verkehrszusammensetzung: Deutschland-West
Hauptverkehrsstraßen, Innerortsstraßen im Stadtkern
Steigung/ Gefälle: +/-0%

Fall	Verkehrssituation	Fahrzeugkat.	Geschwindigk. (gew.)	Schadstoff	Emissionsfaktor (gew.)
			(km/h)		(g/Fahrzeug-km)
22HVS5	IO_Kern	PKW	19,90	Benzol	0,01
22HVS5	IO_Kern	PKW	19,90	CO	0,87
22HVS5	IO_Kern	PKW	19,90	CO2	203,12
22HVS5	IO_Kern	PKW	19,90	HC	0,10
22HVS5	IO_Kern	PKW	19,90	NOx	0,43
22HVS5	IO_Kern	PKW	19,90	Part	0,02
22HVS5	IO_Kern	PKW	19,90	Pb	0,00
22HVS5	IO_Kern	PKW	19,90	SO2	0,02
22HVS5	IO_Kern	LKW	17,28	Benzol	0,06
22HVS5	IO_Kern	LKW	17,28	CO	4,13
22HVS5	IO_Kern	LKW	17,28	CO2	834,19
22HVS5	IO_Kern	LKW	17,28	HC	3,09
22HVS5	IO_Kern	LKW	17,28	NOx	6,13
22HVS5	IO_Kern	LKW	17,28	Part	0,29
22HVS5	IO_Kern	LKW	17,28	SO2	0,27

Hauptverkehrsstraßen innerorts, mit Lichtsignalanlagen, starke Störung
Steigung/ Gefälle: +/-4%

Fall	Verkehrssituation	ahrzeugkategori	Geschwindigkeit (gew.)	Schadstoff	Emissionsfaktor (gew.)
			(km/h)		(g/Fahrzeug-km)
22ST4	IO_LSA3	PKW	23,89	Benzol	0,01
22ST4	IO_LSA3	PKW	23,89	CO	1,14
22ST4	IO_LSA3	PKW	23,89	CO2	199,21
22ST4	IO_LSA3	PKW	23,89	HC	0,12
22ST4	IO_LSA3	PKW	23,89	NOx	0,50
22ST4	IO_LSA3	PKW	23,89	Part	0,02
22ST4	IO_LSA3	PKW	23,89	Pb	0,00
22ST4	IO_LSA3	PKW	23,89	SO2	0,03
22ST4	IO_LSA3	LKW	17,92	Benzol	0,07
22ST4	IO_LSA3	LKW	17,92	CO	4,60
22ST4	IO_LSA3	LKW	17,92	CO2	977,16
22ST4	IO_LSA3	LKW	17,92	HC	3,43
22ST4	IO_LSA3	LKW	17,92	NOx	6,99
22ST4	IO_LSA3	LKW	17,92	Part	0,32
22ST4	IO_LSA3	LKW	17,92	SO2	0,31

Innerortsstraßen, stop+go
Steigung/ Gefälle: +/-4%

Fall	Verkehrssituation	ahrzeugkategori	Geschwindigkeit (gew.)	Schadstoff	Emissionsfaktor (gew.)
			(km/h)		(g/Fahrzeug-km)
22ST8	IO_Stop+Go	PKW	5,30	Benzol	0,07
22ST8	IO_Stop+Go	PKW	5,30	CO	11,63
22ST8	IO_Stop+Go	PKW	5,30	CO2	405,70
22ST8	IO_Stop+Go	PKW	5,30	HC	0,88
22ST8	IO_Stop+Go	PKW	5,30	NOx	0,68
22ST8	IO_Stop+Go	PKW	5,30	Part	0,04
22ST8	IO_Stop+Go	PKW	5,30	Pb	0,00
22ST8	IO_Stop+Go	PKW	5,30	SO2	0,04
22ST8	IO_Stop+Go	LKW	5,63	Benzol	0,18
22ST8	IO_Stop+Go	LKW	5,63	CO	11,40
22ST8	IO_Stop+Go	LKW	5,63	CO2	1840,86
22ST8	IO_Stop+Go	LKW	5,63	HC	9,62
22ST8	IO_Stop+Go	LKW	5,63	NOx	14,65
22ST8	IO_Stop+Go	LKW	5,63	Part	0,80
22ST8	IO_Stop+Go	LKW	5,63	SO2	0,59

Umweltbundesamt 1995, eigene Berechnungen

Tab. 7.72: Alternativszenarien: Centre Historique - Les Arceaux

Luftschadstoffemissionen, werktags in g/km

Straße	Benzol	CO	CO2	HC	NOx	Part	Pb	SO2
	Pkw	Pkw	Pkw	Pkw	Pkw	Pkw	Pkw	Pkw
Av. de la Gaillarde	23,53	2.047,11	477.941,36	235,30	1.011,79	47,06	0,00	47,06
Rue du Fbg. St. Jaumes	69,87	8.873,49	1.495.078,26	908,31	3.703,11	139,74	0,00	209,61
Rue Pitot	78,48	9.966,96	1.679.315,04	1.020,24	4.159,44	156,96	0,00	235,44
HVS:								
Av. de Lodeve, östl. Abschnitt	58,38	5.079,06	1.185.814,56	583,80	2.510,34	116,76	0,00	116,76
Blvd. du Jeu de Paume	171,42	17.484,84	3.153.956,58	1.885,62	8.228,16	342,84	0,00	342,84
Blvd. Victor Hugo (Tunnel de la Comedie)	212,62	17.647,46	3.381.933,72	1.700,96	9.355,28	425,24	0,00	425,24
Cours Gambetta	168,55	12.304,15	2.928.219,15	1.348,40	6.742,00	168,55	0,00	337,10
Quai de Verdenson	238,90	17.439,70	4.150.409,70	1.911,20	9.556,00	238,90	0,00	477,80

Luftschadstoffemissionen, werktags
Vergleich (relativ) Status-Quo-Szenario - Alternativszenarien

Straße	Benzol	CO	CO2	HC	NOx	Part	Pb	SO2
	Pkw	Pkw	Pkw	Pkw	Pkw	Pkw	Pkw	Pkw
Av. de la Gaillarde	-56,3%	-60,0%	-3,8%	-66,4%	-24,9%	74,6%	0,0%	-12,7%
Rue du Fbg. St. Jaumes	-56,9%	-54,7%	-5,3%	-67,0%	-22,5%	-13,8%	0,0%	29,4%
Rue Pitot	-56,2%	-54,0%	-3,9%	-66,5%	-21,3%	-12,4%	0,0%	31,3%
HVS:								
Av. de Lodeve, östl. Abschnitt	-53,8%	-57,7%	1,8%	-64,5%	-20,5%	84,8%	0,0%	-7,6%
Blvd. du Jeu de Paume	-53,1%	-60,4%	-11,4%	-69,6%	-23,6%	-6,1%	0,0%	-6,1%
Blvd. Victor Hugo (Tunnel de la Comedie)	-51,1%	-59,8%	-7,6%	-71,0%	-24,5%	-2,2%	0,0%	-2,2%
Cours Gambetta	-51,4%	-62,6%	-8,4%	-70,1%	-22,2%	-2,8%	0,0%	-2,8%
Quai de Verdenson	-50,2%	-61,8%	-6,2%	-69,4%	-20,4%	-0,5%	0,0%	-0,5%

eigene Berechnung

Tab. 7.73: Alternativszenarien: Altstadt

Luftschadstoffemissionen, werktags in g/km

Straße	Benzol	CO	CO2	HC	NOx	Part	Pb	SO2
	Pkw	Pkw	Pkw	Pkw	Pkw	Pkw	Pkw	Pkw
Klingenteichstr.	50,84	5.795,76	1.012.783,64	610,08	2.542,00	101,68	0,00	152,52
Mönchgasse	91,35	15.177,15	529.438,50	1.148,40	887,40	52,20	0,00	52,20
HVS:								
Bergheimer Straße O	192,09	16.711,83	3.901.732,08	1.920,90	8.259,87	384,18	0,00	384,18
Bismarckstraße	156,07	13.578,09	3.170.093,84	1.560,70	6.711,01	312,14	0,00	312,14
Kurfürstenanlage	215,30	15.716,90	3.740.406,90	1.722,40	8.612,00	215,30	0,00	430,60
Sofienstraße	137,40	11.953,80	2.790.868,80	1.374,00	5.908,20	274,80	0,00	274,80

Luftschadstoffemissionen, werktags
Vergleich (relativ) Status-Quo-Szenario - Alternativszenarien

Straße	Benzol	CO	CO2	HC	NOx	Part	Pb	SO2
	Pkw	Pkw	Pkw	Pkw	Pkw	Pkw	Pkw	Pkw
Klingenteichstr.	-57,4%	-58,6%	-7,6%	-68,2%	-21,0%	-2,0%	0,0%	-2,0%
Mönchgasse	-45,7%	-43,3%	-13,1%	-50,7%	-12,2%	-7,0%	0,0%	-7,0%
HVS:								
Bergheimer Straße O	-52,3%	-63,8%	-10,2%	-69,2%	-24,1%	-4,7%	0,0%	-4,7%
Bismarckstraße	-52,3%	-56,3%	5,1%	-63,3%	-17,9%	90,9%	0,0%	-4,6%
Kurfürstenanlage	-52,3%	-63,4%	-10,2%	-70,7%	-23,7%	-4,6%	0,0%	-4,6%
Sofienstraße	-52,6%	-56,6%	4,5%	-66,1%	-18,4%	89,7%	0,0%	-5,1%

eigene Berechnungen

Tab. 7.74: Alternativszenarien: Centre Historique - Les Arceaux & Altstadt
Luftschadstoffemissionen, Startzuschläge

Emissionen des fließenden Verkehrs
Verkehrszusammensetzung: Deutschland-West
Bezugsjahr 2010, Jahresmittel
Fahrstrecke / Standzeit: Mittelwerte für Deutschland
innerorts [Fall 21SZ2, Fahrtmuster-Mix D-IO]
Quellverkehr: Veränderungen beziehen sich ausschließlich
auf den Binnenverkehr der Städte, Fahrzweck 'Arbeit' und 'Studium'

Startzuschläge

Untersuchungsraum	Fahrzeugkategorie	Schadstoff	Emissionsfaktor (gew.)	Quellverkehr	Emissionen
			(g/Startvorgang)	Pkw/Tag	g/Tag
Centre Historique - Les Arceaux	PKW	Benzol	**0,06**	6.958	438,41
Centre Historique - Les Arceaux	PKW	CO	**10,83**	6.958	75.331,20
Centre Historique - Les Arceaux	PKW	CO2	**90,30**	6.958	628.302,84
Centre Historique - Les Arceaux	PKW	HC	**1,26**	6.958	8.781,02
Centre Historique - Les Arceaux	PKW	NOx	**0,92**	6.958	6.394,55
Centre Historique - Les Arceaux	PKW	Part	**0,02**	6.958	170,51
Centre Historique - Les Arceaux	PKW	Pb	**0,00**	6.958	1,88
Centre Historique - Les Arceaux	PKW	SO2	**0,01**	6.958	77,81
Altstadt	PKW	Benzol	**0,06**	15.051	948,34
Altstadt	PKW	CO	**10,83**	15.051	162.950,55
Altstadt	PKW	CO2	**90,30**	15.051	1.359.095,44
Altstadt	PKW	HC	**1,26**	15.051	18.994,41
Altstadt	PKW	NOx	**0,92**	15.051	13.832,19
Altstadt	PKW	Part	**0,02**	15.051	368,84
Altstadt	PKW	Pb	**0,00**	15.051	4,07
Altstadt	PKW	SO2	**0,01**	15.051	168,30

eigene Berechnung

Tab. 7.75: Alternativszenarien: Centre Historique - Les Arceaux & Altstadt
Verdampfungsemissionen des ruhenden Verkehrs

Verkehrszusammensetzung: Deutschland-West
Bezugsjahr 2010, Jahresmittel
Fahrstrecke / Standzeit: Mittelwerte für Deutschland
Zielverkehr: Veränderungen beziehen sich ausschließlich
auf den Binnenverkehr der Städte, Fahrzweck 'Arbeit' und 'Studium'

Verdampfung nach Abstellen

Untersuchungsraum	Fahrzeugkategorie	Schadstoff	Emissionsfaktor (gew.)	Zielverkehr	Emissionen
			(g/Abstellvorgang x Kfz)	Pkw/Tag	g/Tag
Centre Historique - Les Arceaux	PKW	HC	**0,40**	16.745	6.618,01
Altstadt	PKW	HC	**0,40**	16.081	6.355,58

Verdampfung infolge Tankatmung

Untersuchungsraum	Fahrzeugkategorie	Schadstoff	Emissionsfaktor (gew.)	Zielverkehr	Emissionen
			(g/Fahrzeug x Tag)	Pkw/Tag	g/Tag
Centre Historique - Les Arceaux	PKW	HC	**0,30**	16.745	5.047,98
Altstadt	PKW	HC	**0,27**	16.081	4.407,10

Gesamt

Untersuchungsraum	Fahrzeugkategorie	Schadstoff	Fall	Emissionen
				g/Tag
Centre Historique - Les Arceaux	PKW	HC	21RuV1	11.665,99
Altstadt	PKW	HC	21RuV1	10.762,68

eigene Berechnung

Anhang B:

Karten

Karte 3.1: Montpellier und Umgebung

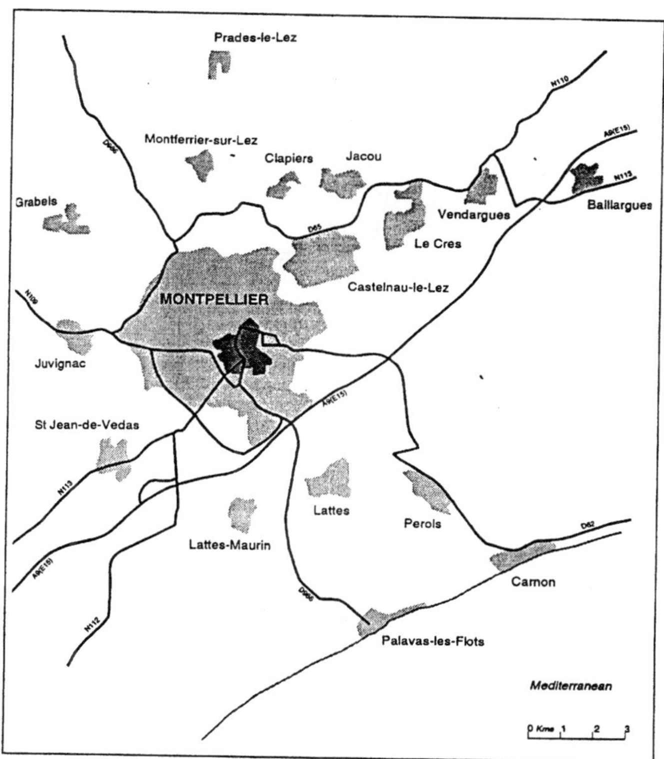

Plate 1994, S. 23

Karte 3.2: Heidelberg und Umgebung

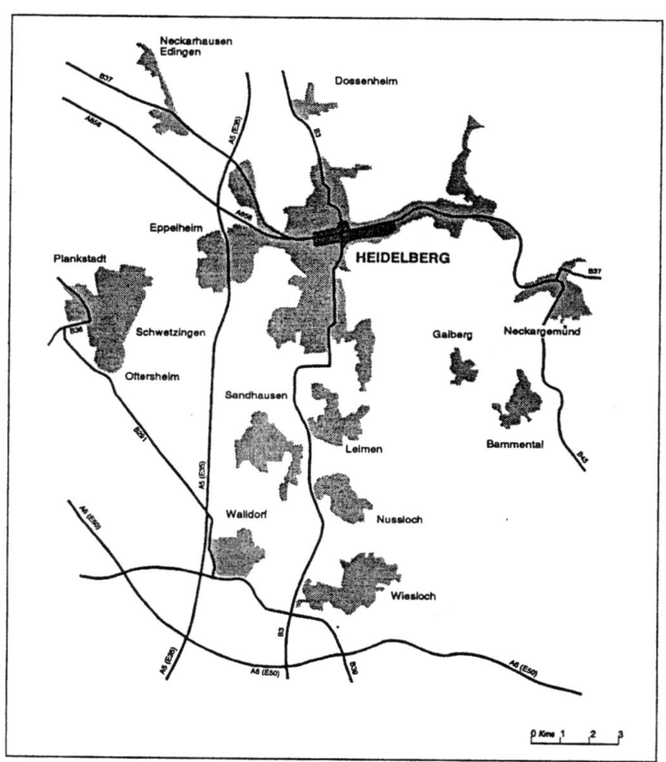

Plate 1994, S. 13

Karte 4.1: Montpellier: Untersuchungsstadtteile
Hauts de la Paillade
Hopitaux Facultes -
Plan des 4 Seigneurs
Aiguelongue
La Paillade
Cevennes
Boutonnet
Beaux-Arts
St. Clement
Centre Historique -
Les Arceaux
Antigone
Figuerolles
Comedie
La Chamberte
La Martelle
Pompignane -
Port Marianne
Lemasson
Aiguerelles
Estanove
St. Martin -
Pres d' Arenes
Croixd' Argent
N
0
0.5
1
1.5 Kilometer
Bearbeitung: Jan Gürke 1999

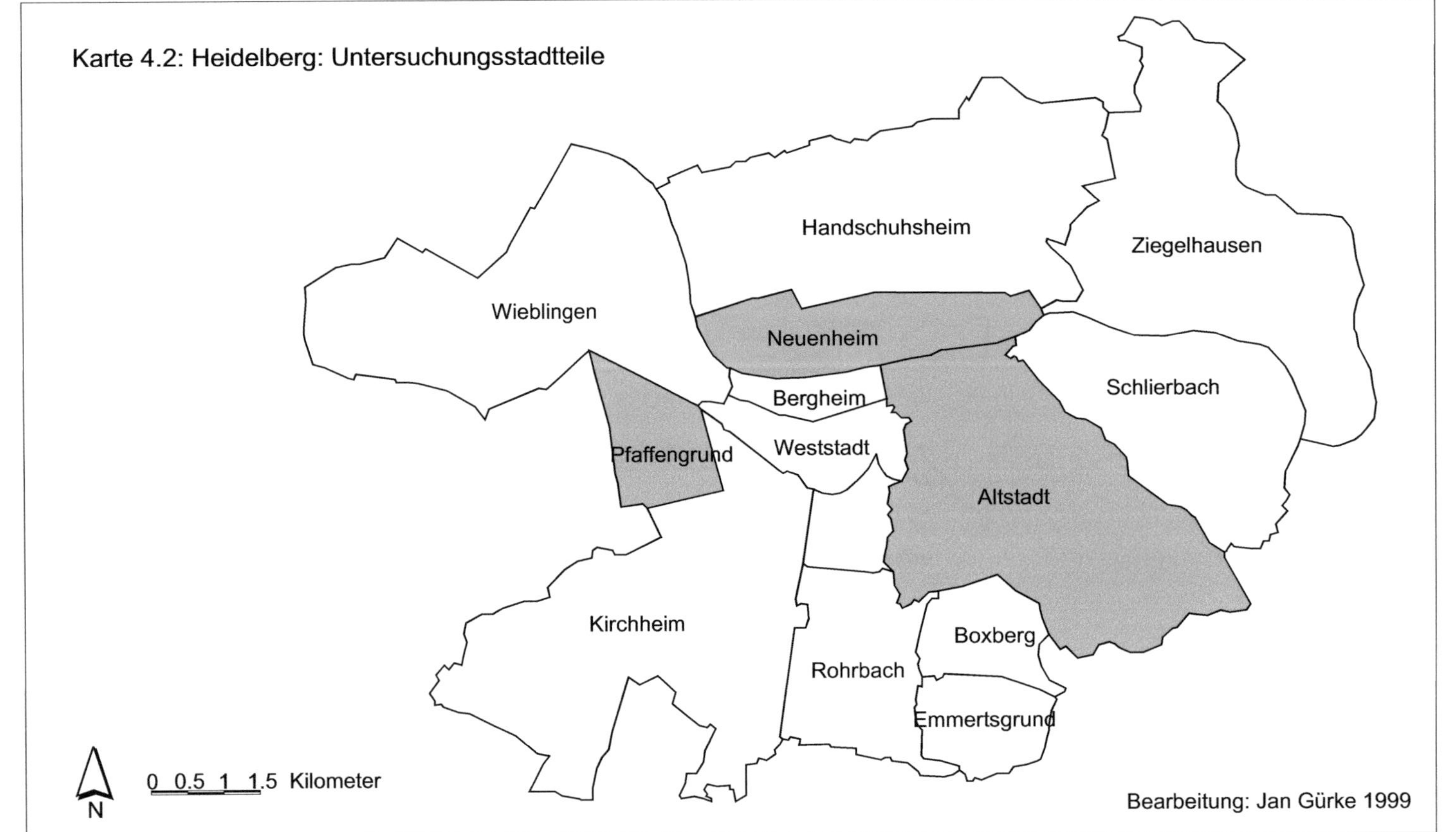
Karte 4.2: Heidelberg: Untersuchungsstadtteile
Handschuhsheim
Ziegelhausen
Wieblingen
Neuenheim
Bergheim
Schlierbach
Pfaffengrund
Weststadt
Altstadt
Kirchheim
Boxberg
Rohrbach
Emmertsgrund
N
0 0.5 1 1.5 Kilometer
Bearbeitung: Jan Gürke 1999

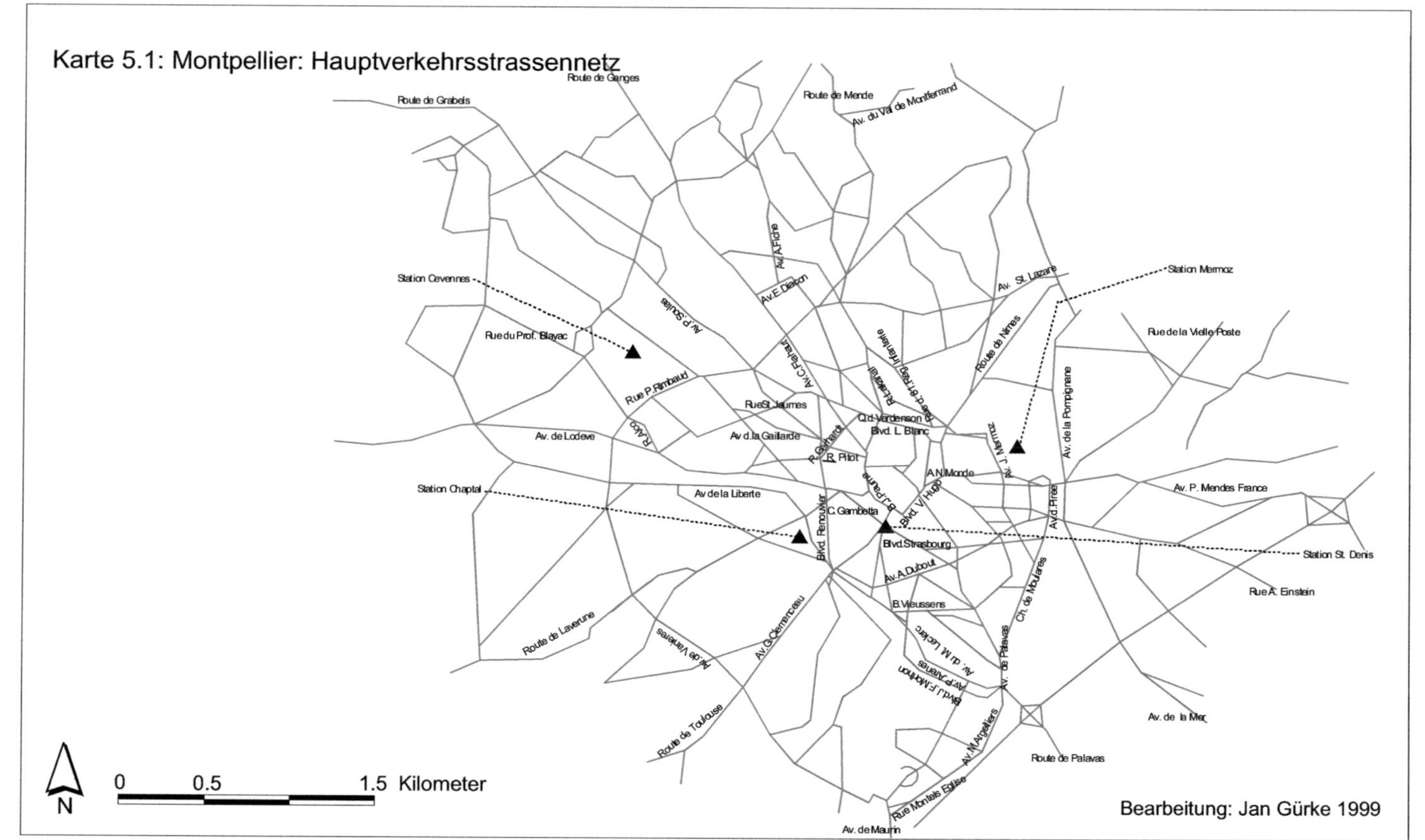
Karte 5.1: Montpellier: Hauptverkehrsstrassennetz
Route de Grabels
Route de Ganges
Route de Mende
Av. du Val de Montferrand
Station Cevennes
Rue du Prof. Blayac
Av. P. Soulas
Av. A.Fiche
Av. E. Diacon
Av. St. Lazare
Station Mermoz
Route de Nimes
Rue de la Vielle Poste
Rue P. Rimbaud
R. Alco
Av. de Lodeve
Av. C. Flahaut
Rue St. Jaumes
Av d. la Gaillarde
P. Gerhardt
R. Pitot
Q.d. Verdenson
Blvd. L. Blanc
R. Lakanal
Rue d. 81. Reg. Infanterie
Av. de la Pompignane
Av. J. Mermoz
A.N. Monde
Station Chaptal
Av de la Liberte
Blvd. Renouvier
C. Gambetta
B. J. Paume
Blvd. V. Hugo
Av. P. Mendes France
Av. d. Piree
Blvd. Strasbourg
Station St. Denis
Av. A. Dubout
Ch. de Moulares
Rue A. Einstein
B. Vieussens
Av. du M. Leclerc
Av. P. Arenes
Blvd. J. F. Morthon
Av. de Palavas
Route de Laverune
Av. de Vanieres
Av. G. Clemenceau
Route de Toulouse
Av. M. Argeliers
Route de Palavas
Av. de la Mer
Rue Montels Eglise
Av. de Maurin
0
0.5
1.5 Kilometer
N
Bearbeitung: Jan Gürke 1999

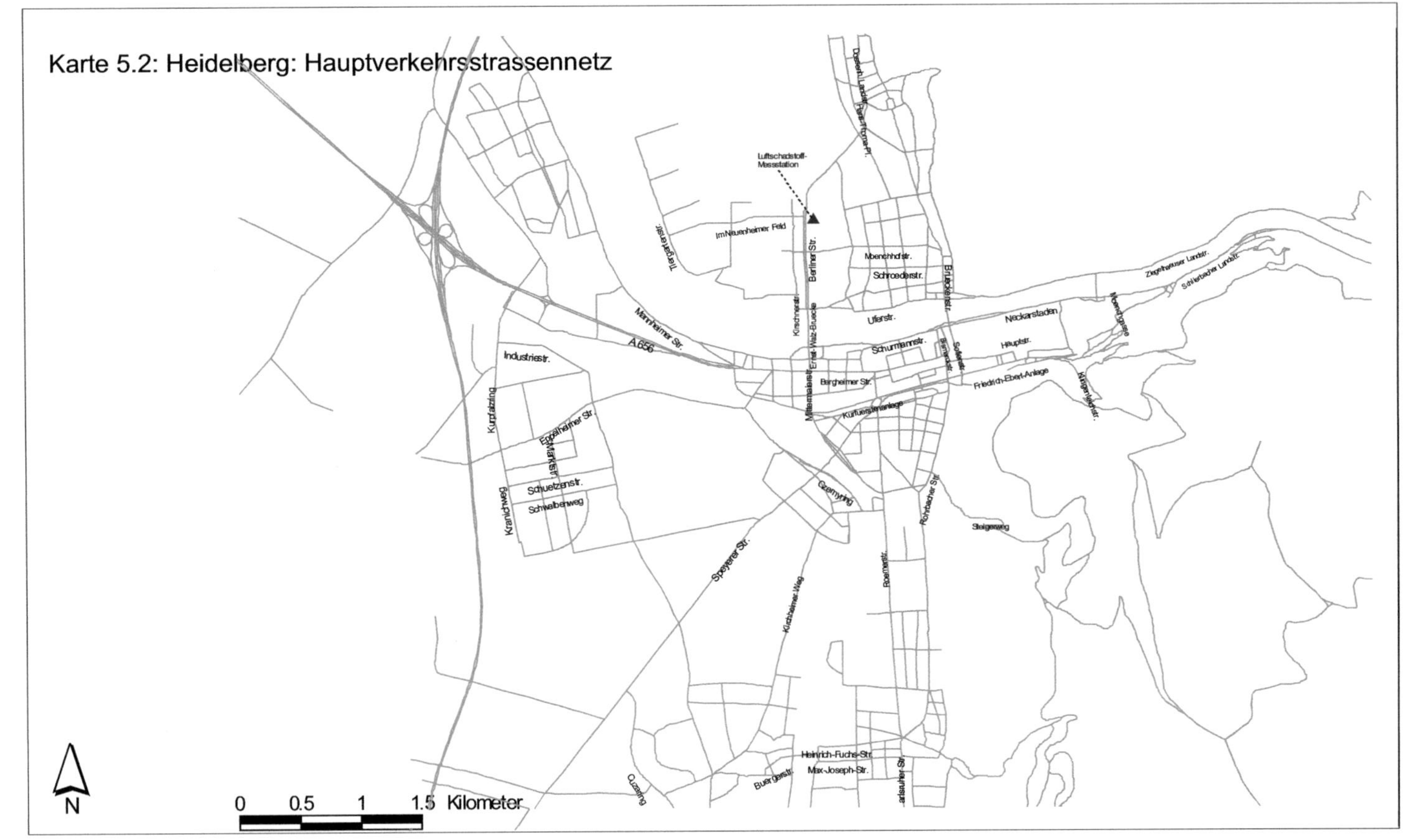

Karte 5.2: Heidelberg: Hauptverkehrsstrassennetz

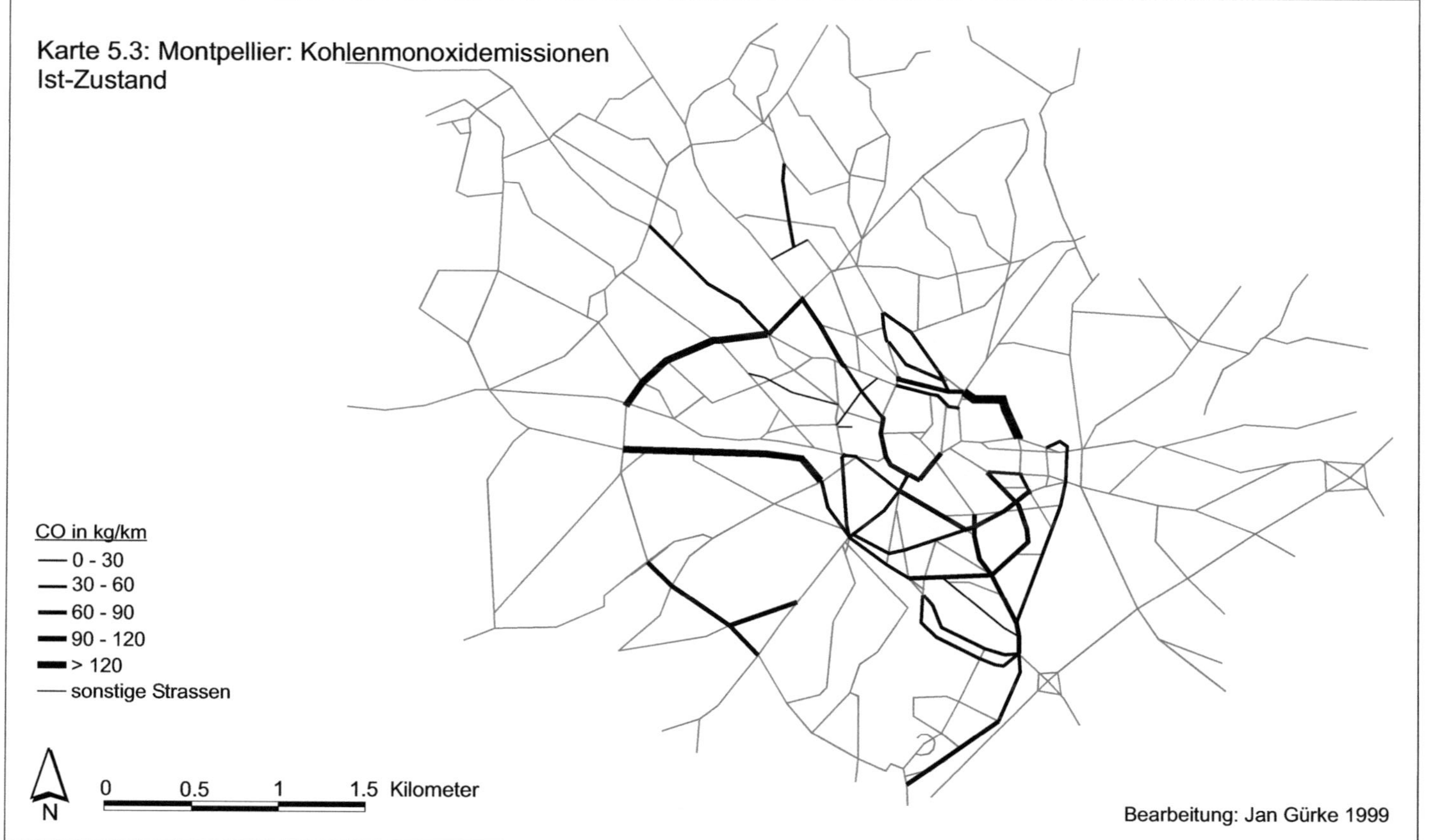
Karte 5.3: Montpellier: Kohlenmonoxidemissionen
Ist-Zustand
CO in kg/km
0 - 30
30 - 60
60 - 90
90 - 120
> 120
sonstige Strassen
N
0
0.5
1
1.5 Kilometer
Bearbeitung: Jan Gürke 1999

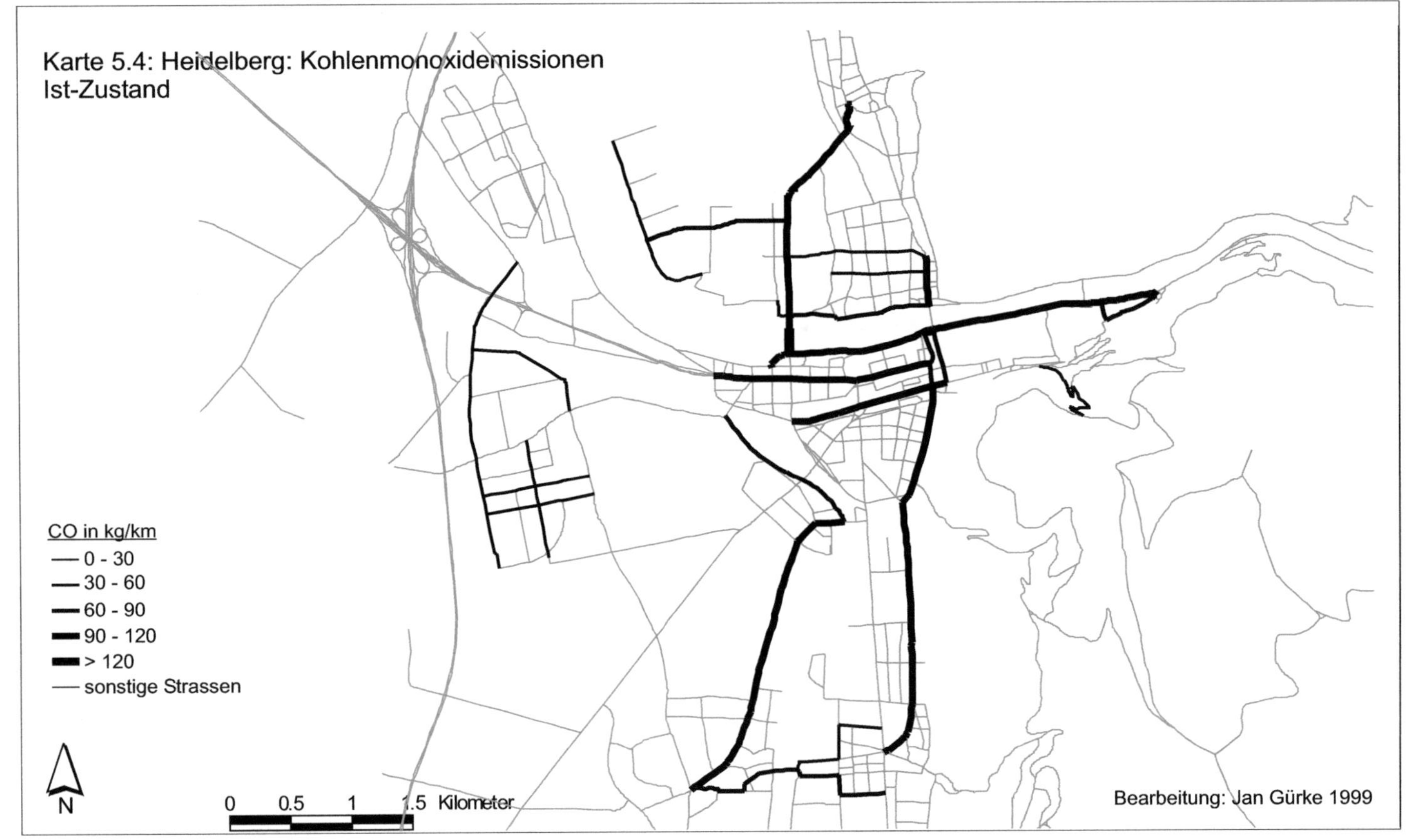
Karte 5.4: Heidelberg: Kohlenmonoxidemissionen
Ist-Zustand
CO in kg/km
0 - 30
30 - 60
60 - 90
90 - 120
> 120
sonstige Strassen
N
0
0.5
1
1.5 Kilometer
Bearbeitung: Jan Gürke 1999

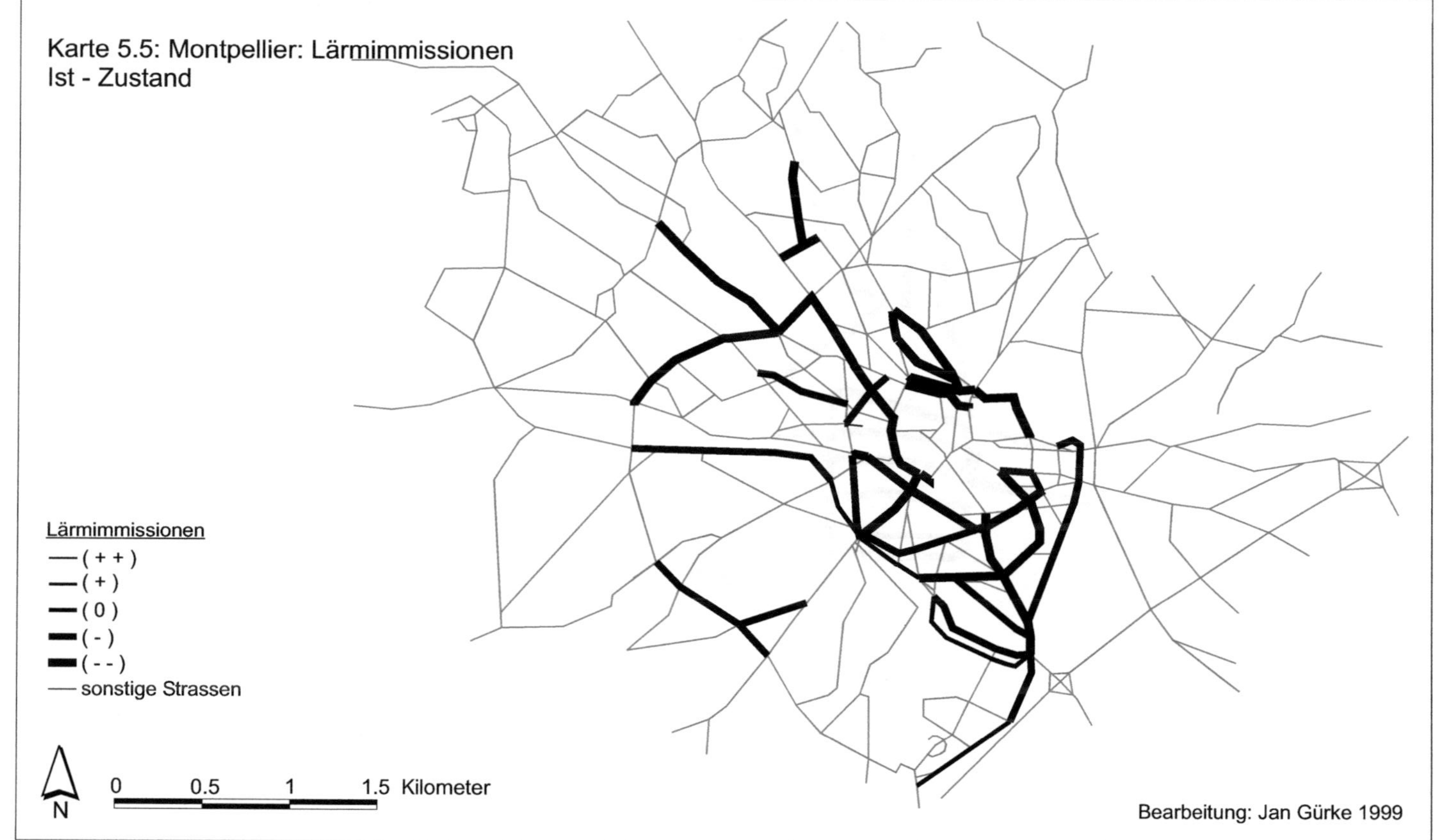
Karte 5.5: Montpellier: Lärmimmissionen
Ist - Zustand
Lärmimmissionen
(+ +)
(+)
(0)
(-)
(- -)
sonstige Strassen
N
0
0.5
1
1.5 Kilometer
Bearbeitung: Jan Gürke 1999

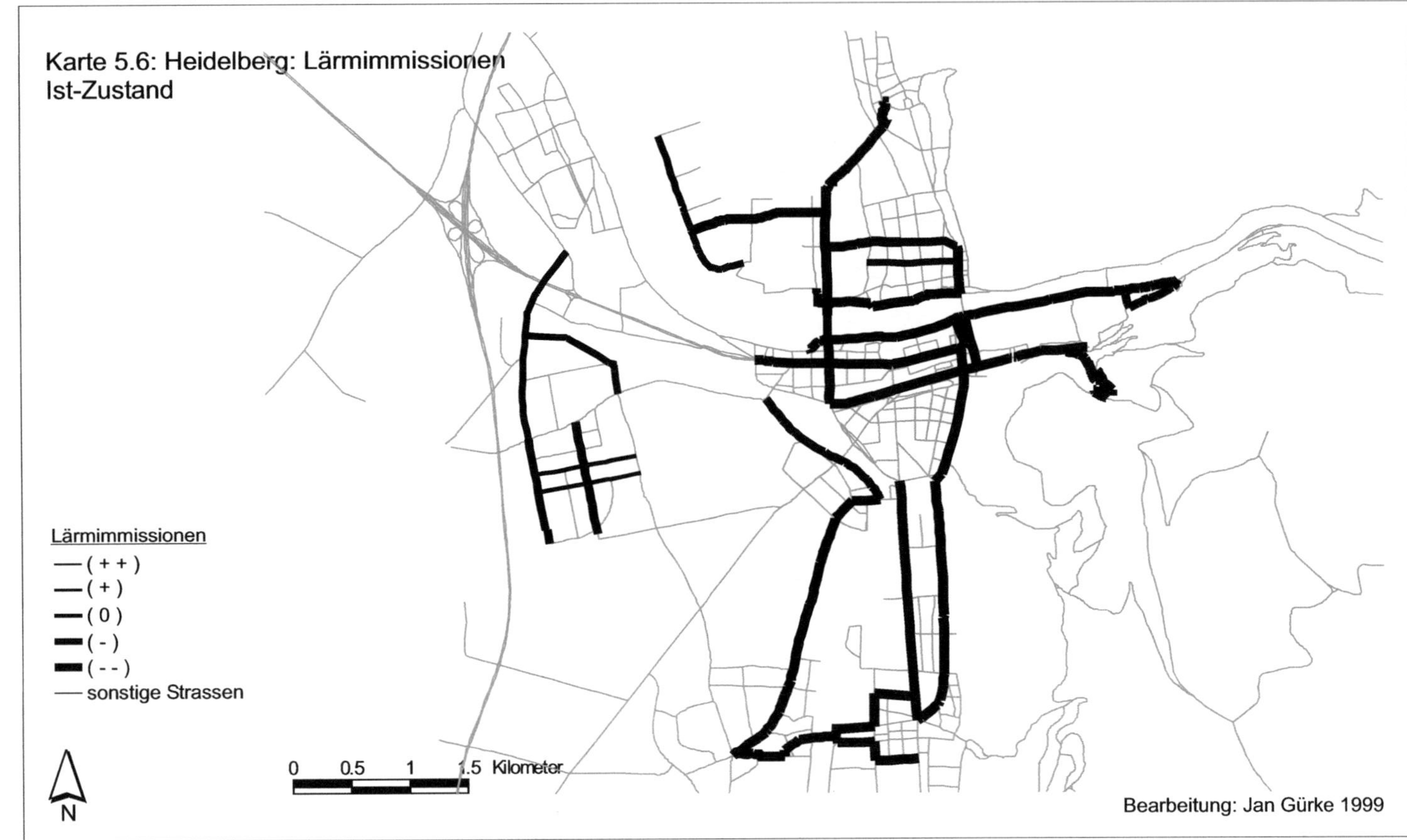
Karte 5.6: Heidelberg: Lärmimmissionen
Ist-Zustand
Lärmimmissionen
(+ +)
(+)
(0)
(-)
(- -)
sonstige Strassen
N
0
0.5
1
1.5 Kilometer
Bearbeitung: Jan Gürke 1999

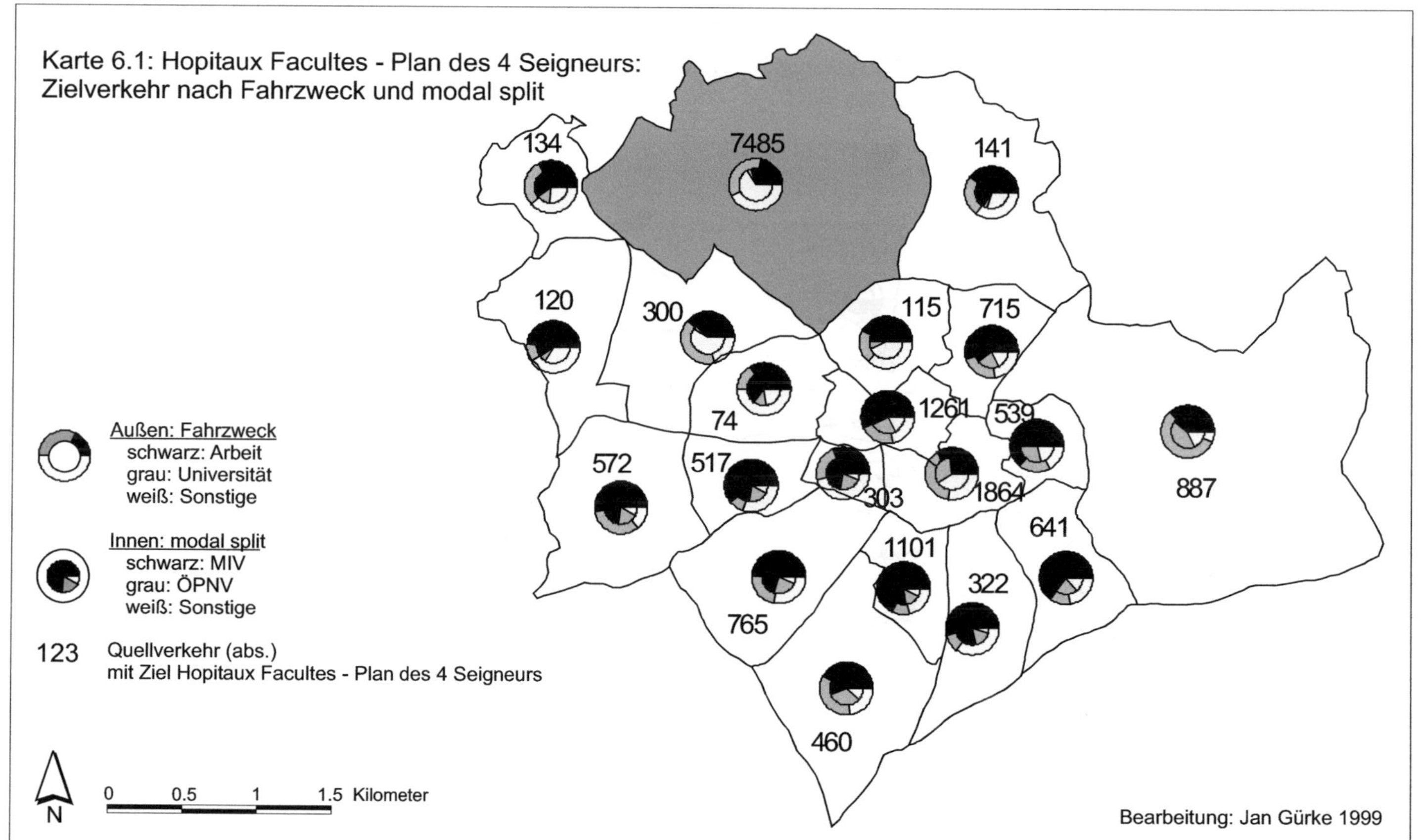
Karte 6.1: Hopitaux Facultes - Plan des 4 Seigneurs:
Zielverkehr nach Fahrzweck und modal split
134
7485
141
120
300
115
715
74
1261
539
572
517
303
1864
887
641
1101
322
765
460
Außen: Fahrzweck
schwarz: Arbeit
grau: Universität
weiß: Sonstige
Innen: modal split
schwarz: MIV
grau: ÖPNV
weiß: Sonstige
123
Quellverkehr (abs.)
mit Ziel Hopitaux Facultes - Plan des 4 Seigneurs
N
0
0.5
1
1.5 Kilometer
Bearbeitung: Jan Gürke 1999

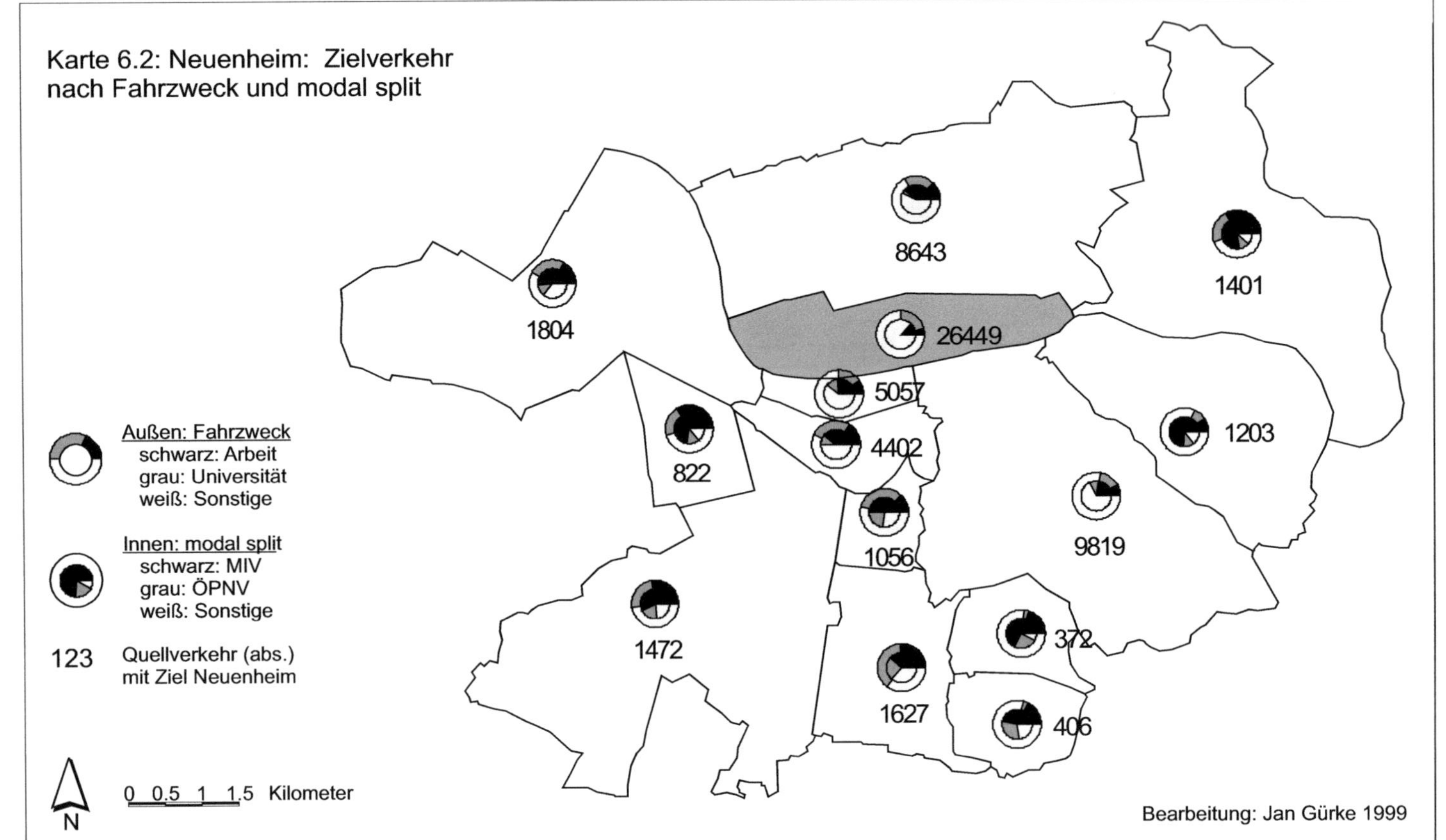
Karte 6.2: Neuenheim: Zielverkehr
nach Fahrzweck und modal split
Außen: Fahrzweck
schwarz: Arbeit
grau: Universität
weiß: Sonstige
Innen: modal split
schwarz: MIV
grau: ÖPNV
weiß: Sonstige
123
Quellverkehr (abs.)
mit Ziel Neuenheim
N
0 0.5 1 1.5 Kilometer
1804
8643
1401
26449
5057
4402
822
1203
9819
1056
1472
372
1627
406
Bearbeitung: Jan Gürke 1999

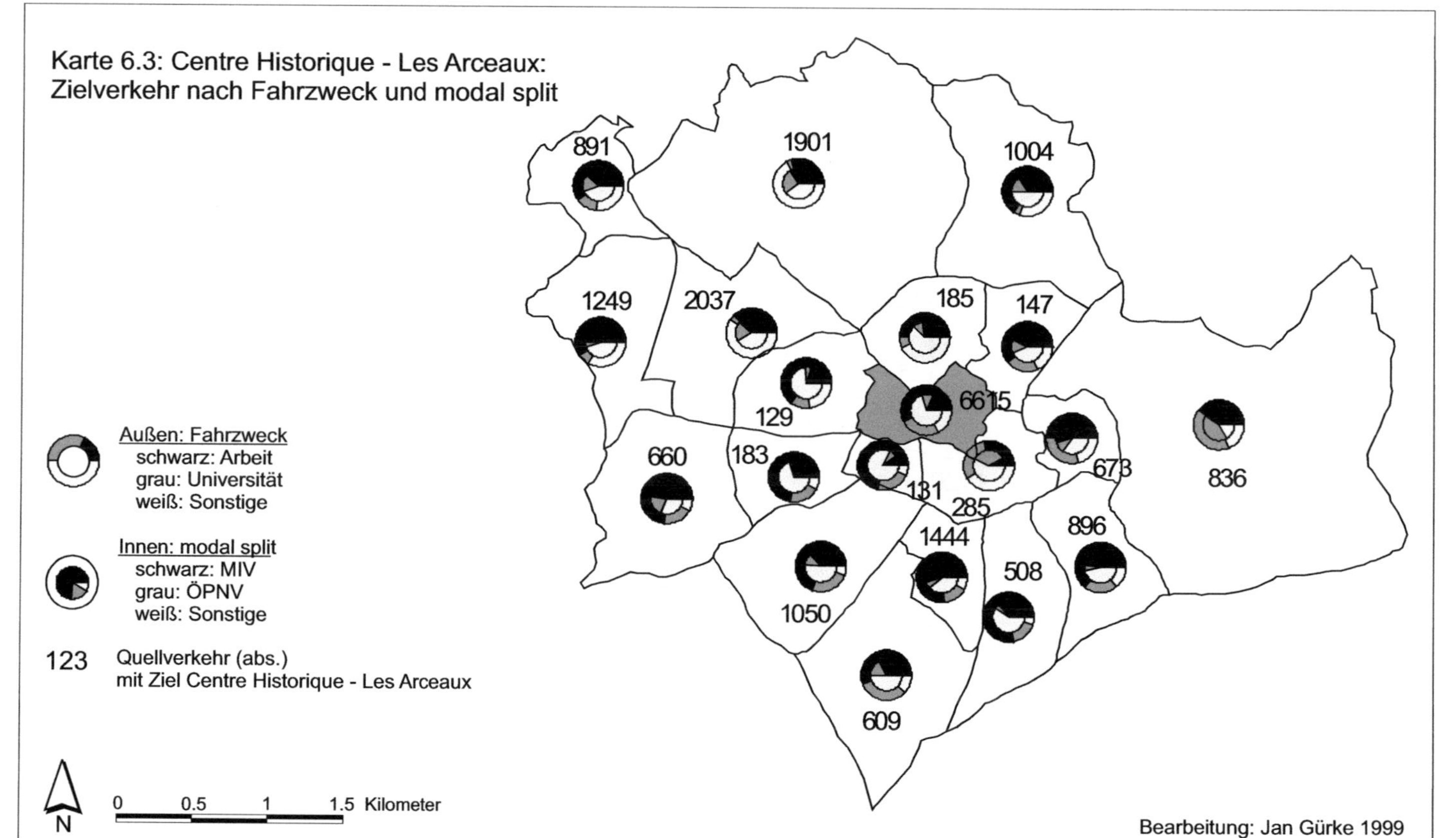
Karte 6.3: Centre Historique - Les Arceaux:
Zielverkehr nach Fahrzweck und modal split
Außen: Fahrzweck
schwarz: Arbeit
grau: Universität
weiß: Sonstige
Innen: modal split
schwarz: MIV
grau: ÖPNV
weiß: Sonstige
123
Quellverkehr (abs.)
mit Ziel Centre Historique - Les Arceaux
N
0
0.5
1
1.5
Kilometer
891
1901
1004
1249
2037
185
147
129
6615
660
183
131
285
673
836
896
1444
508
1050
609
Bearbeitung: Jan Gürke 1999

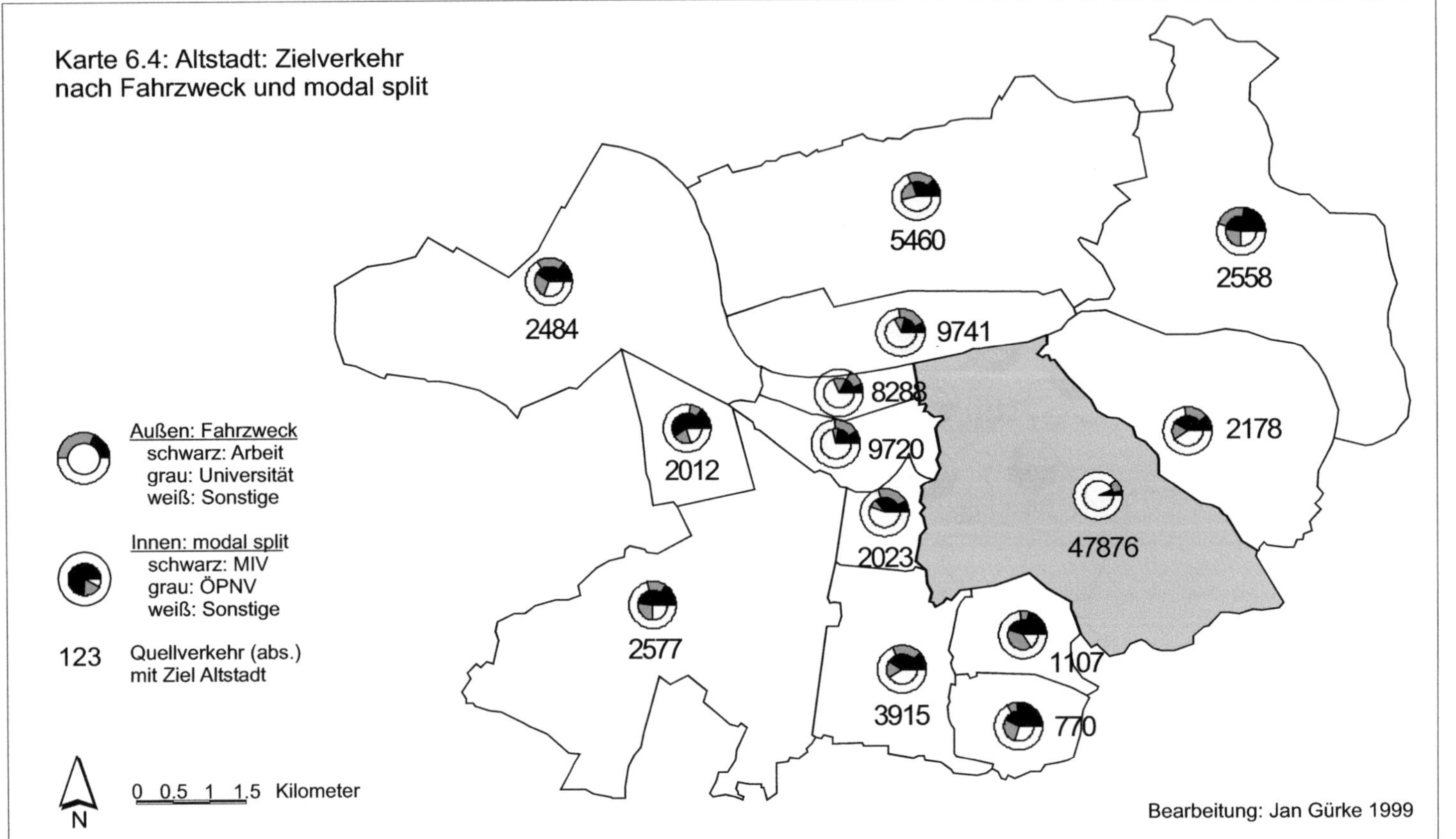
Karte 6.4: Altstadt: Zielverkehr
nach Fahrzweck und modal split
Außen: Fahrzweck
schwarz: Arbeit
grau: Universität
weiß: Sonstige
Innen: modal split
schwarz: MIV
grau: ÖPNV
weiß: Sonstige
123
Quellverkehr (abs.)
mit Ziel Altstadt
N
0 0.5 1 1.5 Kilometer
2484
5460
2558
9741
8288
9720
2012
2178
47876
2023
2577
1107
3915
770
Bearbeitung: Jan Gürke 1999

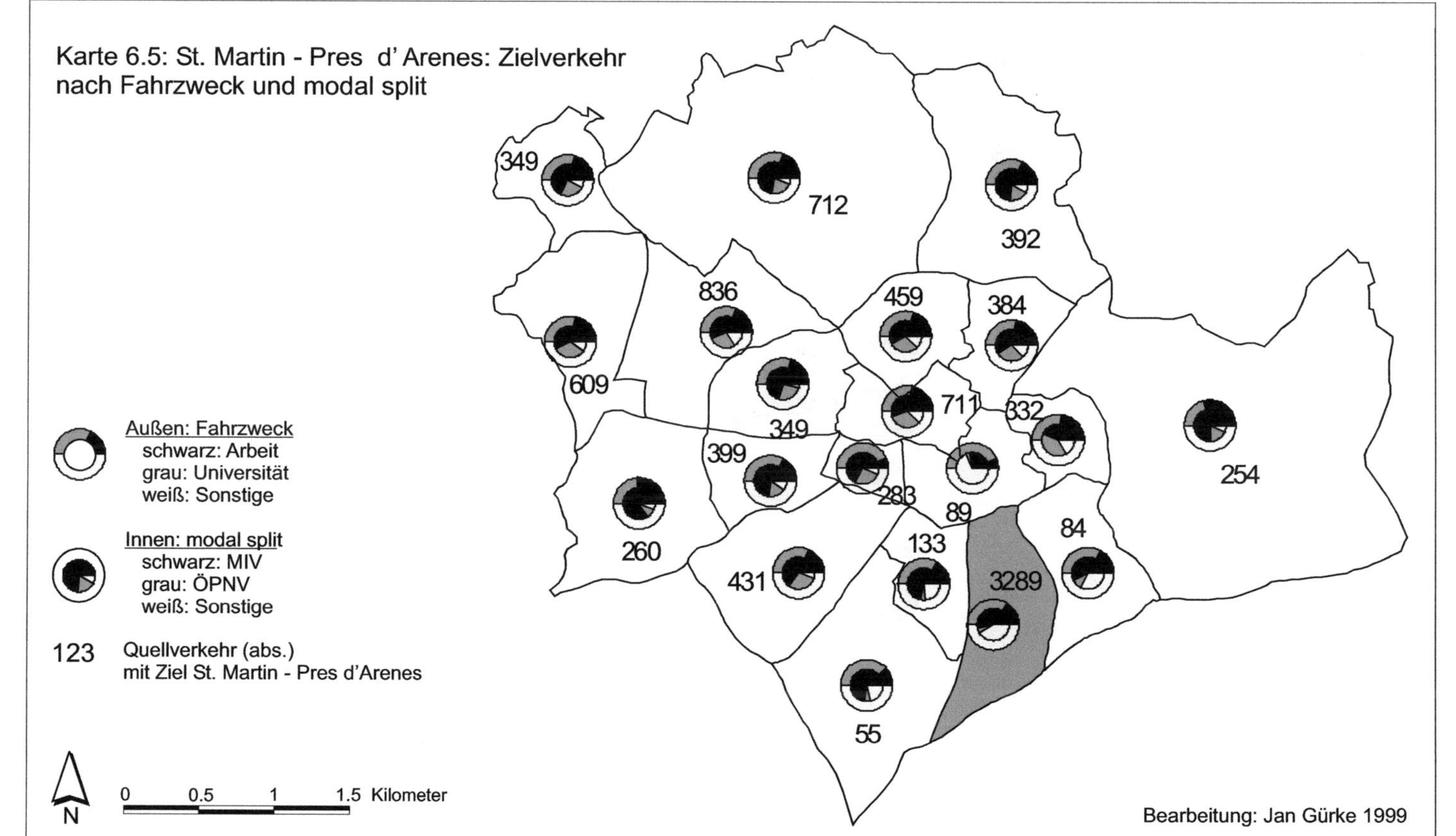
Karte 6.5: St. Martin - Pres d' Arenes: Zielverkehr
nach Fahrzweck und modal split
349
712
392
836
459
384
609
349
711
332
254
399
283
89
260
133
84
431
3289
55
Außen: Fahrzweck
schwarz: Arbeit
grau: Universität
weiß: Sonstige
Innen: modal split
schwarz: MIV
grau: ÖPNV
weiß: Sonstige
123
Quellverkehr (abs.)
mit Ziel St. Martin - Pres d'Arenes
N
0
0.5
1
1.5
Kilometer
Bearbeitung: Jan Gürke 1999

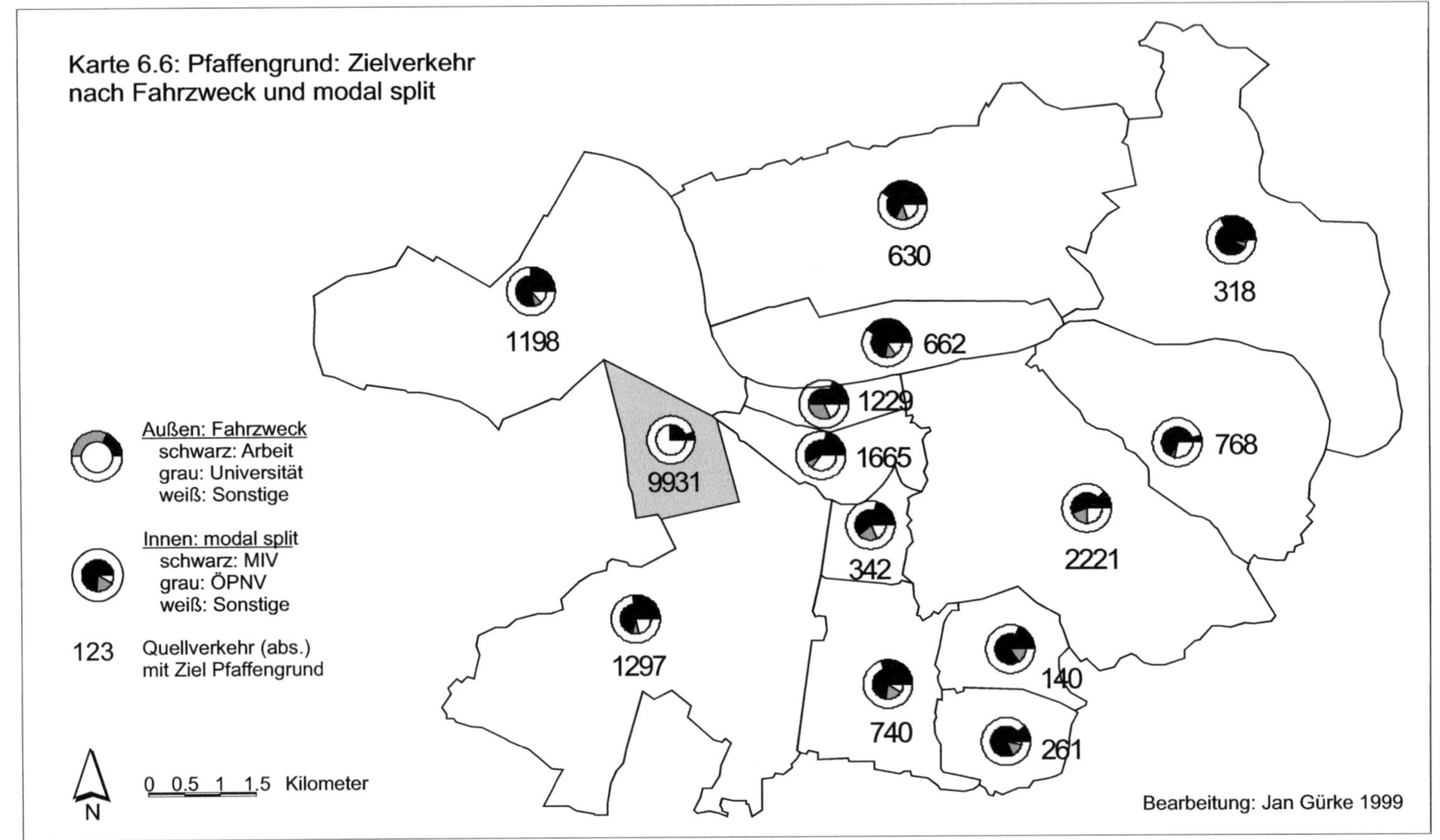
Karte 6.6: Pfaffengrund: Zielverkehr
nach Fahrzweck und modal split
Außen: Fahrzweck
schwarz: Arbeit
grau: Universität
weiß: Sonstige
Innen: modal split
schwarz: MIV
grau: ÖPNV
weiß: Sonstige
123
Quellverkehr (abs.)
mit Ziel Pfaffengrund
N
0 0.5 1 1.5 Kilometer
1198
630
318
662
1229
9931
1665
768
2221
342
1297
740
140
261
Bearbeitung: Jan Gürke 1999

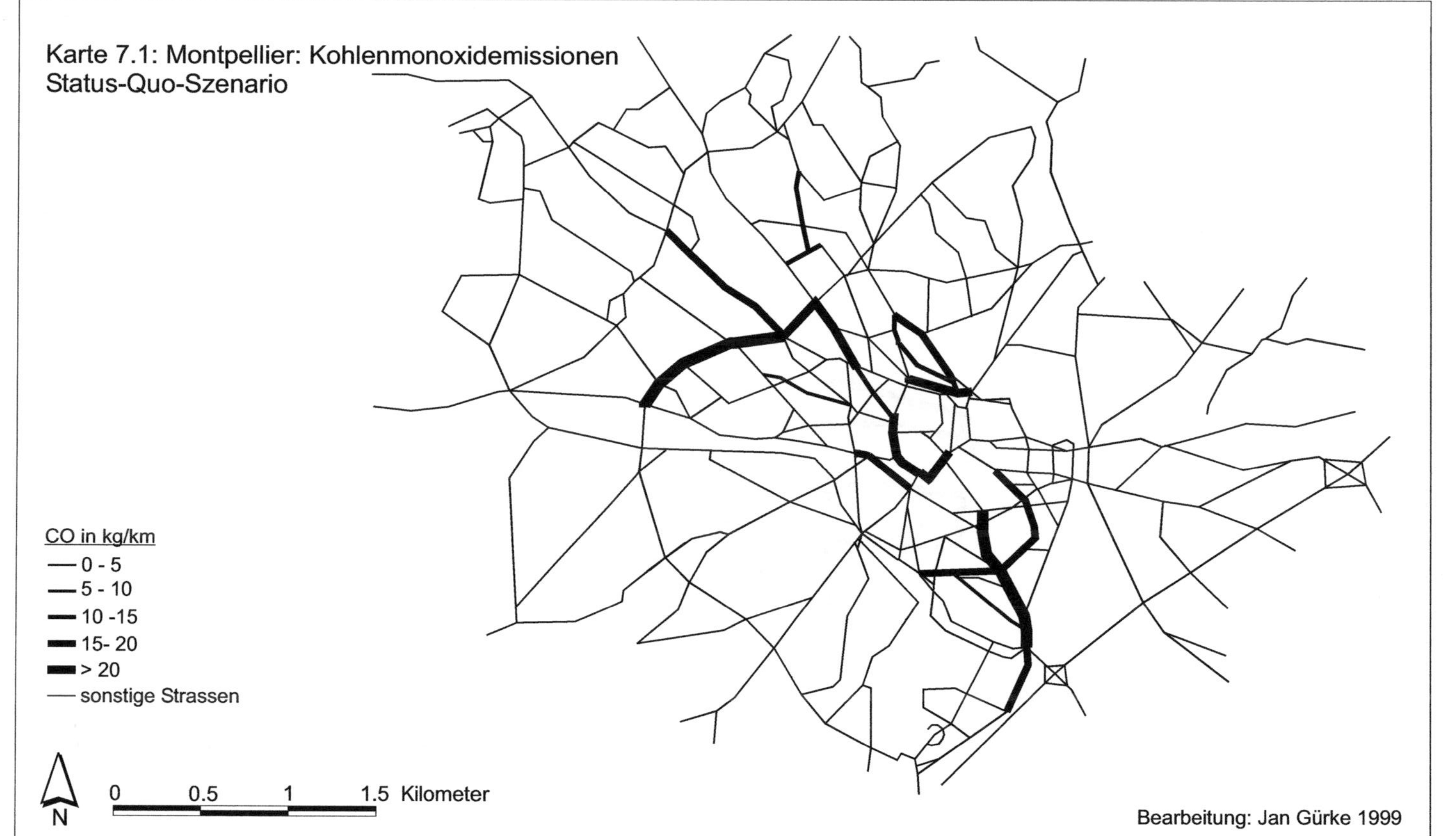
Karte 7.1: Montpellier: Kohlenmonoxidemissionen
Status-Quo-Szenario
CO in kg/km
0 - 5
5 - 10
10 -15
15- 20
> 20
sonstige Strassen
N
0
0.5
1
1.5 Kilometer
Bearbeitung: Jan Gürke 1999

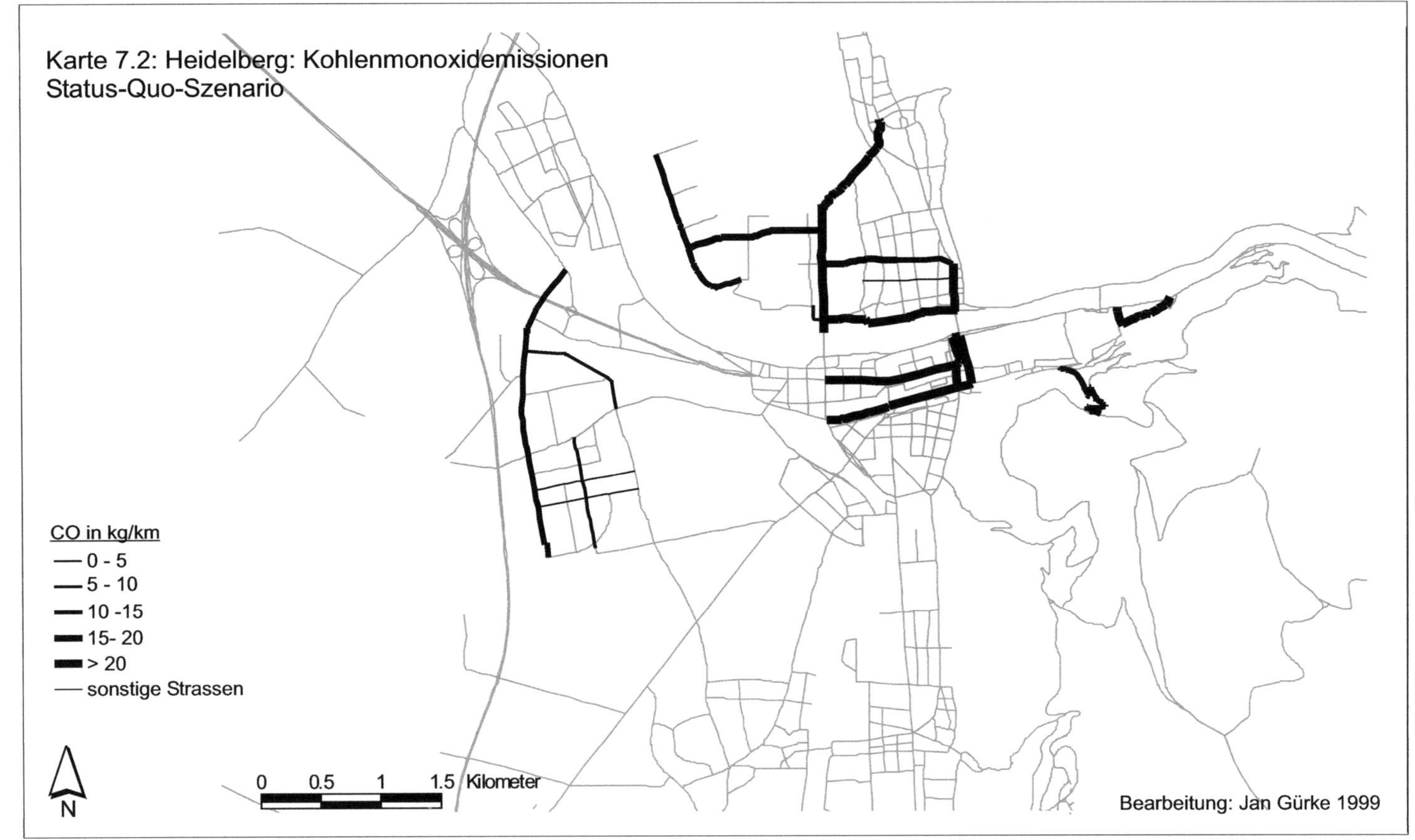
Karte 7.2: Heidelberg: Kohlenmonoxidemissionen
Status-Quo-Szenario
CO in kg/km
0 - 5
5 - 10
10 -15
15- 20
> 20
sonstige Strassen
N
0
0.5
1
1.5
Kilometer
Bearbeitung: Jan Gürke 1999

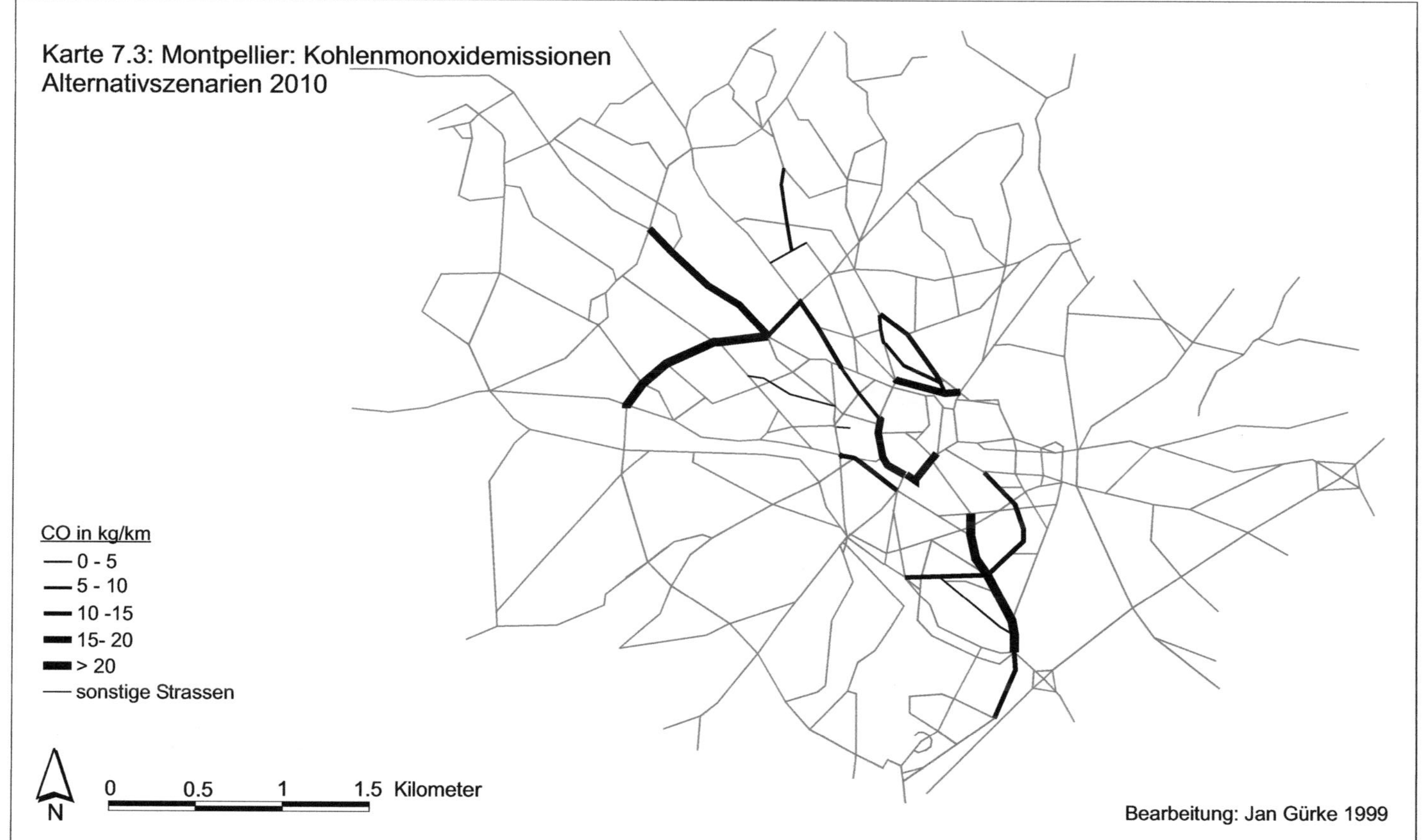
Karte 7.3: Montpellier: Kohlenmonoxidemissionen
Alternativszenarien 2010
CO in kg/km
0 - 5
5 - 10
10 -15
15- 20
> 20
sonstige Strassen
N
0
0.5
1
1.5 Kilometer
Bearbeitung: Jan Gürke 1999

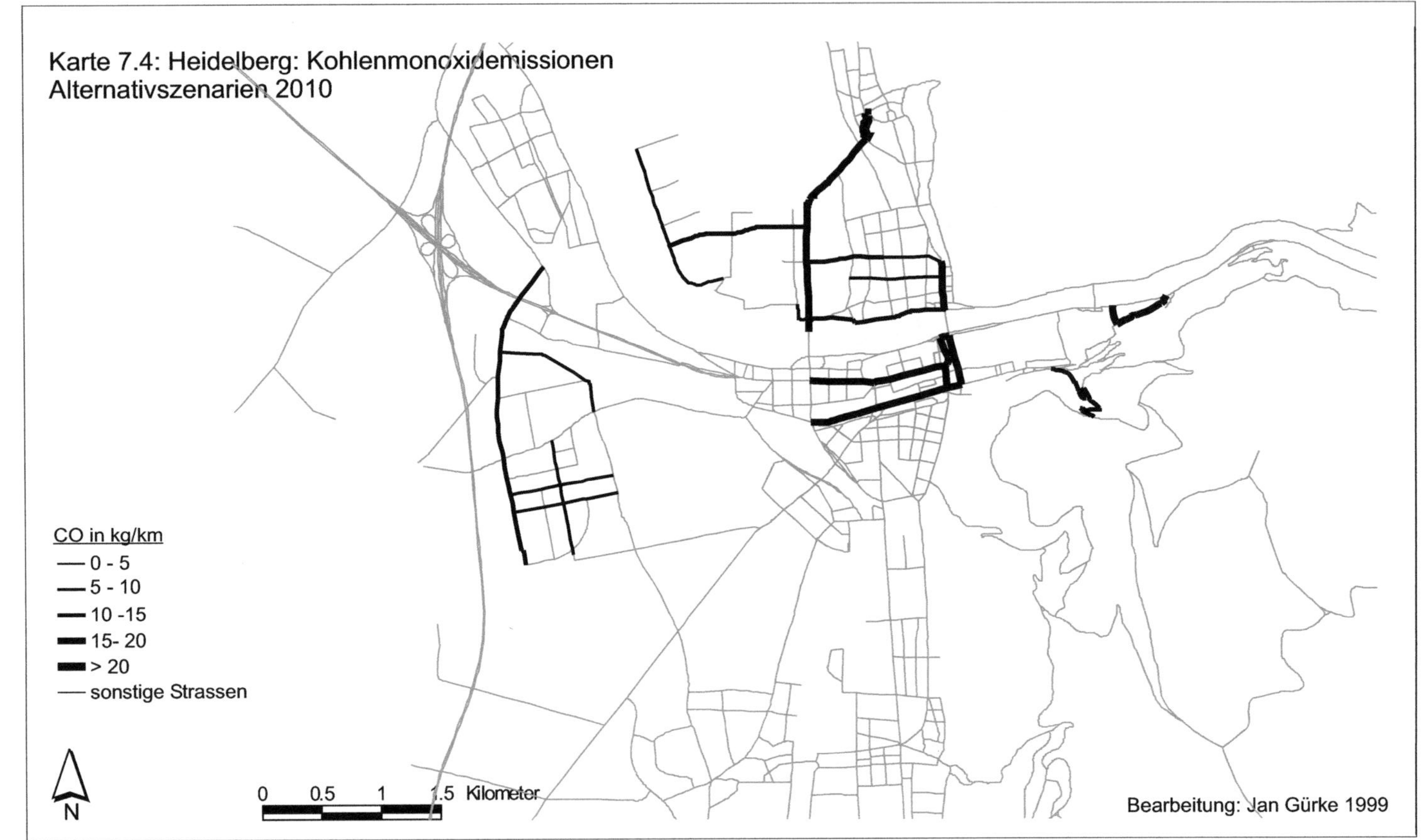
Karte 7.4: Heidelberg: Kohlenmonoxidemissionen
Alternativszenarien 2010
CO in kg/km
0 - 5
5 - 10
10 -15
15- 20
> 20
sonstige Strassen
N
0
0.5
1
1.5 Kilometer
Bearbeitung: Jan Gürke 1999

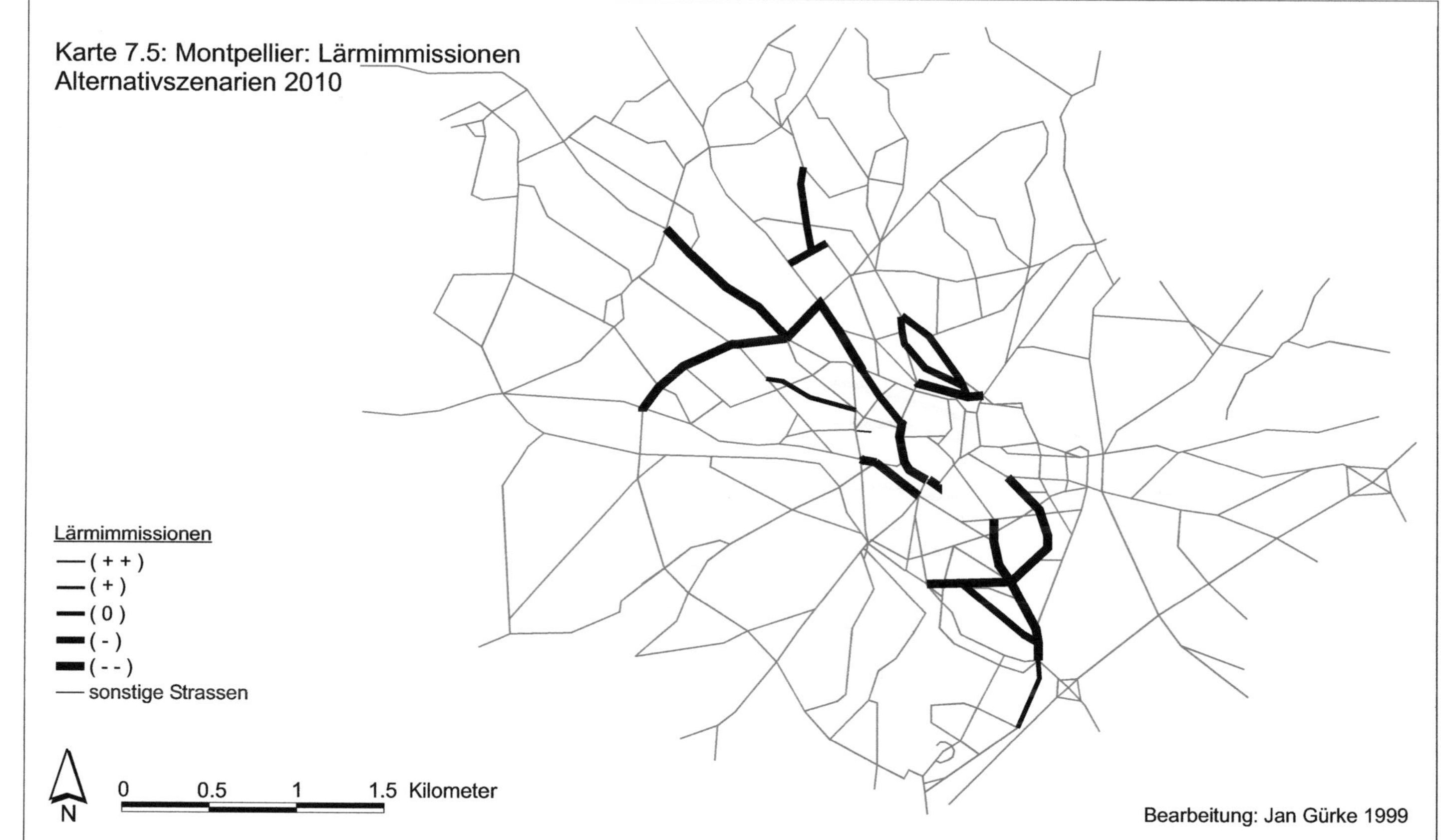
Karte 7.5: Montpellier: Lärmimmissionen
Alternativszenarien 2010
Lärmimmissionen
(+ +)
(+)
(0)
(-)
(- -)
sonstige Strassen
N
0
0.5
1
1.5 Kilometer
Bearbeitung: Jan Gürke 1999

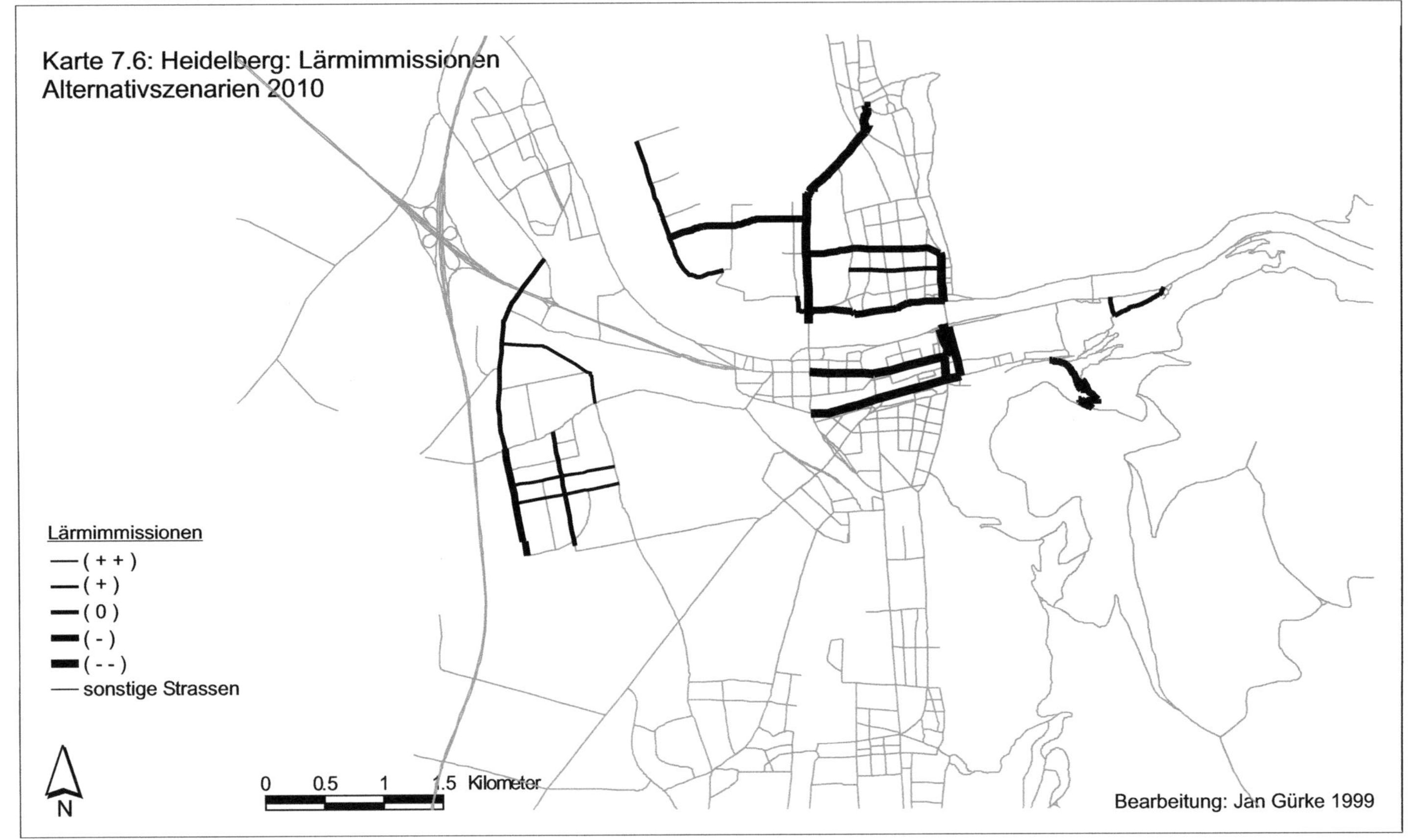
Karte 7.6: Heidelberg: Lärmimmissionen
Alternativszenarien 2010
Lärmimmissionen
(+ +)
(+)
(0)
(-)
(- -)
sonstige Strassen
N
0
0.5
1
1.5 Kilometer
Bearbeitung: Jan Gürke 1999